위험물산업기사

KB037269

기초화학특강
무료 제공!

초보자도 쏙쏙 쉽게 이해하는
기초화학

기초화학특강 1교시

기초화학특강 2교시

기초화학특강 3교시

기초화학특강 4교시

기초화학특강 5교시

무조건 암기는 그만!
핵심을 알고 외우자!

위험물안전관리법
1교시

위험물안전관리법
2교시

위험물안전관리법
3교시

위험물안전관리법
4교시

위험물안전관리법
5교시

위험물안전관리법
6교시

위험물안전관리법
7교시

위험물안전관리법
8교시

Win-Q

위험물
산업기사 실기

SD에듀
(주)시대고시기획

합격에 윙크
WIN-Q
하다^

위험물산업기사 실기

Always with you

사람이 길에서 우연하게 만나거나 함께 살아가는 것만이 인연은 아니라고 생각합니다.
책을 펴내는 출판사와 그 책을 읽는 독자의 만남도 소중한 인연입니다.
SD에듀는 항상 독자의 마음을 헤아리기 위해 노력하고 있습니다.
늘 독자와 함께하겠습니다.

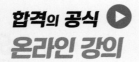

머리말

위험물 분야의 전문가를 향한 첫 발걸음!

위험물산업기사는 석유화학단지, 위험물을 원료로 하는 화장품, 정밀화학 등 화학공장에서 위험물안전관리자로 선임되어 위험물을 저장 · 취급 · 제조하고, 일반 작업자를 지시 · 감독하며 각종 설비에 대한 안전점검과 응급조치를 수행하는 업무로서 화학공장에 없어서는 안 될 중요한 자격증으로 자리잡았다.

'시간을 덜 들이면서도 시험을 좀 더 효율적으로 대비하는 방법은 없을까?'
'짧은 시간 안에 시험을 준비할 수 있는 방법은 없을까?'

자격증 시험을 앞둔 수험생들이라면 누구나 한 번쯤 들었을 법한 생각이다. 실제로도 많은 자격증 관련 카페에 빈번하게 올라오는 질문이기도 하다. 이와 같은 질문에 기출문제 분석 → 출제경향 파악 → 핵심이론 요약 → 관련문제 반복 숙지의 과정을 거쳐 시험을 대비하라는 답변이 일괄적으로 실리고 있다.

윙크(Win-Q) 시리즈는 PART 01 핵심이론 + 핵심예제와 PART 02 과년도 + 최근 기출복원문제로 구성되었다. PART 01은 과거에 치러 왔던 기출문제와 Keyword를 철저히 분석하여, 반복 출제되는 이론은 ★의 수(최대 3개)로 구분하였다. PART 02에서는 과년도 기출복원문제와 최근 기출복원문제를 수록하여 PART 01에서 놓칠 수 있는 새로운 유형의 문제에 대비할 수 있도록 하였다.

본 도서는 이론에 대해 좀 더 심층적으로 알고자 하는 수험생들에게는 조금 불편한 책이 될 수도 있다. 하지만 전공자라면 대부분 관련 도서를 구비하고 있을 것이고, 관련 도서를 참고하면서 공부한다면 좀 더 효율적으로 시험에 대비할 수 있다.

자격증 시험의 목적은 높은 점수를 받아 합격하는 것보다는 합격, 그 자체에 있다. 다시 말해 60점만 넘으면 어떤 시험이든 합격이 가능하다. 효과적인 자격증 대비서로서 기존의 부담스러웠던 수험서에서 과감하게 군살을 제거하여 꼭 필요한 공부만 할 수 있도록 구성한 윙크(Win-Q) 시리즈가 수험생들에게 합격을 선사하는 수험서로서 자리매김하길 바란다.

수험생 여러분의 건승을 진심으로 기원하는 바이다.

편저자 씀

시험안내

개요

위험물은 발화성, 인화성, 가연성, 폭발성 때문에 사소한 부주의에도 커다란 재해를 가져올 수 있다. 또한 위험물의 용도가 다양해지고, 제조시설도 대규모화되면서 생활공간과 가까이 설치되는 경우가 많아짐에 따라 위험물의 취급과 관리에 대한 안전성을 높이고자 자격제도를 제정하였다.

진로

위험물(제1류~제6류)의 제조·저장·취급전문업체에 종사하거나 도료제조, 고무제조, 금속제련, 유기합성물제조, 염료제조, 화장품제조, 인쇄잉크제조업체 및 지정수량 이상의 위험물 취급업체에 종사할 수 있다.

시험일정

구분	필기원서접수 (인터넷)	필기시험	필기합격 (예정자)발표	실기원서접수	실기시험	최종 합격자 발표일
제1회	1월 초순	2월 중순	3월 하순	3월 하순	4월 하순	6월 하순
제2회	4월 중순	5월 중순	6월 중순	6월 하순	7월 하순	9월 초순
제4회	8월 초순	9월 초순	9월 하순	10월 초순	11월 초순	12월 중순

※ 상기 시험일정은 시행처의 사정에 따라 변경될 수 있으니, www.q-net.or.kr에서 확인하시기 바랍니다.

시험요강

❶ 시행처 : 한국산업인력공단
❷ 관련 학과 : 전문대학 및 대학의 화학공업, 화학공학 등 관련 학과
❸ 시험과목
   ㉠ 필기 : 일반화학, 화재예방과 소화방법, 위험물의 성질과 취급
   ㉡ 실기 : 위험물 취급 실무
❹ 검정방법
   ㉠ 필기 : 객관식 4지 택일형, 과목당 20문항(1시간 30분)
   ㉡ 실기 : 필답형(2시간)
❺ 합격기준
   ㉠ 필기 : 100점을 만점으로 하여 과목당 40점 이상, 전과목 평균 60점 이상
   ㉡ 실기 : 100점을 만점으로 하여 60점 이상

검정현황

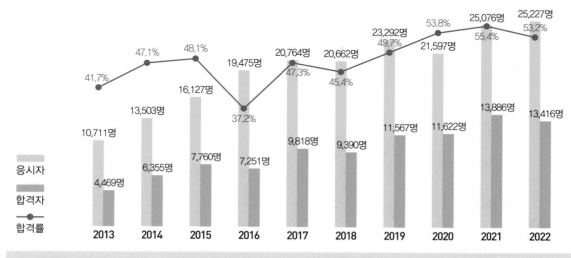

필기시험

연도	응시자	합격자	합격률
2013	10,711명	4,469명	41.7%
2014	13,503명	6,355명	47.1%
2015	16,127명	7,760명	48.1%
2016	19,475명	7,251명	37.2%
2017	20,764명	9,818명	47.3%
2018	20,662명	9,390명	45.4%
2019	23,292명	11,567명	49.7%
2020	21,597명	11,622명	53.8%
2021	25,076명	13,886명	55.4%
2022	25,227명	13,416명	53.2%

응시자
합격자
합격률

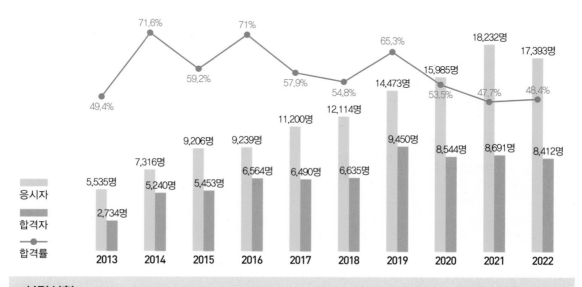

실기시험

연도	응시자	합격자	합격률
2013	5,535명	2,734명	49.4%
2014	7,316명	5,240명	71.6%
2015	9,206명	5,453명	59.2%
2016	9,239명	6,564명	71%
2017	11,200명	6,490명	57.9%
2018	12,114명	6,635명	54.8%
2019	14,473명	9,450명	65.3%
2020	15,985명	8,544명	53.5%
2021	18,232명	8,691명	47.7%
2022	17,393명	8,412명	48.4%

응시자
합격자
합격률

시험안내

출제기준

실기과목명	주요항목	세부항목	세세항목
위험물 취급 실무	위험물 성상	위험물의 성질을 이해하기	• 제1류 위험물 성질을 파악할 수 있다. • 제2류 위험물 성질을 파악할 수 있다. • 제3류 위험물 성질을 파악할 수 있다. • 제4류 위험물 성질을 파악할 수 있다. • 제5류 위험물 성질을 파악할 수 있다. • 제6류 위험물 성질을 파악할 수 있다.
		위험물 취급하기 및 연소특성 파악하기	• 제3류 및 제5류 위험물의 취급방법 및 연소특성을 설명할 수 있다. • 제1류 및 제6류 위험물의 취급방법 및 연소특성을 설명할 수 있다. • 제2류 및 제4류 위험물의 취급방법 및 연소특성을 설명할 수 있다.
	위험물 소화 및 화재, 폭발 예방	위험물의 소화 및 화재, 폭발 예방하기	• 적응소화제 및 소화설비를 알 수 있다. • 화재예방법 및 경보설비 사용법을 이해할 수 있다. • 폭발방지 및 안전장치를 이해할 수 있다. • 위험물 제조소 등의 소방시설 설치, 점검 및 사용을 할 수 있다.
	위험물 시설기준	위험물 시설 파악하기	• 위험물제조소 등의 위치, 구조 및 설비에 대한 기준을 파악 할 수 있다. • 위험물제조소 등의 소화설비, 경보설비 및 피난설비에 대한 기준을 파악할 수 있다.
	위험물 저장· 취급기준	위험물의 저장·취급에 관한 사항 파악하기	• 유별 저장기준에 관한 사항을 파악할 수 있다. • 유별 취급기준에 관한 사항을 파악할 수 있다.
	관련 법규 적용	위험물안전관리 법규 적용하기	• 위험물제조소 등과 관련된 안전관리 법규를 검토하여 허가· 완공절차 및 안전기준을 파악할 수 있다. • 위험물안전관리 법규의 벌칙 규정을 파악하고 준수할 수 있다.

실기과목명	주요항목	세부항목	세세항목
위험물 취급 실무	위험물 운송 · 운반기준 파악	운송 · 운반기준 파악하기	• 운송기준을 검토하여 운송 시 준수사항을 확인할 수 있다. • 운반기준을 검토하여 적합한 운반용기를 선정할 수 있다. • 운반기준을 확인하여 적합한 적재방법을 선정할 수 있다. • 운반기준을 조사하여 적합한 운반방법을 선정할 수 있다.
		운송시설의 위치 · 구조 · 설비기준 파악하기	• 이동탱크저장소의 위치기준을 검토하여 위험물을 안전하게 관리할 수 있다. • 이동탱크저장소의 구조기준을 검토하여 위험물을 안전하게 운송할 수 있다. • 이동탱크저장소의 설비기준을 검토하여 위험물을 안전하게 운송할 수 있다. • 이동탱크저장소의 특례기준을 검토하여 위험물을 안전하게 운송할 수 있다.
		운반시설 파악하기	• 위험물 운반시설(차량 등)의 종류를 분류하여 안전하게 운반 을 할 수 있다. • 위험물 운반시설(차량 등)의 구조를 검토하여 안전하게 운반 을 할 수 있다.
	위험물 운송 · 운반관리	운송 · 운반 안전조치하기	• 입 · 출하 차량 동선, 주정차, 통제 관련 규정을 파악하고 적용 하여 운송 · 운반 안전조치를 취할 수 있다. • 입 · 출하 작업 사전에 수행해야 할 안전조치 사항을 파악하고 적용하여 운송 · 운반 안전조치를 취할 수 있다. • 입 · 출하 작업 중 수행해야 할 안전조치 사항을 파악하고 적 용하여 운송 · 운반 안전조치를 취할 수 있다. • 사전 비상대응 매뉴얼을 파악하여 운송 · 운반 안전조치를 취 할 수 있다.

이 책의 구성과 특징

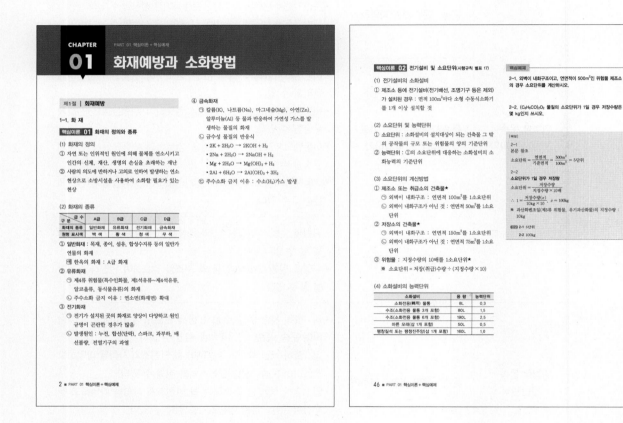

핵심이론

필수적으로 학습해야 하는 중요한 이론들을 각 과목별로 분류하여 수록하였습니다.
시험과 관계없는 두꺼운 기본서의 복잡한 이론은 이제 그만!
시험에 꼭 나오는 이론을 중심으로 효과적으로 공부하십시오.

핵심예제

출제기준을 중심으로 출제빈도가 높은 기출문제와 필수적으로 풀어보아야 할 문제를 핵심이론당 1~2문제씩 선정했습니다.
각 문제마다 핵심을 찌르는 명쾌한 해설이 수록되어 있습니다.

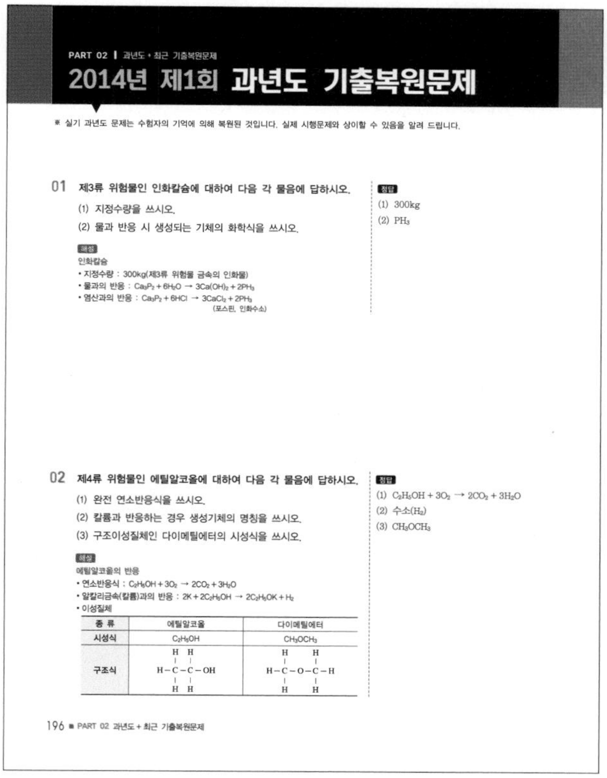
PART 02 ▎ 과년도 + 최근 기출복원문제

2014년 제1회 과년도 기출복원문제

※ 실기 과년도 문제는 수험자의 기억에 의해 복원된 것입니다. 실제 시행문제와 상이할 수 있음을 알려 드립니다.

01 제3류 위험물인 인화칼슘에 대하여 다음 각 물음에 답하시오.

(1) 지정수량을 쓰시오.

(2) 물과 반응 시 생성되는 기체의 화학식을 쓰시오.

해설

인화칼슘

- 지정수량 : 300kg(제3류 위험물 금속의 인화물)
- 물과의 반응 : $Ca_3P_2 + 6H_2O \rightarrow 3Ca(OH)_2 + 2PH_3$
- 염산과의 반응 : $Ca_3P_2 + 6HCl \rightarrow 3CaCl_2 + 2PH_3$ (포스핀, 인화수소)

정답

(1) 300kg

(2) PH_3

02 제4류 위험물인 에틸알코올에 대하여 다음 각 물음에 답하시오.

(1) 완전 연소반응식을 쓰시오.

(2) 칼륨과 반응하는 경우 생성기체의 명칭을 쓰시오.

(3) 구조이성질체인 다이메틸에터의 시성식을 쓰시오.

해설

에틸알코올의 반응

- 연소반응식 : $C_2H_5OH + 3O_2 \rightarrow 2CO_2 + 3H_2O$
- 알칼리금속(칼륨)과의 반응 : $2K + 2C_2H_5OH \rightarrow 2C_2H_5OK + H_2$
- 이성질체

종 류	에틸알코올	다이메틸에터
시성식	C_2H_5OH	CH_3OCH_3
구조식	H–C(H)(H)–C(H)(H)–OH	H–C(H)(H)–O–C(H)(H)–H

정답

(1) $C_2H_5OH + 3O_2 \rightarrow 2CO_2 + 3H_2O$

(2) 수소(H_2)

(3) CH_3OCH_3

196 ■ PART 02 과년도 + 최근 기출복원문제

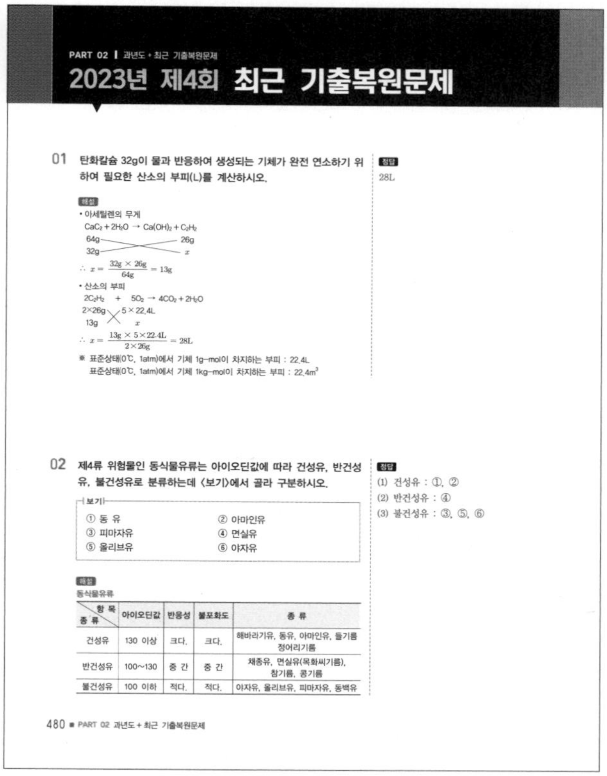
PART 02 ▎ 과년도 + 최근 기출복원문제

2023년 제4회 최근 기출복원문제

01 탄화칼슘 32g이 물과 반응하여 생성되는 기체가 완전 연소하기 위하여 필요한 산소의 부피(L)를 계산하시오.

해설

- 아세틸렌의 무게

$CaC_2 + 2H_2O \rightarrow Ca(OH)_2 + C_2H_2$

64g — 26g, 32g — x

$\therefore x = \frac{32g \times 26g}{64g} = 13g$

- 산소의 부피

$2C_2H_2 + 5O_2 \rightarrow 4CO_2 + 2H_2O$

2×26g — 5×22.4L, 13g — x

$\therefore x = \frac{13g \times 5 \times 22.4L}{2 \times 26g} = 28L$

※ 표준상태(0℃, 1atm)에서 기체 1g-mol이 차지하는 부피 : 22.4L

표준상태(0℃, 1atm)에서 기체 1kg-mol이 차지하는 부피 : 22.4m^3

정답

28L

02 제4류 위험물인 동식물유류는 아이오딘값에 따라 건성유, 반건성유, 불건성유로 분류하는데 〈보기〉에서 골라 구분하시오.

보기

① 동 유 ② 아마인유

③ 피마자유 ④ 면실유

⑤ 올리브유 ⑥ 야자유

해설

동식물유류

항 목 / 종 류	아이오딘값	반응성	불포화도	종 류
건성유	130 이상	크다.	크다.	해바라기유, 동유, 아마인유, 들기름 정어리기름
반건성유	100~130	중 간	중 간	채종유, 면실유(목화씨기름), 참기름, 콩기름
불건성유	100 이하	적다.	적다.	야자유, 올리브유, 피마자유, 동백유

정답

(1) 건성유 : ①, ②

(2) 반건성유 : ④

(3) 불건성유 : ③, ⑤, ⑥

480 ■ PART 02 과년도 + 최근 기출복원문제

과년도 기출복원문제

지금까지 출제된 과년도 기출복원문제를 수록하였습니다. 각 문제에는 자세한 해설이 추가되어 핵심이론만으로는 아쉬운 내용을 보충 학습하고 출제경향의 변화를 확인할 수 있습니다.

최근 기출복원문제

최근에 출제된 기출문제를 복원하여 가장 최신의 출제경향을 파악하고 새롭게 출제된 문제의 유형을 익혀 처음 보는 문제들도 모두 맞힐 수 있도록 하였습니다.

최신 기출문제 출제경향

- 이상기체 상태방정식으로 부피 계산
- 제1류 위험물의 품명 및 지정수량, 열분해반응식
- 제3류 위험물(알킬알루미늄)과 물의 반응식
- 탄화칼슘이 물과 반응 시 생성되는 가스의 부피
- 제4류 위험물의 비수용성 품목 고르기
- 사이안화수소의 물성, 화학식, 증기비중
- 피크르산의 구조식, 품명, 지정수량
- 제5류 위험물의 위험등급
- 과산화수소의 분해반응식, 위험등급, 운반 시 주의사항
- 자체소방대의 설치대상, 소방대원의 인원, 설비기준, 벌칙
- 소요단위 산정방법
- 운반 시 혼재 가능 여부
- 옥외탱크저장소의 용량, 방유제 용량, 간막이 둑
- 제1종 판매취급소의 설치기준
- 불활성가스 소화설비에 적응성이 있는 위험물
- 위험물의 저장 및 취급기준
- 인화점 측정 시험방법

- 위험물제조소의 방화상 유효한 담의 높이
- 제4류 위험물의 시성식
- 차광성 또는 방수성으로 피복해야 하는 위험물의 종류
- 과산화수소의 물성, 시성식, 분해반응식
- 제4류 위험물의 인화점
- 나트륨과 에탄올의 반응식 및 생성 기체의 위험도
- 유별 저장 및 취급의 공통기준
- 유별에 따른 소화설비의 적응성
- 제조소의 안전거리
- 크실렌의 3가지 명칭과 구조식
- 트라이에틸알루미늄과 물의 반응식, 가연성 기체의 부피
- 원통형 탱크의 내용적
- 위험물의 강습교육과 실무교육
- 질산암모늄의 분해반응식, 생성되는 물의 부피
- 소화설비의 소요단위
- TNT의 화학식, 지정수량, 제조과정

| 2020년 2회 | 2021년 2회 | 2022년 4회 | 2023년 2회 |

- 아세톤의 연소반응식, 연소 시 이론공기량, CO_2의 부피 계산
- 옥내소화전설비의 설치기준
- 제4류 위험물의 인화점, 구조식, 제1석유류의 구분
- 칼륨과 물, 이산화탄소, 에탄올의 반응식
- 과산화나트륨과 염산 또는 물의 반응식
- 황린의 연소반응식, 위험등급, 옥내저장소의 바닥면적
- 옥외탱크저장소의 보유공지
- 운반 시 혼재 가능 여부
- 옥외탱크저장소, 옥내탱크저장소, 지하탱크저장소의 저장 및 취급기준
- 이황화탄소의 연소반응식 및 증기비중
- 유별 저장 및 취급의 공통기준
- 질산암모늄 분해 반응 시 발생하는 기체의 부피 계산
- 제2류 위험물의 연소반응식
- 소화방법의 종류
- 연소 반응 시 생성물질의 양 계산
- 지정과산화물 옥내저장소의 기준(위험등급, 바닥면적, 외벽의 두께)

- 나이트로글리세린의 제법, 품명, 지정수량, 분해반응식
- 탄화칼슘의 산화반응식, 질소와의 반응
- 제1종 분말의 분해반응식, 생성되는 CO_2의 부피 계산
- 인화점 측정방법
- 옥외탱크저장소의 방유제 개수와 용량
- 아세트알데하이드의 성상, 화학식, 지정수량, 위험등급
- 제2종 분말, 할론1301, IG-100의 화학식
- 흑색화약 원료의 화학식 및 품명
- 염소산칼륨의 분해반응식, 생성되는 산소의 부피
- 제4류 위험물의 지정수량 배수
- 운반 시 혼재 불가능한 유별
- 트라이에틸알루미늄과 물의 반응식, 생성되는 에테인의 부피
- 운반용기 외부에 표시해야 하는 주의사항
- 과산화수소의 분해반응식
- 운반용기의 주의사항, 안전거리
- 클로로벤젠의 화학식, 품명, 지정수량
- 리튬과 물의 반응식, 위험등급, 보유공지

원소주기율표

범례

- 원자번호
- 원자기호(예 : **a** : 액체   **a** : 기체   **a** : 고체)
- 이름

```
20
Ca
칼슘
```

□ 금속   ▨ 비금속   □ 전이원소

1	2	3	4	5	6	7	8	9	10	11	12	13	14	15	16	17	18
1 H 수소																	2 He 헬륨
3 Li 리튬	4 Be 베릴륨											5 B 붕소	6 C 탄소	7 N 질소	8 O 산소	9 F 플루오린	10 Ne 네온
11 Na 소듐	12 Mg 마그네슘											13 Al 알루미늄	14 Si 규소	15 P 인	16 S 황	17 Cl 염소	18 Ar 아르곤
19 K 포타슘	20 Ca 칼슘	21 Sc 스칸듐	22 Ti 타이타늄	23 V 바나듐	24 Cr 크로뮴	25 Mn 망가니즈	26 Fe 철	27 Co 코발트	28 Ni 니켈	29 Cu 구리	30 Zn 아연	31 Ga 갈륨	32 Ge 저마늄	33 As 비소	34 Se 셀레늄	35 Br 브로민	36 Kr 크립톤
37 Rb 루비듐	38 Sr 스트론튬	39 Y 이트륨	40 Zr 지르코늄	41 Nb 나이오븀	42 Mo 몰리브데넘	43 Tc 테크네튬	44 Ru 루테늄	45 Rh 로듐	46 Pd 팔라듐	47 Ag 은	48 Cd 카드뮴	49 In 인듐	50 Sn 주석	51 Sb 안티모니	52 Te 텔루륨	53 I 아이오딘	54 Xe 제논
55 Cs 세슘	56 Ba 바륨	57~71 란타넘족	72 Hf 하프늄	73 Ta 탄탈럼	74 W 텅스텐	75 Re 레늄	76 Os 오스뮴	77 Ir 이리듐	78 Pt 백금	79 Au 금	80 Hg 수은	81 Tl 탈륨	82 Pb 납	83 Bi 비스무트	84 Po 폴로늄	85 At 아스타틴	86 Rn 라돈
87 Fr 프랑슘	88 Ra 라듐	89~103 악티늄족	104 Rf 러더포듐	105 Db 두브늄	106 Sg 시보귬	107 Bh 보륨	108 Hs 하슘	109 Mt 마이트너륨	110 Ds 다름슈타튬	111 Rg 뢴트게늄	112 Cn 코페르니슘	113 Nh 니호늄	114 Fl 플레로븀	115 Mc 모스크븀	116 Lv 리버모륨	117 Ts 테네신	118 Og 오가네손

Lanthanoids

57 La 란타넘	58 Ce 세륨	59 Pr 프라세오디뮴	60 Nd 네오디뮴	61 Pm 프로메튬	62 Sm 사마륨	63 Eu 유로퓸	64 Gd 가돌리늄	65 Tb 터븀	66 Dy 디스프로슘	67 Ho 홀뮴	68 Er 어븀	69 Tm 툴륨	70 Yb 이터븀	71 Lu 루테튬

Actinoids

89 Ac 악티늄	90 Th 토륨	91 Pa 프로트악티늄	92 U 우라늄	93 Np 넵투늄	94 Pu 플루토늄	95 Am 아메리슘	96 Cm 퀴륨	97 Bk 버클륨	98 Cf 캘리포늄	99 Es 아인슈타이늄	100 Fm 페르뮴	101 Md 멘델레븀	102 No 노벨륨	103 Lr 로렌슘

※ 출처 : 대한화학회, 2016

빨리보는 간단한 키워드

빨간키

합격의 공식 SD에듀 www.sdedu.co.kr

당신의 시험에 빨간불이 들어왔다면!
최다빈출키워드만 쏙쏙! 모아놓은
합격비법 핵심 요약집 "빨간키"와 함께하세요!
당신을 합격의 문으로 안내합니다.

01 화재예방과 소화방법

▌ **화재의 종류**

구 분 \ 급 수	A급	B급	C급	D급
화재의 종류	일반화재	유류화재	전기화재	금속화재
원형 표시색	백 색	황 색	청 색	무 색

▌ **연소** : 가연물이 공기 중에서 산소와 반응하여 열과 빛을 동반하는 급격한 산화현상

▌ **연소의 색과 온도**

색 상	담암적색	암적색	적 색	휘적색	황적색	백적색	휘백색
온도(℃)	520	700	850	950	1,100	1,300	1,500 이상

▌ **연소의 3요소** : 가연물, 산소공급원, 점화원

▌ **가연물의 조건**
- 열전도율이 작을 것
- 발열량이 클 것
- 표면적이 넓을 것
- 산소와 친화력이 좋을 것
- 활성화에너지가 작을 것

▌ **가연물이 될 수 없는 물질**
- 산소와 더 이상 반응하지 않는 물질 : CO_2, H_2O, Al_2O_3 등
- 질소 또는 질소산화물 : 산소와 반응은 하나 흡열반응을 하기 때문
- 8족(0족) 원소(불활성 기체) : 헬륨(He), 네온(Ne), 아르곤(Ar), 크립톤(Kr), 크세논(Xe), 라돈(Rn)

▌ **산소공급원** : 산소, 공기, 제1류 위험물(산화성 고체), 제6류 위험물, 제5류 위험물

▌ 전기불꽃에 의한 에너지 : $E = \dfrac{1}{2}CV^2 = \dfrac{1}{2}QV$

▌ 고체의 연소
- 표면연소 : 목탄, 코크스, 숯, 금속분 등이 열분해에 의하여 가연성 가스를 발생하지 않고, 그 물질 자체가 연소하는 현상
- 분해연소 : 석탄, 종이, 목재, 플라스틱 등의 연소 시 열분해에 의해 발생된 가스와 공기가 혼합하여 연소하는 현상

▌ 액체의 연소(증발연소)
아세톤, 휘발유, 등유, 경유와 같이 액체를 가열하면 증기가 되어 증기가 연소하는 현상

▌ 인화점(Flash Point) : 가연성 증기를 발생할 수 있는 최저의 온도

▌ 자연발화의 형태
- 산화열에 의한 발화 : 석탄, 건성유, 고무분말
- 분해열에 의한 발화 : 나이트로셀룰로스, 셀룰로이드
- 미생물에 의한 발화 : 퇴비, 먼지
- 흡착열에 의한 발화 : 목탄, 활성탄

▌ 자연발화의 조건
- 열전도율이 작을 것
- 주위의 온도가 높을 것
- 발열량이 클 것
- 표면적이 넓을 것

▌ 자연발화의 방지법 : 습도를 낮게 할 것

▌ 물을 소화약제로 사용하는 이유 : 비열과 증발잠열이 크기 때문

▌ 물의 잠열

• 증발잠열 : 액체가 기체로 될 때 출입하는 열(물의 증발잠열 : 539cal/g)

• 융해잠열 : 고체가 액체로 될 때 출입하는 열(물의 융해잠열 : 80cal/g)

▌ 증기비중 $= \dfrac{분자량}{29}$

▌ 분해폭발 : 아세틸렌, 산화에틸렌, 하이드라진

▌ 분진폭발 : 밀가루, 금속분, 플라스틱분, 마그네슘분

▌ 화재의 위험성

• 하한값이 낮을수록 위험

• 상한값이 높을수록 위험

• 연소범위가 넓을수록 위험

• 온도(압력)가 상승할수록 위험(압력이 상승하면 하한값은 불변, 상한값은 증가)
   (단, 일산화탄소는 압력 상승 시 연소범위가 감소)

▌ 공기 중의 폭발범위(연소범위)

가 스	하한값(%)	상한값(%)
아세틸렌(C_2H_2)	2.5	81.0
이황화탄소(CS_2)	1.0	50.0
다이에틸에터($C_2H_5OC_2H_5$)	1.7	48.0
수소(H_2)	4.0	75.0
산화프로필렌(CH_3CHCH_2O)	2.8	37.0

▌ 위험도(H)

$$H = \frac{U-L}{L}$$

▌ 혼합가스의 폭발한계값

$$L_m = \frac{100}{\dfrac{V_1}{L_1} + \dfrac{V_2}{L_2} + \dfrac{V_3}{L_3} + \cdots + \dfrac{V_n}{L_n}}$$

▌ 화학열 : 연소열, 분해열, 용해열, 자연발화

▌ 슈테판-볼츠만(Stefan-Boltzmann) 법칙

복사열은 절대온도차의 4제곱에 비례하고, 열전달면적에 비례한다.

▌ 보일오버

중질유탱크에서 장시간 조용히 연소하다가 탱크의 잔존기름이 갑자기 분출하는 현상

▌ 이상기체 상태방정식

$$PV = nRT = \frac{W}{M}RT, \quad V = \frac{WRT}{PM}$$

▌ 표준상태에서 증기밀도 $= \dfrac{분자량(g)}{22.4L}$

▌ 질식소화

공기 중 산소의 농도를 21%에서 15% 이하로 낮추어 공기를 차단하여 소화하는 방법

▌ 희석소화

알코올, 에스터, 케톤류 등 수용성 물질에 다량의 물을 방사하여 가연물의 농도를 낮추어 소화하는 방법

▌ 소화효과

• 이산화탄소 : 질식·냉각·피복효과
• 할로겐화합물(위험물) : 질식·냉각·억제(부촉매)효과
• 할로겐화합물 및 불활성기체 소화설비
 − 할로겐화합물 소화약제 : 부촉매·질식·냉각효과
 − 불활성기체 소화약제 : 질식·냉각효과

▌ 물 1g이 100% 수증기로 증발하였을 때, 체적이 약 1,700배가 되는 증명 과정

물 1g일 때 몰수를 구하면 $\dfrac{1g}{18g/mol} = 0.05555mol$

0.05555mol을 부피로 환산하면 $0.05555mol \times 22.4L/mol = 1.244L = 1,244cm^3$

온도 100℃를 보정하면 $1,244cm^3 \times \dfrac{(273+100)K}{273K} = 1,700cm^3 \rightarrow 1,700배$

▎ **산·알칼리 소화기의 소화원리**

$$H_2SO_4 + 2NaHCO_3 \rightarrow Na_2SO_4 + 2H_2O + 2CO_2$$

▎ **강화액 소화기의 소화원리**

$$H_2SO_4 + K_2CO_3 + H_2O \rightarrow K_2SO_4 + 2H_2O + CO_2$$

▎ **화학포 소화약제의 소화원리**

$$6NaHCO_3 + Al_2(SO_4)_3 \cdot 18H_2O \rightarrow 3Na_2SO_4 + 2Al(OH)_3 + 6CO_2 + 18H_2O$$

▎ 팽창비 $= \dfrac{\text{방출 후 포의 체적(L)}}{\text{방출 전 포수용액의 체적(포원액 + 물)(L)}}$

$\qquad = \dfrac{\text{방출 후 포의 체적(L)}}{\dfrac{\text{원액의 양(L)}}{\text{농도(\%)}}}$

▎ **할론 소화약제의 구비조건**

• 비점이 낮고 기화되기 쉬울 것
• 공기보다 무겁고 불연성일 것
• 증발잔유물이 없어야 할 것

▎ **불활성기체 소화약제의 구성성분**

종 류	성 분
IG-55	질소 50%, 아르곤 50%
IG-100	질소 100%
IG-541	질소 52%, 아르곤 40%, 이산화탄소 8%

▎ **분말 소화약제의 성상**

종 류	주성분	착 색	적응 화재
제1종 분말	탄산수소나트륨($NaHCO_3$)	백 색	B, C급
제2종 분말	탄산수소칼륨($KHCO_3$)	담회색	B, C급
제3종 분말	제일인산암모늄($NH_4H_2PO_4$)	담홍색	A, B, C급
제4종 분말	탄산수소칼륨 + 요소 [$KHCO_3 + (NH_2)_2CO$]	회 색	B, C급

■ 열분해반응식

- 제1종 분말
  - 1차 분해반응식(270℃) : $2NaHCO_3 \longrightarrow Na_2CO_3 + CO_2 + H_2O$
  - 2차 분해반응식(850℃) : $2NaHCO_3 \longrightarrow Na_2O + 2CO_2 + H_2O$
- 제3종 분말
  - 1차 분해반응식(190℃) : $NH_4H_2PO_4 \longrightarrow NH_3 + \underset{\text{(인산, 오쏘인산)}}{H_3PO_4}$
  - 2차 분해반응식(215℃) : $2H_3PO_4 \longrightarrow H_2O + \underset{\text{(피로인산)}}{H_4P_2O_7}$
  - 3차 분해반응식(300℃) : $H_4P_2O_7 \longrightarrow H_2O + \underset{\text{(메타인산)}}{2HPO_3}$

■ 소화기 설치기준

- 소형 수동식소화기 : 방호대상물의 각 부분으로부터 보행거리가 20m 이하가 되도록 설치할 것
- 대형 수동식소화기 : 방호대상물의 각 부분으로부터 보행거리가 30m 이하가 되도록 설치할 것

■ 수계 소화설비의 방수량, 방수압력, 수원

항목\종류	방수량	방수압력	토출량	수 원	비상전원
옥내소화전설비	260L/min 이상	350kPa (0.35MPa) 이상	N(최대 5개) $\times$ 260L/min	N(최대 5개) $\times$ 7.8m^3 (260L/min $\times$ 30min)	45분 이상
옥외소화전설비	450L/min 이상	350kPa (0.35MPa) 이상	N(최대 4개) $\times$ 450L/min	N(최대 4개) $\times$ 13.5m^3 (450L/min $\times$ 30min)	45분 이상
스프링클러설비	80L/min 이상	100kPa (0.1MPa) 이상	헤드수 $\times$ 80L/min	헤드수 $\times$ 2.4m^3 (80L/min $\times$ 30min)	45분 이상

■ 포모니터 노즐은 모든 노즐을 동시에 사용할 경우에 각 노즐 선단(끝부분)의 방사량이 1,900L/min 이상이고 수평방사거리가 30m 이상이 되도록 설치할 것

■ 불활성가스 소화설비의 방사압력 및 시간

구 분	전역방출방식			국소방출방식 (이산화탄소 사용)
	이산화탄소		불활성가스	
	고압식	저압식	IG-100, IG-55, IG-541	
방사압력	2.1MPa 이상	1.05MPa 이상	1.9MPa 이상	• 고압식 : 2.1MPa 이상 • 저압식 : 1.05MPa 이상
방사시간	60초 이내	60초 이내	95% 이상을 60초 이내	30초 이내

▌ 소화난이도등급 Ⅰ에 해당하는 제조소 및 일반취급소의 기준

- 연면적 $1,000m^2$ 이상인 것
- 지정수량의 100배 이상인 것
- 지반면으로부터 6m 이상의 높이에 위험물 취급설비가 있는 것
- 일반취급소로 사용되는 부분 외의 부분을 갖는 건축물에 설치된 것(예외규정 생략)

▌ 소화난이도등급 Ⅰ에 해당하는 제조소 및 일반취급소의 소화설비

- 옥내소화전설비
- 옥외소화전설비
- 스프링클러설비
- 물분무 등 소화설비

▌ 소화난이도등급 Ⅲ에 해당하는 이동탱크저장소(자동차용 소화기)의 소화설비

제조소 등의 구분	소화설비	설치기준	
이동탱크저장소	자동차용 소화기	무상의 강화액 8L 이상	2개 이상
		이산화탄소 3.2kg 이상	
		일브롬화일염화이플루오린화메테인(CF_2ClBr) 2L 이상	
		일브롬화삼플루오린화메테인(CF_3Br) 2L 이상	
		이브롬화사플루오린화에테인($C_2F_4Br_2$) 1L 이상	
		소화분말 3.3kg 이상	

▌ 불활성가스 소화설비의 적응성이 있는 위험물

제2류 위험물의 인화성 고체, 제4류 위험물

▌ 제조소 또는 취급소의 소요단위

- 외벽이 내화구조 : 연면적 $100m^2$를 1소요단위
- 외벽이 내화구조가 아닌 것 : 연면적 $50m^2$를 1소요단위

▌ 저장소의 소요단위

- 외벽이 내화구조 : 연면적 $150m^2$를 1소요단위
- 외벽이 내화구조가 아닌 것 : 연면적 $75m^2$를 1소요단위

▌ 위험물의 소요단위 : 지정수량의 10배를 1소요단위

■ 지정수량의 10배 이상일 경우 경보설비

자동화재탐지설비, 비상경보설비, 확성장치 또는 비상방송설비 중 1종 이상

■ 옥내주유취급소에 있어서는 해당 사무소 등의 출입구 및 피난구와 해당 피난구로 통하는 통로·계단 및 출입구에 유도등을 설치해야 한다.

02 위험물의 성질 및 취급

▌ 제1류 위험물의 지정수량

- 50kg : 아염소산염류, 염소산염류, 과염소산염류, 무기과산화물
- 300kg : 질산염류, 아이오딘(요오드)산염류, 브롬산염류, 크롬의 산화물
- 1,000kg : 과망가니즈(망간)산염류, 다이(중)크롬산염류

▌ 제1류 위험물 : 산화성·불연성 고체, 냉각소화(무기과산화물은 제외)

▌ 제1류 위험물의 반응식

- 염소산칼륨과 염산의 반응 : $2KClO_3 + 2HCl \rightarrow 2KCl + 2ClO_2 + H_2O_2$
- 염소산칼륨의 분해반응 : $2KClO_3 \rightarrow 2KCl + 3O_2$
- 염소산암모늄의 분해반응 : $2NH_4ClO_3 \rightarrow N_2 + Cl_2 + O_2 + 4H_2O$
- 과염소산칼륨의 분해반응 : $KClO_4 \rightarrow KCl + 2O_2$
- 과염소산나트륨의 분해반응 : $NaClO_4 \rightarrow NaCl + 2O_2$
- 과산화칼륨과 물의 반응 : $2K_2O_2 + 2H_2O \rightarrow 4KOH + O_2$
- 과산화나트륨의 분해반응 : $2Na_2O_2 \rightarrow 2Na_2O + O_2$
- 과산화나트륨과 이산화탄소의 반응 : $2Na_2O_2 + 2CO_2 \rightarrow 2Na_2CO_3 + O_2$
- 과산화나트륨과 초산의 반응 : $Na_2O_2 + 2CH_3COOH \rightarrow 2CH_3COONa + H_2O_2$
- 과망가니즈산칼륨의 분해반응 : $2KMnO_4 \rightarrow K_2MnO_4 + MnO_2 + O_2$
- 과망가니즈산칼륨과 묽은 황산의 반응 : $4KMnO_4 + 6H_2SO_4 \rightarrow 2K_2SO_4 + 4MnSO_4 + 6H_2O + 5O_2$
- 과망가니즈산칼륨과 염산의 반응 : $2KMnO_4 + 16HCl \rightarrow 2KCl + 2MnCl_2 + 8H_2O + 5Cl_2$

▌ 염소산칼륨 : 지정수량 50kg, 분해온도 400℃

▌ 흑색화약의 원료 : 질산칼륨, 황, 숯가루

▮ 제2류 위험물의 지정수량

  • 100kg : 황화인, 적린, 유황
  • 500kg : 철분, 금속분, 마그네슘
  • 1,000kg : 인화성 고체

▮ 제2류 위험물 : 가연성 고체, 냉각소화(일부 제외)

▮ 유황의 순도가 60wt% 이상이면 제2류 위험물로 본다.

▮ 철분 : 철의 분말로서 53μm의 표준체를 통과하는 것이 50wt% 미만은 제외

▮ 마그네슘에 해당하지 않는 것

  • 2mm의 체를 통과하지 않는 덩어리 상태의 것
  • 지름 2mm 이상의 막대 모양의 것

▮ 인화성 고체 : 고형알코올, 그 밖에 1기압에서 인화점이 40℃ 미만인 고체

▮ 제2류 위험물의 반응식

  • 오황화인과 물의 반응 : $P_2S_5 + 8H_2O \rightarrow 5H_2S + 2H_3PO_4$
  • 오황화인의 연소반응식 : $2P_2S_5 + 15O_2 \rightarrow 2P_2O_5 + 10SO_2$
  • 철분과 염산의 반응 : $Fe + 2HCl \rightarrow FeCl_2 + H_2$
  • 아연과 물의 반응 : $Zn + 2H_2O \rightarrow Zn(OH)_2 + H_2$
  • 마그네슘의 연소반응식 : $2Mg + O_2 \rightarrow 2MgO$
  • 마그네슘과 물의 반응 : $Mg + 2H_2O \rightarrow Mg(OH)_2 + H_2$
  • 마그네슘과 염산의 반응 : $Mg + 2HCl \rightarrow MgCl_2 + H_2$
  • 마그네슘과 이산화탄소의 반응 : $Mg + CO_2 \rightarrow MgO + CO$
  • 마그네슘과 질소의 반응 : $3Mg + N_2 \rightarrow Mg_3N_2$
    (질화마그네슘)

▮ 제3류 위험물의 지정수량

  • 10kg : 칼륨, 나트륨, 알킬알루미늄, 알킬리튬
  • 20kg : 황린
  • 300kg : 금속의 수소화물, 금속의 인화물, 칼슘 및 알루미늄의 탄화물

▌ 제3류 위험물의 반응식

- 칼륨과 물의 반응식 : $2K + 2H_2O \rightarrow 2KOH + H_2$
- 칼륨과 이산화탄소의 반응식 : $4K + 3CO_2 \rightarrow 2K_2CO_3 + C$
- 칼륨과 에틸알코올의 반응식 : $2K + 2C_2H_5OH \rightarrow 2C_2H_5OK + H_2$
- 나트륨의 연소반응식 : $4Na + O_2 \rightarrow 2Na_2O$
- 나트륨과 물의 반응식 : $2Na + 2H_2O \rightarrow 2NaOH + H_2$
- 트라이에틸알루미늄과 산소의 반응식 : $2(C_2H_5)_3Al + 21O_2 \rightarrow Al_2O_3 + 12CO_2 + 15H_2O$
- 트라이에틸알루미늄과 물의 반응식 : $(C_2H_5)_3Al + 3H_2O \rightarrow Al(OH)_3 + 3C_2H_6$
- 트라이에틸알루미늄과 메탄올의 반응식 : $(C_2H_5)_3Al + 3CH_3OH \rightarrow (CH_3O)_3Al + 3C_2H_6$
- 메틸리튬과 물의 반응식 : $CH_3Li + H_2O \rightarrow LiOH + CH_4$
- 황린의 연소반응식 : $P_4 + 5O_2 \rightarrow 2P_2O_5$
- 칼슘과 물의 반응식 : $Ca + 2H_2O \rightarrow Ca(OH)_2 + H_2$
- 인화칼슘과 물의 반응식 : $Ca_3P_2 + 6H_2O \rightarrow 3Ca(OH)_2 + 2PH_3$
- 인화알루미늄과 물의 반응식 : $AlP + 3H_2O \rightarrow Al(OH)_3 + PH_3$
- 탄화칼슘과 물의 반응식 : $CaC_2 + 2H_2O \rightarrow Ca(OH)_2 + C_2H_2$
- 아세틸렌의 연소반응식 : $2C_2H_2 + 5O_2 \rightarrow 4CO_2 + 2H_2O$

▌ 위험물의 저장방법

종 류	나트륨, 칼륨	알킬리튬	황 린	이황화탄소
화학식	Na, K	CH_3Li, C_2H_5Li, C_4H_9Li	P_4	CS_2
유 별	제3류 위험물			제4류 위험물
지정수량	10kg	10kg	20kg	50L
저장방법	등유, 경유, 유동 파라핀 속에 저장	벤젠, 헥세인의 희석제를 넣고 불활성 기체 봉입	물속에 저장	물속에 저장
저장하는 이유	공기산화 방지	자연발화 방지	포스핀가스 발생 방지	가연성 증기 발생 방지

▌ 칼륨, 나트륨의 보호액 : 등유, 경유, 유동파라핀

▌ **제4류 위험물의 지정수량**

- 50L : 특수인화물

- 200L : 제1석유류(비수용성)

- 400L : 제1석유류(수용성), 알코올류

- 2,000L : 제2석유류(수용성), 제3석유류(비수용성)

- 4,000L : 제3석유류(수용성)

▌ **제4류 위험물** : 인화성 액체, 질식소화

▌ **특수인화물**

- 1기압에서 발화점이 100℃ 이하인 것

- 인화점이 영하 20℃ 이하이고, 비점이 40℃ 이하인 것

▌ **제1석유류** : 1기압에서 인화점이 21℃ 미만인 것

▌ **제2석유류** : 1기압에서 인화점이 21℃ 이상 70℃ 미만인 것

▌ **특수인화물의 인화점**

종 류	다이에틸에터	이황화탄소	아세트알데하이드	산화프로필렌
인화점	−40℃	−30℃	−40℃	−37℃

▌ **제4류 위험물의 반응식**

- 이황화탄소의 연소반응식 : $CS_2 + 3O_2 \rightarrow CO_2 + 2SO_2$

- 이황화탄소와 물의 반응식 : $CS_2 + 2H_2O \rightarrow CO_2 + 2H_2S$

- 메틸알코올의 연소반응식 : $2CH_3OH + 3O_2 \rightarrow 2CO_2 + 4H_2O$

- 에틸알코올의 연소반응식 : $C_2H_5OH + 3O_2 \rightarrow 2CO_2 + 3H_2O$

- 아이오도폼(요오드포름) 반응식 : $C_2H_5OH + 6NaOH + 4I_2 \rightarrow CHI_3 + 5NaI + HCOONa + 5H_2O$

- 하이드라진과 과산화수소의 반응식 : $N_2H_4 + 2H_2O_2 \rightarrow N_2 + 4H_2O$

▌ 다이에틸에터는 직사광선에 노출 시 과산화물이 생성되므로 갈색병에 저장한다.

▌ **과산화물 검출시약** : 10% 아이오딘화칼륨(KI) 용액(검출 시 황색)

▋ 과산화물 제거시약 : 황산제일철 또는 환원철

▋ 아세트알데하이드의 화학식 : CH_3CHO

▋ 아세트알데하이드(CH_3CHO), 이산화탄소(CO_2), 프로페인(C_3H_8)의 증기비중 : $44/29 = 1.52$

▋ 아세톤의 연소범위 : 2.5~12.8%

▋ 아세톤의 인화점 : $-18.5℃$

▋ 메틸에틸케톤(제1석유류, 비수용성)의 지정수량 : 200L

▋ 초산에틸의 인화점 : $-3℃$

▋ 메틸알코올의 물성

화학식	지정수량	증기비중	인화점	연소범위
CH_3OH	400L	1.1	11℃	6.0~36%

▋ 클로로벤젠의 물성

화학식	지정수량	비 중	인화점
C_6H_5Cl	1,000L	1.1	27℃

▋ 글리세린의 물성

화학식	지정수량	비 중	비 점	인화점	착화점
$C_3H_5(OH)_3$	4,000L	1.26	182℃	160℃	370℃

▋ 아이오딘(요오드)값 : 유지 100g에 부가되는 아이오딘의 g수

▋ 제5류 위험물의 지정수량
  • 10kg : 유기과산화물, 질산에스터류
  • 200kg : 나이트로화합물, 나이트로소화합물, 아조화합물, 다이아조화합물, 하이드라진 유도체

■ 제5류 위험물의 반응식

- 나이트로글리세린의 분해반응식 : $4C_3H_5(ONO_2)_3 \rightarrow O_2 + 6N_2 + 10H_2O + 12CO_2$
- TNT의 분해반응식 : $2C_6H_2CH_3(NO_2)_3 \rightarrow 2C + 3N_2 + 5H_2 + 12CO$
- 피크르산의 분해반응식 : $2C_6H_2OH(NO_2)_3 \rightarrow 2C + 3N_2 + 3H_2 + 4CO_2 + 6CO$

■ 제5류 위험물 : 자기반응성 물질, 가연성, 냉각소화

■ 질산메틸의 증기비중(CH_3ONO_2, 분자량 : 77) : $\dfrac{77}{29} = 2.66$

■ 트라이나이트로톨루엔(TNT)의 화학식 : $C_6H_2CH_3(NO_2)_3$

■ 구조식

[TNT]   [피크르산]

■ 제6류 위험물의 지정수량(300kg) : 과염소산, 과산화수소, 질산, 할로겐간화합물

■ 과산화수소 : 농도가 36wt% 이상이면 제6류 위험물이다.

■ 질산 : 비중이 1.49 이상이면 제6류 위험물이다.

■ 제6류 위험물의 반응식

- 과산화수소의 분해반응 : $2H_2O_2 \rightarrow 2H_2O + O_2$
- 질산의 분해반응 : $4HNO_3 \rightarrow 2H_2O + 4NO_2 + O_2$

■ 과염소산($HClO_4$)의 증기비중

$$\text{증기비중} = \frac{\text{분자량}}{29} = \frac{100.5}{29} = 3.47$$

03 안전관리법령

▌ 위험물

인화성 또는 발화성 등의 성질을 가지는 것으로 대통령령이 정하는 물품

▌ 제조소 등

제조소, 저장소, 취급소

▌ 제조소

위험물을 제조할 목적으로 지정수량 이상의 위험물을 취급하기 위하여 규정에 따른 허가를 받은 장소

▌ 저장소

지정수량 이상의 위험물을 저장하기 위한 대통령령이 정하는 장소로서 규정에 따른 허가를 받은 장소(옥내저장소, 옥외저장소, 옥내탱크저장소, 옥외탱크저장소, 지하탱크저장소, 이동탱크저장소, 간이탱크저장소, 암반탱크저장소)

▌ 취급소

지정수량 이상의 위험물을 제조 외의 목적으로 취급하기 위한 대통령령이 정하는 장소로서 규정에 따른 허가를 받은 장소(일반취급소, 주유취급소, 판매취급소, 이송취급소)

▌ 제조소 등을 설치하고자 하는 자는 그 설치장소를 관할하는 시·도지사의 허가를 받아야 한다.

▌ 제조소 등의 위치, 구조 또는 설비의 변경 없이 위험물의 품명, 수량 또는 지정수량의 배수를 변경하고자 하는 자는 변경하고자 하는 날의 1일 전까지 시·도지사에게 신고해야 한다.

▌ 제조소 등의 용도폐지 : 폐지한 날로부터 14일 이내에 시·도지사에게 신고

위험물안전관리자

- 해임 또는 퇴직 시 : 30일 이내에 재선임
- 안전관리자 선임신고 : 선임한 날부터 14일 이내
- 위험물안전관리자 미선임 : 1,500만원 이하의 벌금

예방규정을 정해야 하는 제조소 등

- 지정수량의 10배 이상의 위험물을 취급하는 제조소, 일반취급소
- 지정수량의 100배 이상의 위험물을 저장하는 옥외저장소
- 지정수량의 150배 이상의 위험물을 저장하는 옥내저장소
- 지정수량의 200배 이상의 위험물을 저장하는 옥외탱크저장소
- 암반탱크저장소
- 이송취급소

정기점검 대상인 제조소 등

- 예방규정을 정해야 하는 제조소 등
- 지하탱크저장소
- 이동탱크저장소
- 위험물을 취급하는 탱크로서 지하에 매설된 탱크가 있는 제조소, 주유취급소 또는 일반취급소

탱크시험자의 기술능력 중 필수인력

- 위험물기능장·위험물산업기사 또는 위험물기능사 중 1명 이상
- 비파괴검사기술사 1명 이상 또는 초음파비파괴검사·자기비파괴검사 및 침투비파괴검사별로 기사 또는 산업기사 각 1명 이상

자체소방대 설치대상

- 지정수량의 3,000배 이상의 제4류 위험물을 취급하는 제조소, 일반취급소
- 지정수량의 50만배 이상의 제4류 위험물을 취급하는 옥외탱크저장소

▌ 자체소방대에 두는 화학소방자동차 및 인원

사업소의 구분	화학소방자동차	자체소방대원의 수
제조소 또는 일반취급소에서 취급하는 제4류 위험물의 최대수량의 합이 지정수량의 3,000배 이상 12만배 미만인 사업소	1대	5인
제조소 또는 일반취급소에서 취급하는 제4류 위험물의 최대수량의 합이 지정수량의 12만배 이상 24만배 미만인 사업소	2대	10인
제조소 또는 일반취급소에서 취급하는 제4류 위험물의 최대수량의 합이 지정수량의 24만배 이상 48만배 미만인 사업소	3대	15인
제조소 또는 일반취급소에서 취급하는 제4류 위험물의 최대수량의 합이 지정수량의 48만배 이상인 사업소	4대	20인
옥외탱크저장소에 저장하는 제4류 위험물의 최대수량이 지정수량의 50만배 이상인 사업소	2대	10인

▌ 화학소방자동차에 갖추어야 하는 소화능력 및 설비의 기준

화학소방자동차의 구분	소화능력 및 설비의 기준
포수용액 방사차	포수용액의 방사능력이 매분 2,000L 이상일 것
	소화약액탱크 및 소화약액혼합장치를 비치할 것
	10만L 이상의 포수용액을 방사할 수 있는 양의 소화약제를 비치할 것

▌ 탱크의 용량 = 탱크의 내용적 − 공간용적(탱크 내용적의 5/100 이상 10/100 이하)

▌ 원통형 탱크의 내용적(V)

탱크의 종류	탱크의 내용적
	$V = \dfrac{\pi ab}{4}\left(l + \dfrac{l_1 + l_2}{3}\right)$
	$V = \pi r^2\left(l + \dfrac{l_1 + l_2}{3}\right)$
	$V = \pi r^2 l$

▌ 제1류 위험물

가연물과의 접촉, 혼합이나 분해를 촉진하는 물품과의 접근 또는 과열, 충격, 마찰 등을 피하는 한편, 알칼리금속의 과산화물 및 이를 함유한 것에 있어서는 물과의 접촉을 피해야 한다.

▌ 제2류 위험물

산화제와의 접촉, 혼합이나 불티, 불꽃, 고온체와의 접근 또는 과열을 피하는 한편, 철분, 금속분, 마그네슘 및 이를 함유한 것에 있어서는 물이나 산과의 접촉을 피하고 인화성 고체에 있어서는 함부로 증기를 발생시키지 않아야 한다.

▌ 제3류 위험물

자연발화성 물품에 있어서는 불티, 불꽃 또는 고온체와의 접근·과열 또는 공기와의 접촉을 피하고, 금수성 물품에 있어서는 물과의 접촉을 피해야 한다.

▌ 제4류 위험물

불티, 불꽃, 고온체와의 접근 또는 과열을 피하고, 함부로 증기를 발생시키지 않아야 한다.

▌ 제5류 위험물

불티, 불꽃, 고온체와의 접근이나 과열, 충격 또는 마찰을 피해야 한다.

▌ 제6류 위험물

가연물과의 접촉, 혼합이나 분해를 촉진하는 물품과의 접근 또는 과열을 피해야 한다.

▌ 옥내저장소와 옥외저장소에 저장 시 높이(아래 높이를 초과하여 겹쳐 쌓지 말 것)
- 기계에 의하여 하역하는 구조로 된 용기만을 겹쳐 쌓는 경우 : 6m
- 제4류 위험물 중 제3석유류, 제4석유류, 동식물유류를 수납하는 용기만을 겹쳐 쌓는 경우 : 4m
- 그 밖의 경우(특수인화물, 제1석유류, 제2석유류, 알코올류, 타류) : 3m

▌ 이동저장탱크의 표시사항

위험물의 위험성을 알리는 표지를 부착하고 잘 보일 수 있도록 관리할 것

▌ 옥외저장소에서 위험물을 수납한 용기를 선반에 저장하는 경우

6m를 초과하지 말 것

┃ 이동저장탱크에 알킬알루미늄 등

- 저장하는 경우 : 20kPa 이하의 압력으로 불활성의 기체를 봉입하여 둘 것
- 저장탱크에서 꺼낼 때 : 200kPa 이하의 압력으로 불활성의 기체를 봉입하여 둘 것

┃ 옥외저장탱크 · 옥내저장탱크 또는 지하저장탱크 중 압력탱크 외의 탱크에 저장하는 경우

- 산화프로필렌, 다이에틸에터 등 : 30℃ 이하
- 아세트알데하이드 : 15℃ 이하

┃ 아세트알데하이드 등 또는 다이에틸에터 등을 이동저장탱크에 저장하는 경우

- 보랭장치가 있는 경우 : 비점 이하
- 보랭장치가 없는 경우 : 40℃ 이하

┃ 운반용기 수납률

- 고체위험물 : 운반용기 내용적의 95% 이하
- 액체위험물 : 운반용기 내용적의 98% 이하

┃ 자연발화성 물질 중 알킬알루미늄은 운반용기 내용적의 90% 이하의 수납률로 수납하되, 50℃의 온도에서 5% 이상의 공간용적을 유지하도록 할 것

┃ 운반 시 차광성이 있는 것으로 피복

- 제1류 위험물
- 제3류 위험물 중 자연발화성 물질
- 제4류 위험물 중 특수인화물
- 제5류 위험물
- 제6류 위험물

┃ 운반 시 방수성이 있는 것으로 피복

- 제1류 위험물 중 알칼리금속의 과산화물
- 제2류 위험물 중 철분 · 금속분 · 마그네슘
- 제3류 위험물 중 금수성 물질

▌ 운반용기의 외부 표시사항 중 주의사항

종 류	표시사항
제1류 위험물	• 알칼리금속의 과산화물 : 화기·충격주의, 물기엄금, 가연물접촉주의 • 그 밖의 것 : 화기·충격주의, 가연물접촉주의
제2류 위험물	• 철분, 금속분, 마그네슘 : 화기주의, 물기엄금 • 인화성 고체 : 화기엄금 • 그 밖의 것 : 화기주의
제3류 위험물	• 자연발화성 물질 : 화기엄금, 공기접촉엄금 • 금수성 물질 : 물기엄금
제4류 위험물	화기엄금
제5류 위험물	화기엄금, 충격주의
제6류 위험물	가연물접촉주의

▌ 위험등급 Ⅰ의 위험물

- 제3류 위험물 중 칼륨, 나트륨, 알킬알루미늄, 알킬리튬, 황린, 그 밖에 지정수량이 10kg인 위험물
- 제4류 위험물 중 특수인화물
- 제5류 위험물 중 유기과산화물, 질산에스터류, 그 밖에 지정수량이 10kg인 위험물

▌ 위험등급 Ⅱ의 위험물

제4류 위험물 중 제1석유류, 알코올류

▌ 위험등급 Ⅲ의 위험물

Ⅰ, Ⅱ에서 정하지 않은 위험물

▌ 운반 시 위험물의 혼재 가능 기준

위험물의 구분	제1류	제2류	제3류	제4류	제5류	제6류
제1류		×	×	×	×	○
제2류	×		×	○	○	×
제3류	×	×		○	×	×
제4류	×	○	○		○	×
제5류	×	○	×	○		×
제6류	○	×	×	×	×	

▌ 제조소의 안전거리

건축물	안전거리
사용전압 7,000V 초과 35,000V 이하의 특고압가공전선	3m 이상
사용전압 35,000V 초과의 특고압가공전선	5m 이상
건축물, 그 밖의 공작물로서 주거용으로 사용되는 것(제조소가 설치된 부지 내에 있는 것을 제외)	10m 이상
고압가스, 액화석유가스, 도시가스를 저장 또는 취급하는 시설	20m 이상
학교, 병원(병원급 의료기관), 극장, 아동복지시설, 노인복지시설, 장애인복지시설, 한부모가족복지시설, 어린이집, 성매매피해자 등을 위한 지원시설, 정신건강증진시설, 가정폭력방지 및 피해자 보호시설 및 그 밖에 이와 유사한 시설로서 수용인원 20명 이상 수용할 수 있는 것	30m 이상
유형문화재, 지정문화재	50m 이상

▌ 제조소의 보유공지

취급하는 위험물의 최대수량	공지의 너비
지정수량의 10배 이하	3m 이상
지정수량의 10배 초과	5m 이상

▌ 위험물제조소의 주의사항

위험물의 종류	주의사항	게시판의 색상
• 제1류 위험물 중 알칼리금속의 과산화물 • 제3류 위험물 중 금수성 물질	물기엄금	청색바탕에 백색문자
제2류 위험물(인화성 고체는 제외)	화기주의	적색바탕에 백색문자
• 제2류 위험물 중 인화성 고체 • 제3류 위험물 중 자연발화성 물질 • 제4류 위험물 • 제5류 위험물	화기엄금	적색바탕에 백색문자

▌ 제조소 환기설비의 급기구는 해당 급기구가 설치된 실의 바닥면적 150m²마다 1개 이상으로 하되 급기구의 크기는 800cm² 이상으로 할 것(옥내저장소도 같다)

▌ 제조소 환기설비의 환기구는 지붕 위 또는 지상 2m 이상의 높이에 회전식 고정벤틸레이터 또는 루프팬(Roof Fan : 지붕에 설치하는 배기장치)방식으로 설치할 것

▌ **피뢰설비** : 지정수량의 10배 이상의 위험물을 취급하는 제조소(제6류 위험물은 제외)에는 설치

▌ 위험물제조소의 옥외에 있는 위험물 취급탱크

- 하나의 취급탱크 주위에 설치하는 방유제의 용량 : 해당 탱크용량의 50% 이상
- 2 이상의 취급탱크 주위에 하나의 방유제를 설치하는 경우 방유제의 용량 : (최대탱크용량 × 0.5) + (나머지 탱크용량의 합계 × 0.1)

▌ 하이드록실아민의 안전거리

$D = 51.1 \sqrt[3]{N}$ (m) 이상[N : 지정수량의 배수(하이드록실아민의 지정수량 : 100kg)]

▌ 옥내저장소의 보유공지

저장 또는 취급하는 위험물의 최대수량	공지의 너비	
	벽·기둥 및 바닥이 내화구조로 된 건축물	그 밖의 건축물
지정수량의 5배 이하	–	0.5m 이상
지정수량의 5배 초과 10배 이하	1m 이상	1.5m 이상
지정수량의 10배 초과 20배 이하	2m 이상	3m 이상
지정수량의 20배 초과 50배 이하	3m 이상	5m 이상
지정수량의 50배 초과 200배 이하	5m 이상	10m 이상
지정수량의 200배 초과	10m 이상	15m 이상

▌ 제2류 또는 제4류 위험물만을 저장하는 창고로서 아래 기준에 적합한 창고의 처마높이는 20m 이하로 할 수 있다.

- 벽·기둥·보 및 바닥을 내화구조로 할 것
- 출입구에 60분+방화문을 설치할 것
- 피뢰침을 설치할 것(단, 안전상 지장이 없는 경우에는 예외)

▌ 옥내저장소 저장창고의 바닥면적

위험물을 저장하는 창고의 종류	바닥면적
① 제1류 위험물 중 아염소산염류, 염소산염류, 과염소산염류, 무기과산화물, 그 밖에 지정수량이 50kg인 위험물 ② 제3류 위험물 중 칼륨, 나트륨, 알킬알루미늄, 알킬리튬, 그 밖에 지정수량이 10kg인 위험물 및 황린 ③ 제4류 위험물 중 특수인화물, 제1석유류 및 알코올류 ④ 제5류 위험물 중 유기과산화물, 질산에스터류, 그 밖에 지정수량이 10kg인 위험물 ⑤ 제6류 위험물	1,000m² 이하
①~⑤의 위험물 외의 위험물을 저장하는 창고	2,000m² 이하
위의 전부에 해당하는 위험물을 내화구조의 격벽으로 완전히 구획된 실에 각각 저장하는 창고(①~⑤의 위험물을 저장하는 실의 면적은 500m²를 초과할 수 없다)	1,500m² 이하

▌ 옥내저장소 저장창고의 지붕을 내화구조로 할 수 있는 것
- 제2류 위험물(분말 상태의 것과 인화성 고체는 제외)
- 제6류 위험물

▌ 옥내저장소 저장창고의 바닥에 물이 스며나오거나 스며들지 않는 구조로 해야 하는 위험물
- 제1류 위험물 중 알칼리금속의 과산화물
- 제2류 위험물 중 철분, 금속분, 마그네슘
- 제3류 위험물 중 금수성 물질
- 제4류 위험물

▌ 배출설비에서 인화점이 70℃ 미만인 위험물의 저장창고에 있어서는 내부에 체류한 가연성의 증기를 지붕 위로 배출하는 설비를 갖추어야 한다.

▌ 배출설비의 배출구는 지상 2m 이상으로서 연소의 우려가 없는 장소에 설치하고, 배출덕트(공기배출통로)가 관통하는 벽 부분의 바로 가까이에 화재 시 자동으로 폐쇄되는 방화댐퍼(화재 시 연기 등을 차단하는 장치)를 설치할 것

▌ 지정과산화물(제5류 위험물 중 유기과산화물)을 저장 또는 취급하는 옥내저장소
저장창고는 150m² 이내마다 격벽으로 완전하게 구획할 것. 이 경우 해당 격벽은 두께 30cm 이상의 철근콘크리트조 또는 철골철근콘크리트조로 하거나 두께 40cm 이상의 보강콘크리트블록조로 하고, 해당 저장창고의 양측의 외벽으로부터 1m 이상, 상부의 지붕으로부터 50cm 이상 돌출되게 할 것

▌ 옥외탱크저장소의 방유제의 높이 : 0.5m 이상 3m 이하

▌ 옥외탱크저장소의 방유제의 두께 : 0.2m 이상

▌ 옥외탱크저장소의 방유제의 지하매설깊이 : 1m 이상

▌ 옥외탱크저장소의 방유제내의 면적 : 80,000m² 이하

▮ 옥외탱크저장소의 방유제는 탱크의 옆판으로부터 일정 거리를 유지할 것(단, 인화점이 200℃ 이상인 위험물은 제외)

- 지름이 15m 미만인 경우 : 탱크 높이의 1/3 이상
- 지름이 15m 이상인 경우 : 탱크 높이의 1/2 이상

▮ 아세트알데하이드 등의 옥외탱크저장소

- 옥외저장탱크의 설비는 구리(Cu), 마그네슘(Mg), 은(Ag), 수은(Hg)의 합금으로 만들지 않을 것
- 옥외저장탱크에는 냉각장치, 보랭장치, 불활성 기체의 봉입장치를 설치할 것

▮ 옥내저장탱크의 용량(동일한 탱크전용실에 2 이상 설치하는 경우에는 각 탱크의 용량의 합계)은 지정수량의 40배 (제4석유류 및 동식물유류 외의 제4류 위험물 : 20,000L를 초과할 때에는 20,000L) 이하일 것

▮ 지하탱크전용실은 지하의 가장 가까운 벽·피트·가스관 등의 시설물 및 대지경계선으로부터 0.1m 이상 떨어진 곳에 설치하고, 지하저장탱크와 탱크전용실의 안쪽과의 사이는 0.1m 이상의 간격을 유지하도록 하며, 해당 탱크의 주위에 마른 모래 또는 습기 등에 의하여 응고되지 않는 입자지름 5mm 이하의 마른 자갈분을 채워야 한다.

▮ 지하저장탱크의 윗부분은 지면으로부터 0.6m 이상 아래에 있어야 한다.

▮ 지하저장탱크를 2 이상 인접해 설치하는 경우에는 그 상호 간에 1m(해당 2 이상의 지하 저장탱크의 용량의 합계가 지정수량의 100배 이하인 때에는 0.5m) 이상의 간격을 유지해야 한다.

▮ 인화점이 21℃ 미만인 위험물의 지하저장탱크 주입구의 게시판

- 게시판은 한 변이 0.3m 이상, 다른 한 변이 0.6m 이상인 직사각형으로 할 것
- 게시판에는 "지하저장탱크 주입구"라고 표시하는 것 외에 취급하는 위험물의 유별, 품명 및 주의사항을 표시할 것
- 게시판은 백색바탕에 흑색문자(주의사항은 적색문자)로 할 것

▮ 간이저장탱크의 용량은 600L 이하이어야 한다.

▮ 간이저장탱크는 두께 3.2mm 이상의 강판으로 흠이 없도록 제작해야 하며, 70kPa의 압력으로 10분간의 수압시험을 실시하여 새거나 변형되지 않아야 한다.

▮ 간이저장탱크 밸브 없는 통기관의 지름은 25mm 이상으로 할 것

▌ 이동저장탱크의 구조

- 탱크의 두께 : 3.2mm 이상의 강철판
- 압력탱크(최대상용압력이 46.7kPa 이상인 탱크) 외의 탱크 : 70kPa의 압력으로 10분간 실시하여 새거나 변형되지 않을 것
- 압력탱크 : 최대상용압력의 1.5배의 압력으로 10분간 실시하여 새거나 변형되지 않을 것
- 안전칸막이 : 4,000L 이하마다 3.2mm 이상의 강철판

▌ 이동탱크저장소의 접지도선 설치대상 : 제4류 위험물 중 특수인화물, 제1석유류, 제2석유류

▌ 알킬알루미늄 등을 저장 또는 취급하는 이동탱크저장소의 특례

- 이동저장탱크의 두께 : 10mm 이상의 강판
- 이동저장탱크의 용량 : 1,900L 미만
- 맨홀, 주입구의 뚜껑 두께 : 10mm 이상의 강판

▌ 옥외저장소의 보유공지

저장 또는 취급하는 위험물의 최대수량	공지의 너비
지정수량의 10배 이하	3m 이상
지정수량의 10배 초과 20배 이하	5m 이상
지정수량의 20배 초과 50배 이하	9m 이상
지정수량의 50배 초과 200배 이하	12m 이상
지정수량의 200배 초과	15m 이상

※ 제4류 위험물 중 제4석유류와 제6류 위험물 : 위의 표에 의한 보유공지의 1/3 이상으로 할 수 있다.

▌ 옥외저장소에 저장할 수 있는 위험물

- 제2류 위험물 중 유황, 인화성 고체(인화점이 0℃ 이상인 것에 한함)
- 제4류 위험물 중 제1석유류(인화점이 0℃ 이상인 것에 한함), 제2석유류, 제3석유류, 제4석유류, 알코올류, 동식물유류
- 제6류 위험물
- 제2류 위험물 및 제4류 위험물 중 특별시·광역시 또는 도의 조례에서 정하는 위험물(관세법 제154조의 규정에 의한 보세구역 안에 저장하는 경우에 한한다)
- 국제해사기구에 관한 협약에 의하여 설치된 국제해사기구가 채택한 국제해상위험물규칙(IMDG Code)에 적합한 용기에 수납된 위험물

▌ 주유취급소의 "주유 중 엔진정지"

황색바탕에 흑색문자

▌ 주유취급소의 탱크용량

자동차 등에 주유하기 위한 고정주유설비에 직접 접속하는 전용탱크로서 50,000L 이하의 것

▌ 고정주유설비 등의 주유관 끝부분에서의 최대배출량

- 제1석유류 : 분당 50L 이하
- 경유 : 분당 180L 이하
- 등유 : 분당 80L 이하

▌ 고정주유설비 또는 고정급유설비의 주유관 길이

5m(현수식의 경우에는 지면 위 0.5m의 수평면에 수직으로 내려 만나는 점을 중심으로 반경 3m) 이내

▌ 고속국도의 도로변에 설치된 주유취급소의 탱크 용량 : 60,000L 이하

▌ 제1종 판매취급소의 위험물 배합실의 기준

- 바닥면적은 $6m^2$ 이상 $15m^2$ 이하일 것
- 내화구조 또는 불연재료로 된 벽으로 구획할 것
- 바닥은 위험물이 침투하지 않는 구조로 하여 적당한 경사를 두고 집유설비를 할 것
- 출입구에는 수시로 열 수 있는 자동폐쇄식의 60분+방화문을 설치할 것
- 출입구 문턱의 높이는 바닥면으로부터 0.1m 이상으로 할 것
- 내부에 체류한 가연성의 증기 또는 가연성의 미분을 지붕 위로 방출하는 설비를 할 것

▌ 분무도장작업 등의 일반취급소

도장, 인쇄 또는 도포를 위하여 제2류 위험물 또는 제4류 위험물(특수인화물을 제외한다)을 취급하는 일반취급소로서 지정수량의 30배 미만의 것(위험물을 취급하는 설비를 건축물에 설치하는 것에 한한다)

Win- Q

위험물산업기사

PART

1

핵심이론 + 핵심예제

화재예방과 소화방법

제1절 | 화재예방

1-1. 화 재

핵심이론 01 화재의 정의와 종류

(1) 화재의 정의

① 자연 또는 인위적인 원인에 의해 물체를 연소시키고 인간의 신체, 재산, 생명의 손실을 초래하는 재난
② 사람의 의도에 반하거나 고의로 인하여 발생하는 연소현상으로 소방시설을 사용하여 소화할 필요가 있는 현상

(2) 화재의 종류

구 분 \ 급 수	A급	B급	C급	D급
화재의 종류	일반화재	유류화재	전기화재	금속화재
원형 표시색	백 색	황 색	청 색	무 색

① 일반화재 : 목재, 종이, 섬유, 합성수지류 등의 일반가연물의 화재
  예 한옥의 화재 : A급 화재
② 유류화재
  ㉠ 제4류 위험물(특수인화물, 제1석유류~제4석유류, 알코올류, 동식물유류)의 화재
  ㉡ 주수소화 금지 이유 : 연소면(화재면) 확대
③ 전기화재
  ㉠ 전기가 설치된 곳의 화재로 양상이 다양하고 원인 규명이 곤란한 경우가 많음
  ㉡ 발생원인 : 누전, 합선(단락), 스파크, 과부하, 배선불량, 전열기구의 과열
④ 금속화재
  ㉠ 칼륨(K), 나트륨(Na), 마그네슘(Mg), 아연(Zn), 알루미늄(Al) 등 물과 반응하여 가연성 가스를 발생하는 물질의 화재
  ㉡ 금수성 물질의 반응식
    • $2K + 2H_2O \rightarrow 2KOH + H_2$
    • $2Na + 2H_2O \rightarrow 2NaOH + H_2$
    • $Mg + 2H_2O \rightarrow Mg(OH)_2 + H_2$
    • $2Al + 6H_2O \rightarrow 2Al(OH)_3 + 3H_2$
  ㉢ 주수소화 금지 이유 : 수소(H_2)가스 발생

1-2. 연소의 이론과 실제

핵심이론 01 연 소

(1) 연소의 정의

가연물이 공기 중에서 산소와 반응하여 열과 빛을 동반하는 급격한 산화현상

(2) 연소의 색과 온도

색 상	온도(℃)
담암적색	520
암적색	700
적 색	850
휘적색	950
황적색	1,100
백적색	1,300
휘백색	1,500 이상

(3) 연소의 3요소

① 가연물 : 목재, 종이, 석탄, 플라스틱 등과 같이 산소와 반응하여 발열반응을 하는 물질

  ㉠ 가연물의 조건★

   • 열전도율이 작을 것

   • 발열량이 클 것

   • 표면적이 넓을 것

   • 산소와 친화력이 좋을 것

   • 활성화에너지가 작을 것

  ㉡ 가연물이 될 수 없는 물질

   • 산소와 더 이상 반응하지 않는 물질 : CO_2, H_2O, Al_2O_3 등

   • 질소 또는 질소산화물 : 산소와 반응은 하나 흡열반응을 하기 때문

   • 8족(0족) 원소(불활성 기체) : 헬륨(He), 네온(Ne), 아르곤(Ar), 크립톤(Kr), 크세논(Xe), 라돈(Rn)

② 산소공급원

  ㉠ 산 소

  ㉡ 공 기

  ㉢ 제1류 위험물(산화성 고체)

  ㉣ 제6류 위험물

  ㉤ 제5류 위험물

③ 점화원 : 전기불꽃, 정전기불꽃, 충격마찰의 불꽃, 단열압축, 나화 및 고온표면 등

  ※ 연소의 요소

   • 3요소 : 가연물, 산소공급원, 점화원

   • 4요소 : 가연물, 산소공급원, 점화원, 순조로운 연쇄반응

  ※ 정전기의 발화과정 및 방지대책

   • 발화과정 : 전하의 발생 → 전하의 축적 → 방전 → 발화

   • 방지대책 : 접지, 상대습도 70% 이상 유지, 공기 이온화

  ※ 전기불꽃에 의한 에너지

$$E = \frac{1}{2} C V^2 = \frac{1}{2} Q V$$

  여기서, E : 에너지(Joule)

   C : 정전용량(Farad)

   V : 방전전압(Volt)

   Q : 전기량(Coulomb)

1-1. 연소의 3요소 중 가연물의 조건 3가지를 쓰시오.

1-2. 정전기 방지방법을 쓰시오.

|해설|

1-1
가연물의 조건
• 열전도율이 작을 것
• 발열량이 클 것
• 표면적이 넓을 것
• 산소와 친화력이 좋을 것
• 활성화에너지가 작을 것

1-2
정전기 제거설비
• 접지할 것
• 상대습도를 70% 이상으로 할 것
• 공기를 이온화할 것

정답 1-1 • 열전도율이 작을 것
      • 발열량이 클 것
      • 표면적이 넓을 것
   1-2 • 접지할 것
      • 상대습도를 70% 이상으로 할 것
      • 공기를 이온화할 것

핵심이론 02 위험물의 연소의 형태

(1) 고체의 연소★

① **표면연소** : 목탄, 코크스, 숯, 금속분 등이 열분해에 의하여 가연성 가스를 발생하지 않고 그 물질 자체가 연소하는 현상

② **분해연소** : 석탄, 종이, 목재, 플라스틱 등의 연소 시 열분해에 의해 발생된 가스와 공기가 혼합하여 연소하는 현상

③ **증발연소** : 황, 나프탈렌, 왁스, 파라핀 등과 같이 고체를 가열하면 열분해는 일어나지 않고, 고체가 액체로 되어 일정온도가 되면 액체가 기체로 변화하여 기체가 연소하는 현상

④ **자기연소(내부연소)** : 제5류 위험물인 나이트로셀룰로스(질화면) 등 그 물질이 가연물과 산소를 동시에 가지고 있는 가연물이 연소하는 현상

(2) 액체의 연소

① **증발연소** : 아세톤, 휘발유, 등유, 경유와 같이 액체를 가열하면 증기가 되어 증기가 연소하는 현상

② **액적연소** : 벙커C유와 같이 가열하여 점도를 낮추어 버너 등을 사용하여 액체의 입자를 안개상으로 분출하여 연소하는 현상

(3) 기체의 연소

① **확산연소** : 수소, 아세틸렌, 프로페인, 뷰테인 등 화염의 안정 범위가 넓고 조작이 용이하여 역화의 위험이 없는 연소로서 불꽃은 있으나 불티가 없는 연소

② **폭발연소** : 밀폐된 용기에 공기와 혼합가스가 있을 때 점화되면 연소속도가 증가하여 폭발적으로 연소하는 현상

③ **예혼합연소** : 가연성 기체와 공기 중의 산소를 미리 혼합하여 연소하는 현상

고체연소의 종류 4가지를 쓰시오.

|해설|

본문 참조

정답 표면연소, 분해연소, 증발연소, 자기연소

핵심이론 03 연소에 따른 제반사항

(1) 인화점(Flash Point)★

① 휘발성 물질에 불꽃을 접하여 발화될 수 있는 최저 온도

② 가연성 증기를 발생할 수 있는 최저 온도

(2) 발화점(Ignition Point)

가연성 물질에 점화원을 접하지 않고도 불이 일어나는 최저 온도

① 자연발화의 형태★
  ㉠ 산화열에 의한 발화 : 석탄, 건성유, 고무분말
  ㉡ 분해열에 의한 발화 : 나이트로셀룰로스, 셀룰로이드
  ㉢ 미생물에 의한 발화 : 퇴비, 먼지
  ㉣ 흡착열에 의한 발화 : 목탄, 활성탄

② 자연발화의 조건★
  ㉠ 열전도율이 작을 것
  ㉡ 주위의 온도가 높을 것
  ㉢ 발열량이 클 것
  ㉣ 표면적이 넓을 것
  ㉤ 열의 축적이 클 때

③ 자연발화의 방지법★
  ㉠ 습도를 낮게 할 것
  ㉡ 주위의 온도를 낮출 것
  ㉢ 통풍을 잘 시킬 것
  ㉣ 불활성 가스를 주입하여 공기와 접촉을 피할 것

④ 발화점이 낮아지는 이유
  ㉠ 분자구조가 복잡할 때
  ㉡ 산소와 친화력이 좋을 때
  ㉢ 열전도율이 낮을 때
  ㉣ 증기압과 습도가 낮을 때

(3) 연소점(Fire Point)

어떤 물질이 연소 시 연소를 지속할 수 있는 최저 온도로서 인화점보다 10℃ 높다.

※ 온도의 크기 : 발화점 > 연소점 > 인화점

(4) 비열(Specific Heat)

① 1g의 물체를 1℃ 올리는 데 필요한 열량(cal)

② 1lb의 물체를 1°F 올리는 데 필요한 열량(BTU)

※ 물을 소화약제로 사용하는 이유 : 비열과 증발잠열이 크기 때문

(5) 잠열(Latent Heat)★

어떤 물질이 온도는 변하지 않고 상태만 변화할 때 발생하는 열($Q = \gamma \cdot m$)

① 증발잠열 : 액체가 기체로 될 때 출입하는 열(물의 증발잠열 : 539cal/g, 539kcal/kg)

② 융해잠열 : 고체가 액체로 될 때 출입하는 열(물의 융해잠열 : 80cal/g, 80kcal/kg)

(6) 현열(Sensible Heat)★

어떤 물질이 상태는 변화하지 않고 온도만 변화할 때 발생하는 열($Q = mC\Delta t$)

① 0℃의 물 1g이 100℃의 수증기로 되는 데 필요한 열량

$$Q = mC\Delta t + \gamma \cdot m$$
$$= 1g \times 1cal/g \cdot ℃ \times (100 - 0)℃ + 539cal/g \times 1g$$
$$= 639cal$$

② 0℃의 얼음 1g이 100℃의 수증기로 되는 데 필요한 열량

$$Q = \gamma_1 \cdot m + mC\Delta t + \gamma_2 \cdot m$$
$$= (80cal/g \times 1g) + 1g \times 1cal/g \cdot ℃ \times (100 - 0)℃$$
$$+ 539cal/g \times 1g$$
$$= 719cal$$

(7) 최소 착화에너지

① 가연성 가스 및 공기가 혼합하여 착화원으로 착화 시에 발화하기 위하여 필요한 최저 에너지

② 최소 착화에너지에 영향을 주는 요인
- ㉠ 온 도
- ㉡ 압 력
- ㉢ 농도(조성)

③ 최소 착화에너지가 커지는 현상
- ㉠ 압력이나 온도가 낮을 때
- ㉡ 질소, 이산화탄소 등 불연성 가스를 투입할 때
- ㉢ 가연물의 농도가 감소할 때
- ㉣ 산소의 농도가 감소할 때

(8) 증기비중★

$$증기비중 = \frac{분자량}{29}$$

① 공기의 조성

산소(O_2) 21%, 질소(N_2) 78%, 아르곤(Ar) 등 1%

② 공기의 평균분자량

$$(32 \times 0.21) + (28 \times 0.78) + (40 \times 0.01) = 28.96$$
$$\fallingdotseq 29$$

핵심예제

제5류 위험물인 질산메틸의 증기비중을 구하시오.

|해설|

질산메틸
- 화학식 : CH_3ONO_2
- 분자량 = $12 + (1 \times 3) + 16 + 14 + (16 \times 2) = 77$
- 증기비중 = $\dfrac{분자량}{29} = \dfrac{77}{29} = 2.655 = 2.66$

정답 2.66

(1) 폭발의 분류

① 물리적인 폭발

    ㉠ 화산의 폭발

    ㉡ 은하수 충돌에 의한 폭발

    ㉢ 진공용기의 파손에 의한 폭발

    ㉣ 과열액체의 비등에 의한 증기폭발

    ㉤ 고압용기의 과압과 과충전

② 화학적인 폭발

    ㉠ 산화폭발 : 가스가 공기 중에 누설 또는 인화성 액체탱크에 공기가 유입되어 탱크 내에 점화원이 유입되어 폭발하는 현상

    ㉡ 분해폭발 : 아세틸렌, 산화에틸렌, 하이드라진과 같이 분해하면서 폭발하는 현상

    ※ 아세틸렌 희석제 : 질소, 일산화탄소, 메테인

    ㉢ 중합폭발 : 사이안화수소와 같이 단량체가 일정 온도와 압력으로 반응이 진행되어 분자량이 큰 중합체가 되어 폭발하는 현상

③ 가스폭발 : 인화성 액체의 증기가 산소와 반응하여 점화원에 의해 폭발하는 현상

    예 메테인, 에테인, 프로페인, 뷰테인, 수소, 아세틸렌

④ 분진폭발 : 가연성 고체가 미세한 분말상태로 공기 중에 부유한 상태로 점화원이 존재하면 폭발하는 현상

    예 밀가루, 금속분, 플라스틱분, 마그네슘분

(2) 폭발범위(연소범위)

① 가연성 물질이 기체상태에서 공기와 혼합하여 일정농도 범위 내에서 연소가 일어나는 범위

    ㉠ 하한값(하한계) : 연소가 계속되는 최저의 용량비

    ㉡ 상한값(상한계) : 연소가 계속되는 최대의 용량비

② 폭발범위와 화재의 위험성

    ㉠ 하한값이 낮을수록 위험하다.

    ㉡ 상한값이 높을수록 위험하다.

    ㉢ 연소범위가 넓을수록 위험하다.

    ㉣ 온도(압력)가 상승할수록 위험하다(압력이 상승하면 하한계는 불변, 상한계는 증가. 단, 일산화탄소는 압력 상승 시 연소범위가 감소).

(3) 공기 중의 폭발범위(연소범위)★

가 스	하한값(%)	상한값(%)
아세틸렌(C_2H_2)	2.5	81.0
이황화탄소(CS_2)	1.0	50.0
다이에틸에터($C_2H_5OC_2H_5$)	1.7	48.0
산화에틸렌(C_2H_4O)	3.0	80.0
벤젠(C_6H_6)	1.4	8.0
톨루엔($C_6H_5CH_3$)	1.27	7.0
아세톤(CH_3COCH_3)	2.5	12.8
헥세인(헥산, C_6H_{14})	1.1	7.5
수소(H_2)	4.0	75.0
일산화탄소(CO)	12.5	74.0
암모니아(NH_3)	15.0	28.0
메테인(메탄, CH_4)	5.0	15.0
에테인(에탄, C_2H_6)	3.0	12.4
프로페인(프로판, C_3H_8)	2.1	9.5
뷰테인(부탄, C_4H_{10})	1.8	8.4

(4) 위험도(Degree of Hazards)★

$$H = \frac{U - L}{L}$$

여기서, U : 폭발상한값

        L : 폭발하한값

(5) 혼합가스의 폭발한계값★★

$$L_m = \frac{100}{\dfrac{V_1}{L_1} + \dfrac{V_2}{L_2} + \dfrac{V_3}{L_3} + \cdots + \dfrac{V_n}{L_n}}$$

여기서, L_m : 혼합가스의 폭발한계(하한값, 상한값의 vol%)

        V_1, V_2, V_3, $\cdots$, V_n : 가연성 가스의 용량(vol%)

        L_1, L_2, L_3, $\cdots$, L_n : 가연성 가스의 하한값 또는 상한값(vol%)

(6) 폭굉유도거리(DID)

① 최초의 완만한 연소가 격렬한 폭굉으로 발전할 때까지의 거리

② 폭굉유도거리가 짧아지는 요인

    ㉠ 압력이 높을수록

    ㉡ 관경이 작을수록

    ㉢ 관속에 장애물이 있는 경우

    ㉣ 점화원의 에너지가 강할수록

    ㉤ 정상연소속도가 큰 혼합물일수록

핵심예제

4-1. 다음 물질의 연소범위를 쓰시오.

(1) 아세틸렌

(2) 다이에틸에터

(3) 이황화탄소

(4) 산화프로필렌

4-2. 다음 물질의 위험도를 계산하시오.

(1) 다이에틸에터

(2) 이황화탄소

(3) 아세트알데하이드

|해설|

4-1

연소범위

가 스	하한값(%)	상한값(%)
아세틸렌(C_2H_2)	2.5	81.0
다이에틸에터($C_2H_5OC_2H_5$)	1.7	48.0
이황화탄소(CS_2)	1.0	50.0
산화프로필렌(CH_3CHCH_2O)	2.8	37.0

4-2

• 연소범위

가 스	하한값(%)	상한값(%)
다이에틸에터($C_2H_5OC_2H_5$)	1.7	48.0
이황화탄소(CS_2)	1.0	50.0
아세트알데하이드(CH_3CHO)	4.0	60.0

• 위험도

$$H = \frac{U-L}{L}$$

(1) 다이에틸에터 : $H = \dfrac{U-L}{L} = \dfrac{48.0-1.7}{1.7} = 27.2$

(2) 이황화탄소 : $H = \dfrac{U-L}{L} = \dfrac{50-1}{1} = 49.0$

(3) 아세트알데하이드 : $H = \dfrac{U-L}{L} = \dfrac{60-4}{4} = 14.0$

정답 **4-1** (1) 2.5~81.0%
        (2) 1.7~48.0%
        (3) 1.0~50.0%
        (4) 2.8~37.0%

    4-2 (1) 27.2
        (2) 49.0
        (3) 14.0

(1) 일산화탄소(CO)

농 도	인체의 영향
600~700ppm	1시간 노출로 영향을 인지
2,000ppm(0.2%)	1시간 노출로 생명이 위험
4,000ppm(0.4%)	1시간 이내에 치사

(2) 이산화탄소(CO_2)

농 도	인체에 미치는 영향
0.1%	공중위생상의 상한선
2%	불쾌감 감지
3%	호흡수 증가
4%	두부에 압박감 감지
6%	두통, 현기증, 호흡곤란
10%	시력장애, 1분 이내에 의식 불명하여 방치 시 사망
20%	중추신경이 마비되어 사망

(3) 기타 연소생성물의 영향

가 스	현 상
$COCl_2$ (포스겐)	매우 독성이 강한 가스로서 연소 시 거의 발생하지 않으나 사염화탄소 약제 사용 시 발생
CH_2CHCHO (아크롤레인)	석유제품이나 유지류가 연소할 때 생성
SO_2 (아황산가스)	황을 함유하는 유기화합물이 완전 연소 시 발생
H_2S (황화수소)	황을 함유하는 유기화합물이 불완전 연소 시 발생하며, 달걀 썩는 냄새가 나는 가스
CO_2 (이산화탄소)	연소가스 중 가장 많은 양을 차지하며, 완전 연소 시 생성
CO (일산화탄소)	불완전 연소 시 다량 발생하며, 혈액 중의 헤모글로빈(Hb)과 결합하여 혈액 중의 산소운반을 저해하여 사망
HCl (염화수소)	PVC(Poly Vinyl Chloride)와 같이 염소가 함유된 물질의 연소 시 생성

(1) 화학열

① **연소열** : 어떤 물질이 완전히 산화되는 과정에서 발생하는 열
② **분해열** : 어떤 화합물이 분해할 때 발생하는 열
③ **용해열** : 어떤 물질이 액체에 용해될 때 발생하는 열
④ **자연발화** : 어떤 물질이 외부열의 공급 없이 온도가 상승하여 발화점 이상에서 연소하는 현상
　※ 기름 걸레를 빨래 줄에 걸어 놓으면 자연발화가 되지 않는다(산화열의 미축적으로).

(2) 전기열

① **저항열** : 도체에 전류가 흐르면 전기저항 때문에 전기에너지의 일부가 열로 변할 때 발생하는 열
② **유전열** : 누설전류에 의해 절연물질이 가열하여 절연이 파괴되어 발생하는 열
③ **유도열** : 도체 주위에 변화하는 자장이 존재하면 전위차를 발생하고 이 전위차로 전류의 흐름이 일어나 도체의 저항때문에 열이 발생하는 것
④ **아크열** : 아크의 온도는 매우 높기 때문에 가연성이나 인화성 물질을 점화시킬 수 있다.
⑤ **정전기열** : 정전기가 방전할 때 발생하는 열

(3) 기계열

① **마찰열** : 두 물체를 마주대고 마찰시킬 때 발생하는 열
② **압축열** : 기체를 압축할 때 발생하는 열
③ **마찰스파크열** : 금속과 고체물체가 충돌할 때 발생하는 열

(1) 대류(Convection)

화로에 의해서 방 안이 더워지는 현상은 대류현상에 의한 것이다.

$q = hA\Delta t$

여기서, h : 열전달계수($\text{kcal/m}^2 \cdot \text{h} \cdot \text{°C}$)
A : 열전달면적(m^2)
Δt : 온도차(°C)

(2) 전도(Conduction)

하나의 물체가 다른 물체와 직접 접촉하여 전달되는 현상

※ 푸리에(Fourier) 법칙 : 고체, 유체에서 서로 접하고 있는 물질 분자 간에 열이 직접 이동하는 열전도와 관련된 법칙

$q = -kA\dfrac{dt}{dl}$ (kcal/h)

여기서, k : 열전도도($\text{kcal/m} \cdot \text{h} \cdot \text{°C}$, $\text{W/m} \cdot \text{°C}$)
A : 열전달면적(m^2)
dt : 온도차(°C)
dl : 미소거리(m)

※ 전도열 : 화재 시 화원과 격리된 인접 가연물에 불이 옮겨 붙는 것

(3) 복사(Radiation)

양지바른 곳에 햇볕을 쬐면 따뜻함을 느끼는 현상

※ 복사와 관련 법칙
슈테판-볼츠만(Stefan-Boltzmann) 법칙 : 복사열은 절대온도차의 4제곱에 비례하고 열전달면적에 비례한다.

- $Q = aAF(T_1^4 - T_2^4)$ (kcal/h)
- $Q_1 : Q_2 = (T_1 + 273)^4 : (T_2 + 273)^4$

(1) 보일오버(Boil Over)★

① 중질유탱크에서 장시간 조용히 연소하다가 탱크의 잔존기름이 갑자기 분출(Over Flow)하는 현상
② 연소유면으로부터 100°C 이상의 열파가 탱크 저부에 고여 있는 물을 비등하게 하면서 연소유를 탱크 밖으로 비산하며 연소하는 현상

(2) 슬롭오버(Slop Over)

물이 연소유의 뜨거운 표면에 들어갈 때 기름표면에서 화재가 발생하는 현상

(3) 프로스오버(Froth Over)

물이 뜨거운 기름표면 아래서 끓을 때 화재를 수반하지 않고 용기에서 넘쳐흐르는 현상

(4) 블레비(BLEVE ; Boiling Liquid Expanding Vapor Explosion)

액화가스 저장탱크의 누설로 부유 또는 확산된 액화가스가 착화원과 접촉하여 액화가스가 공기 중으로 확산, 폭발하는 현상

핵심예제

보일오버를 설명하시오.

|해설|

본문 참조

정답 중질유탱크에서 장시간 조용히 연소하다가 탱크의 잔존기름이 갑자기 분출(Over Flow)하는 현상

(1) 이상기체 상태방정식 ★★★

$$PV = nRT = \frac{W}{M}RT, \quad V = \frac{WRT}{PM}$$

여기서, P : 압력(atm)

V : 부피(L, m^3)

n : mol수(무게/분자량)

W : 무게(g, kg)

M : 분자량

R : 기체상수(0.08205L · atm/g-mol · K,

0.08205m^3 · atm/kg-mol · K)

T : 절대온도(K)

(2) 표준상태에서 증기밀도 ★

$$증기밀도 = \frac{분자량(g)}{22.4(L)}$$

(3) 비압축성 유체

유체의 유속은 단면적에 반비례하고 지름의 제곱에 비례한다.

$$\frac{u_2}{u_1} = \left(\frac{D_1}{D_2}\right)^2, \quad u_2 = u_1 \times \left(\frac{D_1}{D_2}\right)^2$$

(4) 표준대기압

$1atm = 760mmHg = 10.332mH_2O = 10,332mmH_2O$

$\quad = 1.0332kg_f/cm^2$

$\quad = 10,332kg_f/m^2$

$\quad = 101,325N/m^2(= Pa)$

$\quad = 101.325kN/m^2(= kPa)$

$\quad = 0.101325MN/m^2(= MPa)$

9-1. 프로페인 $2m^3$이 완전 연소할 때 필요한 이론공기량은 약 몇 m^3인가?(단, 공기 중 산소농도는 21vol%이다)

9-2. 1기압, 100℃에서 물 36g이 모두 기화되었다. 생성된 기체는 약 몇 L인가?

9-3. 과산화나트륨 1kg이 물과 반응할 때 생성된 기체는 350℃, 1기압에서 체적은 몇 L가 되는가?(단, Na의 원자량은 23이다)

9-4. 질산암모늄 800g이 완전 열분해하는 경우 생성되는 모든 기체의 부피(L)는?(단, 표준상태이다)

9-5. 탄화칼슘 32g이 물과 반응하여 생성되는 기체가 완전 연소하기 위하여 필요한 산소의 부피(L)를 계산하시오.

9-6. 인화알루미늄 580g을 표준상태에서 물과 반응시켰다. 다음 물음에 답하시오.

⑴ 물과의 반응식

⑵ 생성되는 독성기체의 부피(L)

9-7. 벤젠 16g이 증기로 될 경우 70℃, 1atm 상태에서는 부피는 몇 L가 되겠는가?

9-8. 이황화탄소 5kg이 완전 연소하는 경우 발생되는 모든 기체의 부피는 몇 m^3가 되겠는가?(단, 온도는 25℃, 압력은 1atm 상태이다)

9-9. 표준상태(0℃, 1atm)에서 톨루엔의 증기밀도(g/L)를 계산하시오.

9-10. 아세톤 200g을 공기 중에서 완전 연소시켰다. 다음 각 물음에 답하시오(단, 표준상태이고, 공기 중 산소의 농도는 부피농도로 21vol%이다).

(1) 아세톤의 완전 연소반응식을 쓰시오.

(2) 완전 연소에 필요한 이론공기량(L)을 계산하시오.

(3) 완전 연소 시 발생하는 이산화탄소의 부피(L)를 계산하시오.

|해설|

9-1
프로페인의 연소반응식

$C_3H_8 + 5O_2 \rightarrow 3CO_2 + 4H_2$

$1m^3$ — $5m^3$
$2m^3$ — x

$x = \dfrac{2 \times 5}{1} = 10m^3$(이론산소량)

$\therefore$ 이론공기량 $= \dfrac{10m^3}{0.21} = 47.62m^3$

9-2
이상기체 상태방정식

$PV = \dfrac{W}{M}RT$, $V = \dfrac{WRT}{PM}$

여기서, V : 부피(L), W : 무게(36g)
R : 기체상수(0.08205L · atm/g-mol · K)
T : 절대온도[(273 + 100)K], P : 압력(1atm)
M : 분자량($H_2O = 18$)

$\therefore V = \dfrac{WRT}{PM} = \dfrac{36g \times 0.08205L \cdot atm/g-mol \cdot K \times 373K}{1atm \times 18g/g-mol}$

$= 61.21L$

9-3
과산화나트륨과 물의 반응

$2Na_2O_2 + 2H_2O \rightarrow 4NaOH + O_2$

$2 \times 78g$ — $32g$
$1,000g$ — x

$\therefore x = \dfrac{1,000g \times 32g}{2 \times 78g} = 205.13g$

이상기체 상태방정식

$PV = \dfrac{WRT}{M}$ 에서 온도와 압력을 보정하면

$\therefore V = \dfrac{WRT}{PM}$

$= \dfrac{205.13g \times 0.08205L \cdot atm/g-mol \cdot K \times (273+350)K}{1atm \times 32g/g-mol}$

$= 327.68L$

9-4
기체의 부피

$2NH_4NO_3 \rightarrow 4H_2O + 2N_2 + O_2$

$2 \times 80g$ — $7(= 4+2+1) \times 22.4L$
$800g$ — x

$\therefore x = \dfrac{800g \times 7 \times 22.4L}{2 \times 80g} = 784L$

9-5
생성되는 기체가 완전 연소하기 위한 산소의 부피

• 아세틸렌의 무게를 먼저 구하면

$CaC_2 + 2H_2O \rightarrow Ca(OH)_2 + C_2H_2$

$64g$ — $26g$
$32g$ — x

$\therefore x = \dfrac{32g \times 26g}{64g} = 13g$

• 산소의 부피를 구하면

$2C_2H_2 + 5O_2 \rightarrow 4CO_2 + 2H_2O$

$2 \times 26g$ — $5 \times 22.4L$
$13g$ — x

$\therefore x = \dfrac{13g \times 5 \times 22.4L}{2 \times 26g} = 28L$

※ 표준상태(0℃, 1atm)에서 기체 1g-mol이 차지하는 부피 : 22.4L
※ 표준상태(0℃, 1atm)에서 기체 1kg-mol이 차지하는 부피 : 22.4m³

9-6
인화알루미늄

• 물과의 반응
$AlP + 3H_2O \rightarrow Al(OH)_3 + PH_3$

• 생성되는 독성기체의 부피(L)
$AlP + 3H_2O \rightarrow Al(OH)_3 + PH_3$

$58g$ — $22.4L$
$580g$ — x

$\therefore x = \dfrac{580g \times 22.4L}{58g} = 224L$

9-7
이상기체 상태방정식

$PV = nRT = \dfrac{W}{M}RT$, $V = \dfrac{WRT}{PM}$

여기서, P : 압력, V : 부피(L), n : mol수(무게/분자량)
W : 무게(16g), M : 분자량($C_6H_6 = 78$)
R : 기체상수(0.08205L · atm/g-mol · K)
T : 절대온도(273 + 70℃ = 343K)

$\therefore V = \dfrac{WRT}{PM} = \dfrac{16g \times 0.08205L \cdot atm/g-mol \cdot K \times 343K}{1atm \times 78g/g-mol}$

$= 5.77L$

9-8

- 이산화탄소(CO_2)의 무게

$$CS_2 + 3O_2 \rightarrow CO_2 + 2SO_2$$

$$\begin{matrix} 76kg & & 44kg \\ 5kg & & x \end{matrix}$$

$$\therefore \ x = \frac{5kg \times 44kg}{76kg} = 2.89kg$$

- 이산화황(SO_2)의 무게

$$CS_2 + 3O_2 \rightarrow CO_2 + 2SO_2$$

$$\begin{matrix} 76kg & & 2 \times 64kg \\ 5kg & & x \end{matrix}$$

$$\therefore \ x = \frac{5kg \times 2 \times 64kg}{76kg} = 8.42kg$$

이상기체 상태방정식

$PV = \dfrac{WRT}{M}$ 에서 온도와 압력을 보정하면

- 이산화탄소의 체적

$$V = \frac{WRT}{PM}$$

$$= \frac{2.89kg \times 0.08205m^3 \cdot atm/kg-mol \cdot K \times (273+25)K}{1atm \times 44kg/kg-mol}$$

$$= 1.61m^3$$

- 이산화황의 체적

$$V = \frac{WRT}{PM}$$

$$= \frac{8.42kg \times 0.08205m^3 \cdot atm/kg-mol \cdot K \times (273+25)K}{1atm \times 64kg/kg-mol}$$

$$= 3.22m^3$$

$\therefore$ 발생되는 모든 기체의 체적 $= 1.61m^3 + 3.22m^3 = 4.83m^3$

9-9

표준상태에서 증기밀도

$$증기밀도 = \frac{분자량(g)}{22.4L} = \frac{92g}{22.4L} = 4.11g/L$$

- 톨루엔($C_6H_5CH_3$)의 분자량 $= (12 \times 6) + (1 \times 5) + 12 + (1 \times 3)$
$$= 92$$
- 표준상태에서 기체 1g-mol이 차지하는 부피 : 22.4L

9-10
아세톤

- 완전 연소반응식 : $CH_3COCH_3 + 4O_2 \rightarrow 3CO_2 + 3H_2O$
- 이론공기량(L)

$$CH_3COCH_3 + 4O_2 \rightarrow 3CO_2 + 3H_2O$$

$$\begin{matrix} 58g & & 4 \times 22.4L \\ 200g & & x \end{matrix}$$

$$x = \frac{200g \times 4 \times 22.4L}{58g} = 308.97L(이론산소량)$$

$$\therefore \ 이론공기량 = \frac{308.97L}{0.21} = 1,471.29L$$

- 이산화탄소의 부피(L)

$$CH_3COCH_3 + 4O_2 \rightarrow 3CO_2 + 3H_2O$$

$$\begin{matrix} 58g & & 3 \times 22.4L \\ 200g & & x \end{matrix}$$

$$\therefore \ x = \frac{200g \times 3 \times 22.4L}{58g} = 231.72L$$

정답 9-1 $47.62m^3$

9-2 $61.21L$

9-3 $327.68L$

9-4 $784L$

9-5 $28L$

9-6 (1) $AlP + 3H_2O \rightarrow Al(OH)_3 + PH_3$
(2) $224L$

9-7 $5.77L$

9-8 $4.83m^3$

9-9 $4.11g/L$

9-10 (1) $CH_3COCH_3 + 4O_2 \rightarrow 3CO_2 + 3H_2O$
(2) $1,471.29L$
(3) $231.72L$

제2절 | 소화방법 및 소화약제

핵심이론 01 소화방법

(1) 소화의 원리

① 연소의 3요소 중 어느 하나를 없애주어 소화하는 방법

② 연소의 3요소 : 가연물, 산소공급원, 점화원

(2) 소화방법★★

① 제거소화 : 화재현장에서 가연물을 없애주어 소화하는 방법

② 냉각소화 : 화재현장에 물을 주수하여 발화점 이하로 온도를 낮추어 소화하는 방법

　※ 물을 소화제로 이용하는 이유 : 비열과 증발잠열이 크기 때문

　※ 소화약제 : 산화반응을 하고 발열반응을 갖지 않는 물질

③ 질식소화 : 공기 중의 산소의 농도를 21%에서 15% 이하로 낮추어 공기를 차단하여 소화하는 방법

　※ 질식소화 시 산소의 유효 한계농도 : 10~15%

④ 부촉매소화(억제소화, 화학소화) : 연쇄반응을 차단하여 소화하는 방법

　㉠ 화학소화제는 불꽃연소에는 매우 효과적이나 표면연소에는 효과가 없다.

　㉡ 화학소화제는 연쇄반응을 억제하면서 동시에 냉각, 산소희석, 연료제거 등의 작용을 한다.

　㉢ 화학소화방법은 불꽃연소에만 한한다.

⑤ 희석소화 : 알코올, 에스터, 케톤류 등 수용성 물질에 다량의 물을 방사하여 가연물의 농도를 낮추어 소화하는 방법

⑥ 유화효과 : 물분무소화설비를 중유에 방사하는 경우 유류표면에 엷은 막으로 유화층을 형성하여 화재를 소화하는 방법

⑦ 피복효과 : 이산화탄소 약제 방사 시 가연물의 구석까지 침투하여 피복하므로 연소를 차단하여 소화하는 방법

(3) 소화효과★

① 물(봉상, 옥내소화전설비, 옥외소화전설비) 방사 : 냉각효과

② 물(적상, 스프링클러설비) 방사 : 냉각효과

③ 물(무상, 물분무소화설비) 방사 : 질식·냉각·희석·유화효과

④ 포말 : 질식·냉각효과

⑤ 이산화탄소 : 질식·냉각·피복효과

⑥ 할로겐화합물(할론) : 질식·냉각·억제(부촉매)효과

⑦ 할로겐화합물 및 불활성기체 소화설비

　㉠ 할로겐화합물 소화약제 : 부촉매·질식·냉각효과

　㉡ 불활성기체 소화약제 : 질식·냉각효과

⑧ 분말 : 질식·냉각·억제(부촉매)효과

(1) 가압방식에 의한 분류

① **축압식** : 항상 소화기의 용기 내부에 소화약제와 압축공기 또는 불연성 Gas(질소, CO_2)를 축압시켜 그 압력에 의해 약제가 방출되며, CO_2 소화기 외에는 모두 지시압력계가 부착되어 있으며 녹색(적색)의 지시가 정상 상태이다.

② **가압식** : 소화약제의 방출을 위한 가압가스 용기를 소화기의 내부나 외부에 따로 부설하여 가압 Gas의 압력에서 소화약제가 방출된다.

(2) 소화능력 단위에 의한 분류

① **소형 소화기** : 능력단위 1단위 이상이면서 대형 소화기의 능력단위 이하인 소화기

② **대형 소화기** : 능력단위가 A급 화재는 10단위 이상, B급 화재는 20단위 이상인 것으로서 소화약제 충전량은 다음 표에 기재한 이상인 소화기

종 별	소화약제의 충전량
포	20L
강화액	60L
물	80L
분 말	20kg
할론(할로겐화합물)	30kg
이산화탄소	50kg

(1) 장단점

① **장 점**

　㉠ 인체에 무해하여 다른 약제와 혼합하여 수용액으로 사용할 수 있다.

　㉡ 가격이 저렴하고 장기 보존이 가능하다.

　㉢ 냉각의 효과가 우수하며 무상주수일 때는 질식·유화효과가 있다.

② **단 점**

　㉠ 0℃ 이하의 온도에서는 동파 및 응고 현상으로 소화효과가 작다.

　㉡ 방사 후 물에 의한 2차 피해의 우려가 있다.

　㉢ 전기화재(C급)나 금속화재(D급)에는 적응성이 없다.

　㉣ 유류화재 시 물약제를 방사하면 연소면 확대로 소화효과는 기대하기 어렵다.

(2) 방사방법 및 소화효과

① **방사방법**

　㉠ 봉상주수

　　• 옥내소화전, 옥외소화전에서 방사하는 물이 가늘고 긴 물줄기 모양을 형성하여 방사되는 것

　　• 소화효과 : 냉각효과

　㉡ 적상주수

　　• 스프링클러 헤드와 같이 물방울을 형성하면서 방사되는 것으로 봉상주수보다 물방울의 입자가 작다.

　　• 소화효과 : 냉각효과

　㉢ 무상주수

　　• 물분무 헤드와 같이 안개 또는 구름 모양을 형성하면서 방사되는 것

　　• 소화효과 : 질식·냉각·희석·유화효과

② 소화원리

냉각작용에 의한 소화효과가 가장 크며, 증발하여 수증기가 되고 원래 물의 용적의 약 1,700배의 불연성 기체가 되기 때문에 가연성 혼합기체의 희석작용도 하게 된다.

※ 물의 질식효과

• 물의 성상

– 물의 밀도 : $1g/cm^3$

– 화학식 : H_2O(분자량 : 18)

– 부피 : 22.4L(표준상태에서 1g-mol이 차지하는 부피)

• 계 산

물 1g일 때 몰수를 구하면

$$\frac{1g}{18g/mol} = 0.05555mol$$

0.05555mol을 부피로 환산하면

$$0.05555mol \times 22.4L/mol = 1.244L = 1,244cm^3$$

온도 100℃를 보정하면

$$1,244cm^3 \times \frac{(273+100)K}{273K} = 1,700cm^3$$

∴ 물 1g이 100% 수증기로 증발하였을 때 체적은 약 1,700배가 된다.

산·알칼리 및 강화액 소화기

(1) 산·알칼리 소화기

① 종 류

㉠ 전도식 : 소화기 내부의 상부에 합성수지 용기에 황산을 넣어놓고 용기 본체에는 탄산수소나트륨 수용액으로 채워 사용할 때 황산 용기의 마개가 자동적으로 열려 혼합되면 화학반응을 일으켜서 방출구로 방사하는 방식

㉡ 파병식 : 용기 본체의 중앙부 상단에 황산이 든 앰플을 파열시켜 용기 본체 내부의 중탄산나트륨 수용액과 화합하여 반응 시 생성되는 탄산가스의 압력으로 약제를 방출하는 방식

② 소화원리

$$H_2SO_4 + 2NaHCO_3 \rightarrow Na_2SO_4 + 2H_2O + 2CO_2$$

※ 산·알칼리 소화기가 무상일 때 : 전기화재 가능

(2) 강화액 소화기

① 종 류

㉠ 축압식 : 강화액 소화약제(탄산칼륨수용액)를 정량적으로 충전시킨 소화기로서 압력을 용이하게 확인할 수 있도록 압력지시계가 부착되어 있으며, 방출방식은 봉상 또는 무상인 소화기이다.

[강화액 소화기]

㉡ 가스가압식 : 축압식에서와 같으며 단지 압력지시계가 없고 안전밸브와 액면표시가 되어 있는 소화기이다.

㉢ 반응식 : 용기의 재질과 구조는 산·알칼리 소화기의 파병식과 동일하며 탄산칼륨수용액의 소화약제가 충전되어 있는 소화기이다.

② 소화원리★

㉠ $H_2SO_4 + K_2CO_3 + H_2O \rightarrow K_2SO_4 + 2H_2O + CO_2$

㉡ 강화액은 -25℃에서도 동결하지 않으므로 한랭지에서 사용한다.

(1) 포 소화약제의 장단점

① 장 점

　㉠ 인체에는 무해하고 약제 방사 후 독성가스의 발생
　　우려가 없다.

　㉡ 가연성 액체 화재 시 질식, 냉각의 소화위력을 발
　　휘한다.

② 단 점

　㉠ 동절기에는 유동성을 상실하여 소화효과가 저하
　　된다.

　㉡ 단백포의 경우에는 침전부패의 우려가 있어 정기
　　적으로 교체 및 충전해야 한다.

　㉢ 약제 방사 후 약제의 잔류물이 남는다.

　※ 포 소화약제의 소화효과 : 질식효과, 냉각효과

(2) 포 소화약제의 구비조건

① 포의 안정성과 유동성이 좋을 것

② 독성이 약할 것

③ 유류와의 접착성이 좋을 것

(3) 포 소화약제의 종류 및 성상

① 화학포 소화약제

　외약제(A제)인 탄산수소나트륨(중탄산나트륨, $NaHCO_3$)
　의 수용액과 내약제(B제)인 황산알루미늄[$Al_2(SO_4)_3$]
　의 수용액과 화학반응에 의해 이산화탄소를 이용하여
　포(Foam)를 발생시킨 약제이다.

　※ $6NaHCO_3 + Al_2(SO_4)_3 \cdot 18H_2O$

　　$\rightarrow 3Na_2SO_4 + 2Al(OH)_3 + 6CO_2 + 18H_2O$

② 기계포 소화약제(공기포 소화약제)

　㉠ 혼합비율에 따른 분류

구 분	약제 종류	약제 농도	팽창비
저발포용	단백포	3%, 6%	6배 이상 20배 이하
	합성계면활성제포	3%, 6%	6배 이상 20배 이하
	수성막포	3%, 6%	5배 이상 20배 이하
	내알코올용포	3%, 6%	6배 이상 20배 이하
	플루오린화(불화) 단백포	3%, 6%	6배 이상 20배 이하
고발포용	합성계면활성제포	1%, 1.5%, 2%	–

　※ 단백포 3% : 단백포 약제 3%와 물 97%의 비율
　　로 혼합한 약제

　㉡ 발포배율에 따른 분류

구 분		팽창비
저발포용		6배 이상 20배 이하
고발포용	제1종 기계포	80배 이상 250배 미만
	제2종 기계포	250배 이상 500배 미만
	제3종 기계포	500배 이상 1,000배 미만

　※ 팽창비

$$= \frac{\text{방출 후 포의 체적(L)}}{\text{방출 전 포수용액의 체적(포원액 + 물)(L)}}$$

$$= \frac{\text{방출 후 포의 체적(L)}}{\frac{\text{원액의 양(L)}}{\text{농도(\%)}}}$$

이산화탄소 소화기 및 소화약제

(1) 이산화탄소 소화약제의 성상

① 이산화탄소의 특성

　ㄱ 상온에서 기체이며, 가스 비중은 1.517로 공기보
　다 무겁다(공기 = 1.0).

　ㄴ 무색 무취로 화학적으로 안정하고 가연성, 부식성
　도 없다.

　ㄷ 고농도의 이산화탄소는 인체에 독성이 있다.

　ㄹ 액화가스로 저장하기 위하여 임계온도(31.35℃)
　이하로 냉각시켜 놓고 가압한다.

　ㅁ 저온으로 고체화한 것을 드라이아이스라고 하며,
　냉각제로 사용한다.

[이산화탄소 소화기]

[위험물과 소방의 소화설비 명칭 비교]

구 분＼분 야	위험물	소 방
소화기	할로겐화합물 소화기	할론 소화기
	이산화탄소 소화기	이산화탄소 소화기
소화설비	불활성가스 소화설비	이산화탄소 소화설비
	할로겐화합물 소화설비	할론 소화설비
	-	할로겐화합물 및 불활성기체 소화설비
참 고	• 위험물안전관리법 시행규칙 별표 17 • 위험물안전관리에 관한 세부기준	소방시설 설치 및 관리에 관한 법률 시행령 별표 1

※ 같은 소화설비인데 위험물과 소방에서 명칭이 다르다
는 것에 유의한다.

② 이산화탄소의 물성

구 분	물성치
화학식	CO_2
분자량	44
비중(공기 = 1)	1.517
비 점	-78℃
밀 도	1.977g/L
삼중점	-56.3℃(0.42MPa)
승화점	-78.5℃
임계압력	72.75atm
임계온도	31.35℃
열전도율(20℃)	3.6×10^{-5}cal/cm・S・℃
증발잠열	576.5kJ/kg

(2) 이산화탄소의 품질기준

열에 의한 부식성이나 독성이 없어야 하며, 이산화탄소는
고압가스 안전관리법에 적용을 받으므로 충전비는 1.50
이상되어야 한다.

종 별	함량(vol%)	수분(wt%)	특 성
제1종	99.0 이상	-	무색 무취
제2종	99.5 이상	0.05 이하	-
제3종	99.5 이상	0.005 이하	-

※ 주로 제2종(함량 99.5% 이상, 수분 0.05% 이하)을
사용하고 있다.

(3) 이산화탄소 소화약제의 소화효과

① 산소의 농도를 21%에서 15%로 낮추어 이산화탄소에
의한 질식효과

② 증기비중이 공기보다 1.517배로 무겁기 때문에 이산
화탄소에 의한 피복효과

③ 이산화탄소 가스 방출 시 기화열에 의한 냉각효과

④ **소화효과** : 질식・피복・냉각효과

(1) 소화약제의 개요

할로겐화합물이란 플루오린(불소), 염소, 브롬 및 아이오딘(요오드) 등 할로겐족 원소를 하나 이상 함유한 화학물질을 말한다. 할로겐족 원소는 다른 원소에 비해 높은 반응성을 갖고 있어 독성이 작고, 안정된 화합물을 형성한다.

[할로겐화합물 소화기]

① 오존파괴지수(ODP)

어떤 물질의 오존 파괴능력을 상대적으로 나타내는 지표를 ODP(Ozone Depletion Potential)라 한다.

$$ODP = \frac{\text{어떤 물질 1kg이 파괴하는 오존량}}{\text{CFC-11 1kg이 파괴하는 오존량}}$$

② 지구온난화지수(GWP)

일정무게의 CO_2가 대기 중에 방출되어 지구온난화에 기여하는 정도를 1로 정하였을 때 같은 무게의 어떤 물질이 기여하는 정도를 GWP(Global Warming Potential)로 나타내며, 다음 식으로 정의된다.

$$GWP = \frac{\text{물질 1kg이 기여하는 온난화 정도}}{CO_2 \text{ 1kg이 기여하는 온난화 정도}}$$

(2) 소화약제의 특성

① 특 성

ㄱ 변질분해가 없다.

ㄴ 전기부도체이다.

ㄷ 금속에 대한 부식성이 적다.

ㄹ 연소 억제작용으로 부촉매 소화효과가 훌륭하다.

ㅁ 값이 비싸다는 단점도 있다.

② 물 성★

종 류 물 성	할론 1301	할론 1211	할론 2402
분자식	CF_3Br	CF_2ClBr	$C_2F_4Br_2$
분자량	148.9	165.4	259.8
임계온도(℃)	67.0	153.8	214.6
임계압력(atm)	39.1	40.57	33.5
상태(20℃)	기 체	기 체	액 체
오존층 파괴지수	14.1	2.4	6.6
증기비중	5.13	5.70	8.96
증발잠열(kJ/kg)	119	130.6	105

③ 구비조건

ㄱ 비점이 낮고, 기화되기 쉬울 것

ㄴ 공기보다 무겁고 불연성일 것

ㄷ 증발잔류물이 없어야 할 것

④ 명명법

할론 1211은 CF_2ClBr로서 메테인(CH_4)에 2개의 플루오린(불소) 원자, 1개의 염소 원자 및 1개의 브롬 원자로 이루어진 화합물이다.

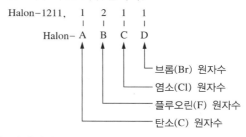

⑤ 사염화탄소의 화학반응식

ㄱ 공기 중 : $2CCl_4 + O_2 \rightarrow 2COCl_2 + 2Cl_2$

ㄴ 습기 중 : $CCl_4 + H_2O \rightarrow COCl_2 + 2HCl$

ㄷ 탄산가스 중 : $CCl_4 + CO_2 \rightarrow 2COCl_2$

ㄹ 산화철 접촉 중

$3CCl_4 + Fe_2O_3 \rightarrow 3COCl_2 + 2FeCl_3$

(3) 소화효과

① 소화효과 : 질식·냉각·부촉매효과

② 소화효과의 크기

할론 1011 < 할론 2402 < 할론 1211 < 할론 1301

할론 소화약제의 화학식을 쓰시오.

(1) 할론 1301

(2) 할론 1211

(3) 할론 2402

|해설|

물 성 \ 종 류	할론 1301	할론 1211	할론 2402
분자식	CF_3Br	CF_2ClBr	$C_2F_4Br_2$
분자량	148.9	165.4	259.8
임계온도(℃)	67.0	153.8	214.6
상태(20℃)	기 체	기 체	액 체
오존층 파괴지수	14.1	2.4	6.6
증기비중	5.13	5.70	8.96

정답 (1) CF_3Br
　　 (2) CF_2ClBr
　　 (3) $C_2F_4Br_2$

핵심이론 08 할로겐화합물 및 불활성기체 소화기 및 소화약제

※ 해당 이론은 소방관련 자료로써 위험물안전관리법령에는 할로겐화합물 및 불활성기체 소화기나 소화설비가 없으나, 시험에 출제되는 내용이므로 수록하였다.

(1) 정 의

① 할로겐화합물 소화약제 : 플루오린(F), 염소(Cl) 브롬(Br), 아이오딘(I) 중 하나 이상의 원소를 포함하고 있는 유기화합물을 기본성분으로 하는 소화약제

② 불활성기체 소화약제 : 헬륨(He), 네온(Ne), 아르곤(Ar), 질소(N_2)가스 중 어느 하나 이상의 원소를 기본성분으로 하는 소화약제

(2) 소화약제의 특성

① 할로겐화합물(할론 1301, 할론 2402, 할론 1211은 제외) 및 불활성 기체로서 전기전도성이 없다.

② 휘발성이 있거나 증발 후 잔여물은 남기지 않는 액체이다.

③ 할론 소화약제 대체용이다.

(3) 소화약제의 구비조건

① 오존파괴지수(ODP), 지구온난화지수(GWP)가 낮을 것

② 독성이 낮고 설계농도는 NOAEL 이하일 것

③ 비전도성이고 소화 후 증발잔류물이 없을 것

④ 저장 시 분해하지 않고 용기를 부식시키지 않을 것

(4) 소화약제의 구분

계 열	정 의	해당 물질
HFC(Hydro Fluoro Carbons) 계열	C(탄소)에 F(플루오린)과 H(수소)가 결합된 것	• HFC−125 • HFC−227ea • HFC−23 • HFC−236fa
HCFC(Hydro Chloro Fluoro Carbons) 계열	C(탄소)에 Cl(염소), F(플루오린), H(수소)가 결합된 것	• HCFC−BLEND A • HCFC−124
FIC(Fluoro Iodo Carbons) 계열	C(탄소)에 F(플루오린)과 I(아이오딘)이 결합된 것	FIC−13I1
FC(PerFluoro Carbons) 계열	C(탄소)에 F(플루오린)이 결합된 것	• FC−3−1−10 • FK−5−1−12

(5) 소화약제의 종류(화재안전기준 참조)

소화약제	화학식
퍼플루오로뷰테인(FC−3−1−10)	C_4F_{10}
하이드로클로로플루오로카본 혼화제(HCFC BLEND A)	• HCFC−123($CHCl_2CF_3$) : 4.75% • HCFC−22($CHClF_2$) : 82% • HCFC−124($CHClFCF_3$) : 9.5% • $C_{10}H_{16}$: 3.75%
클로로테트라플루오로에테인 (HCFC−124)	$CHClFCF_3$
펜타플루오로에테인(HFC−125)	CHF_2CF_3
헵타플루오로프로페인 (HFC−227ea)	CF_3CHFCF_3
트라이플루오로메테인(HFC−23)	CHF_3
헥사플루오로프로페인 (HFC−236fa)	$CF_3CH_2CF_3$
트라이플루오로아이오다이드 (FIC−13I1)	CF_3I
불연성·불활성기체 혼합가스 (IG−01)	Ar
불연성·불활성기체 혼합가스 (IG−100)	N_2
불연성·불활성기체 혼합가스 (IG−541)	N_2 : 52%, Ar : 40%, CO_2 : 8%
불연성·불활성기체 혼합가스 (IG−55)	N_2 : 50%, Ar : 50%
도데카플루오로−2−메틸펜테인−3−원(FK−5−1−12)	$CF_3CF_2C(O)CF(CF_3)_2$

[위험물과 소방의 소화설비약제 비교]

소화약제 종류	화학식	약제 구분	
		위험물	소 방
HFC−227ea	CF_3CHFCF_3	할로겐화합물 소화설비	할로겐화합물 및 불활성기체 소화설비
FK−5−1−12	$CF_3CF_2C(O)CF(CF_3)_2$		
HFC−23	CHF_3		
HFC−125	CHF_2CF_3		
IG−100	N_2	불활성가스 소화설비	
IG−541★	• N_2 : 52% • Ar : 40% • CO_2 : 8%		
IG−55★	• N_2 : 50% • Ar : 50%		
이산화탄소	CO_2		이산화탄소 소화설비

(6) 소화약제 명명법

① 할로겐화합물 소화약제 명명법

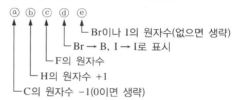

② 불활성기체 소화약제 명명법

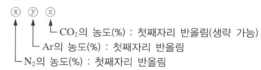

(7) 소화약제의 소화효과

① 할로겐화합물 소화약제 : 질식·냉각·부촉매효과

② 불활성기체 소화약제 : 질식·냉각효과

불활성기체 소화약제의 구성성분을 쓰시오.

(1) IG-55

(2) IG-541

|해설|

불활성기체 소화약제

종 류	성 분
IG-55	질소 50%, 아르곤 50%
IG-100	질소 100%
IG-541	질소 52%, 아르곤 40%, 이산화탄소 8%

정답 (1) 질소 50%, 아르곤 50%
(2) 질소 52%, 아르곤 40%, 이산화탄소 8%

핵심이론 09 분말 소화기 및 소화약제

(1) 분말 소화약제의 개요

열과 연기가 충만한 장소와 연소 확대 위험이 많은 특정소방대상물에 설치하여 수동·자동조작에 의해 불연성 가스(N_2, CO_2)의 압력으로 배관 내에 분말 소화약제를 압송시켜 고정된 헤드나 노즐로 하여 방호대상물에 소화제를 방출하는 설비로서 가연성 액체의 소화에 효과적이고 전기설비의 화재에도 적합하다.

[분말 소화기]

(2) 분말 소화약제의 성상★★★

종 류	주성분(화학식)	착 색	적응 화재
제1종 분말	탄산수소나트륨($NaHCO_3$)	백 색	B, C급
제2종 분말	탄산수소칼륨($KHCO_3$)	담회색	B, C급
제3종 분말	제일인산암모늄($NH_4H_2PO_4$)	담홍색	A, B, C급
제4종 분말	탄산수소칼륨 + 요소 [$KHCO_3$ + $(NH_2)_2CO$]	회 색	B, C급

(3) 열분해 반응식

① 제1종 분말★★

  ㉠ 1차 분해반응식(270℃)

    $2NaHCO_3 \rightarrow Na_2CO_3 + CO_2 + H_2O$

  ㉡ 2차 분해반응식(850℃)

    $2NaHCO_3 \rightarrow Na_2O + 2CO_2 + H_2O$

② 제2종 분말★★

  ㉠ 1차 분해반응식(190℃)

    $2KHCO_3 \rightarrow K_2CO_3 + CO_2 + H_2O$

  ㉡ 2차 분해반응식(590℃)

    $2KHCO_3 \rightarrow K_2O + 2CO_2 + H_2O$

③ 제3종 분말★

     ⊙ 1차 분해반응식(190℃)

$$NH_4H_2PO_4 \rightarrow NH_3 + H_3PO_4$$
(인산, 오쏘인산)

     ⓛ 2차 분해반응식(215℃)

$$2H_3PO_4 \rightarrow H_2O + H_4P_2O_7$$
(피로인산)

     ⓒ 3차 분해반응식(300℃)

$$H_4P_2O_7 \rightarrow H_2O + 2HPO_3$$
(메타인산)

④ 제4종 분말

$$2KHCO_3 + (NH_2)_2CO \rightarrow K_2CO_3 + 2NH_3 + 2CO_2$$

(4) 분말 소화약제의 소화효과

① 제1종 분말과 제2종 분말

     ⊙ 이산화탄소와 수증기 발생 시 산소차단에 의한 질식효과

     ⓛ 이산화탄소와 수증기 발생 시 흡수열에 의한 냉각효과

     ⓒ 나트륨염(Na^+)과 칼륨염(K^+)의 금속이온에 의한 부촉매효과

② 제3종 분말

     ⊙ 열분해 시 암모니아와 수증기에 의한 질식효과

     ⓛ 열분해에 의한 냉각효과

     ⓒ 유리된 암모늄염(NH_4^+)에 의한 부촉매효과

     ⓔ 메타인산(HPO_3)에 의한 방진작용(가연물이 숯불 형태로 연소하는 것을 방지하는 작용)

     ⓜ 탈수효과

(5) 분말 소화약제의 입도

분말 소화약제의 분말도는 입도가 너무 미세하거나 너무 커도 소화성능이 저하되므로 미세도의 분포가 골고루 되어야 한다.

핵심예제

9-1. 제1종 분말 소화약제에 대한 주성분의 약제명과 화학식을 쓰시오.

9-2. 제3종 분말 소화약제의 화학식과 적응 화재를 답하시오.

9-3. 제1종 분말 소화약제의 열분해 반응식을 270℃와 850℃로 구분하여 쓰시오.

9-4. 제2종 분말 소화약제의 190℃에서 열분해 반응식을 쓰시오.

9-5. 제3종 분말 소화약제의 열분해 반응식 중 오쏘인산이 생성되는 1차 열분해 반응식을 쓰시오.

9-1

분말 소화약제

종 류	주성분(화학식)	착 색	적응 화재
제1종 분말	탄산수소나트륨($NaHCO_3$)	백 색	B, C급
제2종 분말	탄산수소칼륨($KHCO_3$)	담회색	B, C급
제3종 분말	제일인산암모늄($NH_4H_2PO_4$)	담홍색	A, B, C급
제4종 분말	탄산수소칼륨 + 요소 [$KHCO_3 + (NH_2)_2CO$]	회 색	B, C급

9-2
본문 참조

9-3
본문 참조

9-4

제2종 분말
• 1차 분해반응식(190℃) : $2KHCO_3 \rightarrow K_2CO_3 + CO_2 + H_2O$
• 2차 분해반응식(590℃) : $2KHCO_3 \rightarrow K_2O + 2CO_2 + H_2O$

9-5

제3종 분말
• 1차 분해반응식(190℃) : $NH_4H_2PO_4 \rightarrow NH_3 + H_3PO_4$
(인산, 오쏘인산)
• 2차 분해반응식(215℃) : $2H_3PO_4 \rightarrow H_2O + H_4P_2O_7$
(피로인산)
• 3차 분해반응식(300℃) : $H_4P_2O_7 \rightarrow H_2O + 2HPO_3$
(메타인산)

정답 **9-1** • 탄산수소나트륨
• $NaHCO_3$

9-2 • $NH_4H_2PO_4$
• A, B, C급

9-3 • 1차 분해반응식(270℃) : $2NaHCO_3 \rightarrow Na_2CO_3 + CO_2 + H_2O$
• 2차 분해반응식(850℃) : $2NaHCO_3 \rightarrow Na_2O + 2CO_2 + H_2O$

9-4 $2KHCO_3 \rightarrow K_2CO_3 + CO_2 + H_2O$

9-5 $NH_4H_2PO_4 \rightarrow NH_3 + H_3PO_4$

제3절 | 소방시설의 설치 및 운영

3-1. 소방시설

핵심이론 01 소화기구(소화기구 및 자동소화장치의 화재안전 기술기준, 시행규칙 별표 17)

(1) 소화기의 설치기준

① 각 층마다 설치할 것

② 방호대상물의 각 부분으로부터 소화기까지의 거리

　㉠ 소형 수동식소화기 : 지하탱크저장소, 간이탱크저장소, 이동탱크저장소, 주유취급소 또는 판매취급소에서는 유효하게 소화할 수 있는 위치에 설치해야 하며, 그 밖의 제조소 등에서는 보행거리가 20m 이하가 되도록 설치할 것(다만, 옥내소화전설비, 옥외소화전설비, 스프링클러설비, 물분무등 소화설비 또는 대형 수동식소화기와 함께 설치하는 경우에는 그렇지 않다)

　㉡ 대형 수동식소화기 : 보행거리가 30m 이하가 되도록 설치할 것(다만, 옥내소화전설비, 옥외소화전설비, 스프링클러설비 또는 물분무등 소화설비와 함께 설치하는 경우에는 그렇지 않다)

③ 소화기구(자동확산소화기는 제외)는 거주자 등이 쉽게 사용할 수 있는 장소에 바닥으로부터 높이 1.5m 이하의 곳에 비치할 것

④ 소화기는 "소화기", 투척용 소화용구에 있어서는 "투척용 소화용구, 마른모래는 "소화용 모래", 팽창질석 및 팽창진주암은 "소화질석"이라고 표시한 표지를 보기 쉬운 곳에 부착할 것

　※ 소형 수동식소화기 설치장소
　　• 지하탱크저장소
　　• 간이탱크저장소
　　• 이동탱크저장소
　　• 주유취급소
　　• 판매취급소

(2) 이산화탄소, 할론 소화기구(자동확산소화기는 제외) 설치금지 장소

① 지하층
② 무창층
③ 밀폐된 거실로서 그 바닥면적이 20m² 미만의 장소
　※ 다만, 배기를 위한 유효한 개구부가 있는 장소인 경우에는 그렇지 않다.

(시행규칙 별표 17, 위험물세부기준 제129조)

(1) 옥내소화전설비의 설치기준

① 옥내소화전의 개폐밸브, 호스접속구의 설치 위치 : 바닥면으로부터 1.5m 이하
② 옥내소화전의 개폐밸브 및 방수용 기구를 격납하는 상자(소화전함)는 불연재료로 제작하고 점검에 편리하고 화재발생 시 연기가 충만할 우려가 없는 장소 등 쉽게 접근이 가능하고 화재 등에 의한 피해를 받을 우려가 적은 장소에 설치할 것
③ 가압송수장치의 시동을 알리는 표시등(시동표시등)은 적색으로 하고 옥내소화전함의 내부 또는 그 직근의 장소에 설치할 것(자체소방대를 둔 제조소 등으로서 가압송수장치의 기동장치를 기동용 수압개폐장치로 사용하는 경우에는 시동표시등을 설치하지 않을 수 있다)
④ 옥내소화전함에는 그 표면에 "소화전"이라고 표시할 것
⑤ 옥내소화전함의 상부 벽면에 적색의 표시등을 설치하되, 해당 표시등의 부착면과 15° 이상의 각도가 되는 방향으로 10m 떨어진 곳에서 용이하게 식별이 가능하도록 할 것

(2) 물올림장치의 설치기준

① 설치 : 수원의 수위가 펌프(수평회전식의 것에 한함)보다 낮은 위치에 있을 때
② 물올림장치에는 전용의 물올림탱크를 설치할 것
③ 물올림탱크의 용량은 가압송수장치를 유효하게 작동할 수 있도록 할 것
④ 물올림탱크에는 감수경보장치 및 물올림탱크에 물을 자동으로 보급하기 위한 장치가 설치되어 있을 것

(3) 옥내소화전설비의 비상전원

① **종류** : 자가발전설비, 축전지설비

② **용량** : 옥내소화전설비를 유효하게 45분 이상 작동시키는 것이 가능할 것

③ 큐비클식 비상전원전용 수전설비는 해당 수전설비의 전면에 폭 1m 이상의 공지를 보유해야 하며, 다른 자가발전·축전설비(큐비클식을 제외한다) 또는 건축물·공작물(수전설비를 옥외에 설치하는 경우에 한한다)로부터 1m 이상 이격할 것

④ 축전지설비는 설치된 실의 벽으로부터 0.1m 이상 이격할 것

⑤ 축전지설비를 동일실에 2 이상 설치하는 경우에는 축전지설비의 상호간격은 0.6m(높이가 1.6m 이상인 선반 등을 설치한 경우에는 1m) 이상 이격할 것

(4) 배관의 설치기준

① 전용으로 할 것

② 가압송수장치의 토출측 직근 부분의 배관에는 체크밸브 및 개폐밸브를 설치할 것

③ 주배관 중 입상관은 관의 지름이 50mm 이상인 것으로 할 것

④ 개폐밸브에는 그 개폐방향을, 체크밸브에는 그 흐름방향을 표시할 것

⑤ 배관은 해당 배관에 급수하는 가압송수장치의 체절압력의 1.5배 이상의 수압을 견딜 수 있는 것으로 할 것

(5) 가압송수장치의 설치기준

① **고가수조를 이용한 가압송수장치**

㉠ 낙차(수조의 하단으로부터 호스접속구까지의 수직거리)는 다음 식에 의하여 구한 수치 이상으로 할 것

$$H = h_1 + h_2 + 35\text{m}$$

여기서, H : 필요낙차(m)

h_1 : 방수용 호스의 마찰손실수두(m)

h_2 : 배관의 마찰손실수두(m)

㉡ 고가수조에는 수위계, 배수관, 오버플로용 배수관, 보급수관 및 맨홀을 설치할 것

② **압력수조를 이용한 가압송수장치**

㉠ 압력수조의 압력은 다음 식에 의하여 구한 수치 이상으로 할 것

$$P = p_1 + p_2 + p_3 + 0.35\text{MPa}$$

여기서, P : 필요한 압력(MPa)

p_1 : 소방용 호스의 마찰손실수두압(MPa)

p_2 : 배관의 마찰손실수두압(MPa)

p_3 : 낙차의 환산수두압(MPa)

㉡ 압력수조의 수량은 해당 압력수조 체적의 2/3 이하일 것

㉢ 압력수조에는 압력계, 수위계, 배수관, 보급수관, 통기관 및 맨홀을 설치할 것

③ **펌프를 이용한 가압송수장치**

㉠ 펌프의 전양정은 다음 식에 의하여 구한 수치 이상으로 할 것

$$H = h_1 + h_2 + h_3 + 35\text{m}$$

여기서, H : 펌프의 전양정(m)

h_1 : 소방용 호스의 마찰손실수두(m)

h_2 : 배관의 마찰손실수두(m)

h_3 : 낙차(m)

㉡ 펌프의 토출량이 정격토출량의 150%인 경우에는 전양정은 정격전양정의 65% 이상일 것

㉢ 펌프는 전용으로 할 것

㉣ 펌프에는 토출측에 압력계, 흡입측에 연성계를 설치할 것

㉤ 가압송수장치에는 정격부하 운전 시 펌프의 성능을 시험하기 위한 배관설비를 설치할 것

㉥ 가압송수장치에는 체절 운전 시에 수온상승방지를 위한 순환배관을 설치할 것

④ 옥내소화전은 제조소 등의 건축물의 층마다 하나의 호스접속구까지의 수평거리가 25m 이하가 되도록 설치할 것. 이 경우 옥내소화전은 각 층의 출입구 부근에 1개 이상 설치해야 한다.

⑤ 가압송수장치에는 해당 옥내소화전의 노즐 끝부분에서 방수압력이 0.7MPa을 초과하지 않도록 할 것

[옥내소화전설비의 방수량, 방수압력, 수원]★★

방수량	260L/min 이상
방수압력	350kPa(0.35MPa) 이상
토출량	N(최대 5개) × 260L/min
수 원	N(최대 5개) × 7.8m³(260L/min × 30min)
비상전원	45분 이상

핵심예제

2-1. 위험물제조소 등에 설치하는 옥내소화전설비의 방수압력과 분당 방수량을 쓰시오.

2-2. 위험물을 취급하는 제조소에 옥내소화전이 3개 설치되어 있을 때 수원의 양(m³)을 계산하시오.

|해설|

2-1
본문 참조

2-2
수원의 양 = N(최대 5개) × 7.8m³ = 3 × 7.8m³ = 23.4m³

정답 2-1 • 방수압력 : 350kPa 이상
     • 방수량 : 260L/min 이상

   2-2 23.4m³

핵심이론 03 옥외소화전설비
(시행규칙 별표 17, 위험물세부기준 제130조)

(1) 옥외소화전의 설치기준

① 옥외소화전의 개폐밸브 및 호스접속구는 지반면으로부터 1.5m 이하의 높이에 설치할 것

② 방수용 기구를 격납하는 함(옥외소화전함)은 불연재료로 제작하고 옥외소화전으로부터 보행거리 5m 이하의 장소로서 화재발생 시 쉽게 접근 가능하고 화재 등의 피해를 받을 우려가 적은 장소에 설치할 것

③ 옥외소화전함에는 그 표면에 "호스격납함"이라고 표시할 것. 다만, 호스접속구 및 개폐밸브를 옥외소화전함의 내부에 설치하는 경우에는 "소화전"이라고 표시할 수도 있다.

④ 옥외소화전에는 직근의 보기 쉬운 장소에 "소화전"이라고 표시할 것

⑤ 자체소방대를 둔 제조소 등으로서 옥외소화전함 부근에 설치된 옥외전등에 비상전원이 공급되는 경우에는 옥외소화전함의 적색 표시등을 설치하지 않을 수 있다.

(2) 방수량, 방수압력, 수원 등

① 옥외소화전은 방호대상물(해당 소화설비에 의하여 소화해야 할 제조소 등의 건축물, 그 밖의 공작물 및 위험물을 말한다)의 각 부분(건축물의 경우에는 해당 건축물의 1층 및 2층의 부분에 한한다)에서 하나의 호스접속구까지의 수평거리가 40m 이하가 되도록 설치할 것. 이 경우 그 설치개수가 1개일 때는 2개로 해야 한다.

② 방수량, 방수압력 등★

방수량	450L/min 이상
방수압력	350kPa(0.35MPa) 이상
토출량	N(최대 4개) × 450L/min
수 원	N(최대 4개) × 13.5m³(450L/min × 30min)
비상전원	45분 이상

※ 방수압력 : 위험물은 350kPa이고, 소방에서는 0.35MPa이다.

(3) 가압송수장치, 시동표시등, 물올림장치, 비상전원, 조작회로의 배선, 배관 등은 옥내소화전설비의 기준에 준한다.

핵심이론 04 스프링클러설비
(시행규칙 별표 17, 위험물세부기준 제131조)

(1) 개방형 스프링클러헤드의 설치기준

① 스프링클러헤드의 반사판으로부터 하방으로 0.45m, 수평방향으로 0.3m의 공간을 보유할 것

② 스프링클러헤드는 헤드의 축심이 해당 헤드의 부착면에 대하여 직각이 되도록 설치할 것

(2) 폐쇄형 스프링클러헤드의 설치기준

① 스프링클러헤드의 반사판으로부터 하방으로 0.45m, 수평방향으로 0.3m의 공간을 보유할 것

② 스프링클러헤드는 헤드의 축심이 해당 헤드의 부착면에 대하여 직각이 되도록 설치할 것

③ 스프링클러헤드의 반사판과 해당 헤드의 부착면과의 거리는 0.3m 이하일 것

④ 스프링클러헤드는 해당 헤드의 부착면으로부터 0.4m 이상 돌출한 보 등에 의하여 구획된 부분마다 설치할 것. 다만, 해당 보 등의 상호 간의 거리(보 등의 중심선을 기산점으로 한다)가 1.8m 이하인 경우에는 그렇지 않다.

⑤ 급배기용 덕트 등의 긴 변의 길이가 1.2m를 초과하는 것이 있는 경우에는 해당 덕트 등의 아랫면에도 스프링클러헤드를 설치할 것

⑥ 스프링클러헤드의 부착위치

　㉠ 가연성 물질을 수납하는 부분에 스프링클러헤드를 설치하는 경우에는 해당 헤드의 반사판으로부터 하방으로 0.9m, 수평방향으로 0.4m의 공간을 보유할 것

　㉡ 개구부에 설치하는 스프링클러헤드는 해당 개구부의 상단으로부터 높이 0.15m 이내의 벽면에 설치할 것

⑦ 건식 또는 준비작동식의 유수검지장치의 2차측에 설치하는 스프링클러헤드는 상향식 스프링클러헤드로 할 것. 다만, 동결할 우려가 없는 장소에 설치하는 경우는 그렇지 않다.

⑧ 스프링클러헤드는 그 부착장소의 평상시의 최고주위온도에 따라 다음 표에 정한 표시온도를 갖는 것을 설치할 것★

부착장소의 최고주위온도(℃)	표시온도(℃)
28 미만	58 미만
28 이상 39 미만	58 이상 79 미만
39 이상 64 미만	79 이상 121 미만
64 이상 106 미만	121 이상 162 미만
106 이상	162 이상

(3) 개방형 스프링클러헤드를 이용하는 스프링클러설비의 일제개방밸브 또는 수동식개방밸브 설치기준

① 일제개방밸브의 기동조작부 및 수동식개방밸브는 화재 시 쉽게 접근 가능한 바닥면으로부터 1.5m 이하의 높이에 설치할 것

② 일제개방밸브 또는 수동식개방밸브의 설치
  ㉠ 방수구역마다 설치할 것
  ㉡ 일제개방밸브 또는 수동식개방밸브에 작용하는 압력은 해당 일제개방밸브 또는 수동식개방밸브의 최고사용압력 이하로 할 것
  ㉢ 일제개방밸브 또는 수동식개방밸브의 2차측 배관부분에는 해당 방수구역에 방수하지 않고 해당 밸브의 작동을 시험할 수 있는 장치를 설치할 것
  ㉣ 수동식개방밸브를 개방조작하는 데 필요한 힘이 15kg 이하가 되도록 설치할 것

(4) 송수구

① 소방펌프자동차가 용이하게 접근할 수 있는 위치에 쌍구형의 송수구를 설치할 것

② 전용으로 할 것

③ 송수구의 결합금속구는 탈착식 또는 나사식으로 하고 내경을 63.5mm 내지 66.5mm로 할 것

④ 송수구의 결합금속구는 지면으로부터 0.5m 이상 1m 이하의 높이의 송수에 지장이 없는 위치에 설치할 것

⑤ 송수구는 해당 스프링클러설비의 가압송수장치로부터 유수검지장치·압력검지장치 또는 일제개방형밸브·수동식개방밸브까지의 배관에 전용의 배관으로 접속할 것

⑥ 송수구에는 그 직근의 보기 쉬운 장소에 "스프링클러용 송수구"라고 표시하고 그 송수압력범위를 함께 표시할 것

[일반건축물과 위험물제조소 등의 비교]★

종류	항목	방수량	방수압력	토출량	수 원	비상전원
옥내소화전설비	일반건축물	130L/min 이상	0.17MPa 이상	N(최대 2개) × 130L/min	N(최대 2개) × 2.6m³ (130L/min × 20min)	20분 이상
	위험물제조소 등	260L/min 이상	350kPa(0.35MPa) 이상	N(최대 5개) × 260L/min	N(최대 5개) × 7.8m³ (260L/min × 30min)	45분 이상
옥외소화전설비	일반건축물	350L/min 이상	0.25MPa 이상	N(최대 2개) × 350L/min	N(최대 2개) × 7m³ (350L/min × 20min)	–
	위험물제조소 등	450L/min 이상	350kPa(0.35MPa) 이상	N(최대 4개) × 450L/min)	N(최대 4개) × 13.5m³ (450L/min × 30min)	45분 이상
스프링클러설비	일반건축물	80L/min 이상	0.1MPa 이상	헤드수 × 80L/min	헤드수 × 1.6m³ (80L/min × 20min)	20분 이상
	위험물제조소 등	80L/min 이상	100kPa(0.1MPa) 이상	헤드수 × 80L/min	헤드수 × 2.4m³ (80L/min × 30min)	45분 이상

(5) 방수량, 방수압력, 수원 등

① 수원의 수량은 폐쇄형 스프링클러헤드를 사용하는 것은 30(헤드의 설치개수가 30 미만인 방호대상물인 경우에는 해당 설치개수), 개방형 스프링클러헤드를 사용하는 것은 스프링클러헤드가 가장 많이 설치된 방사구역의 스프링클러헤드 설치개수에 2.4m³를 곱한 양 이상이 되도록 설치할 것

② 방수량, 방수압력 등

방수량	80L/min 이상
방수압력	0.1MPa(100kPa) 이상
토출량	헤드수 × 80L/min
수 원	헤드수 × 2.4m³(80L/min × 30min)
비상전원	45분 이상

③ 일반건축물과 위험물제조소 등의 비교

하단 표 참조

(6) 방수시간

건식 또는 준비작동식의 유수검지장치가 설치되어 있는 스프링클러설비는 스프링클러헤드가 개방된 후 1분 이내에 해당 스프링클러헤드로부터 방수될 수 있도록 할 것

(7) 가압송수장치, 물올림장치, 비상전원, 조작회로의 배선, 배관 등은 옥내소화전설비의 기준에 준한다.

핵심이론 05 물분무소화설비(시행규칙 별표 17)

(1) 설치기준

① 분무헤드의 개수 및 배치기준

　㉠ 분무헤드로부터 방사되는 물분무에 의하여 방호대상물의 모든 표면을 유효하게 소화할 수 있도록 설치할 것

　㉡ 방호대상물의 표면적(건축물에 있어서는 바닥면적) 1m²당 ③의 규정에 의한 양의 비율로 계산한 수량을 표준방사량(해당 소화설비의 헤드의 설계압력에 의한 방사량)으로 방사할 수 있도록 설치할 것

② 물분무소화설비의 방사구역은 150m² 이상(방호대상물의 표면적이 150m² 미만인 경우에는 해당 표면적)으로 할 것

③ 수원의 수량은 분무헤드가 가장 많이 설치된 방사구역의 모든 분무헤드를 동시에 사용할 경우에 해당 방사구역의 표면적 1m²당 1분당 20L의 비율로 계산한 양으로 30분간 방사할 수 있는 양 이상이 되도록 설치할 것

　㉠ 수원 = 방호대상물의 표면적(m²) × 20L/min · m² × 30min

　㉡ 방수압력 : 350kPa(0.35MPa) 이상

④ 물분무소화설비는 ③의 규정에 의한 분무헤드를 동시에 사용할 경우에 각 끝부분의 방사압력이 350kPa 이상으로 표준방사량을 방사할 수 있는 성능이 되도록 할 것

⑤ 물분무소화설비에는 비상전원을 설치할 것

(1) 고정식 방출구의 종류★

고정식 포방출구방식은 탱크에서 저장 또는 취급하는 위험물의 화재를 유효하게 소화할 수 있도록 하는 포방출구

① Ⅰ형 : 고정지붕구조(CRT ; Cone Roof Tank)의 탱크에 상부포주입법(고정포방출구를 탱크 옆판의 상부에 설치하여 액표면상에 포를 방출하는 방법)을 이용하는 것으로 방출된 포가 액면 아래로 몰입되거나 액면을 뒤섞지 않고 액면상을 덮을 수 있는 통계단 또는 미끄럼판 등의 설비 및 탱크 내의 위험물 증기가 외부로 역류되는 것을 저지할 수 있는 구조·기구를 갖는 포방출구

② Ⅱ형 : 고정지붕구조(CRT) 또는 부상덮개부착 고정지붕구조(옥외저장탱크의 액상에 금속제의 플로팅, 팬 등의 덮개를 부착한 고정지붕구조의 것을 말한다)의 탱크에 상부포주입법을 이용하는 것으로 방출된 포가 탱크 옆판의 내면을 따라 흘러내려가면서 액면 아래로 몰입되거나 액면을 뒤섞지 않고 액면상을 덮을 수 있는 반사판 및 탱크 내의 위험물 증기가 외부로 역류되는 것을 저지할 수 있는 구조·기구를 갖는 포방출구

③ 특형 : 부상지붕구조(FRT ; Floating Roof Tank)의 탱크에 상부포주입법을 이용하는 것으로 부상지붕의 부상 부분상에 높이 0.9m 이상의 금속제 칸막이(방출된 포의 유출을 막을 수 있고 충분한 배수능력을 갖는 배수구를 설치한 것에 한한다)를 탱크 옆판의 내측으로부터 1.2m 이상 이격하여 설치하고 탱크 옆판과 칸막이에 의하여 형성된 환상부분에 포를 주입하는 것이 가능한 구조의 반사판을 갖는 포방출구

④ Ⅲ형 : 고정지붕구조(CRT)의 탱크에 저부포주입법(탱크의 액면하에 설치된 포방출구부터 포를 탱크 내에 주입하는 방법)을 이용하는 것으로 송포관(발포기 또는 포발생기에 의하여 발생된 포를 보내는 배관을 말한다. 해당 배관으로 탱크 내의 위험물이 역류되는 것을 저지할 수 있는 구조·기구를 갖는 것에 한한다)으로부터 포를 방출하는 포방출구

⑤ Ⅳ형 : 고정지붕구조(CRT)의 탱크에 저부포주입법을 이용하는 것으로 평상시에는 탱크의 액면하 저부에 격납통(포를 보내는 것에 의하여 용이하게 이탈되는 캡을 갖는 것을 포함한다)에 수납되어 있는 특수호스 등이 송포관의 말단에 접속되어 있다가 포를 보내는 것에 의하여 특수호스 등이 전개되어 그 선단(끝부분)이 액면까지 도달한 후 포를 방출하는 포방출구

(2) 보조포소화전의 설치

① 상호 간의 보행거리가 75m 이하가 되도록 할 것

② 3개(3개 미만은 그 개수)의 노즐을 동시에 방사 시
  ㉠ 방수압력 : 0.35MPa 이상
  ㉡ 방사량 : 400L/min 이상

(3) 연결송액구 설치개수

$$N = \frac{Aq}{C}$$

여기서, N : 연결송액구의 설치개수

A : 탱크의 최대 수평단면적(m^2)

q : 탱크의 액표면적 $1m^2$당 방사해야 할 포수용액의 방출률 (L/min)

C : 연결송액구 1구당의 표준 송액량(800L/min)

(4) 포헤드방식의 포헤드 설치기준

① 방호대상물의 표면적(건축물의 경우에는 바닥면적) $9m^2$당 1개 이상의 헤드를, 방호대상물의 표면적 $1m^2$당의 방사량이 6.5L/min 이상의 비율로 계산한 양의 포수용액을 표준방사량으로 방사할 수 있도록 설치할 것

② 방사구역은 $100m^2$ 이상(방호대상물의 표면적이 $100m^2$ 미만인 경우에는 해당 표면적)으로 할 것

(5) 포모니터노즐의 설치기준

① 포모니터노즐은 옥외저장탱크 또는 이송취급소의 펌프설비 등이 안벽, 부두, 해상구조물, 그 밖의 이와 유사한 장소에 설치되어 있는 경우에 해당 장소의 끝선(해면과 접하는 선)으로부터 수평거리 15m 이내의 해면 및 주입구 등 위험물취급설비의 모든 부분이 수평방사거리 내에 있도록 설치할 것. 이 경우에 그 설치개수가 1개인 경우에는 2개로 할 것

② 포모니터노즐은 소화활동상 지장이 없는 위치에서 기동 및 조작이 가능하도록 고정하여 설치할 것

③ 포모니터노즐은 모든 노즐을 동시에 사용할 경우에 각 노즐 끝부분의 방사량이 1,900L/min 이상이고 수평방사거리가 30m 이상이 되도록 설치할 것★

(6) 수원의 수량

① 포방출구방식

　㉠ 고정식포방출구의 수원

　　= 포수용액량(표1 참조) × 탱크의 액표면적(m²)

　　[단, 비수용성 외의 것은 포수용액량(표2 참조) × 탱크의 액표면적(m²) × 계수(생략)]

[표1] 비수용성의 포수용액량

위험물의 구분 / 포방출구의 종류		제4류 위험물 중		
		인화점이 21℃ 미만인 것	인화점이 21℃ 이상 70℃ 미만인 것	인화점이 70℃ 이상인 것
I형	포수용액량(L/m²)	120	80	60
	방출률(L/m² · min)	4	4	4
II형	포수용액량(L/m²)	220	120	100
	방출률(L/m² · min)	4	4	4
특형	포수용액량(L/m²)	240	160	120
	방출률(L/m² · min)	8	8	8
III형	포수용액량(L/m²)	220	120	100
	방출률(L/m² · min)	4	4	4
IV형	포수용액량(L/m²)	220	120	100
	방출률(L/m² · min)	4	4	4

[표2] 수용성의 포수용액량

I형	포수용액량(L/m²)	160
	방출률(L/m² · min)	8
II형	포수용액량(L/m²)	240
	방출률(L/m² · min)	8
특형	포수용액량(L/m²)	-
	방출률(L/m² · min)	-
III형	포수용액량(L/m²)	-
	방출률(L/m² · min)	-
IV형	포수용액량(L/m²)	240
	방출률(L/m² · min)	8

　㉡ 보조포소화전의 수원 $Q = N$(보조포소화전수, 최대 3개) $\times$ 400L/min $\times$ 20min

　※ 포방출구방식의 수원 = ㉠ + ㉡

② 포헤드방식

　수원 = 표면적(m²) $\times$ 6.5L/min · m² $\times$ 10min

③ 포모니터 노즐방식

　수원 = N(노즐수) $\times$ 방사량(1,900L/min) $\times$ 30min

　※ 포모니터 노즐의 방사량 : 1,900L/min, 수평방사거리 : 30m 이상

④ 이동식 포소화설비★

　㉠ 옥내에 설치 시 수원

　　= N(호스접속구수, 최대 4개) $\times$ 200L/min $\times$ 30min

　㉡ 옥외에 설치 시 수원

　　= N(호스접속구수, 최대 4개) $\times$ 400L/min $\times$ 30min

　※ 이동식 포소화설비의 방사압력 : 0.35MPa 이상

⑤ ①에서 ④에 정한 포수용액의 양 외에 배관 내를 채우기 위하여 필요한 포수용액의 양

⑥ 포소화약제의 저장량은 (6)에 정한 포수용액량에 각 포소화약제의 적정 희석용량농도를 곱하여 얻은 양 이상이 되도록 할 것

옥외저장탱크의 주변에 설치된 포모니터노즐에 대하여 다음
각 물음에 답하시오.

(1) 포모니터노즐은 모든 노즐을 동시에 사용할 경우에 각 노즐
끝부분의 방사량은(L/min)?

(2) 포모니터노즐은 모든 노즐을 동시에 사용할 경우에 각 노즐
끝부분의 수평방사거리(m)는?

|해설|

포모니터노즐은 모든 노즐을 동시에 사용할 경우에 각 노즐 끝부
분의 방사량이 1,900L/min 이상이고 수평방사거리가 30m 이상
이 되도록 설치할 것

정답 (1) 1,900L/min 이상
　　　　(2) 30m 이상

핵심이론 07 포소화설비 Ⅱ (위험물세부기준 제133조)

(1) 포소화설비에 적용하는 포소화약제

① Ⅲ형의 방출구 이용 : 플루오린화단백포소화약제, 수
성막포소화약제

② 그 밖의 것 : 단백포소화약제, 플루오린화단백포소화
약제, 수성막포소화약제

③ 수용성 위험물 : 수용성 액체용포소화약제

(2) 포소화약제의 혼합장치(NFTC 105)★

기계포 소화약제에는 비례혼합장치와 정량혼합장치가
있는데 비례혼합장치는 소화원액이 지정농도의 범위 내
로 방사 유량에 비례하여 혼합하는 장치를 말하고 정량
혼합장치는 방사 구역 내에서 지정 농도 범위 내의 혼합이
가능한 것만을 성능으로 하지 않는 것으로 지정농도에
관계없이 일정한 양을 혼합하는 장치이다.

[포 혼합장치(Foam Mixer)]

① 펌프 프로포셔너 방식(Pump Proportioner, 펌프 혼합
방식)

펌프의 토출관과 흡입관 사이의 배관 도중에 설치한
흡입기에 펌프에서 토출된 물의 일부를 보내고 농도조
절 밸브에서 조정된 포소화약제의 필요량을 포소화약
제 저장탱크에서 펌프 흡입측으로 보내어 약제를 혼합
하는 방식이다.

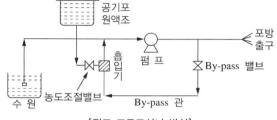

[펌프 프로포셔너 방식]

② 라인 프로포셔너 방식(Line Proportioner, 관로 혼합 방식)

펌프와 발포기의 중간에 설치된 벤투리관의 벤투리작용에 따라 포소화약제를 흡입·혼합하는 방식으로 이 방식은 옥외소화전에 연결하여 주로 1층에 사용하며 원액 흡입력 때문에 송수압력의 손실이 크고, 토출측 호스의 길이, 포원액 탱크의 높이 등에 민감하므로 아주 정밀한 설계와 시공을 요한다.

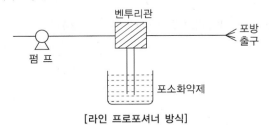

[라인 프로포셔너 방식]

③ 프레셔 프로포셔너 방식(Pressure Proportioner, 차압 혼합방식)

펌프와 발포기의 중간에 설치된 벤투리관의 벤투리작용과 펌프 가압수의 포소화약제 저장탱크에 대한 압력에 따라 포소화약제를 흡입·혼합하는 방식이다. 현재 우리나라에서는 3% 단백포 차압혼합방식을 많이 사용하고 있다.

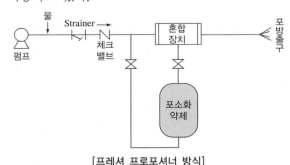

[프레셔 프로포셔너 방식]

④ 프레셔 사이드 프로포셔너 방식(Pressure Side Pro-portioner, 압입 혼합방식)

펌프의 토출관에 압입기를 설치하여 포소화약제 압입용 펌프로 포소화약제를 압입시켜 혼합하는 방식이다.

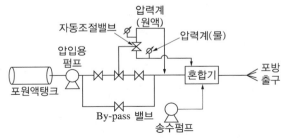

[프레셔 사이드 프로포셔너 방식]

⑤ 압축공기포 믹싱체임버 방식

물, 포 소화약제 및 공기를 믹싱챔버로 강제주입시켜 챔버 내에서 포수용액을 생성한 후 포를 방사하는 방식이다.

(3) 가압송수장치의 설치기준

① 고가수조를 이용하는 가압송수장치

㉠ 가압송수장치의 낙차(수조의 하단으로부터 포방출구까지의 수직거리)는 다음 식에 의하여 구한 수치 이상으로 할 것

$$H = h_1 + h_2 + h_3$$

여기서, H : 필요한 낙차(m)

h_1 : 고정식 포방출구의 설계압력 환산수두 또는 이동식 포소화설비 노즐방사압력 환산수두(m)

h_2 : 배관의 마찰손실수두(m)

h_3 : 이동식 포소화설비의 소방용 호스의 마찰손실수두(m)

㉡ 고가수조에는 수위계, 배수관, 오버플로용 배수관, 보급수관 및 맨홀을 설치할 것

② 압력수조를 이용하는 가압송수장치

    ㉠ 가압송수장치의 압력수조의 압력은 다음 식에 의하여 구한 수치 이상으로 할 것

$$P = p_1 + p_2 + p_3 + p_4$$

    여기서, P : 필요한 압력(MPa)

            p_1 : 고정식 포방출구의 설계압력 또는 이동식 포소화설비 노즐방사압력(MPa)

            p_2 : 배관의 마찰손실수두압(MPa)

            p_3 : 낙차의 환산수두압(MPa)

            p_4 : 이동식 포소화설비의 소방용 호스의 마찰손실수두압(MPa)

    ㉡ 압력수조의 수량은 해당 압력수조 체적의 2/3 이하일 것

    ㉢ 압력수조에는 압력계, 수위계, 배수관, 보급수관, 통기관 및 맨홀을 설치할 것

③ 펌프를 이용하는 가압송수장치

    ㉠ 펌프의 토출량은 고정식 포방출구의 설계압력 또는 노즐의 방사압력의 허용범위로 포수용액을 방출 또는 방사하는 것이 가능한 양으로 할 것

    ㉡ 펌프의 전양정은 다음 식에 의하여 구한 수치 이상으로 할 것

$$H = h_1 + h_2 + h_3 + h_4$$

    여기서, H : 펌프의 전양정(m)

            h_1 : 고정식 포방출구의 설계압력환산수두 또는 이동식 포소화설비 노즐선단의 방사압력 환산수두(m)

            h_2 : 배관의 마찰손실수두(m)

            h_3 : 낙차(m)

            h_4 : 이동식 포소화설비의 소방용 호스의 마찰손실수두(m)

    ㉢ 펌프의 토출량이 정격토출량의 150%인 경우에는 전양정은 정격전양정의 65% 이상일 것

    ㉣ 펌프는 전용으로 할 것. 다만, 다른 소화설비와 병용 또는 겸용하여도 각각의 소화설비의 성능에 지장을 주지 않는 경우에는 그렇지 않다.

    ㉤ 펌프에는 토출측에 압력계, 흡입측에 연성계를 설치할 것

    ㉥ 가압송수장치에는 정격부하 운전 시 펌프의 성능을 시험하기 위한 배관설비를 설치할 것

    ㉦ 가압송수장치에는 체절운전 시에 수온상승방지를 위한 순환배관을 설치할 것

    ㉧ 펌프를 시동한 후 5분 이내에 포수용액을 포방출구 등까지 송액할 수 있도록 하거나 또는 펌프로부터 포방출구 등까지의 수평거리를 500m 이내로 할 것

(4) 수동식 기동장치의 설치기준

① 직접조작 또는 원격조작에 의하여 가압송수장치, 수동식개방밸브 및 포소화약제 혼합장치를 기동할 수 있을 것

② 2 이상의 방사구역을 갖는 포소화설비는 방사구역을 선택할 수 있는 구조로 할 것

③ 기동장치의 조작부는 화재 시 용이하게 접근이 가능하고 바닥면으로부터 0.8m 이상 1.5m 이하의 높이에 설치할 것

④ 기동장치의 조작부에는 유리 등에 의한 방호조치가 되어 있을 것

⑤ 기동장치의 조작부 및 호스접속구에는 직근의 보기 쉬운 장소에 각각 "기동장치의 조작부" 또는 "접속구"라고 표시할 것

(1) 불활성가스 소화설비의 분사헤드

구 분	전역방출방식			국소방출방식 (이산화탄소 사용)
	이산화탄소		불활성가스	
	고압식	저압식	IG-100, IG-55, IG-541	
방사 압력	2.1MPa 이상	1.05MPa 이상	1.9MPa 이상	• 고압식 : 2.1MPa 이상 • 저압식 : 1.05MPa 이상
방사 시간	60초 이내	60초 이내	95% 이상을 60초 이내	30초 이내

(2) 소화약제 저장량

① 전역방출방식

　㉠ 이산화탄소 약제량 = [방호구역 체적(m^3) × 필요가스량(kg/m^3) + 개구부 면적(m^2) × 5(kg/m^2)] × 계수

방호구역 체적(m^3)	필요가스량(kg/m^3)	최저한도량(kg)
5 미만	1.20	–
5 이상 15 미만	1.10	6
15 이상 45 미만	1.00	17
45 이상 150 미만	0.90	45
150 이상 1,500 미만	0.80	135
1,500 이상	0.75	1,200

　※ 방호구역의 개구부에 자동폐쇄장치를 설치한 경우에는 개구부의 면적(m^2) × 5(kg/m^2)을 계산하지 않는다.

　㉡ 불활성가스 약제량 = 방호구역 체적(m^3) × 필요가스량(kg/m^3) × 계수

소화약제의 종류	필요가스량(kg/m^3)
IG-100	0.516
IG-55	0.477
IG-541	0.472

② 국소방출방식

소방대상물		약제 저장량[kg]	
		고압식	저압식
면적식 국소방출 방식	◆	방호대상물의 표면적 (m^2) × 13kg/m^2 × 1.4 × 계수	방호대상물의 표면적 (m^2) × 13kg/m^2 × 1.1 × 계수
용적식 국소방출 방식	상기 이외의 것	방호 공간의 체적(m^3) × $\left(8 - 6\frac{a}{A}\right)kg/m^3$ × 1.4 × 계수	방호 공간의 체적(m^3) × $\left(8 - 6\frac{a}{A}\right)kg/m^3$ × 1.1 × 계수

◆ : 액체 위험물을 상부를 개방한 용기에 저장하는 경우 등 화재 시 연소면이 한 면에 한정되고 위험물이 비산할 우려가 없는 경우

여기서, Q : 단위체적당 소화약제의 양(kg/m^3) $\left(= 8 - 6\frac{a}{A}\right)$

　　　a : 방호대상물의 주위에 실제로 설치된 고정벽(방호대상물로부터 0.6m 미만의 거리에 있는 것에 한한다)의 면적의 합계(m^2)

　　　A : 방호공간 전체둘레의 면적(m^2)

③ 이동식 불활성가스 소화설비

　㉠ 저장량 : 90kg 이상

　㉡ 방사량 : 90kg/min 이상

(3) 저장용기의 충전비

구 분	이산화탄소의 충전비		IG-55, IG-100, IG-541의 충전압력
	고압식	저압식	
기 준	1.5 이상 1.9 이하	1.1 이상 1.4 이하	32MPa 이하(21℃ 기준)

(4) 저장용기의 설치기준

① 방호구역 외의 장소에 설치할 것

② 온도가 40℃ 이하이고 온도 변화가 적은 장소에 설치할 것

③ 직사일광 및 빗물이 침투할 우려가 적은 장소에 설치할 것

④ 저장용기에는 안전장치(용기밸브에 설치되어 있는 것을 포함)를 설치할 것

⑤ 저장용기의 외면에 소화약제의 종류와 양, 제조년도 및 제조자를 표시할 것

(5) 저압식 저장용기(이산화탄소 저장)의 설치기준

① 저압식 저장용기에는 액면계 및 압력계를 설치할 것
② 저압식 저장용기에는 2.3MPa 이상의 압력 및 1.9MPa 이하의 압력에서 작동하는 압력경보장치를 설치할 것
③ 저압식 저장용기에는 용기 내부의 온도를 $-20℃$ 이상 $-18℃$ 이하로 유지할 수 있는 자동냉동기를 설치할 것
④ 저압식 저장용기에는 파괴판 및 방출밸브를 설치할 것

(6) 기동용 가스용기

① 기동용 가스용기는 25MPa 이상의 압력에 견딜 수 있는 것일 것
② 기동용 가스용기
  ㉠ 내용적 : 1L 이상
  ㉡ 이산화탄소의 양 : 0.6kg 이상
  ㉢ 충전비 : 1.5 이상
③ 기동용 가스용기에는 안전장치 및 용기밸브를 설치할 것

(7) 수동식의 기동장치

① 기동장치는 해당 방호구역 밖에 설치하되 해당 방호구역 안을 볼 수 있고 조작을 한 자가 쉽게 대피할 수 있는 장소에 설치할 것
② 기동장치는 하나의 방호구역 또는 방호대상물마다 설치할 것
③ 기동장치의 조작부는 바닥으로부터 0.8m 이상 1.5m 이하의 높이에 설치할 것
④ 기동장치에는 직근의 보기 쉬운 장소에 "불활성가스 소화설비의 수동식 기동장치임을 알리는 표시를 할 것"이라고 표시할 것
⑤ 기동장치의 외면은 적색으로 할 것
⑥ 전기를 사용하는 기동장치에는 전원표시등을 설치할 것

⑦ 기동장치의 방출용 스위치 등은 음향경보장치가 기동되기 전에는 조작될 수 없도록 하고 기동장치에 유리 등에 의하여 유효한 방호조치를 할 것
⑧ 기동장치 또는 직근의 장소에 방호구역의 명칭, 취급방법, 안전상의 주의사항 등을 표시할 것

(8) 비상전원

① 종류 : 자가발전설비, 축전지설비
② 비상전원의 용량 : 1시간 이상 작동

할로겐화합물 소화설비(위험물세부기준 제 135조)

(1) 전역 · 국소방출방식

① 할론 2402를 방출하는 분사헤드는 소화약제가 무상으로 방사하는 것일 것

② 분사헤드의 방사압력

약 제	방사압력	약 제	방사압력
할론 2402	0.1MPa 이상	HFC-227ea, FK-5-1-12	0.3MPa 이상
할론 1211	0.2MPa 이상	HFC-23	0.9MPa 이상
할론 1301	0.9MPa 이상	HFC-125	0.9MPa 이상

③ 할론 2402, 할론 1211, 할론 1301의 방사시간 : 30초 이내

④ HFC-23, HFC-125, HFC-227ea, KF-5-1-12의 방사시간 : 10초 이내

[할론분사헤드]

(2) 소화약제 저장량

① 전역방출방식의 할로겐화합물 소화설비

　㉠ 자동폐쇄장치가 설치된 경우

　　할론저장량(kg) = [방호구역 체적(m^3) × 필요가스량(kg/m^3)] × 계수

　㉡ 자동폐쇄장치가 설치되지 않는 경우

　　할론저장량(kg) = [방호구역 체적(m^3) × 필요가스량(kg/m^3) + 개구부 면적(m^2) × 가산량(kg/m^2)] × 계수

[전역방출방식의 할론 필요가스량]

소화약제	필요가스량	가산량 (자동폐쇄장치 미설치 시)
할론 2402	0.40kg/m³	3.0kg/m²
할론 1211	0.36kg/m³	2.7kg/m²
할론 1301	0.32kg/m³	2.4kg/m²
HFC-23, HFC-125	0.52kg/m³	-
HFC-227ea	0.55kg/m³	-
FK-5-1-12	0.84kg/m³	-

② 국소방출방식의 할로겐화합물 소화설비

소화약제의 종별	약제 저장량(kg)		
	할론 2402	할론 1211	할론 1301
◆	방호대상물의 표면적(m^2) × 8.8kg/m² × 1.1 × 계수	방호대상물의 표면적(m^2) × 7.6kg/m² × 1.1 × 계수	방호대상물의 표면적(m^2) × 6.8kg/m² × 1.25 × 계수
상기 이외의 것	방호공간의 체적(m^3) × $(X-Y)\dfrac{a}{A}$ kg/m³ × 1.1 × 계수	방호공간의 체적(m^3) × $(X-Y)\dfrac{a}{A}$ kg/m³ × 1.1 × 계수	방호공간의 체적(m^3) × $(X-Y)\dfrac{a}{A}$ kg/m³ × 1.25 × 계수

◆ : 액체 위험물을 상부를 개방한 용기에 저장하는 경우 등 화재 시 연소면이 한 면에 한정되고 위험물이 비산할 우려가 없는 경우

㉠ 방호공간 : 방호대상물의 각 부분으로부터 0.6m의 거리에 따라 둘러싸인 공간

㉡ Q : 단위체적당 소화약제의 양(kg/m^3)

$$\left(=(X-Y)\frac{a}{A}\right)$$

㉢ a : 방호대상물의 주위에 실제로 설치된 고정벽의 면적 합계(m^2)

㉣ A : 방호공간의 전체둘레의 면적(m^2)

㉤ X 및 Y : 다음 표에 정한 소화약제의 종류에 따른 수치

소화약제의 종별	X의 수치	Y의 수치
할론 2402	5.2	3.9
할론 1211	4.4	3.3
할론 1301	4.0	3.0

③ 이동식의 할로겐화합물 소화설비

소화약제의 종별	소화약제의 양	분당 방사량
할론 2402	50kg 이상	45kg 이상
할론 1211	45kg 이상	40kg 이상
할론 1301	45kg 이상	35kg 이상

(3) 설치기준

① 축압식 저장용기의 압력

약 제	할론1301, HFC-227ea, FK-5-1-12	할론 1211
저압식	2.5MPa	1.1MPa
고압식	4.2MPa	2.5MPa

② 저장용기

㉠ 표시사항 : 충전소화약제량, 소화약제의 종류, 최고사용압력(가압식에 한한다), 제조년도, 제조자명

㉡ 충전비

약제의 종류		충전비
할론 2402	가압식	0.51 이상 0.67 이하
	축압식	0.67 이상 2.75 이하
할론 1211		0.7 이상 1.4 이하
할론 1301, HFC-227ea		0.9 이상 1.6 이하
HFC-23, HFC-125		1.2 이상 1.5 이하
FK-5-1-12		0.7 이상 1.6 이하

③ 가압용 가스용기

㉠ 충전가스 : 질소(N_2)

㉡ 안전장치와 용기밸브를 설치할 것

④ 배 관

㉠ 전용으로 할 것

㉡ 강관의 배관은 할론 2402는 배관용 탄소강관(KS D 3507), 할론 1211, 할론 1301, HFC-227ea, HFC-23, HFC-125 또는 FK-5-1-12에 있어서는 압력배관용 탄소강관(KS D 3562) 중에서 스케줄 40 이상의 것 또는 이와 동등 이상의 강도를 갖는 것으로서 아연도금 등에 의한 방식처리를 한 것을 사용할 것

㉢ 낙차는 50m 이하일 것

⑤ 저장용기(축압식의 것으로서 내부압력이 1.0MPa 이상인 것에 한한다)에는 용기밸브를 설치할 것

⑥ 가압식 저장용기 : 2.0MPa 이하의 압력조정장치를 설치할 것

⑦ 저장용기 등과 선택밸브 등 사이에는 안전장치 또는 파괴판을 설치할 것

⑧ 전역방출방식의 안전장치

㉠ 기동장치의 방출용 스위치 등의 작동으로부터 저장용기 등의 용기밸브 또는 방출밸브의 개방까지의 시간이 20초 이상으로 되도록 지연장치를 설치할 것. 다만, 할론 1301을 방사하는 것은 지연장치를 설치하지 않을 수 있다.

㉡ 수동기동장치에는 ㉠에 정한 시간 내에 소화약제가 방출되지 않도록 조치를 할 것

㉢ 방호구역의 출입구 등 보기 쉬운 장소에 소화약제가 방출된다는 사실을 알리는 표시등을 설치할 것

(1) 전역방출방식, 국소방출방식의 분사헤드

① 전역방출방식 분말 소화설비의 분사헤드

    ㉠ 방사된 소화약제가 방호 구역의 전역에 균일하고 신속하게 확산할 수 있도록 설치할 것

    ㉡ 분사헤드의 방사압력은 0.1MPa 이상일 것

    ㉢ 소화약제의 양을 30초 이내에 균일하게 방사할 것

② 국소방출방식 분말 소화설비의 분사헤드

    ㉠ 분사헤드는 방호대상물의 모든 표면이 분사헤드의 유효사정 내에 있도록 설치할 것

    ㉡ 소화약제의 방사에 의하여 위험물이 비산되지 않는 장소에 설치할 것

    ㉢ 분사헤드의 방사압력은 0.1MPa 이상일 것

    ㉣ 소화약제의 양을 30초 이내에 균일하게 방사할 것

(2) 분말 소화설비에 사용하는 소화약제

① 제1종 분말

② 제2종 분말

③ 제3종 분말

④ 제4종 분말

⑤ 제5종 분말

(3) 저장용기 등의 충전비

소화약제의 종별	충전비의 범위
제1종 분말	0.85 이상 1.45 이하
제2종 분말 또는 제3종 분말	1.05 이상 1.75 이하
제4종 분말	1.50 이상 2.50 이하

(4) 소화약제 저장량

① 전역방출방식

    ㉠ 자동폐쇄장치가 설치된 경우

      분말저장량(kg) = [방호구역 체적(m^3) × 필요가스량(kg/m^3)] × 계수

    ㉡ 자동폐쇄장치가 설치되지 않는 경우

      분말저장량(kg) = [방호구역 체적(m^3) × 필요가스량(kg/m^3) + 개구부 면적(m^2) × 가산량(kg/m^2)] × 계수

소화약제의 종별	필요가스량 (kg/m^3)	가산량 (kg/m^2)
제1종 분말(탄산수소나트륨이 주성분)	0.60	4.5
제2종 분말(탄산수소칼륨이 주성분)	0.36	2.7
제3종 분말[인산염류 등을 주성분 (인산암모늄을 90% 이상 함유)]		
제4종 분말(탄산수소칼륨과 요소의 반응생성물)	0.24	1.8
제5종 분말(특정의 위험물에 적응성이 있는 것으로 인정)	소화약제에 따라 필요한 양	

② 국소방출방식

소방대상물	약제 저장량(kg)		
	제1종 분말	제2종, 제3종 분말	제4종 분말
면적식 국소 방출 방식 ◆	방호대상물의 표면적(m^2) × 8.8kg/m^2 × 1.1 × 계수	방호대상물의 표면적(m^2) × 5.2kg/m^2 × 1.1 × 계수	방호대상물의 표면적(m^2) × 3.6kg/m^2 × 1.1 × 계수
용적식 국소 방출 방식 (상기 이외의 것)	방호공간의 체적(m^3) × $(X-Y)\frac{a}{A}$ kg/m^3 × 1.1 × 계수	방호공간의 체적(m^3) × $(X-Y)\frac{a}{A}$ kg/m^3 × 1.1 × 계수	방호공간의 체적(m^3) × $(X-Y)\frac{a}{A}$ kg/m^3 × 1.1 × 계수

◆ : 액체 위험물을 상부를 개방한 용기에 저장하는 경우 등 화재 시 연소면이 한 면에 한정되고 위험물이 비산할 우려가 없는 경우

여기서, Q : 단위체적당 소화약제의 양$(kg/m^3)\left(=(X-Y)\frac{a}{A}\right)$

    a : 방호대상물 주위에 실제로 설치된 고정벽의 면적 합계(m^2)

    A : 방호공간 전체둘레의 면적(m^2)

    X 및 Y : 다음 표에 정한 소화약제의 종류에 따른 수치

소화약제의 종별	X의 수치	Y의 수치
제1종 분말	5.2	3.9
제2종 분말 또는 제3종 분말	3.2	2.4
제4종 분말	2.0	1.5
제5종 분말	소화약제에 따라 필요한 양	

③ 이동식 분말소화설비

소화약제의 종별	소화약제의 양 (kg)	분당 방사량 (kg/min)
제1종 분말	50 이상	45 이상
제2종 분말 또는 제3종 분말	30 이상	27 이상
제4종 분말	20 이상	18 이상

(5) 배관의 기준

① 전용으로 할 것

② 강관의 배관은 배관용 탄소강관(KS D 3507)에 적합하고 아연도금 등에 의하여 방식처리를 한 것 또는 이와 동등 이상의 강도 및 내식성을 갖는 것을 사용할 것. 다만, 축압식인 것 중에서 온도 20℃에서 압력이 2.5MPa을 초과하고 4.2MPa 이하인 것에 있어서는 압력배관용 탄소강관(KS D 3562) 중에서 스케줄 40 이상이고 아연도금 등에 의하여 방식처리를 한 것 또는 이와 동등 이상의 강도와 내식성이 있는 것을 사용할 것

③ 동관의 배관은 이음매 없는 구리 및 구리합금관(KS D 5301) 또는 이와 동등 이상의 강도 및 내식성을 갖는 것으로 조정압력 또는 최고사용압력의 1.5배 이상의 압력에 견딜 수 있는 것을 사용할 것

④ 저장용기 등으로부터 배관의 굴곡부까지의 거리는 관경의 20배 이상되도록 할 것

⑤ 낙차는 50m 이상일 것

(6) 가압식의 압력조정기

분말 소화설비에는 2.5MPa 이하의 압력으로 조정할 수 있는 압력조정기를 설치할 것

(7) 정압작동장치의 설치기준

① 기동장치의 작동 후 저장용기 등의 압력이 설정압력이 되었을 때 방출밸브를 개방시키는 것일 것

② 정압작동장치는 저장용기 등마다 설치할 것

(8) 안전장치

저장용기 등과 선택밸브 등 사이에는 안전장치 또는 파괴판을 설치할 것

(9) 기동용 가스용기의 기준

내용적	가스의 양	충전비
0.27L 이상	145g 이상	1.5 이상

3-2. 제조소 등의 소화설비 난이도등급 및 소요단위

핵심이론 01 소화설비(시행규칙 별표 17)

(1) 소화난이도등급 Ⅰ

① 소화난이도등급 Ⅰ에 해당하는 제조소 등

제조소 등의 구분	제조소 등의 규모, 저장 또는 취급하는 위험물의 품명 및 최대수량 등
제조소, 일반취급소★	연면적 1,000m² 이상인 것
	지정수량의 100배 이상인 것(고인화점 위험물만을 100℃ 미만의 온도에서 취급하는 것 및 제48조의 위험물을 취급하는 것은 제외)
	지반면으로부터 6m 이상의 높이에 위험물 취급설비가 있는 것(고인화점 위험물만을 100℃ 미만의 온도에서 취급하는 것은 제외)
	일반취급소로 사용되는 부분 외의 부분을 갖는 건축물에 설치된 것(내화구조로 개구부 없이 구획된 것 및 고인화점 위험물만을 100℃ 미만의 온도에서 취급하는 것은 제외)
주유취급소	규정에 따른 면적의 합이 500m²를 초과하는 것
옥내저장소★	지정수량의 150배 이상인 것(고인화점 위험물만을 저장하는 것 및 제48조의 위험물을 저장하는 것은 제외)
	연면적 150m²을 초과하는 것(150m² 이내마다 불연재료로 개구부 없이 구획된 것 및 인화성 고체 외의 제2류 위험물 또는 인화점 70℃ 이상의 제4류 위험물만을 저장하는 것은 제외)
	처마높이가 6m 이상인 단층건물의 것
	옥내저장소로 사용되는 부분 외의 부분이 있는 건축물에 설치된 것(내화구조로 개구부 없이 구획된 것 및 인화성 고체 외의 제2류 위험물 또는 인화점 70℃ 이상의 제4류 위험물만을 저장하는 것은 제외)
옥외탱크저장소	액표면적이 40m² 이상인 것(제6류 위험물을 저장하는 것 및 고인화점 위험물만을 100℃ 미만의 온도에서 저장하는 것은 제외)
	지반면으로부터 탱크 옆판의 상단까지 높이가 6m 이상인 것(제6류 위험물을 저장하는 것 및 고인화점 위험물만을 100℃ 미만의 온도에서 저장하는 것은 제외)
	지중탱크 또는 해상탱크로서 지정수량의 100배 이상인 것(제6류 위험물을 저장하는 것 및 고인화점 위험물만을 100℃ 미만의 온도에서 저장하는 것은 제외)
	고체위험물을 저장하는 것으로서 지정수량의 100배 이상인 것

제조소 등의 구분	제조소 등의 규모, 저장 또는 취급하는 위험물의 품명 및 최대수량 등
옥내탱크저장소	액표면적이 40m² 이상인 것(제6류 위험물을 저장하는 것 및 고인화점 위험물만을 100℃ 미만의 온도에서 저장하는 것은 제외)
	바닥면으로부터 탱크 옆판의 상단까지 높이가 6m 이상인 것(제6류 위험물을 저장하는 것 및 고인화점 위험물만을 100℃ 미만의 온도에서 저장하는 것은 제외)
	탱크전용실이 단층건물 외의 건축물에 있는 것으로서 인화점 38℃ 이상 70℃ 미만의 위험물을 지정수량의 5배 이상 저장하는 것(내화구조로 개구부 없이 구획된 것은 제외)
옥외저장소	덩어리 상태의 유황을 저장하는 것으로서 경계표시 내부의 면적(2 이상의 경계표시가 있는 경우에는 각 경계표시의 내부의 면적을 합한 면적)이 100m² 이상인 것
	별표 11 Ⅲ의 위험물을 저장하는 것으로서 지정수량의 100배 이상인 것
암반탱크저장소	액표면적이 40m² 이상인 것(제6류 위험물을 저장하는 것 및 고인화점 위험물만을 100℃ 미만의 온도에서 저장하는 것은 제외)
	고체위험물을 저장하는 것으로서 지정수량의 100배 이상인 것
이송취급소	모든 대상

② 소화난이도등급 Ⅰ의 제조소 등에 설치해야 하는 소화설비

제조소 등의 구분		소화설비
제조소 및 일반취급소★		옥내소화전설비, 옥외소화전설비, 스프링클러설비 또는 물분무 등 소화설비(화재발생 시 연기가 충만할 우려가 있는 장소에는 스프링클러설비 또는 이동식 외의 물분무 등 소화설비에 한한다)
주유취급소		스프링클러설비(건축물에 한정한다), 소형 수동식소화기 등(능력단위의 수치가 건축물, 그 밖의 공작물 및 위험물의 소요단위의 수치에 이르도록 설치할 것)
옥내저장소★	처마높이가 6m 이상 단층건물 또는 다른 용도의 부분이 있는 건축물에 설치한 옥내저장소	스프링클러설비 또는 이동식 외의 물분무등 소화설비
	그 밖의 것	옥외소화전설비, 스프링클러설비, 이동식 외의 물분무 등 소화설비 또는 이동식 포소화설비(포소화전을 옥외에 설치하는 것에 한한다)

제조소 등의 구분		소화설비
옥외 탱크 저장소★	지중 탱크 또는 해상 탱크 외의 것	
	유황만을 저장·취급하는 것	물분무소화설비
	인화점 70℃ 이상의 제4류 위험물만을 저장·취급하는 것	물분무소화설비 또는 고정식 포소화설비
	그 밖의 것	고정식 포소화설비(포소화설비가 적응성이 없는 경우에는 분말소화설비)
	지중탱크	고정식 포소화설비, 이동식 이외의 불활성가스소화설비 또는 이동식 이외의 할로겐화합물소화설비
	해상탱크	고정식 포소화설비, 물분무소화설비, 이동식 이외의 불활성가스소화설비 또는 이동식 이외의 할로겐화합물소화설비
옥내 탱크 저장소	유황만을 저장·취급하는 것	물분무소화설비
	인화점 70℃ 이상의 제4류 위험물만을 저장·취급하는 것	물분무소화설비, 고정식 포소화설비, 이동식 이외의 불활성가스소화설비, 이동식 이외의 할로겐화합물소화설비 또는 이동식 이외의 분말소화설비
	그 밖의 것	고정식 포소화설비, 이동식 이외의 불활성가스소화설비, 이동식 이외의 할로겐화합물소화설비 또는 이동식 이외의 분말소화설비
옥외저장소 및 이송취급소		옥내소화전설비, 옥외소화전설비, 스프링클러설비 또는 물분무 등 소화설비(화재발생 시 연기가 충만할 우려가 있는 장소에는 스프링클러설비 또는 이동식 이외의 물분무 등 소화설비에 한한다)
암반 탱크 저장소	유황만을 저장·취급하는 것	물분무소화설비
	인화점 70℃ 이상의 제4류 위험물만을 저장·취급하는 것	물분무소화설비 또는 고정식 포소화설비
	그 밖의 것	고정식 포소화설비(포소화설비가 적응성이 없는 경우에는 분말소화설비)

(2) 소화난이도등급 Ⅱ

① 소화난이도등급 Ⅱ에 해당하는 제조소 등

제조소 등의 구분	제조소 등의 규모, 저장 또는 취급하는 위험물의 품명 및 최대수량 등
제조소, 일반취급소	연면적 600m² 이상인 것
	지정수량의 10배 이상인 것(고인화점 위험물만을 100℃ 미만의 온도에서 취급하는 것 및 제48조의 위험물을 취급하는 것은 제외)
	별표 16 Ⅱ·Ⅲ·Ⅳ·Ⅴ·Ⅷ·Ⅸ·Ⅹ 또는 Ⅹ의2의 일반취급소로서 소화난이도등급 Ⅰ의 제조소 등에 해당하지 않는 것(고인화점 위험물만을 100℃ 미만의 온도에서 취급하는 것은 제외)
옥내저장소	단층건물 이외의 것
	별표 5 Ⅱ 또는 Ⅳ 제1호의 옥내저장소
	지정수량의 10배 이상인 것(고인화점 위험물만을 저장하는 것 및 제48조의 위험물을 저장하는 것은 제외)
	연면적 150m² 초과인 것
	별표 5 Ⅲ의 옥내저장소로서 소화난이도등급 Ⅰ의 제조소 등에 해당하지 않는 것
옥외탱크 저장소, 옥내탱크 저장소	소화난이도등급 Ⅰ의 제조소 등 외의 것(고인화점 위험물만을 100℃ 미만의 온도로 저장하는 것 및 제6류 위험물만을 저장하는 것은 제외)
옥외저장소	덩어리 상태의 유황을 저장하는 것으로서 경계표시 내부의 면적(2 이상의 경계표시가 있는 경우에는 각 경계표시의 내부의 면적을 합한 면적)이 5m² 이상 100m² 미만인 것
	별표 11 Ⅲ의 위험물을 저장하는 것으로서 지정수량의 10배 이상 100배 미만인 것
	지정수량의 100배 이상인 것(덩어리 상태의 유황 또는 고인화점 위험물을 저장하는 것은 제외)
주유취급소	옥내주유취급소로서 소화난이도등급 Ⅰ의 제조소 등에 해당하지 않는 것
판매취급소	제2종 판매취급소

② 소화난이도등급 Ⅱ의 제조소 등에 설치해야 하는 소화설비

제조소 등의 구분	소화설비
제조소, 옥내저장소, 옥외저장소, 주유취급소, 판매취급소, 일반취급소	방사능력범위 내에 해당 건축물, 그 밖의 공작물 및 위험물이 포함되도록 대형 수동식소화기를 설치하고, 해당 위험물의 소요단위의 1/5 이상에 해당하는 능력단위의 소형 수동식소화기 등을 설치할 것
옥외탱크저장소, 옥내탱크저장소	대형 수동식소화기 및 소형 수동식소화기 등을 각각 1개 이상 설치할 것

(3) 소화난이도등급 Ⅲ

① 소화난이도등급 Ⅲ에 해당하는 제조소 등

제조소 등의 구분	제조소 등의 규모, 저장 또는 취급하는 위험물의 품명 및 최대수량 등
제조소, 일반취급소	제48조의 위험물을 취급하는 것
	제48조의 위험물 외의 것을 취급하는 것으로서 소화난이도등급 Ⅰ 또는 소화난이도등급 Ⅱ의 제조소 등에 해당하지 않는 것
옥내저장소	제48조의 위험물을 취급하는 것
	제48조의 위험물 외의 것을 취급하는 것으로서 소화난이도등급 Ⅰ 또는 소화난이도등급 Ⅱ의 제조소 등에 해당하지 않는 것
지하탱크저장소, 간이탱크저장소, 이동탱크저장소	모든 대상
옥외저장소	덩어리 상태의 유황을 저장하는 것으로서 경계표시 내부의 면적(2 이상의 경계표시가 있는 경우에는 각 경계표시의 내부의 면적을 합한 면적)이 5m² 미만인 것
	덩어리 상태의 유황 외의 것을 저장하는 것으로서 소화난이도등급 Ⅰ 또는 소화난이도등급 Ⅱ의 제조소 등에 해당하지 않는 것
주유취급소	옥내주유취급소 외의 것으로서 소화난이도등급 Ⅰ의 제조소 등에 해당하지 않는 것
제1종 판매취급소	모든 대상

② 소화난이도등급 Ⅲ의 제조소 등에 설치해야 하는 소화설비

제조소 등의 구분	소화설비	설치기준	
지하탱크저장소	소형 수동식소화기 등	능력단위의 수치가 3 이상	2개 이상
이동탱크저장소	자동차용 소화기	무상의 강화액 8L 이상★★★	2개 이상
		이산화탄소 3.2kg 이상★★★	
		일브롬화일염화이플루오린화메테인(CF_2ClBr) 2L 이상	
		일브롬화삼플루오린화메테인(CF_3Br) 2L 이상	
		이브롬화사플루오린화에테인($C_2F_4Br_2$) 1L 이상	
		소화분말 3.3kg 이상	
	마른모래 및 팽창질석 또는 팽창진주암	마른모래 150L 이상	
		팽창질석 또는 팽창진주암 640L 이상	

제조소 등의 구분	소화설비	설치기준
그 밖의 제조소 등	소형 수동식소화기 등	능력단위의 수치가 건축물, 그 밖의 공작물 및 위험물의 소요단위의 수치에 이르도록 설치할 것. 다만, 옥내소화전설비, 옥외소화전설비, 스프링클러설비, 물분무등 소화설비 또는 대형 수동식소화기를 설치한 경우에는 해당 소화설비의 방사능력범위 내의 부분에 대하여는 수동식소화기 등을 그 능력단위의 수치가 해당 소요단위의 수치의 1/5 이상이 되도록 하는 것으로 족하다.

비고 : 알킬알루미늄 등을 저장 또는 취급하는 이동탱크저장소에 있어서는 자동차용 소화기를 설치하는 외에 마른모래나 팽창질석 또는 팽창진주암을 추가로 설치해야 한다.

(4) 소화설비의 적응성

소화설비의 구분 \ 대상물의 구분	건축물·그 밖의 공작물	전기설비	제1류 위험물		제2류 위험물			제3류 위험물		제4류 위험물	제5류 위험물	제6류 위험물
			알칼리금속과산화물 등	그 밖의 것	철분·금속분·마그네슘 등	인화성 고체	그 밖의 것	금수성 물품	그 밖의 것			
옥내소화전설비 또는 옥외소화전설비	○			○		○	○		○		○	○
물분무등소화설비 — 스프링클러설비	○			○		○	○		○	△	○	○
물분무등소화설비 — 물분무소화설비	○	○		○		○	○		○	○	○	○
물분무등소화설비 — 포소화설비	○			○		○	○		○	○	○	○
물분무등소화설비 — 불활성가스소화설비★★★		○				○				○		
물분무등소화설비 — 할로겐화합물소화설비		○				○				○		
물분무등소화설비 — 분말소화설비 — 인산염류 등	○	○		○		○				○		○
물분무등소화설비 — 분말소화설비 — 탄산수소염류 등		○	○		○	○		○		○		
물분무등소화설비 — 분말소화설비 — 그 밖의 것			○		○			○				
대형·소형수동식소화기 — 봉상수(棒狀水)소화기	○			○		○	○		○		○	○
대형·소형수동식소화기 — 무상수(霧狀水)소화기	○	○		○		○	○		○		○	○
대형·소형수동식소화기 — 봉상강화액소화기	○			○		○	○		○		○	○
대형·소형수동식소화기 — 무상강화액소화기	○	○		○		○	○		○	○	○	○
대형·소형수동식소화기 — 포소화기	○			○		○	○		○	○	○	○
대형·소형수동식소화기 — 이산화탄소소화기		○				○				○		△
대형·소형수동식소화기 — 할로겐화합물소화기		○				○				○		
대형·소형수동식소화기 — 분말소화기 — 인산염류소화기	○	○		○		○				○		○
대형·소형수동식소화기 — 분말소화기 — 탄산수소염류소화기		○	○		○	○		○		○		
대형·소형수동식소화기 — 분말소화기 — 그 밖의 것			○		○			○				

대상물의 구분		건축물·그 밖의 공작물	전기설비	제1류 위험물		제2류 위험물			제3류 위험물		제4류 위험물	제5류 위험물	제6류 위험물
				알칼리금속과산화물 등	그 밖의 것	철분·금속분·마그네슘 등	인화성 고체	그 밖의 것	금수성 물품	그 밖의 것			
소화설비의 구분													
기타	물통 또는 수조	○			○		○	○		○		○	○
	건조사			○	○	○	○	○	○	○	○	○	○
	팽창질석 또는 팽창진주암			○	○	○	○	○	○	○	○	○	○

비고 : "○" 표시는 해당 소방대상물 및 위험물에 대하여 소화설비가 적응성이 있음을 표시하고, "△" 표시는 제4류 위험물을 저장 또는 취급하는 장소의 살수기준 면적에 따라 스프링클러설비의 살수밀도가 다음 표에 정하는 기준 이상인 경우에는 해당 스프링클러설비가 제4류 위험물에 대하여 적응성이 있음을, 제6류 위험물을 저장 또는 취급하는 장소로서 폭발의 위험이 없는 장소에 한하여 이산화탄소소화기가 제6류 위험물에 대하여 적응성이 있음을 각각 표시한다.

핵심예제

1-1. 소화난이도등급 Ⅰ의 제조소에 설치해야 하는 소화설비를 3가지만 쓰시오.

1-2. 소화난이도등급 Ⅰ에 해당하는 제조소 및 일반취급소의 기준이다. 다음 (   ) 안에 알맞은 답을 쓰시오.

⑴ 연면적 (㉠)m² 이상인 것

⑵ 지정수량의 (㉡)배 이상인 것(고인화점 위험물만을 100℃ 미만의 온도에서 취급하는 것은 제외)

⑶ 지반면으로부터 (㉢)m 이상의 높이에 위험물 취급설비가 있는 것

1-3. 이동탱크저장소에 설치하는 소화설비 중 자동차용 소화기에 대하여 다음 물음에 답하시오.

⑴ 이산화탄소소화기는 몇 kg 이상이어야 하는가?

⑵ 무상 강화액소화기는 몇 L 이상이어야 하는가?

1-4. 다음 〈보기〉에서 불활성가스 소화설비에 적응성이 있는 위험물을 모두 쓰시오.

┌ 보기 ┐

㉠ 제1류 위험물 중 알칼리금속과산화물 등

㉡ 제2류 위험물 중 인화성 고체

㉢ 제3류 위험물 중 금수성 물품

㉣ 제4류 위험물

㉤ 제5류 위험물

㉥ 제6류 위험물

|해설|

1-1
본문 참조

1-2

소화난이도등급 Ⅰ에 해당하는 제조소 및 일반취급소의 기준 및 소화설비

제조소 등의 구분	제조소 등의 규모, 저장 또는 취급하는 위험물의 품명 및 최대수량 등
제조소, 일반취급소	연면적 1,000m² 이상인 것
	지정수량의 100배 이상인 것(고인화점 위험물만을 100℃ 미만의 온도에서 취급하는 것 및 제48조의 위험물을 취급하는 것은 제외)
	지반면으로부터 6m 이상의 높이에 위험물 취급설비가 있는 것(고인화점 위험물만을 100℃ 미만의 온도에서 취급하는 것은 제외)
	일반취급소로 사용되는 부분 외의 부분을 갖는 건축물에 설치된 것(내화구조로 개구부 없이 구획된 것 및 고인화점 위험물만을 100℃ 미만의 온도에서 취급하는 것은 제외)

1-3, 1-4
본문 참조

정답 **1-1** 옥내소화전설비, 옥외소화전설비, 스프링클러설비

　　　1-2 ㉠ 1,000
　　　　　　㉡ 100
　　　　　　㉢ 6

　　　1-3 ⑴ 3.2kg 이상
　　　　　　⑵ 8L 이상

　　　1-4 ㉡, ㉣

(1) 전기설비의 소화설비

① 제조소 등에 전기설비(전기배선, 조명기구 등은 제외)가 설치된 경우 : 면적 $100m^2$마다 소형 수동식소화기를 1개 이상 설치할 것

(2) 소요단위 및 능력단위

① 소요단위 : 소화설비의 설치대상이 되는 건축물 그 밖의 공작물의 규모 또는 위험물의 양의 기준단위

② 능력단위 : ①의 소요단위에 대응하는 소화설비의 소화능력의 기준단위

(3) 소요단위의 계산방법

① 제조소 또는 취급소의 건축물★
  ㉠ 외벽이 내화구조 : 연면적 $100m^2$를 1소요단위
  ㉡ 외벽이 내화구조가 아닌 것 : 연면적 $50m^2$를 1소요단위

② 저장소의 건축물★
  ㉠ 외벽이 내화구조 : 연면적 $150m^2$를 1소요단위
  ㉡ 외벽이 내화구조가 아닌 것 : 연면적 $75m^2$를 1소요단위

③ 위험물 : 지정수량의 10배를 1소요단위★
  ※ 소요단위 = 저장(취급)수량 ÷ (지정수량×10)

(4) 소화설비의 능력단위

소화설비	용 량	능력단위
소화전용(轉用) 물통	8L	0.3
수조(소화전용 물통 3개 포함)	80L	1.5
수조(소화전용 물통 6개 포함)	190L	2.5
마른 모래(삽 1개 포함)	50L	0.5
팽창질석 또는 팽창진주암(삽 1개 포함)	160L	1.0

핵심예제

2-1. 외벽이 내화구조이고, 연면적이 $500m^2$인 위험물 제조소의 경우 소요단위를 계산하시오.

2-2. $(C_6H_5CO)_2O_2$ 물질의 소요단위가 1일 경우 저장수량은 몇 kg인지 쓰시오.

|해설|

2-1

$$소요단위 = \frac{연면적}{기준면적} = \frac{500m^2}{100m^2} = 5단위$$

2-2

소요단위가 1일 경우 저장량

$$소요단위 = \frac{저장수량}{지정수량 \times 10배}$$

$$\therefore 1 = \frac{저장수량(x)}{10kg \times 10}, \quad x = 100kg$$

※ 과산화벤조일(제5류 위험물, 유기과산화물)의 지정수량 : 10kg

정답 **2-1** 5단위
  2-2 100kg

3-3. 경보설비, 피난설비의 설치기준

핵심이론 01 경보설비(시행규칙 별표 17)

(1) 제조소 등별로 설치해야 하는 경보설비의 종류

하단 표 참조

[확성장치]

(2) 자동화재탐지설비의 설치기준

① 자동화재탐지설비의 경계구역(화재가 발생한 구역을 다른 구역과 구분하여 식별할 수 있는 최소단위의 구역)은 건축물 그 밖의 공작물의 2 이상의 층에 걸치지 않도록 할 것. 다만, 하나의 경계구역의 면적이 500m² 이하이면서 해당 경계구역이 두 개의 층에 걸치는 경우이거나 계단·경사로·승강기의 승강로 그 밖에 이와 유사한 장소에 연기감지기를 설치하는 경우에는 그렇지 않다.

② 하나의 경계구역의 면적은 600m² 이하로 하고 그 한 변의 길이는 50m(광전식분리형 감지기를 설치할 경우에는 100m) 이하로 할 것. 다만, 해당 건축물 그 밖의 공작물의 주요한 출입구에서 그 내부의 전체를 볼 수 있는 경우에 있어서는 그 면적을 1,000m² 이하로 할 수 있다.

[제조소 등별로 설치해야 하는 경보설비의 종류]★

제조소 등의 구분	제조소 등의 규모, 저장 또는 취급하는 위험물의 종류 및 최대수량 등	경보설비
가. 제조소 및 일반취급소	• 연면적이 500m² 이상인 것 • 옥내에서 지정수량의 100배 이상을 취급하는 것(고인화점위험물만을 100℃ 미만의 온도에서 취급하는 것은 제외) • 일반취급소로 사용되는 부분 외의 부분이 있는 건축물에 설치된 일반취급소(일반취급소와 일반취급소 외의 부분이 내화구조의 바닥 또는 벽으로 개구부 없이 구획된 것은 제외)	자동화재탐지설비
나. 옥내저장소	• 지정수량의 100배 이상을 저장 또는 취급하는 것(고인화점위험물만을 저장 또는 취급하는 것은 제외) • 저장창고의 연면적이 150m²를 초과하는 것[연면적 150m² 이내마다 불연재료의 격벽으로 개구부 없이 완전히 구획된 저장창고와 제2류 위험물(인화성고체는 제외) 또는 제4류 위험물(인화점이 70℃ 미만인 것은 제외)만을 저장 또는 취급하는 저장창고는 그 연면적이 500m² 이상인 것을 말한다] • 처마 높이가 6m 이상인 단층 건물의 것 • 옥내저장소로 사용되는 부분 외의 부분이 있는 건축물에 설치된 옥내저장소[옥내저장소와 옥내저장소 외의 부분이 내화구조의 바닥 또는 벽으로 개구부 없이 구획된 것과 제2류(인화성고체는 제외) 또는 제4류의 위험물(인화점이 70℃ 미만인 것은 제외)만을 저장 또는 취급하는 것은 제외]	
다. 옥내탱크저장소	단층 건물 외의 건축물에 설치된 옥내탱크저장소로서 소화난이도등급 I 에 해당하는 것	
라. 주유취급소	옥내주유취급소	
마. 옥외탱크저장소	특수인화물, 제1석유류 및 알코올류를 저장 또는 취급하는 탱크의 용량이 1,000만L 이상인 것	• 자동화재탐지설비 • 자동화재속보설비
바. 가목부터 마목까지의 규정에 따른 자동화재탐지설비 설치 대상 제조소 등에 해당하지 않는 제조소 등(이송취급소는 제외)	지정수량의 10배 이상을 저장 또는 취급하는 것	자동화재탐지설비, 비상경보설비, 확성장치 또는 비상방송설비 중 1종 이상

비고 : 이송취급소의 경보설비는 시행규칙 별표 15 IV 제14호의 규정에 의한다.

③ 자동화재탐지설비의 감지기(옥외탱크저장소에 설치하는 자동화재탐지설비의 감지기는 제외한다)는 지붕(상층이 있는 경우에는 상층의 바닥) 또는 벽의 옥내에 면한 부분(천장이 있는 경우에는 천장 또는 벽의 옥내에 면한 부분 및 천장의 뒷 부분)에 유효하게 화재의 발생을 감지할 수 있도록 설치할 것

④ 자동화재탐지설비에는 비상전원을 설치할 것

⑤ 옥외탱크저장소에 설치하는 자동화재탐지설비의 감지기 설치기준

　㉠ 불꽃감지기를 설치할 것. 다만, 불꽃을 감지하는 기능이 있는 지능형 폐쇄회로텔레비전(CCTV)을 설치한 경우 불꽃감지기를 설치한 것으로 본다.

　㉡ 옥외저장탱크 외측과 별표 6 Ⅱ에 따른 보유공지 내에서 발생하는 화재를 유효하게 감지할 수 있는 위치에 설치할 것

　㉢ 지지대를 설치하고 그곳에 감지기를 설치하는 경우 지지대는 벼락에 영향을 받지 않도록 설치할 것

⑥ 옥외탱크저장소에 자동화재탐지설비를 설치하지 않을 수 있는 경우

　㉠ 옥외탱크저장소의 방유제(防油堤)와 옥외저장탱크 사이의 지표면을 불연성 및 불침윤성(수분에 젖지 않는 성질)이 있는 철근콘크리트 구조 등으로 한 경우

　㉡ 화학물질관리법 시행규칙 별표 5 제6호의 화학물질안전원장이 정하는 고시에 따라 가스감지기를 설치한 경우

⑦ 옥외탱크저장소에 자동화재속보설비를 설치하지 않을 수 있는 경우

　㉠ 옥외탱크저장소의 방유제(防油堤)와 옥외저장탱크 사이의 지표면을 불연성 및 불침윤성(수분에 젖지 않는 성질)이 있는 철근콘크리트 구조 등으로 한 경우

　㉡ 화학물질관리법 시행규칙 별표 5 제6호의 화학물질안전원장이 정하는 고시에 따라 가스감지기를 설치한 경우

　㉢ 자체소방대를 설치한 경우

　㉣ 안전관리자가 해당 사업소에 24시간 상주하는 경우

(1) 개 요

피난기구는 화재가 발생하였을 때 소방대상물에 상주하는 사람들을 안전한 장소로 피난시킬 수 있는 기계·기구를 말하며, 피난설비는 화재발생 시 건축물로부터 피난하기 위해 사용하는 기계·기구 또는 설비를 말한다.

※ 소방에서는 피난설비가 "피난구조설비"로 명칭이 개정되었다.

(2) 종류(소방)

① 피난기구[피난사다리, 구조대, 완강기, 간이완강기, 그 밖에 화재안전기준으로 정하는 것]

② 인명구조기구[방열복 또는 방화복(안전모, 보호장갑 및 안전화 포함), 공기호흡기 및 인공소생기]

③ 유도등[피난유도선, 피난구유도등, 통로유도등, 객석유도등 및 유도표지]

④ 비상조명등 및 휴대용 비상조명등

(3) 설치기준(시행규칙 별표 17)★

① 주유취급소 중 건축물의 2층 이상의 부분을 점포·휴게음식점 또는 전시장의 용도로 사용하는 것에 있어서는 해당 건축물의 2층 이상으로부터 직접 주유취급소의 부지 밖으로 통하는 출입구와 해당 출입구로 통하는 통로·계단 및 출입구에 유도등을 설치해야 한다.

② 옥내주유취급소에 있어서는 해당 사무소 등의 출입구 및 피난구와 해당 피난구로 통하는 통로·계단 및 출입구에 유도등을 설치해야 한다.

③ 유도등에는 비상전원을 설치해야 한다.

옥내주유취급소에 있어서는 해당 사무소 등의 (   ) 및 피난구와 해당 피난구로 통하는 통로·계단 및 (   )에 (   )을 설치해야 한다.

|해설|

본문 참조

정답 출입구, 출입구, 유도등

02 위험물의 성질 및 취급

핵심이론 01 제1류 위험물 특성

(1) 종 류

하단 표 참조

(2) 정 의

산화성 고체 : 고체[액체(1기압 및 20℃에서 액상인 것 또는 20℃ 초과 40℃ 이하에서 액상인 것) 또는 기체(1기압 및 20℃에서 기상인 것) 외의 것으로서 산화력의 잠재적인 위험성 또는 충격에 대한 민감성을 판단하기 위하여 소방청장이 정하여 고시하는 시험에서 고시로 정하는 성질과 상태를 나타내는 것

(3) 일반적인 성질

① 대부분 무색 결정 또는 백색분말의 산화성 고체이다.
② 무기화합물로서 강산화성 물질이며 불연성이다.
③ 가열, 충격, 마찰, 타격으로 분해하여 산소를 방출한다.
④ 비중은 1보다 크며 물에 녹는 것도 있고 질산염류와 같이 조해성이 있는 것도 있다.

(4) 위험성

① 가열 또는 제6류 위험물(산화성 액체)과 혼합하면 산화성이 증대된다.
② NH_4NO_3, NH_4ClO_3은 가연물과 접촉·혼합으로 분해 폭발한다.
③ 무기과산화물은 물과 반응하여 산소를 방출하고 심하게 발열한다.
④ 유기물과 혼합하면 폭발의 위험이 있다.

[제1류 위험물의 종류]

성 질	품 명		해당하는 위험물	위험등급	지정수량
산화성 고체	1. 아염소산염류		$KClO_2$, $NaClO_2$	I	50kg
	2. 염소산염류		$KClO_3$, $NaClO_3$, NH_4ClO_3		
	3. 과염소산염류		$KClO_4$, $NaClO_4$, NH_4ClO_4		
	4. 무기과산화물		K_2O_2, Na_2O_2, CaO_2, BaO_2, MgO_2		
	5. 브롬산염류		$KBrO_3$, $NaBrO_3$	II	300kg
	6. 질산염류★★		KNO_3, $NaNO_3$, NH_4NO_3		
	7. 아이오딘(요오드)산염류		KIO_3, $NaIO_3$, NH_4IO_3, $AgIO_3$		
	8. 과망가니즈(과망간)산염류		$KMnO_4$, $NaMnO_4$, NH_4MnO_4	III	1,000kg
	9. 다이(중)크롬산염류		$K_2Cr_2O_7$, $Na_2Cr_2O_7$, $(NH_4)_2Cr_2O_7$		
	10. 그 밖에 행정안전부령이 정하는 것	① 과아이오딘산염류	KIO_4, $NaIO_4$	II	300kg
		② 과아이오딘산	HIO_4		
		③ 크롬, 납 또는 아이오딘의 산화물	CrO_3, PbO_2, Pb_3O_4		
		④ 아질산염류	KNO_2, $NaNO_2$, NH_4NO_2, $AgNO_2$		
		⑤ 염소화이소시아눌산	OCNClONClCONCl		
		⑥ 퍼옥소이황산염류	$K_2S_2O_8$, $Na_2S_2O_8$		
		⑦ 퍼옥소붕산염류	$NaBO_3 \cdot 4H_2O$		
		⑧ 차아염소산염류	$KClO$, $NaClO$	I	50kg

(5) 저장 및 취급방법

① 가열, 마찰, 충격 등의 요인을 피한다.
② 제2류 위험물(환원성 물질)과의 접촉을 피한다.
③ 조해성 물질은 습기나 수분과의 접촉을 피한다.
④ 무기과산화물은 공기나 물과의 접촉을 피한다.
⑤ 용기를 옮길 때에는 밀봉용기를 사용한다.

(6) 소화방법

① 제1류 위험물 : 물에 의한 냉각소화
② 알칼리금속의 과산화물 : 마른모래, 탄산수소염류 분말약제, 팽창질석, 팽창진주암

(7) 제1류 위험물의 반응식

① 염소산칼륨의 열분해 반응식

$2KClO_3 \rightarrow 2KCl + 3O_2$

② 염소산나트륨의 반응식

㉠ 분해반응 : $2NaClO_3 \rightarrow 2NaCl + 3O_2$

㉡ 염산과 반응

$2NaClO_3 + 2HCl \rightarrow 2NaCl + 2ClO_2 + H_2O_2$

③ 과산화칼륨의 반응식

㉠ 물과의 반응 : $2K_2O_2 + 2H_2O \rightarrow 4KOH + O_2$

㉡ 가열 분해반응 : $2K_2O_2 \rightarrow 2K_2O + O_2$

㉢ 탄산가스와의 반응 : $2K_2O_2 + 2CO_2 \rightarrow 2K_2CO_3 + O_2$

㉣ 초산과의 반응

$K_2O_2 + 2CH_3COOH \rightarrow 2CH_3COOK + H_2O_2$

㉤ 염산과의 반응 : $K_2O_2 + 2HCl \rightarrow 2KCl + H_2O_2$

㉥ 황산과의 반응 : $K_2O_2 + H_2SO_4 \rightarrow K_2SO_4 + H_2O_2$

④ 과산화나트륨의 반응식

㉠ 물과의 반응 : $2Na_2O_2 + 2H_2O \rightarrow 4NaOH + O_2$

㉡ 가열 분해반응 : $2Na_2O_2 \rightarrow 2Na_2O + O_2$

㉢ 탄산가스와의 반응

$2Na_2O_2 + 2CO_2 \rightarrow 2Na_2CO_3 + O_2$

㉣ 초산과의 반응

$Na_2O_2 + 2CH_3COOH \rightarrow 2CH_3COONa + H_2O_2$

㉤ 염산과의 반응 : $Na_2O_2 + 2HCl \rightarrow 2NaCl + H_2O_2$

㉥ 황산과의 반응 : $Na_2O_2 + H_2SO_4 \rightarrow Na_2SO_4 + H_2O_2$

⑤ 과산화칼슘의 반응식

㉠ 가열 분해반응 : $2CaO_2 \rightarrow 2CaO + O_2$

㉡ 물과의 반응 : $2CaO_2 + 2H_2O \rightarrow 2Ca(OH)_2 + O_2$

㉢ 산과의 반응 : $CaO_2 + 2HCl \rightarrow CaCl_2 + H_2O_2$

⑥ 과산화바륨의 반응식

㉠ 가열 분해반응 : $2BaO_2 \rightarrow 2BaO + O_2$

㉡ 물과의 반응 : $2BaO_2 + 2H_2O \rightarrow 2Ba(OH)_2 + O_2$

㉢ 산과의 반응 : $BaO_2 + 2HCl \rightarrow BaCl_2 + H_2O_2$

⑦ 과산화마그네슘과의 반응식

㉠ 가열 분해반응 : $2MgO_2 \rightarrow 2MgO + O_2$

㉡ 산과의 반응 : $MgO_2 + 2HCl \rightarrow MgCl_2 + H_2O_2$

⑧ 질산칼륨의 열분해 반응식

$2KNO_3 \rightarrow 2KNO_2 + O_2$

⑨ 질산나트륨의 열분해 반응식

$2NaNO_3 \rightarrow 2NaNO_2 + O_2$

⑩ 질산암모늄의 폭발, 분해반응식

$2NH_4NO_3 \rightarrow 2N_2 + 4H_2O + O_2$

⑪ 과망가니즈산칼륨의 반응식

㉠ 분해반응 : $2KMnO_4 \rightarrow K_2MnO_4 + MnO_2 + O_2$

㉡ 묽은 황산과의 반응 : $4KMnO_4 + 6H_2SO_4$
$\rightarrow 2K_2SO_4 + 4MnSO_4 + 6H_2O + 5O_2$

㉢ 진한 황산과의 반응

$2KMnO_4 + H_2SO_4 \rightarrow K_2SO_4 + 2HMnO_4$
(과망가니즈산)

㉣ 염산과의 반응

$2KMnO_4 + 16HCl \rightarrow 2KCl + 2MnCl_2 + 8H_2O + 5Cl_2$

다음 제1류 위험물의 지정수량을 쓰시오.

(1) 과산화나트륨

(2) 질산염류

(3) 과망가니즈산염류

|해설|

제1류 위험물의 지정수량

종 류	무기과산화물 (과산화나트륨)	질산염류	과망가니즈산염류
지정수량	50kg	300kg	1,000kg

정답 (1) 50kg
　　　 (2) 300kg
　　　 (3) 1,000kg

핵심이론 02 각 위험물의 특성 Ⅰ

(1) 아염소산염류

① 아염소산칼륨

　㉠ 물 성

화학식	지정수량	분자량	분해 온도
$KClO_2$	50kg	106.5	160℃

　㉡ 백색의 결정성 분말이다.

　㉢ 조해성과 부식성이 있다.

　㉣ 열, 햇빛, 충격에 의해 폭발위험이 있다.

② 아염소산나트륨

　㉠ 물 성

화학식	지정수량	분자량	분해 온도
$NaClO_2$	50kg	90.5	수분이 포함될 경우 120 ~130℃(무수물 : 350℃)

　㉡ 무색 결정성 분말로서 물에 녹는다.

　㉢ 비교적 안정하나 시판품은 140℃ 이상의 온도에서 발열반응을 일으킨다.

　㉣ 단독으로 폭발이 가능하고, 분해온도 이상에서는 산소를 발생한다.

　㉤ 산과 반응하면 이산화염소(ClO_2)의 유독가스가 발생한다.

　　$3NaClO_2 + 2HCl \rightarrow 3NaCl + 2ClO_2 + H_2O_2$

　㉥ 목탄, 유황, 유기물, 에터, 금속분 등과 접촉 또는 혼합에 의하여 발화 또는 폭발한다.

　㉦ 수용액은 강한 산성이다.

　㉧ 알루미늄과의 반응

　　$3NaClO_2 + 4Al \rightarrow 2Al_2O_3 + 3NaCl$
　　　　　　　　　　　(산화알루미늄) (염화나트륨)

(2) 염소산염류

① 염소산칼륨

　㉠ 물 성

화학식	지정수량★★	분자량	비 중	융 점	분해 온도★
$KClO_3$	50kg	122.5	2.32	368℃	400℃

　㉡ 무색의 단사정계 판상 결정 또는 백색 분말로서 상온에서 안정한 물질이다.

　㉢ 가열, 충격, 마찰 등에 의해 폭발한다.

　㉣ 염산이나 황산과 반응하면 이산화염소(ClO_2)의 유독가스를 발생한다.★★★

　　• $2KClO_3 + 2HCl \rightarrow 2KCl + 2ClO_2 + H_2O_2$
　　　　　　　　　　　　　　　　　　(과산화수소)

　　• $6KClO_3 + 3H_2SO_4$
　　　$\rightarrow 2HClO_4 + 3K_2SO_4 + 4ClO_2 + 2H_2O$

　㉤ 유황과 반응하면 염화칼륨(KCl)과 아황산가스(SO_2)를 발생한다.★

　　$2KClO_3 + 3S \rightarrow 2KCl + 3SO_2$

　㉥ 냉수, 알코올에 녹지 않고, 온수나 글리세린에는 녹는다.

　㉦ 일광에 장시간 방치하면 분해하여 $MClO_2$를 만든다.

　㉧ 목탄과 혼합하면 발화, 폭발의 위험이 있다.

　㉨ 분해반응식★★★

　　$2KClO_3 \xrightarrow[\text{정촉매}]{MnO_2} 2KCl + 3O_2$
　　　　　　　　　　(염화칼륨)

② 염소산나트륨

　㉠ 물 성

화학식	지정수량	분자량	융 점	비 중	분해 온도
$NaClO_3$	50kg	106.5	248℃	2.49	300℃

　㉡ 무색 무취의 입방정계 주상 결정이다.

　㉢ 물, 알코올, 에터에는 녹는다.

　㉣ 조해성이 강하므로 수분과의 접촉을 피한다.

　㉤ 산과 반응하면 이산화염소(ClO_2)의 유독가스를 발생한다.

　　• $2NaClO_3 + 2HCl \rightarrow 2NaCl + 2ClO_2 + H_2O_2$

　　• $2NaClO_3 + H_2SO_4 \rightarrow Na_2SO_4 + 2ClO_2 + H_2O_2$

　㉥ 조해성이 있으므로 용기는 밀폐, 밀봉하여 저장한다.

　㉦ 살충제, 불꽃류의 원료로 사용된다.

　㉧ 분해반응식

　　$2NaClO_3 \rightarrow 2NaCl + 3O_2$

③ 염소산암모늄

　㉠ 물 성

화학식	지정수량	분자량	분해 온도
NH_4ClO_3	50kg	101.5	100℃

　㉡ 수용액은 산성으로서 금속을 부식시킨다.

　㉢ 조해성이 있고 폭발성이 있다.

　㉣ 분해반응식★

　　$2NH_4ClO_3 \rightarrow N_2 + Cl_2 + O_2 + 4H_2O$
　　　　　　　　　(질소) 　(염소) 　(산소)

(3) 과염소산염류

① 과염소산칼륨

　㉠ 물 성

화학식	지정수량	분자량	비 중	융 점	분해 온도
$KClO_4$	50kg	138.5	2.52	400℃	400℃

　㉡ 무색 무취의 사방정계 결정이다.

　㉢ 물, 알코올, 에터에 녹지 않는다.

　㉣ 탄소, 황, 유기물과 혼합하였을 때 가열, 마찰, 충격에 의하여 폭발한다.

　㉤ 분해반응식★

　　$KClO_4 \rightarrow KCl + 2O_2$

② 과염소산나트륨

　㉠ 물 성

화학식	지정수량	분자량	비 중	융 점	분해 온도
$NaClO_4$	50kg	122.5	2.02	482℃	400℃

　㉡ 무색 무취의 결정으로서 조해성이 있다.

　㉢ 물, 아세톤, 알코올에 녹고, 에터에는 녹지 않는다.

　㉣ 분해반응식★

　　$NaClO_4 \rightarrow NaCl + 2O_2$

③ 과염소산암모늄

㉠ 물 성

화학식	지정수량	분자량	비 중	분해 온도★
NH_4ClO_4	50kg	117.5	2.0	130℃

㉡ 무색의 수용성 결정이다.

㉢ 상온에서 비교적 안정하다.

㉣ 물, 에탄올, 아세톤에 녹고 에터에는 녹지 않는다.

㉤ 폭약이나 성냥의 원료로 쓰인다.

㉥ 130℃에서 분해하기 시작하여 300℃에서 급격히 분해하여 폭발한다.★

$$2NH_4ClO_4 \rightarrow N_2 + Cl_2 + 2O_2 + 4H_2O$$

(4) 무기과산화물

① 과산화물의 분류

㉠ 무기과산화물(제1류 위험물)

- 알칼리금속의 과산화물(과산화칼륨, 과산화나트륨)

- 알칼리금속 외(알칼리토금속)의 과산화물(과산화칼슘, 과산화바륨, 과산화마그네슘)

- 알칼리금속의 과산화물 : M_2O_2

- 알칼리금속 외의 과산화물 : MO_2

㉡ 유기과산화물(제5류 위험물)

② 과산화칼륨★

㉠ 물 성

화학식	지정수량	분자량	비 중	분해 온도
K_2O_2	50kg	110	2.9	490℃

㉡ 무색 또는 오렌지색의 결정이다.

㉢ 에틸알코올에 녹는다.

㉣ 피부 접촉 시 피부를 부식시키고, 탄산가스를 흡수하면 탄산염이 된다.

㉤ 다량일 경우 폭발의 위험이 있고 소량의 물과 접촉 시 발화의 위험이 있다.

㉥ 소화방법 : 마른모래, 탄산수소염류 분말약제, 팽창질석, 팽창진주암

㉦ 반응식

- 분해반응식 : $2K_2O_2 \rightarrow 2K_2O + O_2$

- 물과의 반응★

$$2K_2O_2 + 2H_2O \rightarrow 4KOH + O_2$$

- 이산화탄소와의 반응

$$2K_2O_2 + 2CO_2 \rightarrow 2K_2CO_3 + O_2$$

- 초산과의 반응

$$K_2O_2 + 2CH_3COOH \rightarrow \underset{\text{(초산칼륨)}}{2CH_3COOK} + \underset{\text{(과산화수소)}}{H_2O_2}$$

- 염산과의 반응

$$K_2O_2 + 2HCl \rightarrow 2KCl + H_2O_2$$

- 황산과의 반응

$$K_2O_2 + H_2SO_4 \rightarrow K_2SO_4 + H_2O_2$$

③ 과산화나트륨

㉠ 물 성

화학식	지정수량	분자량	비 중	융 점	분해 온도
Na_2O_2	50kg	78	2.8	460℃	460℃

㉡ 순수한 것은 백색이지만 보통은 황백색의 분말이다.

㉢ 에틸알코올에 녹지 않는다.

㉣ 목탄, 가연물과 접촉하면 발화되기 쉽다.

㉤ 소화방법 : 마른모래, 탄산수소염류 분말약제, 팽창질석, 팽창진주암

㉥ 반응식★★★

- 분해반응식★

$$2Na_2O_2 \rightarrow \underset{\text{(산화나트륨)}}{2Na_2O} + O_2$$

- 물과의 반응★★★

$$2Na_2O_2 + 2H_2O \rightarrow 4NaOH + O_2$$

- 이산화탄소와의 반응★

$$2Na_2O_2 + 2CO_2 \rightarrow \underset{\text{(탄산나트륨)}}{2Na_2CO_3} + O_2$$

- 초산과의 반응★

$$Na_2O_2 + 2CH_3COOH \rightarrow \underset{\text{(초산나트륨)}}{2CH_3COONa} + H_2O_2$$

- 염산과의 반응

$$Na_2O_2 + 2HCl \rightarrow 2NaCl + H_2O_2$$

• 황산과의 반응

$$Na_2O_2 + H_2SO_4 \rightarrow Na_2SO_4 + H_2O_2$$
(황산나트륨)

④ 과산화칼슘

㉠ 물 성

화학식	지정수량	분자량	비 중	분해 온도
CaO_2	50kg	72	1.7	275℃

㉡ 백색 분말이다.

㉢ 물, 알코올, 에터에 녹지 않는다.

㉣ 수분과 접촉으로 산소를 발생한다.

㉤ 반응식

• 분해반응식

$$2CaO_2 \rightarrow 2CaO + O_2$$
(산화칼슘)

• 물과의 반응

$$2CaO_2 + 2H_2O \rightarrow 2Ca(OH)_2 + O_2$$
(수산화칼슘)

• 염산과의 반응

$$CaO_2 + 2HCl \rightarrow CaCl_2 + H_2O_2$$
(염화칼슘)

⑤ 과산화바륨

㉠ 물 성

화학식	지정수량	분자량	비 중	융 점	분해 온도★
BaO_2	50kg	169	4.95	450℃	840℃

㉡ 백색 분말이다.

㉢ 냉수에 약간 녹고, 묽은 산에는 녹는다.

㉣ 알칼리토금속의 과산화물 중 가장 안정하다.

㉤ 과산화물이 되기 쉽고 분해 온도(840℃)가 무기과
산화물 중 가장 높다.

㉥ 반응식

• 분해반응식

$$2BaO_2 \rightarrow 2BaO + O_2$$

• 물과의 반응

$$2BaO_2 + 2H_2O \rightarrow 2Ba(OH)_2 + O_2$$
(수산화바륨)

• 염산과의 반응

$$BaO_2 + 2HCl \rightarrow BaCl_2 + H_2O_2$$
(염화바륨)

• 황산과의 반응

$$BaO_2 + H_2SO_4 \rightarrow BaSO_4 + H_2O_2$$
(황산바륨)

⑥ 과산화마그네슘

㉠ 물 성

화학식	지정수량	분자량
MgO_2	50kg	56.3

㉡ 백색 분말로서 물에 녹지 않는다.

㉢ 시판품은 15~20%의 MgO_2를 함유한다.

㉣ 습기나 물에 의하여 활성 산소를 방출한다.

㉤ 산화제와 혼합하여 가열하면 폭발 위험이 있다.

㉥ 반응식

• 분해반응식

$$2MgO_2 \rightarrow 2MgO + O_2$$
(산화마그네슘)

• 물과의 반응

$$2MgO_2 + 2H_2O \rightarrow 2Mg(OH)_2 + O_2$$
(수산화마그네슘)

• 산과의 반응

$$MgO_2 + 2HCl \rightarrow MgCl_2 + H_2O_2$$
(염화마그네슘)

2-1. 염소산칼륨이 염산과 반응할 때 반응식을 쓰시오.

2-2. 제1류 위험물인 염소산칼륨의 열분해 반응식을 쓰시오.

2-3. 제1류 위험물인 염소산암모늄의 열분해 반응식을 쓰시오.

2-4. 제1류 위험물인 과염소산칼륨의 열분해 반응식을 쓰시오.

2-5. 제1류 위험물인 과염소산암모늄의 열분해 반응식을 쓰시오.

2-6. 제1류 위험물인 과산화나트륨에 대하여 다음 물음에 답하시오.
(1) 열분해 시 생성 물질을 화학식으로 쓰시오.
(2) 과산화나트륨과 이산화탄소의 반응식을 쓰시오.

2-7. 과산화나트륨이 물과 반응할 때 화학반응식을 쓰시오.

2-8. 과산화나트륨과 아세트산(초산)과의 화학반응식을 쓰시오.

|해설|

2-1
염소산칼륨은 염산이나 황산과 반응하면 이산화염소(ClO_2)의 유독가스를 발생한다.
- $2KClO_3 + 2HCl \rightarrow 2KCl + 2ClO_2 + H_2O_2$
- $6KClO_3 + 3H_2SO_4 \rightarrow 2HClO_4 + 3K_2SO_4 + 4ClO_2 + 2H_2O$

2-2, 2-3, 2-4, 2-5
본문 참조

2-6
과산화나트륨
- 분해반응식 : $2Na_2O_2 \rightarrow 2Na_2O + O_2$
- 물과의 반응 : $2Na_2O_2 + 2H_2O \rightarrow 4NaOH + O_2$
- 이산화탄소와의 반응 : $2Na_2O_2 + 2CO_2 \rightarrow 2Na_2CO_3 + O_2$
- 초산과의 반응 : $Na_2O_2 + 2CH_3COOH \rightarrow 2CH_3COONa + H_2O_2$
- 에틸알코올과의 반응 : $Na_2O_2 + 2C_2H_5OH \rightarrow 2C_2H_5ONa + H_2O_2$

2-7, 2-8
2-6 참조

정답 2-1 $2KClO_3 + 2HCl \rightarrow 2KCl + 2ClO_2 + H_2O_2$

2-2 $2KClO_3 \rightarrow 2KCl + 3O_2$

2-3 $2NH_4ClO_3 \rightarrow N_2 + Cl_2 + O_2 + 4H_2O$

2-4 $KClO_4 \rightarrow KCl + 2O_2$

2-5 $2NH_4ClO_4 \rightarrow N_2 + Cl_2 + 2O_2 + 4H_2O$

2-6 (1) Na_2O, O_2
(2) $2Na_2O_2 + 2CO_2 \rightarrow 2Na_2CO_3 + O_2$

2-7 $2Na_2O_2 + 2H_2O \rightarrow 4NaOH + O_2$

2-8 $Na_2O_2 + 2CH_3COOH \rightarrow 2CH_3COONa + H_2O_2$

(1) 브롬산염류

물질명	지정수량	화학식	분자량	분해 온도
브롬산칼륨	300kg	$KBrO_3$	167	370℃
브롬산나트륨	300kg	$NaBrO_3$	151	381℃
브롬산바륨	300kg	$Ba(BrO_3)_2 \cdot H_2O$	411	414℃

(2) 질산염류

① 질산칼륨

　㉠ 물 성

화학식	지정수량	분자량	비 중	융 점	분해 온도
KNO_3	300kg	101	2.1	339℃	400℃

　㉡ 무색 무취의 결정 또는 백색 결정으로 초석이라고도 한다.

　㉢ 물, 글리세린에 잘 녹으나, 알코올에는 녹지 않는다.

　㉣ 강산화제이며 가연물과 접촉하면 위험하다.

　㉤ 황과 숯가루와 혼합하여 흑색화약을 제조한다.★★

　㉥ 가열하면 열분해하여 아질산칼륨(KNO_2)과 산소(O_2)를 방출한다.

　　$2KNO_3 \rightarrow 2KNO_2 + O_2$

　㉦ 소화방법 : 주수소화

② 질산나트륨

　㉠ 물 성

화학식	지정수량	분자량	비 중	융 점	분해 온도
$NaNO_3$	300kg	85	2.27	308℃	380℃

　㉡ 무색 무취의 결정으로 칠레초석이라고도 한다.

　㉢ 조해성이 있는 강산화제이다.

　㉣ 물, 글리세린에 잘 녹고, 무수알코올에는 녹지 않는다.

　㉤ 가연물, 유기물과 혼합하여 가열하면 폭발한다.

　㉥ 분해반응식

　　$2NaNO_3 \rightarrow 2NaNO_2 + O_2$

③ 질산암모늄

　㉠ 물 성

화학식	지정수량	분자량	비 중	융 점	분해 온도
NH_4NO_3	300kg	80	1.73	165℃	220℃

　㉡ 무색 무취의 결정으로 조해성 및 흡수성이 강하다.

　㉢ 물, 알코올에 녹고 물에 용해 시 흡열반응을 한다.

　㉣ 조해성이 있어 수분과 접촉을 피해야 한다.★

　㉤ 유기물과 혼합하여 가열하면 폭발한다.

　㉥ 분해반응식★★

　　$2NH_4NO_3 \rightarrow 2N_2 + O_2 + 4H_2O$

④ 질산은

　㉠ 물 성

화학식	지정수량	비 중	융 점
$AgNO_3$	300kg	4.35	212℃

　㉡ 무색 무취이고, 투명한 결정이다.

　㉢ 물, 아세톤, 알코올, 글리세린에는 잘 녹는다.

　㉣ 햇빛에 의해 변질되므로 갈색병에 보관해야 한다.

　㉤ 분해반응식

　　$2AgNO_3 \rightarrow 2Ag + 2NO_2 + O_2$
　　　　　　　 (은)　(이산화질소) (산소)

(3) 아이오딘(요오드)산염류

① 아이오딘산칼륨

　㉠ 물 성

화학식	지정수량	분자량
KIO_3	300kg	214

　㉡ 광택이 나는 무색의 결정성 분말이다.

　㉢ 염소산칼륨보다는 위험성이 작다.

　㉣ 융점 이상으로 가열하면 산소를 방출하며, 가연물과 혼합하면 폭발위험이 있다.

② 아이오딘산나트륨

　㉠ 화학식은 $NaIO_3$이다.

　㉡ 백색의 결정 또는 분말이다.

　㉢ 물에 녹고 알코올에는 녹지 않는다.

　㉣ 의약이나 분석시약으로 사용한다.

(4) 과망가니즈(과망간)산염류

① 과망가니즈(과망간)산칼륨

    ⊙ 물 성

화학식	지정수량	분자량	비 중	분해 온도
KMnO₄	1,000kg	158	2.7	200~250℃

    ⓛ 흑자색의 주상 결정으로 산화력과 살균력이 강하다.

    ⓒ 물, 알코올, 아세톤에 녹고 녹으면 진한 보라색을 나타낸다.

    ⓔ 진한 황산과 접촉하면 폭발적으로 반응한다.

    ⓜ 강알칼리와 접촉시키면 산소를 방출한다.

    ⓗ 알코올, 에터, 글리세린 등 유기물과 접촉하면 혼촉 발화한다.★

    ⓢ 목탄, 황 등의 환원성 물질과 접촉 시 충격에 의해 폭발의 위험성이 있다.

    ⓞ 살균소독제, 산화제로 이용된다.

    ⓩ 반응식

      • 분해반응식★

        $2KMnO_4 \rightarrow K_2MnO_4 + MnO_2 + O_2$
              (망가니즈산칼륨) (이산화망가니즈)

      • 묽은 황산과의 반응식★

        $4KMnO_4 + 6H_2SO_4 \rightarrow 2K_2SO_4 + 4MnSO_4 + 6H_2O + 5O_2$

      • 진한 황산과의 반응식

        $2KMnO_4 + H_2SO_4 \rightarrow K_2SO_4 + 2HMnO_4$
                        (과망가니즈산)

      • 염산과의 반응식

        $2KMnO_4 + 16HCl \rightarrow 2KCl + 2MnCl_2 + 5Cl_2 + 8H_2O$

② 과망가니즈(과망간)산나트륨

    ⊙ 물 성

화학식	지정수량	분자량	분해 온도
NaMnO₄	1,000kg	142	170℃

    ⓛ 적자색의 결정으로 물에 잘 녹는다.

    ⓒ 조해성이 강하므로 수분에 주의해야 한다.

(5) 다이(중)크롬산염류

① 다이크롬산칼륨

    ⊙ 물 성

화학식	지정수량★★	분자량	비 중	융 점	분해 온도
K₂Cr₂O₇	1,000kg	298	2.69	398℃	500℃

    ⓛ 등적색의 판상 결정이다.

    ⓒ 물에 녹고, 알코올에는 녹지 않는다.

    ⓔ 가열에 의해 열분해하면 삼산화이크롬(Cr_2O_3)과 크롬산칼륨(K_2CrO_4)으로 된다.★

      $4K_2Cr_2O_7 \rightarrow 2Cr_2O_3 + 4K_2CrO_4 + 3O_2$

② 다이크롬산나트륨

    ⊙ 물 성

화학식	지정수량	분자량	비 중	융 점	분해 온도
Na₂Cr₂O₇	1,000kg	294	2.52	356℃	400℃

    ⓛ 등적색의 결정이다.

    ⓒ 유기물과 혼합되어 있을 때 가열, 마찰에 의해 발화 또는 폭발한다.

③ 다이크롬산암모늄

    ⊙ 물 성

화학식	지정수량	분자량	비 중	분해 온도
(NH₄)₂Cr₂O₇	1,000kg	252	2.15	185℃

    ⓛ 적색 또는 등적색(오렌지색)의 단사정계 침상 결정이다.

    ⓒ 약 225℃에서 가열하면 분해하여 질소 가스를 발생한다.

    ⓔ 에틸렌, 수산화나트륨, 하이드라진과는 혼촉 발화한다.

    ⓜ 분해하면 암녹색의 분말인 삼산화이크롬(Cr_2O_3)과 질소(N_2), 물(H_2O)을 발생한다.★

      $(NH_4)_2Cr_2O_7 \rightarrow Cr_2O_3 + N_2 + 4H_2O$

(6) 크롬, 납, 아이오딘의 산화물

① 무수크롬산(삼산화크롬)

    ㉠ 물 성

화학식	지정수량★	분자량	융 점	분해 온도
CrO_3	300kg	100	196℃	250℃

    ㉡ 암적색의 침상 결정으로 조해성이 있다.

    ㉢ 물, 알코올, 에터, 황산에 잘 녹는다.

    ㉣ 크롬 산화성의 크기 : $CrO < Cr_2O_3 < CrO_3$

    ㉤ 유황, 목탄분, 적린, 금속분, 강력한 산화제, 유기물, 인, 목탄분, 피크르산, 가연물과 혼합하면 폭발의 위험이 있다.

    ㉥ 제4류 위험물과 접촉 시 발화한다.

    ㉦ 물과 접촉 시 격렬하게 발열한다.

    ㉧ 유기물과 환원제와는 격렬히 반응하며 강한 환원제와는 폭발한다.

    ㉨ 소화방법 : 소량일 때에는 다량의 물로 냉각소화

    ㉩ 삼산화크롬을 융점 이상으로 가열하면 삼산화이크롬(Cr_2O_3)과 산소(O_2)를 발생한다.

        $4CrO_3 \rightarrow 2Cr_2O_3 + 3O_2$

② 이산화납(PbO_2)

    ㉠ 흑갈색의 결정 분말이다.

    ㉡ 염산과 반응하면 조연성 가스인 산소와 염소가스를 발생한다.

③ 사산화삼납(Pb_3O_4)

    ㉠ 적색 분말이다.

    ㉡ 습기와 반응하여 오존을 생성한다.

    ㉢ 가수분해하여 황산암모늄과 과산화수소를 생성한다.

핵심예제

3-1. 흑색화약의 원료인 유황가루, 질산칼륨, 숯가루에 대하여 다음 각 물음에 답하시오.

(1) 산소공급원이 되는 물질을 쓰시오.

(2) 위험물인 것 2가지를 쓰고 각각 지정수량을 쓰시오.

3-2. 진한 보라색 물질(과망가니즈산칼륨)의 240℃에서 열분해 반응식을 쓰시오.

3-3. 다음 각 물음에 답하시오.

(1) 과망가니즈산칼륨과 묽은 황산이 반응할 때 생성되는 물질 3가지를 화학식으로 쓰시오.

(2) 삼산화크롬의 열분해 반응식을 쓰시오.

3-4. 다이크롬산칼륨의 열분해 반응식을 쓰시오.

3-1
질산칼륨(초석)과 유황
- 질산칼륨(제1류 위험물, 산소공급원)은 무색의 결정 또는 백색 결정이다.
- 질산칼륨을 황과 숯가루와 혼합하여 흑색화약을 제조한다.
- 지정수량
  - 유황 : 100kg
  - 질산칼륨 : 300kg

3-2
제1류 위험물

종류	품명	지정수량	위험등급	분해반응식
과망가니 즈산칼륨	과망가니 즈산염류	1,000kg	III	$2KMnO_4$ $\rightarrow K_2MnO_4 + MnO_2 + O_2$

3-3
제1류 위험물
- 과망가니즈산칼륨의 반응식
  - 분해반응식 : $2KMnO_4 \rightarrow K_2MnO_4 + MnO_2 + O_2$
  - 묽은 황산과의 반응식
    $4KMnO_4 + 6H_2SO_4 \rightarrow 2K_2SO_4 + 4MnSO_4 + 6H_2O + 5O_2$
  - 염산과의 반응식
    $2KMnO_4 + 16HCl \rightarrow 2KCl + 2MnCl_2 + 5Cl_2 + 8H_2O$
- 삼산화크롬의 분해반응식 : $4CrO_3 \rightarrow 2Cr_2O_3 + 3O_2$

3-4
다이크롬산칼륨은 열분해하면 삼산화이크롬(Cr_2O_3)과 크롬산칼륨(K_2CrO_4)이 생성된다.
$4K_2Cr_2O_7 \rightarrow 2Cr_2O_3 + 4K_2CrO_4 + 3O_2$

정답 3-1 (1) 질산칼륨
 (2) 질산칼륨 : 300kg, 유황 : 100kg

3-2 $2KMnO_4 \rightarrow K_2MnO_4 + MnO_2 + O_2$

3-3 (1) K_2SO_4, $MnSO_4$, H_2O
 (2) $4CrO_3 \rightarrow 2Cr_2O_3 + 3O_2$

3-4 $4K_2Cr_2O_7 \rightarrow 2Cr_2O_3 + 4K_2CrO_4 + 3O_2$

제2절 | 제2류 위험물

핵심이론 01 제2류 위험물의 특성

(1) 종 류

성 질	품 명	위험등급	지정수량
가연성 고체	1. 황화인(삼황화인, 오황화인, 칠황화인)★, 적린, 유황(단사황, 사방황, 고무상황)	II ★	100kg★★
	2. 철분, 금속분(Al분말, Zn분말, Ti분말, Co분말), 마그네슘	III	500kg
	3. 인화성 고체(고형알코올, 제삼부틸알코올)	III	1,000kg★★
	4. 그 밖에 행정안전부령이 정하는 것	II, III	100kg 또는 500kg

(2) 정 의

① **가연성 고체** : 고체로서 화염에 의한 발화의 위험성 또는 인화의 위험성을 판단하기 위하여 고시로 정하는 시험에서 고시로 정하는 성질과 상태를 나타내는 것

② **유황** : 순도가 60wt% 이상인 것을 말한다. 이 경우 순도 측정에 있어서 불순물은 활석 등 불연성 물질과 수분에 한한다.

③ **철분** : 철의 분말로서 53μm의 표준체를 통과하는 것이 50wt% 미만은 제외한다.★★★

④ **금속분** : 알칼리금속·알칼리토류금속·철 및 마그네슘 외의 금속의 분말(구리분·니켈분 및 150μm의 체를 통과하는 것이 50wt% 미만인 것은 제외)★★
 ※ 금속분 : Al분말, Zn분말, Ti분말, Co분말

⑤ **마그네슘에 해당하지 않는 것**
 ㉠ 2mm의 체를 통과하지 않는 덩어리 상태의 것
 ㉡ 지름 2mm 이상의 막대 모양의 것

⑥ **인화성 고체** : 고형알코올 그 밖에 1기압에서 인화점이 40℃ 미만인 고체★★

(3) 일반적인 성질

① 가연성 고체로서 비교적 낮은 온도에서 착화하기 쉬운 가연성 물질이다.
② 비중은 1보다 크고 물에 녹지 않고 강력한 환원성 물질이다.
③ 산소와 결합이 용이하여 산화되기 쉽고 연소속도가 빠르다.
④ 연소 시 연소열이 크고 연소온도가 높다.

(4) 위험성

① 착화온도가 낮아 저온에서 발화가 용이하다.
② 연소속도가 빠르고 연소 시 다량의 빛과 열을 발생한다.
③ 수분과 접촉하면 자연발화하고 금속분은 산, 할로겐 원소, 황화수소와 접촉하면 발열·발화한다.
④ 가열·충격·마찰에 의해 발화 폭발위험이 있다.

(5) 저장 및 취급방법

① 화기를 피하고 불티, 불꽃, 고온체와의 접촉을 피한다.
② 산화제(제1류·제6류 위험물)와의 혼합 또는 접촉을 피한다.
③ 철분, 마그네슘, 금속분은 물, 산과의 접촉을 피하여 저장한다.
④ 통풍이 잘되는 냉암소에 보관·저장한다.

(6) 소화방법

① 금속분, 철분, 마그네슘 : 마른모래, 팽창질석, 팽창진주암, 탄산수소염류 분말약제
② 유황 등 제2류 위험물 : 냉각소화

(7) 제2류 위험물의 반응식

① 삼황화인의 연소반응식 : $P_4S_3 + 8O_2 \rightarrow 2P_2O_5 + 3SO_2$
② 오황화인의 반응식
　㉠ 물과의 반응 : $P_2S_5 + 8H_2O \rightarrow 5H_2S + 2H_3PO_4$
　㉡ 연소반응 : $2P_2S_5 + 15O_2 \rightarrow 2P_2O_5 + 10SO_2$
③ 적린의 연소반응식 : $4P + 5O_2 \rightarrow 2P_2O_5$
④ 황의 연소반응식 : $S + O_2 \rightarrow SO_2$
⑤ 철분의 반응식
　㉠ 물과의 반응 : $2Fe + 6H_2O \rightarrow 2Fe(OH)_3 + 3H_2$
　㉡ 염산과의 반응 : $Fe + 2HCl \rightarrow FeCl_2 + H_2$
⑥ 알루미늄의 반응식
　㉠ 물과의 반응 : $2Al + 6H_2O \rightarrow 2Al(OH)_3 + 3H_2$
　㉡ 염산과의 반응 : $2Al + 6HCl \rightarrow 2AlCl_3 + 3H_2$
　㉢ 알칼리와의 반응
　　$2Al + 2KOH + 2H_2O \rightarrow 2KAlO_2 + 3H_2$
　　(알루미늄산칼륨)
⑦ 아연의 반응식
　㉠ 물과의 반응 : $Zn + 2H_2O \rightarrow Zn(OH)_2 + H_2$
　㉡ 염산과의 반응 : $Zn + 2HCl \rightarrow ZnCl_2 + H_2$
　㉢ 초산과의 반응
　　$Zn + 2CH_3COOH \rightarrow (CH_3COO)_2Zn + H_2$
　　(초산아연)
⑧ 마그네슘의 반응식
　㉠ 연소반응 : $2Mg + O_2 \rightarrow 2MgO$
　㉡ 물과의 반응 : $Mg + 2H_2O \rightarrow Mg(OH)_2 + H_2$
　㉢ 염산과의 반응 : $Mg + 2HCl \rightarrow MgCl_2 + H_2$
　㉣ 질소와의 반응 : $3Mg + N_2 \rightarrow Mg_3N_2$
　　(질화마그네슘)
　㉤ 이산화탄소와의 반응 : $Mg + CO_2 \rightarrow MgO + CO$

1-1. 다음 〈보기〉의 위험물 중 지정수량이 같은 위험물의 품명을 3가지만 쓰시오.

┤보기├
- ㉠ 철 분
- ㉡ 하이드록실아민
- ㉢ 적 린
- ㉣ 유 황
- ㉤ 질산에스터류
- ㉥ 하이드라진유도체
- ㉦ 알칼리토금속

1-2. 다음 〈보기〉에서 제2류 위험물의 품명 4가지와 각각 지정수량을 쓰시오.

┤보기├
황린, 적린, 아세톤, 황화인, 마그네슘, 유황, 칼슘

|해설|

1-1

위험물의 지정수량

종 류	유 별	지정수량
철 분	제2류 위험물	500kg
하이드록실아민	제5류 위험물	100kg
적 린	제2류 위험물	100kg
유 황	제2류 위험물	100kg
질산에스터류	제5류 위험물	10kg
하이드라진유도체	제5류 위험물	200kg
알칼리토금속	제3류 위험물	50kg

1-2

위험물의 분류

종 류 \ 항 목	유 별	품 명	지정수량
황 린	제3류	–	20kg
적 린	제2류	–	100kg
아세톤	제4류	제1석유류 (수용성)	400L
황화인	제2류	–	100kg
마그네슘	제2류	–	500kg
유 황	제2류	–	100kg
칼 슘	제3류	알칼리토금속	50kg

정답 1-1 하이드록실아민, 적린, 유황

1-2 • 적린 : 100kg
• 황화인 : 100kg
• 마그네슘 : 500kg
• 유황 : 100kg

(1) 황화인

① 종 류

종 류 항 목	삼황화인	오황화인	칠황화인
화학식	P_4S_3	P_2S_5	P_4S_7
지정수량★	100kg	100kg	100kg
성 상	황록색 결정	담황색 결정	담황색 결정
비 점	407℃	514℃	523℃
비 중	2.03	2.09	2.03
융 점	172.5℃	290℃	310℃
착화점	약 100℃	142℃	–

② 위험성

　㉠ 가연성 고체로 열에 의해 연소하기 쉽고 경우에 따라 폭발한다.

　㉡ 무기과산화물, 과망가니즈산염류, 금속분, 유기물과 혼합하면 가열, 마찰, 충격에 의하여 발화 또는 폭발한다.

　㉢ 물과 접촉 시 가수분해하거나 습한 공기 중에서 분해하여 황화수소(H_2S)를 발생한다.

　㉣ 알코올, 알칼리, 유기산, 강산, 아민류와 접촉하면 심하게 반응한다.

③ 저장 및 취급

　㉠ 가연성 고체로 열에 의해 연소하기 쉽고 경우에 따라 폭발한다.

　㉡ 화기, 충격과 마찰을 피해야 한다.

　㉢ 산화제, 알칼리, 알코올, 과산화물, 강산, 금속분과 접촉을 피한다.

　㉣ 분말, 이산화탄소, 마른모래 등으로 질식소화한다.

④ 삼황화인

　㉠ 황록색의 결정 또는 분말이다.

　㉡ 이황화탄소(CS_2), 알칼리, 질산에 녹고, 물, 염소, 염산, 황산에는 녹지 않는다.

　㉢ 삼황화인은 공기 중 약 100℃에서 발화하고 마찰에 의해서도 쉽게 연소하며 자연발화 가능성도 있다.

　㉣ 삼황화인은 자연발화성이므로 가열, 습기 방지 및 산화제와의 접촉을 피한다.

　㉤ 조해성은 없다.

　㉥ 연소반응식

　　$P_4S_3 + 8O_2 \rightarrow 2P_2O_5 + 3SO_2$

⑤ 오황화인

　㉠ 담황색의 결정으로 조해성과 흡습성이 있다.

　㉡ 알코올, 이황화탄소에 녹는다.

　㉢ 물과 반응하면 황화수소(H_2S)와 인산(H_3PO_4)이 되고, 발생한 황화수소는 산소와 반응하여 아황산가스와 물을 생성한다.★★

　　• $P_2S_5 + 8H_2O \rightarrow 5H_2S + 2H_3PO_4$

　　• $2H_2S + 3O_2 \rightarrow 2SO_2 + 2H_2O$

　㉣ 오황화인은 연소하면 오산화인(P_2O_5)과 아황산(SO_2, 이산화황)가스를 발생한다.★

　　$2P_2S_5 + 15O_2 \rightarrow 2P_2O_5 + 10SO_2$

　㉤ 오황화인과 알칼리(NaOH, 수산화나트륨)가 반응하면 황화수소, 인산, 황화나트륨을 발생한다.

　　$P_2S_5 + 8NaOH \rightarrow H_2S + 2H_3PO_4 + 4Na_2S$

⑥ 칠황화인

　㉠ 담황색 결정으로 조해성이 있다.

　㉡ CS_2에 약간 녹으며, 수분을 흡수하거나 냉수에서는 서서히 분해된다.

　㉢ 더운 물에서는 급격히 분해하여 황화수소와 인산을 발생한다.

　㉣ 칠황화인이 연소하면 오산화인과 아황산가스를 발생한다.

　　$P_4S_7 + 12O_2 \rightarrow 2P_2O_5 + 7SO_2$

(2) 적린(붉은 인)

① 물 성

화학식	지정수량★	원자량	비 중	착화점	융 점
P	100kg	31	2.2	260℃	600℃

② 황린의 동소체로 암적색의 분말이다.

③ 물, 알코올, 에터, 이황화탄소(CS_2), 암모니아에 녹지 않는다.

④ 강알칼리와 반응하여 유독성의 포스핀가스를 발생한다.

⑤ 이황화탄소(CS_2), 황(S), 암모니아(NH_3)와 접촉하면 발화한다.

⑥ 제1류 위험물인 강산화제와 혼합되어 있는 것은 저온에서 발화하거나 충격, 마찰에 의해 발화한다.

⑦ 염소산염류($NaClO_3$), 질산은($AgNO_3$), 질산수은($HgNO_3$)과 혼합한 것은 100℃ 이상에서 발화한다.

⑧ 공기 중에 방치하면 자연발화는 하지 않지만 260℃ 이상 가열하면 발화하고 400℃ 이상에서 승화한다.

⑨ 다량의 물로 냉각소화하며, 소량의 경우 모래나 CO_2도 효과가 있다.

⑩ 연소반응식★

$$4P + 5O_2 \rightarrow 2P_2O_5$$
(오산화인)

⑪ 적린과 염소산칼륨의 반응식

$$6P + 5KClO_3 \rightarrow 3P_2O_5 + 5KCl$$

⑫ 오산화인과 물의 반응식

$$P_2O_5 + 3H_2O \rightarrow 2H_3PO_4$$

[적린과 황린의 비교]

항 목 \ 종 류	적린(P)	황린(P_4)
안전성	안 정	불안정
물에 대한 용해	녹지 않는다.	녹지 않는다.
연소생성물	오산화인(P_2O_5)	오산화인(P_2O_5)
녹는점	600℃	44℃
비 중	2.2	1.82

(3) 유황(황)

① 황의 동소체

항목 \ 종 류	단사황	사방황	고무상황
지정수량★	100kg	100kg	100kg
결정형	바늘모양의 결정	팔면체	무정형
비 중	1.96	2.07	–
비 점	445℃	–	–
융 점	119℃	113℃	–
착화점	–	–	360℃
전이온도	95.5℃	95.5℃	–
용해도(물)	녹지 않음	녹지 않음	녹지 않음

② 황의 특성

㉠ 황색의 결정 또는 미황색의 분말이다.

㉡ 물이나 산에는 녹지 않으나 알코올에는 조금 녹고 고무상황을 제외하고는 CS_2에 잘 녹는다.★

㉢ 공기 중에서 연소하면 푸른빛을 내며, 이산화황(SO_2)을 발생한다.★

$$S + O_2 \rightarrow SO_2$$

㉣ 분말 상태로 밀폐 공간에서 공기 중 부유 시에는 분진폭발을 일으킨다.

㉤ 유황은 고온에서 다음 물질과 반응으로 격렬히 발열한다.

- $H_2 + S \rightarrow H_2S + 발열$
- $Fe + S \rightarrow FeS + 발열$
- $C + 2S \rightarrow CS_2 + 발열$

㉥ 가열, 마찰, 충격, 화기에 주의하고 산화제와 접촉을 피한다.

㉦ 탄화수소, 강산화제, 유기과산화물, 목탄분 등과의 혼합을 피한다.

㉧ 소규모 화재 시 건조된 모래로 질식소화하며, 주수 시에는 다량의 물로 분무주수한다.

㉨ 고무상황은 CS_2(이황화탄소)에 녹지 않고, 350℃로 가열하여 용해한 것을 찬물에 넣으면 생성된다.

[지정수량 100kg인 품명]

품 명	유 별	지정수량
유 황	제2류 위험물	100kg
적 린	제2류 위험물	100kg
황화인	제2류 위험물	100kg
하이드록실아민	제5류 위험물	100kg
하이드록실아민염류	제5류 위험물	100kg

핵심예제

2-1. 제2류 위험물인 오황화인이 물과 반응할 때의 반응식과 생성되는 기체를 쓰시오.

2-2. 제2류 위험물인 오황화인의 연소반응식과 생성되는 기체를 쓰시오.

| 해설 |

2-1

오황화인의 반응식

• 물과의 반응 : $P_2S_5 + 8H_2O \rightarrow 5H_2S + 2H_3PO_4$
　　　　　　　　　　　　　　(황화수소)　(인산)

• 황화수소의 연소반응 : $2H_2S + 3O_2 \rightarrow 2SO_2 + 2H_2O$

• 알칼리와의 반응 : $P_2S_5 + 8NaOH \rightarrow H_2S + 2H_3PO_4 + 4Na_2S$

2-2

연소반응식

$2P_2S_5 + 15O_2 \rightarrow 2P_2O_5 + 10SO_2$
　　　　　　　(오산화인)　(이산화황)

정답 2-1 • 반응식 : $P_2S_5 + 8H_2O \rightarrow 5H_2S + 2H_3PO_4$
　　　　• 생성되는 기체 : 황화수소(H_2S)

　　　2-2 • 연소반응식 : $2P_2S_5 + 15O_2 \rightarrow 2P_2O_5 + 10SO_2$
　　　　• 생성되는 기체 : 이산화황(아황산가스)

핵심이론 03 각 위험물의 특성 Ⅱ

(1) 철 분

① 물 성

화학식	지정수량	융점 (녹는점)	비점 (끓는점)	비 중
Fe	500kg	1,530℃	2,750℃	7.0

② 은백색의 광택이 있는 금속분말이다.

③ 염산, 질산 또는 물과 반응하면 가연성 가스인 수소가스를 발생한다.

　㉠ $Fe + 2HCl \rightarrow FeCl_2 + H_2$ ★★★

　㉡ $Fe + 4HNO_3 \rightarrow Fe(NO_3)_2 + 2NO_2 + 2H_2O$ ★
　　　　　　　　　　(질산제일철)

　㉢ $2Fe + 6H_2O \rightarrow 2Fe(OH)_3 + 3H_2$

④ 공기 중에서 서서히 산화하여 삼산화이철(Fe_2O_3)이 되어 백색의 광택이 황갈색으로 변한다.

　$4Fe + 3O_2 \rightarrow 2Fe_2O_3$

⑤ 연소하기 쉬우며, 기름(절삭유)이 묻은 철분을 장기간 방치하면 자연발화하기 쉽다.

⑥ 주수(냉각)소화는 절대 금물이며, 마른모래, 탄산수소염류 분말약제로 질식소화한다.

(2) 금속분

① 특 성

　㉠ 종류 : Al분말, Zn분말, Ti분말, Co분말

　㉡ 황산, 염산 등과 반응하여 수소를 발생한다.

　㉢ 물과 반응하여 수소를 발생하며 발열한다.

　㉣ 산화성 물질과 혼합한 것은 가열, 충격, 마찰에 의해 폭발한다.

　㉤ 은(Ag), 백금(Pt), 납(Pb) 등은 상온에서 과산화수소(H_2O_2)와 접촉하면 폭발위험이 있다.

　㉥ 정전기, 충격 등의 점화원에 의해 분진폭발을 일으킨다.

　㉦ 냉각소화는 적합하지 않고 마른모래, 탄산수소염류 등은 질식소화가 적합하다.

② 알루미늄분

ㄱ) 물 성

화학식	지정수량	원자량	비 중	비 점
Al	500kg	27	2.7	2,327℃

ㄴ) 은백색의 경금속이다.

ㄷ) 수분, 할로겐원소와 접촉하면 자연발화의 위험이 있다.

ㄹ) 산화제와 혼합하면 가열, 마찰, 충격에 의하여 발화한다.

ㅁ) 연소반응식

$$4Al + 3O_2 \rightarrow 2Al_2O_3$$
(산화알루미늄)

ㅂ) 산, 물, 알칼리와 반응하면 수소(H_2)가스를 발생한다.

• $2Al + 6HCl \rightarrow 2AlCl_3 + 3H_2$

• $2Al + 6H_2O \rightarrow 2Al(OH)_3 + 3H_2$

• $2Al + 2KOH + 2H_2O \rightarrow 2KAlO_2 + 3H_2$
(알루미늄산칼륨)

ㅅ) 묽은 질산, 묽은 염산, 황산은 알루미늄분을 침식한다.

ㅇ) 연성과 전성이 가장 풍부하다.

③ 아연분

ㄱ) 물 성

화학식	지정수량	원자량	비 중	비 점
Zn	500kg	65.4	7.0	907℃

ㄴ) 은백색의 분말이다.

ㄷ) 공기 중에서 표면에 산화피막을 형성한다.

ㄹ) 유리병에 넣어 건조한 곳에 저장한다.

ㅁ) 물이나 산과 반응하면 수소(H_2)가스를 발생한다.

• 물과의 반응 : $Zn + 2H_2O \rightarrow Zn(OH)_2 + H_2$
(수산화아연)

• 염산과의 반응 : $Zn + 2HCl \rightarrow ZnCl_2 + H_2$
(염화아연)

• 황산과의 반응 : $Zn + H_2SO_4 \rightarrow ZnSO_4 + H_2$ ★★
(황산아연)

• 초산과의 반응
$Zn + 2CH_3COOH \rightarrow (CH_3COO)_2Zn + H_2$
(초산아연)

(3) 마그네슘

① 물 성

화학식	지정수량★	원자량	비 중	융 점	비 점
Mg	500kg	24.3	1.74	651℃	1,100℃

② 은백색의 광택이 있는 금속이다.

③ 물과 반응하면 수산화마그네슘과 수소가스를 발생한다. ★★

$$Mg + 2H_2O \rightarrow Mg(OH)_2 + H_2$$

④ 가열하면 연소하기 쉽고 순간적으로 맹렬하게 폭발한다. ★★

$$2Mg + O_2 \rightarrow 2MgO + Q\text{kcal}$$

⑤ 마그네슘은 이산화탄소와 반응하면 일산화탄소(CO, 분자량 28)를 발생하므로 위험하다. ★★

$$Mg + CO_2 \rightarrow MgO + CO$$

⑥ 마그네슘이 염산이나 황산과 반응하면 수소가스를 발생한다. ★

• $Mg + 2HCl \rightarrow MgCl_2 + H_2$

• $Mg + H_2SO_4 \rightarrow MgSO_4 + H_2$
(수소)

⑦ Mg분이 공기 중에 부유하면 화기에 의해 분진폭발의 위험이 있다.

⑧ **소화방법** : 마른모래(건조사), 탄산수소염류 등으로 질식소화한다.

(4) 인화성 고체

① **정의** : 고형알코올 그 밖에 1기압에서 인화점이 40℃ 미만인 고체

② 종 류

ㄱ) 고형알코올

• 합성수지에 메탄올을 혼합·침투시켜 한천상(寒天狀)으로 만든 것이다.

• 30℃ 미만에서 가연성의 증기를 발생하기 쉽고 인화되기 매우 쉽다.

• 가열 또는 화염에 의해 화재위험성이 매우 높다.

- 화기에 주의하고 서늘하고 건조한 곳에 저장한다.
- 강산화제와의 접촉을 방지한다.
- 소화방법은 알코올형포, CO_2, 분말이 적합하다.
ⓒ 제삼부틸알코올
  - 물 성

화학식	$(CH_3)_3COH$	인화점	11℃
지정수량	1,000kg	융 점	25.6℃
분자량	74	비 점	83℃

- 무색의 고체로서 물보다 가볍고 물에 잘 녹는다.
- 상온에서 가연성의 증기발생이 용이하고 증기는 공기보다 무거워서 낮은 곳에 체류한다.
- 연소열량이 커서 소화가 곤란하다.

3-1. 철분이 담겨 있는 샤넬에 염산을 첨가하니 기체가 발생한다. 다음 각 물음에 답하시오.

(1) 철분에 대한 위험물의 판단기준을 쓰시오.

(2) 철분과 염산의 반응식을 쓰시오.

3-2. 철분이 질산과 반응할 때의 반응식을 쓰시오.

3-3. 제2류 위험물인 알루미늄의 완전 연소반응식을 쓰고, 염산과의 반응 시 생성되는 기체의 명칭을 쓰시오.

3-4. 아연에 황산을 떨어뜨려 흰색 연기가 발생하는 반응식을 쓰시오.

3-5. 제2류 위험물인 마그네슘에 대한 내용이다. 다음 각 물음에 답하시오.

(1) 물과 반응할 때의 반응식

(2) 주수소화를 하면 안 되는 이유

3-6. 분자량이 24.3인 물질의 화재 시 이산화탄소 소화약제를 사용하면 위험한 이유를 반응식과 함께 설명하시오.

3-7. 마그네슘이 염산과 반응할 때의 반응식을 쓰시오.

3-8. 다음 〈보기〉에서 설명하는 물질에 대한 각 물음에 답하시오.

┌ 보기 ┐

고형알코올 그 밖에 1기압에서 인화점이 40℃ 미만인 고체

(1) 제 몇 류 위험물인지 쓰시오.

(2) 품명을 쓰시오.

(3) 지정수량은 얼마인가?

3-1
제2류 위험물
- 철분 : 철의 분말로서 $53\mu m$의 표준체를 통과하는 것이 50wt% 미만인 것은 제외한다.
- 철분과 염산의 반응식 : $Fe + 2HCl \rightarrow FeCl_2 + H_2$

3-2
본문 참조

3-3
알루미늄의 반응식
- 완전 연소반응 : $4Al + 3O_2 \rightarrow 2Al_2O_3$
- 염산과의 반응 : $2Al + 6HCl \rightarrow 2AlCl_3 + 3H_2$
- 물과의 반응 : $2Al + 6H_2O \rightarrow 2Al(OH)_3 + 3H_2$

3-4
아연은 황산과 반응하면 흰색의 연기와 수소가스를 발생한다.
$Zn + H_2SO_4 \rightarrow ZnSO_4 + H_2$

3-5
마그네슘
- 물과 반응하면 수소가스(H_2)를 발생한다.
  $Mg + 2H_2O \rightarrow Mg(OH)_2 + H_2$
- 주수소화를 금지하는 이유 : 가연성 가스인 수소를 발생하여 폭발의 위험이 있다.
- 소화방법 : 마른모래, 탄산수소염류 등으로 질식소화

3-6
마그네슘
- 물 성

화학식	지정수량	원자량	비 중	융 점	비 점
Mg	500kg	24.3	1.74	650℃	1,102℃

- 이산화탄소와 반응하여 일산화탄소를 생성하므로 폭발한다.
  $Mg + CO_2 \rightarrow MgO + CO$

3-7
마그네슘이 염산이나 황산과 반응하면 수소가스를 발생한다.
- $Mg + 2HCl \rightarrow MgCl_2 + H_2$(수소)
- $Mg + H_2SO_4 \rightarrow MgSO_4 + H_2$(수소)

3-8
인화성 고체(제2류 위험물)
- 정의 : 고형알코올, 그 밖에 1기압에서 인화점이 40℃ 미만인 고체
- 지정수량 : 1,000kg

정답 **3-1** (1) 철의 분말로서 $53\mu m$의 표준체를 통과하는 것이 50wt% 이상인 것
(2) $Fe + 2HCl \rightarrow FeCl_2 + H_2$

3-2 $Fe + 4HNO_3 \rightarrow Fe(NO_3)_2 + 2NO_2 + 2H_2O$

3-3 • 완전 연소반응식 : $4Al + 3O_2 \rightarrow 2Al_2O_3$
• 생성 기체 : 수소(H_2)

3-4 $Zn + H_2SO_4 \rightarrow ZnSO_4 + H_2$

3-5 (1) $Mg + 2H_2O \rightarrow Mg(OH)_2 + H_2$
(2) 가연성 가스인 수소를 발생하여 폭발의 위험성이 있다.

3-6 • 반응식 : $Mg + CO_2 \rightarrow MgO + CO$
• 이유 : 마그네슘은 이산화탄소와 반응하면 일산화탄소를 발생하므로 위험하다.

3-7 $Mg + 2HCl \rightarrow MgCl_2 + H_2$

3-8 (1) 제2류 위험물
(2) 인화성 고체
(3) 1,000kg

제3절 | 제3류 위험물

핵심이론 01 제3류 위험물의 특성

(1) 종 류

하단 표 참조

(2) 정 의

① 자연발화성 물질 및 금수성 물질 : 고체 또는 액체로서 공기 중에서 발화의 위험성이 있거나 물과 접촉하여 발화하거나 가연성 가스를 발생하는 위험성이 있는 것

(3) 일반적인 성질

① 대부분 무기화합물이며, 고체 또는 액체이다.
② 칼륨(K), 나트륨(Na), 알킬알루미늄, 알킬리튬은 물보다 가볍고 나머지는 물보다 무겁다.
③ 칼륨, 나트륨, 황린, 알킬알루미늄은 연소하고 나머지는 연소하지 않는다.

(4) 위험성

① 황린을 제외한 금수성 물질은 물과 반응하여 가연성 가스를 발생한다.
  ※ 가연성 가스 : 수소(H_2), 아세틸렌(C_2H_2), 포스핀 (PH_3)
② 자연발화성 물질은 물 또는 공기와 접촉하면 폭발적으로 연소하여 가연성 가스를 발생한다.
③ 금수성 물질은 물과 접촉하면 폭발적으로 연소하여 가연성가스를 발생한다.
④ 가열, 강산화성 물질 또는 강산류와 접촉에 의해 위험성이 증가한다.

(5) 저장 및 취급방법

① 저장용기는 공기의 접촉을 방지하고 수분의 접촉을 피한다.
② K, Na은 산소가 함유되지 않은 보호액(등유, 경유)에 저장한다.
③ 자연발화성 물질의 경우에는 불티, 불꽃 또는 고온체와 접근을 방지한다.
④ 황린은 주수소화가 가능하나 나머지는 물에 의한 냉각소화는 불가능하다.

[제3류 위험물의 종류]

성 질	품 명	해당하는 위험물	위험등급	지정수량
자연 발화성 및 금수성 물질	1. 칼륨, 나트륨★	−	I ★	10kg
	2. 알킬알루미늄★	트라이메틸알루미늄, 트라이에틸알루미늄, 트라이아이소부틸알루미늄		
	3. 알킬리튬	메틸리튬, 에틸리튬, 부틸리튬		
	4. 황 린★	−	I ★	20kg
	5. 알칼리금속(칼륨 및 나트륨을 제외)★	Li, Rb, Cs, Fr	II	50kg
	6. 알칼리토금속	Be, Ca, Sr, Ba, Ra		
	7. 유기금속화합물(알킬알루미늄 및 알킬리튬을 제외)	다이메틸아연, 다이에틸아연		
	8. 금속의 수소화물	KH, NaH, LiH, CaH₂	III	300kg
	9. 금속의 인화물	Ca₃P₂, AlP, Zn₃P₂		
	10. 칼슘의 탄화물	CaC₂		
	11. 알루미늄의 탄화물★	Al₄C₃		
	12. 그 밖에 행정안전부령이 정하는 것	염소화규소화합물	III	10kg, 20kg, 50kg, 300kg

⑤ 소화약제 : 마른모래, 탄산수소염류분말, 팽창질석, 팽창진주암

(6) 제3류 위험물의 반응식

① 칼륨의 반응식

ㄱ 연소반응식 : $4K + O_2 \rightarrow 2K_2O$

ㄴ 물과의 반응 : $2K + 2H_2O \rightarrow 2KOH + H_2$

ㄷ 이산화탄소와의 반응

$4K + 3CO_2 \rightarrow 2K_2CO_3 + C$

ㄹ 사염화탄소와의 반응 : $4K + CCl_4 \rightarrow 4KCl + C$

ㅁ 염소와의 반응 : $2K + Cl_2 \rightarrow 2KCl$

ㅂ 알코올과의 반응

$2K + 2C_2H_5OH \rightarrow 2C_2H_5OK + H_2$

ㅅ 초산과의 반응

$2K + 2CH_3COOH \rightarrow 2CH_3COOK + H_2$

ㅇ 액체 암모니아와의 반응

$2K + 2NH_3 \rightarrow 2KNH_2 + H_2$

② 나트륨의 반응식

ㄱ 연소반응식 : $4Na + O_2 \rightarrow 2Na_2O$

ㄴ 물과의 반응 : $2Na + 2H_2O \rightarrow 2NaOH + H_2$

ㄷ 이산화탄소와의 반응

$4Na + 3CO_2 \rightarrow 2Na_2CO_3 + C$

ㄹ 사염화탄소와의 반응

$4Na + CCl_4 \rightarrow 4NaCl + C$

ㅁ 염소와의 반응 : $2Na + Cl_2 \rightarrow 2NaCl$

ㅂ 알코올과의 반응

$2Na + 2C_2H_5OH \rightarrow 2C_2H_5ONa + H_2$

ㅅ 초산과의 반응

$2Na + 2CH_3COOH \rightarrow 2CH_3COONa + H_2$

ㅇ 액체 암모니아와의 반응

$2Na + 2NH_3 \rightarrow 2NaNH_2 + H_2$

③ 트라이메틸알루미늄의 반응식

ㄱ 산소와의 반응

$2(CH_3)_3Al + 12O_2 \rightarrow Al_2O_3 + 6CO_2 + 9H_2O$

ㄴ 물과의 반응

$(CH_3)_3Al + 3H_2O \rightarrow Al(OH)_3 + 3CH_4$

④ 트라이에틸알루미늄의 반응식★★

ㄱ 산소와의 반응

$2(C_2H_5)_3Al + 21O_2 \rightarrow Al_2O_3 + 12CO_2 + 15H_2O$

ㄴ 물과의 반응

$(C_2H_5)_3Al + 3H_2O \rightarrow Al(OH)_3 + 3C_2H_6$

⑤ 황린의 연소반응식

$P_4 + 5O_2 \rightarrow 2P_2O_5$

⑥ 리튬과 물의 반응식

$2Li + 2H_2O \rightarrow 2LiOH + H_2$

⑦ 칼슘과 물의 반응식

$Ca + 2H_2O \rightarrow Ca(OH)_2 + H_2$

⑧ 수소화칼륨의 반응식

ㄱ 물과의 반응 : $KH + H_2O \rightarrow KOH + H_2$

ㄴ 암모니아와의 반응 : $KH + NH_3 \rightarrow KNH_2 + H_2$

⑨ 수소화칼슘과 물의 반응식

$CaH_2 + 2H_2O \rightarrow Ca(OH)_2 + 2H_2$

⑩ 수산화알루미늄리튬과 물의 반응식

$LiAlH_4 + 4H_2O \rightarrow LiOH + Al(OH)_3 + 4H_2$

⑪ 인화석회(인화칼슘)의 반응식

ㄱ 물과의 반응 : $Ca_3P_2 + 6H_2O \rightarrow 3Ca(OH)_2 + 2PH_3$

ㄴ 염산과의 반응 : $Ca_3P_2 + 6HCl \rightarrow 3CaCl_2 + 2PH_3$

⑫ 인화알루미늄과 물의 반응식

$AlP + 3H_2O \rightarrow Al(OH)_3 + PH_3$

⑬ 탄화칼슘과 물의 반응식

$CaC_2 + 2H_2O \rightarrow Ca(OH)_2 + C_2H_2$

※ 아세틸렌의 연소반응식

$2C_2H_2 + 5O_2 \rightarrow 4CO_2 + 2H_2O$

⑭ 물과의 반응식

ㄱ 탄화알루미늄

$Al_4C_3 + 12H_2O \rightarrow 4Al(OH)_3 + 3CH_4$

ㄴ 탄화망가니즈

$Mn_3C + 6H_2O \rightarrow 3Mn(OH)_2 + CH_4 + H_2$

(1) 칼 륨

① 물 성

화학식	지정수량	원자량	비 점	융 점	비 중	불꽃 색상
K	10kg	39	774℃	63.7℃	0.86	보라색

② 은백색의 광택이 있는 무른 경금속으로 보라색 불꽃을 내면서 연소한다.

③ 물, 알코올, 산(염산, 초산)과 반응하면 가연성 가스인 수소(H_2)를 발생한다.

④ 등유, 경유, 유동파라핀 등의 보호액을 넣은 내통에 밀봉 저장한다.

  ※ 칼륨을 석유 속에 보관하는 이유 : 수분과 접촉을 차단하여 공기 산화를 방지하기 위해

⑤ 마른모래, 탄산수소염류 분말약제로 피복하여 질식소화한다.

⑥ 반응식

  ㉠ 연소반응식 : $4K + O_2 \rightarrow 2K_2O$(회백색)

  ㉡ 물과의 반응(주수소화)★★

    $2K + 2H_2O \rightarrow 2KOH + H_2$

  ㉢ 이산화탄소와의 반응★

    $4K + 3CO_2 \rightarrow 2K_2CO_3 + C$

  ㉣ 사염화탄소와의 반응 : $4K + CCl_4 \rightarrow 4KCl + C$

  ㉤ 염소와의 반응 : $2K + Cl_2 \rightarrow 2KCl$

  ㉥ 에틸알코올과의 반응★

    $2K + 2C_2H_5OH \rightarrow 2C_2H_5OK + H_2$
    (칼륨에틸레이트)

  ㉦ 초산과의 반응

    $2K + 2CH_3COOH \rightarrow 2CH_3COOK + H_2$
    (초산칼륨)

  ㉧ 액체 암모니아와의 반응

    $2K + 2NH_3 \rightarrow 2KNH_2 + H_2$
    (칼륨아미드)

(2) 나트륨

① 물 성★★

화학식	지정수량★	원자량	비 점	융 점	비 중	불꽃 색상
Na	10kg	23	880℃	97.7℃	0.97	노란색

② 은백색의 광택이 있는 무른 경금속으로 노란색 불꽃을 내면서 연소한다.

③ 등유, 경유, 유동파라핀 등의 보호액을 넣은 내통에 밀봉 저장한다.★

④ 물, 알코올, 산(염산, 초산)과 반응하면 가연성 가스인 수소(H_2)를 발생한다.

⑤ 소화방법 : 마른모래, 탄산수소염류 분말약제

⑥ 반응식

  ㉠ 연소반응식★

    $4Na + O_2 \rightarrow 2Na_2O$

  ㉡ 물과의 반응★★★

    $2Na + 2H_2O \rightarrow 2NaOH + H_2$

  ㉢ 이산화탄소와의 반응

    $4Na + 3CO_2 \rightarrow 2Na_2CO_3 + C$

  ㉣ 사염화탄소와의 반응

    $4Na + CCl_4 \rightarrow 4NaCl + C$

  ㉤ 염소와의 반응 : $2Na + Cl_2 \rightarrow 2NaCl$

  ㉥ 에틸알코올과의 반응

    $2Na + 2C_2H_5OH \rightarrow 2C_2H_5ONa + H_2$
    (나트륨에틸레이트)

  ㉦ 초산과의 반응

    $2Na + 2CH_3COOH \rightarrow 2CH_3COONa + H_2$
    (초산나트륨)

  ㉧ 액체 암모니아와의 반응

    $2Na + 2NH_3 \rightarrow 2NaNH_2 + H_2$
    (나트륨아미드)

(3) 알킬알루미늄

① 특 성

ㄱ. 알킬기($R = C_nH_{2n+1}$)와 알루미늄의 화합물로서 유기금속 화합물이다.

ㄴ. 알킬기의 탄소 1개에서 4개까지의 화합물은 공기와 접촉하면 자연발화를 일으킨다.

ㄷ. 알킬기의 탄소수가 5개까지는 점화원에 의해 불이 붙고 탄소수가 6개 이상인 것은 공기 중에서 서서히 산화하여 흰 연기가 난다.

ㄹ. 소화방법 : 팽창질석, 팽창진주암, 마른모래

② 트라이메틸알루미늄

ㄱ. 물 성

화학식	$(CH_3)_3Al$	융 점	15℃
지정수량	10kg	증기비중	2.5
분자량	72	비 중	0.752
비 점	125℃	–	

ㄴ. 무색 투명한 액체이다.

ㄷ. 공기 중에 노출하면 자연발화하므로 위험하다.

ㄹ. 산, 알코올, 아민, 할로겐과 접촉하면 맹렬히 반응한다.

ㅁ. 반응식

• 산소와의 반응★

$$2(CH_3)_3Al + 12O_2 \rightarrow Al_2O_3 + 6CO_2 + 9H_2O$$

• 물과의 반응★

$$(CH_3)_3Al + 3H_2O \rightarrow Al(OH)_3 + 3CH_4$$

• 염산과의 반응

$$(CH_3)_3Al + HCl \rightarrow (CH_3)_2AlCl + CH_4$$
(다이메틸알루미늄클로라이드)

• 염소와의 반응

$$(CH_3)_3Al + 3Cl_2 \rightarrow AlCl_3 + 3CH_3Cl$$
(염화알루미늄) (염화메틸)

• 메틸알코올과의 반응

$$(CH_3)_3Al + 3CH_3OH \rightarrow (CH_3O)_3Al + 3CH_4$$
(알루미늄메틸레이트) (메테인)

• 에틸알코올과의 반응

$$(CH_3)_3Al + 3C_2H_5OH \rightarrow (C_2H_5O)_3Al + 3CH_4$$
(알루미늄에틸레이트)

③ 트라이에틸알루미늄

ㄱ. 물 성

화학식	$(C_2H_5)_3Al$	비 점	128℃
지정수량	10kg	융 점	–50℃
분자량	114	비 중	0.835

ㄴ. 무색 투명한 액체이다.

ㄷ. 공기 중에 노출하면 자연발화하므로 위험하다.

ㄹ. 물과 접촉하면 심하게 반응하고 에테인(C_2H_6)을 발생하여 폭발한다.

ㅁ. 산, 알코올, 아민, 할로겐과 접촉하면 맹렬히 반응한다.

ㅂ. 반응식

• 산소와의 반응★

$$2(C_2H_5)_3Al + 21O_2 \rightarrow Al_2O_3 + 12CO_2 + 15H_2O$$
(산화알루미늄)

• 물과의 반응★★

$$(C_2H_5)_3Al + 3H_2O \rightarrow Al(OH)_3 + 3C_2H_6$$
(수산화알루미늄)

• 염산과의 반응

$$(C_2H_5)_3Al + HCl \rightarrow (C_2H_5)_2AlCl + C_2H_6$$
(다이에틸알루미늄클로라이드)

• 염소와의 반응

$$(C_2H_5)_3Al + 3Cl_2 \rightarrow AlCl_3 + 3C_2H_5Cl$$
(염화알루미늄) (염화에틸)

• 메틸알코올과의 반응★

$$(C_2H_5)_3Al + 3CH_3OH \rightarrow (CH_3O)_3Al + 3C_2H_6$$
(알루미늄메틸레이트) (에테인)

• 에틸알코올과의 반응

$$(C_2H_5)_3Al + 3C_2H_5OH \rightarrow (C_2H_5O)_3Al + 3C_2H_6$$
(알루미늄에틸레이트)

(4) 알킬리튬

① 종 류

종 류★	메틸리튬	에틸리튬	부틸리튬
화학식	CH_3Li	C_2H_5Li	C_4H_9Li
지정수량★		10kg	
성 상	무채색 액체	–	무색 무취의 액체
분자량	22	36	64
비 중	0.9	–	0.765
비 점	–	–	80℃

② 알킬리튬은 알킬기와 리튬금속의 화합물로 유기금속 화합물이다.

③ 자연발화성 물질 및 금수성 물질이다.

④ 물과 만나면 심하게 발열하고, 가연성인 메테인, 에테인, 뷰테인 가스를 발생한다.

⑤ 알킬리튬은 공기와 접촉하면 자연발화의 위험성 때문에 벤젠, 헥세인, 펜테인, 헵테인 등 희석제를 넣고 질소, 아르곤 등 불활성 기체로 봉입하여 저장 및 취급한다.★

⑥ 반응식

　㉠ 메틸리튬과 물의 반응★

　　$CH_3Li + H_2O \rightarrow LiOH + CH_4$
　　　　　　　　　　　　　　(메테인)

　㉡ 에틸리튬과 물의 반응

　　$C_2H_5Li + H_2O \rightarrow LiOH + C_2H_6$
　　　　　　　　　　　　　　(에테인)

　㉢ 부틸리튬과 물의 반응★

　　$C_4H_9Li + H_2O \rightarrow LiOH + C_4H_{10}$
　　　　　　　　　　　　　　(뷰테인)

(5) 황 린

① 물 성

화학식	P_4	융 점	44℃
지정수량★★	20kg	비 중	1.82
발화점	34℃	증기비중	4.4
비 점	280℃		–

② 백색 또는 담황색의 자연발화성 고체이다.

③ 물과 반응하지 않기 때문에 pH 9(약알칼리) 정도의 물속에 저장하며 보호액이 증발되지 않도록 한다.★★

　※ 황린은 포스핀(PH_3)의 생성을 방지하기 위하여 pH 9인 물속에 저장한다.

④ 벤젠, 알코올에는 일부 녹고, 이황화탄소(CS_2), 삼염화인, 염화황에는 잘 녹는다.

⑤ 증기는 공기보다 무겁고 자극적이며, 맹독성인 물질이다.

⑥ 발화점이 매우 낮고 산소와 결합 시 산화열이 크며, 공기 중에 방치하면 액화되면서 자연발화를 일으킨다.

　※ 황린은 발화점(착화점, 34℃)이 낮기 때문에 자연발화를 일으킨다.

⑦ 공기를 차단하고 황린을 260℃로 가열하면 적린이 생성된다.

⑧ 초기소화에는 물, 포, CO_2, 건조분말 소화약제가 유효하다.

⑨ 공기 중에서 연소 시 오산화인의 흰 연기를 발생한다.★★

　$P_4 + 5O_2 \rightarrow 2P_2O_5$

⑩ 강알칼리 용액과 반응하면 유독성의 포스핀(PH_3) 가스를 발생한다.

　$P_4 + 3KOH + 3H_2O \rightarrow PH_3 + 3KH_2PO_2$
　　　　　　　　　　　　　　　(차아인산칼륨)

[위험물의 저장방법 ★]

종 류	나트륨, 칼륨	알킬리튬	황 린	이황화탄소
화학식	Na, K	CH_3Li, C_2H_5Li, C_4H_9Li	P_4	CS_2
유 별		제3류 위험물		제4류 위험물
지정수량	10kg	10kg	20kg	50L
저장방법	등유, 경유, 유동파라핀 속에 저장	벤젠, 헥세인의 희석제를 넣고 불활성 기체 봉입	물속에 저장	물속에 저장
저장하는 이유	공기산화 방지	자연발화 방지	포스핀가스 발생 방지	가연성 증기 발생 방지

핵심예제

2-1. 다음 제3류 위험물의 지정수량과 위험등급을 쓰시오.

(1) 칼 륨

(2) 황 린

(3) 트라이에틸알루미늄

(4) 탄화알루미늄

2-2. 원자량 23, 비중 0.97, 불꽃 반응 시 노란색을 띠는 물질의 명칭과 원소기호, 지정수량을 쓰시오.

2-3. 금속나트륨에 대하여 다음 각 물음에 답하시오

(1) 에탄올과의 반응식

(2) 에탄올과 반응 시 생성되는 기체

(3) 물과의 반응식

2-4. 나트륨이 공기 중에서 완전 연소 시 생성되는 물질을 쓰시오.

2-5. 다음 위험물이 물과 반응하는 경우 생성되는 기체를 화학식으로 쓰시오.

(1) 칼 륨

(2) 트라이에틸알루미늄

(3) 인화알루미늄

2-6. 트라이에틸알루미늄이 물과 반응할 때 반응식을 쓰시오.

2-7. 트라이에틸알루미늄이 메탄올과 반응할 때 화학반응식을 쓰시오.

2-8. 메틸리튬(CH_3Li), 부틸리튬(C_4H_9Li)이 물과 반응하여 생성되는 기체의 명칭을 쓰시오.

2-9. 트라이에틸알루미늄이 연소반응식과 물과의 반응식을 쓰시오.

2-10. 황린이 완전 연소하는 경우 연소반응식을 쓰시오.

2-11. 제3류 위험물 중 물과 반응성이 없고 공기 중에서 자연발화하여 흰 연기를 발생시키는 물질의 명칭과 지정수량을 쓰시오.

2-12. 다음 위험물에 대한 지정수량을 쓰시오.

(1) 탄화알루미늄

(2) 트라이에틸알루미늄

(3) 리 튬

2-13. 제3류 위험물 중 자연발화성인 황린은 강알칼리성과 접촉하면 기체를 발생한다. 생성되는 기체의 명칭을 쓰시오.

2-1
지정수량과 위험등급

종 류	칼 륨	황 린	트라이에틸알루미늄	탄화알루미늄
품 명	–	–	알킬알루미늄	알루미늄의 탄화물
화학식	K	P_4	$(C_2H_5)_3Al$	Al_4C_3
지정수량	10kg	20kg	10kg	300kg
위험등급	I	I	I	III

2-2
나트륨
• 물 성

화학식	지정수량	원자량	비 점	융 점	비 중	불꽃 색상
Na	10kg	23	880℃	97.7℃	0.97	노란색

• 은백색의 광택이 있는 무른 경금속으로 노란색 불꽃을 내면서 연소한다.

2-3
나트륨의 반응식
• 연소반응 : $4Na + O_2 \longrightarrow 2Na_2O$
(산화나트륨)
• 물과의 반응 : $2Na + 2H_2O \longrightarrow 2NaOH + H_2$
• 이산화탄소와의 반응 : $4Na + 3CO_2 \longrightarrow 2Na_2CO_3 + C$
• 에틸알코올과의 반응 : $2Na + 2C_2H_5OH \longrightarrow 2C_2H_5ONa + H_2$
(나트륨에틸레이트)

2-4
나트륨의 연소반응식 : $4Na + O_2 \longrightarrow 2Na_2O$

2-5
물과의 반응
• 칼륨 : $2K + 2H_2O \longrightarrow 2KOH + H_2$
(수소)
• 트라이에틸알루미늄 : $(C_2H_5)_3Al + 3H_2O \longrightarrow Al(OH)_3 + 3C_2H_6$
(에테인)
• 인화알루미늄 : $AlP + 3H_2O \longrightarrow Al(OH)_3 + PH_3$
(포스핀)

2-6
트라이에틸알루미늄의 반응식
• 산소와의 반응 : $2(C_2H_5)_3Al + 21O_2 \longrightarrow Al_2O_3 + 15H_2O + 12CO_2$
• 물과의 반응 : $(C_2H_5)_3Al + 3H_2O \longrightarrow Al(OH)_3 + 3C_2H_6$

2-7
본문 참조

2-8
알킬리튬과 물의 반응
• 메틸리튬(CH_3Li) : $CH_3Li + H_2O \longrightarrow LiOH + CH_4$
(메테인)
• 부틸리튬(C_4H_9Li) : $C_4H_9Li + H_2O \longrightarrow LiOH + C_4H_{10}$
(뷰테인)

2-9
트라이에틸알루미늄
• 연소반응식 : $2(C_2H_5)_3Al + 21O_2 \longrightarrow Al_2O_3 + 15H_2O + 12CO_2$
• 물과의 반응 : $(C_2H_5)_3Al + 3H_2O \longrightarrow Al(OH)_3 + 3C_2H_6$

2-10
황린(P_4)은 공기 중에서 연소 시 오산화인(P_2O_5)의 흰 연기를 발생한다.
$P_4 + 5O_2 \longrightarrow 2P_2O_5$

2-11
황 린
• 물 성

화학식	지정수량	발화점	비 점	융 점	비 중	증기비중
P_4	20kg	34℃	280℃	44℃	1.82	4.4

• 백색 또는 담황색의 자연발화성 고체이다.
• 물과 반응하지 않기 때문에 pH 9(약알칼리) 정도의 물속에 저장하며 보호액이 증발되지 않도록 한다.

2-12
제3류 위험물

종 류	탄화알루미늄	트라이에틸알루미늄	리 튬
품 명	알루미늄의 탄화물	알킬알루미늄	알칼리금속
지정수량	300kg	10kg	50kg

2-13
황린은 강알칼리 용액과 반응하면 유독성의 포스핀(PH_3, 인화수소)가스를 발생한다.
$P_4 + 3KOH + 3H_2O \longrightarrow 3KH_2PO_2 + PH_3$

핵심이론 03 각 위험물의 특성 Ⅱ

(1) 알칼리금속(K, Na 제외)류 및 알칼리토금속

① 리 튬

㉠ 물 성★

화학식	Li	융 점	180℃
지정수량	50kg	비 중	0.543
발화점	179℃	불꽃 색상	적 색
비 점	1,336℃		–

㉡ 은백색의 무른 경금속으로 고체 원소 중 가장 가볍다.

㉢ 리튬은 다른 알칼리금속과 달리 질소와 직접 화합하여 적색의 질화리튬(Li_3N)을 생성한다.

㉣ 2차 전지의 원료로 사용한다.

㉤ 물이나 산과 반응하면 수소(H_2)가스를 발생한다.

• 물과의 반응 : $2Li + 2H_2O \rightarrow 2LiOH + H_2$

• 염산과의 반응 : $2Li + 2HCl \rightarrow 2LiCl + H_2$

② 루비듐

㉠ 물 성

화학식	지정수량★	비 점	융 점	비 중
Rb	50kg	688℃	38℃	1.53

㉡ 은백색의 금속으로 융점이 매우 낮다.

㉢ 물, 산, 알코올과 반응하여 수소를 발생한다.

㉣ 고온에서는 할로겐화합물과 반응한다.

③ 칼 슘

㉠ 물 성

화학식	지정수량	비 점	융 점	비 중	불꽃 색상
Ca	50kg	1,420℃	845℃	1.55	황적색

㉡ 은백색의 무른 경금속이다.

㉢ 물이나 산과 반응하면 수소(H_2) 가스를 발생한다.★★

• 물과의 반응 : $Ca + 2H_2O \rightarrow Ca(OH)_2 + H_2$

• 염산과의 반응 : $Ca + 2HCl \rightarrow CaCl_2 + H_2$

(2) 유기금속화합물(알킬알루미늄 및 알킬리튬은 제외)

① 저급 유기금속화합물은 반응성이 풍부하다.

② 공기 중에서 자연발화를 하므로 위험하다.

③ 종 류

ㄱ 다이메틸아연 : $Zn(CH_3)_2$

ㄴ 다이에틸아연 : $Zn(C_2H_5)_2$

ㄷ 나트륨아미드 : $NaNH_2$

(3) 금속의 수소화물

① 수소화칼륨

ㄱ 회백색의 결정 분말이다.

ㄴ 물과 반응하면 수산화칼륨(KOH)과 수소(H_2)가스를 발생한다.

$$KH + H_2O \rightarrow KOH + H_2$$

ㄷ 고온에서 암모니아(NH_3)와 반응하면 칼륨아미드(KNH_2)와 수소가 생성된다.

$$KH + NH_3 \rightarrow \underset{\text{(칼륨아미드)}}{KNH_2} + H_2$$

② 펜타보레인

ㄱ 물 성

화학식	B_5H_9	액체비중	0.6
지정수량	300kg	비 점	60℃
인화점	30℃	연소범위	0.42~98%

ㄴ 자극성 냄새가 나고 물에 녹지 않는다.

ㄷ 자연발화의 위험성이 있는 가연성 무색 액체이다.

ㄹ 발화점이 낮기 때문에 공기에 노출되면 자연발화의 위험이 있다.

ㅁ 연소 시 유독성 가스와 자극성의 연소가스를 발생할 수 있다.

③ 기 타

ㄱ 종 류

종 류	지정수량	화학식	형 태	분자량	융점(℃)
수소화칼륨		KH	회백색의 결정	56	–
수소화나트륨		NaH	은백색의 결정	24	800
수소화리튬	300 kg★	LiH	투명한 고체	7.9	680
수소화칼슘		CaH_2	무색결정	42	600
수소화 알루미늄리튬		$LiAlH_4$	회백색 분말	37.9	125

ㄴ 물과의 반응식

• 수소화나트륨 : $NaH + H_2O \rightarrow NaOH + H_2$

• 수소화리튬 : $LiH + H_2O \rightarrow LiOH + H_2$

• 수소화칼슘 : $CaH_2 + 2H_2O \rightarrow Ca(OH)_2 + 2H_2$

• 수소화알루미늄리튬

$$LiAlH_4 + 4H_2O \rightarrow LiOH + Al(OH)_3 + 4H_2$$

(4) 금속의 인화물

① 인화칼슘(인화석회)

ㄱ 물 성★

화학식	지정수량	분자량	융 점	비 중
Ca_3P_2	300kg	182	1,600℃	2.51

ㄴ 적갈색의 괴상 고체이다.

ㄷ 알코올, 에터에는 녹지 않는다.

ㄹ 건조한 공기 중에서 안정하나 300℃ 이상에서는 산화한다.

ㅁ 물이나 산과 반응하여 포스핀(인화수소, PH_3)의 유독성 가스를 발생한다. ★★★

• $Ca_3P_2 + 6H_2O \rightarrow \underset{\text{(수산화칼슘)}}{3Ca(OH)_2} + 2PH_3$

• $Ca_3P_2 + 6HCl \rightarrow \underset{\text{(염화칼슘)}}{3CaCl_2} + 2PH_3$

② 기 타

㉠ 종 류

종 류	화학식	지정 수량	성 상	분자량	융점 (℃)	비 중
인화 알루미늄	AlP	300kg	회색 분말	58	2,550	–
인화아연	Zn_3P_2			258	420	4.55

㉡ 물과의 반응식★★

• 인화알루미늄 : $AlP + 3H_2O \rightarrow Al(OH)_3 + PH_3$
　　　　　　　　　　　　　　(수산화알루미늄)

• 인화아연 : $Zn_3P_2 + 6H_2O \rightarrow 3Zn(OH)_2 + 2PH_3$
　　　　　　　　　　　　　　(수산화아연)

(5) 칼슘 또는 알루미늄의 탄화물

① 탄화칼슘(CaC_2, 카바이드)

㉠ 물 성

화학식	지정수량	분자량	융 점	비 중
CaC_2	300kg	64	2,370℃	2.21

㉡ 순수한 것은 무색 투명하나 보통은 회백색의 덩어리 상태이다.

㉢ 에터에 녹지 않고, 물과 알코올에는 분해된다.

㉣ 물과 반응하면 아세틸렌(C_2H_2) 가스를 발생한다.★★★

$CaC_2 + 2H_2O \rightarrow Ca(OH)_2 + C_2H_2$
　　　　　　　　　　(수산화칼슘)　(아세틸렌)

㉤ 연소반응식★ : $2C_2H_2 + 5O_2 \rightarrow 4CO_2 + 2H_2O$

※ 아세틸렌의 특성

• 연소범위는 2.5~81%이다.★

• 동, 은 및 수은과 접촉하면 폭발성 금속 아세틸라이드를 생성하므로 위험하다.

$C_2H_2 + 2Cu \rightarrow Cu_2C_2 + H_2$
　　　　　　　　　(동아세틸라이드)

• 아세틸렌은 흡열 화합물로서 압축하면 분해 폭발한다.

• 탄소 간 삼중결합이 있다($CH \equiv CH$).

㉻ 습기가 없는 밀폐용기에 저장하고, 용기에는 질소가스 등 불연성 가스를 봉입시켜야 한다.

㉼ 구리, 은 등 금속과 반응하면 폭발성의 아세틸라이드를 생성한다.

㉾ 반응식

• 약 700℃ 이상에서 질소와의 반응

$CaC_2 + N_2 \rightarrow CaCN_2 + C$
　　　　　　　　(석회질소)　(탄소)

• 아세틸렌가스와 금속(은)과의 반응

$C_2H_2 + 2Ag \rightarrow Ag_2C_2 + H_2$
　　　　　　　　(은아세틸라이드 : 폭발물질)

② 탄화알루미늄(Al_4C_3)

㉠ 물 성

화학식	지정수량	분자량	융 점	비 중
Al_4C_3	300kg	143	2,100℃	2.36

㉡ 황색(순수한 것은 백색)의 단단한 결정 또는 분말이다.

㉢ 밀폐용기에 저장해야 하며, 용기 등에는 질소가스 등 불연성 가스를 봉입시키고 빗물침투 우려가 없는 안전한 장소에 저장해야 한다.

㉣ 물이나 산과 반응하면 메테인(CH_4) 가스를 발생한다.

• 물과의 반응

$Al_4C_3 + 12H_2O \rightarrow 4Al(OH)_3 + 3CH_4$

• 염산과의 반응

$Al_4C_3 + 12HCl \rightarrow 4AlCl_3 + 3CH_4$

③ 기타 금속탄화물과 물과의 반응식

㉠ 물과 반응 시 아세틸렌(C_2H_2) 가스를 발생하는 물질 : Li_2C_2, Na_2C_2, K_2C_2, MgC_2, CaC_2

• $Li_2C_2 + 2H_2O \rightarrow 2LiOH + C_2H_2$

• $Na_2C_2 + 2H_2O \rightarrow 2NaOH + C_2H_2$

• $K_2C_2 + 2H_2O \rightarrow 2KOH + C_2H_2$

• $MgC_2 + 2H_2O \rightarrow Mg(OH)_2 + C_2H_2$

• $CaC_2 + 2H_2O \rightarrow Ca(OH)_2 + C_2H_2$

ⓒ 물과 반응 시 메테인(CH_4) 가스를 발생하는 물질 : Be_2C, Al_4C_3

- $Be_2C + 4H_2O \rightarrow 2Be(OH)_2 + CH_4$
- $Al_4C_3 + 12H_2O \rightarrow 4Al(OH)_3 + 3CH_4$

ⓒ 물과 반응 시 메테인과 수소가스를 발생하는 물질 : Mn_3C

- $Mn_3C + 6H_2O \rightarrow 3Mn(OH)_2 + CH_4 + H_2$

(6) 염소화규소화합물

① 트라이클로로실레인

ㄱ 물 성

화학식	$HSiCl_3$	액체비중	1.34
지정수량	300kg	증기비중	4.67
인화점	-28℃	비 점	31.8℃
연소범위	1.2~90.5%		-

ㄴ 차아염소산의 냄새가 나는 휘발성, 발연성, 자극성, 가연성의 무색 액체이다.

ㄷ 벤젠, 에터, 클로로폼, 사염화탄소에 녹는다.

ㄹ 물보다 무거우며, 물과 접촉 시 분해하며 공기 중 쉽게 증발한다.

ㅁ 알코올, 유기화합물, 과산화물, 아민, 강산화제와 심하게 반응하며 경우에 따라 혼촉 발화하는 것도 있다.

ㅂ 산화성 물질과 접촉하면 폭발적으로 반응하며, 아세톤, 알코올과 반응한다.

ㅅ 물, 알코올, 강산화제, 유기화합물, 아민과 철저히 격리한다.

② 클로로실레인

ㄱ 화학식은 SiH_3Cl이다.

ㄴ 무색의 휘발성 액체로서 물에 녹지 않는다.

ㄷ 인화성, 부식성이 있고 산화성 물질과 맹렬히 반응한다.

핵심예제

3-1. 칼슘이 물과 접촉하는 경우 화학반응식을 쓰시오.

3-2. 알칼리금속이고 은백색의 무른 경금속으로 2차 전지로 이용되며, 비중 0.543, 융점 180℃, 비점은 1,336℃인 물질의 명칭을 쓰시오.

3-3. 제3류 위험물인 인화칼슘에 대하여 다음 각 물음에 답하시오.
(1) 지정수량을 쓰시오.
(2) 물과 반응 시 생성되는 기체의 화학식을 쓰시오.

3-4. 탄화칼슘 32g이 물과 반응하여 생성되는 기체가 완전 연소하기 위하여 필요한 산소의 부피(L)를 계산하시오.

3-5. 제3류 위험물인 탄화칼슘에 대하여 다음 각 물음에 답하시오.
(1) 물과의 반응식을 쓰시오.
(2) 물과 반응하여 생성되는 기체의 명칭을 쓰시오.
(3) 물과 반응하여 생성되는 기체의 연소범위를 쓰시오.
(4) 생성된 기체의 완전 연소반응식을 쓰시오.

3-6. 탄화알루미늄이 물과 반응하는 경우 생성되는 물질을 2가지 화학식으로 쓰시오.

3-1

칼슘(Ca)은 물과 반응하면 수산화칼슘[$Ca(OH)_2$]과 가연성 가스인 수소(H_2)를 발생한다.

$$Ca + 2H_2O \rightarrow Ca(OH)_2 + H_2$$

3-2

리 튬

• 물 성

화학식	발화점	비 점	융 점	비 중	불꽃 색상
Li	179℃	1,336℃	180℃	0.543	적 색

• 용도 : 2차 전지의 원료로 사용

3-3

인화칼슘

• 지정수량 : 300kg(제3류 위험물 금속의 인화물)
• 물과의 반응

$$Ca_3P_2 + 6H_2O \rightarrow 3Ca(OH)_2 + 2PH_3$$

• 염산과의 반응

$$Ca_3P_2 + 6HCl \rightarrow 3CaCl_2 + 2PH_3$$
(포스핀, 인화수소)

3-4

생성되는 기체가 완전 연소하기 위한 산소의 부피

• 아세틸렌의 무게

$$CaC_2 + 2H_2O \rightarrow Ca(OH)_2 + C_2H_2$$
64g　　　　　　　　26g
32g　　　　　　　　x

$$\therefore x = \frac{32g \times 26g}{64g} = 13g$$

• 산소의 부피

$$2C_2H_2 + 5O_2 \rightarrow 4CO_2 + 2H_2O$$
$2\times26g$　　$5\times22.4L$
13g　　　　　x

$$\therefore x = \frac{13g \times 5\times22.4L}{2\times26g} = 28L$$

※ 표준상태(0℃, 1atm)에서 기체 1g-mol이 차지하는 부피 : 22.4L

※ 표준상태(0℃, 1atm)에서 기체 1kg-mol이 차지하는 부피 : $22.4m^3$

3-5

탄화칼슘(CaC_2, 카바이드)

• 물과 반응

$$CaC_2 + 2H_2O \rightarrow Ca(OH)_2 + C_2H_2$$
(수산화칼슘)　(아세틸렌)

• 물과 반응 시 생성되는 가스(아세틸렌)
 - 연소반응식 : $2C_2H_2 + 5O_2 \rightarrow 4CO_2 + 2H_2O$
 - 연소범위 : 2.5 ~ 81%

3-6

탄화알루미늄과 물의 반응

$$Al_4C_3 + 12H_2O \rightarrow 4Al(OH)_3 + 3CH_4$$
(수산화알루미늄) (메테인)

정답 **3-1** $Ca + 2H_2O \rightarrow Ca(OH)_2 + H_2$

　　3-2 리튬(Li)

　　3-3 (1) 300kg
　　　　(2) PH_3

　　3-4 28L

　　3-5 (1) $CaC_2 + 2H_2O \rightarrow Ca(OH)_2 + C_2H_2$
　　　　(2) 아세틸렌
　　　　(3) 2.5~81%
　　　　(4) $2C_2H_2 + 5O_2 \rightarrow 4CO_2 + 2H_2O$

　　3-6 $Al(OH)_3$, CH_4

제4절 | 제4류 위험물

핵심이론 01 제4류 위험물의 특성

(1) 종 류
하단 표 참조

(2) 분 류
① 특수인화물★★
　㉠ 이황화탄소, 다이에틸에터, 그 밖에 1기압에서 발화점이 100℃ 이하인 것
　㉡ 인화점이 영하 20℃ 이하이고, 비점이 40℃ 이하인 것
② 제1석유류 : 아세톤, 휘발유, 그 밖에 1기압에서 인화점이 21℃ 미만인 것★★★
　※ 수용성 액체를 판단하기 위한 시험(위험물 세부기준 제13조)
　　• 온도 20℃, 1기압의 실내에서 50mL 메스실린더에 증류수 25mL를 넣은 후 시험물품 25mL를 넣을 것
　　• 메스실린더의 혼합물을 1분에 90회 비율로 5분간 혼합할 것

　　• 혼합한 상태로 5분간 유지할 것
　　• 충분리가 되는 경우 비수용성, 그렇지 않은 경우에는 수용성으로 판단할 것. 다만, 증류수와 시험물품이 균일하게 혼합되어 혼탁하게 분포하는 경우에도 수용성으로 판단한다.
③ 알코올류
　㉠ 1분자를 구성하는 탄소원자의 수가 1개부터 3개까지인 포화 1가 알코올(변성알코올 포함)로서 농도가 60% 이상★
　㉡ 알코올류 제외
　　• C_1~C_3까지의 포화 1가 알코올의 함유량이 60wt% 미만인 수용액
　　• 가연성 액체량이 60wt% 미만이고, 인화점 및 연소점이 에틸알코올 60wt% 수용액의 인화점 및 연소점을 초과하는 것
④ 제2석유류
　㉠ 등유, 경유, 그 밖에 1기압에서 인화점이 21℃ 이상 70℃ 미만인 것★★★
　㉡ 제2석유류 제외 : 도료류, 그 밖의 물품에 있어서 가연성 액체량이 40wt% 이하이면서 인화점이 40℃ 이상인 동시에 연소점이 60℃ 이상인 것은 제외

[제4류 위험물의 종류]

성 질	품 명		해당하는 위험물	위험등급	지정수량
인화성 액체	1. 특수인화물★		이황화탄소, 다이에틸에터, 아세트알데하이드, 산화프로필렌, 아이소프렌, 아이소펜테인, 아이소프로필아민, 황산다이메틸	I	50L
	2. 제1석유류★★	비수용성 액체	휘발유, 벤젠, 톨루엔, 메틸에틸케톤(MEK), 초산메틸, 초산에틸, 의산에틸, 콜로디온, 아크릴로나이트릴	II	200L
		수용성 액체	아세톤, 피리딘, 사이안화수소, 아세토나이트릴, 의산메틸	II	400L
	3. 알코올류		메틸알코올, 에틸알코올, 프로필알코올	II	400L
	4. 제2석유류★★★	비수용성 액체	등유, 경유, 테레핀유, 클로로벤젠, 스타이렌, o, m, p-크실렌, 장뇌유, 송근유	III	1,000L
		수용성 액체★	초산, 의산(폼산), 아크릴산, 메틸셀로솔브, 에틸셀로솔브, 하이드라진	III	2,000L
	5. 제3석유류★★★	비수용성 액체★	중유, 크레오소트유, 나이트로벤젠, 아닐린, 메타크레졸, 담금질유	III	2,000L
		수용성 액체	글리세린, 에틸렌글리콜, 에탄올아민	III	4,000L
	6. 제4석유류★		기어유, 실린더유, 가소제, 담금질유, 절삭유, 방청유, 윤활유 등	III	6,000L
	7. 동식물유류		건성유, 반건성유, 불건성유	III	10,000L

⑤ 제3석유류

    ㉠ 중유, 크레오소트유, 그 밖에 1기압에서 인화점이 70℃ 이상 200℃ 미만인 것

    ㉡ 제3석유류 제외 : 도료류, 그 밖의 물품은 가연성 액체량이 40wt% 이하인 것은 제외

⑥ 제4석유류

    ㉠ 기어유, 실린더유, 그 밖에 1기압에서 인화점이 200℃ 이상 250℃ 미만인 것

    ㉡ 제4석유류 제외 : 도료류, 그 밖의 물품은 가연성 액체량이 40wt% 이하인 것은 제외

⑦ 동식물유류 : 동물의 지육(枝肉 : 머리, 내장, 다리를 잘라 내고 아직 부위별로 나누지 않은 고기를 말한다) 등 또는 식물의 종자나 과육으로부터 추출한 것으로서 1기압에서 인화점이 250℃ 미만인 것. 다만, 규정에 의하여 행정안전부령으로 정하는 용기기준과 수납·저장 기준에 따라 수납되어 저장·보관되고 용기의 외부에 물품의 통칭명, 수량 및 화기엄금(화기엄금과 동일한 의미를 갖는 표시를 포함)의 표시가 있는 경우를 제외한다.

(3) 일반적인 성질

① 대단히 인화하기 쉽다.

② 물에 녹지 않고 물보다 가벼운 것이 많다.

③ 증기비중은 공기보다 무겁기 때문에 낮은 곳에 체류하여 연소, 폭발의 위험이 있다.

    ※ 사이안화수소(HCN)는 공기보다 0.931(27/29 = 0.931)배 가볍다.

④ 연소범위의 하한이 낮기 때문에 공기 중 소량 누설되어도 연소한다.

(4) 위험성

① 인화위험이 높아 화기의 접근을 피해야 한다.

② 증기는 공기와 약간만 혼합되어도 연소한다.

③ 발화점과 연소범위의 하한이 낮다.

④ 전기 부도체이므로 정전기 발생에 주의한다.

(5) 저장 및 취급방법

① 누출방지를 위하여 밀폐용기에 사용해야 한다.

② 소화방법 : 포말, 불활성가스(이산화탄소), 할로겐화 합물, 분말 소화약제로 질식소화한다.

③ 수용성 위험물은 알코올형 포소화약제로 소화한다.

    ※ 수용성 위험물 : 피리딘, 사이안화수소, 알코올류, 의산, 초산, 아크릴산, 에틸렌글리콜, 글리세린 등

(6) 제4류 위험물의 반응식

① 연소반응식

    ㉠ 다이에틸에터

      $C_2H_5OC_2H_5 + 6O_2 \rightarrow 4CO_2 + 5H_2O$

    ㉡ 이황화탄소 : $CS_2 + 3O_2 \rightarrow CO_2 + 2SO_2$

    ㉢ 아세트알데하이드

      $2CH_3CHO + 5O_2 \rightarrow 4CO_2 + 4H_2O$

    ㉣ 아세톤 : $CH_3COCH_3 + 4O_2 \rightarrow 3CO_2 + 3H_2O$

    ㉤ 피리딘

      $4C_5H_5N + 29O_2 \rightarrow 20CO_2 + 10H_2O + 4NO_2$

    ㉥ 벤젠 : $2C_6H_6 + 15O_2 \rightarrow 12CO_2 + 6H_2O$

    ㉦ 톨루엔 : $C_6H_5CH_3 + 9O_2 \rightarrow 7CO_2 + 4H_2O$

    ㉧ 메틸에틸케톤

      $2CH_3COC_2H_5 + 11O_2 \rightarrow 8CO_2 + 8H_2O$

    ㉨ 메틸알코올 : $2CH_3OH + 3O_2 \rightarrow 2CO_2 + 4H_2O$

    ㉩ 에틸알코올 : $C_2H_5OH + 3O_2 \rightarrow 2CO_2 + 3H_2O$

    ㉪ 초산 : $CH_3COOH + 2O_2 \rightarrow 2CO_2 + 2H_2O$

    ㉫ 의산 : $2HCOOH + O_2 \rightarrow 2CO_2 + 2H_2O$

    ㉬ 클로로벤젠

      $C_6H_5Cl + 7O_2 \rightarrow 6CO_2 + 2H_2O + HCl$

    ㉭ 에틸렌글리콜

      $2C_2H_6O_2 + 5O_2 \rightarrow 4CO_2 + 6H_2O$

    ㉮ 글리세린 : $2C_3H_8O_3 + 7O_2 \rightarrow 6CO_2 + 8H_2O$

② 기타 반응식

ㄱ 이황화탄소와 물의 반응

$$CS_2 + 2H_2O \rightarrow CO_2 + 2H_2S$$

ㄴ 메탄올과 나트륨의 반응

$$2CH_3OH + Na \rightarrow 2CH_3ONa + H_2$$

ㄷ 아이오도폼(요오드포름)반응

$$C_2H_5OH + 6NaOH + 4I_2$$
$$\rightarrow CHI_3 + 5NaI + HCOONa + 5H_2O$$

핵심예제

1-1. 제4류 위험물인 특수인화물에 대한 정의이다. ( ) 안에 알맞은 답을 쓰시오.

> "특수인화물"이라 함은 이황화탄소, 다이에틸에터, 그 밖에 1기압에서 발화점이 (㉠)℃ 이하인 것 또는 인화점이 —(㉡)℃ 이하이고 비점이 (㉢)℃ 이하인 것을 말한다.

1-2. "제1석유류"라 함은 아세톤, 휘발유, 그 밖에 1기압에서 인화점이 ( )℃ 미만인 것을 말한다. 다음 ( ) 안에 알맞은 답을 쓰시오.

1-3. 옥내저장소에 〈보기〉와 같이 제4류 위험물을 저장하고 있는 경우 지정수량의 배수의 합은 얼마인가?(단, 제1석유류, 제2석유류, 제3석유류는 수용성이다)

┌ 보기 ├
- 특수인화물 : 200L   • 제1석유류 : 400L
- 제2석유류 : 4,000L   • 제3석유류 : 12,000L
- 제4석유류 : 24,000L

1-4. 다음의 〈보기〉에서 제4류 위험물 중 인화점이 21℃ 이상 70℃ 미만이고, 수용성인 물질을 모두 고르시오.

┌ 보기 ├
초산에틸, 아세트산, 크실렌, 폼산, 글리세린, 나이트로벤젠

|해설|

1-1

특수인화물 : 이황화탄소, 다이에틸에터, 그 밖에 1기압에서 발화점이 100℃ 이하인 것 또는 인화점이 —20℃ 이하이고, 비점이 40℃ 이하인 것을 말한다.

1-2

제1석유류 : 아세톤, 휘발유, 그 밖에 1기압에서 인화점이 21℃ 미만인 것

1-3

$$지정수량의\ 배수 = \frac{저장수량}{지정수량} + \frac{저장수량}{지정수량} + \cdots$$

$$\therefore \frac{200L}{50L} + \frac{400L}{400L} + \frac{4,000L}{2,000L} + \frac{12,000L}{4,000L} + \frac{24,000L}{6,000L}$$
$$= 14배$$

1-4

제4류 위험물의 분류

항 목 종 류	품 명	수용성 (지정수량 구분)	인화점
초산에틸	제1석유류	비수용성	—3℃
아세트산	제2석유류	수용성	40℃
크실렌	제2석유류	비수용성	32, 25℃
폼 산	제2석유류	수용성	55℃
글리세린	제3석유류	수용성	160℃
나이트로벤젠	제3석유류	비수용성	88℃

※ 제2석유류 : 인화점이 21℃ 이상 70℃ 미만

정답 1-1 ㉠ 100
　　　　㉡ 20
　　　　㉢ 40

1-2 21

1-3 14배

1-4 아세트산, 폼산

(1) 다이에틸에터(Diethyl Ether, 에터)

① 물 성

화학식	$C_2H_5OC_2H_5$	인화점★	$-40℃$
지정수량★	50L	착화점	180℃
액체비중	0.7	증기비중★	2.55
비 점	34℃	연소범위★★	1.7~48%

② 휘발성이 강한 무색 투명한 특유의 향이 있는 액체이다.

③ 물에 약간 녹고, 알코올에 잘 녹으며 발생된 증기는 마취성이 있다.

④ 직사광선에 노출 시 과산화물이 생성되므로 갈색병에 저장해야 한다.★

⑤ 에터는 전기불량 도체이므로 정전기 발생에 주의한다.

⑥ 제법 : 에틸알코올에 황산을 촉매로 탈수축합 반응으로 생성된다.★

⑦ 구조식

```
    H  H      H  H
    |  |      |  |
H − C − C − O − C − C − H
    |  |      |  |
    H  H      H  H
```

⑧ 연소반응식 : $C_2H_5OC_2H_5 + 6O_2 \rightarrow 4CO_2 + 5H_2O$

⑨ 과산화물 생성 방지 : 40mesh의 구리망을 넣어 준다.

⑩ 과산화물 검출시약

10% 아이오딘화칼륨(KI)용액(검출 시 황색)★

⑪ 과산화물 제거시약 : 황산제일철 또는 환원철★

(2) 이황화탄소(Carbon Disulfide)

① 물 성★

화학식	CS_2	인화점★★★	$-30℃$
지정수량★	50L	착화점	90℃
비중★★	1.26	연소범위	1.0~50.0%
비 점	46℃		–

② 순수한 것은 무색 투명한 액체이다.

③ 제4류 위험물 중 착화점이 낮고, 증기는 유독하다.

④ 물에 녹지 않고, 에터, 벤젠, 알코올 등의 유기용매에 잘 녹는다.

⑤ 황(S)을 함유하기 때문에 불쾌한 냄새가 난다.

⑥ 가연성 증기 발생을 억제하기 위하여 물속에 저장한다.

⑦ 연소 시 아황산가스를 발생하며 파란(청색) 불꽃을 나타낸다.

⑧ 반응식

ㄱ 연소반응식★★★

$CS_2 + 3O_2 \rightarrow CO_2 + 2SO_2$
(아황산가스)

ㄴ 물과의 반응(150℃)

$CS_2 + 2H_2O \rightarrow CO_2 + 2H_2S$
(이산화탄소) (황화수소)

(3) 아세트알데하이드(Acet Aldehyde)

① 물 성★★

화학식★★★	CH_3CHO	비 점	21℃
지정수량	50L	인화점	$-40℃$
비 중	0.78	착화점	175℃
증기비중★★	1.52	연소범위	4.0~60.0%

② 무색 투명한 액체이며, 자극성 냄새가 난다.

③ 에틸알코올을 산화하면 아세트알데하이드가 된다.

④ 펠링 반응, 은거울 반응을 한다.

⑤ 구리(Cu), 마그네슘(Mg), 은(Ag), 수은(Hg)과 반응하면 아세틸라이드를 생성한다.

⑥ 저장용기 내부에는 불연성 가스 또는 수증기 봉입장치를 두어야 한다.

⑦ 구조식

```
      H
      |       H
H − C − C ⟋
      |     ⟍ O
      H
```

⑧ 연소반응식 : $2CH_3CHO + 5O_2 \rightarrow 4CO_2 + 4H_2O$

⑨ 아세트알데하이드 제법(에틸렌의 산화반응식)★

$C_2H_4 + CuCl_2 + H_2O \rightarrow CH_3CHO + Cu + 2HCl$

(4) 산화프로필렌(Propylene Oxide)

① 물 성★

화학식★	CH_3CHCH_2O	인화점★	–37℃
지정수량★	50L	착화점	449℃
비중★	0.82	연소범위	2.8~37.0%
비 점	35℃		–

② 무색 투명한 자극성 액체이다.

③ 구리(Cu), 마그네슘(Mg), 은(Ag), 수은(Hg)과 반응하면 아세틸라이드를 생성한다.

④ 저장용기 내부에는 불연성 가스 또는 수증기 봉입장치를 두어야 한다.

⑤ 구조식

```
      H  H  H
      |  |  |
  H – C – C – C – H
      |   \  /
      H    O
```

핵심예제

2-1. 이황화탄소, 산화프로필렌, 에탄올에서 발화점이 낮은 순서대로 쓰시오.

2-2. 제4류 위험물인 이황화탄소의 연소반응식을 쓰시오.

2-3. 다음 위험물에서 인화점이 낮은 것부터 순서대로 나열하시오.

㉠ 아세톤	㉡ 이황화탄소
㉢ 다이에틸에터	㉣ 산화프로필렌

2-4. 다음 〈보기〉의 위험물 중 비중이 1보다 큰 것을 모두 고르시오.

┤보기├
이황화탄소, 글리세린, 산화프로필렌, 클로로벤젠, 피리딘

|해설|

2-1
발화점 등

항목 \ 종류	이황화탄소	산화프로필렌	에탄올
발화점	90℃	449℃	423℃
인화점	–30℃	–37℃	13℃

2-2
이황화탄소의 반응식
• 연소반응식 : $CS_2 + 3O_2 \rightarrow CO_2 + 2SO_2$
• 물과의 반응(150℃) : $CS_2 + 2H_2O \rightarrow CO_2 + 2H_2S$

2-3
제4류 위험물의 인화점

종류	아세톤	이황화탄소	다이에틸에터	산화프로필렌
품명	제1석유류 (수용성)	특수인화물	특수인화물	특수인화물
인화점	–18.5℃	–30℃	–40℃	–37℃

2-4
제4류 위험물의 비중

항목 \ 종류	이황화탄소	글리세린	산화프로필렌	클로로벤젠	피리딘
품명	특수인화물	제3석유류	특수인화물	제2석유류	제1석유류
비중	1.26	1.26	0.82	1.1	0.99

정답 2-1 이황화탄소, 에탄올, 산화프로필렌

2-2 $CS_2 + 3O_2 \rightarrow CO_2 + 2SO_2$

2-3 다이에틸에터, 산화프로필렌, 이황화탄소, 아세톤

2-4 이황화탄소, 글리세린, 클로로벤젠

(1) 아세톤(Acetone, Dimethyl Ketone)

① 물 성

화학식	CH_3COCH_3	비 점	56℃
지정수량★	400L	인화점★★	-18.5℃
비 중	0.79	착화점	465℃
증기비중★	2.0	연소범위★	2.5~12.8%

② 무색 투명한 자극성 휘발성 액체이다.

③ 물에 잘 녹으므로 수용성이다.

④ 피부에 닿으면 탈지작용을 한다.

⑤ 공기와 장기간 접촉하면 과산화물이 생성되므로 갈색 병에 저장해야 한다.

⑥ 연소반응식★★

$$CH_3COCH_3 + 4O_2 \rightarrow 3CO_2 + 3H_2O$$

⑦ 구조식

```
    H  O  H
    |  ||  |
H - C- C - C - H
    |     |
    H     H
```

[아세톤과 벤젠의 물성 및 연소 비교]

종 류	화학식	수용성 여부	품 명	지정 수량	비 중
아세톤	CH_3COCH_3	수용성	제1석유류	400L	0.79
벤 젠	C_6H_6	비수용성	제1석유류	200L	0.95

※ 아세톤은 수용성이어서 물과 잘 섞이므로 바로 소화가 되고, 벤젠은 물보다 가볍고 물에 섞이지 않으므로 물 위에 떠서 연소면이 확대된다.

(2) 피리딘(Pyridine)

① 물 성

화학식	C_5H_5N	융 점	-41.7℃
지정수량	400L	인화점	16℃
비 중★	0.99	착화점	482℃
비 점	115.4℃	연소범위	1.8~12.4%

② 순수한 것은 무색의 액체로 강한 악취와 독성이 있다.

③ 약알칼리성을 나타내며, 수용액 상태에서도 인화의 위험이 있다.

④ 산, 알칼리에 안정하고, 물, 알코올, 에터에 잘 녹는다.

⑤ 연소반응식

$$4C_5H_5N + 29O_2 \rightarrow 20CO_2 + 10H_2O + 4NO_2$$

⑥ 구조식

(3) 사이안화수소

① 물 성

화학식	HCN	비 점	26℃
지정수량	400L	인화점	-17℃
증기비중	0.931	착화점	538℃
액체비중	0.69	연소범위	5.6~40%

② 복숭아 냄새가 나는 무색 또는 푸른색을 띠는 액체이다.

③ 물이나 알코올에 잘 녹고, 유일하게 증기비중이 공기보다 가볍다(27/29 = 0.931).

④ 화재 시 알코올포 소화약제를 사용한다.

(4) 아세토나이트릴(Acetonitrile)

① 물 성

화학식	CH_3CN	비 점	82℃
지정수량	400L	인화점	20℃
증기비중	1.41	연소범위	3.0~17.0%
액체비중	0.78		-

② 에터 냄새가 나는 무색 투명한 액체이다.

③ 물이나 알코올에 잘 녹는다.

④ 화재 시 알코올포 소화약제를 사용한다.

(5) 휘발유(Gasoline)

① 물 성

화학식	$C_5H_{12} \sim C_9H_{20}$	인화점	$-43℃$
지정수량	200L	착화점	$280 \sim 456℃$
비 중	$0.7 \sim 0.8$	연소범위★	$1.2 \sim 7.6\%$
증기비중★	$3 \sim 4$		−

② 무색 투명한 휘발성이 강한 인화성 액체이다.

③ 탄소와 수소의 지방족 탄화수소이다.

④ 정전기에 의한 인화의 폭발 우려가 있다.

(6) 벤젠(Benzene, 벤졸)

① 물 성★

화학식	C_6H_6	융 점	$7℃$
지정수량	200L	인화점	$-11℃$
비 중	0.95	착화점	$498℃$
비 점	$79℃$	연소범위	$1.4 \sim 8.0\%$

② 무색 투명한 방향성을 갖는 액체이며, 증기는 독성이 있다.

③ 물에 녹지 않고 알코올, 아세톤, 에터에는 녹는다.

④ 비전도성이므로 정전기의 화재 발생 위험이 있다.

⑤ 벤젠(C_6H_6)은 융점이 7℃이므로 겨울철에 응고된다.

⑥ 구조식★

  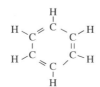

⑦ 독성 : 벤젠 > 톨루엔 > 크실렌

⑧ 연소반응식★

$2C_6H_6 + 15O_2 \rightarrow 12CO_2 + 6H_2O$

(7) 톨루엔(Toluene, 메틸벤젠)

① 물 성

화학식	$C_6H_5CH_3$	인화점	$4℃$
지정수량	200L	착화점	$480℃$
비 중	0.86	연소범위	$1.27 \sim 7.0\%$
비 점	$110℃$		−

② 무색 투명한 독성이 있는 액체이다.

③ 증기는 마취성이 있고, 인화점이 낮다.

④ 물에 녹지 않고, 아세톤, 알코올 등 유기용제에는 잘 녹는다.

⑤ 벤젠보다 독성은 약하다.

⑥ TNT의 원료로 사용하고, 산화하면 안식향산(벤조산)이 된다.

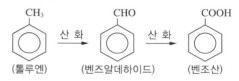

⑦ 구조식

⑧ 연소반응식

$C_6H_5CH_3 + 9O_2 \rightarrow 7CO_2 + 4H_2O$

※ BTX : Benzene, Toluene, Xylene

[벤젠과 톨루엔의 비교]

종 류	벤 젠	톨루엔
독 성	크다.	작다.
인화점	$-11℃$	$4℃$
비 점	$79℃$	$110℃$
융 점	$7℃$	$-93℃$
착화점	$498℃$	$480℃$
증기비중	2.69	3.18
액체비중	0.95	0.86

(8) 메틸에틸케톤(MEK ; Methyl Ethyl Keton)

① 물 성

화학식	$CH_3COC_2H_5$	융 점	−80℃
지정수량★	200L	인화점★	−7℃
비 중	0.8	착화점	505℃
비 점	80℃	연소범위	1.8~10%

② 휘발성이 강한 무색의 액체이다.

③ 물에 대한 용해도는 26.8이다.

④ 물, 알코올, 에터, 벤젠 등 유기용제에 잘 녹고, 수지, 유지를 잘 녹인다.

⑤ 탈지작용을 하므로 피부에 닿지 않도록 주의한다.

⑥ 알코올포로 질식소화를 한다.

⑦ 구조식

R − CO − R′
[케톤의 일반식]

```
    H O H H
    | || | |
H − C−C−C−C − H
    |   | |
    H   H H
```

⑧ 연소반응식

$2CH_3COC_2H_5 + 11O_2 \rightarrow 8CO_2 + 8H_2O$

(9) 노말헥세인(n−Hexane)

① 물 성

화학식	$CH_3(CH_2)_4CH_3$	융 점	−95℃
지정수량	200L	인화점	−20℃
비 중	0.65	연소범위	1.1~7.5%
비 점	69℃		−

② 무색 투명한 액체이다.

③ 물에 녹지 않고, 알코올, 에터, 아세톤 등 유기용제에는 잘 녹는다.

(10) 콜로디온[Collodion, $C_{12}H_{16}O_6(NO_3)_4 − C_{13}H_{17}(NO_3)_3$]

① 질화도가 낮은 질화면(나이트로셀룰로스)에 부피비로 에틸알코올 3과 에터 1의 혼합용액에 녹인 것이다.

② 무색 투명한 점성이 있는 액체이며, 인화점은 −18℃, 비중은 0.77이다.

③ 콜로디온의 성분 중 에틸알코올, 에터 등은 상온에서 인화의 위험이 크다.

(11) 초산에스터류

① 구조식

```
            H O H
            | || |
㉠ 초산메틸 : H−C−C−O−C−H
            |     |
            H     H
```

```
            H O   H H
            | ||  | |
㉡ 초산에틸 : H−C−C−O−C−C−H
            |     | |
            H     H H
```

```
            H O   H H H
            | ||  | | |
㉢ 초산프로필 : H−C−C−O−C−C−C−H
            |     | | |
            H     H H H
```

② 초산메틸(Methyl Acetate, 아세트산메틸)

㉠ 물 성

화학식	CH_3COOCH_3	비 점	58℃
지정수량	200L	인화점	−10℃
용해도	24.5	착화점	502℃
비 중	0.93	연소범위	3.1~16%

㉡ 초산에스터류 중 물에 가장 잘 녹는다.

㉢ 마취성과 향긋한 냄새가 나는 무색 투명한 휘발성 액체이다.

㉣ 물, 알코올, 에터 등에 잘 섞인다.

㉤ 초산과 메틸알코올의 축합물로서 가수분해하면 초산과 메틸알코올로 된다.

$CH_3COOCH_3 + H_2O \rightarrow CH_3COOH + CH_3OH$
　　　　　　　　　　　　　　　(초산)　　　(메틸알코올)

㉥ 피부에 접촉하면 탈지작용을 한다.

㉦ 물에 잘 녹으므로 알코올포를 사용한다.

　※ 분자량이 증가할수록 나타나는 현상
　　• 인화점, 증기비중, 비점, 점도가 커진다.
　　• 착화점, 수용성, 휘발성, 연소범위, 비중이 감소한다.
　　• 이성질체가 많아진다.

③ 초산에틸(Ethyl Acetate, 아세트산에틸)

㉠ 물 성

화학식	$CH_3COOC_2H_5$	비 점	77.5℃
지정수량	200L	인화점★★	-3℃
용해도	8.7	착화점	429℃
비 중	0.9	연소범위	2.2~11.5%

㉡ 딸기 냄새가 나는 무색 투명한 액체이다.

㉢ 알코올, 에터, 아세톤과 잘 섞이며 물에 약간 녹는다.

㉣ 휘발성, 인화성이 강하다.

㉤ 유지, 수지, 셀룰로스 유도체 등을 잘 녹인다.

(12) 의산에스터류

① 구조식

㉠ 의산메틸 :
$$\begin{array}{c} \quad\;\; O \quad\;\;\; H \\ \quad\;\; \| \quad\;\;\; | \\ H-C-O-C-H \\ \quad\quad\quad\quad | \\ \quad\quad\quad\quad H \end{array}$$

㉡ 의산에틸 :
$$\begin{array}{c} \quad\;\; O \quad\;\;\; H \;\;\; H \\ \quad\;\; \| \quad\;\;\; | \;\;\; | \\ H-C-O-C-C-H \\ \quad\quad\quad\quad | \;\;\; | \\ \quad\quad\quad\quad H \;\;\; H \end{array}$$

㉢ 의산프로필 :
$$\begin{array}{c} \quad\;\; O \quad\;\;\; H \;\;\; H \;\;\; H \\ \quad\;\; \| \quad\;\;\; | \;\;\; | \;\;\; | \\ H-C-O-C-C-C-H \\ \quad\quad\quad\quad | \;\;\; | \;\;\; | \\ \quad\quad\quad\quad H \;\;\; H \;\;\; H \end{array}$$

② 의산메틸(개미산메틸)

㉠ 물 성

화학식	$HCOOCH_3$	비 점	32℃
지정수량	400L	인화점	-19℃
용해도	23.3	착화점	449℃
비 중	0.97	연소범위	5~23%

㉡ 럼주와 같은 향기를 가진 무색 투명한 액체이다.

㉢ 증기는 마취성이 있으나 독성은 없다.

㉣ 에터, 에스터에 잘 녹으며 물에는 일부 녹는다.

㉤ 의산과 메틸알코올의 축합물로서 가수분해하면 의산과 메틸알코올이 된다.

$HCOOCH_3 + H_2O \rightarrow CH_3OH + HCOOH$
　　　　　　　　　(메틸알코올)　　(의산)

③ 의산에틸(개미산에틸)

㉠ 물 성

화학식	$HCOOC_2H_5$	비 점	54℃
지정수량	200L	인화점	-19℃
용해도	13.6	착화점	440℃
비 중	0.92	연소범위	2.7~16.5%

㉡ 복숭아향의 냄새를 가진 무색 투명한 액체이다.

㉢ 에터, 벤젠, 에스터에 잘 녹으며 물에는 일부 녹는다.

㉣ 가수분해하면 의산과 에틸알코올이 된다.

$HCOOC_2H_5 + H_2O \rightarrow C_2H_5OH + HCOOH$
　　　　　　　　　　(에틸알코올)　　(의산)

핵심예제

3-1. 다음 각 물음에 해당하는 물질을 〈보기〉에서 모두 골라 기호로 답하시오.

┤보기├
㉠ 메틸알코올　　　　㉡ 에틸알코올
㉢ 아세톤　　　　　　㉣ 다이에틸에터
㉤ 휘발유

(1) 연소범위가 가장 넓은 것을 고르시오.

(2) 제1석유류에 해당되는 것을 모두 고르시오.

(3) 증기비중이 가장 가벼운 것을 고르시오.

3-2. 다음 〈보기〉에서 인화점이 낮은 것부터 순서대로 나열하시오.

┤보기├
㉠ 이황화탄소　　　　㉡ 아세톤
㉢ 메틸알코올　　　　㉣ 아닐린

| 해설 |

3-1
제4류 위험물의 연소범위, 품명, 증기비중

구 분	품 명	지정수량	연소범위	증기비중
메틸알코올	알코올류	400L	6.0~36.0%	1.1
에틸알코올	알코올류	400L	3.1~27.7%	1.59
아세톤	제1석유류 (수용성)	400L	2.5~12.8%	2.0
다이에틸에터	특수인화물	50L	1.7~48%	2.55
휘발유	제1석유류 (비수용성)	200L	1.2~7.6%	약 3~4

3-2
제4류 위험물의 인화점

종 류 항 목	이황화탄소	아세톤	메틸 알코올	아닐린
화학식	CS_2	CH_3COCH_3	CH_3OH	$C_6H_5NH_2$
품 명	특수인화물	제1석유류 (수용성)	알코올류	제3석유류 (비수용성)
지정수량	50L	400L	400L	2,000L
인화점	-30℃	-18.5℃	11℃	70℃

정답 3-1 (1) ㄹ
　　　 (2) ㄷ, ㅁ
　　　 (3) ㄱ

　 3-2 ㄱ, ㄴ, ㄷ, ㄹ

핵심이론 04 각 위험물의 특성 – 알코올류

(1) 메틸알코올(Methyl Alcohol, Methanol)

① 물 성★★

화학식★	CH_3OH	비 점	64.7℃
지정수량★★	400L	인화점★★	11℃
비 중	0.79	착화점	464℃
증기비중★	1.1	연소범위★	6.0~36.0%

② 무색 투명한 휘발성이 강한 액체이다.

③ 알코올류 중에서 수용성이 가장 크다.

④ 메틸알코올(목정)은 독성이 있으나 에틸알코올(주정)은 독성이 없다.

⑤ 메틸알코올을 산화하면 폼알데하이드(HCHO)가 되고, 2차 산화하면 폼산(개미산, 의산, HCOOH)이 된다.

$$CH_3OH \xrightleftharpoons[\text{환 원}]{\text{산 화}} HCHO \xrightleftharpoons[\text{환 원}]{\text{산 화}} HCOOH$$

⑥ 화재 시에는 알코올포를 사용한다.

⑦ 반응식

　㉠ 연소반응식★★★

　　$2CH_3OH + 3O_2 \rightarrow 2CO_2 + 4H_2O$

　㉡ 나트륨과의 반응

　　$2Na + 2CH_3OH \rightarrow 2CH_3ONa + H_2$
　　　　　　　　　　　　(나트륨메틸레이트)

(2) 에틸알코올(Ethyl Alcohol, Ethanol)

① 물 성★

화학식	C_2H_5OH	비 점	80℃
지정수량	400L	인화점	13℃
비 중	0.79	착화점	423℃
증기비중★	1.59	연소범위★	3.1~27.7%

② 무색 투명한 향의 냄새를 지닌 휘발성이 강한 액체이다.

③ 물에 잘 녹으므로 수용성이다.

④ 에탄올은 벤젠보다 탄소(C)의 함량이 적기 때문에 그 을음이 적게 난다.

⑤ 에틸알코올을 산화하면 아세트알데하이드(CH_3CHO)가 되고, 2차 산화하면 초산(아세트산, CH_3COOH)이 된다.

$$C_2H_5OH \xrightarrow[\text{환원}]{\text{산화}} CH_3CHO \xrightarrow[\text{환원}]{\text{산화}} CH_3COOH$$

⑥ 반응식

   ㉠ 연소반응식 : $C_2H_5OH + 3O_2 \rightarrow 2CO_2 + 3H_2O$ ★★

   ㉡ 에틸알코올의 아이오도폼반응 : 수산화칼륨과 아이오딘을 가하여 아이오도폼의 황색 침전이 생성되는 반응★

$$C_2H_5OH + 6KOH + 4I_2$$
$$\rightarrow CHI_3 + 5KI + HCOOK + 5H_2O$$
(아이오도폼)

(3) 아이소프로필알코올(IPA ; Iso Propyl Alcohol)

① 물 성

화학식	C_3H_7OH	비 점	83
지정수량	400L	인화점	12℃
비 중	0.78	연소범위	2.0~12.0%
증기비중	2.07		–

② 물과는 임의의 비율로 섞이며 아세톤, 에터 등 유기용제에 잘 녹는다.

③ 산화하면 아세톤이 되고, 탈수하면 프로필렌이 된다.

※ 부틸알코올(부탄올)

화학식	$CH_3(CH_2)_3OH$	비 점	117℃
품 명	제2석유류(비수용성)	인화점	35℃
지정수량	1,000L	비 중	0.81

핵심예제

4-1. 제4류 위험물인 메탄올에 대하여 다음 각 물음에 답하시오.

(1) 메탄올의 화학식을 쓰시오.

(2) 지정수량을 쓰시오.

(3) 완전 연소반응식을 쓰시오.

4-2. 제4류 위험물인 에틸알코올에 대하여 다음 각 물음에 답하시오.

(1) 완전 연소반응식을 쓰시오.

(2) 칼륨과 반응 시 생성되는 기체의 명칭을 쓰시오.

(3) 구조이성질체인 다이메틸에터의 시성식을 쓰시오.

| 해설 |

4-1

메탄올(메틸알코올)

• 물 성

화학식	지정수량	비 중	증기비중	인화점	착화점	연소범위
CH_3OH	400L	0.79	1.1	11℃	464℃	6.0~36.0%

• 연소반응식 : $2CH_3OH + 3O_2 \rightarrow 2CO_2 + 4H_2O$

4-2

에틸알코올의 반응

• 연소반응식 : $C_2H_5OH + 3O_2 \rightarrow 2CO_2 + 3H_2O$

• 칼륨과의 반응 : $2K + 2C_2H_5OH \rightarrow 2C_2H_5OK + H_2$

• 이성질체

종 류	에틸알코올	다이메틸에터
시성식	C_2H_5OH	CH_3OCH_3
구조식	H H | | H–C–C–OH | | H H	H H | | H–C–O–C–H | | H H

정답 4-1 (1) CH_3OH

    (2) 400L

    (3) $2CH_3OH + 3O_2 \rightarrow 2CO_2 + 4H_2O$

  4-2 (1) $C_2H_5OH + 3O_2 \rightarrow 2CO_2 + 3H_2O$

    (2) 수소(H_2)

    (3) CH_3OCH_3

각 위험물의 특성 – 제2석유류

(1) 초산(Acetic Acid, 아세트산)

① 물 성

화학식	CH_3COOH	인화점	40℃
지정수량	2,000L	착화점	485℃
비 중	1.05	응고점	16.2℃
증기비중	2.07	연소범위	6.0~17.0%

② 자극성 냄새와 신맛이 나는 무색 투명한 액체이다.

③ 물, 알코올, 에터에 잘 녹으며 물보다 무겁다.

④ 피부와 접촉하면 수포상의 화상을 입는다.

⑤ 식초 : 3~5%의 수용액

⑥ 저장용기 : 내산성 용기

⑦ 연소반응식

$$CH_3COOH + 2O_2 \rightarrow 2CO_2 + 2H_2O$$

(2) 의산(Formic Acid, 개미산, 폼산)

① 물 성

화학식	지정수량	비 중	증기비중	인화점	착화점	연소범위
HCOOH	2,000L	1.2	1.59	55℃	540℃	18.0~51.0%

② 물에 잘 녹고 물보다 무겁다(수용성).

③ 초산보다 산성이 강하며 신맛이 있다.

④ 피부와 접촉하면 수포상의 화상을 입는다.

⑤ 저장용기 : 내산성 용기

⑥ 연소반응식

$$2HCOOH + O_2 \rightarrow 2CO_2 + 2H_2O$$

(3) 아크릴산(Acrylic Acid)

① 물 성

화학식	$CH_2CHCOOH$	인화점	46℃
지정수량	2,000L	착화점	438℃
비 중	1.1	응고점	12℃
비 점	139℃	연소범위	2.4~8.0%

② 자극적인 냄새가 나는 무색의 부식성, 인화성 액체이다.

③ 무색의 초산과 비슷한 액체로 겨울에는 응고된다.

④ 물, 알코올, 벤젠, 클로로폼, 아세톤, 에터에 잘 녹는다.

(4) 하이드라진(Hydrazine)

① 물 성

화학식	N_2H_4	융 점	2℃
지정수량★	2,000L	인화점	38℃
비 점	113℃	비 중	1.01

② 암모니아의 냄새가 나는 무색의 맹독성, 가연성 액체이다.

③ 물이나 알코올에 잘 녹고, 에터에는 녹지 않는다.

④ 약알칼리성으로 공기 중에서 약 180℃에서 열분해하여 암모니아, 질소, 수소로 분해된다.

$$2N_2H_4 \rightarrow 2NH_3 + N_2 + H_2$$

⑤ 하이드라진과 과산화수소의 폭발반응식★

$$N_2H_4 + 2H_2O_2 \rightarrow N_2 + 4H_2O$$

(5) 메틸셀로솔브(Methyl Cellosolve)

① 물 성

화학식	$CH_3OCH_2CH_2OH$	비 점	124℃
지정수량	2,000L	인화점	43℃
비 중	0.937	착화점	288℃

② 상쾌한 냄새가 나는 무색의 휘발성 액체이다.

③ 물, 에터, 벤젠, 사염화탄소, 아세톤, 글리세린에 녹는다.

④ 저장용기는 철분의 혼입을 피하기 위하여 스테인리스 용기를 사용한다.

⑤ 구조식

```
    H       H   H
    |       |   |
H - C - O - C - C - OH
    |       |   |
    H       H   H
```

(6) 에틸셀로솔브(Ethyl Cellosolve)

① 물 성

화학식	$C_2H_5OCH_2CH_2OH$	비 점	135℃
지정수량	2,000L	인화점	40℃
비 중	0.93	착화점	238℃

② 무색의 상쾌한 냄새가 나는 액체이다.

③ 가수분해하면 에틸알코올과 에틸렌글리콜을 생성한다.

④ 구조식

$$H-\overset{\displaystyle \overset{H}{|}}{\underset{\displaystyle \underset{H}{|}}{C}}-\overset{\displaystyle \overset{H}{|}}{\underset{\displaystyle \underset{H}{|}}{C}}-O-\overset{\displaystyle \overset{H}{|}}{\underset{\displaystyle \underset{H}{|}}{C}}-\overset{\displaystyle \overset{H}{|}}{\underset{\displaystyle \underset{H}{|}}{C}}-OH$$

(7) 등유(Kerosine)

① 물 성

화학식	$C_9 \sim C_{18}$	유출온도	150~300℃
지정수량	1,000L	인화점	39℃ 이상
비 중	0.78~0.8	착화점	210℃
증기비중	4~5	연소범위	0.7~5.0%

② 무색 또는 담황색의 약한 냄새가 나는 액체이다.

③ 물에 녹지 않고, 석유계 용제에는 잘 녹는다.

④ 원유 증류 시 휘발유와 경유 사이에서 유출되는 포화·불포화 탄화수소혼합물이다.

⑤ 정전기 불꽃으로 인화의 위험이 있다.

(8) 경유(디젤유)

① 물 성

화학식	$C_{15} \sim C_{20}$	유출온도	150~350℃
지정수량	1,000L	인화점	41℃ 이상
비 중	0.82~0.84	착화점	257℃
증기비중	4~5	연소범위	0.6~7.5%

② 탄소수가 15개에서 20개까지의 포화·불포화 탄화수소혼합물이다.

③ 물에 녹지 않고, 석유계 용제에는 잘 녹는다.

④ 품질은 세탄값으로 정한다.

(9) 크실렌(Xylene, 키실렌, 자일렌)

① 물 성★

구 분	o-크실렌	m-크실렌	p-크실렌
화학식	$C_6H_4(CH_3)_2$		
지정수량	1,000L		
분 류	제2석유류(비수용성)		
구조식			
비 중	0.88	0.86	0.86
인화점	32℃	25℃	25℃
착화점	106.2℃	–	–

② 물에 녹지 않고, 알코올, 에터, 벤젠 등 유기용제에는 잘 녹는다.

③ 무색 투명한 액체로서 톨루엔과 비슷하다.

④ 크실렌의 이성질체로는 o-xylene, m-xylene, p-xylene이 있다(o : ortho, m : meta, p : para).

(10) 테레핀유(송정유)

① 물 성

화학식	$C_{10}H_{16}$	인화점	35℃
지정수량	1,000L	착화점	253℃
비 중	0.86	연소범위	0.8~6.0%
비 점	155℃		–

② 피넨($C_{10}H_{16}$)이 80~90% 함유된 소나무과 식물에 함유된 기름으로 송정유라고도 한다.

③ 무색 또는 엷은 담황색의 액체이다.

④ 물에 녹지 않고 알코올, 에터, 벤젠, 클로로폼에는 녹는다.

⑤ 헝겊 또는 종이에 스며들어 자연발화한다.

(11) 클로로벤젠(Chlorobenzene)

① 물 성

화학식	C₆H₅Cl	비 점	132℃
지정수량★	1,000L	인화점★	27℃
비 중★	1.1		−

② 마취성이 조금 있는 석유와 비슷한 냄새가 나는 무색 액체이다.

③ 물에 녹지 않고 알코올, 에터 등 유기용제에는 녹는다.

④ 연소하면 염화수소가스를 발생한다.

$$C_6H_5Cl + 7O_2 \rightarrow 6CO_2 + 2H_2O + HCl$$

⑤ 고온에서 진한 황산과 반응하여 p-클로로설폰산을 만든다.

(12) 스타이렌(Styrene)

① 물 성

화학식	C₆H₅CH=CH₂	비 점	146℃
지정수량	1,000L	인화점	32℃
비 중	0.9	착화점	490℃

② 독특한 냄새가 나는 무색의 액체이다.

③ 물에 녹지 않고, 에터, 이황화탄소, 알코올에는 녹는다.

5-1. 다음 제4류 위험물의 지정수량을 쓰시오.

(1) 초 산

(2) 아크릴산

(3) 하이드라진

(4) 스타이렌

5-2. 크실렌의 이성질체 3가지 종류와 구조식을 쓰시오.

5-3. 하이드라진과 과산화수소의 폭발반응식을 쓰시오.

| 해설 |

5-1
지정수량

종 류	초 산	아크릴산	하이드라진	스타이렌
품 명	제2석유류 (수용성)	제2석유류 (수용성)	제2석유류 (수용성)	제2석유류 (비수용성)
지정 수량	2,000L	2,000L	2,000L	1,000L

5-2
본문 참조

5-3
하이드라진과 과산화수소가 반응하면 질소와 물이 생성된다.
$$N_2H_4 + 2H_2O_2 \rightarrow N_2 + 4H_2O$$

정답 5-1 (1) 2,000L
(2) 2,000L
(3) 2,000L
(4) 1,000L

5-2

[o-크실렌]   [m-크실렌]   [p-크실렌]

5-3 $N_2H_4 + 2H_2O_2 \rightarrow N_2 + 4H_2O$

각 위험물의 특성 - 제3석유류

(1) 에틸렌글리콜(Ethylene Glycol)★

① 물 성

화학식	CH_2OHCH_2OH	비 점	198℃
지정수량	4,000L	인화점★	120℃
비 중	1.11	착화점	398℃

② 무색의 끈기 있는 흡습성의 액체이다.

③ 사염화탄소, 에터, 벤젠, 이황화탄소, 클로로폼에 녹지 않는다.

④ 물, 알코올, 글리세린, 아세톤, 초산, 피리딘에는 잘 녹는다.

⑤ 2가 알코올로서 독성이 있으며 단맛이 난다.

⑥ 구조식

$$CH_2 - OH$$
$$|$$
$$CH_2 - OH$$

$$HO - \overset{\overset{H}{|}}{C} - \overset{\overset{H}{|}}{C} - OH$$
$$\underset{H}{|} \quad \underset{H}{|}$$

(2) 글리세린(Glycerine)★

① 물 성

화학식	$C_3H_5(OH)_3$	비 점	182℃
지정수량	4,000L	인화점★	160℃
비 중★	1.26	착화점	370℃

② 무색 무취의 흡수성이 있는 점성 액체이다.

③ 물, 알코올에 잘 녹고, 벤젠, 에터, 클로로폼에는 녹지 않는다.

④ 3가 알코올로서 독성이 없으며 단맛이 난다.

⑤ 윤활제, 화장품, 폭약의 원료로 사용한다.

⑥ 구조식

$$CH_2 - OH$$
$$|$$
$$CH - OH$$
$$|$$
$$CH_2 - OH$$

$$H - \overset{\overset{H}{|}}{C} - \overset{\overset{H}{|}}{C} - \overset{\overset{H}{|}}{C} - H$$
$$\underset{OH}{|} \quad \underset{OH}{|} \quad \underset{OH}{|}$$

[에틸렌글리콜과 글리세린의 비교]

항 목 \ 종 류	에틸렌글리콜	글리세린
구조식	$CH_2 - OH$ $\|$ $CH_2 - OH$	$CH_2 - OH$ $\|$ $CH - OH$ $\|$ $CH_2 - OH$
알코올의 가수	2가	3가
용해성	수용성	수용성
맛	단 맛	단 맛
독 성	있 음	없 음

(3) 중 유

① 직류중유

㉠ 물 성

비 중	0.85~0.93	인화점	60~150℃
지정수량	2,000L	착화점	254~405℃
유출온도	300~405℃		−

㉡ 300~350℃ 이상의 중유의 잔류물과 경유의 혼합물이다.

㉢ 비중과 점도가 낮다.

㉣ 분무성이 좋고 착화가 잘된다.

② 분해중유

㉠ 물 성

비 중	지정수량	인화점	착화점
0.95~0.97	2,000L	70~150℃	380℃

㉡ 중유 또는 경유를 열분해하여 가솔린의 제조 잔유와 분해경유의 혼합물이다.

㉢ 비중과 점도가 높다.

㉣ 분무성이 나쁘다.

(4) 크레오스트유

① 물 성

비 중	지정수량	비 점	인화점	비 중
1.02~1.05	2,000L	194~400℃	73.9℃	1.03

② 황록색 또는 암갈색의 기름모양의 액체이며, 증기는 유독하다.

③ 주성분은 나프탈렌, 안트라센이다.

④ 물에 녹지 않고 알코올, 에터, 벤젠, 톨루엔에는 잘 녹는다.

⑤ 타르산이 함유되어 용기를 부식시키므로 내산성 용기를 사용해야 한다.

(5) 아닐린(Aniline)

① 물 성

화학식	C$_6$H$_5$NH$_2$	융 점	-6℃
지정수량	2,000L	비 점	184℃
용해도	3.5	인화점★	70℃
비 중	1.02		-

② 황색 또는 담황색의 기름성 액체이다.

③ 물에 약간 녹고 알코올, 아세톤, 벤젠에는 잘 녹는다.

④ 알칼리금속과 반응하여 수소가스를 발생한다.

(6) 나이트로벤젠(Nitrobenzene)

① 물 성

화학식	지정수량	비 중	비 점	인화점★	착화점
C$_6$H$_5$NO$_2$	2,000L	1.2	211	88℃	482℃

② 암갈색 또는 갈색의 특이한 냄새가 나는 액체이다.

③ 물에 녹지 않고 알코올, 벤젠, 에터에는 잘 녹는다.

④ 나이트로화제 : 황산과 질산

[아닐린의 구조식]

[나이트로벤젠의 구조식]

(7) 메타크레졸(m-Cresol)

① 물 성

화학식	지정수량	비 중	비 점	인화점
C$_6$H$_4$CH$_3$OH	2,000L	1.03	202	86℃

② 무색 또는 황색의 페놀 냄새가 나는 액체이다.

③ 물에 녹지 않고 알코올, 에터, 클로로폼에는 녹는다.

④ 크레졸은 o-cresol, m-cresol, p-cresol의 3가지 이성질체가 있다.

[크레졸의 이성질체]

o-cresol	m-cresol	p-cresol

(8) 페닐하이드라진(Phenyl Hydrazine)

① 물 성

화학식	C$_6$H$_5$NHNH$_2$	인화점	89℃
지정수량	2,000L	착화점	174℃
비 중	1.09	융 점	19.4℃
비 점	53℃		-

② 무색의 판모양 결정 또는 액체로서 톡특한 냄새가 난다.

③ 물에 녹지 않고 알코올, 에터, 벤젠, 아세톤, 클로로폼에는 녹는다.

(9) 염화벤조일(Benzoyl Chloride)

① 물 성

화학식	C$_6$H$_5$COCl	인화점	72℃
지정수량	2,000L	착화점	197.2℃
비 중	1.21	융 점	-1℃
비 점	74℃		-

② 자극성 냄새가 나는 무색의 액체이다.

③ 물에 분해되고 에터에는 녹는다.

④ 산화성 물질과 혼합 시 폭발할 우려가 있다.

6-1. 다음의 〈보기〉 위험물에서 인화점이 낮은 것부터 순서대로 나열하시오.

┌─보기┐
　㉠ 초산에틸　　　　㉡ 메틸알코올
　㉢ 에틸렌글리콜　　㉣ 나이트로벤젠
└────────────────────┘

6-2. 다음 위험물의 지정수량을 쓰시오.

⑴ 글리세린

⑵ 에틸렌글리콜

⑶ 아닐린

⑷ 페닐하이드라진

|해설|

6-1
제4류 위험물의 인화점

항 목 ＼ 종 류	초산에틸	메틸알코올	에틸렌글리콜	나이트로벤젠
품 명	제1석유류	알코올류	제3석유류	제3석유류
인화점	−3.0℃	11℃	120℃	88℃

6-2
지정수량

종 류	글리세린	에틸렌글리콜	아닐린	페닐하이드라진
품 명	제3석유류 (수용성)	제3석유류 (수용성)	제3석유류 (비수용성)	제3석유류 (비수용성)
지정수량	4,000L	4,000L	2,000L	2,000L

정답 **6-1** ㉠, ㉡, ㉣, ㉢

　　6-2 ⑴ 4,000L
　　　　 ⑵ 4,000L
　　　　 ⑶ 2,000L
　　　　 ⑷ 2,000L

핵심이론 07 각 위험물의 특성 – 제4석유류

(1) 종 류

① 윤활유 : 기어유, 실린더유, 스핀들유, 터빈유, 모빌유, 엔진오일 등

② 가소제유

　㉠ 플라스틱의 강도, 유연성, 가소성, 연화온도 등을 자유롭게 조절하기 위하여 첨가하는 비휘발성 기름

　㉡ DOP, DNP, DINP, DBS, DOS, TCP, TOP 등

(2) 위험성

① 실온에서 인화위험은 없으나 가열하면 연소위험이 증가한다.

② 일단 연소하면 액온이 상승하여 연소가 확대된다.

(3) 저장 및 취급방법

① 화기를 엄금하고 발생된 증기의 누설을 방지하고 환기를 잘 시킨다.

② 가연성 물질, 강산화성 물질과 격리한다.

(1) 정 의

① 동식물유류 : 동물의 지육(枝肉 : 머리, 내장, 다리를 잘라 내고 아직 부위별로 나누지 않은 고기를 말한다) 등 또는 식물의 종자나 과육으로부터 추출한 것으로서 1기압에서 인화점이 250℃ 미만인 것

② 아이오딘(요오드)값 : 유지 100g에 부가되는 아이오딘의 g수★

(2) 종 류★

항 목 \ 종 류	건성유	반건성유	불건성유
아이오딘값★	130 이상	100~130	100 이하
반응성	큼	중 간	작 음
불포화도	큼	중 간	작 음
종 류★	해바라기유, 동유, 아마인유, 들기름, 정어리기름	채종유, 목화씨 기름, 참기름, 콩 기름, 쌀겨유	야자유, 올리브 유, 피마자유, 동 백유, 땅콩유

(3) 위험성

① 상온에서 인화위험은 없으나 가열하면 연소위험이 증가한다.

② 발생 증기는 공기보다 무겁고, 연소범위 하한이 낮아 인화위험이 높다.

③ 아마인유는 건성유이므로 자연발화 위험이 있다.

④ 화재 시 액온이 높아 소화가 곤란하다.

(4) 저장 및 취급방법

① 화기에 주의해야 하며 발생 증기는 인화되지 않도록 한다.

② 건성유의 경우 자연발화 위험이 있으므로 다공성 가연물과 접촉을 피한다.

제4류 위험물의 동식물유류에 대한 내용이다. 다음 각 물음에 답하시오.

⑴ 아이오딘값의 정의를 쓰시오.

⑵ 동식물유류를 아이오딘값에 따라 분류하고 아이오딘값의 범위를 쓰시오.

|해설|

본문 참조

정답 ⑴ 유지 100g에 부가되는 아이오딘의 g수
  ⑵ 분류
    ① 건성유 : 아이오딘값이 130 이상
    ② 반건성유 : 아이오딘값이 100~130
    ③ 불건성유 : 아이오딘값이 100 이하

제5절 | 제5류 위험물

핵심이론 01 제5류 위험물의 특성

(1) 종 류
하단 표 참조

(2) 정 의
① 자기반응성 물질 : 고체 또는 액체로서 폭발의 위험성 또는 가열분해의 격렬함을 판단하기 위하여 고시로 정하는 시험에서 고시로 정하는 성질과 상태를 나타내는 것

(3) 일반적인 성질
① 외부로부터 산소의 공급 없이도 가열, 충격 등에 의해 연소 폭발을 일으킬 수 있는 자기반응성 물질이다.
② 하이드라진 유도체를 제외하고는 유기화합물이다.
③ 유기과산화물을 제외하고는 질소를 함유한 유기질소화합물이다.
④ 모두 가연성의 액체 또는 고체물질이고 연소할 때는 다량의 가스를 발생한다.

(4) 위험성
① 외부의 산소공급 없이도 자기연소하므로 연소속도가 빠르고 폭발적이다.
② 아조화합물, 다이아조화합물, 하이드라진유도체는 고농도인 경우 충격에 민감하며 연소 시 순간적인 폭발로 이어진다.
③ 나이트로화합물은 화기, 가열, 충격, 마찰에 민감하여 폭발위험이 있다.

(5) 저장 및 취급방법
① 화염, 불꽃 등 점화원의 엄금, 가열, 충격, 마찰, 타격 등을 피한다.
② 강산화제, 강산류, 기타 물질이 혼입되지 않도록 한다.
③ 소분하여 저장하고 용기의 파손 및 위험물의 누출을 방지한다.

(6) 제5류 위험물의 반응식
① 나이트로글리세린의 분해반응식
$$4C_3H_5(ONO_2)_3 \rightarrow O_2 + 6N_2 + 10H_2O + 12CO_2$$
② TNT의 분해반응식
$$2C_6H_2CH_3(NO_2)_3 \rightarrow 2C + 3N_2 + 5H_2 + 12CO$$

[제5류 위험물의 종류]

성 질	품 명	해당하는 위험물		위험등급	지정수량
자기 반응성 물질	1. 유기과산화물★	과산화벤조일, 과산화메틸에틸케톤, 과산화초산, 아세틸퍼옥사이드		I	10kg
	2. 질산에스터류	나이트로셀룰로스, 나이트로글리세린, 나이트로글리콜, 셀룰로이드, 질산메틸, 질산에틸, 펜트리트			
	3. 하이드록실아민	–		II	100kg
	4. 하이드록실아민염류	황산하이드록실아민			
	5. 나이트로화합물★	트라이나이트로톨루엔, 트라이나이트로페놀, 테트릴, 헥소겐		II	200kg
	6. 나이트로소화합물★	p-다이나이트로소벤젠, 다이나이트로레조르신			
	7. 아조화합물★	아조벤젠, 아조비스아이소부티로나이트릴			
	8. 다이아조화합물	다이아조다이나이트로페놀, 다이아조아세토나이트릴			
	9. 하이드라진 유도체	염산하이드라진, 황산하이드라진, 페닐하이드라진			
	10. 그 밖에 행정안전부령이 정하는 것	금속의 아자이드(아지)화합물	아자이드화나트륨, 아자이드화납	II	200kg
		질산구아니딘★	–	II	200kg

③ 피크르산의 분해반응식

$$2C_6H_2OH(NO_2)_3 \rightarrow 2C + 3N_2 + 3H_2 + 4CO_2 + 6CO$$

핵심예제

1-1. 제5류 위험물 중 지정수량이 10kg와 200kg에 해당하는 품명을 2가지 쓰시오.

1-2. 제5류 위험물 중 지정수량이 200kg에 해당하는 품명을 3가지 쓰시오.

|해설|

1-1, 1-2
지정수량

품 명	위험 등급	지정 수량
유기과산화물, 질산에스터류	I	10kg
나이트로화합물, 나이트로소화합물, 아조화 합물, 다이아조화합물, 하이드라진 유도체	II	200kg

정답 1-1 • 10kg : 유기과산화물, 질산에스터류
　　　　• 20kg : 나이트로화합물, 나이트로소화합물

　　　1-2 나이트로화합물, 아조화합물, 하이드라진 유도체

핵심이론 02 각 위험물의 특성 – 유기과산화물 (Organic Peroxide)

(1) 과산화벤조일(BPO ; Benzoyl Peroxide, 벤조일 퍼옥사이드)

① 물 성

화학식	지정수량	비 중	융 점
$(C_6H_5CO)_2O_2$	10kg	1.33	105℃

② 무색 무취의 백색 결정으로 강산화성 물질이다.

③ 물에 녹지 않고 알코올에는 약간 녹는다. ★

④ DMP(프탈산다이메틸), DBP(프탈산다이부틸)의 희석제를 사용한다.

⑤ 발화되면 연소속도가 빠르고 건조 상태에서는 위험하다.

⑥ 소화방법

　㉠ 소량일 때에는 탄산가스, 분말, 건조된 모래를 이용한다.

　㉡ 대량일 때에는 물이 효과적이다.

⑦ 구조식★

(2) 과산화메틸에틸케톤(MEKPO ; Methyl Ethyl Keton Peroxide)

① 물 성

화학식	지정수량	비 중	융 점	착화점
$C_8H_{16}O_4$	10kg	1.06	20℃	205℃

② 무색 특이한 냄새가 나는 기름 모양의 액체이다.

③ 물에 약간 녹고 알코올, 에터, 케톤에는 녹는다.

④ 40℃ 이상에서 분해가 시작되어 110℃ 이상이면 발열하고 분해가스가 연소한다.

⑤ 구조식

(3) 과산화초산(Peracetic Acid)

① 물 성

화학식	CH_3COOOH	비 중	1.13
지정수량	10kg	비 점	105℃
인화점	56℃	착화점	200℃

② 아세트산 냄새가 나는 무색의 가연성 액체이다.

③ 충격, 마찰, 타격에 민감하다.

(4) 아세틸퍼옥사이드(Acethyl Peroxide)

① 물 성

화학식	지정수량	인화점	발화점	비 점
$(CH_3CO)_2O_2$	10kg	45℃	121℃	63℃

② 제5류 위험물의 유기과산화물로서 무색의 고체이다.

③ 충격, 마찰에 의하여 분해하고 가열하면 폭발한다.

④ 희석제인 DMF를 75% 첨가시켜서 0~5℃ 이하의 저온에서 저장한다.

⑤ 화재 시 다량의 물로 냉각소화한다.

⑥ 구조식

$$CH_3 - \overset{\overset{O}{\|}}{C} - O - O - \overset{\overset{O}{\|}}{C} - CH_3$$

핵심예제

제5류 위험물인 과산화벤조일의 구조식을 그리시오.

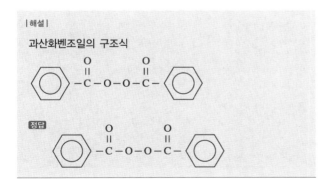

|해설|

과산화벤조일의 구조식

정답

핵심이론 03 각 위험물의 특성 – 질산에스터류

(1) 나이트로셀룰로스(NC ; Nitrocellulose)

① 물 성

화학식	지정수량	비 중	착화점
$[C_6H_7O_2(ONO_2)_3]_n$	10kg	1.23	160℃

② 백색의 고체이다.

③ 저장 중에 물 또는 알코올로 습윤시켜 저장한다.

④ 가열, 마찰, 충격에 의하여 격렬히 연소, 폭발한다.

⑤ 130℃에서는 서서히 분해하여 180℃에서 불꽃을 내면서 급격히 연소한다.

⑥ 질화도가 클수록 폭발성이 크다.

　※ 질화도 : 나이트로셀룰로스 속에 함유된 질소의 함유량

　　• 강면약 : 질화도 N > 12.76%

　　• 약면약 : 질화도 N < 10.18~12.76%

⑦ 분해반응식

$2C_{24}H_{29}O_9(ONO_2)_{11}$

$\rightarrow 24CO_2 + 24CO + 12H_2O + 17H_2 + 11N_2$

(2) 나이트로글리세린(NG ; Nitroglycerine)

① 물 성

화학식	지정수량★	융 점	비 점	비 중
$C_3H_5(ONO_2)_3$	10kg	2.8℃	218℃	1.6

② 무색 투명한 기름성의 액체(공업용 : 담황색)이다.

③ 알코올, 에터, 벤젠, 아세톤 등 유기용제에는 녹는다.

④ 상온에서 액체이고 겨울에는 동결한다.

⑤ 혀를 찌르는 듯한 단맛이 있다.

⑥ 가열, 마찰, 충격에 민감하다(폭발을 방지하기 위하여 다공성 물질에 흡수시킨다).

　※ 다공성 물질 : 규조토, 톱밥, 소맥분, 전분

⑦ 규조토에 흡수시켜 다이너마이트를 제조할 때 사용한다.

⑧ 분해반응식★

$$4C_3H_5(ONO_2)_3 \rightarrow O_2 + 6N_2 + 10H_2O + 12CO_2$$

(3) 셀룰로이드

① 나이트로셀룰로스와 장뇌의 균일한 콜로이드 분산액으로부터 개발한 최초의 합성 플라스틱 물질이다.

② 무색 또는 황색의 반투명 고체이나 열이나 햇빛에 의해 황색으로 변색된다.

③ 물에 녹지 않고, 아세톤, 알코올, 초산에스터류에 잘 녹는다.

④ 발화온도는 약 180℃이고, 비중은 1.35~1.60이다.

⑤ 습도와 온도가 높을 경우 자연발화의 위험이 있다.

(4) 질산메틸

① 물 성

화학식	지정수량	비 점	증기비중
CH_3ONO_2	10kg	66℃	2.66

② 메틸알코올과 질산을 반응시켜 질산메틸을 제조한다.

$$CH_3OH + HNO_3 \rightarrow CH_3ONO_2 + H_2O$$
(질산메틸)

③ 무색 투명한 액체로서 단맛이 있으며 방향성을 갖는다.

④ 물에 녹지 않고 알코올, 에터에는 잘 녹는다.

⑤ 폭발성은 거의 없으나 인화의 위험성은 있다.

(5) 질산에틸

① 물 성

화학식	지정수량	비 점	증기비중
$C_2H_5ONO_2$	10kg	88℃	3.14

② 에틸알코올과 질산을 반응시켜 질산에틸을 제조한다.

$$C_2H_5OH + HNO_3 \rightarrow C_2H_5ONO_2 + H_2O$$
(질산에틸)

③ 무색 투명한 액체로서 방향성을 갖는다.

④ 물에 녹지 않고 알코올에는 잘 녹는다.

⑤ 인화점이 10℃로서 대단히 낮고 연소하기 쉽다.

(6) 나이트로글리콜(Nitro Glycol)

① 물 성

화학식	지정수량	비 중	응고점
$C_2H_4(ONO_2)_2$	10kg	1.5	−22℃

② 순수한 것은 무색이나 공업용은 담황색 또는 분홍색의 액체이다.

③ 알코올, 아세톤, 벤젠에는 잘 녹는다.

핵심예제

3-1. 다음 제5류 위험물의 품명과 위험등급을 쓰시오.

⑴ 과산화벤조일

⑵ 나이트로글리세린

⑶ 테트릴

3-2. 제5류 위험물인 질산메틸의 증기비중을 구하시오.

|해설|

3-1
품명과 위험등급

종 류	품 명	위험등급	지정수량
과산화벤조일	유기과산화물	I	10kg
나이트로글리세린	질산에스터류	I	10kg
테트릴	나이트로화합물	II	200kg

3-2
질산메틸

• 화학식 : CH_3ONO_2

• 분자량 : $12 + (1 \times 3) + 16 + 14 + (16 \times 2) = 77$

• 증기비중 $= \dfrac{분자량}{29} = \dfrac{77}{29} = 2.655 = 2.66$

정답 3-1 ⑴ 품명 : 유기과산화물, 위험등급 : I
　　　 ⑵ 품명 : 질산에스터류, 위험등급 : I
　　　 ⑶ 품명 : 나이트로화합물, 위험등급 : II

　3-2 2.66

(1) 트라이나이트로톨루엔(TNT ; Tri Nitro Toluene)

① 물 성

화학식★	$C_6H_2CH_3(NO_2)_3$	융 점	80.1℃
지정수량★	200kg	비 중	1.66
분자량	227	비 점	280℃

② 담황색의 주상 결정으로 강력한 폭약이다.

③ 충격에는 민감하지 않으나 급격한 타격에 의하여 폭발한다.

④ 물에 녹지 않고 알코올에는 가열하면 녹고, 아세톤, 벤젠, 에터에는 잘 녹는다.

⑤ 일광에 의해 갈색으로 변하고 가열, 타격에 의하여 폭발한다.

⑥ 충격 감도는 피크르산보다 약하다.

⑦ TNT가 분해할 때 질소, 일산화탄소, 수소가스가 발생한다. ★

$$2C_6H_2CH_3(NO_2)_3 \rightarrow 2C + 3N_2 + 5H_2 + 12CO$$

⑧ 구조식★★

⑨ 제 법

(2) 트라이나이트로페놀(Tri Nitro Phenol, 피크르산)

① 물 성

화학식★	$C_6H_2OH(NO_2)_3$	착화점	300℃
지정수량★	200kg	비 중	1.8
분자량★	229	융 점	121℃
비 점	255℃	폭발속도	7,359m/s

② 광택 있는 휘황색의 침상 결정이고, 찬물에는 미량 녹으며 알코올, 에터, 온수에는 잘 녹는다. ★

③ 쓴맛과 독성이 있고 알코올, 에터, 벤젠, 더운물에는 잘 녹는다. ★

④ 단독으로 가열, 마찰, 충격에 안정하고 연소 시 검은 연기를 내지만 폭발은 하지 않는다.

⑤ 금속염과 혼합하면 폭발이 격렬하고 가솔린, 알코올, 아이오딘, 황과 혼합하면 마찰, 충격에 의하여 심하게 폭발한다.

⑥ 황색염료와 폭약으로 사용한다.

⑦ 구조식★★

⑧ 분해반응식

$$2C_6H_2OH(NO_2)_3 \rightarrow 2C + 3N_2 + 3H_2 + 4CO_2 + 6CO$$

(3) 테트릴(Tetryl)

① 물 성

화학식	$C_6H_2(NO_2)_4NCH_3$	착화점	190~195℃
지정수량	200kg	비 중	1.73
융 점	130~132℃	폭발속도	7,520m/s

② 황백색의 침상 결정이다.

③ 물에 녹지 않고 아세톤, 벤젠에는 녹으며 차가운 알코올에는 조금 녹는다.

④ 피크르산이나 TNT보다 더 민감하고 폭발력이 높다.

⑤ 화기의 접근을 피하고 마찰, 충격을 주어서는 안 된다.

4-1. 제5류 위험물 중 트라이나이트로톨루엔의 구조식을 그리시오.

4-2. 제5류 위험물 중 피크르산의 구조식과 지정수량을 쓰시오.

| 해설 |

4-1

TNT(Tri Nitro Toluene), 피크르산의 구조식

종 류	TNT	피크르산
구조식		

4-2

트라이나이트로페놀(Tri Nitro Phenol, 피크르산)

• 물 성

화학식	$C_6H_2OH(NO_2)_3$	착화점	300℃
지정수량	200kg	비 중	1.8
분자량	229	폭발속도	7,359m/s
비 점	255℃		–

• 구조식

• 분해반응식

$2C_6H_2OH(NO_2)_3 \rightarrow 2C + 3N_2 + 3H_2 + 4CO_2 + 6CO$

정답 4-1

4-2 • 구조식

• 지정수량 : 200kg

---

(1) 파라다이나이트로소벤젠

　　[Para Dinitroso Benzene, $C_6H_4(NO)_2$]

① 황갈색의 분말이다.

② 가열, 마찰, 충격에 의하여 폭발하나 폭발력은 강하지 않다.

③ 고무 가황제의 촉매로 사용한다.

(2) 다이나이트로소레조르신

　　[Di Nitroso Resorcinol, $C_6H_2(OH)_2(NO)_2$]

① 회흑색의 광택 있는 결정으로 폭발성이 있다.

② 162~163℃에서 분해하여 포르말린, 암모니아, 질소 등을 생성한다.

(3) 다이나이트로소펜타메틸렌테드라민

　　[DPT, $C_5H_{10}N_4(NO)_2$]

① 광택 있는 크림색의 분말이다.

② 가열 또는 산을 가하면 200~205℃에서 분해하여 폭발한다.

(4) 아조화합물

① 정의 : 아조기(–N = N–)가 탄화수소의 탄소원자와 결합되어 있는 화합물

② 종 류

　　㉠ 아조벤젠(Azo Benzene, $C_6H_5N = NC_6H_5$)

　　㉡ 아조비스아이소부티로나이트릴(AIBN ; Azobis Iso Butyro Nitrile)

(5) 다이아조화합물

① 정의 : 다이아조기(–N ≡ N–)가 탄화수소의 탄소원자와 결합되어 있는 화합물

② 특 성

　　㉠ 고농도의 것은 매우 예민하여 가열, 충격, 마찰에 의한 폭발위험이 높다.

ⓛ 분진이 체류하는 곳에서는 대형 분진폭발 위험이 있으며, 다른 물질과 합성 반응 시 폭발위험이 따른다.

ⓒ 저장 시 안정제로는 황산알루미늄을 사용한다.

③ 종 류

    ㉠ 다이아조다이나이트로페놀(DDNP ; Diazo Di Nitro Phenol)

    ⓛ 다이아조아세토나이트릴(Diazo Acetonitrile, C_2HN_3)

(6) 하이드라진유도체

① 염산하이드라진(Hydrazine Hydrochloride, $N_2H_4 \cdot HCl$)

    ㉠ 백색 결정성 분말로서 흡습성이 강하다.

    ⓛ 물에 녹고, 알코올에는 녹지 않는다.

    ⓒ 질산은($AgNO_3$) 용액을 가하면 백색 침전($AgCl$)이 생긴다.

② 황산하이드라진(Dihydrazine Sulfate, $N_2H_4 \cdot H_2SO_4$)

    ㉠ 백색 또는 무색 결정성 분말이다.

    ⓛ 물에 녹고, 알코올에는 녹지 않는다.

③ 메틸하이드라진(Methyl Hydrazine, CH_3NHNH_2)

    ㉠ 암모니아 냄새가 나는 액체이다.

    ⓛ 물에 녹고 상온에서 인화의 위험이 없다.

    ⓒ 착화점은 비교적 낮고 연소범위는 넓다.

(7) 하이드록실아민

① 물 성

화학식	지정수량	분자량	비 점	융 점
NH_2OH	100kg	31	116℃	33℃

② 무색의 사방정계 결정으로 조해성이 있다.

③ 물, 메탄올에 녹고 온수에서는 서서히 분해한다.

④ 130℃로 가열하면 폭발한다.

제6절 | 제6류 위험물

핵심이론 01 제6류 위험물의 특성

(1) 종 류★

유별	성질	품 명	위험등급	지정수량
제6류	산화성 액체	• 과염소산($HClO_4$) • 과산화수소(H_2O_2) • 질산(HNO_3) • 할로겐간화합물(BrF_3, BrF_5, IF_5)	I	300kg

(2) 정 의

① 산화성 액체 : 액체로서 산화력의 잠재적인 위험성을 판단하기 위하여 고시로 정하는 시험에서 고시로 정하는 성질과 상태를 나타내는 것

② 과산화수소 : 농도가 36wt% 이상인 것★

③ 질산 : 비중이 1.49 이상인 것★

(3) 일반적인 성질

① 무기화합물로 이루어진 산화성 액체이다.

② 무색 투명하며, 모두가 액체이다.

③ 비중은 1보다 크다.

④ 과산화수소를 제외하고 강산성 물질이며, 물에 잘 녹는다.

⑤ 불연성 물질이며 가연물, 유기물 등과의 혼합으로 발화한다.

(4) 위험성

① 자신은 불연성 물질이지만 산화성이 커 다른 물질의 연소를 돕는다.

② 강환원제, 일반 가연물과 혼합한 것은 접촉 발화하거나 가열 등에 의해 위험한 상태로 된다.

③ 과산화수소를 제외하고 물과 접촉하면 심하게 발열한다.

(5) 저장 및 취급방법

① 염, 물과의 접촉을 피한다.

② 직사광선 차단, 강환원제, 유기물질, 가연성 위험물과 접촉을 피한다.

③ 저장용기는 내산성 용기를 사용해야 한다.

④ 소화방법은 주수소화가 적합하다.

핵심예제

다음은 위험물안전관리법령상 제6류 위험물이 되기 위한 기준을 쓰시오(단, 기준이 없으면 "없음"으로 쓰시오).

⑴ 과염소산

⑵ 과산화수소

⑶ 질 산

| 해설 |

제6류 위험물의 판단기준
• 과염소산 : 농도와 비중의 기준이 없다.
• 과산화수소 : 농도가 36wt% 이상인 것
• 질산 : 비중이 1.49 이상인 것

정답 ⑴ 없 음
⑵ 농도가 36wt% 이상
⑶ 비중이 1.49 이상

---

(1) 과염소산(Perchloric Acid)

① 물 성

화학식	지정수량	증기비중★	비 점	융 점	액체비중
$HClO_4$	300kg	3.47	39℃	−112℃	1.76

② 무색 무취의 유동하기 쉬운 액체로 흡습성이 강하며 휘발성이 있다.

③ 가열하면 폭발하고 산성이 강한 편이다.

④ 물과 반응하면 심하게 발열하며 반응으로 생성된 혼합물도 강한 산화력을 가진다.

⑤ 불연성 물질이지만 자극성, 산화성이 매우 크다.

⑥ 물과 작용하여 6종의 고체수화물을 만든다.

　㉠ $HClO_4 \cdot H_2O$

　㉡ $HClO_4 \cdot 2H_2O$

　㉢ $HClO_4 \cdot 2.5H_2O$

　㉣ $HClO_4 \cdot 3H_2O$(2종류)

　㉤ $HClO_4 \cdot 3.5H_2O$

(2) 과산화수소(Hydrogen Peroxide)

① 물 성

화학식	지정수량	농 도	비 점	융 점	비 중
H_2O_2	300kg	36wt% 이상	152℃	−17℃	1.463(100%)

② 점성이 있는 무색 액체(다량일 경우 : 청색)이다.

③ 투명하며 물보다 무겁고, 수용액 상태는 비교적 안정하다.

④ 물, 알코올, 에터에 녹고, 벤젠에는 녹지 않는다.

⑤ 농도 60% 이상은 충격, 마찰에 의해서도 단독으로 분해폭발 위험이 있다.

⑥ 나이트로글리세린, 하이드라진과 혼촉하면 분해하여 발화, 폭발한다.

　$2H_2O_2 + N_2H_4 \rightarrow N_2 + 4H_2O$

⑦ 저장용기는 밀봉하지 말고 구멍이 있는 마개를 사용해야 한다.

※ 구멍 뚫린 마개를 사용하는 이유 : 상온에서 서서히 분해하여 산소를 발생하기 때문에 폭발의 위험이 있어 통기를 위하여

⑧ 과산화수소의 안정제 : 인산(H_3PO_4), 요산($C_5H_4N_4O_3$)

⑨ 옥시풀 : 과산화수소 3% 용액의 소독약

⑩ 분해반응식★★

$$2H_2O_2 \xrightarrow[\text{정촉매}]{MnO_2} 2H_2O + O_2$$

⑪ 저장용기 : 착색 유리병

(3) 질 산

① 물 성★

화학식	지정수량	비 점	융 점	비 중
HNO_3	300kg	122℃	−42℃	1.49

② 흡습성이 강하여 습한 공기 중에서 발열하는 무색의 무거운 액체이다.

③ 자극성, 부식성이 강하며 휘발성이고 햇빛에 의해 일부 분해한다.

④ 진한 질산을 가열하면 적갈색의 갈색증기(NO_2)가 발생한다.

⑤ 목탄분, 천, 실, 솜 등에 스며들어 방치하면 자연발화한다.

⑥ 진한 질산은 Co, Fe, Ni, Cr, Al을 부동태화한다.

　※ 부동태화 : 금속 표면에 산화 피막을 입혀 내식성을 높이는 현상

⑦ 질산은 단백질과 잔토프로테인 반응을 하여 노란색으로 변한다.

　※ 잔토프로테인 반응 : 단백질 검출 반응의 하나로서 아미노산 또는 단백질에 진한 질산을 가하여 가열하면 황색이 되고, 냉각하여 염기성으로 되게 하면 등황색을 띤다.

⑧ 물과 반응하면 발열한다.

⑨ 분해반응식★

$$4HNO_3 \rightarrow O_2 + 4NO_2 + 2H_2O$$

⑩ 발연 질산 : 진한 질산에 이산화질소를 녹인 것

2-1. 과염소산의 증기비중을 계산하시오(단, 염소의 원자량은 35.5이다).

2-2. 발연성 액체로 분자량이 63이고, 갈색증기를 발생시키며 또한 염산과 혼합되어 금과 백금 등을 녹일 수 있는 위험물은 무엇인지 화학식과 지정수량을 쓰시오.

2-3. 질산의 분해반응식을 쓰시오.

|해설|

2-1
과염소산(Perchloric Acid)의 물성

화학식	지정수량	증기비중	비 점	융 점	액체 비중
$HClO_4$	300kg	3.47	39℃	−112℃	1.76

• 과염소산의 분자량($HClO_4$) = 1 + 35.5 + (16×4) = 100.5

• 증기비중 = $\dfrac{\text{분자량}}{29} = \dfrac{100.5}{29} = 3.47$

2-2
질 산
• 물 성

화학식	분자량	지정수량	비 점	융 점	비 중
HNO_3	63	300kg	122℃	−42℃	1.49

• 진한 질산을 가열하면 적갈색의 갈색증기(NO_2)가 발생한다.

2-3
질산의 분해반응식
$4HNO_3 \rightarrow O_2 + 4NO_2 + 2H_2O$

정답 **2-1** 3.47

　　2-2 • 위험물의 화학식 : HNO_3
　　　　• 지정수량 : 300kg

　　2-3 $4HNO_3 \rightarrow O_2 + 4NO_2 + 2H_2O$

※ 방화문 관련 용어가 갑종방화문 → 60분+방화문, 을종방화문 → 30분 방화문으로 개정될 예정이며, 해당 CHAPTER는 위 내용을 미리 반영하였습니다.

제1절 | 위험물안전관리법

핵심이론 01 위험물안전관리법 Ⅰ

(1) 위험물

인화성 또는 발화성 등의 성질을 가지는 것으로 대통령령이 정하는 물품

※ 위험물의 종류 : 제1류 위험물 ~ 제6류 위험물(6종류)

(2) 제조소 등

① 제조소 : 위험물을 제조할 목적으로 지정수량 이상의 위험물을 취급하기 위하여 제6조 제1항의 규정에 따른 허가를 받은 장소

② 저장소 : 지정수량 이상의 위험물을 저장하기 위한 대통령령이 정하는 장소로서 제6조 제1항의 규정에 따른 허가를 받은 장소

[저장소의 구분]

구 분	지정수량 이상의 위험물을 저장하기 위한 장소
옥내 저장소	옥내(지붕과 기둥 또는 벽 등에 의하여 둘러싸인 곳을 말한다)에 저장(위험물을 저장하는 데 따르는 취급을 포함)하는 장소
옥외탱크 저장소	옥외에 있는 탱크에 위험물을 저장하는 장소
옥내탱크 저장소	옥내에 있는 탱크에 위험물을 저장하는 장소
지하탱크 저장소	지하에 매설한 탱크에 위험물을 저장하는 장소
간이탱크 저장소	간이탱크에 위험물을 저장하는 장소

구 분	지정수량 이상의 위험물을 저장하기 위한 장소
이동탱크 저장소	차량(피견인자동차에 있어서는 앞차축을 갖지 않는 것으로서 해당 피견인자동차의 일부가 견인자동차에 적재되고 해당 피견인자동차와 그 적재물 중량의 상당부분이 견인자동차에 의하여 지탱되는 구조의 것에 한한다)에 고정된 탱크에 위험물을 저장하는 장소
옥외 저장소	옥외에 다음에 해당하는 위험물을 저장하는 장소 ㉠ 제2류 위험물 중 유황 또는 인화성 고체(인화점이 0℃ 이상인 것에 한한다) ㉡ 제4류 위험물 중 제1석유류(인화점이 0℃ 이상인 것에 한한다)·알코올류·제2석유류·제3석유류·제4석유류 및 동식물유류 ㉢ 제6류 위험물 ㉣ 제2류 위험물 및 제4류 위험물 중 특별시·광역시 또는 도의 조례에서 정하는 위험물 ㉤ 국제해사기구에 관한 협약에 의하여 설치된 국제해사기구가 채택한 국제해상위험물규칙(IMDG Code)에 적합한 용기에 수납된 위험물
암반탱크 저장소	암반 내의 공간을 이용한 탱크에 액체의 위험물을 저장하는 장소

③ 취급소 : 지정수량 이상의 위험물을 제조 외의 목적으로 취급하기 위한 대통령령이 정하는 장소로서 제6조 제1항의 규정에 따른 허가를 받은 장소

[취급소의 구분]

구 분	위험물을 제조 외의 목적으로 취급하기 위한 장소
주유 취급소	1. 고정된 주유설비(항공기에 주유하는 경우 차량에 설치된 주유설비를 포함)에 의하여 자동차·항공기 또는 선박 등의 연료탱크에 직접 주유하기 위하여 위험물(가짜석유제품은 제외)을 취급하는 장소(위험물을 용기에 옮겨 담거나 차량에 고정된 5,000L 이하의 탱크에 주입하기 위하여 고정된 급유설비를 병설한 장소를 포함)
판매 취급소	2. 점포에서 위험물을 용기에 담아 판매하기 위하여 지정수량의 40배 이하의 위험물을 취급하는 장소

구 분	위험물을 제조 외의 목적으로 취급하기 위한 장소
이송 취급소	3. 다음 장소를 제외한 배관 및 이에 부속된 설비에 의하여 위험물을 이송하는 장소 　㉠ 송유관안전관리법에 의한 송유관에 의하여 위험물을 이송하는 경우 　㉡ 제조소 등에 관계된 시설(배관을 제외) 및 그 부지가 같은 사업소 안에 있고 해당 사업소 안에서만 위험물을 이송하는 경우 　㉢ 사업소와 사업소의 사이에 도로(폭 2m 이상의 일반교통에 이용되는 도로로서 자동차의 통행이 가능한 것)만 있고 사업소와 사업소 사이의 이송배관이 그 도로를 횡단하는 경우 　㉣ 사업소와 사업소 사이의 이송배관이 제3자(해당 사업소와 관련이 있거나 유사한 사업을 하는 자에 한함)의 토지만을 통과하는 경우로서 해당 배관의 길이가 100m 이하인 경우 　㉤ 해상구조물에 설치된 배관(이송되는 위험물이 별표 1의 제4류 위험물 중 제석유류인 경우에는 배관의 내경이 30cm 미만인 것에 한함)으로서 해당 해상구조물에 설치된 배관의 길이가 30m 이하인 경우 　㉥ 사업소와 사업소 사이의 이송배관이 다목 내지 마목의 규정에 의한 경우 중 2 이상에 해당하는 경우 　㉦ 농어촌 전기공급사업 촉진법에 따라 설치된 자가발전시설에 사용되는 위험물을 이송하는 경우
일반 취급소	4. 제1호 내지 제3호 외의 장소(석유 및 석유대체연료사업법 제29조의 규정에 의한 유사석유제품에 해당하는 위험물을 취급하는 경우의 장소를 제외한다)

※ 위험물제조소 등 : 제조소, 취급소, 저장소

※ 제조소와 일반취급소 구분

① 제조소

② 일반취급소

(1) 위험물안전관리법 적용 제외(법 제3조)

① 항공기

② 선 박

③ 철도 및 궤도

(2) 위험물 제조소 등의 설치 허가(법 제6조)

① 제조소 등을 설치하고자 하는 자는 그 설치장소를 관할하는 시・도지사의 허가를 받아야 한다.

　※ 시・도지사 : 특별시장・광역시장・특별자치시장・도지사 또는 특별자치도지사

② 제조소 등의 위치, 구조 또는 설비의 변경 없이 위험물의 품명, 수량 또는 지정수량의 배수를 변경하고자 하는 자는 변경하고자 하는 날의 1일 전까지 시・도지사에게 신고해야 한다.

　※ 허가를 받지 않고 설치하거나 변경신고를 하지 않고 변경할 수 있는 제조소 등의 경우★★

　　• 주택의 난방시설(공동주택의 중앙난방시설을 제외한다)을 위한 저장소 또는 취급소

　　• 농예용・축산용 또는 수산용으로 필요한 난방시설 또는 건조시설을 위한 지정수량 20배 이하의 저장소

(3) 위험물의 취급

① 지정수량 이상의 위험물 : 제조소 등에서 취급해야 하며 위험물안전관리법에 적용받는다.

　※ 지정수량 : 위험물의 종류별로 위험성을 고려하여 대통령령이 정하는 수량으로서 규정에 의한 제조소 등의 설치허가 등에 있어서 최저의 기준이 되는 수량을 말한다.

② 지정수량 미만의 위험물 : 시・도의 조례★

　※ 지정수량 이상 : 위험물안전관리법에 적용(제조소 등을 설치하고 안전관리자 선임)

※ 지정수량 미만 : 허가받지 않고 사용한다(시·도의 조례).

③ 지정수량의 배수 : 1 이상이면 위험물안전관리법에 적용받는다.

※ 지정배수★★

$$= \frac{저장(취급)량}{지정수량} + \frac{저장(취급)량}{지정수량} + \frac{저장(취급)량}{지정수량}$$

④ 제조소 등의 용도 폐지 : 폐지한 날로부터 14일 이내에 시·도지사에게 신고★

(4) 위험물안전관리자★★★

① 위험물안전관리자 선임권자 : 제조소 등의 관계인

② 위험물안전관리자 선임신고 : 소방본부장 또는 소방서장에게 신고

③ 해임 또는 퇴직 시 : 30일 이내에 재선임

④ 안전관리자 선임신고 : 선임한 날부터 14일 이내

⑤ 안전관리자 여행, 질병 기타 사유로 직무 수행이 불가능 시 : 대리자 지정(대리자 직무기간은 30일을 초과할 수 없다)

⑥ 위험물안전관리자 미선임 : 1,500만원 이하의 벌금

⑦ 위험물안전관리자 선임신고 태만 : 500만원 이하의 과태료

핵심이론 03 위험물안전관리법 Ⅲ

(1) 제조소 등에 선임해야 하는 안전관리자의 자격

(시행령 별표 6)

제조소 등의 종류 및 규모			안전관리자의 자격
제 조 소	1. 제4류 위험물만을 취급하는 것으로서 지정수량 5배 이하의 것		• 위험물기능장 • 위험물산업기사 • 위험물기능사 • 안전관리자교육 이수자 • 소방공무원경력자
	2. 제1호에 해당하지 않는 것		• 위험물기능장 • 위험물산업기사 • 2년 이상의 실무경력이 있는 위험물기능사
저 장 소	1. 옥내 저장소	제4류 위험물만을 저장하는 것으로서 지정수량 5배 이하의 것	
		제4류 위험물 중 알코올류·제2석유류·제3석유류·제4석유류·동식물유류만을 저장하는 것으로서 지정수량 40배 이하의 것	
	2. 옥외탱크 저장소	제4류 위험물만을 저장하는 것으로서 지정수량 5배 이하의 것	
		제4류 위험물 중 제2석유류·제3석유류·제4석유류·동식물유류만을 저장하는 것으로서 지정수량 40배 이하의 것	
	3. 옥내탱크 저장소	제4류 위험물만을 저장하는 것으로서 지정수량 5배 이하의 것	• 위험물기능장 • 위험물산업기사 • 위험물기능사 • 안전관리자교육 이수자 • 소방공무원경력자
		제4류 위험물 중 제2석유류·제3석유류·제4석유류·동식물유류만을 저장하는 것	
	4. 지하탱크 저장소	제4류 위험물만을 저장하는 것으로서 지정수량 40배 이하의 것	
		제4류 위험물 중 제1석유류·알코올류·제2석유류·제3석유류·제4석유류·동식물유류만을 저장하는 것으로서 지정수량 250배 이하의 것	
	5. 간이탱크저장소로서 제4류 위험물만을 저장하는 것		
	6. 옥외저장소 중 제4류 위험물만을 저장하는 것으로서 지정수량 40배 이하의 것		
	7. 보일러, 버너, 그 밖에 이와 유사한 장치에 공급하기 위한 위험물을 저장하는 탱크저장소		
	8. 선박주유취급소, 철도주유취급소 또는 항공기주유취급소의 고정주유설비에 공급하기 위한 위험물을 저장하는 탱크저장소로서 지정수량의 250배(제1석유류의 경우에는 지정수량의 100배) 이하의 것		
	9. 제1호 내지 제8호에 해당하지 않는 저장소		• 위험물기능장 • 위험물산업기사 • 2년 이상의 실무경력이 있는 위험물기능사

제조소 등의 종류 및 규모			안전관리자의 자격
	1. 주유취급소		
	2. 판매 취급소	제4류 위험물만을 저장하는 것으로서 지정수량 5배 이하의 것	
		제4류 위험물 중 제석유류·알코올류·제2석유류·제3석유류·제4석유류·동식물유류만을 취급하는 것	

취
급
소
	3. 제4류 위험물 중 제석유류·알코올류·제2석유류·제3석유류·제4석유류·동식물유류만을 지정수량 50배 이하로 취급하는 일반취급소(제석유류·알코올류의 취급량이 지정수량의 10배 이하인 경우에 한한다)로서 다음의 어느 하나에 해당하는 것
	  가. 보일러, 버너, 그 밖에 이와 유사한 장치에 의하여 위험물을 소비하는 것
	  나. 위험물을 용기 또는 차량에 고정된 탱크에 주입하는 것
			• 위험물기능장
			• 위험물산업기사
			• 위험물기능사
			• 안전관리자교육 이수자
			• 소방공무원경력자

	4. 제4류 위험물만을 취급하는 일반취급소로서 지정수량 10배 이하의 것		
	5. 제4류 위험물 중 제2석유류·제3석유류·제4석유류·동식물유류만을 취급하는 일반취급소로서 지정수량 20배 이하의 것		
	6. 농어촌전기공급사업촉진법에 의하여 설치된 자가발전시설용 위험물을 이송하는 이송취급소		
	7. 제1호 내지 제6호에 해당하지 않는 취급소		• 위험물기능장 • 위험물산업기사 • 2년 이상의 실무경력이 있는 위험물기능사

(2) 위험물 안전관리자의 책무(시행규칙 제55조)

① 위험물의 취급작업에 참여하여 해당 작업이 법 제5조 제3항의 규정에 의한 저장 또는 취급에 관한 기술기준과 법 제17조의 규정에 의한 예방규정에 적합하도록 해당 작업자(해당 작업에 참여하는 위험물취급자격자를 포함한다)에 대하여 지시 및 감독하는 업무

② 화재 등의 재난이 발생한 경우 응급조치 및 소방관서 등에 대한 연락업무

③ 위험물시설의 안전을 담당하는 자를 따로 두는 제조소 등의 경우에는 그 담당자에게 다음의 규정에 의한 업무의 지시, 그 밖의 제조소 등의 경우에는 다음의 규정에 의한 업무

  ㉠ 제조소 등의 위치·구조 및 설비를 법 제5조 제4항의 기술기준에 적합하도록 유지하기 위한 점검과 점검상황의 기록·보존

  ㉡ 제조소 등의 구조 또는 설비의 이상을 발견한 경우 관계자에 대한 연락 및 응급조치

  ㉢ 화재가 발생하거나 화재발생의 위험성이 현저한 경우 소방관서 등에 대한 연락 및 응급조치

  ㉣ 제조소 등의 계측장치·제어장치 및 안전장치 등의 적정한 유지·관리

  ㉤ 제조소 등의 위치·구조 및 설비에 관한 설계도서 등의 정비·보존 및 제조소 등의 구조 및 설비의 안전에 관한 사무의 관리

④ 화재 등의 재해 방지와 응급조치에 관하여 인접하는 제조소 등과 그 밖의 관련되는 시설의 관계자와 협조체제 유지

⑤ 위험물의 취급에 관한 일지의 작성·기록

⑥ 그 밖에 위험물을 수납한 용기를 차량에 적재하는 작업, 위험물설비를 보수하는 작업 등 위험물의 취급과 관련된 작업의 안전에 관하여 필요한 감독의 수행

(3) 정기점검

① 정기점검 대상인 제조소 등(시행령 제16조)★

  ㉠ 예방규정을 정해야 하는 제조소 등

   • 지정수량의 10배 이상의 위험물을 취급하는 제조소, 일반취급소

   • 지정수량의 100배 이상의 위험물을 저장하는 옥외저장소

   • 지정수량의 150배 이상의 위험물을 저장하는 옥내저장소

   • 지정수량의 200배 이상의 위험물을 저장하는 옥외탱크저장소

   • 암반탱크저장소, 이송취급소

  ㉡ 지하탱크저장소

  ㉢ 이동탱크저장소

  ㉣ 위험물을 취급하는 탱크로서 지하에 매설된 탱크가 있는 제조소, 주유취급소 또는 일반취급소

② 정기점검의 기록·유지(시행규칙 제68조)
  ㉠ 점검을 실시한 제조소 등의 명칭
  ㉡ 점검의 방법 및 결과
  ㉢ 점검연월일
  ㉣ 점검을 한 안전관리자 또는 점검을 한 탱크시험자
    와 점검에 입회한 안전관리자의 성명
③ 구조안전점검의 시기(시행규칙 제65조)
  ㉠ 특정·준특정옥외탱크저장소의 설치허가에 따른
    완공검사합격확인증을 발급받은 날부터 12년
  ㉡ 최근의 정밀정기검사를 받은 날부터 11년
  ㉢ 특정·준특정옥외저장탱크에 안전조치를 한 후
    구조안전점검시기 연장신청을 하여 해당 안전조
    치가 적정한 것으로 인정받은 경우에는 최근의 정
    밀정기검사를 받은 날부터 13년
④ 정기검사의 시기(시행규칙 제70조)
  ㉠ 정밀정기검사 : 다음의 어느 하나에 해당하는 기간
    내에 1회
    • 특정·준특정옥외탱크저장소의 설치허가에 따
      른 완공검사합격확인증을 발급받은 날부터 12년
    • 최근의 정밀정기검사를 받은 날부터 11년
  ㉡ 중간정기검사 : 다음의 어느 하나에 해당하는 기간
    내에 1회
    • 특정·준특정옥외탱크저장소의 설치허가에 따
      른 완공검사합격확인증을 발급받은 날부터 4년
    • 최근의 정밀정기검사 또는 중간정기검사를 받은
      날부터 4년

핵심이론 04 위험물안전관리법 Ⅳ

(1) 예방규정을 정해야 하는 제조소 등(시행령 제15조)★★★
① 지정수량의 10배 이상의 위험물을 취급하는 제조소
② 지정수량의 100배 이상의 위험물을 저장하는 옥외저
  장소
③ 지정수량의 150배 이상의 위험물을 저장하는 옥내저
  장소
④ 지정수량의 200배 이상의 위험물을 저장하는 옥외탱
  크저장소
⑤ 암반탱크저장소
⑥ 이송취급소
⑦ 지정수량의 10배 이상의 위험물을 취급하는 일반취급
  소. 다만, 제4류 위험물(특수인화물을 제외한다)만을
  지정수량의 50배 이하로 취급하는 일반취급소(제1석
  유류·알코올류의 취급량이 지정수량의 10배 이하인
  경우에 한한다)로서 다음의 어느 하나에 해당하는 것
  을 제외한다.
  ㉠ 보일러·버너 또는 이와 비슷한 것으로서 위험물
    을 소비하는 장치로 이루어진 일반취급소
  ㉡ 위험물을 용기에 옮겨 담거나 차량에 고정된 탱크
    에 주입하는 일반취급소

(2) 예방규정 작성 내용(시행규칙 제63조)
① 위험물의 안전관리업무를 담당하는 자의 직무 및 조직
  에 관한 사항
② 안전관리자가 여행·질병 등으로 인하여 그 직무를
  수행할 수 없을 경우 그 직무의 대리자에 관한 사항
③ 자체소방대를 설치해야 하는 경우에는 자체소방대의
  편성과 화학소방자동차의 배치에 관한 사항
④ 위험물의 안전에 관계된 작업에 종사하는 자에 대한
  안전교육 및 훈련에 관한 사항
⑤ 위험물시설 및 작업장에 대한 안전순찰에 관한 사항
⑥ 위험물시설·소방시설, 그 밖의 관련 시설에 대한 점
  검 및 정비에 관한 사항

⑦ 위험물시설의 운전 또는 조작에 관한 사항

⑧ 위험물취급 작업의 기준에 관한 사항

⑨ 이송취급소에 있어서는 배관공사 현장책임자의 조건 등 배관공사 현장에 대한 감독체제에 관한 사항과 배관 주위에 있는 이송취급소시설 외의 공사를 하는 경우 배관의 안전확보에 관한 사항

⑩ 재난, 그 밖의 비상시의 경우에 취해야 하는 조치에 관한 사항

⑪ 위험물의 안전에 관한 기록에 관한 사항

⑫ 제조소 등의 위치·구조 및 설비를 명시한 서류와 도면의 정비에 관한 사항

⑬ 그 밖에 위험물의 안전관리에 관하여 필요한 사항

(3) 탱크안전성능검사의 대상이 되는 탱크(시행령 제8조)

① **기초·지반검사** : 옥외탱크저장소의 액체위험물탱크 중 그 용량이 100만L 이상인 탱크

② **충수(充水)·수압검사** : 액체위험물을 저장 또는 취급하는 탱크

※ 제외 대상

• 제조소 또는 일반취급소에 설치된 탱크로서 용량이 지정수량 미만인 것

• 고압가스안전관리법 제17조 제1항에 따른 특정 설비에 관한 검사에 합격한 탱크

• 산업안전보건법 제34조 제2항에 따른 안전인증을 받은 탱크

③ **용접부검사** : ①의 규정에 의한 탱크

④ **암반탱크검사** : 액체위험물을 저장 또는 취급하는 암반 내의 공간을 이용한 탱크

(4) 탱크시험자의 기술능력·시설 및 장비(시행령 별표 7)

① **기술능력**

㉠ 필수인력★

• 위험물기능장, 위험물산업기사 또는 위험물기능사 중 1명 이상

• 비파괴검사기술사 1명 이상 또는 초음파비파괴검사, 자기비파괴검사 및 침투비파괴검사별로 기사 또는 산업기사 각 1명 이상

㉡ 필요한 경우에 두는 인력

• 충·수압시험, 진공시험, 기밀시험 또는 내압시험의 경우 : 누설비파괴검사기사, 산업기사 또는 기능사

• 수직·수평도시험의 경우 : 측량 및 지형공간정보기술사·기사·산업기사 또는 측량기능사

• 방사선투과시험의 경우 : 방사선비파괴검사기사 또는 산업기사

• 필수 인력의 보조 : 방사선비파괴검사, 초음파비파괴검사, 자기비파괴검사 또는 침투비파괴검사기능사

② **시설** : 전용사무실

③ **장 비★**

㉠ 필수장비 : 자기탐상시험기, 초음파두께측정기 및 다음 중 어느 하나

• 영상초음파시험기

• 방사선투과시험기 및 초음파시험기

㉡ 필요한 경우에 두는 장비

• 충·수압시험, 진공시험, 기밀시험 또는 내압시험의 경우

- 진공능력 53kPa 이상의 진공누설시험기

- 기밀시험장치(안전장치가 부착된 것으로서 가압능력 200kPa 이상, 감압의 경우에는 감압능력 10kPa 이상·감도 10Pa 이하의 것으로서 각각의 압력 변화를 스스로 기록할 수 있는 것)

• 수직·수평도시험의 경우 : 수직·수평도측정기

위험물 탱크시험자가 되고자 하는 자는 기술능력·시설 및 장비를 갖추어 시·도지사에게 등록해야 한다. 기술능력 중 필수인력에 해당되는 사람을 〈보기〉에서 모두 골라 기호로 답하시오.

┌보기┐
ㄱ 위험물기능장   ㄴ 위험물산업기사
ㄷ 측량기능사   ㄹ 누설비파괴검사기사
ㅁ 지형공간정보기술사

|해설|

기술능력 중 필수인력
• 위험물기능장, 위험물산업기사 또는 위험물기능사 중 1명 이상
• 비파괴검사기술사 1명 이상 또는 초음파비파괴검사, 자기비파괴검사 및 침투비파괴검사별로 기사 또는 산업기사 각 1명 이상

정답 ㄱ, ㄴ

핵심이론 05 위험물안전관리법 V

(1) 자체소방대를 설치해야 하는 사업소(시행령 제18조)★★★

① 제4류 위험물의 최대수량의 합이 지정수량의 3,000배 이상을 취급하는 제조소 또는 일반취급소(다만, 보일러로 위험물을 소비하는 일반취급소는 제외)

② 제4류 위험물의 최대수량이 지정수량의 50만배 이상을 저장하는 옥외탱크저장소

(2) 자체소방대에 두는 화학소방자동차 및 인원(시행령 별표 8)★★★

사업소의 구분	화학소방자동차	자체소방대원의 수
1. 제조소 또는 일반취급소에서 취급하는 제4류 위험물의 최대수량의 합이 지정수량의 3,000배 이상 12만배 미만인 사업소	1대	5인
2. 제조소 또는 일반취급소에서 취급하는 제4류 위험물의 최대수량의 합이 지정수량의 12만배 이상 24만배 미만인 사업소	2대	10인
3. 제조소 또는 일반취급소에서 취급하는 제4류 위험물의 최대수량의 합이 지정수량의 24만배 이상 48만배 미만인 사업소	3대	15인
4. 제조소 또는 일반취급소에서 취급하는 제4류 위험물의 최대수량의 합이 지정수량의 48만배 이상인 사업소	4대	20인
5. 옥외탱크저장소에 저장하는 제4류 위험물의 최대수량이 지정수량의 50만배 이상인 사업소	2대	10인

[화학소방차]

(3) 화학소방자동차에 갖추어야 하는 소화능력 및 설비의 기준(시행규칙 별표 23)

화학소방자동차의 구분	소화능력 및 설비의 기준
포수용액 방사차★	포수용액의 방사능력이 매분 2,000L 이상일 것
	소화약액탱크 및 소화약액혼합장치를 비치할 것
	10만L 이상의 포수용액을 방사할 수 있는 양의 소화약제를 비치할 것
분말 방사차	분말의 방사능력이 매초 35kg 이상일 것
	분말탱크 및 가압용 가스설비를 비치할 것
	1,400kg 이상의 분말을 비치할 것
할로겐화합물 방사차	할로겐화합물의 방사능력이 매초 40kg 이상일 것
	할로겐화합물탱크 및 가압용 가스설비를 비치할 것
	1,000kg 이상의 할로겐화합물을 비치할 것
이산화탄소 방사차	이산화탄소의 방사능력이 매초 40kg 이상일 것
	이산화탄소 저장용기를 비치할 것
	3,000kg 이상의 이산화탄소를 비치할 것
제독차	가성소다 및 규조토를 각각 50kg 이상 비치할 것

[분말소방차]

핵심이론 06 안전교육 Ⅵ

(1) 안전교육의 과정, 기간과 그 밖의 교육의 실시에 관한 사항(시행규칙 별표 24)

교육 과정	교육대상자	교육 시간	교육시기	교육 기관
강습 교육	안전관리자가 되려는 사람	24시 간	최초 선임되기 전	안전원
	위험물 운반자가 되려는 사람	8시간	최초 종사하기 전	안전원
	위험물 운송자가 되려는 사람	16시간	최초 종사하기 전	안전원
실무 교육	안전관리자	8시간 이내	가. 제조소 등의 안전관리 자로 선임된 날부터 6 개월 이내 나. 가목에 따른 교육을 받 은 후 2년마다 1회	안전원
	위험물운반자	4시간	가. 위험물운반자로 종사한 날부터 6개월 이내 나. 가목에 따른 교육을 받 은 후 3년마다 1회	안전원
	위험물운송자	8시간 이내	가. 이동탱크저장소의 위험 물운송자로 종사한 날 부터 6개월 이내 나. 가목에 따른 교육을 받 은 후 3년마다 1회	안전원
	탱크시험자의 기술인력	8시간 이내	가. 탱크시험자의 기술인력 으로 등록한 날부터 6 개월 이내 나. 가목에 따른 교육을 받 은 후 2년마다 1회	기술원

핵심이론 07 위험물안전관리법 Ⅶ

(1) 탱크의 용량(위험물세부기준 별표 1)

탱크의 용량 = 탱크의 내용적 − 공간용적(탱크 내용적의 5/100 이상 10/100 이하)

① 타원형 탱크의 내용적

   ⊙ 양쪽이 볼록한 것★

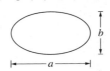 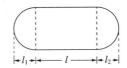

$$내용적 = \frac{\pi ab}{4}\left(l + \frac{l_1 + l_2}{3}\right)$$

   ⓛ 한쪽은 볼록하고 다른 한쪽은 오목한 것

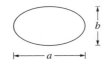 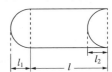

$$내용적 = \frac{\pi ab}{4}\left(l + \frac{l_1 - l_2}{3}\right)$$

② 원통형 탱크의 내용적

   ⊙ 횡으로 설치한 것★★

 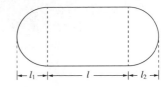

$$내용적 = \pi r^2\left(l + \frac{l_1 + l_2}{3}\right)$$

   ⓛ 종으로 설치한 것★★★

 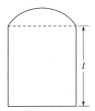

$$내용적 = \pi r^2 l$$

7-1. 다음 원통형 탱크의 용량은 몇 m³인가?(단, 탱크의 공간용적은 10%로 한다)

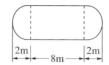

7-2. 다음 종으로 설치된 원통형 탱크의 내용적(m³)을 계산하시오.

|해설|

7-1

탱크의 용량 = 내용적 − 공간용적

• 내용적

$$= \pi r^2 \left(l + \frac{l_1 + l_2}{3} \right) = \pi \times (3m)^2 \times \left(8 + \frac{2+2}{3} \right) = 263.89m^3$$

• 공간용적 $= 263.89m^3 \times 0.1 = 26.389m^3$

• 탱크의 용량 $= 263.89m^3 - 26.389m^3 = 237.50m^3$

7-2

탱크의 내용적 $= \pi r^2 l$

$$= \pi \times (0.6m)^2 \times 1.5m = 1.696m^3 = 1.7m^3$$

정답 7-1 237.50m³

7-2 1.7m³

제2절 | 제조소 등의 저장 · 취급기준

핵심이론 01 저장 · 취급의 공통기준

(1) 저장 · 취급의 공통기준(시행규칙 별표 18)

① 제조소 등에서 법 제6조 제1항의 규정에 의한 허가 및 법 제6조 제2항의 규정에 의한 신고와 관련되는 품명 외의 위험물 또는 이러한 허가 및 신고와 관련되는 수량 또는 지정수량의 배수를 초과하는 위험물을 저장 또는 취급하지 않아야 한다(중요기준).

② 위험물을 저장 또는 취급하는 건축물, 그 밖의 공작물 또는 설비는 해당 위험물의 성질에 따라 차광 또는 환기를 실시해야 한다.

③ 위험물은 온도계, 습도계, 압력계, 그 밖의 계기를 감시하여 해당 위험물의 성질에 맞는 적정한 온도, 습도 또는 압력을 유지하도록 저장 또는 취급해야 한다.

④ 위험물을 저장 또는 취급하는 경우에는 위험물의 변질, 이물의 혼입 등에 의하여 해당 위험물의 위험성이 증대되지 않도록 필요한 조치를 강구해야 한다.

⑤ 위험물이 남아 있거나 남아 있을 우려가 있는 설비, 기계 · 기구, 용기 등을 수리하는 경우에는 안전한 장소에서 위험물을 완전하게 제거한 후에 실시해야 한다.

⑥ 위험물을 용기에 수납하여 저장 또는 취급할 때에는 그 용기는 해당 위험물의 성질에 적응하고 파손 · 부식 · 균열 등이 없는 것으로 해야 한다.

⑦ 가연성의 액체 · 증기 또는 가스가 새거나 체류할 우려가 있는 장소 또는 가연성의 미분이 현저하게 부유할 우려가 있는 장소에서는 전선과 전기기구를 완전히 접속하고 불꽃을 발하는 기계 · 기구 · 공구 · 신발 등을 사용하지 않아야 한다.

⑧ 위험물을 보호액 중에 보존하는 경우에는 해당 위험물이 보호액으로부터 노출되지 않도록 해야 한다.

(2) 유별 저장·취급의 공통기준

① 제1류 위험물 : 가연물과의 접촉, 혼합이나 분해를 촉진하는 물품과의 접근 또는 과열, 충격, 마찰 등을 피하는 한편, 알칼리금속의 과산화물 및 이를 함유한 것에 있어서는 물과의 접촉을 피해야 한다. ★★★

② 제2류 위험물 : 산화제와의 접촉, 혼합이나 불티, 불꽃, 고온체와의 접근 또는 과열을 피하는 한편, 철분, 금속분, 마그네슘 및 이를 함유한 것에 있어서는 물이나 산과의 접촉을 피하고 인화성 고체에 있어서는 함부로 증기를 발생시키지 않아야 한다. ★

③ 제3류 위험물 : 자연발화성 물품에 있어서는 불티, 불꽃 또는 고온체와의 접근, 과열 또는 공기와의 접촉을 피하고, 금수성 물품에 있어서는 물과의 접촉을 피해야 한다. ★★

④ 제4류 위험물 : 불티, 불꽃, 고온체와의 접근 또는 과열을 피하고, 함부로 증기를 발생시키지 않아야 한다. ★

⑤ 제5류 위험물 : 불티, 불꽃, 고온체와의 접근이나 과열, 충격 또는 마찰을 피해야 한다. ★

⑥ 제6류 위험물 : 가연물과의 접촉, 혼합이나 분해를 촉진하는 물품과의 접근 또는 과열을 피해야 한다. ★★★

위험물안전관리법령에 따른 위험물의 저장 및 취급기준이다. 다음 물음의 빈칸을 채우시오.

⑴ 제( )류 위험물은 가연물과의 접촉·혼합이나 분해를 촉진하는 물품과의 접근 또는 과열·충격·마찰 등을 피하는 한편, 알칼리금속의 과산화물 및 이를 함유한 것에 있어서는 물과의 접촉을 피해야 한다.

⑵ 제( )류 위험물은 산화제와의 접촉·혼합이나 불티·불꽃·고온체와의 접근 또는 과열을 피하는 한편, 철분·금속분·마그네슘 및 이를 함유한 것에 있어서는 물이나 산과의 접촉을 피하고 인화성 고체에 있어서는 함부로 증기를 발생시키지 않아야 한다.

⑶ 제( )류 위험물은 불티·불꽃·고온체와의 접근이나 과열·충격 또는 마찰을 피해야 한다.

|해설|

본문 참조

정답 ⑴ 1
　　 ⑵ 2
　　 ⑶ 5

핵심이론 02 저장기준(시행규칙 별표 18)

(1) 옥내저장소 또는 옥외저장소에는 유별을 달리하는 위험물을 동일한 저장소에 저장할 수 없는데 1m 이상 간격을 두고 아래 유별을 저장할 수 있다.★★★

① 제1류 위험물(알칼리금속의 과산화물은 제외)과 제5류 위험물을 저장하는 경우

② 제1류 위험물과 제6류 위험물을 저장하는 경우

③ 제1류 위험물과 제3류 위험물 중 자연발화성 물품(황린에 한함)을 저장하는 경우

④ 제2류 위험물 중 인화성 고체와 제4류 위험물을 저장하는 경우

⑤ 제3류 위험물 중 알킬알루미늄 등과 제4류 위험물(알킬알루미늄 또는 알킬리튬을 함유한 것에 한함)을 저장하는 경우

⑥ 제4류 위험물 중 유기과산화물과 제5류 위험물 중 유기과산화물을 저장하는 경우

(2) 제3류 위험물 중 황린, 그 밖에 물속에 저장하는 물품과 금수성 물질은 동일한 저장소에서 저장하지 않아야 한다.

(3) 옥내저장소에서 동일 품명의 위험물이더라도 자연발화할 우려가 있는 위험물 또는 재해가 현저하게 증대할 우려가 있는 위험물을 다량 저장하는 경우에는 지정수량의 10배 이하마다 구분하여 상호 간 0.3m 이상의 간격을 두어 저장해야 한다.

(4) **옥내저장소와 옥외저장소에 저장 시 높이(아래 높이를 초과하여 겹쳐 쌓지 말 것)★★★**

① 기계에 의하여 하역하는 구조로 된 용기만을 겹쳐 쌓는 경우 : 6m

② 제4류 위험물 중 제3석유류, 제4석유류, 동식물유류를 수납하는 용기만을 겹쳐 쌓는 경우 : 4m

③ 그 밖의 경우(특수인화물, 제1석유류, 제2석유류, 알코올류, 타류) : 3m

(5) **옥내저장소에서는 용기에 수납하여 저장하는 위험물의 온도 : 55℃ 이하**

(6) 이동저장탱크에는 해당 탱크에 저장 또는 취급하는 위험물의 위험성을 알리는 표지를 부착하고 잘 보일 수 있도록 관리해야 한다.

(7) 이동탱크저장소에는 이동탱크저장소의 완공검사합격확인증과 정기점검기록을 비치해야 한다.

(8) 알킬알루미늄 등을 저장 또는 취급하는 이동탱크저장소에는 긴급 시의 연락처, 응급조치에 관하여 필요한 사항을 기재한 서류, 방호복, 고무장갑, 밸브 등을 죄는 결합공구 및 휴대용 확성기를 비치해야 한다.

(9) **옥외저장소에서 위험물을 수납한 용기를 선반에 저장하는 경우 : 6m를 초과하지 말 것**

(10) 옥외저장탱크·옥내저장탱크 또는 이동저장탱크에 새롭게 알킬알루미늄 등을 주입하는 때에는 미리 해당 탱크 안의 공기를 불활성 기체로 치환하여 둔다.

(11) 이동저장탱크에 알킬알루미늄 등을 저장하는 경우에는 20kPa 이하의 압력으로 불활성의 기체를 봉입하여 둘 것

(12) **옥외저장탱크·옥내저장탱크 또는 지하저장탱크 중 압력탱크 외의 탱크에 저장★**

① 산화프로필렌, 다이에틸에터 등 : 30℃ 이하

② 아세트알데하이드 : 15℃ 이하

(13) 옥외저장탱크·옥내저장탱크 또는 지하저장탱크 중 압력탱크에 저장

① 아세트알데하이드 등 또는 다이에틸에터 등 : 40℃ 이하

(14) 아세트알데하이드 등 또는 다이에틸에터 등을 이동저장탱크에 저장

① 보랭장치가 있는 경우 : 비점 이하
② 보랭장치가 없는 경우 : 40℃ 이하

핵심예제

2-1. 중유가 들어있는 드럼용기를 겹쳐 쌓여 있는 옥외저장소에 대하여 각 물음에 답을 쓰시오.

(1) 기계에 의하여 하역하는 구조로 된 용기만을 겹쳐 쌓는 경우 저장높이는 몇 m를 초과할 수 없는지 쓰시오.

(2) 위험물을 수납한 용기를 선반에 저장하는 경우 저장높이는 몇 m를 초과할 수 없는지 쓰시오.

(3) 드럼용기만을 겹쳐 쌓는 경우 저장높이는 몇 m를 초과할 수 없는지 쓰시오.

2-2. 다음 위험물을 옥외저장탱크·옥내저장탱크 또는 지하저장탱크 중 압력탱크 외의 탱크에 저장하는 경우 저장온도는 몇 ℃ 이하로 유지해야 하는지 쓰시오.

(1) 다이에틸에터
(2) 아세트알데하이드
(3) 산화프로필렌

|해설|

2-1
옥내저장소와 옥외저장소에 저장 시 높이(아래 높이를 초과하지 말 것)

• 기계에 의하여 하역하는 구조로 된 용기만을 겹쳐 쌓는 경우 : 6m
• 제4류 위험물 중 제3석유류, 제4석유류, 동식물유류를 수납하는 용기만을 겹쳐 쌓는 경우 : 4m
• 그 밖의 경우(특수인화물, 제1석유류, 제2석유류, 알코올류, 타류) : 3m
• 옥외저장소에서 위험물을 수납한 용기를 선반에 저장하는 경우 : 6m

※ 중유 : 제4류 위험물 중 제3석유류

2-2
저장기준

• 옥외저장탱크·옥내저장탱크 또는 지하저장탱크 중 압력탱크 외의 탱크에 저장
  – 산화프로필렌, 다이에틸에터 등을 저장 : 30℃ 이하
  – 아세트알데하이드 : 15℃ 이하
• 옥외저장탱크·옥내저장탱크 또는 지하저장탱크 중 압력탱크에 저장
  – 아세트알데하이드 등 또는 다이에틸에터 등 : 40℃ 이하

정답 2-1 (1) 6m
　　　　 (2) 6m
　　　　 (3) 4m

　　 2-2 (1) 30℃ 이하
　　　　 (2) 15℃ 이하
　　　　 (3) 30℃ 이하

(1) 제조에 관한 기준

① 증류공정에 있어서는 위험물을 취급하는 설비의 내부압력의 변동 등에 의하여 액체 또는 증기가 새지 않도록 할 것

② 추출공정에 있어서는 추출관의 내부압력이 비정상으로 상승하지 않도록 할 것

③ 건조공정에 있어서는 위험물의 온도가 부분적으로 상승하지 않는 방법으로 가열 또는 건조할 것

④ 분쇄공정에 있어서는 위험물의 분말이 현저하게 부유하고 있거나 위험물의 분말이 현저하게 기계·기구 등에 부착하고 있는 상태로 그 기계·기구를 취급하지 않을 것

(2) 이동탱크저장소(컨테이너식 이동탱크저장소는 제외)에서의 취급기준

① 이동저장탱크로부터 위험물을 저장 또는 취급하는 탱크에 인화점이 40℃ 미만인 위험물을 주입할 때에는 이동탱크저장소의 원동기를 정지시킬 것

② 휘발유, 벤젠, 그 밖에 정전기에 의한 재해발생의 우려가 있는 액체의 위험물을 이동저장탱크에 주입하거나 이동저장탱크로부터 배출하는 때에는 도선으로 이동저장탱크와 접지전극 등과의 사이를 긴밀히 연결하여 해당 이동저장탱크를 접지할 것

③ 휘발유, 벤젠, 그 밖에 정전기에 의한 재해발생의 우려가 있는 액체의 위험물을 이동저장탱크의 상부로 주입하는 때에는 주입관을 사용하되, 해당 주입관의 끝부분을 이동저장탱크의 밑바닥에 밀착할 것

④ **이동저장탱크에 위험물(휘발유, 등유, 경유)을 교체 주입하고자 할 때 정전기 방지 조치**

  ㉠ 이동저장탱크의 상부로부터 위험물을 주입할 때에는 위험물의 액표면이 주입관의 끝부분을 넘는 높이가 될 때까지 그 주입관 내의 유속을 1m/s 이하로 할 것

  ㉡ 이동저장탱크의 밑부분으로부터 위험물을 주입할 때에는 위험물의 액표면이 주입관의 정상부분을 넘는 높이가 될 때까지 그 주입배관 내의 유속을 1m/s 이하로 할 것

  ㉢ 그 밖의 방법에 의한 위험물의 주입은 이동저장탱크에 가연성증기가 잔류하지 않도록 조치하고 안전한 상태로 있음을 확인한 후에 할 것

(3) 알킬알루미늄 등 및 아세트알데하이드 등의 취급기준

① 알킬알루미늄 등의 제조소 또는 일반취급소에 있어서 알킬알루미늄 등을 취급하는 설비에는 불활성의 기체를 봉입할 것

② 알킬알루미늄 등의 이동탱크저장소에 있어서 이동저장탱크로부터 알킬알루미늄 등을 꺼낼 때에는 동시에 200kPa 이하의 압력으로 불활성의 기체를 봉입할 것

  ※ 이동저장탱크에 알킬알루미늄 등을 저장하는 경우에는 20kPa 이하의 압력으로 불활성의 기체를 봉입하여 둘 것

③ 아세트알데하이드 등의 제조소 또는 일반취급소에 있어서 아세트알데하이드 등을 취급하는 설비에는 연소성 혼합기체의 생성에 의한 폭발의 위험이 생겼을 경우에 불활성의 기체 또는 수증기[아세트알데하이드 등을 취급하는 탱크(옥외에 있는 탱크 또는 옥내에 있는 탱크로서 그 용량이 지정수량의 1/5 미만의 것을 제외한다)에 있어서는 불활성의 기체]를 봉입할 것

④ 아세트알데하이드 등의 이동탱크저장소에 있어서 이동저장탱크로부터 아세트알데하이드 등을 꺼낼 때에는 동시에 100kPa 이하의 압력으로 불활성의 기체를 봉입할 것

이동탱크저장소에 있어서 이동저장탱크로부터 알킬알루미늄을 꺼낼 때와 저장할 때 얼마의 압력으로 불활성 기체를 봉입하여 두어야 하는가?

|해설|

알킬알루미늄 등의 이동탱크저장소
- 이동저장탱크로부터 알킬알루미늄 등을 꺼낼 때에는 동시에 200kPa 이하의 압력으로 불활성의 기체를 봉입할 것
- 이동저장탱크에 알킬알루미늄 등을 저장하는 경우에는 20kPa 이하의 압력으로 불활성의 기체를 봉입하여 둘 것

정답 • 꺼낼 때 : 200kPa 이하
     • 저장하는 경우 : 20kPa 이하

제3절 | 위험물의 운반 및 운송기준

핵심이론 01 운반용기 재질 및 적재방법(시행규칙 별표 19)

(1) 운반용기의 재질

① 강 판
② 알루미늄판
③ 양철판
④ 유 리
⑤ 금속판
⑥ 종 이
⑦ 플라스틱
⑧ 섬유판
⑨ 고무류
⑩ 합성섬유
⑪ 삼
⑫ 짚 또는 나무

(2) 적재방법

① **고체위험물** : 운반용기 내용적의 95% 이하의 수납률로 수납할 것★★★

② **액체위험물** : 운반용기 내용적의 98% 이하의 수납률로 수납하되, 55℃의 온도에서 누설되지 않도록 충분한 공간용적을 유지하도록 할 것★★★

③ **제3류 위험물의 운반용기 수납기준★**
  ㉠ 자연발화성 물질에 있어서는 불활성 기체를 봉입하여 밀봉하는 등 공기와 접하지 않도록 할 것
  ㉡ 자연발화성 물질 외의 물품에 있어서는 파라핀·경유·등유 등의 보호액으로 채워 밀봉하거나 불활성 기체를 봉입하여 밀봉하는 등 수분과 접하지 않도록 할 것
  ㉢ ②의 규정에 불구하고 자연발화성 물질 중 알킬알루미늄 등은 운반용기 내용적의 90% 이하의 수납률로 수납하되, 50℃의 온도에서 5% 이상의 공간용적을 유지하도록 할 것★

④ **기계에 의하여 하역하는 구조로 된 운반용기의 외부 표시사항**
  ㉠ 운반용기의 제조연월 및 제조자의 명칭
  ㉡ 겹쳐쌓기 시험하중

ⓒ 운반용기의 종류에 따라 다음의 규정에 의한 중량
- 플렉시블 외의 운반용기 : 최대총중량(최대수용 중량의 위험물을 수납하였을 경우의 운반용기의 전중량을 말한다)
- 플렉시블 운반용기 : 최대수용중량

⑤ 적재위험물에 따른 조치
ⓒ 차광성이 있는 것으로 피복★★★
- 제1류 위험물
- 제3류 위험물 중 자연발화성 물질
- 제4류 위험물 중 특수인화물
- 제5류 위험물
- 제6류 위험물
ⓒ 방수성이 있는 것으로 피복★★
- 제1류 위험물 중 알칼리금속의 과산화물
- 제2류 위험물 중 철분·금속분·마그네슘
- 제3류 위험물 중 금수성 물질
ⓒ 제5류 위험물 중 55℃ 이하의 온도에서 분해될 우려가 있는 것은 보랭 컨테이너에 수납하는 등 적정한 온도관리를 할 것

⑥ 운반용기의 외부 표시사항
ⓒ 위험물의 품명, 위험등급, 화학명 및 수용성("수용성" 표시는 제4류 위험물의 수용성인 것에 한함)
ⓒ 위험물의 수량
ⓒ 수납하는 위험물에 따른 주의사항

종 류	표시사항
제1류 위험물★★★	• 알칼리금속의 과산화물 : 화기·충격주의, 물기엄금, 가연물접촉주의 • 그 밖의 것 : 화기·충격주의, 가연물접촉주의
제2류 위험물	• 철분, 금속분, 마그네슘 : 화기주의, 물기엄금 • 인화성 고체 : 화기엄금 • 그 밖의 것 : 화기주의
제3류 위험물	• 자연발화성 물질 : 화기엄금, 공기접촉엄금 • 금수성 물질 : 물기엄금
제4류 위험물★★	화기엄금

종 류	표시사항
제5류 위험물★	화기엄금, 충격주의
제6류 위험물★	가연물접촉주의

⑦ 운반방법
ⓒ 위험물 또는 위험물을 수납한 운반용기가 현저하게 마찰 또는 동요를 일으키지 않도록 운반해야 한다(중요기준).
ⓒ 지정수량 이상의 위험물을 차량으로 운반하는 경우에는 해당 차량에 소방청장이 정하여 고시하는 바에 따라 운반하는 위험물의 위험성을 알리는 표지를 설치해야 한다.
ⓒ 지정수량 이상의 위험물을 차량으로 운반하는 경우에 있어서 다른 차량에 바꾸어 싣거나 휴식·고장 등으로 차량을 일시 정차시킬 때에는 안전한 장소를 택하고 운반하는 위험물의 안전확보에 주의해야 한다.
ⓒ 지정수량 이상의 위험물을 차량으로 운반하는 경우에는 해당 위험물에 적응성이 있는 소형 수동식 소화기를 해당 위험물의 소요단위에 상응하는 능력단위 이상 갖추어야 한다.
ⓒ 위험물의 운반 도중 위험물이 현저하게 새는 등 재난발생의 우려가 있는 경우에는 응급조치를 강구하는 동시에 가까운 소방관서 그 밖의 관계기관에 통보해야 한다.

1-1. 위험물의 운반기준이다. 다음 (   ) 안에 적당한 말을 채우시오.

(1) 고체위험물은 운반용기 내용적의 (㉠)% 이하의 수납률로 수납할 것

(2) 액체위험물은 운반용기 내용적의 (㉡)% 이하의 수납률로 수납하되, (㉢)℃의 온도에서 누설되지 않도록 충분한 공간용적을 유지하도록 할 것

1-2. 제1류 위험물 중 차광성 및 방수성이 있는 피복으로 덮어야 하는 것을 2가지만 쓰시오.

1-3. 알칼리금속의 과산화물 운반용기에 표시해야 하는 주의사항을 4가지 쓰시오.

1-4. 과산화벤조일 운반용기에 표시해야 하는 주의사항을 2가지 쓰시오.

1-5. 제6류 위험물 운반용기의 외부에 표시해야 하는 주의사항을 쓰시오.

1-6. 제6류 위험물일 경우 운반덮개는 차광성 및 방수성의 피복 중 어느 것으로 덮어야 하는지 쓰시오.

|해설|

1-1

운반용기의 적재방법

• 고체위험물은 운반용기 내용적의 95% 이하의 수납률로 수납할 것

• 액체위험물은 운반용기 내용적의 98% 이하의 수납률로 수납하되, 55℃의 온도에서 누설되지 않도록 충분한 공간용적을 유지하도록 할 것

1-2

본문 참조

1-3

제1류 위험물 운반용기의 주의사항

• 알칼리금속의 과산화물 : 화기·충격주의, 물기엄금, 가연물접촉주의

• 그 밖의 것 : 화기·충격주의, 가연물접촉주의

1-4

제5류 위험물(과산화벤조일) : 화기엄금, 충격주의

1-5

본문 참조

1-6

차광성이 있는 것으로 피복

• 제1류 위험물

• 제3류 위험물 중 자연발화성 물질

• 제4류 위험물 중 특수인화물

• 제5류 위험물

• 제6류 위험물

정답 **1-1** ㉠ 95, ㉡ 98, ㉢ 55

1-2 과산화칼륨, 과산화나트륨

1-3 화기주의, 충격주의, 물기엄금, 가연물접촉주의

1-4 화기엄금, 충격주의

1-5 가연물접촉주의

1-6 차광성

(1) 위험등급 Ⅰ의 위험물★★★

① 제1류 위험물 중 아염소산염류, 염소산염류, 과염소산염류, 무기과산화물, 그 밖에 지정수량이 50kg인 위험물

② 제3류 위험물 중 칼륨, 나트륨, 알킬알루미늄, 알킬리튬, 황린, 그 밖에 지정수량이 10kg인 위험물★

③ 제4류 위험물 중 특수인화물

④ 제5류 위험물 중 유기과산화물, 질산에스터류, 그 밖에 지정수량이 10kg인 위험물

⑤ 제6류 위험물

(2) 위험등급 Ⅱ의 위험물

① 제1류 위험물 중 브롬산염류, 질산염류, 아이오딘산염류, 지정수량이 300kg인 위험물

② 제2류 위험물 중 황화인, 적린, 유황, 그 밖에 지정수량이 100kg인 위험물

③ 제3류 위험물 중 알칼리금속(칼륨, 나트륨 제외) 및 알칼리토금속, 유기금속화합물(알킬알루미늄 및 알킬리튬은 제외), 그 밖에 지정수량이 50kg인 위험물

④ 제4류 위험물 중 제1석유류, 알코올류★

⑤ 제5류 위험물 중 (1)의 ④에 정하는 위험물 외의 것

(3) 위험등급 Ⅲ의 위험물 : (1) 및 (2)에 정하지 않은 위험물

핵심예제

위험물안전관리법령상 제3류 위험물 중 위험등급 Ⅰ에 해당하는 품명을 3가지만 쓰시오.

|해설|

본문 참조

정답 칼륨, 나트륨, 황린

---

(1) 유별을 달리하는 위험물의 혼재기준(시행규칙 별표 19)★★★

위험물의 구분	제1류	제2류	제3류	제4류	제5류	제6류
제1류		×	×	×	×	○
제2류	×		×	○	○	×
제3류	×	×		○	×	×
제4류	×	○	○		○	×
제5류	×	○	×	○		×
제6류	○	×	×	×	×	

비 고
• "×" 표시는 혼재할 수 없음을 표시한다.
• "○" 표시는 혼재할 수 있음을 표시한다.
• 이 표는 지정수량의 $\frac{1}{10}$ 이하의 위험물에 대하여는 적용하지 않는다.

핵심예제

3-1. 운반 시 제1류 위험물과 혼재할 수 없는 위험물의 유별을 모두 적으시오(단, 지정수량의 $\frac{1}{10}$ 이상을 저장하는 경우이다).

3-2. 운반 시 유기과산화물과 혼재할 수 없는 위험물의 유별을 모두 쓰시오(단, 지정수량의 $\frac{1}{10}$ 이상을 저장하는 경우이다).

|해설|

3-1, 3-2
본문 참조

정답 3-1 제2류 위험물, 제3류 위험물, 제4류 위험물, 제5류 위험물
3-2 제1류 위험물, 제3류 위험물, 제6류 위험물

핵심이론 04 운반용기의 최대용적 또는 중량
(시행규칙 별표 19)

(1) 고체위험물

| 운반 용기 | | | | 수납 위험물의 종류 | | | | | | | | | |
| 내장 용기 | | 외장 용기 | | 제1류 | | | 제2류 | | 제3류 | | | 제5류 | |
용기의 종류	최대용적 또는 중량	용기의 종류	최대용적 또는 중량	I	II	III	II	III	I	II	III	I	II
유리용기 또는 플라스틱 용기	10L	나무상자 또는 플라스틱 상자 (필요에 따라 불활성의 완충재를 채울 것)	125kg	○	○	○	○	○	○	○	○	○	○
			225kg	○	○		○		○	○		○	
		파이버판 상자 (필요에 따라 불활성의 완충재를 채울 것)	40kg	○	○	○	○	○	○	○	○	○	○
			55kg	○	○		○		○	○		○	
금속제 용기★	30L	나무상자 또는 플라스틱 상자	125kg	○			○		○	○		○	
			225kg	○			○		○			○	
		파이버판 상자	40kg	○			○		○	○		○	
			55kg	○			○		○			○	
플라스틱 필름포대 또는 종이포대	5kg	나무상자 또는 플라스틱 상자	50kg	○	○		○		○	○		○	
	50kg		50kg	○	○		○		○	○		○	
	125kg		125kg	○	○		○		○	○			
	225kg		225kg				○			○			
	5kg	파이버판 상자	40kg	○	○		○		○	○		○	
	40kg		40kg	○	○		○		○	○		○	
	55kg		55kg				○						

(2) 액체위험물

| 운반 용기 | | | | 수납 위험물의 종류 | | | | | | | | |
| 내장 용기 | | 외장 용기 | | 제3류 | | | 제4류 | | | 제5류 | | 제6류 |
용기의 종류	최대용적 또는 중량	용기의 종류	최대용적 또는 중량	I	II	III	I	II	III	I	II	I
유리 용기	5L	나무 또는 플라스틱상자 (불활성의 완충재를 채울 것)	75kg	○	○	○	○	○	○	○	○	○
	10L		125kg		○	○		○	○		○	○
			225kg						○			
	5L	파이버판상자 (불활성의 완충재를 채울 것)	40kg		○	○		○	○		○	○
	10L		55kg						○			
플라스틱 용기	10L	나무 또는 플라스틱상자 (필요에 따라 불활성의 완충재를 채울 것)	75kg	○	○	○	○	○	○	○	○	○
			125kg		○	○		○	○		○	○
			225kg						○			
		파이버판상자 (필요에 따라 불활성의 완충재를 채울 것)	40kg	○	○	○	○	○	○	○	○	○
			55kg						○			
금속제 용기	30L	나무 또는 플라스틱상자	125kg	○	○	○	○	○	○	○	○	○
			225kg						○			
		파이버판상자	40kg	○	○	○	○	○	○	○	○	○
			55kg	○	○		○		○			
		금속제용기 (금속제드럼 제외)	60L	○	○		○		○			
		플라스틱용기 (플라스틱드럼 제외)	10L					○				
			20L					○				
			30L					○				
—		금속제드럼 (뚜껑고정식)	250L	○	○	○	○	○	○	○	○	○
		금속제드럼 (뚜껑탈착식)	250L				○	○	○			
		플라스틱 또는 파이버드럼 (플라스틱내용 기부착의 것)	250L		○	○		○			○	

핵심이론 05 위험물 운송책임자의 감독 및 운송 시 준수사항(시행규칙 별표 21)

(1) 운송책임자의 감독 또는 지원의 방법

① 운송책임자가 이동탱크저장소에 동승하여 운송 중인 위험물의 안전확보에 관하여 운전자에게 필요한 감독 또는 지원을 하는 방법. 다만, 운전자가 운반책임자의 자격이 있는 경우에는 운송책임자의 자격이 없는 자가 동승할 수 있다.

② 운송의 감독 또는 지원을 위하여 마련한 별도의 사무실에 운송책임자가 대기하면서 다음의 사항을 이행하는 방법★

　㉠ 운송경로를 미리 파악하고 관할 소방관서 또는 관련 업체(비상대응에 관한 협력을 얻을 수 있는 업체를 말한다)에 대한 연락체계를 갖추는 것

　㉡ 이동탱크저장소의 운전자에 대하여 수시로 안전확보 상황을 확인하는 것

　㉢ 비상시의 응급처치에 관하여 조언을 하는 것

　㉣ 그 밖에 위험물의 운송 중 안전확보에 관하여 필요한 정보를 제공하고 감독 또는 지원하는 것

(2) 이동탱크저장소에 의한 위험물의 운송 시 준수해야 하는 기준

① 위험물운송자는 운송의 개시 전에 이동저장탱크의 배출밸브 등의 밸브와 폐쇄장치, 맨홀 및 주입구의 뚜껑, 소화기 등의 점검을 충분히 실시할 것

② 위험물운송자는 장거리(고속국도에 있어서는 340km 이상, 그 밖의 도로에 있어서는 200km 이상을 말한다)에 걸치는 운송을 하는 때에는 2명 이상의 운전자로 할 것. 다만, 다음에 해당하는 경우에는 그렇지 않다.★

　㉠ 운송책임자를 동승시킨 경우

　㉡ 운송하는 위험물이 제2류 위험물·제3류 위험물(칼슘 또는 알루미늄의 탄화물과 이것만을 함유한 것에 한한다) 또는 제4류 위험물(특수인화물을 제외)인 경우

　㉢ 운송 도중에 2시간 이내마다 20분 이상씩 휴식하는 경우

③ 위험물운송자는 이동저장탱크로부터 위험물이 현저하게 새는 등 재해발생의 우려가 있는 경우에는 재난을 방지하기 위한 응급조치를 강구하는 동시에 소방관서, 그 밖의 관계기관에 통보할 것

④ 위험물(제4류 위험물에 있어서는 특수인화물 및 제1석유류에 한한다)을 운송하게 하는 자는 별지 제48호 서식의 위험물안전카드를 위험물운송자로 하여금 휴대하게 할 것★

제4절 | 제조소 등의 위치 · 구조 및 설비기준

1-1. 제조소의 위치, 구조 및 설비의 기준(시행규칙 별표 4)

핵심이론 01 제조소의 안전거리★

(1) 건축물의 외벽 또는 공작물의 외측으로부터 해당 제조소의 외벽 또는 이에 상당하는 공작물의 외측까지의 수평거리를 안전거리라 한다(제6류 위험물은 제외).

건축물	안전거리
사용전압 7,000V 초과 35,000V 이하의 특고압가공전선	3m 이상
사용전압 35,000V 초과의 특고압가공전선	5m 이상
건축물 그 밖의 공작물로서 주거용으로 사용되는 것(제조소가 설치된 부지 내에 있는 것을 제외)	10m 이상
고압가스, 액화석유가스, 도시가스를 저장 또는 취급하는 시설	20m 이상
학교, 병원(병원급 의료기관), 극장(공연장, 영화상영관 및 그 밖에 이와 유사한 시설로서 수용인원 300명 이상 수용할 수 있는 것), 아동복지시설, 노인복지시설, 장애인복지시설, 한부모가족복지시설, 어린이집, 성매매피해자 등을 위한 지원시설, 정신건강증진시설, 가정폭력방지 및 피해자 보호시설 및 그 밖에 이와 유사한 시설로서 수용인원 20명 이상 수용할 수 있는 것	30m 이상
유형문화재, 지정문화재	50m 이상

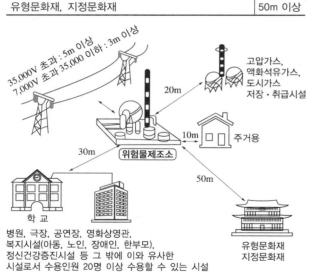

병원, 극장, 공연장, 영화상영관,
복지시설(아동, 노인, 장애인, 한부모),
정신건강증진시설 등 그 밖에 이와 유사한
시설로서 수용인원 20명 이상 수용할 수 있는 시설

(2) 방화상 유효한 담을 설치한 경우의 안전거리 단축 기준

(단위 : m)

구 분	취급하는 위험물의 최대수량(지정수량의 배수)	안전거리(이상)		
		주거용 건축물	학교 · 유치원 등	문화재
제조소 · 일반취급소(취급하는 위험물의 양이 주거지역에 있어서는 30배, 상업지역에 있어서는 35배, 공업지역에 있어서는 50배 이상인 것을 제외한다)	10배 미만	6.5	20	35
	10배 이상	7.0	22	38
옥내저장소(취급하는 위험물의 양이 주거지역에 있어서는 지정수량의 120배, 상업지역에 있어서는 150배, 공업지역에 있어서는 200배 이상인 것을 제외한다)	5배 미만	4.0	12.0	23.0
	5배 이상 10배 미만	4.5	12.0	23.0
	10배 이상 20배 미만	5.0	14.0	26.0
	20배 이상 50배 미만	6.0	18.0	32.0
	50배 이상 200배 미만	7.0	22.0	38.0
옥외탱크저장소(취급하는 위험물의 양이 주거지역에 있어서는 지정수량의 600배, 상업지역에 있어서는 700배, 공업지역에 있어서는 1,000배 이상인 것을 제외한다)	500배 미만	6.0	18.0	32.0
	500배 이상 1,000배 미만	7.0	22.0	38.0
옥외저장소(취급하는 위험물의 양이 주거지역에 있어서는 지정수량의 10배, 상업지역에 있어서는 15배, 공업지역에 있어서는 20배 이상인 것을 제외한다)	10배 미만	6.0	18.0	32.0
	10배 이상 20배 미만	8.5	25.0	44.0

(3) 방화상 유효한 담의 높이★

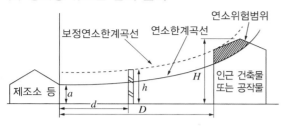

- $H \leqq pD^2 + a$인 경우 : $h = 2$
- $H > pD^2 + a$인 경우 : $h = H - p(D^2 - d^2)$

  여기서, D : 제조소 등과 인근 건축물 또는 공작물과의 거리(m)

  H : 인근 건축물 또는 공작물의 높이(m)

  a : 제조소 등의 외벽의 높이(m)

  d : 제조소 등과 방화상 유효한 담과의 거리(m)

  h : 방화상 유효한 담의 높이(m)

  p : 상 수

인근 건축물 또는 공작물의 구분	p의 값
• 학교·주택·문화재 등의 건축물 또는 공작물이 목조인 경우 • 학교·주택·문화재 등의 건축물 또는 공작물이 방화구조 또는 내화구조이고, 제조소 등에 면한 부분의 개구부에 방화문이 설치되지 않은 경우	0.04
• 학교·주택·문화재 등의 건축물 또는 공작물이 방화구조인 경우 • 학교·주택·문화재 등의 건축물 또는 공작물이 방화구조 또는 내화구조이고, 제조소 등에 면한 부분의 개구부에 30분 방화문이 설치된 경우	0.15
학교·주택·문화재 등의 건축물 또는 공작물이 내화구조이고, 제조소 등에 면한 개구부에 60분+방화문이 설치된 경우	∞

① 위에서 산출한 수치가 2 미만일 때에는 담의 높이를 2m로, 4 이상일 때에는 담의 높이를 4m로 하고 다음의 소화설비를 보강해야 한다.

　㉠ 해당 제조소 등의 소형 소화기 설치 대상인 것 : 대형 소화기를 1개 이상 증설할 것

　㉡ 해당 제조소 등의 대형 소화기 설치 대상인 것 : 대형 소화기 대신 옥내소화전설비, 옥외소화전설비, 스프링클러설비, 물분무소화설비, 포소화설비, 불활성가스소화설비, 할로겐화합물소화설비, 분말소화설비 중 적응 소화설비를 설치할 것

　㉢ 해당 제조소 등의 옥내소화전설비, 옥외소화전설비, 스프링클러설비, 물분무소화설비, 포소화설비, 불활성가스소화설비, 할로겐화합물소화설비, 분말소화설비 설치대상인 것 : 반경 30m마다 대형 소화기 1개 이상 증설할 것

② 방화상 유효한 담

　㉠ 제조소 등으로부터 5m 미만의 거리에 설치하는 경우 : 내화구조

　㉡ 5m 이상의 거리에 설치하는 경우 : 불연재료

핵심예제

위험물제조소의 안전거리를 쓰시오.

⑴ 사용전압 35,000V 초과

⑵ 학 교

⑶ 지정문화재

|해설|

본문 참조

정답 ⑴ 5m 이상

　　⑵ 30m 이상

　　⑶ 50m 이상

핵심이론 02 제조소의 보유공지

(1) 제조소의 보유공지★

취급하는 위험물의 최대수량	공지의 너비
지정수량의 10배 이하	3m 이상
지정수량의 10배 초과	5m 이상

(2) 방화상 유효한 격벽을 설치한 때 공지를 보유하지 않을 수 있는 경우★

① 방화벽은 내화구조로 할 것. 다만, 취급하는 위험물이 제6류 위험물인 경우에는 불연재료로 할 수 있다.

② 방화벽에 설치하는 출입구 및 창 등의 개구부는 가능한 한 최소로 하고, 출입구 및 창에는 자동폐쇄식의 60분+방화문을 설치할 것

③ 방화벽의 양단 및 상단이 외벽 또는 지붕으로부터 50cm 이상 돌출하도록 할 것

핵심예제

위험물제조소에서 아세톤 6,000L를 제조하려고 공장을 신축하고자 할 때 보유공지는 몇 m 이상 두어야 하는가?

|해설|

보유공지

• 지정수량의 배수 = $\dfrac{\text{저장수량}}{\text{지정수량}}$ = $\dfrac{6,000\text{L}}{400\text{L}}$ = 15배

※ 아세톤의 지정수량 : 400L(제1석유류, 수용성)

• 보유공지 : 지정수량의 배수가 10배 이상 보유공지는 5m 이상을 확보해야 한다.

정답 5m 이상

핵심이론 03 제조소의 표지 및 게시판

위험물 제조소	
화기엄금	
유 별	제4류
품 명	제2석유류(등유)
취급최대수량	20,000L
지정수량의 배수	20배
안전관리자의 성명 및 직명	이덕수

※ 등유(제2석유류, 비수용성)의 지정수량 : 1,000L

(1) "위험물 제조소"라는 표지를 설치★

① 표지의 크기 : 한 변의 길이 0.3m 이상, 다른 한 변의 길이 0.6m 이상인 직사각형

② 표지의 색상 : 백색바탕에 흑색문자

(2) 방화에 관하여 필요한 사항을 게시한 게시판 설치

① 게시판의 크기 : 한 변의 길이 0.3m 이상, 다른 한 변의 길이 0.6m 이상인 직사각형

② 기재 내용 : 위험물의 유별·품명 및 저장최대수량 또는 취급최대수량, 지정수량의 배수 및 안전관리자의 성명 또는 직명

③ 게시판의 색상 : 백색바탕에 흑색문자

(3) 주의사항을 표시한 게시판 설치

위험물의 종류	주의사항	게시판의 색상
• 제1류 위험물 중 알칼리금속의 과산화물★ • 제3류 위험물 중 금수성 물질	물기엄금	청색바탕에 백색문자
제2류 위험물(인화성 고체는 제외)★	화기주의	적색바탕에 백색문자
• 제2류 위험물 중 인화성 고체 • 제3류 위험물 중 자연발화성 물질 • 제4류 위험물★ • 제5류 위험물★	화기엄금	적색바탕에 백색문자

위험물 제조소에서 위험물을 취급할 때 게시판의 주의사항을 쓰시오.

⑴ 과산화칼륨

⑵ 철 분

⑶ 휘발유

⑷ 나이트로셀룰로스

|해설|

주의사항

위험물의 종류	주의사항	게시판의 색상
• 제1류 위험물 중 알칼리금속의 과산화물(과산화칼륨) • 제3류 위험물 중 금수성 물질	물기엄금	청색바탕에 백색문자
제2류 위험물(철분) (인화성 고체는 제외)	화기주의	적색바탕에 백색문자
• 제2류 위험물 중 인화성 고체 • 제3류 위험물 중 자연발화성 물질 • 제4류 위험물(휘발유) • 제5류 위험물(나이트로셀룰로스)	화기엄금	적색바탕에 백색문자

정답 ⑴ 물기엄금
⑵ 화기주의
⑶ 화기엄금
⑷ 화기엄금

핵심이론 04 건축물의 구조

⑴ 지하층이 없도록 해야 한다.

⑵ 벽·기둥·바닥·보·서까래 및 계단 : 불연재료로 하고 연소 우려가 있는 외벽은 출입구 외의 개구부가 없는 내화구조의 벽으로 할 것

⑶ 지붕은 폭발력이 위로 방출될 정도의 가벼운 불연재료로 덮어야 한다.
   ※ 지붕을 내화구조로 할 수 있는 경우
   • 제2류 위험물(분말상태의 것과 인화성 고체는 제외)
   • 제4류 위험물 중 제4석유류, 동식물유류
   • 제6류 위험물

⑷ 출입구와 비상구에는 60분+방화문 또는 30분 방화문을 설치해야 한다.
   ※ 연소우려가 있는 외벽의 출입구 : 수시로 열 수 있는 자동폐쇄식의 60분+방화문 설치

⑸ 건축물의 창 및 출입구의 유리 : 망입유리(두꺼운 판유리에 철망을 넣은 것)

⑹ 액체의 위험물을 취급하는 건축물의 바닥 : 위험물이 스며들지 못하는 재료를 사용하고 적당한 경사를 두어 그 최저부에 집유설비를 할 것★

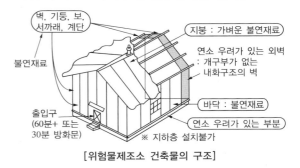

[위험물제조소 건축물의 구조]

채광 · 조명 및 환기설비

(1) **채광설비** : 불연재료로 하고, 연소의 우려가 없는 장소에 설치하되, 채광면적을 최소로 할 것

(2) **조명설비**

① **가연성 가스 등이 체류할 우려가 있는 장소의 조명등** : 방폭등

② **전선** : 내화 · 내열전선

③ **점멸스위치** : 출입구 바깥부분에 설치(다만, 스위치의 스파크로 인한 화재 · 폭발의 우려가 없을 경우에는 그렇지 않다)

(3) **환기설비**

① **환기** : 자연배기방식

② 급기구는 해당 급기구가 설치된 실의 바닥면적 150m² 마다 1개 이상으로 하되, 급기구의 크기는 800cm² 이상으로 할 것. 다만, 바닥면적 150m² 미만인 경우에는 다음의 크기로 할 것★★★

바닥면적	급기구의 면적
60m² 미만	150cm² 이상
60m² 이상 90m² 미만	300cm² 이상
90m² 이상 120m² 미만	450cm² 이상
120m² 이상 150m² 미만	600cm² 이상

③ 급기구는 낮은 곳에 설치하고 가는 눈의 구리망으로 인화방지망을 설치할 것★

④ 환기구는 지붕 위 또는 지상 2m 이상의 높이에 회전식 고정벤틸레이터 또는 루프팬(Roof Fan : 지붕에 설치하는 배기장치)방식으로 설치할 것★

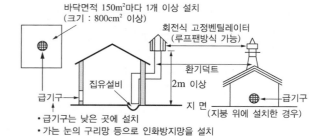

[위험물제조소의 자연배기방식의 환기설비]

(4) **배출설비**

① **설치장소** : 가연성 증기 또는 미분이 체류할 우려가 있는 건축물

② **배출설비** : 국소방식

　※ 전역방식으로 할 수 있는 경우
　　• 위험물취급설비가 배관이음 등으로만 된 경우
　　• 건축물의 구조 · 작업장소의 분포 등의 조건에 의하여 전역방식이 유효한 경우

③ 배출설비는 배풍기(오염된 공기를 뽑아내는 통풍기), 배출덕트(공기배출통로), 후드 등을 이용하여 강제적으로 배출하는 것으로 해야 한다.

④ 배출능력은 1시간당 배출장소 용적의 20배 이상인 것으로 할 것(전역방식 : 바닥면적 1m²당 18m³ 이상)

⑤ **급기구 및 배출구의 설치기준**

　㉠ 급기구는 높은 곳에 설치하고 가는 눈의 구리망으로 인화방지망을 설치할 것

　㉡ 배출구는 지상 2m 이상으로서 연소 우려가 없는 장소에 설치하고, 배출덕트(공기배출통로)가 관통하는 벽 부분의 바로 가까이에 화재 시 자동으로 폐쇄되는 방화댐퍼(화재 시 연기 등을 차단하는 장치)를 설치할 것

⑥ **배풍기** : 강제배기방식

위험물 제조소에 설치된 환기설비에 대하여 물음에 답하시오.

(1) 환기구는 지붕 위 또는 지상 몇 m 이상의 높이에 설치하는지 쓰시오.

(2) 바닥면적이 150m² 일 경우 급기구의 면적은 몇 cm² 이상으로 해야 하는지 쓰시오.

|해설|

환기설비
• 환기구는 지붕 위 또는 지상 2m 이상의 높이에 회전식 고정벤틸 레이터 또는 루프팬(Roof Fan : 지붕에 설치하는 배기장치)방식으로 설치할 것
• 급기구는 해당 급기구가 설치된 실의 바닥면적 150m²마다 1개 이상으로 하되, 급기구의 크기는 800cm² 이상으로 할 것

정답 (1) 2m
(2) 800cm²

핵심이론 06 옥외시설의 바닥(옥외에서 액체위험물을 취급하는 경우)

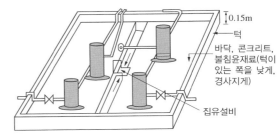

[위험물제조소의 옥외시설의 바닥]

(1) 바닥의 둘레에 높이 0.15m 이상의 턱을 설치하는 등 위험물이 외부로 흘러나가지 않도록 해야 한다.

(2) 바닥은 콘크리트 등 위험물이 스며들지 않는 재료로 하고, (1)의 턱이 있는 쪽이 낮게 경사지게 해야 한다.

(3) 바닥의 최저부에 집유설비를 해야 한다.

(4) 위험물(온도 20℃의 물 100g에 용해되는 양이 1g 미만인 것에 한함)을 취급하는 설비에는 해당 위험물이 직접 배수구에 흘러들어가지 않도록 집유설비에 유분리장치를 설치해야 한다.

[유분리장치]

제조소에 설치해야 하는 기타 설비

(1) 위험물 누출 · 비산방지설비

(2) 가열 · 냉각설비 등의 온도측정장치

(3) 가열건조설비

(4) 압력계 및 안전장치★
① 자동적으로 압력의 상승을 정지시키는 장치
② 감압측에 안전밸브를 부착한 감압밸브
③ 안전밸브를 겸하는 경보장치
④ 파괴판(위험물의 성질에 따라 안전밸브의 작동이 곤란한 가압설비에 한한다)

(5) 전기설비

(6) 정전기 제거설비★
① 접지에 의한 방법
② 공기 중의 상대습도를 70% 이상으로 하는 방법
③ 공기를 이온화하는 방법

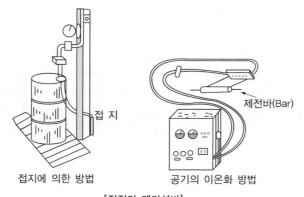

[정전기 제거설비]

(7) 피뢰설비★
지정수량의 10배 이상의 위험물을 취급하는 제조소(제6류 위험물은 제외)에는 설치할 것

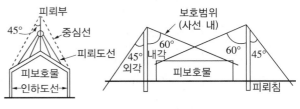

[피뢰침의 보호범위]

핵심예제

제조소에 설치하는 압력계 및 안전장치의 종류를 쓰시오.

|해설|
본문 참조

정답 • 자동적으로 압력의 상승을 정지시키는 장치
• 감압측에 안전밸브를 부착한 감압밸브
• 안전밸브를 겸하는 경보장치
• 파괴판(위험물의 성질에 따라 안전밸브의 작동이 곤란한 가압설비에 한한다)

핵심이론 08 위험물 취급탱크(지정수량 1/5 미만은 제외)

(1) 위험물제조소의 옥외에 있는 위험물 취급탱크

① 하나의 취급탱크 주위에 설치하는 방유제의 용량 : 해당 탱크용량의 50% 이상

② 2 이상의 취급탱크 주위에 하나의 방유제를 설치하는 경우 방유제의 용량 : 해당 탱크 중 용량이 최대인 것의 50%에 나머지 탱크용량 합계의 10%를 가산한 양 이상이 되게 할 것

※ 방유제의 용량 : 해당 방유제의 내용적에서 용량이 최대인 탱크 외의 탱크의 방유제 높이 이하 부분의 용적, 해당 방유제 내에 있는 모든 탱크의 지반면 이상 부분의 기초의 체적, 간막이 둑의 체적 및 해당 방유제 내에 있는 배관 등의 체적을 뺀 것

$$V = (V_2 \times 0.5) + (V_1 \times 0.1)$$

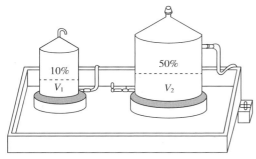

[옥외위험물 취급탱크의 방유제 용량]

(2) 위험물제조소의 옥내에 있는 위험물 취급탱크

① 하나의 취급탱크의 주위에 설치하는 방유턱의 용량 : 해당 탱크용량 이상

② 2 이상의 취급탱크 주위에 설치하는 방유턱의 용량 : 최대 탱크용량 이상

※ 방유제, 방유턱의 용량

• 위험물제조소의 옥외에 있는 위험물 취급탱크의 방유제의 용량★★★

– 1기일 때 : 탱크용량×0.5(50%)

– 2기 이상일 때 : 최대탱크용량×0.5 + (나머지 탱크 용량합계×0.1)

• 위험물제조소의 옥내에 있는 위험물 취급탱크의 방유턱의 용량

– 1기일 때 : 탱크용량 이상

– 2기 이상일 때 : 최대 탱크용량 이상

• 위험물옥외탱크저장소의 방유제의 용량

– 1기일 때 : 탱크용량×1.1(110%)[비인화성 물질×100%]

– 2기 이상일 때 : 최대 탱크용량×1.1(110%)[비인화성 물질×100%]

핵심예제

위험물제조소의 옥외에 있는 위험물 취급탱크의 용량이 200m³와 100m³인 탱크가 있다. 이 탱크 주위에 방유제를 설치하는 경우 방유제의 용량(m³)은 얼마 이상으로 해야 하는지 계산하시오.

|해설|

위험물제조소의 옥외에 있는 위험물 취급탱크(지정수량의 1/5 미만인 용량은 제외)

• 하나의 취급탱크 주위에 설치하는 방유제의 용량 : 해당 탱크용량의 50% 이상

• 2 이상의 취급탱크 주위에 하나의 방유제를 설치하는 경우 방유제의 용량 : 해당 탱크 중 용량이 최대인 것의 50%에 나머지 탱크용량 합계의 10%를 가산한 양 이상이 되게 할 것

∴ 방유제 용량 = (200m³×0.5) + (100m³×0.1) = 110m³

정답 110m³

(1) 배 관

① 배관의 재질 : 강관, 유리섬유강화플라스틱, 고밀도폴리에틸렌, 폴리우레탄

② 내압시험 : 배관에 걸리는 최대상용압력의 1.5배 이상의 압력에서 실시하여 누설, 그 밖의 이상이 없을 것

(2) 용어 정의

① 고인화점 위험물 : 인화점이 100℃ 이상인 제4류 위험물

② 알킬알루미늄 등 : 제3류 위험물 중 알킬알루미늄·알킬리튬 또는 이 중 어느 하나 이상을 함유하는 것

③ 아세트알데하이드 등 : 제4류 위험물 중 특수인화물의 아세트알데하이드·산화프로필렌 또는 이 중 어느 하나 이상을 함유하는 것

④ 하이드록실아민 등 : 제5류 위험물 중 하이드록실아민·하이드록실아민염류 또는 이 중 어느 하나 이상을 함유하는 것

(1) 안전거리

① 주거용 : 10m 이상

② 고압가스, 액화석유가스, 도시가스를 저장 또는 취급시설 : 20m 이상

③ 학교, 병원, 극장, 복지시설, 어린이집 등 : 30m 이상

④ 유형문화재, 지정문화재 : 50m 이상

(2) 보유공지 : 3m 이상

(3) 건축물의 지붕 : 불연재료

(4) 창 또는 출입구 : 30분 방화문, 60분+방화문, 불연재료나 유리로 만든 문(연소우려가 있는 외벽에 두는 출입구에는 자동폐쇄식의 60분+방화문을 설치할 것)

(5) 연소의 우려가 있는 외벽에 두는 출입구 : 망입유리로 할 것

하이드록실아민 등을 취급하는 제조소의 특례

(1) 안전거리 ★

$D = 51.1 \sqrt[3]{N} \text{(m)}$ 이상

여기서, N : 지정수량의 배수(하이드록실아민의 지정수량 : 100kg)

(2) 제조소 주위의 담 또는 토제(土堤)의 설치기준

① 담 또는 토제는 제조소의 외벽 또는 공작물의 외측으로부터 2m 이상 떨어진 장소에 설치할 것

② 담 또는 토제의 높이는 해당 제조소에 있어서 하이드록실아민 등을 취급하는 부분의 높이 이상으로 할 것

③ 담은 두께 15cm 이상의 철근콘크리트조·철골철근콘크리트조 또는 두께 20cm 이상의 보강콘크리트 블록조로 할 것

④ 토제의 경사면의 경사도는 60° 미만으로 할 것

⑤ 하이드록실아민 등을 취급하는 설비에는 하이드록실아민 등의 온도 및 농도의 상승에 의한 위험한 반응을 방지하기 위한 조치를 강구할 것

⑥ 하이드록실아민 등을 취급하는 설비에는 철이온 등의 혼입에 의한 위험한 반응을 방지하기 위한 조치를 강구할 것

핵심예제

제조소에 하이드록실아민을 1,000kg을 취급할 경우 안전거리를 구하시오.

|해설|

안전거리

$D = 51.1 \sqrt[3]{N} = 51.1 \times \sqrt[3]{10} = 110.09\text{m}$

• 하이드록실아민(제5류 위험물)의 지정수량 : 100kg

• N(지정수량의 배수) $= \dfrac{1,000\text{kg}}{100\text{kg}} = 10$

정답 110.09m 이상

알킬알루미늄 등, 아세트알데하이드 등을 취급하는 제조소의 특례

(1) 알킬알루미늄 등을 취급하는 설비에는 불활성 기체를 봉입하는 장치를 갖출 것

(2) 아세트알데하이드 등을 취급하는 설비는 은(Ag)·수은(Hg)·구리(Cu)·마그네슘(Mg) 또는 이들을 성분으로 하는 합금으로 만들지 않을 것

(3) 아세트알데하이드 등을 취급하는 설비에는 연소성 혼합기체의 생성에 의한 폭발을 방지하기 위한 불활성 기체 또는 수증기를 봉입하는 장치를 갖출 것

(4) 아세트알데하이드 등을 취급하는 탱크(옥외탱크 또는 옥내탱크로서 지정수량의 1/5 미만은 제외)에는 냉각장치 또는 저온을 유지하기 위한 장치(보랭장치) 및 연소성 혼합기체의 생성에 의한 폭발을 방지하기 위한 불활성 기체를 봉입하는 장치를 갖출 것(지하탱크일 때 저온으로 유지할 수 있는 구조인 때에는 냉각장치 및 보랭장치를 갖추지 않을 수 있다)

핵심예제

아세트알데하이드 등을 취급하는 설비와 탱크에 피해야 할 성분과 갖추어야 하는 장치를 쓰시오.

|해설|

아세트알데하이드 등

• 피해야 하는 성분 : 은(Ag), 수은(Hg), 구리(Cu), 마그네슘(Mg)

• 갖추어야 하는 장치 : 불활성 기체 또는 수증기봉입장치, 냉각장치, 보랭장치

정답 • 피해야 하는 성분 : 은, 수은, 구리, 마그네슘
    • 갖추어야 하는 장치 : 불활성 기체 또는 수증기봉입장치, 냉각장치, 보랭장치

1-2. 옥내저장소의 위치, 구조 및 설비의 기준

(시행규칙 별표 5)

핵심이론 01 옥내저장소의 안전거리

(1) 옥내저장소의 안전거리★

건축물	안전거리
사용전압 7,000V 초과 35,000V 이하의 특고압가공전선	3m 이상
사용전압 35,000V 초과의 특고압가공전선	5m 이상
건축물 그 밖의 공작물로서 주거용으로 사용되는 것(제조소가 설치된 부지 내에 있는 것을 제외)	10m 이상
고압가스, 액화석유가스, 도시가스를 저장 또는 취급하는 시설	20m 이상
학교, 병원(병원급 의료기관), 극장(공연장, 영화상영관 및 그 밖에 이와 유사한 시설로서 수용인원 300명 이상 수용할 수 있는 것), 아동복지시설, 노인복지시설, 장애인복지시설, 한부모가족복지시설, 어린이집, 성매매피해자 등을 위한 지원시설, 정신건강증진시설, 가정폭력방지 및 피해자 보호시설 및 그 밖에 이와 유사한 시설로서 수용인원 20명 이상 수용할 수 있는 것	30m 이상
유형문화재, 지정문화재	50m 이상

※ 제조소와 동일함

(2) 옥내저장소의 안전거리 제외 대상

① 제4석유류 또는 동식물유류의 위험물을 저장 또는 취급하는 옥내저장소로서 지정수량의 20배 미만인 것

② 제6류 위험물을 저장 또는 취급하는 옥내저장소

---

③ 지정수량의 20배(하나의 저장창고의 바닥면적이 150m² 이하인 경우에는 50배) 이하인 옥내저장소로서 다음 기준에 적합할 것

㉠ 저장창고의 벽·기둥·바닥·보 및 지붕이 내화구조일 것

㉡ 저장창고의 출입구에 수시로 열 수 있는 자동폐쇄방식의 60분+방화문이 설치되어 있을 것

㉢ 저장창고에 창이 설치하지 않을 것

핵심예제

옥내저장소의 안전거리를 두지 않아도 되는 경우 2가지를 쓰시오.

|해설|

본문 참조

정답 • 제4석유류 또는 동식물유류의 위험물을 저장 또는 취급하는 옥내저장소로서 지정수량의 20배 미만인 것
• 제6류 위험물을 저장 또는 취급하는 옥내저장소

저장 또는 취급하는 위험물의 최대수량	공지의 너비	
	벽·기둥 및 바닥이 내화구조로 된 건축물	그 밖의 건축물
지정수량의 5배 이하	–	0.5m 이상
지정수량의 5배 초과 10배 이하	1m 이상	1.5m 이상
지정수량의 10배 초과 20배 이하	2m 이상	3m 이상
지정수량의 20배 초과 50배 이하	3m 이상	5m 이상
지정수량의 50배 초과 200배 이하	5m 이상	10m 이상
지정수량의 200배 초과	10m 이상	15m 이상

단, 지정수량의 20배를 초과하는 옥내저장소와 동일한 부지 내에 있는 다른 옥내저장소와의 사이에는 동표에 정하는 공지의 너비의 3분의 1(해당 수치가 3m 미만인 경우에는 3m)의 공지를 보유할 수 있다.

핵심예제

벽·기둥 및 바닥이 내화구조로 된 옥내저장소에 황린 149,600kg을 저장할 경우 보유공지를 계산하시오.

|해설|

- 황린의 지정수량 : 제3류 위험물의 황린 20kg(제1류 ~ 제6류 위험물 중 20kg은 황린뿐이다)
- 지정수량의 배수 $= \dfrac{\text{저장수량}}{\text{지정수량}} = \dfrac{149{,}600\text{kg}}{20\text{kg}} = 7{,}480$배
- ∴ 위의 표에서 지정수량의 200배 초과는 10m 이상이므로 보유공지를 10m 이상 두어야 한다.

정답 10m 이상

위험물 옥내저장소	
화기엄금	
유 별	제4류 위험물
품 명	제1석유류(아세톤)
저장최대수량	20,000L
지정수량의 배수	50배
안전관리자 성명 또는 직명	이덕수

※ 아세톤(제1석유류, 수용성)의 지정수량 : 400L

$$※\ 지정수량의\ 배수 = \frac{저장수량}{지정수량}$$

$$= \frac{20{,}000\text{L}}{400\text{L}}$$

$$= 50\,배$$

(1) 저장창고는 지면에서 처마까지 높이(처마높이)가 6m 미만인 단층 건물로 하고 그 바닥을 지반면보다 높게 해야 한다.

 ※ 저장창고는 위험물의 저장을 전용으로 하는 독립된 건축물로 해야 한다.

(2) 제2류 또는 제4류 위험물만을 저장하는 창고로서 아래 기준에 적합한 창고의 처마높이는 20m 이하로 할 수 있다.★★★

① 벽·기둥·보 및 바닥을 내화구조로 할 것
② 출입구에 60분+방화문을 설치할 것
③ 피뢰침을 설치할 것(단, 안전상 지장이 없는 경우에는 예외)

(3) 저장창고의 바닥면적(2개 이상의 구획된 실은 바닥면적의 합계)★★★

위험물을 저장하는 창고의 종류	바닥면적
① 제1류 위험물 중 아염소산염류, 염소산염류, 과염소산염류, 무기과산화물, 그 밖에 지정수량이 50kg인 위험물 ② 제3류 위험물 중 칼륨, 나트륨, 알킬알루미늄, 알킬리튬, 그 밖에 지정수량이 10kg인 위험물 및 황린 ③ 제4류 위험물 중 특수인화물, 제1석유류 및 알코올류 ④ 제5류 위험물 중 유기과산화물, 질산에스터류, 그 밖에 지정수량이 10kg인 위험물 ⑤ 제6류 위험물	1,000m² 이하
①~⑤의 위험물 외의 위험물을 저장하는 창고	2,000m² 이하
위의 전부에 해당하는 위험물을 내화구조의 격벽으로 완전히 구획된 실에 각각 저장하는 창고[①~⑤의 위험물(바닥면적 1,000m² 이하)을 저장하는 실의 면적은 500m²을 초과할 수 없다]	1,500m² 이하

(4) 저장창고의 벽·기둥 및 바닥은 내화구조로 하고, 보와 서까래는 불연재료로 해야 한다.

 ※ 연소우려가 없는 벽·기둥 및 바닥은 불연재료로 할 수 있는 것
 • 지정수량의 10배 이하의 위험물의 저장창고
 • 제2류 위험물(인화성 고체는 제외)
 • 제4류 위험물(인화점이 70℃ 미만은 제외)만의 저장창고

(5) 저장창고는 지붕을 폭발력이 위로 방출될 정도의 가벼운 불연재료로 하고, 천장을 만들지 않아야 한다. 다만, 제5류 위험물만의 저장창고에 있어서는 해당 저장창고 내의 온도를 저온으로 유지하기 위하여 난연재료 또는 불연재료로 된 천장을 설치할 수 있다.★★

 ※ 저장창고의 지붕을 내화구조로 할 수 있는 것★
 • 제2류 위험물(분말 상태의 것과 인화성 고체는 제외)
 • 제6류 위험물

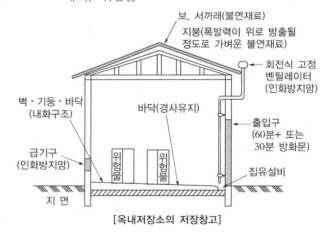

[옥내저장소의 저장창고]

(6) 저장창고의 출입구에는 60분+방화문 또는 30분 방화문을 설치하되, 연소의 우려가 있는 외벽에 있는 출입구에는 수시로 열 수 있는 자동폐쇄식의 60분+방화문을 설치해야 한다.

(7) 저장창고의 창 또는 출입구에 유리를 이용하는 경우에는 망입유리로 해야 한다.

(8) **저장창고 바닥에 물이 스며나오거나 스며들지 않는 구조로 해야 하는 위험물★**
① 제1류 위험물 중 알칼리금속의 과산화물
② 제2류 위험물 중 철분, 금속분, 마그네슘
③ 제3류 위험물 중 금수성 물질
④ 제4류 위험물

(9) 액상의 위험물의 저장창고의 바닥은 위험물이 스며들지 않는 구조로 하고, 적당하게 경사지게 하여 그 최저부에 집유설비를 해야 한다.
   ※ 액상의 위험물 : 제4류 위험물, 보호액을 사용하는 위험물

(10) 피뢰침 설치 : 지정수량의 10배 이상의 저장창고 (제6류 위험물은 제외)★

4-1. 단층 건축물에 설치된 옥내저장소에 대하여 다음 물음에 답하시오.
⑴ 저장창고의 지붕을 내화구조로 할 수 있는 경우를 쓰시오.
⑵ 난연재료 또는 불연재료로 된 천장을 설치할 수 있는 경우를 쓰시오.

4-2. 옥내저장소에 제2류 위험물을 저장하고자 할 때, 다음 물음에 답하시오.
⑴ 옥내저장소의 저장창고 바닥면적(m^2)은 얼마 이하로 해야 하는가?
⑵ 저장창고의 처마높이는 몇 m 이하로 해야 하는가?(조건은 생략함)

4-3. 다음 옥내저장소에 각각 저장할 때 피뢰설비를 설치해야 하는 것을 고르시오.

┌─────────────────────────────┐
│ ㉠ 과염소산나트륨 500kg 저장   │
│ ㉡ 아세톤 5,000L 저장   │
│ ㉢ 질산(비중 1.49인 것) 5,000kg 저장 │
└─────────────────────────────┘

|해설|

4-1

저장창고의 지붕

저장창고는 지붕을 폭발력이 위로 방출될 정도의 가벼운 불연재료로 하고, 천장을 만들지 않아야 한다. 제5류 위험물만의 저장창고에 있어서는 해당 저장창고 내의 온도를 저온으로 유지하기 위하여 난연재료 또는 불연재료로 된 천장을 설치할 수 있다.

※ 지붕을 내화구조로 할 수 있는 것
  • 제2류 위험물(분말상태의 것과 인화성 고체는 제외)
  • 제6류 위험물

4-2

옥내저장소

• 제2류 위험물의 바닥면적 : $2,000m^2$ 이하
• 제2류 또는 제4류 위험물만을 저장하는 창고로서 아래 기준에 적합한 창고의 처마높이는 20m 이하로 할 수 있다.
  – 벽・기둥・보 및 바닥을 내화구조로 할 것
  – 출입구에 60분+방화문을 설치할 것
  – 피뢰침을 설치할 것(단, 안전상 지장이 없는 경우에는 예외)

4-3

피뢰설비 설치 여부

피뢰침 설치기준 : 지정수량의 10배 이상의 저장창고(제6류 위험물은 제외)

㉠ 지정수량의 배수 $= \dfrac{500kg}{50kg} = 10배$

㉡ 지정수량의 배수 $= \dfrac{5,000L}{400L} = 12.5배$

㉢ 지정수량의 배수 $= \dfrac{5,000kg}{300kg} = 16.67배$(제6류 위험물은 무조건 제외)

항 목 \ 종 류	과염소산나트륨	아세톤	질 산
유 별	제1류	제4류	제6류
품 명	과염소산염류	제1석유류 (수용성)	–
지정수량	50kg	400L	300kg

정답 4-1 (1) 제2류 위험물(분말상태의 것과 인화성 고체는 제외), 제6류 위험물
  (2) 제5류 위험물만의 저장창고

4-2 (1) $2,000m^2$ 이하
  (2) 20m 이하

4-3 ㉠, ㉡

핵심이론 05 채광・조명・환기 및 배출설비

(1) 채광설비 : 불연재료로 하고, 연소의 우려가 없는 장소에 설치하되, 채광면적을 최소로 할 것

(2) 조명설비

① 가연성 가스 등이 체류할 우려가 있는 장소의 조명등 : 방폭등
② 전선 : 내화・내열전선
③ 점멸스위치 : 출입구 바깥부분에 설치(다만, 스위치의 스파크로 인한 화재・폭발의 우려가 없을 경우에는 그렇지 않다)

(3) 환기설비★

① 환기 : 자연배기방식
② 급기구는 해당 급기구가 설치된 실의 바닥면적 $150m^2$ 마다 1개 이상으로 하되, 급기구의 크기는 $800cm^2$ 이상으로 할 것. 다만, 바닥면적 $150m^2$ 미만인 경우에는 다음의 크기로 할 것★★★

바닥면적	급기구의 면적
$60m^2$ 미만	$150cm^2$ 이상
$60m^2$ 이상 $90m^2$ 미만	$300cm^2$ 이상
$90m^2$ 이상 $120m^2$ 미만	$450cm^2$ 이상★
$120m^2$ 이상 $150m^2$ 미만	$600cm^2$ 이상

③ 급기구는 낮은 곳에 설치하고 가는 눈의 구리망 등으로 인화방지망을 설치할 것

[급기구]

④ 환기구는 지붕 위 또는 지상 2m 이상의 높이에 회전식 고정벤틸레이터 또는 루프팬(Roof Fan : 지붕에 설치하는 배기장치)방식으로 설치할 것

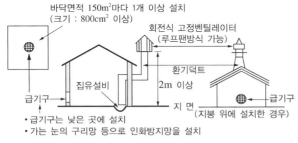

[위험물저장소의 자연배기방식의 환기설비]

(4) 배출설비

① 설치장소 : 가연성 증기 또는 미분이 체류할 우려가 있는 건축물

② 배출설비 : 국소방식

※ 전역방식으로 할 수 있는 경우
- 위험물취급설비가 배관이음 등으로만 된 경우
- 건축물의 구조·작업장소의 분포 등의 조건에 의하여 전역방식이 유효한 경우

③ 인화점이 70℃ 미만인 위험물의 저장창고에 있어서는 내부에 체류한 가연성의 증기를 지붕 위로 배출하는 설비를 갖추어야 한다.★★

④ 배출능력은 1시간당 배출장소 용적의 20배 이상인 것으로 할 것(전역방식 : 바닥면적 1m²당 18m³ 이상)★

⑤ 급기구 및 배출구의 설치기준

㉠ 급기구는 높은 곳에 설치하고, 가는 눈의 구리망 등으로 인화방지망을 설치할 것

㉡ 배출구는 지상 2m 이상으로 연소의 우려가 없는 장소에 설치하고, 배출덕트가 관통하는 벽 부분의 바로 가까이에 화재 시 자동으로 폐쇄되는 방화댐퍼(화재 시 연기 등을 차단하는 장치)를 설치할 것★★

⑥ 배풍기 : 강제배기방식

핵심예제

5-1. 옥내저장소에 설치된 환기설비에 대하여 다음 각 물음에 답하시오.

(1) 환기구는 지붕 위 또는 지상 몇 m 이상의 높이에 설치하는지 쓰시오.

(2) 바닥면적이 150m²일 경우 급기구의 면적은 몇 cm² 이상으로 하는지 쓰시오.

5-2. 바닥면적 450m²인 옥내저장소에 대하여 다음 각 물음에 답을 쓰시오.

(1) 환기설비의 설치기준에 따라 급기구를 설치하는 경우 몇 개가 필요한지 계산하시오.

(2) 다음 ( ) 안에 알맞은 답을 쓰시오.

> 저장창고에는 채광·조명 및 환기 설비를 갖추어야 하고, 인화점이 ( )℃ 미만인 위험물의 저장창고에 있어서는 내부에 체류한 가연성 증기를 지붕 위로 배출하는 설비를 갖추어야 한다.

| 해설 |

5-1
환기설비
- 환기는 자연배기방식으로 할 것
- 급기구는 해당 급기구가 설치된 실의 바닥면적 150m²마다 1개 이상으로 하되, 급기구의 크기는 800cm² 이상으로 할 것. 다만, 바닥면적이 150cm² 미만인 경우에는 다음의 크기로 해야 한다.

바닥면적	급기구의 면적
60m² 미만	150cm² 이상
60m² 이상 90m² 미만	300cm² 이상
90m² 이상 120m² 미만	450cm² 이상
120m² 이상 150m² 미만	600cm² 이상

- 급기구는 낮은 곳에 설치하고 가는 눈의 구리망 등으로 인화방지망을 설치할 것
- 환기구는 지붕 위 또는 지상 2m 이상의 높이에 회전식 고정벤틸레이터 또는 루프팬방식으로 설치할 것

5-2
옥내저장소의 기준
- 환기설비
  - 환기 : 자연배기방식
  - 급기구는 해당 급기구가 설치된 실의 바닥면적 150m²마다 1개 이상으로 하되, 급기구의 크기는 800cm² 이상으로 할 것

  급기구의 수 $N = \dfrac{450m^2}{150m^2} = 3개$

- 배출설비 : 저장창고에는 기준(시행규칙 별표 4 V 및 VI의 규정)에 준하여 채광·조명 및 환기 설비를 갖추어야 하고, 인화점이 70℃ 미만인 위험물의 저장창고에 있어서는 내부에 체류한 가연성 증기를 지붕 위로 배출하는 설비를 갖추어야 한다.

정답 5-1 (1) 2m 이상
    (2) 800cm² 이상

  5-2 (1) 3개
    (2) 70

핵심이론 06 다층 건물의 옥내저장소의 기준

※ 제2류 또는 제4류의 위험물(인화성 고체 또는 인화점이 70℃ 미만인 제4류 위험물을 제외)만을 저장 또는 취급하는 저장창고

(1) 저장창고는 각층의 바닥을 지면보다 높게 하고, 바닥면으로부터 상층의 바닥(상층이 없는 경우에는 처마)까지의 높이(층고)를 6m 미만으로 해야 한다.

(2) 하나의 저장창고의 바닥면적 합계는 1,000m² 이하로 해야 한다.

(3) 저장창고의 벽·기둥·바닥 및 보를 내화구조로 하고, 계단을 불연재료로 하며, 연소의 우려가 있는 외벽은 출입구 외의 개구부를 갖지 않는 벽으로 해야 한다.

(4) 2층 이상의 층의 바닥에는 개구부를 두지 않아야 한다. 다만, 내화구조의 벽과 60분+방화문 또는 30분 방화문으로 구획된 계단실에 있어서는 그렇지 않다.

핵심이론 07 복합용도 건축물의 옥내저장소의 기준 (지정수량의 20배 이하)

(1) 옥내저장소는 벽·기둥·바닥 및 보가 내화구조인 건축물의 1층 또는 2층의 어느 하나의 층에 설치해야 한다.

(2) 옥내저장소의 용도에 사용되는 부분의 바닥은 지면보다 높게 설치하고 그 층고를 6m 미만으로 해야 한다.

(3) 옥내저장소의 용도에 사용되는 부분의 바닥면적은 75m² 이하로 해야 한다.

(4) 옥내저장소의 용도에 사용되는 부분은 벽·기둥·바닥·보 및 지붕(상층이 있는 경우에는 상층의 바닥)을 내화구조로 하고, 출입구 외의 개구부가 없는 두께 70mm 이상의 철근콘크리트조 또는 이와 동등 이상의 강도가 있는 구조의 바닥 또는 벽으로 해당 건축물의 다른 부분과 구획되도록 해야 한다.

(5) 옥내저장소의 용도에 사용되는 부분의 출입구에는 수시로 열 수 있는 자동폐쇄방식의 60분+방화문을 설치해야 한다.

(6) 옥내저장소의 용도에 사용되는 부분에는 창을 설치하지 않아야 한다.

(7) 옥내저장소의 용도에 사용되는 부분의 환기설비 및 배출설비에는 방화상 유효한 댐퍼 등을 설치해야 한다.

핵심이론 08 소규모 옥내저장소의 특례(지정수량의 50배 이하, 처마높이가 5m 미만인 것)

(1) 보유공지

저장 또는 취급하는 위험물의 최대수량	공지의 너비
지정수량의 5배 이하	−
지정수량의 5배 초과 20배 이하	1m 이상
지정수량의 20배 초과 50배 이하	2m 이상

(2) 저장창고 바닥면적 : 150m² 이하

(3) 벽, 기둥, 바닥, 보, 지붕 : 내화구조

(4) 출입구 : 수시로 개방할 수 있는 자동폐쇄방식의 60분+방화문을 설치할 것

(5) 저장창고에는 창을 설치하지 않을 것

핵심이론 09 고인화점 위험물의 단층건물 옥내저장소의 특례

(1) 지정수량의 20배를 초과하는 옥내저장소의 안전거리

① 주거용 : 10m 이상

② 고압가스, 액화석유가스, 도시가스를 저장 또는 취급시설 : 20m 이상

③ 유형문화재, 지정문화재 : 50m 이상

(2) 보유공지

저장 또는 취급하는 위험물의 최대수량	공지의 너비	
	해당 건축물의 벽·기둥 및 바닥이 내화구조로 된 경우	왼쪽란에 정하는 경우 외의 경우
20배 이하	−	0.5m 이상
20배 초과 50배 이하	1m 이상	1.5m 이상
50배 초과 200배 이하	2m 이상	3m 이상
200배 초과	3m 이상	5m 이상

(3) 지붕 : 불연재료

(4) 저장창고의 창 및 출입구에는 방화문 또는 불연재료나 유리로 된 문을 달고, 연소의 우려가 있는 외벽에 두는 출입구에는 수시로 열 수 있는 자동폐쇄방식의 60분+방화문을 설치할 것

(5) 연소의 우려가 있는 외벽에 설치하는 출입구의 유리 : 망입유리

핵심이론 10 위험물의 성질에 따른 옥내저장소의 특례

(1) 지정과산화물(제5류 위험물 중 유기과산화물)을 저장 또는 취급하는 옥내저장소

① 안전거리, 보유공지

ㄱ 지정수량의 5배 이하인 지정과산화물의 옥내저장소에 대하여는 해당 옥내저장소 저장창고의 외벽을 두께 30cm 이상의 철근콘크리트조 또는 철골철근콘크리트조로 만드는 것으로서 담 또는 토제에 대신할 수 있다.

ㄴ 담 또는 토제는 저장창고의 외벽으로부터 2m 이상 떨어진 장소에 설치할 것. 다만, 담 또는 토제와 해당 저장창고와의 간격은 해당 옥내저장소의 공지의 너비의 5분의 1을 초과할 수 없다.★

ㄷ 담 또는 토제의 높이는 저장창고의 처마높이 이상으로 할 것

ㄹ 담은 두께 15cm 이상의 철근콘크리트조나 철골철근콘크리트조 또는 두께 20cm 이상의 보강콘크리트블록조로 할 것

ㅁ 토제의 경사면의 경사도는 60° 미만으로 할 것★

② 저장창고는 150m² 이내마다 격벽으로 완전하게 구획할 것. 이 경우 해당 격벽은 두께 30cm 이상의 철근콘크리트조 또는 철골철근콘크리트조로 하거나 두께 40cm 이상의 보강콘크리트블록조로 하고, 해당 저장창고의 양측의 외벽으로부터 1m(Ⓑ) 이상, 상부의 지붕으로부터 50cm(Ⓒⓒ) 이상 돌출하게 할 것★★

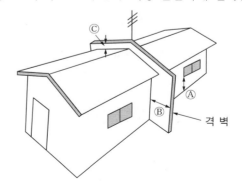

격 벽

③ 저장창고의 외벽은 두께 20cm 이상의 철근콘크리트조나 철골철근콘크리트조 또는 두께 30cm 이상의 보강콘크리트블록조로 할 것
④ 저장창고 지붕의 설치기준
    ㉠ 중도리(서까래 중간을 받치는 수평의 도리) 또는 서까래의 간격은 30cm 이하로 할 것★
    ㉡ 지붕의 아래쪽 면에는 한 변의 길이가 45cm 이하의 환강(丸鋼)·경량형강(輕量型鋼) 등으로 된 강제(鋼製)의 격자를 설치할 것★
    ㉢ 지붕의 아래쪽 면에 철망을 쳐서 불연재료의 도리(서까래를 받치기 위해 기둥과 기둥 사이에 설치한 부재)·보 또는 서까래에 단단히 결합할 것
    ㉣ 두께 5cm 이상, 너비 30cm 이상의 목재로 만든 받침대를 설치할 것★
⑤ 저장창고의 출입구에는 60분+방화문을 설치할 것
⑥ 저장창고의 창은 바닥면으로부터 2m(Ⓐ) 이상의 높이에 두되, 하나의 벽면에 두는 창의 면적의 합계를 해당 벽면의 면적의 1/80 이내로 하고, 하나의 창의 면적을 0.4m^2 이내로 할 것

핵심예제

지정과산화물을 저장하는 옥내저장소의 저장창고의 지붕에 대한 기준이다. 다음 ( ) 안에 알맞은 답을 쓰시오.

⑴ 중도리(서까래 중간을 받치는 수평의 도리) 또는 서까래의 간격은 (㉠)cm 이하로 할 것
⑵ 지붕의 아래쪽 면에는 한 변의 길이가 (㉡)cm 이하의 환강·경량형강 등으로 된 강제의 격자를 설치할 것
⑶ 두께 (㉢)cm 이상, 너비 (㉣)cm 이상의 목재로 만든 받침대를 설치할 것

|해설|

저장창고의 지붕
- 중도리(서까래 중간을 받치는 수평의 도리) 또는 서까래의 간격은 30cm 이하로 할 것
- 지붕의 아래쪽 면에는 한 변의 길이가 45cm 이하의 환강(丸鋼)·경량형강(輕量形鋼) 등으로 된 강제(鋼製)의 격자를 설치할 것
- 지붕의 아래쪽 면에 철망을 쳐서 불연재료의 도리(서까래를 받치기 위해 기둥과 기둥 사이에 설치한 부재)·보 또는 서까래에 단단히 결합할 것
- 두께 5cm 이상, 너비 30cm 이상의 목재로 만든 받침대를 설치할 것

정답 ㉠ 30
    ㉡ 45
    ㉢ 5
    ㉣ 30

수출입 하역장소의 옥내저장소의 보유공지

저장 또는 취급하는 위험물의 최대수량	공지의 너비	
	벽·기둥 및 바닥이 내화구조로 된 건축물	그 밖의 건축물
지정수량의 5배 이하	–	0.5m 이상
지정수량의 5배 초과 10배 이하	1m 이상	1.5m 이상
지정수량의 10배 초과 20배 이하	2m 이상	3m 이상
지정수량의 20배 초과 50배 이하	3m 이상	3.3m 이상
지정수량의 50배 초과 200배 이하	3.3m 이상	3.5m 이상
지정수량의 200배 초과	3.5m 이상	5m 이상

1-3. 옥외탱크저장소의 위치, 구조 및 설비의 기준
(시행규칙 별표 6)

핵심이론 01 옥외탱크저장소의 안전거리

건축물	안전거리
사용전압 7,000V 초과 35,000V 이하의 특고압가공전선	3m 이상
사용전압 35,000V 초과의 특고압가공전선	5m 이상
건축물 그 밖의 공작물로서 주거용으로 사용되는 것(제조소가 설치된 부지 내에 있는 것을 제외)	10m 이상
고압가스, 액화석유가스, 도시가스를 저장 또는 취급하는 시설	20m 이상
학교, 병원(병원급 의료기관), 극장(공연장, 영화상영관 및 그 밖에 이와 유사한 시설로서 수용인원 300명 이상 수용할 수 있는 것), 아동복지시설, 노인복지시설, 장애인복지시설, 한부모가족복지시설, 어린이집, 성매매피해자 등을 위한 지원시설, 정신건강증진시설, 가정폭력방지 및 피해자 보호시설 및 그 밖에 이와 유사한 시설로서 수용인원 20명 이상 수용할 수 있는 것	30m 이상
유형문화재, 지정문화재	50m 이상

※ 제조소와 동일함

(1) 옥외저장탱크(위험물을 이송하기 위한 배관, 그 밖에 이에 준하는 공작물을 제외한다)의 주위에는 그 저장 또는 취급하는 위험물의 최대수량에 따라 옥외저장탱크의 측면으로부터 다음 표에 의한 너비의 공지를 보유해야 한다.★★

저장 또는 취급하는 위험물의 최대수량	공지의 너비
지정수량의 500배 이하	3m 이상
지정수량의 500배 초과 1,000배 이하	5m 이상
지정수량의 1,000배 초과 2,000배 이하	9m 이상
지정수량의 2,000배 초과 3,000배 이하	12m 이상
지정수량의 3,000배 초과 4,000배 이하	15m 이상
지정수량의 4,000배 초과	해당 탱크의 수평단면의 최대지름(가로형은 긴 변)과 높이 중 큰 것과 같은 거리 이상(단, 30m 초과 시 30m 이상으로, 15m 미만 시 15m 이상으로 할 것)

① 제6류 위험물 외의 위험물을 저장 또는 취급하는 옥외저장탱크(지정수량 4,000배 초과 시 제외)를 동일한 방유제 안에 2개 이상 인접하여 설치하는 경우 : 표의 보유공지의 1/3 이상(최소 3m 이상)
② 제6류 위험물을 저장 또는 취급하는 옥외저장탱크 : 표의 규정에 의한 보유공지의 1/3 이상(최소 1.5m 이상)
③ 제6류 위험물을 저장 또는 취급하는 옥외저장탱크를 동일 구내에 2개 이상 인접하여 설치하는 경우 : ②의 규정에 의하여 산출된 너비의 1/3 이상(최소 1.5m 이상)
④ 위험물을 저장 또는 취급하는 옥외저장탱크에 있어서는 다음의 기준에 적합한 물분무설비로 방호조치를 하는 경우에는 표의 규정에 의한 보유공지의 1/2 이상의 너비(최소 3m 이상)로 할 수 있다.

㉠ 탱크의 표면에 방사하는 물의 양은 탱크의 원주길이 1m에 대하여 분당 37L 이상으로 할 것
㉡ 수원의 양은 ㉠의 규정에 의한 수량으로 20분 이상 방사할 수 있는 수량으로 할 것
  ※ 수원 = 원주길이 × 37L/min · m × 20min
    = $2\pi r$ × 37L/min · m × 20min
㉢ 탱크에 보강링이 설치된 경우에는 보강링의 아래에 분무헤드를 설치하되, 분무헤드는 탱크의 높이 및 구조를 고려하여 분무가 적정하게 이루어질 수 있도록 배치할 것

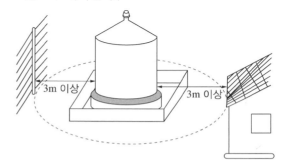

- 지정수량의 500배 이하의 경우 -

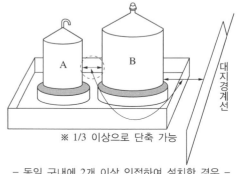

※ 1/3 이상으로 단축 가능

- 동일 구내에 2개 이상 인접하여 설치한 경우 -

[옥외탱크저장소의 보유공지]

옥외탱크저장소에 톨루엔 400,000L를 저장할 때 확보해야 하는 보유공지를 구하시오.

|해설|

보유공지

지정수량의 배수 $= \dfrac{400,000\,\text{L}}{200\,\text{L}} = 2,000$ 배

※ 톨루엔(제4류, 제1석유류, 비수용성)의 지정수량 : 200L

저장 또는 취급하는 위험물의 최대수량	공지의 너비
지정수량의 1,000배 초과 2,000배 이하	9m 이상

∴ 지정수량의 배수가 2,000배이므로 9m 이상 확보해야 한다.

정답 9m 이상

핵심이론 03 옥외탱크저장소의 표지 및 게시판★

위험물 옥외탱크저장소	
화기엄금	
유 별	제4류
품 명	제1석유류(톨루엔)
저장최대수량	20,000L
지정수량의 배수	100배
안전관리자의 성명 또는 직명	이덕수

※ 톨루엔(제1석유류, 비수용성)의 지정수량 : 200L

※ 지정수량의 배수 $= \dfrac{\text{저장수량}}{\text{지정수량}}$

$\qquad\qquad = \dfrac{20,000\,\text{L}}{200\,\text{L}}$

$\qquad\qquad = 100$ 배

핵심이론 | 04 특정옥외탱크저장소 등

(1) **특정옥외저장탱크** : 액체위험물의 최대수량이 100만L 이상의 옥외저장탱크

(2) **준특정옥외저장탱크** : 액체위험물의 최대수량이 50만L 이상 100만L 미만의 옥외저장탱크

(3) **압력탱크** : 최대상용압력이 부압 또는 정압 5kPa을 초과하는 탱크

핵심이론 | 05 옥외탱크저장소의 외부구조 및 설비

(1) 옥외저장탱크

① 일반 옥외탱크(특정·준특정옥외탱크는 제외)의 두께 : 3.2mm 이상의 강철판★

② 시험방법★

　㉠ 압력탱크 : 최대상용압력의 1.5배의 압력으로 10분간 실시하는 수압시험에서 이상이 없을 것

　㉡ 압력탱크 외의 탱크 : 충수시험

　※ 압력탱크 : 최대상용압력이 대기압을 초과하는 탱크

③ 특정옥외탱크의 용접부의 검사 : 방사선투과시험, 진공시험 등의 비파괴시험

[세로형 옥외탱크]

[가로형 옥외탱크]

(2) **통기관**

① 밸브 없는 통기관★★

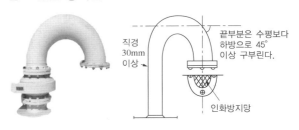

직경 30mm 이상

끝부분은 수평보다 하방으로 45° 이상 구부린다.

인화방지망

ⓛ 지름은 30mm 이상일 것

ⓛ 끝부분은 수평면보다 45° 이상 구부려 빗물 등의
침투를 막는 구조로 할 것

※ 통기관을 45° 이상 구부린 이유 : 빗물 등의
침투를 막기 위하여

ⓒ 인화점이 38℃ 미만인 위험물만을 저장 또는 취급
하는 탱크에 설치하는 통기관에는 화염방지장치
를 설치하고, 그 외의 탱크에 설치하는 통기관에는
40메시(mesh) 이상의 구리망 또는 동등 이상의
성능을 가진 인화방지장치를 설치할 것. 다만, 인
화점이 70℃ 이상인 위험물만을 해당 위험물의 인
화점 미만의 온도로 저장 또는 취급하는 탱크에
설치하는 통기관에는 인화방지장치를 설치하지
않을 수 있다.

ⓔ 가연성의 증기를 회수하기 위한 밸브를 통기관에
설치하는 경우에 있어서는 해당 통기관의 밸브는
저장탱크에 위험물을 주입하는 경우를 제외하고
는 항상 개방되어 있는 구조로 하는 한편, 폐쇄하
였을 경우에 있어서는 10kPa 이하의 압력에서 개
방되는 구조로 할 것. 이 경우 개방된 부분의 유효
단면적은 777.15mm^2 이상이어야 한다.

② 대기밸브부착 통기관★★

ⓛ 5kPa 이하의 압력 차이로 작동할 수 있을 것

ⓛ 인화점이 38℃ 미만인 위험물만을 저장 또는 취급
하는 탱크에 설치하는 통기관에는 화염방지장치
를 설치하고, 그 외의 탱크에 설치하는 통기관에는
40메시(mesh) 이상의 구리망 또는 동등 이상의

성능을 가진 인화방지장치를 설치할 것. 다만, 인
화점이 70℃ 이상인 위험물만을 해당 위험물의 인
화점 미만의 온도로 저장 또는 취급하는 탱크에
설치하는 통기관에는 인화방지장치를 설치하지
않을 수 있다.

(3) 액체위험물의 옥외저장탱크의 계량장치

① 기밀부유식(밀폐되어 부상하는 방식) 계량장치

② 부유식 계량장치(증기가 비산하지 않는 구조)

③ 전기압력자동방식, 방사성동위원소를 이용한 자동계
량장치

④ 유리측정기(Gauge Glass : 수면이나 유면의 높이를
측정하는 유리로 된 기구를 말하며, 금속관으로 보호
된 경질유리 등으로 되어 있고 게이지가 파손되었을
때 위험물의 유출을 자동적으로 정지할 수 있는 장치
가 되어 있는 것으로 한정한다)

(4) 인화점이 21℃ 미만인 위험물의 옥외저장탱크의
주입구

① 게시판의 크기 : 한 변이 0.3m 이상, 다른 한 변이
0.6m 이상인 직사각형

② 게시판의 기재사항 : 옥외저장탱크 주입구, 위험물의
유별, 품명, 주의사항

③ 게시판의 색상 : 백색바탕에 흑색문자(주의사항은 적
색문자)

(5) 옥외저장탱크의 펌프설비

① 펌프설비의 주위에는 너비 3m 이상의 공지를 보유할 것(방화상 유효한 격벽을 설치하는 경우, 제6류 위험물, 지정수량의 10배 이하 위험물은 제외)

② 펌프설비로부터 옥외저장탱크까지의 사이에는 해당 옥외저장탱크의 보유공지 너비의 1/3 이상의 거리를 유지할 것

③ **펌프실의 벽, 기둥, 바닥, 보** : 불연재료로 할 것

④ **펌프실의 지붕** : 폭발력이 위로 방출될 정도의 가벼운 불연재료로 할 것

⑤ **펌프실의 창 및 출입구** : 60분+방화문 또는 30분 방화문을 설치할 것

⑥ 펌프실의 창 및 출입구에 유리를 이용하는 경우에는 망입유리로 할 것

⑦ 펌프실의 바닥의 주위에는 높이 0.2m 이상의 턱을 만들고 그 최저부에는 집유설비를 설치할 것

⑧ 펌프실 외의 장소에 설치하는 펌프설비에는 그 직하의 지반면의 주위에 높이 0.15m 이상의 턱을 만들고 해당 지반면은 콘크리트 등 위험물이 스며들지 않는 재료로 적당히 경사지게 하여 그 최저부에는 집유설비를 할 것. 이 경우 제4류 위험물(온도 20℃의 물 100g에 용해되는 양이 1g 미만인 것에 한한다)을 취급하는 펌프설비에 있어서는 해당 위험물이 직접 배수구에 유입하지 않도록 집유설비에 유분리장치를 설치해야 한다.

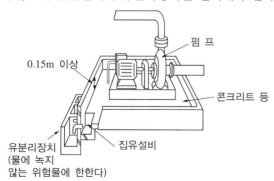

⑨ 인화점이 21℃ 미만인 위험물을 취급하는 펌프설비에는 보기 쉬운 곳에 "옥외저장탱크 펌프설비"라는 표시를 한 게시판과 방화에 관하여 필요한 사항을 게시한 게시판을 설치할 것

(6) 기타 설치기준

① **옥외저장탱크의 배수관** : 탱크의 옆판에 설치

② **피뢰침 설치** : 지정수량의 10배 이상(단, 제6류 위험물은 제외)

③ 이황화탄소의 옥외저장탱크는 벽 및 바닥의 두께가 0.2m 이상이고 누수가 되지 않는 철근콘크리트의 수조에 넣어 보관한다. 이 경우 보유공지·통기관 및 자동계량장치는 생략할 수 있다.

핵심예제

5-1. 통기관을 설치해야 하는 위험물은 제 몇 류인지 쓰시오.

5-2. 옥외저장탱크(특정·준특정옥외저장탱크 제외)의 두께는 몇 mm 이상의 강철판으로 하는지 쓰시오.

|해설|

5-1
제4류 위험물인 인화성 액체를 옥외탱크저장소에 저장할 경우 탱크에 통기관을 설치해야 한다.

5-2
옥외저장탱크(특정·준특정옥외저장탱크 제외)의 두께 : 3.2mm 이상의 강철판

정답 **5-1** 제4류 위험물

　　　　5-2 3.2mm 이상

핵심이론 06 옥외탱크저장소의 방유제(이황화탄소는 제외)

(1) 방유제의 용량★★

① 탱크가 하나일 때 : 탱크 용량의 110%(인화성이 없는 액체위험물은 100%) 이상

② 탱크가 2기 이상일 때 : 탱크 중 용량이 최대인 것의 용량의 110%(인화성이 없는 액체위험물은 100%) 이상

 ※ 방유제의 용량 : 해당 방유제의 내용적에서 용량이 최대인 탱크 외의 탱크의 방유제 높이 이하 부분의 용적, 해당 방유제 내에 있는 모든 탱크의 지반면 이상 부분의 기초의 체적, 간막이 둑의 체적 및 해당 방유제 내에 있는 배관 등의 체적을 뺀 것으로 한다.

(2) 방유제의 높이 : 0.5m 이상 3m 이하★★★

(3) 방유제의 두께 : 0.2m 이상

(4) 방유제의 지하매설깊이 : 1m 이상

(5) 방유제 내의 면적 : 80,000m^2 이하

(6) 방유제 내에 설치하는 옥외저장탱크의 수는 10(방유제 내에 설치하는 모든 옥외저장탱크의 용량이 20만L 이하이고, 위험물의 인화점이 70℃ 이상 200℃ 미만인 경우에는 20) 이하로 할 것(단, 인화점이 200℃ 이상인 옥외저장탱크는 제외)

 ※ 방유제 내에 탱크의 설치 개수
  • 제1석유류, 제2석유류 : 10기 이하
  • 제3석유류(인화점 70℃ 이상 200℃ 미만) : 20기 이하
  • 제4석유류(인화점 200℃ 이상) : 제한 없음

(7) 방유제 외면의 1/2 이상은 자동차 등이 통행할 수 있는 3m 이상의 노면 폭을 확보한 구내도로에 직접 접하도록 할 것

(8) 방유제는 탱크의 옆판으로부터 일정 거리를 유지할 것(단, 인화점이 200℃ 이상인 위험물은 제외)★★

① 지름이 15m 미만인 경우 : 탱크 높이의 1/3 이상

② 지름이 15m 이상인 경우 : 탱크 높이의 1/2 이상

(9) 방유제의 재질 : 철근콘크리트, 방유제와 옥외저장탱크 사이의 지표면은 불연성과 불침윤성이 있는 구조(철근콘크리트 등)로 할 것. 다만, 누출된 위험물을 수용할 수 있는 전용유조(專用油槽) 및 펌프 등의 설비를 갖춘 경우에는 방유제와 옥외저장탱크 사이의 지표면을 흙으로 할 수 있다.

(10) 용량이 1,000만L 이상인 옥외저장탱크의 주위에 설치하는 방유제 간막이 둑의 규정

① 간막이 둑의 높이는 0.3m(방유제 내에 설치되는 옥외저장탱크의 용량 합계가 2억L를 넘는 방유제에 있어서는 1m) 이상으로 하되, 방유제의 높이보다 0.2m 이상 낮게 할 것

② 간막이 둑은 흙 또는 철근콘크리트로 할 것
③ 간막이 둑의 용량은 간막이 둑 안에 설치된 탱크 용량의 10% 이상일 것

(11) 방유제 또는 간막이 둑에는 해당 방유제를 관통하는 배관을 설치하지 않을 것

(12) 방유제에는 배수구를 설치하고 개폐밸브를 방유제 밖에 설치할 것

(13) 높이가 1m 이상이면 계단 또는 경사로를 약 50m마다 설치할 것★

※ 이황화탄소는 물속에 저장하므로 방유제를 설치하지 않아도 된다.

6-1. 제4류 위험물(인화성 액체)을 저장한 위험물 옥외탱크저장소 주변에 설치된 방유제의 최대높이와 지하매설깊이를 쓰시오.

6-2. 옥외탱크저장소에 방유제 높이가 몇 m를 넘을 때 계단 또는 경사로를 설치해야 하는지 쓰시오.

6-3. 인화성 액체를 저장하는 옥외탱크저장소 저장탱크의 높이는 15m이고 지름은 5m이다. 다음 각 물음에 답하시오.
(1) 방유제와 탱크 옆판 사이의 간격은 몇 m인지 쓰시오.
(2) 방유제의 최소높이(m)를 쓰시오.

| 해설 |

6-1
• 방유제의 높이 : 0.5m 이상 3m 이하
• 두께 : 0.2m 이상
• 지하매설깊이 : 1m 이상

6-2
방유제의 높이가 1m 이상이면 계단 또는 경사로를 약 50m마다 설치할 것

6-3
옥외탱크저장소
• 방유제는 탱크의 옆판으로부터 일정 거리를 유지할 것(단, 인화점이 200℃ 이상인 위험물은 제외)
  – 지름이 15m 미만인 경우 : 탱크 높이의 1/3 이상
  – 지름이 15m 이상인 경우 : 탱크 높이의 1/2 이상
  ∴ 지름이 5m이므로 거리 = $15m \times \frac{1}{3} = 5m$
• 방유제의 높이 : 0.5m 이상 3m 이하
• 방유제의 면적 : 80,000m^2 이하

정답 6-1 최대높이 : 3m, 지하매설 깊이 : 1m 이상

6-2 1m

6-3 (1) 5m
    (2) 0.5m

핵심이론 07 특정옥외저장탱크의 용접방법

(1) 옆판의 용접은 다음에 의해야 한다.

① 세로이음 및 가로이음은 완전용입 맞대기용접으로 할 것

② 옆판의 세로이음은 단을 달리하는 옆판의 각각의 세로이음과 동일선상에 위치하지 않도록 할 것. 이 경우 해당 세로이음 간의 간격은 서로 접하는 옆판 중 두꺼운 쪽 옆판 두께의 5배 이상으로 해야 한다.

(2) 옆판과 애뉼러 판(애뉼러 판이 없는 경우에는 밑판)과의 용접은 부분용입그룹용접 또는 이와 동등 이상의 용접강도가 있는 용접방법으로 용접할 것. 이 경우에 있어서 용접 비드(Bead)는 매끄러운 형상을 가져야 한다.★

(3) 애뉼러 판과 애뉼러 판은 뒷면에 재료를 댄 맞대기용접으로 하고, 애뉼러 판과 밑판 및 밑판과 밑판의 용접은 뒷면에 재료를 댄 맞대기용접 또는 겹치기용접으로 용접할 것. 이 경우에 애뉼러 판과 밑판이 접하는 면 및 밑판과 밑판이 접하는 면은 해당 애뉼러 판과 밑판 용접부의 강도 및 밑판과 밑판 용접부의 강도에 유해한 영향을 주는 흠이 있어서는 안 된다.★

(4) 필렛용접(모서리용접)의 사이즈(부등사이즈가 되는 경우에는 작은 쪽의 사이즈를 말한다)는 다음 식에 의하여 구한 값으로 해야 한다.

$t_1 \geqq S \geqq \sqrt{2t_2}$ (단, $S \geqq 4.5$)

여기서, t_1 : 얇은 쪽의 강판의 두께(mm)
t_2 : 두꺼운 쪽의 강판의 두께(mm)
S : 사이즈(mm)

핵심예제

애뉼러 판과 애뉼러 판 2개를 붙이는 용접에 대하여 다음 각 물음에 답하시오.

(1) 옆판의 용접

(2) 애뉼러 판과 애뉼러 판의 용접

|해설|

특정옥외저장탱크의 용접방법

• 옆판의 용접은 다음에 의할 것
  - 세로이음 및 가로이음은 완전용입 맞대기용접으로 할 것
  - 옆판의 세로이음은 단을 달리하는 옆판의 각각의 세로이음과 동일선상에 위치하지 않도록 할 것. 이 경우 해당 세로이음 간의 간격은 서로 접하는 옆판 중 두꺼운 쪽 옆판 두께의 5배 이상으로 해야 한다.
• 옆판과 애뉼러 판(애뉼러 판이 없는 경우에는 밑판)과의 용접은 부분용입그룹용접 또는 이와 동등 이상의 용접강도가 있는 용접방법으로 용접할 것. 이 경우에 있어서 용접 비드(Bead)는 매끄러운 형상을 가져야 한다.
• 애뉼러 판과 애뉼러 판은 뒷면에 재료를 댄 맞대기용접으로 하고, 애뉼러 판과 밑판 및 밑판과 밑판의 용접은 뒷면에 재료를 댄 맞대기용접 또는 겹치기용접으로 용접할 것. 이 경우에 애뉼러 판과 밑판이 접하는 면 및 밑판과 밑판이 접하는 면은 해당 애뉼러 판과 밑판 용접부의 강도 및 밑판과 밑판 용접부의 강도에 유해한 영향을 주는 흠이 있어서는 안 된다.

정답 (1) 완전용입 맞대기용접
(2) 뒷면에 재료를 댄 맞대기용접

(1) 보유공지

저장 또는 취급하는 위험물의 최대수량	공지의 너비
지정수량의 2,000배 이하	3m 이상
지정수량의 2,000배 초과 4,000배 이하	5m 이상
지정수량의 4,000배 초과	해당 탱크의 수평단면의 최대지름(가로형은 긴 변)과 높이 중 큰 것의 1/3과 같은 거리 이상(최소 5m 이상)

(2) 옥외저장탱크의 펌프설비 주위에 1m 이상 너비의 보유공지를 보유할 것(내화구조로 된 방화상 유효한 격벽을 설치하는 경우 또는 지정수량의 10배 이하의 위험물은 제외)

※ 예외 규정
- 내화구조로 된 방화상 유효한 격벽을 설치하는 경우
- 지정수량의 10배 이하의 위험물을 저장하는 경우

(3) 펌프실의 창 및 출입구에는 60분+방화문 또는 30분 방화문을 설치할 것(다만, 연소의 우려가 없는 외벽에 설치하는 창 및 출입구에는 불연재료 또는 유리로 만든 문을 달 수 있다)

(1) 알킬알루미늄 등의 옥외저장탱크에는 불활성의 기체를 봉입하는 장치를 설치할 것★

※ 불활성의 기체를 봉입하는 장치 이외의 안전장치 : 누설범위를 국한하기 위한 설비 및 누설된 알킬알루미늄 등을 안전한 장소에 설치된 조에 이끌어 들일 수 있는 설비

(2) 아세트알데하이드 등의 옥외탱크저장소★★

① 옥외저장탱크의 설비는 구리(Cu), 마그네슘(Mg), 은(Ag), 수은(Hg)의 합금으로 만들지 않을 것
② 옥외저장탱크에는 냉각장치, 보랭장치, 불활성 기체의 봉입장치를 설치할 것

※ 불활성의 기체를 봉입하는 장치를 설치하는 이유 : 연소성 혼합기체의 생성에 의한 폭발을 방지하기 위하여

(3) 하이드록실아민 등의 옥외탱크저장소

① 옥외탱크저장소에는 하이드록실아민 등의 온도의 상승에 의한 위험한 반응을 방지하기 위한 조치를 강구할 것
② 옥외탱크저장소에는 철이온 등의 혼입에 의한 위험한 반응을 방지하기 위한 조치를 강구할 것

다음은 아세트알데하이드 등의 옥외탱크저장소에 대한 내용이다. ( ) 안에 알맞은 답을 쓰시오.

⑴ 옥외저장탱크의 설비는 구리・(㉠)・은・(㉡) 또는 이들을 성분으로 하는 합금으로 만들지 않을 것

⑵ 옥외저장탱크에는 (㉢) 또는 (㉣), 그리고 연소성 혼합기체의 생성에 의한 폭발을 방지하기 위한 불활성의 기체를 봉입하는 장치를 설치할 것

|해설|

아세트알데하이드 등의 옥외탱크저장소의 특례
• 옥외저장탱크의 설비는 구리・마그네슘・은・수은 또는 이들을 성분으로 하는 합금으로 만들지 않을 것
• 옥외저장탱크에는 냉각장치 또는 보랭장치, 그리고 연소성 혼합기체의 생성에 의한 폭발을 방지하기 위한 불활성의 기체를 봉입하는 장치를 설치할 것

정답 ㉠ 마그네슘
㉡ 수 은
㉢ 냉각장치
㉣ 보랭장치

1-4. 옥내탱크저장소의 위치, 구조 및 설비의 기준
(시행규칙 별표 7)

핵심이론 02 옥내탱크저장소의 구조(단층 건축물에 설치하는 경우)

⑴ 옥내저장탱크는 단층 건축물에 설치된 탱크전용실에 설치할 것

⑵ 옥내저장탱크와 탱크전용실의 벽과의 사이 및 옥내저장탱크의 상호 간에는 0.5m 이상의 간격을 유지할 것. 다만, 탱크의 점검 및 보수에 지장이 없는 경우에는 그렇지 않다.

⑶ 옥내저장탱크의 용량(동일한 탱크전용실에 2 이상 설치하는 경우에는 각 탱크의 용량의 합계)은 지정수량의 40배(제4석유류 및 동식물유류 외의 제4류 위험물 : 20,000L를 초과할 때에는 20,000L) 이하일 것

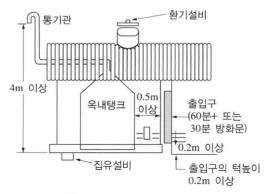

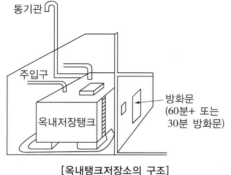

[옥내탱크저장소의 구조]

(4) 옥내저장탱크

압력탱크(최대상용압력이 부압 또는 정압 5kPa를 초과하는 탱크) 외의 탱크 : 밸브 없는 통기관 설치

(5) 통기관★

① 밸브 없는 통기관

　㉠ 통기관의 끝부분은 건축물의 창·출입구 등의 개구부로부터 1m 이상 떨어진 옥외의 장소에 지면으로부터 4m 이상의 높이로 설치하되, 인화점이 40℃ 미만인 위험물의 탱크에 설치하는 통기관에 있어서는 부지경계선으로부터 1.5m 이상 거리를 둘 것. 다만, 고인화점 위험물만을 100℃ 미만의 온도로 저장 또는 취급하는 탱크에 설치하는 통기관은 그 끝부분을 탱크전용실 내에 설치할 수 있다.

　㉡ 통기관은 가스 등이 체류할 우려가 있는 굴곡이 없도록 할 것

　㉢ 지름은 30mm 이상일 것

　㉣ 끝부분은 수평면보다 45° 이상 구부려 빗물 등의 침투를 막는 구조로 할 것

　㉤ 인화점이 38℃ 미만인 위험물만을 저장 또는 취급하는 탱크에 설치하는 통기관에는 화염방지장치를 설치하고, 그 외의 탱크에 설치하는 통기관에는 40메시(mesh) 이상의 구리망 또는 동등 이상의 성능을 가진 인화방지장치를 설치할 것. 다만, 인화점이 70℃ 이상인 위험물만을 해당 위험물의 인화점 미만의 온도로 저장 또는 취급하는 탱크에 설치하는 통기관에는 인화방지장치를 설치하지 않을 수 있다.

　㉥ 가연성의 증기를 회수하기 위한 밸브를 통기관에 설치하는 경우에 있어서는 해당 통기관의 밸브는 저장탱크에 위험물을 주입하는 경우를 제외하고는 항상 개방되어 있는 구조로 하는 한편, 폐쇄하였을 경우에 있어서는 10kPa 이하의 압력에서 개방되는 구조로 할 것. 이 경우 개방된 부분의 유효단면적은 777.15mm² 이상이어야 한다.

② 대기밸브부착 통기관

　㉠ 5kPa 이하의 압력 차이로 작동할 수 있을 것

　㉡ 인화점이 38℃ 미만인 위험물만을 저장 또는 취급하는 탱크에 설치하는 통기관에는 화염방지장치를 설치하고, 그 외의 탱크에 설치하는 통기관에는 40메시(mesh) 이상의 구리망 또는 동등 이상의 성능을 가진 인화방지장치를 설치할 것. 다만, 인화점이 70℃ 이상인 위험물만을 해당 위험물의 인화점 미만의 온도로 저장 또는 취급하는 탱크에 설치하는 통기관에는 인화방지장치를 설치하지 않을 수 있다.

(6) 위험물의 양을 자동적으로 표시하는 자동계량장치를 설치할 것

(7) 주입구 : 옥외저장탱크의 주입구 기준에 준할 것

(8) 탱크전용실은 벽·기둥 및 바닥을 내화구조로 하고, 보를 불연재료로 하며, 연소의 우려가 있는 외벽은 출입구 외에는 개구부가 없도록 할 것. 다만, 인화점이 70℃ 이상인 제4류 위험물만의 옥내저장탱크를 설치하는 탱크전용실에 있어서는 연소의 우려가 없는 외벽·기둥 및 바닥을 불연재료로 할 수 있다.

(9) 탱크전용실은 지붕을 불연재료로 하고, 천장을 설치하지 않을 것

(10) 탱크전용실의 창 및 출입구에는 60분+방화문 또는 30분 방화문을 설치하는 동시에, 연소의 우려가 있는 외벽에 두는 출입구에는 수시로 열 수 있는 자동폐쇄식의 60분+방화문을 설치할 것

(11) 탱크전용실의 창 또는 출입구에 유리를 이용하는 경우에는 망입유리로 할 것

(12) 액상의 위험물의 옥내저장탱크를 설치하는 탱크전용실의 바닥은 위험물이 침투하지 않는 구조로 하고, 적당한 경사를 두는 한편, 집유설비를 설치할 것

핵심예제

옥내탱크저장소의 밸브 없는 통기관에 대하여 물음에 답하시오.

⑴ 통기관의 끝부분은 지면으로부터의 높이

⑵ 지름의 크기

⑶ 끝부분의 구조

| 해설 |

밸브 없는 통기관
• 통기관의 끝부분은 건축물의 창·출입구 등의 개구부로부터 1m 이상 떨어진 옥외의 장소에 지면으로부터 4m 이상의 높이로 설치하되, 인화점이 40℃ 미만인 위험물의 탱크에 설치하는 통기관에 있어서는 부지경계선으로부터 1.5m 이상 거리를 둘 것
• 지름은 30mm 이상일 것
• 끝부분은 수평면보다 45° 이상 구부려 빗물 등의 침투를 막는 구조로 할 것

정답 ⑴ 4m 이상
⑵ 30mm 이상
⑶ 수평면보다 45° 이상 구부려 빗물 등의 침투를 막는 구조

핵심이론 02 옥내탱크저장소의 표지 및 게시판

위험물 옥내탱크저장소	
화기엄금	
유 별	제4류
품 명	제2석유류(등유)
저장최대수량	20,000L
지정수량의 배수	20배
안전관리자의 성명 또는 직명	이덕수

※ 등유(제2석유류, 비수용성)의 지정수량 : 1,000L

※ 지정수량의 배수 $= \dfrac{\text{저장수량}}{\text{지정수량}}$

$= \dfrac{20,000L}{1,000L}$

$= 20$배

옥내탱크저장소의 탱크 전용실을 단층 건축물 외에 설치하는 경우

※ 제2류 위험물 중 황화인·적린 및 덩어리 유황, 제3류 위험물 중 황린, 제6류 위험물 중 질산 및 제4류 위험물 중 인화점이 38℃ 이상인 위험물만을 저장 또는 취급하는 것에 한한다.

(1) 옥내저장탱크는 탱크전용실에 설치할 것
   ※ 황화인, 적린, 덩어리 유황, 황린, 질산의 탱크전용실 : 1층 또는 지하층에 설치

(2) 탱크전용실 외의 장소에 펌프설비를 설치하는 경우
① 펌프실은 벽·기둥·바닥 및 보를 내화구조로 할 것
② 펌프실
   ㉠ 상층이 있는 경우에 상층의 바닥 : 내화구조
   ㉡ 상층이 없는 경우에 지붕 : 불연재료
   ㉢ 천장을 설치하지 않을 것
③ 펌프실에는 창을 설치하지 않을 것(단, 제6류 위험물의 탱크전용실은 60분+방화문 또는 30분 방화문이 있는 창을 설치할 수 있다)
④ 펌프실의 출입구에는 60분+방화문을 설치할 것(단, 제6류 위험물의 탱크전용실은 30분 방화문을 설치할 수 있다)
⑤ 펌프실의 환기 및 배출의 설비에는 방화상 유효한 댐퍼 등을 설치할 것

(3) 탱크전용실에 펌프설비를 설치하는 경우
견고한 기초 위에 고정한 다음 그 주위에는 불연재료로 된 턱을 0.2m 이상의 높이로 설치하는 등 누설된 위험물이 유출되거나 유입되지 않도록 하는 조치를 할 것

(4) 탱크전용실의 설치기준
① 벽·기둥·바닥 및 보 : 내화구조
② 탱크전용실
   ㉠ 상층이 있는 경우에 상층의 바닥 : 내화구조
   ㉡ 상층이 없는 경우에 지붕 : 불연재료
   ㉢ 천장을 설치하지 않을 것
③ 탱크전용실에는 창을 설치하지 않을 것
④ 탱크전용실의 출입구에는 수시로 열 수 있는 자동폐쇄식의 60분+방화문을 설치할 것
⑤ 탱크전용실의 환기 및 배출의 설비에는 방화상 유효한 댐퍼 등을 설치할 것

(5) 옥내저장탱크의 용량(동일한 탱크전용실에 옥내저장탱크를 2 이상 설치하는 경우에는 각 탱크의 용량의 합계)은 1층 이하의 층은 지정수량의 40배(제4석유류, 동식물유류 외의 제4류 위험물에 있어서는 해당 수량이 2만L 초과할 때에는 2만L) 이하, 2층 이상의 층은 지정수량의 10배(제4석유류, 동식물유류 외의 제4류 위험물에 있어서는 해당 수량이 5,000L 초과할 때에는 5,000L) 이하일 것★
※ 다층 건축물일 때 옥내저장탱크의 설치 용량
   • 1층 이하의 층
     – 제2석유류(인화점 38℃ 이상), 제3석유류, 타류 : 지정수량의 40배 이하(단, 20,000L 초과 시 20,000L)
     – 제4석유류, 동식물유류 : 지정수량의 40배 이하
   • 2층 이상의 층
     – 제2석유류(인화점 38℃ 이상), 제3석유류, 타류 : 지정수량의 10배 이하(단, 5,000L 초과 시 5,000L)
     – 제4석유류, 동식물유류 : 지정수량의 10배 이하
※ 용량 : 탱크전용실에 옥내저장탱크를 2 이상 설치 시 각 탱크의 용량의 합계

1-5. 지하탱크저장소의 위치, 구조 및 설비의 기준
(시행규칙 별표 8)

핵심이론 01 지하탱크저장소의 기준

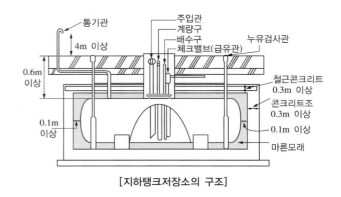

[지하탱크저장소의 구조]

(1) 지하탱크전용실을 설치해야 하는데 제4류 위험물의 지하저장탱크가 다음 ① 내지 ⑤의 기준에 적합한 때에는 설치하지 않을 수 있다.

① 해당 탱크를 지하철·지하가 또는 지하터널로부터 수평거리 10m 이내의 장소 또는 지하건축물 내의 장소에 설치하지 않을 것★

② 해당 탱크를 그 수평투영의 세로 및 가로보다 각각 0.6m 이상 크고 두께가 0.3m 이상인 철근콘크리트조의 뚜껑으로 덮을 것★

③ 뚜껑에 걸리는 중량이 직접 해당 탱크에 걸리지 않는 구조일 것

④ 해당 탱크를 견고한 기초 위에 고정할 것

⑤ 해당 탱크를 지하의 가장 가까운 벽·피트(Pit : 인공지하구조물)·가스관 등의 시설물 및 대지경계선으로부터 0.6m 이상 떨어진 곳에 매설할 것★

(2) 탱크전용실은 지하의 가장 가까운 벽·피트·가스관 등의 시설물 및 대지경계선으로부터 0.1m 이상 떨어진 곳에 설치하고, 지하저장탱크와 탱크전용실 안쪽과의 사이는 0.1m 이상의 간격을 유지하도록 하며, 해당 탱크의 주위에 마른 모래 또는 습기 등에 의하여 응고되지 않는 입자지름 5mm 이하의 마른 자갈분을 채워야 한다.★

(3) 지하저장탱크의 윗부분은 지면으로부터 0.6m 이상 아래에 있어야 한다.

(4) 지하저장탱크를 2 이상 인접해 설치하는 경우에는 그 상호 간에 1m(해당 2 이상의 지하저장탱크의 용량 합계가 지정수량의 100배 이하인 때에는 0.5m) 이상의 간격을 유지해야 한다.

(5) 지하저장탱크의 재질은 두께 3.2mm 이상의 강철판으로 해야 한다.

(6) 수압시험★

① 압력탱크(최대상용압력이 46.7kPa 이상인 탱크) 외의 탱크 : 70kPa의 압력으로 10분간

② 압력탱크 : 최대상용압력의 1.5배의 압력으로 10분간

(7) 통기관(압력탱크 외의 탱크)

① 밸브 없는 통기관

㉠ 통기관은 지하저장탱크의 윗부분에 연결할 것

㉡ 통기관 중 지하의 부분은 그 상부의 지면에 걸리는 중량이 직접 해당 부분에 미치지 않도록 보호하고, 해당 통기관의 접합부분(용접, 그 밖의 위험물 누설의 우려가 없다고 인정되는 방법에 의하여 접합된 것은 제외한다)에 대하여는 해당 접합부분의 손상 유무를 점검할 수 있는 조치를 할 것

ⓒ 통기관의 끝부분은 건축물의 창·출입구 등의 개구부로부터 1m 이상 떨어진 옥외의 장소에 지면으로부터 4m 이상의 높이로 설치하되, 인화점이 40℃ 미만인 위험물의 탱크에 설치하는 통기관에 있어서는 부지경계선으로부터 1.5m 이상 거리를 둘 것. 다만, 고인화점 위험물만을 100℃ 미만의 온도로 저장 또는 취급하는 탱크에 설치하는 통기관은 그 선단을 탱크전용실 내에 설치할 수 있다.

ⓡ 통기관은 가스 등이 체류할 우려가 있는 굴곡이 없도록 할 것

ⓜ 지름은 30mm 이상일 것

ⓗ 끝부분은 수평면보다 45° 이상 구부려 빗물 등의 침투를 막는 구조로 할 것

ⓢ 인화점이 38℃ 미만인 위험물만을 저장 또는 취급하는 탱크에 설치하는 통기관에는 화염방지장치를 설치하고, 그 외의 탱크에 설치하는 통기관에는 40메시(mesh) 이상의 구리망 또는 동등 이상의 성능을 가진 인화방지장치를 설치할 것. 다만, 인화점이 70℃ 이상인 위험물만을 해당 위험물의 인화점 미만의 온도로 저장 또는 취급하는 탱크에 설치하는 통기관에는 인화방지장치를 설치하지 않을 수 있다.

ⓞ 가연성의 증기를 회수하기 위한 밸브를 통기관에 설치하는 경우에 있어서는 해당 통기관의 밸브는 저장탱크에 위험물을 주입하는 경우를 제외하고는 항상 개방되어 있는 구조로 하는 한편, 폐쇄하였을 경우에 있어서는 10kPa 이하의 압력에서 개방되는 구조로 할 것. 이 경우 개방된 부분의 유효단면적은 777.15mm² 이상이어야 한다.

② 대기밸브부착 통기관

ㄱ 통기관은 지하저장탱크의 윗부분에 연결할 것

ㄴ 통기관 중 지하의 부분은 그 상부의 지면에 걸리는 중량이 직접 해당 부분에 미치지 않도록 보호하고, 해당 통기관의 접합부분(용접, 그 밖의 위험물 누설의 우려가 없다고 인정되는 방법에 의하여 접합된 것은 제외한다)에 대하여는 해당 접합부분의 손상유무를 점검할 수 있는 조치를 할 것

ㄷ 5kPa 이하의 압력 차이로 작동할 수 있을 것. 다만, 제4류 제1석유류를 저장하는 탱크는 다음의 압력 차이에서 작동해야 한다.
  • 정압 : 0.6kPa 이상 1.5kPa 이하
  • 부압 : 1.5kPa 이상 3kPa 이하

ㄹ 인화점이 38℃ 미만인 위험물만을 저장 또는 취급하는 탱크에 설치하는 통기관에는 화염방지장치를 설치하고, 그 외의 탱크에 설치하는 통기관에는 40메시(mesh) 이상의 구리망 또는 동등 이상의 성능을 가진 인화방지장치를 설치할 것. 다만, 인화점이 70℃ 이상인 위험물만을 해당 위험물의 인화점 미만의 온도로 저장 또는 취급하는 탱크에 설치하는 통기관에는 인화방지장치를 설치하지 않을 수 있다.

ㅁ 통기관의 끝부분은 건축물의 창·출입구 등의 개구부로부터 1m 이상 떨어진 옥외의 장소에 지면으로부터 4m 이상의 높이로 설치하되, 인화점이 40℃ 미만인 위험물의 탱크에 설치하는 통기관에 있어서는 부지경계선으로부터 1.5m 이상 거리를 둘 것. 다만, 고인화점 위험물만을 100℃ 미만의 온도로 저장 또는 취급하는 탱크에 설치하는 통기관은 그 선단을 탱크전용실 내에 설치할 수 있다.

ㅂ 통기관은 가스 등이 체류할 우려가 있는 굴곡이 없도록 할 것

※ 압력탱크의 안전장치

　　위험물을 가압하는 설비 또는 그 취급하는 위험물의 압력이 상승할 우려가 있는 설비에는 압력계 및 다음에 해당하는 안전장치를 설치해야 한다. 다만, 파괴판은 위험물의 성질에 따라 안전밸브의 작동이 곤란한 가압설비에 한한다.
　　• 자동적으로 압력의 상승을 정지시키는 장치
　　• 감압측에 안전밸브를 부착한 감압밸브
　　• 안전밸브를 겸하는 경보장치
　　• 파괴판(위험물의 성질에 따라 안전밸브의 작동이 곤란한 가압설비에 한한다)

(8) 인화점이 21℃ 미만인 액체위험물의 지하저장탱크의 주입구★

① 게시판은 한 변이 0.3m 이상, 다른 한 변이 0.6m 이상인 직사각형으로 할 것
② 게시판에는 "지하저장탱크 주입구"라고 표시하는 것 외에 취급하는 위험물의 유별, 품명 및 주의사항을 표시할 것
③ 게시판은 백색바탕에 흑색문자(주의사항은 적색문자)로 할 것

(9) 지하저장탱크의 배관은 탱크의 윗부분에 설치해야 한다.

※ 예외 규정 : 제2석유류(인화점 40℃ 이상), 제3석유류, 제4석유류, 동식물유류로서 그 직근에 유효한 제어밸브를 설치한 경우

(10) 지하저장탱크의 액체위험물의 누설을 검사하기 위한 관의 설치기준(4개소 이상)

① 이중관으로 할 것. 다만, 소공이 없는 상부는 단관으로 할 수 있다.★★
② 재료는 금속관 또는 경질합성수지관으로 할 것

③ 관은 탱크전용실의 바닥 또는 탱크의 기초 위에 닿게 할 것
④ 관의 밑부분으로부터 탱크의 중심 높이까지의 부분에는 소공이 뚫려 있을 것. 다만, 지하수위가 높은 장소에 있어서는 지하수위 높이까지의 부분에 소공이 뚫려 있어야 한다.
⑤ 상부는 물이 침투하지 않는 구조로 하고, 뚜껑은 검사 시에 쉽게 열 수 있도록 할 것

(11) 탱크전용실의 구조(철근콘크리트구조)

① 벽, 바닥, 뚜껑의 두께 : 0.3m 이상★
② 벽, 바닥 및 뚜껑의 내부에는 지름 9mm부터 13mm까지의 철근을 가로 및 세로로 5cm부터 20cm까지의 간격으로 배치할 것
③ 벽, 바닥 및 뚜껑의 재료에 수밀(액체가 새지 않도록 밀봉되어 있는 상태)콘크리트를 혼입하거나 벽, 바닥 및 뚜껑의 중간에 아스팔트층을 만드는 방법으로 적정한 방수조치를 할 것

(12) 지하저장탱크에는 과충전방지장치 설치기준

① 탱크용량을 초과하는 위험물이 주입될 때 자동으로 그 주입구를 폐쇄하거나 위험물의 공급을 자동으로 차단하는 방법
② 탱크용량의 90%가 찰 때 경보음을 울리는 방법

(13) 맨홀 설치기준

① 맨홀은 지면까지 올라오지 않도록 하되, 가급적 낮게 할 것
② 보호틀을 다음에 정하는 기준에 따라 설치할 것
　　㉠ 보호틀을 탱크에 완전히 용접하는 등 보호틀과 탱크를 기밀하게 접합할 것
　　㉡ 보호틀의 뚜껑에 걸리는 하중이 직접 보호틀에 미치지 않도록 설치하고, 빗물 등이 침투하지 않도록 할 것

③ 배관이 보호틀을 관통하는 경우에는 해당 부분을 용접하는 등 침수를 방지하는 조치를 할 것

핵심예제

1-1. 지하탱크저장소의 지면하에 설치된 탱크전용실을 설치하지 않아도 되는 경우이다. 다음 각 물음에 답하시오.

⑴ 해당 탱크를 지하철·지하가 또는 지하터널로부터 수평거리 (   )m 이내의 장소 또는 지하건축물 내의 장소에 설치하지 않을 것

⑵ 해당 탱크를 지하의 가장 가까운 벽·피트·가스관 등의 시설물 및 대지경계선으로부터 (   )m 이상 떨어진 곳에 매설할 것

⑶ 해당 탱크를 그 수평투영의 세로 및 가로보다 각각 (   )m 이상 크고 두께가 (   )m 이상인 철근콘크리트조의 뚜껑으로 덮을 것

1-2. 제4류 위험물인 아세톤을 저장하는 지하탱크저장소에 대하여 다음 각 물음에 답하시오.

⑴ 주입구에 설치하는 게시판의 표시사항을 쓰시오.

⑵ 게시판의 규격을 쓰시오.

⑶ 게시판의 바탕과 문자의 색상을 쓰시오.

|해설|

1-1
본문 참조

1-2
인화점이 21℃ 미만인 위험물의 지하저장탱크의 주입구의 게시판
• 게시판은 한 변이 0.3m 이상, 다른 한 변이 0.6m 이상인 직사각형으로 할 것
• 게시판에는 "지하저장탱크 주입구"라고 표시하는 것 외에 취급하는 위험물의 유별, 품명 및 주의사항을 표시할 것
• 게시판은 백색바탕에 흑색문자(주의사항은 적색문자)로 할 것
※ 아세톤(제4류 위험물) 주의사항 : 화기엄금(백색바탕 적색문자)

정답 1-1 ⑴ 10
　　　　⑵ 0.6
　　　　⑶ 0.6, 0.3

　　1-2 ⑴ 지하저장탱크 주입구, 유별, 품명, 주의사항
　　　　⑵ 한 변이 0.3m 이상, 다른 한 변이 0.6m 이상인 직사각형
　　　　⑶ 백색바탕에 흑색문자(주의사항은 적색문자)

핵심이론 02 지하탱크저장소의 표지 및 게시판

옥외탱크저장소와 동일함

1-6. 간이탱크저장소의 위치, 구조 및 설비의 기준
(시행규칙 별표 9)

핵심이론 01 설치기준

(1) 위험물을 저장 또는 취급하는 간이저장탱크는 옥외에 설치해야 한다.

(2) **전용실의 구조**
① 탱크전용실은 벽·기둥 및 바닥을 내화구조로 하고, 보를 불연재료로 하며, 연소의 우려가 있는 외벽은 출입구 외에는 개구부가 없도록 할 것. 다만, 인화점이 70℃ 이상인 제4류 위험물만의 옥내저장탱크를 설치하는 탱크전용실에 있어서는 연소의 우려가 없는 외벽·기둥 및 바닥을 불연재료로 할 수 있다.
② 탱크전용실은 지붕을 불연재료로 하고, 천장을 설치하지 않을 것
③ 탱크전용실의 창 및 출입구에는 60분+방화문 또는 30분 방화문을 설치하는 동시에, 연소의 우려가 있는 외벽에 두는 출입구에는 수시로 열 수 있는 자동폐쇄식의 60분+방화문을 설치할 것
④ 탱크전용실의 창 또는 출입구에 유리를 이용하는 경우에는 망입유리로 할 것
⑤ **전용실의 바닥** : 액상의 위험물의 옥내저장탱크를 설치하는 탱크전용실의 바닥은 위험물이 침투하지 않는 구조로 하고, 적당한 경사를 두는 한편, 집유설비를 설치할 것
⑥ 전용실의 채광·조명·환기 및 배출의 설비는 옥내저장소의 채광·조명·환기 및 배출의 설비의 기준에 적합할 것

(3) 하나의 간이탱크저장소에 설치하는 간이저장탱크는 그 수를 3 이하로 하고, 동일한 품질의 위험물의 간이저장탱크를 2 이상 설치하지 않아야 한다.

(4) 표지 및 게시판 : 제조소와 동일하다.

(5) 간이저장탱크는 움직이거나 넘어지지 않도록 지면 또는 가설대에 고정시키되, 옥외에 설치하는 경우에는 그 탱크의 주위에 너비 1m 이상의 공지를 두고, 전용실 안에 설치하는 경우에는 탱크와 전용실의 벽과의 사이에 0.5m 이상의 간격을 유지해야 한다.

(6) 간이저장탱크의 용량은 600L 이하이어야 한다. ★

(7) 간이저장탱크는 두께 3.2mm 이상의 강판으로 흠이 없도록 제작해야 하며, 70kPa의 압력으로 10분간의 수압시험을 실시하여 새거나 변형되지 않아야 한다. ★

(8) **밸브 없는 통기관의 설치기준**
① 통기관의 지름은 25mm 이상으로 할 것
② 통기관은 옥외에 설치하되, 그 끝부분의 높이는 지상 1.5m 이상으로 할 것
③ 통기관의 끝부분은 수평면에 대하여 아래로 45° 이상 구부려 빗물 등이 침투하지 않도록 할 것
④ 가는 눈의 구리망 등으로 인화방지장치를 할 것(다만, 인화점이 70℃ 이상의 위험물만을 해당 위험물의 인화점 미만의 온도로 저장 또는 취급하는 탱크에 설치하는 통기관에 있어서는 그렇지 않다) ★

(9) **대기밸브부착 통기관의 설치기준**
① 통기관은 옥외에 설치하되, 그 끝부분의 높이는 지상 1.5m 이상으로 할 것
② 가는 눈의 구리망 등으로 인화방지장치를 할 것(다만, 인화점이 70℃ 이상의 위험물만을 해당 위험물의 인화점 미만의 온도로 저장 또는 취급하는 탱크에 설치하는 통기관에 있어서는 그렇지 않다)
③ 5kPa 이하의 압력 차이로 작동할 수 있을 것

간이저장탱크는 두께(㉠)mm 이상의 강판으로 해야 하고, 용량은 (㉡)L 이하로 해야 한다. 다음 (   ) 안에 적당한 숫자를 적으시오.

| 해설 |

간이탱크저장소
- 용량 : 600L 이하
- 두께 : 3.2mm 이상의 강판
- 하나의 간이탱크저장소에 설치하는 간이저장탱크의 수 : 3기 이하
- 통기관의 지름 : 25mm 이상

정답 ㉠ 3.2
　　 ㉡ 600

핵심이론 02 표지 및 게시판

제조소와 동일함

1-7. 이동탱크저장소의 위치, 구조 및 설비의 기준
(시행규칙 별표 10)

핵심이론 01 이동탱크저장소의 상치장소

(1) 옥외에 있는 상치장소 : 화기를 취급하는 장소 또는 인근의 건축물로부터 5m 이상(인근의 건축물이 1층인 경우에는 3m 이상)의 거리를 확보해야 한다 (단, 하천의 공지나 수면, 내화구조 또는 불연재료의 담 또는 벽 그 밖에 이와 유사한 것에 접하는 경우를 제외).

(2) 옥내에 있는 상시설치장소 : 벽ㆍ바닥ㆍ보ㆍ서까래 및 지붕이 내화구조 또는 불연재료로 된 건축물의 1층에 설치해야 한다.

[이동저장탱크]

핵심이론 02 이동저장탱크의 구조★★

(1) 탱크의 두께 : 3.2mm 이상의 강철판★

(2) 수압시험★

① 압력탱크(최대상용압력이 46.7kPa 이상인 탱크) 외의 탱크 : 70kPa의 압력으로 10분간 실시하여 새거나 변형되지 않을 것

② 압력탱크 : 최대상용압력의 1.5배의 압력으로 10분간 실시하여 새거나 변형되지 않을 것

(3) 이동저장탱크는 그 내부에 4,000L 이하마다 3.2mm 이상의 강철판 또는 이와 동등 이상의 강도ㆍ내열성 및 내식성이 있는 금속성의 것으로 칸막이를 설치해야 한다(다만, 고체인 위험물을 저장하거나 고체인 위험물을 가열하여 액체상태로 저장하는 경우에는 그렇지 않다).★★★

(4) 칸막이로 구획된 각 부분에 설치 : 맨홀, 안전장치, 방파판을 설치(용량 2,000L 미만 : 방파판 설치 제외)

① 안전장치의 작동 압력★★

　㉠ 상용압력이 20kPa 이하인 탱크 : 20kPa 이상 24kPa 이하의 압력

　㉡ 상용압력이 20kPa을 초과하는 탱크 : 상용압력의 1.1배 이하의 압력

② 방파판★

　㉠ 두께 : 1.6mm 이상의 강철판 또는 이와 동등 이상의 강도ㆍ내열성 및 내식성이 있는 금속성의 것으로 할 것

ⓛ 하나의 구획부분에 2개 이상의 방파판을 이동탱크
저장소의 진행방향과 평행으로 설치하되, 각 방파
판은 그 높이 및 칸막이로부터의 거리를 다르게
할 것

ⓒ 하나의 구획부분에 설치하는 각 방파판의 면적의
합계는 해당 구획부분의 최대 수직단면적의 50%
이상으로 할 것. 다만, 수직단면이 원형이거나 짧
은 지름이 1m 이하의 타원형일 경우에는 40% 이상
으로 할 수 있다.

(5) 측면틀

① 탱크 뒷부분의 입면도에 있어서 측면틀의 최외측과
탱크의 최외측을 연결하는 직선의 수평면에 대한 내각
이 75° 이상이 되도록 하고, 최대수량의 위험물을 저
장한 상태에 있을 때의 해당 탱크중량의 중심점과 측
면틀의 최외측을 연결하는 직선과 그 중심점을 지나는
직선 중 최외측선과 직각을 이루는 직선과의 내각이
35° 이상이 되도록 할 것

② 외부로부터의 하중에 견딜 수 있는 구조로 할 것

③ 탱크 상부의 네 모퉁이에 해당 탱크의 전단 또는 후단
으로부터 각각 1m 이내의 위치에 설치할 것

④ 측면틀에 걸리는 하중에 의하여 탱크가 손상되지 않도
록 측면틀의 부착부분에 받침판을 설치할 것

(6) 방호틀

① 두께 2.3mm 이상의 강철판 또는 이와 동등 이상의
기계적 성질이 있는 재료로써 산모양의 형상으로 하거
나 이와 동등 이상의 강도가 있는 형상으로 할 것

② 정상부분은 부속장치보다 50mm 이상 높게 하거나
이와 동등 이상의 성능이 있는 것으로 할 것★

※ 이동탱크저장소의 부속장치

• 방호틀 : 탱크 전복 시 부속장치(주입구, 맨홀,
안전장치) 보호(2.3mm 이상)★

• 측면틀 : 탱크 전복 시 탱크 본체 파손 방지
(3.2mm 이상)

• 방파판 : 위험물 운송 중 내부 위험물의 출렁임,
쏠림 등을 완화하여 차량의 안전 확보(1.6mm
이상)

• 칸막이 : 탱크 전복 시 탱크의 일부가 파손되더라
도 전량의 위험물의 누출 방지(3.2mm 이상)

핵심예제

경유 저장수량이 16,000L인 이동저장탱크를 적재하고 있는
탱크로리 차량에 대하여 다음 각 물음에 답하시오.

⑴ 칸막이는 몇 개를 설치해야 하는가?

⑵ 방파판은 하나의 구획부분에 몇 개를 설치해야 하는가?

|해설|

이동저장탱크의 구조

• 이동저장탱크는 그 내부에 4,000L 이하마다 3.2mm 이상의
강철판 또는 이와 동등 이상의 강도·내열성 및 내식성이 있는
금속성의 것으로 칸막이를 설치해야 한다.

∴ 칸막이 $N = \dfrac{16,000L}{4,000L} = 4 - 1 = 3$개

• 방파판

- 두께 : 1.6mm 이상의 강철판

- 하나의 구획부분에 2개 이상의 방파판을 이동탱크저장소의
진행방향과 평행으로 설치하되, 각 방파판은 그 높이 및 칸막
이로부터의 거리를 다르게 할 것

정답 ⑴ 3개
        ⑵ 2개

핵심이론 03 배출밸브, 폐쇄장치, 결합금속구 등

(1) 이동저장탱크의 아랫부분에 배출구를 설치하는 경우에 해당 탱크의 배출구에 배출밸브를 설치하고 비상시에 직접 해당 배출밸브를 폐쇄할 수 있는 수동폐쇄장치 또는 자동폐쇄장치를 설치할 것

(2) 수동식폐쇄장치에 레버를 설치하는 경우의 기준
① 손으로 잡아당겨 수동폐쇄장치를 작동시킬 수 있도록 할 것
② 길이는 15cm 이상으로 할 것

(3) 탱크의 배관의 끝부분에는 개폐밸브를 설치할 것

(4) 이동탱크저장소에 주입설비를 설치하는 경우 설치 기준★
① 주입설비의 길이 : 50m 이내로 하고 그 끝부분에 축적되는 정전기를 유효하게 제거할 수 있는 장치를 할 것
② **분당배출량** : 200L 이하

핵심이론 04 이동탱크저장소(위험물 운반차량)의 표지
(위험물 운송·운반 시의 위험성 경고표지에 관한 기준 별표 3)

(1) 표 지
① 부착위치
　㉠ 이동탱크저장소 : 전면 상단 및 후면 상단
　㉡ 위험물 운반차량 : 전면 및 후면
② **규격 및 형상** : 60cm 이상 × 30cm 이상의 가로형 사각형
③ **색상 및 문자** : 흑색바탕에 황색의 반사 도료로 "위험물"이라 표기할 것
④ 위험물이면서 유해화학물질에 해당하는 품목의 경우에는 화학물질관리법에 따른 유해화학물질 표지를 위험물 표지와 상하 또는 좌우로 인접하여 부착할 것

(2) UN 번호
① 그림문자의 외부에 표기하는 경우
　㉠ 부착위치 : 위험물 수송차량의 후면 및 양 측면(그림문자와 인접한 위치)
　㉡ 규격 및 형상 : 30cm 이상 × 12cm 이상의 횡(가로)형 사각형

　㉢ 색상 및 문자 : 흑색 테두리 선(굵기 1cm)과 오렌지색으로 이루어진 바탕에 UN 번호(글자의 높이 6.5cm 이상)를 흑색으로 표기할 것
② 그림문자의 내부에 표기하는 경우
　㉠ 부착위치 : 위험물 수송차량의 후면 및 양 측면
　㉡ 규격 및 형상 : 심벌 및 분류·구분의 번호를 가리지 않는 크기의 횡형 사각형

ⓒ 색상 및 문자 : 흰색바탕에 흑색으로 UN 번호(글자의 높이 6.5cm 이상)를 표기할 것

(3) 그림문자

① **부착위치** : 위험물 수송차량의 후면 및 양 측면

② **규격 및 형상** : 25cm 이상×25cm 이상의 마름모꼴

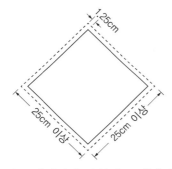

③ **색상 및 문자** : 위험물의 품목별로 해당하는 심벌을 표기하고 그림문자의 하단에 분류·구분의 번호(글자의 높이 2.5cm 이상)를 표기할 것

④ **위험물의 분류·구분별 그림문자의 세부기준** : 규정에 의한 분류·구분에 따라 주위험성 및 부위험성에 해당되는 그림문자를 모두 표시할 것

핵심예제

이동탱크저장소의 표지에 대하여 물음에 답하시오.

⑴ 부착위치

⑵ 규격 및 형상

⑶ 색상 및 문자

|해설|

표 지
• 부착위치
  – 이동탱크저장소 : 전면 상단 및 후면 상단
  – 위험물 운반차량 : 전면 및 후면
• 규격 및 형상 : 60cm 이상×30cm 이상의 가로형 사각형
• 색상 및 문자 : 흑색바탕에 황색의 반사 도료로 "위험물"이라 표기할 것

정답 ⑴ 전면 상단 및 후면 상단
     ⑵ 60cm 이상×30cm 이상의 가로형 사각형
     ⑶ 흑색바탕에 황색의 반사 도료로 "위험물"이라 표기

핵심이론 05 이동탱크저장소의 유별 도장색상 · 펌프 설비 · 접지도선

(1) 유별 도장색상

유 별	도장의 색상	비 고
제1류 위험물	회 색	탱크의 앞면과 뒷면을 제외한 면적의 40% 이내의 면적은 다른 유별의 색상 외의 색상으로 도장하는 것이 가능하다.
제2류 위험물	적 색	
제3류 위험물	청 색	
제4류 위험물	색상 제한은 없으나 적색 권장	
제5류 위험물	황 색	
제6류 위험물	청 색	

(2) 펌프설비

① 모터펌프를 이용하여 위험물 이송 : 인화점이 40℃ 이상의 것 또는 비인화성의 것

② 진공흡입방식의 펌프를 이용하여 위험물 이송 : 인화점이 70℃ 이상인 폐유 또는 비인화성의 것

(3) 접지도선★★

① 접지도선 설치대상 : 특수인화물, 제1석유류, 제2석유류

② 설치기준

　㉠ 양도체(良導體)의 도선에 비닐 등의 전열차단 재료로 피복하여 끝부분에 접지전극 등을 결착시킬 수 있는 클립(Clip) 등을 부착할 것

　㉡ 도선이 손상되지 않도록 도선을 수납할 수 있는 장치를 부착할 것

핵심이론 06 컨테이너식 이동탱크저장소의 특례

(1) 컨테이너식 이동탱크저장소 : 이동저장탱크를 차량 등에 옮겨 싣는 구조로 된 이동탱크저장소

(2) 컨테이너식 이동탱크저장소에 이동저장탱크 하중의 4배의 전단하중에 견디는 걸고리체결 금속구 및 모서리체결 금속구를 설치할 것

　※ 용량이 6,000L 이하인 이동탱크저장소에는 유(U)자 볼트를 설치할 수 있다.

(3) 이동저장탱크 및 부속장치(맨홀, 주입구, 안전장치 등)은 강재로 된 상자틀에 수납할 것

(4) 이동저장탱크, 맨홀, 주입구의 뚜껑은 두께 6mm(해당 탱크의 지름 또는 장축(긴지름)이 1.8m 이하인 것은 5mm) 이상의 강판으로 할 것

(5) 이동저장탱크의 칸막이는 두께 3.2mm 이상의 강판으로 할 것

(6) 이동저장탱크에는 맨홀, 안전장치를 설치할 것

(7) 부속장치는 상자틀의 최외각과 50mm 이상의 간격을 유지할 것

(8) 표시판

① 크기 : 가로 0.4m 이상 세로 0.15m 이상

② 색상 : 백색바탕에 흑색문자

③ 내용 : 허가청의 명칭, 완공검사번호를 표시

(1) 주유탱크차의 설치기준

① 주유탱크차에는 엔진배기통의 끝부분에 화염의 분출을 방지하는 장치를 설치할 것

② 주유탱크차에는 주유호스 등이 적정하게 격납되지 않으면 발진되지 않는 장치를 설치할 것

③ 주유설비의 기준

    ㉠ 배관은 금속제로서 최대상용압력의 1.5배 이상의 압력으로 10분간 수압시험을 실시하였을 때 누설 그 밖의 이상이 없는 것으로 할 것

    ㉡ 주유호스의 끝부분에 설치하는 밸브는 위험물의 누설을 방지할 수 있는 구조로 할 것

    ㉢ 외장은 난연성이 있는 재료로 할 것

④ 주유설비에는 해당 주유설비의 펌프기기를 정지하는 등의 방법에 의하여 이동저장탱크로부터의 위험물 이송을 긴급히 정지할 수 있는 장치를 설치할 것

⑤ 주유설비에는 개방 조작 시에만 개방하는 자동폐쇄식의 개폐장치를 설치하고, 주유호스의 끝부분에는 연료탱크의 주입구에 연결하는 결합금속구를 설치할 것. 다만, 주유호스의 끝부분에 수동개폐장치를 설치한 주유노즐(수동개폐장치를 개방상태에서 고정하는 장치를 설치한 것을 제외)을 설치한 경우에는 그렇지 않다.

⑥ 주유설비에는 주유호스의 끝부분에 축적된 정전기를 유효하게 제거하는 장치를 설치할 것

⑦ 주유호스는 최대상용압력의 2배 이상의 압력으로 수압시험을 실시하여 누설, 그 밖의 이상이 없는 것으로 할 것

    ※ 주유탱크차 : 항공기의 연료탱크에 직접 주유하기 위한 주유설비를 갖춘 이동탱크저장소

(2) 공항에서 시속 40km 이하로 운행하도록 된 주유탱크차의 기준

① 이동저장탱크는 그 내부에 길이 1.5m 이하 또는 부피 4,000L 이하마다 3.2mm 이상의 강철판 또는 이와 같은 수준 이상의 강도·내열성 및 내식성이 있는 금속성의 것으로 칸막이를 설치할 것

② ①에 따른 칸막이에 구멍을 낼 수 있되, 그 지름이 40cm 이내일 것

알킬알루미늄 등을 저장 또는 취급하는 이동탱크저장소의 특례

(1) **이동저장탱크의 두께** : 10mm 이상의 강판

(2) **수압시험** : 1MPa 이상의 압력으로 10분간 실시하여 새거나 변형하지 않을 것

(3) **이동저장탱크의 용량** : 1,900L 미만

(4) **안전장치** : 수압시험의 압력의 2/3를 초과하고 4/5를 넘지 않는 범위의 압력에서 작동할 것

(5) **맨홀, 주입구의 뚜껑 두께** : 10mm 이상의 강판

(6) 이동저장탱크의 배관 및 밸브 등은 해당 탱크의 윗부분에 설치할 것

(7) 이동탱크저장소에는 이동저장탱크하중의 4배의 전단하중에 견딜 수 있는 걸고리체결 금속구 및 모서리체결 금속구를 설치할 것

(8) 이동저장탱크는 불활성 기체를 봉입할 수 있는 구조로 할 것

(9) 이동저장탱크는 그 외면을 적색으로 도장하는 한편, 백색문자로서 동판(胴板)의 양측면 및 경판(鏡板)에 규정에 의한 주의사항을 표시할 것

1-8. 옥외저장소의 위치, 구조 및 설비의 기준
(시행규칙 별표 11)

옥외저장소의 안전거리

제조소와 동일함

핵심이론 02 옥외저장소의 보유공지★★★

(1) 보유공지

저장 또는 취급하는 위험물의 최대수량	공지의 너비
지정수량의 10배 이하	3m 이상
지정수량의 10배 초과 20배 이하	5m 이상
지정수량의 20배 초과 50배 이하	9m 이상
지정수량의 50배 초과 200배 이하	12m 이상
지정수량의 200배 초과	15m 이상

(2) 제4류 위험물 중 제4석유류와 제6류 위험물은 위의 표에 의한 보유공지의 1/3 이상으로 할 수 있다.

보유공지

(3) 고인화점 위험물 저장 시 보유공지

저장 또는 취급하는 위험물의 최대수량	공지의 너비
지정수량의 50배 이하	3m 이상
지정수량의 50배 초과 200배 이하	6m 이상
지정수량의 200배 초과	10m 이상

3m 이상

0.5m 이상

[옥외저장소의 보유공지]

2-1. 옥외저장소 경계표시의 주위에는 그 저장 또는 취급하는 위험물의 최대수량에 따라 다음 표에 의한 너비의 공지를 보유해야 한다. 다음의 보유공지를 쓰시오.

(1) 지정수량의 10배 이하

(2) 지정수량의 10배 초과 20배 이하

2-2. 옥외저장소에 지정수량의 150배 유황을 저장하는 경우 공지의 너비를 쓰시오.

|해설|

2-1
옥외저장소의 보유공지

저장 또는 취급하는 위험물의 최대수량	공지의 너비
지정수량의 10배 이하	3m 이상
지정수량의 10배 초과 20배 이하	5m 이상
지정수량의 20배 초과 50배 이하	9m 이상
지정수량의 50배 초과 200배 이하	12m 이상
지정수량의 200배 초과	15m 이상

2-2
2-1 참조
※ 제4류 위험물 중 제4석유류와 제6류 위험물 : 위의 표의 보유공지의 1/3로 할 수 있다.

정답 2-1 (1) 3m 이상
　　　　 (2) 5m 이상

　　　 2-2 12m 이상

핵심이론 03 옥외저장소의 표지 및 게시판

위험물 옥외저장소	
화기엄금	
위험물의 유별	제4류
품 명	제1석유류(톨루엔)
저장 최대수량	10,000L
지정수량의 배수	50배
안전관리자의 성명 및 직명	이덕수

※ 톨루엔(제1석유류, 비수용성)의 지정수량 : 200L

※ 지정수량의 배수 $= \dfrac{\text{저장수량}}{\text{지정수량}}$

$\qquad\qquad = \dfrac{10,000L}{200L}$

$\qquad\qquad = 50$배

핵심이론 04 옥외저장소의 기준

(1) 선반 : 불연재료

(2) 선반의 높이 : 6m를 초과하지 말 것★

(3) 과산화수소, 과염소산을 저장하는 옥외저장 : 불연성 또는 난연성의 천막 등을 설치하여 햇빛을 가릴 것

(4) 덩어리 상태의 유황을 저장 또는 취급하는 경우★★
① 하나의 경계표시의 내부의 면적 : $100m^2$ 이하
② 2 이상의 경계표시를 설치하는 경우에 있어서는 각각의 경계표시 내부의 면적을 합산한 면적은 $1,000m^2$ 이하로 하고 인접하는 경계표시와 경계표시와의 간격을 옥외저장소 보유공지 규정에 의한 공지의 너비 1/2 이상으로 할 것(단, 지정수량의 200배 이상인 경우 : 10m 이상)
③ 경계표시 : 불연재료
④ 경계표시의 높이 : 1.5m 이하
⑤ 경계표시에는 유황이 넘치거나 비산하는 것을 방지하기 위한 천막 등을 고정하는 장치를 설치하되, 천막 등을 고정하는 장치는 경계표시의 길이 2m마다 한 개 이상 설치할 것
⑥ 유황을 저장 또는 취급하는 장소의 주위에는 배수구와 분리장치를 설치할 것

덩어리 상태의 유황만을 저장하는 옥외저장소에 대하여 다음 각 물음에 답하시오.

(1) 하나의 경계표시의 내부면적은 몇 m^2 이하로 해야 하는지 쓰시오.

(2) 25,000kg을 저장하는 경우 경계표시 간의 간격은 몇 m 이상으로 해야 하는지 쓰시오.

| 해설 |

덩어리 상태의 유황을 저장 또는 취급하는 경우
- 하나의 경계표시의 내부면적 : 100m^2 이하
- 2 이상의 경계표시를 설치하는 경우에 있어서는 각각의 경계표시 내부의 면적을 합산한 면적 : 1,000m^2 이하(단, 지정수량의 200배 이상인 경우 : 10m 이상)
- 유황(제2류 위험물)의 지정수량 : 100kg
- 지정수량의 배수 $= \dfrac{\text{저장수량}}{\text{지정수량}} = \dfrac{25,000\text{kg}}{100\text{kg}} = 250$배

  ∴ 지정수량의 200배 이상인 경우 : 10m 이상

정답 (1) 100m^2 이하
　　　 (2) 10m 이상

핵심이론 05 인화성 고체, 제1석유류, 알코올류의 옥외저장소의 특례

(1) 인화성 고체, 제1석유류, 알코올류를 저장 또는 취급하는 장소 : 살수설비를 설치할 것

(2) 제1석유류 또는 알코올류를 저장 또는 취급하는 장소의 주위 : 배수구와 집유설비를 설치할 것
이 경우 제1석유류(온도 20℃의 물 100g에 용해되는 양이 1g 미만의 것에 한한다)를 저장 또는 취급하는 장소에는 집유설비에 유분리장치를 설치할 것
※ 유분리장치를 해야 하는 제1석유류 : 벤젠, 톨루엔, 휘발유

핵심이론 06 옥외저장소에 저장할 수 있는 위험물(시행령 별표 2)★★

(1) 제2류 위험물 중 유황, 인화성 고체(인화점이 0℃ 이상인 것에 한함)

(2) 제4류 위험물 중 제1석유류(인화점이 0℃ 이상인 것에 한함), 제2석유류, 제3석유류, 제4석유류, 알코올류, 동식물유류

　※ 제1석유류인 톨루엔(인화점 : 4℃), 피리딘(인화점 : 20℃)은 옥외저장소에 저장할 수 있다.

(3) 제6류 위험물

(4) 제2류 위험물 및 제4류 위험물 중 특별시·광역시 또는 도의 조례에서 정하는 위험물(관세법 제154조의 규정에 의한 보세구역 안에 저장하는 경우에 한한다)

(5) 국제해사기구에 관한 협약에 의하여 설치된 국제해사기구가 채택한 국제해상위험물규칙(IMDG Code)에 적합한 용기에 수납된 위험물

핵심예제

위험물옥외저장소에 저장할 수 있는 제4류 위험물의 품명을 4가지만 쓰시오.

|해설|
본문 참조

정답 제2석유류, 제3석유류, 제4석유류, 알코올류

1-9. 주유취급소의 위치, 구조 및 설비의 기준
(시행규칙 별표 13)

핵심이론 01 주유공지 및 급유공지

(1) **고정주유설비** : 펌프기기 및 호스기기로 되어 위험물을 자동차 등에 직접 주유하기 위한 설비로서 현수식의 것을 포함한다.

(2) 고정주유설비의 주위에는 주유를 받으려는 자동차 등이 출입할 수 있도록 너비 15m 이상, 길이 6m 이상의 콘크리트 등으로 포장한 공지(주유공지)를 보유해야 한다.

(3) **고정급유설비** : 펌프기기 및 호스기기로 되어 위험물을 용기에 옮겨 담거나 이동저장탱크에 주입하기 위한 설비로서 현수식의 것을 포함한다.

(4) 고정급유설비를 설치하는 경우에는 고정급유설비의 호스기기의 주위에 필요한 공지(급유공지)를 보유해야 한다.

(5) 공지의 바닥은 주위 지면보다 높게 하고, 그 표면을 적당하게 경사지게 하여 새어나온 기름, 그 밖의 액체가 공지의 외부로 유출되지 않도록 배수구·집유설비 및 유분리장치를 해야 한다.

핵심이론 02 주유취급소의 표지 및 게시판

위험물 주유취급소	
화기엄금	
위험물의 유별	제4류
품 명	제2석유류(경유)
취급최대수량	50,000L
지정수량의 배수	50배
안전관리자의 성명 또는 직명	이덕수

※ 경유(제2석유류, 비수용성)의 지정수량 : 1,000L

※ 지정수량의 배수 $= \dfrac{\text{취급수량}}{\text{지정수량}}$

$$= \dfrac{50,000L}{1,000L}$$

$$= 50배$$

주유 중 엔진정지★★★
(황색바탕에 흑색문자)

핵심이론 03 주유취급소의 저장 또는 취급 가능한 탱크★

(1) 자동차 등에 주유하기 위한 고정주유설비에 직접 접속하는 전용탱크로서 50,000L 이하의 것★

(2) 고정급유설비에 직접 접속하는 전용탱크로서 50,000L 이하의 것

(3) 보일러 등에 직접 접속하는 전용탱크로서 10,000L 이하의 것

(4) 자동차 등을 점검·정비하는 작업장 등(주유취급소 안에 설치된 것에 한한다)에서 사용하는 폐유·윤활유 등의 위험물을 저장하는 탱크로서 용량(2 이상 설치하는 경우에는 각 용량의 합계)이 2,000L 이하인 탱크(폐유탱크 등)

(5) 고정주유설비 또는 고정급유설비에 직접 접속하는 3기 이하의 간이탱크

3-1. 주유취급소에는 "주유 중 엔진정지"라는 표지를 한 게시판을 설치해야 한다. 다음 물음에 답하시오.

(1) 바탕 및 문자의 색상

(2) 규격

3-2. 주유취급소의 탱크용량에 대해 답하시오.

(1) 고속도로 외의 고정주유설비에 직접 접속하는 주유취급소

(2) 고속도로의 주유취급소

|해설|

3-1
• 주의사항을 표시한 게시판 설치

주의사항	게시판의 색상
물기엄금	청색바탕에 백색문자
화기주의	적색바탕에 백색문자
화기엄금	적색바탕에 백색문자
주유 중 엔진정지	황색바탕에 흑색문자

• 규격 : 한 변의 길이 0.3m 이상, 다른 한 변의 길이 0.6m 이상인 직사각형

3-2
본문 참조

정답 3-1 (1) 황색바탕에 흑색문자
　　　　(2) 한 변의 길이 0.3m 이상, 다른 한 변의 길이 0.6m 이상인 직사각형

　　　 3-2 (1) 50,000L
　　　　　(2) 60,000L

핵심이론 04 고정주유설비 등

(1) 주유취급소의 고정주유설비 또는 고정급유설비의 구조

① 펌프기기의 배출량
　㉠ 주유관 끝부분에서의 최대배출량★
　　• 제1석유류 : 분당 50L 이하
　　• 경유 : 분당 180L 이하
　　• 등유 : 분당 80L 이하
　㉡ 이동저장탱크에 주입하기 위한 고정급유설비 펌프기기의 최대배출량 : 분당 300L 이하

구 분	주유량 상한 (1회 연속)	주유(급유)시간 상한
셀프용 고정주유설비	휘발유 : 100L 이하 등유 : 200L 이하	4분 이하
셀프용 고정급유설비	등유 100L 이하	6분 이하

(2) 고정주유설비 또는 고정급유설비의 주유관 길이 : 5m (현수식의 경우에는 지면 위 0.5m의 수평면에 수직으로 내려 만나는 점을 중심으로 반경 3m) 이내로 하고 그 끝부분에는 축적된 정전기를 유효하게 제거할 수 있는 장치를 설치할 것

(3) 고정주유설비 또는 고정급유설비의 설치기준

① 고정주유설비(중심선을 기점으로 하여)★
　㉠ 도로경계선까지 : 4m 이상 거리를 유지할 것
　㉡ 부지경계선·담 및 건축물의 벽까지 : 2m(개구부가 없는 벽까지는 1m) 이상 거리를 유지할 것
② 고정급유설비(중심선을 기점으로 하여)
　㉠ 도로경계선까지 : 4m 이상 거리를 유지할 것
　㉡ 부지경계선·담까지 : 1m 이상 거리를 유지할 것
　㉢ 건축물의 벽까지 : 2m(개구부가 없는 벽까지는 1m) 이상 거리를 유지할 것
③ 고정주유설비와 고정급유설비의 사이에는 4m 이상의 거리를 유지할 것

고정주유설비에서 펌프의 분당 최대배출량을 쓰시오.

(1) 휘발유

(2) 경 유

(3) 등 유

|해설|

펌프의 최대배출량

종 류	제1석유류 (휘발유)	경 유	등 유
배출량	50L/min	180L/min	80L/min

정답 (1) 50L
(2) 180L
(3) 80L

핵심이론 05 주유취급소에 설치할 수 있는 건축물

(1) 주유 또는 등유·경유를 옮겨 담기 위한 작업장

(2) 주유취급소의 업무를 행하기 위한 사무소

(3) 자동차 등의 점검 및 간이정비를 위한 작업장

(4) 자동차 등의 세정을 위한 작업장

(5) 주유취급소에 출입하는 사람을 대상으로 한 점포·휴게음식점 또는 전시장

(6) 주유취급소의 관계자가 거주하는 주거시설

(7) 전기자동차용 충전설비(전기를 동력원으로 하는 자동차에 직접 전기를 공급하는 설비)

※ (2), (3), (5)의 용도에 제공하는 부분의 면적의 합은 1,000m²를 초과할 수 없다.

(1) **건축물의 벽·기둥·바닥·보 및 지붕** : 내화구조 또는 불연재료

(2) **창 및 출입구** : 방화문 또는 불연재료로 된 문을 설치

(3) 사무실 등의 창 및 출입구에 유리를 사용하는 경우에는 망입유리 또는 강화유리로 할 것(강화유리의 두께는 창에는 8mm 이상, 출입구에는 12mm 이상)

(4) **건축물 중 사무실 그 밖의 화기를 사용하는 곳의 기준**
① 출입구는 건축물의 안에서 밖으로 수시로 개방할 수 있는 자동폐쇄식의 것으로 할 것
② 출입구 또는 사이통로의 문턱의 높이를 15cm 이상으로 할 것
③ 높이 1m 이하의 부분에 있는 창 등은 밀폐시킬 것

(5) **자동차 등의 점검·정비를 행하는 설비**
① 고정주유설비부터 4m 이상 떨어지게 할 것
② 도로경계선으로부터 2m 이상 떨어지게 할 것

(6) **자동차 등의 세정을 행하는 설비**
① 증기세차기를 설치하는 경우 그 주위에 불연재료로 된 높이 1m 이상의 담을 설치하고 출입구가 고정주유설비에 면하지 않도록 할 것. 이 경우 고정주유설비부터 4m 이상 떨어지게 할 것
② 증기세차기 외의 세차기를 설치하는 경우에는 고정주유설비로부터 4m 이상, 도로경계선으로부터 2m 이상 떨어지게 할 것

(7) **주유원 간이대기실의 기준**
① 불연재료로 할 것
② 바퀴가 부착되지 않은 고정식일 것
③ 차량의 출입 및 주유작업에 장애를 주지 않는 위치에 설치할 것
④ 바닥면적이 $2.5m^2$ 이하일 것. 다만, 주유공지 및 급유공지 외의 장소에 설치하는 것은 그렇지 않다.

(1) 주유취급소의 주위에는 자동차 등이 출입하는 쪽 외의 부분에 높이 2m 이상의 내화구조 또는 불연재료의 담 또는 벽을 설치하되, 주유취급소의 인근에 연소의 우려가 있는 건축물이 있는 경우에는 소방청장이 정하여 고시하는 바에 따라 방화상 유효한 높이로 해야 한다.

(2) **다음 기준에 모두 적합한 경우에는 담 또는 벽의 일부분에 방화상 유효한 구조의 유리를 부착할 수 있다.**

① 유리를 부착하는 위치는 주입구, 고정주유설비 및 고정급유설비로부터 4m 이상 거리를 둘 것

② 유리를 부착하는 방법은 다음의 기준에 모두 적합할 것
   ㉠ 주유취급소 내의 지반면으로부터 70cm를 초과하는 부분에 한하여 유리를 부착할 것
   ㉡ 하나의 유리판의 가로 길이는 2m 이내일 것
   ㉢ 유리판의 테두리를 금속제의 구조물에 견고하게 고정하고 해당 구조물을 담 또는 벽에 견고하게 부착할 것
   ㉣ 유리의 구조는 접합유리(두 장의 유리를 두께 0.76mm 이상의 폴리비닐부티랄 필름으로 접합한 구조)로 하되, 유리구획 부분의 내화시험방법(KS F 2845)에 따라 시험하여 비차열 30분 이상의 방화성능이 인정될 것

③ 유리를 부착하는 범위는 전체의 담 또는 벽의 길이의 2/10를 초과하지 않을 것

(1) 배관이 캐노피 내부를 통과할 경우에는 1개 이상의 점검구를 설치할 것

(2) 캐노피 외부의 점검이 곤란한 장소에 배관을 설치하는 경우에는 용접이음으로 할 것

(3) 캐노피 외부의 배관이 일광열의 영향을 받을 우려가 있는 경우에는 단열재로 피복할 것

(1) 바닥은 위험물이 침투하지 않는 구조로 하고 적당한 경사를 두어 집유설비를 설치할 것

(2) 펌프실 등에는 위험물을 취급하는 데 필요한 채광·조명 및 환기의 설비를 할 것

(3) 가연성 증기가 체류할 우려가 있는 펌프실 등에는 그 증기를 옥외에 배출하는 설비를 설치할 것

(4) 고정주유설비 또는 고정급유설비 중 펌프기기를 호스기기와 분리하여 설치하는 경우에는 펌프실의 출입구를 주유공지 또는 급유공지에 접하도록 하고, 자동폐쇄식의 60분+방화문을 설치할 것

(5) **펌프실 등의 표지 및 게시판**
① "위험물 펌프실", "위험물 취급실"이라는 표지를 설치
　㉠ 표지의 크기 : 한 변의 길이 0.3m 이상, 다른 한 변의 길이 0.6m 이상
　㉡ 표지의 색상 : 백색바탕에 흑색문자
② **방화에 관하여 필요한 사항을 게시한 게시판** : 제조소와 동일함

(6) 출입구에는 바닥으로부터 0.1m 이상의 턱을 설치할 것

(1) **고속국도 주유취급소의 특례**
고속국도의 도로변에 설치된 주유취급소의 탱크의 용량 : 60,000L 이하★

(2) **고객이 직접 주유하는 주유취급소의 특례**
① 고객이 직접 자동차 등의 연료탱크 또는 용기에 위험물을 주입하는 고정주유설비 또는 고정급유설비(셀프용 고정주유설비 또는 셀프용 고정급유설비)를 설치하는 주유취급소의 특례기준이다.
② **셀프용 고정주유설비의 기준**
　㉠ 주유호스의 끝부분에 수동개폐장치를 부착한 주유노즐을 설치할 것. 다만, 수동개폐장치를 개방한 상태로 고정시키는 장치가 부착된 경우에는 다음의 기준에 적합해야 한다.
　　• 주유작업을 개시함에 있어서 주유노즐의 수동개폐장치가 개방상태에 있는 때에는 해당 수동개폐장치를 일단 폐쇄시켜야만 다시 주유를 개시할 수 있는 구조로 할 것
　　• 주유노즐이 자동차 등의 주유구로부터 이탈된 경우 주유를 자동적으로 정지시키는 구조일 것
　㉡ 주유노즐은 자동차 등의 연료탱크가 가득 찬 경우 자동적으로 정지시키는 구조일 것
　㉢ 주유호스는 200kgf 이하의 하중에 의하여 깨져 분리되거나 이탈되어야 하고, 깨져 분리되거나 이탈된 부분으로부터의 위험물 누출을 방지할 수 있는 구조일 것
　㉣ 휘발유와 경유 상호 간의 오인에 의한 주유를 방지할 수 있는 구조일 것
　㉤ 1회의 연속주유량 및 주유시간의 상한을 미리 설정할 수 있는 구조일 것. 이 경우 주유량의 상한은 휘발유는 100L 이하, 경유는 200L 이하로 하며, 주유시간의 상한은 4분 이하로 한다.

③ 셀프용 고정급유설비의 기준
  ㉠ 급유호스의 끝부분에 수동개폐장치를 부착한 급유노즐을 설치할 것
  ㉡ 급유노즐은 용기가 가득 찬 경우에 자동적으로 정지시키는 구조일 것
  ㉢ 1회의 연속급유량 및 급유시간의 상한을 미리 설정할 수 있는 구조일 것. 이 경우 급유량의 상한은 100L 이하, 급유시간의 상한은 6분 이하로 한다.
④ 셀프용 고정주유설비 또는 셀프용 고정급유설비의 주위에 표시 기준
  ㉠ 셀프용 고정주유설비 또는 셀프용 고정급유설비 주위의 보기 쉬운 곳에 고객이 직접 주유할 수 있다는 의미의 표시를 하고 자동차의 정차위치 또는 용기를 놓는 위치를 표시할 것
  ㉡ 주유호스 등의 직근에 호스기기 등의 사용방법 및 위험물의 품목을 표시할 것
  ㉢ 셀프용 고정주유설비 또는 셀프용 고정급유설비와 셀프용이 아닌 고정주유설비 또는 고정급유설비를 함께 설치하는 경우에는 셀프용이 아닌 것의 주위에 고객이 직접 사용할 수 없다는 의미의 표시를 할 것

1-10. 판매취급소의 위치, 구조 및 설비의 기준
(시행규칙 별표 14)

핵심이론 01 제1종 판매취급소(지정수량의 20배 이하)의 기준

(1) 제1종 판매취급소는 건축물의 1층에 설치할 것

(2) 제1종 판매취급소에는 보기 쉬운 곳에 "위험물 판매취급소(제1종)"라는 표지와 방화에 관하여 필요한 사항을 게시한 게시판은 제조소와 동일하게 설치할 것

(3) 제1종 판매취급소의 용도로 사용되는 건축물의 부분은 내화구조 또는 불연재료로 하고, 판매취급소로 사용되는 부분과 다른 부분과의 격벽은 내화구조로 할 것

(4) 제1종 판매취급소의 용도로 사용하는 건축물의 부분은 보를 불연재료로 하고, 천장을 설치하는 경우에는 천장을 불연재료로 할 것

(5) 제1종 판매취급소의 용도로 사용하는 부분에 상층이 있는 경우에 있어서는 그 상층의 바닥을 내화구조로 하고, 상층이 없는 경우에 있어서는 지붕을 내화구조 또는 불연재료로 할 것

(6) 제1종 판매취급소의 용도로 사용하는 부분의 창 및 출입구에는 60분+방화문 또는 30분 방화문을 설치할 것

(7) 제1종 판매취급소의 용도로 사용하는 부분의 창 또는 출입구에 유리를 이용하는 경우에는 망입유리로 할 것

(8) 위험물 배합실의 기준★

① 바닥면적은 6m² 이상 15m² 이하일 것

② 내화구조 또는 불연재료로 된 벽으로 구획할 것

③ 바닥은 위험물이 침투하지 않는 구조로 하여 적당한 경사를 두고 집유설비를 할 것

④ 출입구에는 수시로 열 수 있는 자동폐쇄식의 60분+방화문을 설치할 것

⑤ 출입구 문턱의 높이는 바닥면으로부터 0.1m 이상으로 할 것

⑥ 내부에 체류한 가연성의 증기 또는 가연성의 미분을 지붕위로 방출하는 설비를 할 것

핵심예제

제1종 판매취급소의 배합실 기준에 대한 설명이다. 다음 〈보기〉에서 (   ) 안에 적당한 말을 쓰시오.

┌보기┐
(1) 바닥면적은 (㉠)m² 이상 (㉡)m² 이하로 할 것
(2) (㉢) 또는 (㉣)로 된 벽으로 구획할 것
(3) 출입구에는 수시로 열 수 있는 자동폐쇄식의 (㉤)을 설치할 것
(4) 출입구 문턱의 높이는 바닥면으로부터 (㉥)m 이상으로 할 것
└────────────────────┘

|해설|
본문 참조

정답 (1) ㉠ 6, ㉡ 15
(2) ㉢ 내화구조, ㉣ 불연재료
(3) ㉤ 60분+방화문
(4) ㉥ 0.1

핵심이론 02 제2종 판매취급소(지정수량의 40배 이하)의 기준

(1) 제2종 판매취급소의 용도로 사용하는 부분은 벽·기둥·바닥 및 보를 내화구조로 하고, 천장이 있는 경우에는 이를 불연재료로 하며, 판매취급소로 사용되는 부분과 다른 부분과의 격벽은 내화구조로 할 것

(2) 제2종 판매취급소의 용도로 사용하는 부분에 있어서 상층이 있는 경우에는 상층의 바닥을 내화구조로 하는 동시에 상층으로의 연소를 방지하기 위한 조치를 강구하고, 상층이 없는 경우에는 지붕을 내화구조로 할 것

(3) 제2종 판매취급소의 용도로 사용하는 부분 중 연소의 우려가 없는 부분에 한하여 창을 두되, 해당 창에는 60분+방화문 또는 30분 방화문을 설치할 것

(4) 제2종 판매취급소의 용도로 사용하는 부분의 출입구에는 60분+방화문 또는 30분 방화문을 설치할 것. 다만, 해당 부분 중 연소의 우려가 있는 벽에 설치하는 출입구에는 수시로 열 수 있는 자동폐쇄식의 60분+방화문을 설치할 것

1-11. 이송취급소의 위치, 구조 및 설비의 기준
(시행규칙 별표 15)

핵심이론 01 설치장소

이송취급소는 다음 장소 외의 장소에 설치해야 한다.

(1) 철도 및 도로의 터널 안

(2) 고속국도 및 자동차전용도로(도로법 제48조 제1항에 따라 지정된 도로를 말한다)의 차도·갓길 및 중앙분리대

(3) 호수·저수지 등으로서 수리의 수원이 되는 곳

(4) 급경사지역으로서 붕괴의 위험이 있는 지역

※ 위의 장소에 이송취급소를 설치할 수 있는 경우
  • 지형상황 등 부득이한 사유가 있고 안전에 필요한 조치를 하는 경우
  • 위의 (2), (3)의 장소에 횡단하여 설치하는 경우

핵심이론 02 배관 등의 구조 및 설치기준

(1) 배관 등의 구조

배관 등의 구조는 다음의 하중에 의하여 생기는 응력에 대한 안전성이 있어야 한다.

① 위험물의 중량, 배관 등의 내압, 배관 등과 그 부속설비의 자중, 토압, 수압, 열차하중, 자동차하중 및 부력 등의 주하중

② 풍하중, 설하중, 온도변화의 영향, 진동의 영향, 지진의 영향, 배의 닻에 의한 충격의 영향, 파도와 조류의 영향, 설치공정상의 영향 및 다른 공사에 의한 영향 등의 종하중

(2) 배관설치의 기준

① 지하매설

　㉠ 배관은 그 외면으로부터 건축물·지하가·터널 또는 수도시설까지 각각 다음의 규정에 의한 안전거리를 둘 것(다만, 지하가 및 터널 또는 수도법에 의한 수도시설의 공작물에 있어서는 적절한 누설확산방지조치를 하는 경우에 그 안전거리를 1/2의 범위 안에서 단축할 수 있다)

　　• 건축물(지하가 내의 건축물을 제외한다) : 1.5m 이상

　　• 지하가 및 터널 : 10m 이상

　　• 수도법에 의한 수도시설(위험물의 유입우려가 있는 것에 한한다) : 300m 이상

　㉡ 배관은 그 외면으로부터 다른 공작물에 대하여 0.3m 이상의 거리를 보유할 것

　㉢ 배관의 외면과 지표면과의 거리는 산이나 들에 있어서는 0.9m 이상, 그 밖의 지역에 있어서는 1.2m 이상으로 할 것

　㉣ 배관의 하부에는 사질토 또는 모래로 20cm(자동차 등의 하중이 없는 경우에는 10cm) 이상, 배관의 상부에는 사질토 또는 모래로 30cm(자동차 등의 하중이 없는 경우에는 20cm) 이상 채울 것

② 도로 밑 매설
  ㉠ 배관은 그 외면으로부터 도로의 경계에 대하여 1m 이상의 안전거리를 둘 것
  ㉡ 시가지 도로의 밑에 매설하는 경우에는 배관의 외경보다 10cm 이상 넓은 견고하고 내구성이 있는 재질의 판(보호판)을 배관의 상부로부터 30cm 이상 위에 설치할 것
  ㉢ 배관(보호판 또는 방호구조물에 의하여 배관을 보호하는 경우에는 해당 보호판 또는 방호구조물을 말한다)은 그 외면으로부터 다른 공작물에 대하여 0.3m 이상의 거리를 보유할 것
  ㉣ 시가지 도로의 노면 아래에 매설하는 경우에는 배관(방호구조물의 안에 설치된 것을 제외)의 외면과 노면과의 거리는 1.5m 이상, 보호판 또는 방호구조물의 외면과 노면과의 거리는 1.2m 이상으로 할 것
  ㉤ 시가지 외의 도로의 노면 아래에 매설하는 경우에는 배관의 외면과 노면과의 거리는 1.2m 이상으로 할 것
  ㉥ 포장된 차도에 매설하는 경우에는 포장부분의 토대(차단층이 있는 경우는 해당 차단층을 말한다)의 밑에 매설하고, 배관의 외면과 토대의 최하부와의 거리는 0.5m 이상으로 할 것
  ㉦ 노면 밑 외의 도로 밑에 매설하는 경우에는 배관의 외면과 지표면과의 거리는 1.2m[보호판 또는 방호구조물에 의하여 보호된 배관에 있어서는 0.6m(시가지의 도로 밑에 매설하는 경우에는 0.9m)] 이상으로 할 것
③ 철도부지 밑 매설
  ㉠ 배관은 그 외면으로부터 철도 중심선에 대하여는 4m 이상, 해당 철도부지(도로에 인접한 경우를 제외)의 용지경계에 대하여는 1m 이상의 거리를 유지할 것
  ㉡ 배관의 외면과 지표면과의 거리는 1.2m 이상으로 할 것
④ 지상설치
  ㉠ 배관[이송기지(펌프에 의하여 위험물을 보내거나 받는 작업을 행하는 장소를 말한다)의 구내에 설치된 것을 제외]은 다음의 기준에 의한 안전거리를 둘 것
    • 철도(화물수송용으로만 쓰이는 것을 제외) 또는 도로의 경계선으로부터 25m 이상
    • 종합병원, 병원, 치과병원, 한방병원, 요양병원, 공연장, 영화상영관, 복지시설(아동, 노인, 장애인, 모·부자) 등의 시설로부터 45m 이상
    • 유형문화재, 지정문화재 시설로부터 65m 이상
    • 고압가스, 액화석유가스, 도시가스 시설로부터 35m 이상
    • 국토의 계획 및 이용에 관한 법률에 의한 공공공지 또는 도시공원법에 의한 도시공원으로부터 45m 이상
    • 판매시설·숙박시설·위락시설 등 불특정다중을 수용하는 시설 중 연면적 1,000m² 이상인 것으로부터 45m 이상
    • 1일 평균 20,000명 이상 이용하는 기차역 또는 버스터미널로부터 45m 이상
    • 수도법에 의한 수도시설 중 위험물이 유입될 가능성이 있는 것으로부터 300m 이상
    • 주택 또는 위와 유사한 시설 중 다수의 사람이 출입하거나 근무하는 것으로부터 25m 이상
  ㉡ 배관(이송기지의 구내에 설치된 것을 제외)의 양측면으로부터 해당 배관의 최대상용압력에 따라 다음 표에 의한 너비의 공지를 보유할 것

배관의 최대상용압력	공지의 너비
0.3MPa 미만	5m 이상
0.3MPa 이상 1MPa 미만	9m 이상
1MPa 이상	15m 이상

핵심이론 03 기타 설비 등

(1) 가연성 증기의 체류방지조치

배관을 설치하기 위하여 설치하는 터널(높이 1.5m 이상인 것에 한한다)에는 가연성 증기의 체류를 방지하는 조치를 해야 한다.

(2) 비파괴시험

배관 등의 용접부는 비파괴시험을 실시하여 합격할 것. 이 경우 이송기지 내의 지상에 설치된 배관 등은 전체 용접부의 20% 이상을 발췌하여 시험할 수 있다.

(3) 내압시험

배관 등은 최대상용압력의 1.25배 이상의 압력으로 4시간 이상 수압을 가하여 누설, 그 밖의 이상이 없을 것

(4) 안전제어장치

① 압력안전장치·누설검지장치·긴급차단밸브 그 밖의 안전설비의 제어회로가 정상으로 있지 않으면 펌프가 작동하지 않도록 하는 제어기능

② 안전상 이상상태가 발생한 경우에 펌프·긴급차단밸브 등이 자동 또는 수동으로 연동하여 신속히 정지 또는 폐쇄되도록 하는 제어기능

(5) 압력안전장치

배관계에는 배관 내의 압력이 최대상용압력을 초과하거나 유격작용 등에 의하여 생긴 압력이 최대상용압력의 1.1배를 초과하지 않도록 제어하는 장치를 설치할 것

(6) 누설검지장치 등

① 가연성 증기를 발생하는 위험물을 이송하는 배관계의 점검상자에는 가연성 증기를 검지하는 장치

② 배관계 내의 위험물의 양을 측정하는 방법에 의하여 자동적으로 위험물의 누설을 검지하는 장치 또는 이와 동등 이상의 성능이 있는 장치

③ 배관계 내의 압력을 측정하는 방법에 의하여 위험물의 누설을 자동적으로 검지하는 장치 또는 이와 동등 이상의 성능이 있는 장치

④ 배관계 내의 압력을 일정하게 정지시키고 해당 압력을 측정하는 방법에 의하여 위험물의 누설을 검지하는 장치 또는 이와 동등 이상의 성능이 있는 장치

(7) 긴급차단밸브의 설치기준

① 시가지에 설치하는 경우에는 약 4km의 간격

② 하천·호소 등을 횡단하여 설치하는 경우에는 횡단하는 부분의 양 끝

③ 해상 또는 해저를 통과하여 설치하는 경우에는 통과하는 부분의 양 끝

④ 산림지역에 설치하는 경우에는 약 10km의 간격

⑤ 도로 또는 철도를 횡단하여 설치하는 경우에는 횡단하는 부분의 양 끝

(8) 지진감지장치 등

배관의 경로에는 안전상 필요한 장소와 25km의 거리마다 지진감지장치 및 강진계를 설치해야 한다.

(9) 경보설비

① 이송기지에는 비상벨장치 및 확성장치를 설치할 것

② 가연성 증기를 발생하는 위험물을 취급하는 펌프실 등에는 가연성 증기 경보설비를 설치할 것

(10) 펌프 및 그 부속설비

① 보유공지

펌프 등의 최대상용압력	공지의 너비
1MPa 미만	3m 이상
1MPa 이상 3MPa 미만	5m 이상
3MPa 이상	15m 이상

다만, 벽·기둥 및 보를 내화구조로 하고 지붕을 폭발력이 위로 방출될 정도의 가벼운 불연재료로 한 펌프실에 펌프를 설치한 경우에는 위의 표에 의한 공지의 너비의 1/3로 할 수 있다.

② 펌프를 설치하는 펌프실 기준
- ㉠ 불연재료의 구조로 할 것. 이 경우 지붕은 폭발력이 위로 방출될 정도의 가벼운 불연재료이어야 한다.
- ㉡ 창 또는 출입구를 설치하는 경우에는 60분+방화문 또는 30분 방화문으로 할 것
- ㉢ 창 또는 출입구에 유리를 이용하는 경우에는 망입유리로 할 것
- ㉣ 바닥은 위험물이 침투하지 않는 구조로 하고 그 주변에 높이 20cm 이상의 턱을 설치할 것
- ㉤ 누설한 위험물이 외부로 유출되지 않도록 바닥은 적당한 경사를 두고 그 최저부에 집유설비를 할 것
- ㉥ 가연성 증기가 체류할 우려가 있는 펌프실에는 배출설비를 할 것
- ㉦ 펌프실에는 위험물을 취급하는 데 필요한 채광·조명 및 환기설비를 할 것

③ 펌프 등을 옥외에 설치하는 경우 기준
- ㉠ 펌프 등을 설치하는 부분의 지반은 위험물이 침투하지 않는 구조로 하고 그 주위에는 높이 15cm 이상의 턱을 설치할 것
- ㉡ 누설한 위험물이 외부로 유출되지 않도록 배수구 및 집유설비를 설치할 것

(11) 피그장치의 설치기준

① 피그장치는 배관의 강도와 동등 이상의 강도를 가질 것
② 피그장치는 해당 장치의 내부압력을 안전하게 방출할 수 있고 내부압력을 방출한 후가 아니면 피그를 삽입하거나 배출할 수 없는 구조로 할 것
③ 피그장치는 배관 내에 이상응력이 발생하지 않도록 설치할 것
④ 피그장치를 설치한 장소의 바닥은 위험물이 침투하지 않는 구조로 하고 누설한 위험물이 외부로 유출되지 않도록 배수구 및 집유설비를 설치할 것
⑤ 피그장치의 주변에는 너비 3m 이상의 공지를 보유할 것. 다만, 펌프실 내에 설치하는 경우에는 그렇지 않다.

1-12. 일반취급소의 위치, 구조 및 설비의 기준
(시행규칙 별표 16)

핵심이론 01 일반취급소의 위치, 구조 및 설비기준

제조소와 동일함

핵심이론 02 일반취급소의 특례

(1) 분무도장 작업 등의 일반취급소의 특례★

도장, 인쇄 또는 도포를 위하여 제2류 위험물 또는 제4류 위험물(특수인화물을 제외한다)을 취급하는 일반취급소로서 지정수량의 30배 미만의 것(위험물을 취급하는 설비를 건축물에 설치하는 것에 한한다)

(2) 세정작업의 일반취급소의 특례

세정을 위하여 위험물(인화점이 40℃ 이상인 제4류 위험물에 한한다)을 취급하는 일반취급소로서 지정수량의 30배 미만의 것(위험물을 취급하는 설비를 건축물에 설치하는 것에 한한다)

(3) 열처리작업 등의 일반취급소의 특례

열처리작업 또는 방전가공을 위하여 위험물(인화점이 70℃ 이상인 제4류 위험물에 한한다)을 취급하는 일반취급소로서 지정수량의 30배 미만의 것(위험물을 취급하는 설비를 건축물에 설치하는 것에 한한다)

(4) 보일러 등으로 위험물을 소비하는 일반취급소의 특례

보일러, 버너, 그 밖의 이와 유사한 장치로 위험물(인화점이 38℃ 이상인 제4류 위험물에 한한다)을 소비하는 일반취급소로서 지정수량의 30배 미만의 것(위험물을 취급하는 설비를 건축물에 설치하는 것에 한한다)

(5) 충전하는 일반취급소의 특례★

이동저장탱크에 액체위험물(알킬알루미늄 등, 아세트알데하이드 등 및 하이드록실아민 등을 제외한다)을 주입하는 일반취급소(액체위험물을 용기에 옮겨 담는 취급소를 포함한다)

① 제조소의 설치기준에 따라 보유공지와 안전거리를 확보해야 한다.
② 건축물을 설치하는 경우에 있어서 해당 건축물은 벽·기둥·바닥·보 및 지붕을 내화구조 또는 불연재료로 하고, 창 및 출입구에 60분+방화문 또는 30분 방화문을 설치해야 한다.
③ ②의 건축물의 창 또는 출입구에 유리를 설치하는 경우에는 망입유리로 해야 한다.
④ ②의 건축물의 2 방향 이상은 통풍을 위하여 벽을 설치하지 않아야 한다.
⑤ 위험물을 이동저장탱크에 주입하기 위한 설비(위험물을 이송하는 배관을 제외한다)의 주위에 필요한 공지를 보유해야 한다.
⑥ 위험물을 용기에 옮겨 담기 위한 설비를 설치하는 경우에는 해당 설비(위험물을 이송하는 배관을 제외한다)의 주위에 필요한 공지를 ⑤의 공지 외의 장소에 보유해야 한다.
⑦ 공지는 그 지반면을 주위의 지반면보다 높게 하고, 그 표면에 적당한 경사를 두며, 콘크리트 등으로 포장해야 한다.

(6) 옮겨 담는 일반취급소의 특례

고정주유설비에 의하여 위험물(인화점이 38℃ 이상인 제4류 위험물에 한한다)을 용기에 옮겨 담거나 4,000L 이하의 이동저장탱크(용량이 2,000L를 넘는 탱크에 있어서는 그 내부를 2,000L 이하마다 구획한 것에 한한다)에 주입하는 일반취급소로서 지정수량의 40배 미만의 것

(7) 유압장치 등을 설치하는 일반취급소의 특례

위험물을 이용한 유압장치 또는 윤활유 순환장치를 설치하는 일반취급소(고인화점 위험물만을 100℃ 미만의 온도로 취급하는 것에 한한다)로서 지정수량의 50배 미만의 것(위험물을 취급하는 설비를 건축물에 설치하는 것에 한한다)

(8) 절삭장치 등을 설치하는 일반취급소의 특례

절삭유의 위험물을 이용한 절삭장치, 연삭장치, 그 밖의 이와 유사한 장치를 설치하는 일반취급소(고인화점 위험물만을 100℃ 미만의 온도로 취급하는 것에 한한다)로서 지정수량의 30배 미만의 것(위험물을 취급하는 설비를 건축물에 설치하는 것에 한한다)

(9) 열매체유 순환장치를 설치하는 일반취급소의 특례

위험물 외의 물건을 가열하기 위하여 위험물(고인화점 위험물에 한한다)을 이용한 열매체유(열전달에 이용하는 합성유) 순환장치를 설치하는 일반취급소로서 지정수량의 30배 미만의 것(위험물을 취급하는 설비를 건축물에 설치하는 것에 한한다)

(10) 화학실험의 일반취급소의 특례

화학실험을 위하여 위험물을 취급하는 일반취급소로서 지정수량의 30배 미만의 것(위험물을 취급하는 설비를 건축물에 설치하는 것만 해당한다)

도장, 인쇄 또는 도포를 위한 분무도장작업을 하는 일반취급소에 대하여 다음 각 물음에 답하시오.

(1) 취급할 수 있는 위험물의 유별을 쓰시오.

(2) 취급할 수 있는 지정수량의 배수를 쓰시오.

|해설|

분무도장작업 등의 일반취급소 : 도장, 인쇄 또는 도포를 위하여 제2류 위험물 또는 제4류 위험물(특수인화물을 제외한다)을 취급하는 일반취급소로서 지정수량의 30배 미만의 것(위험물을 취급하는 설비를 건축물에 설치하는 것에 한한다)

정답 (1) 제2류 위험물, 제4류 위험물(특수인화물은 제외)
　　　 (2) 30배 미만

PART

2

2014~2022년   과년도 기출복원문제

2023년   최근 기출복원문제

과년도 + 최근 기출복원문제

2014년 제1회 과년도 기출복원문제

※ 실기 과년도 문제는 수험자의 기억에 의해 복원된 것입니다. 실제 시행문제와 상이할 수 있음을 알려 드립니다.

---

01 제3류 위험물인 인화칼슘에 대하여 다음 각 물음에 답하시오.

(1) 지정수량을 쓰시오.

(2) 물과 반응 시 생성되는 기체의 화학식을 쓰시오.

정답
(1) 300kg
(2) PH_3

해설
인화칼슘
• 지정수량 : 300kg(제3류 위험물 금속의 인화물)
• 물과의 반응 : $Ca_3P_2 + 6H_2O \rightarrow 3Ca(OH)_2 + 2PH_3$
• 염산과의 반응 : $Ca_3P_2 + 6HCl \rightarrow 3CaCl_2 + 2PH_3$
(포스핀, 인화수소)

---

02 제4류 위험물인 에틸알코올에 대하여 다음 각 물음에 답하시오.

(1) 완전 연소반응식을 쓰시오.

(2) 칼륨과 반응하는 경우 생성기체의 명칭을 쓰시오.

(3) 구조이성질체인 다이메틸에터의 시성식을 쓰시오.

정답
(1) $C_2H_5OH + 3O_2 \rightarrow 2CO_2 + 3H_2O$
(2) 수소(H_2)
(3) CH_3OCH_3

해설
에틸알코올의 반응
• 연소반응식 : $C_2H_5OH + 3O_2 \rightarrow 2CO_2 + 3H_2O$
• 알칼리금속(칼륨)과의 반응 : $2K + 2C_2H_5OH \rightarrow 2C_2H_5OK + H_2$
• 이성질체

종 류	에틸알코올	다이메틸에터
시성식	C_2H_5OH	CH_3OCH_3

구조식	H H
	  | |
	H－C－C－OH
	  | |
	H H
		H H
		  | |
		H－C－O－C－H
		  | |
		H H

03 다음은 제4류 위험물을 분류하는 인화점에 대한 내용이다. (   ) 안에 알맞은 답을 쓰시오.

(1) 제1석유류 : 인화점이 (㉠)℃ 미만인 것

(2) 제2석유류 : 인화점이 (㉡)℃ 이상 (㉢)℃ 미만인 것

해설
제4류 위험물의 분류
• 특수인화물
  - 1기압에서 발화점이 100℃ 이하인 것
  - 인화점이 영하 20℃ 이하이고 비점이 40℃ 이하인 것
• 제1석유류 : 1기압에서 인화점이 21℃ 미만인 것
• 알코올류 : 1분자를 구성하는 탄소원자의 수가 1개부터 3개까지인 포화 1가 알코올(변성알코올 포함)로서 농도가 60% 이상
• 제2석유류 : 1기압에서 인화점이 21℃ 이상 70℃ 미만인 것
• 제3석유류 : 1기압에서 인화점이 70℃ 이상 200℃ 미만인 것
• 제4석유류 : 1기압에서 인화점이 200℃ 이상 250℃ 미만인 것
• 동식물유류 : 동물의 지육(枝肉 : 머리, 내장, 다리를 잘라 내고 아직 부위별로 나누지 않은 고기를 말한다) 등 또는 식물의 종자나 과육으로부터 추출한 것으로서 1기압에서 인화점이 250℃ 미만인 것

04 운반 시 제1류 위험물과 혼재할 수 없는 위험물의 유별을 모두 적으시오(단, 지정수량의 1/10 이상을 지정하는 경우이다).

해설
운반 시 위험물의 혼재 가능 기준

위험물의 구분	제1류	제2류	제3류	제4류	제5류	제6류
제1류		×	×	×	×	○
제2류	×		×	○	○	×
제3류	×	×		○	×	×
제4류	×	○	○		○	×
제5류	×	○	×	○		×
제6류	○	×	×	×	×	

비 고
• "×" 표시는 혼재할 수 없음을 표시한다.
• "○" 표시는 혼재할 수 있음을 표시한다.
• 이 표는 지정수량의 1/10 이하의 위험물에 대하여는 적용하지 않는다.

05 벤젠 16g이 증기로 될 경우 70℃, 1atm 상태에서 부피는 몇 L가 되겠는가?

해설

이상기체 상태방정식

$$PV = nRT = \frac{W}{M}RT, \quad V = \frac{WRT}{PM}$$

여기서, P : 압력　　　　　V : 부피(L)　　　　　n : mol수(무게 / 분자량)
　　　　W : 무게(16g)　　M : 분자량(C_6H_6 = 78)
　　　　R : 기체상수(0.08205L · atm/g−mol · K)
　　　　T : 절대온도(273 + 70℃ = 343K)

$$\therefore \ V = \frac{WRT}{PM} = \frac{16\text{g} \times 0.08205\text{L} \cdot \text{atm/g}-\text{mol} \cdot \text{K} \times 343\text{K}}{1\text{atm} \times 78\text{g/g}-\text{mol}} = 5.77\text{L}$$

06 과산화나트륨 1kg이 물과 반응할 때 생성된 기체의 체적은 350℃, 1기압에서의 몇 L가 되는가?(단, Na의 원자량은 23이다)

해설

과산화나트륨과 물의 반응

$$2Na_2O_2 + 2H_2O \ \rightarrow \ 4NaOH + O_2$$

2×78g　　　　　　　　32g
1,000g　　　　　　　　x

$$\therefore \ x = \frac{1,000\text{g} \times 32\text{g}}{2 \times 78\text{g}} = 205.13\text{g}$$

그러므로 $PV = \frac{WRT}{M}$ 에서 온도와 압력을 보정하면

$$V = \frac{WRT}{PM}$$

$$= \frac{205.13\text{g} \times 0.08205\text{L} \cdot \text{atm/g}-\text{mol} \cdot \text{K} \times (273+350)\text{K}}{1\text{atm} \times 32\text{g/g}-\text{mol}} = 327.68\text{L}$$

07 제5류 위험물인 과산화벤조일의 구조식을 그리시오.

해설

과산화벤조일(BPO ; Benzoyl Peroxide, 벤조일퍼옥사이드)
• 물 성

화학식	비 중	융 점
$(C_6H_5CO)_2O_2$	1.33	105℃

• 무색 무취의 백색 결정으로 강산화성 물질이다.
• 물에 녹지 않고, 알코올에는 약간 녹는다.
• 프탈산다이메틸(DMP), 프탈산다이부틸(DBP)의 희석제를 사용한다.
• 구조식

정답

08 제2류 위험물인 알루미늄의 완전 연소반응식을 쓰고, 염산과의 반응 시 생성되는 기체의 명칭을 쓰시오.

해설

알루미늄의 반응
• 연소반응식 : $4Al + 3O_2 \rightarrow 2Al_2O_3$
• 염산과의 반응 : $2Al + 6HCl \rightarrow 2AlCl_3 + 3H_2$
• 물과 반응 : $2Al + 6H_2O \rightarrow 2Al(OH)_3 + 3H_2$

정답

• 연소반응식 : $4Al + 3O_2 \rightarrow 2Al_2O_3$
• 생성 기체 : 수소(H_2)

09 이황화탄소 5kg이 완전 연소하는 경우 발생되는 모든 기체의 부피는 몇 m^3가 되겠는가?(단, 온도는 25℃, 압력은 1atm이다)

해설
• 이산화탄소(CO_2)의 무게
  CS_2 + $3O_2$ → CO_2 + $2SO_2$
  76kg   44kg
  5kg x

  $\therefore x = \dfrac{5kg \times 44kg}{76kg} = 2.89kg$

• 이산화황(SO_2)의 무게
  CS_2 + $3O_2$ → CO_2 + $2SO_2$
  76kg $2\times64kg$
  5kg x

  $\therefore x = \dfrac{5kg \times 2 \times 64kg}{76kg} = 8.42kg$

$PV = \dfrac{WRT}{M}$ 에서 온도와 압력을 보정하면

• 이산화탄소의 체적
  $V = \dfrac{WRT}{PM} = \dfrac{2.89kg \times 0.08205m^3 \cdot atm/kg-mol \cdot K \times (273+25)K}{1atm \times 44kg/kg-mol} = 1.61m^3$

• 이산화황의 체적
  $V = \dfrac{WRT}{PM} = \dfrac{8.42kg \times 0.08205m^3 \cdot atm/kg-mol \cdot K \times (273+25)K}{1atm \times 64kg/kg-mol} = 3.22m^3$

$\therefore$ 발생되는 모든 기체의 체적 $= 1.61m^3 + 3.22m^3 = 4.83m^3$

10 다음 할론 소화약제의 화학식을 쓰시오.

(1) 할론 1301

(2) 할론 1211

(3) 할론 2402

해설
할론 소화약제

종 류	할론 1301	할론 1211	할론 1011	할론 104	할론 2402
화학식	CF_3Br	CF_2ClBr	CH_2ClBr	CCl_4	$C_2F_4Br_2$

11 발연성 액체로 분자량이 63이고, 갈색 증기를 발생시키며, 염산과 혼합되어 금과 백금 등을 녹일 수 있는 위험물은 무엇인지 화학식과 지정수량을 쓰시오.

• 위험물의 화학식 : HNO_3
• 지정수량 : 300kg

해설

질 산

• 물 성

화학식	분자량	지정수량	비 점	융 점	비 중
HNO_3	63	300kg	122℃	-42℃	1.49

• 흡습성이 강하여 습한 공기 중에서 발열하는 무색의 무거운 액체이다.
• 진한 질산을 가열하면 적갈색의 갈색 증기(NO_2)가 발생한다.
  $4HNO_3 \rightarrow O_2 + 4NO_2 + 2H_2O$

12 황린이 완전 연소하는 경우의 연소반응식을 쓰시오.

$P_4 + 5O_2 \rightarrow 2P_2O_5$

해설

황린(P_4)은 공기 중에서 연소 시 오산화인(P_2O_5)의 흰 연기를 발생한다.
$P_4 + 5O_2 \rightarrow 2P_2O_5$

01 제조소 또는 일반취급소에서 취급하는 제4류 위험물의 최대수량의 합이 지정수량의 48만배 이상인 사업소에 두는 화학소방자동차의 대수와 자체소방대원의 수를 쓰시오(단, 상호응원협정을 체결한 경우는 제외한다).

정답
• 화학소방차의 대수 : 4대
• 자체소방대원의 수 : 20인

해설
• 자체소방대를 설치해야 하는 사업소
  – 제4류 위험물의 최대수량의 합이 지정수량의 3,000배 이상을 취급하는 제조소 또는 일반취급소(다만, 보일러로 위험물을 소비하는 일반취급소는 제외)
  – 제4류 위험물의 최대수량이 지정수량의 50만배 이상을 저장하는 옥외탱크저장소
• 자체소방대에 두는 화학소방자동차 및 인원(시행령 별표 8)

사업소의 구분	화학소방 자동차	자체소방 대원의 수
1. 제조소 또는 일반취급소에서 취급하는 제4류 위험물의 최대수량의 합이 지정수량의 3,000배 이상 12만배 미만인 사업소	1대	5인
2. 제조소 또는 일반취급소에서 취급하는 제4류 위험물의 최대수량의 합이 지정수량의 12만배 이상 24만배 미만인 사업소	2대	10인
3. 제조소 또는 일반취급소에서 취급하는 제4류 위험물의 최대수량의 합이 지정수량의 24만배 이상 48만배 미만인 사업소	3대	15인
4. 제조소 또는 일반취급소에서 취급하는 제4류 위험물의 최대수량의 합이 지정수량의 48만배 이상인 사업소	4대	20인
5. 옥외탱크저장소에 저장하는 제4류 위험물의 최대수량이 지정수량의 50만배 이상인 사업소	2대	10인

02 트라이에틸알루미늄이 물과 반응할 때 반응식을 쓰시오.

정답
$$(C_2H_5)_3Al + 3H_2O \rightarrow Al(OH)_3 + 3C_2H_6$$

해설
트라이에틸알루미늄의 반응식
• 산소와의 반응 : $2(C_2H_5)_3Al + 21O_2 \rightarrow Al_2O_3 + 12CO_2 + 15H_2O$
• 물과의 반응 : $(C_2H_5)_3Al + 3H_2O \rightarrow Al(OH)_3 + 3C_2H_6$
• 염소와 반응 : $(C_2H_5)_3Al + 3Cl_2 \rightarrow AlCl_3 + 3C_2H_5Cl$

03 크실렌 이성질체 3가지의 종류와 구조식을 쓰시오.

정답

o-크실렌 :

m-크실렌 :

p-크실렌 :

해설

크실렌(Xylene, 키실렌, 자일렌)의 이성질체

종류 항목	크실렌		
	o-크실렌	m-크실렌	p-크실렌
화학식	$C_6H_4(CH_3)_2$		
구조식			
인화점	32℃	25℃	25℃
유별	제4류 위험물 제2석유류(비수용성)		
지정수량	1,000L		

04 소화난이도등급 Ⅰ의 제조소에 설치해야 하는 소화설비를 3가지만 쓰시오.

정답

옥내소화전설비, 옥외소화전설비, 스프링클러설비

해설

- 소화난이도등급 Ⅰ에 해당하는 제조소

제조소 등의 구분	제조소 등의 규모, 저장 또는 취급하는 위험물의 품명 및 최대수량 등
제조소 및 일반취급소	연면적 1,000m² 이상인 것
	지정수량의 100배 이상인 것(고인화점 위험물만을 100℃ 미만의 온도에서 취급하는 것 및 제48조의 위험물을 취급하는 것은 제외)
	지반면으로부터 6m 이상의 높이에 위험물 취급설비가 있는 것(고인화점 위험물만을 100℃ 미만의 온도에서 취급하는 것은 제외)
	일반취급소로 사용되는 부분 외의 부분을 갖는 건축물에 설치된 것(내화구조로 개구부 없이 구획된 것 및 고인화점 위험물만을 100℃ 미만의 온도에서 취급하는 것은 제외)

- 소화난이도등급 Ⅰ의 제조소에 설치해야 하는 소화설비

제조소 등의 구분	소화설비
제조소 및 일반취급소	옥내소화전설비, 옥외소화전설비, 스프링클러설비 또는 물분무등 소화설비(화재발생 시 연기가 충만할 우려가 있는 장소에는 스프링클러설비 또는 이동식 외의 물분무등 소화설비에 한한다)

05 주유취급소에는 "주유 중 엔진정지"라는 표지를 한 게시판을 설치해 야 한다. 다음 물음에 답하시오.

(1) 바탕 및 문자의 색상

(2) 규격

해설

주유취급소

• 주의사항을 표시한 게시판 설치

주의사항	게시판의 색상
물기엄금	청색바탕에 백색문자
화기주의	적색바탕에 백색문자
화기엄금	적색바탕에 백색문자
주유 중 엔진정지	황색바탕에 흑색문자

• 규격 : 한 변의 길이 0.3m 이상, 다른 한 변의 길이 0.6m 이상인 직사각형

정답
(1) 황색바탕에 흑색문자
(2) 한 변의 길이 0.3m 이상, 다른 한 변의 길이 0.6m 이상인 직사각형

06 중유가 들어 있는 드럼용기를 겹쳐 쌓아 놓는 옥외저장소에 대하여 각 물음에 답을 쓰시오.

(1) 기계에 의하여 하역하는 구조로 된 용기만을 겹쳐 쌓는 경우 저장높 이는 몇 m를 초과할 수 없는지 쓰시오.

(2) 위험물을 수납한 용기를 선반에 저장하는 경우 저장높이는 몇 m를 초과할 수 없는지 쓰시오.

(3) 드럼용기만을 겹쳐 쌓는 경우 저장높이는 몇 m를 초과할 수 없는지 쓰시오.

해설

옥내저장소와 옥외저장소에 저장 시 적재높이(아래 높이를 초과하지 말 것)

• 기계에 의하여 하역하는 구조로 된 용기만을 겹쳐 쌓는 경우 : 6m

• 제4류 위험물 중 제3석유류, 제4석유류, 동식물유류를 수납하는 용기만을 겹쳐 쌓는 경우 : 4m

• 그 밖의 경우(특수인화물, 제1석유류, 제2석유류, 알코올류, 타류) : 3m

• 옥외저장소에서 위험물을 수납한 용기를 선반에 저장하는 경우 : 6m

※ 중유 : 제4류 위험물 제3석유류

정답
(1) 6m
(2) 6m
(3) 4m

07 제4류 위험물인 특수인화물에 대한 정의이다. 다음 ( ) 안에 알맞은 답을 쓰시오.

> "특수인화물"이라 함은 이황화탄소, 다이에틸에터, 그 밖에 1기압에서 발화점이 (㉠)℃ 이하인 것 또는 인화점이 영하 (㉡)℃ 이하이고 비점이 (㉢)℃ 이하인 것을 말한다.

해설

정의 : "특수인화물"이라 함은 이황화탄소, 다이에틸에터, 그 밖에 1기압에서 발화점이 100℃ 이하인 것 또는 인화점이 영하 20℃ 이하이고 비점이 40℃ 이하인 것을 말한다.

정답

㉠ 100
㉡ 20
㉢ 40

---

08 제2류 위험물인 마그네슘에 대한 내용이다. 다음 각 물음에 답하시오.

(1) 물과 반응할 때 반응식

(2) 주수소화를 해서는 안 되는 이유

해설

마그네슘

• 물과 반응하면 수소가스(H_2)를 발생한다.
  $Mg + 2H_2O \rightarrow Mg(OH)_2 + H_2$
• 주수소화를 금지하는 이유 : 가연성 가스인 수소를 발생하여 폭발의 위험이 있다.
• 소화방법 : 마른모래(건조사), 탄산수소염류 등으로 질식소화

정답

(1) $Mg + 2H_2O \rightarrow Mg(OH)_2 + H_2$
(2) 가연성 가스인 수소를 발생하여 폭발의 위험이 있다.

---

09 과산화나트륨의 완전 열분해 반응식과 과산화나트륨 1kg이 열분해하는 경우 표준상태에서 발생하는 산소의 부피(L)를 구하시오.

해설

과산화나트륨의 열분해 반응식

$2Na_2O_2 \rightarrow 2Na_2O + O_2$

$2 \times 78g$ ⎯⎯⎯⎯ $22.4L$
$1,000g$ ⎯⎯⎯⎯ x

$\therefore x = \dfrac{1,000g \times 22.4L}{2 \times 78g} = 143.59L$

※ 표준상태(0℃, 1atm)에서 기체 1g-mol이 차지하는 부피 : 22.4L
※ 표준상태(0℃, 1atm)에서 기체 1kg-mol이 차지하는 부피 : 22.4m³

정답

• 열분해 반응식 : $2Na_2O_2 \rightarrow 2Na_2O + O_2$
• 산소의 부피 : 143.59L

10 이황화탄소(CS_2)가 들어 있는 드럼통은 화재 시 주수소화가 가능하다. 이 물질의 비중과 관련하여 소화효과를 설명하시오.

해설

이황화탄소(Carbon Disulfide)

• 물 성

화학식	분자량	비 중	비 점	인화점	착화점	연소범위
CS_2	76	1.26	46℃	−30℃	90℃	1.0~50.0%

• 이황화탄소의 비중은 1.26으로 물보다 무거워서 하부에 분리되므로 산소공급원을 차단하는 질식효과 및 냉각효과가 있다.

정답

이황화탄소의 비중은 1.26으로 물보다 무거워서 하부에 분리되므로 산소공급원을 차단하는 질식효과 및 냉각효과가 있다.

---

11 제3류 위험물 중 물과 반응성이 없고 공기 중에서 자연발화하여 흰 연기를 발생시키는 물질의 명칭과 지정수량을 쓰시오.

해설

황 린

• 물 성

화학식	지정수량	비 점	융 점	비 중	증기비중
P_4	20kg	280℃	44℃	1.82	4.4

• 백색 또는 담황색의 자연발화성 고체이다.
• 물과 반응하지 않기 때문에 pH 9(약알칼리) 정도의 물속에 저장하며 보호액이 증발되지 않도록 한다.
  ※ 황린은 포스핀(PH_3)의 생성을 방지하기 위하여 pH 9인 물속에 저장한다.
• 증기는 공기보다 무겁고 자극적이며 맹독성인 물질이다.
• 발화점이 매우 낮고 산소와 결합 시 산화열이 크며, 공기 중에 방치하면 액화되면서 자연발화를 일으킨다.

정답

• 명칭 : 황린
• 지정수량 : 20kg

---

12 금속나트륨에 대하여 다음 각 물음에 답하시오.

(1) 에틸알코올과 반응식
(2) 에틸알코올과 반응 시 생성되는 기체

해설

나트륨의 반응식

• 연소반응식 : $4Na + O_2 \rightarrow 2Na_2O$(회백색)
• 물과의 반응 : $2Na + 2H_2O \rightarrow 2NaOH + H_2$
• 이산화탄소와의 반응 : $4Na + 3CO_2 \rightarrow 2Na_2CO_3 + C$
• 사염화탄소와의 반응 : $4Na + CCl_4 \rightarrow 4NaCl + C$
• 염소와의 반응 : $2Na + Cl_2 \rightarrow 2NaCl$
• 에틸알코올과의 반응 : $2Na + 2C_2H_5OH \rightarrow 2C_2H_5ONa + H_2$
  (나트륨에틸레이트)
• 초산과의 반응 : $2Na + 2CH_3COOH \rightarrow 2CH_3COONa + H_2$

정답

(1) $2Na + 2C_2H_5OH \rightarrow 2C_2H_5ONa + H_2$
(2) 수소(H_2)

2014년 제4회 과년도 기출복원문제

01 **다음 주유취급소에 따른 탱크용량을 쓰시오.**

(1) 고속국도의 도로변에 설치하지 않은 고정주유설비에 직접 접속하는 전용탱크로서 (   ) 이하의 것으로 할 것

(2) 고속국도의 도로변에 설치된 주유취급소에 있어서는 탱크의 용량을 (   )까지 할 수 있다.

정답

(1) 50,000L

(2) 60,000L

해설

고속국도 외의 도로변에 설치된 주유취급소에서 취급할 수 있는 탱크용량

• 자동차 등에 주유하기 위한 고정주유설비에 직접 접속하는 전용탱크로서 50,000L 이하의 것
• 고정급유설비에 직접 접속하는 전용탱크로서 50,000L 이하의 것
• 보일러 등에 직접 접속하는 전용탱크로서 10,000L 이하의 것
• 자동차 등을 점검ㆍ정비하는 작업장 등(주유취급소 안에 설치된 것에 한한다)에서 사용하는 폐유ㆍ윤활유 등의 위험물을 저장하는 탱크로서 용량(2 이상 설치하는 경우에는 각 용량의 합계)이 2,000L 이하인 탱크(폐유탱크 등)
• 고정주유설비 또는 고정급유설비에 직접 접속하는 3기 이하의 간이탱크
※ 고속국도의 도로변에 설치된 주유취급소에 있어서는 탱크의 용량 60,000L까지 할 수 있다.

02 **제조소 또는 일반취급소에서 취급하는 제4류 위험물의 최대수량의 합이 지정수량의 12만배 이상 24만배 미만인 사업소에 두어야 할 자체소방대의 화학소방자동차와 자체소방대원의 수는?(단, 상호응원협정을 체결한 경우는 제외한다)**

정답

• 화학소방자동차의 대수 : 2대
• 자체소방대원의 수 : 10인

해설

자체소방대에 두는 화학소방자동차 및 인원(시행령 별표 8)

사업소의 구분	화학소방 자동차	자체소방 대원의 수
1. 제조소 또는 일반취급소에서 취급하는 제4류 위험물의 최대수량의 합이 지정수량의 3,000배 이상 12만배 미만인 사업소	1대	5인
2. 제조소 또는 일반취급소에서 취급하는 제4류 위험물의 최대수량의 합이 지정수량의 12만배 이상 24만배 미만인 사업소	2대	10인
3. 제조소 또는 일반취급소에서 취급하는 제4류 위험물의 최대수량의 합이 지정수량의 24만배 이상 48만배 미만인 사업소	3대	15인
4. 제조소 또는 일반취급소에서 취급하는 제4류 위험물의 최대수량의 합이 지정수량의 48만배 이상인 사업소	4대	20인
5. 옥외탱크저장소에 저장하는 제4류 위험물의 최대수량이 지정수량의 50만배 이상인 사업소	2대	10인

03 다음 표의 유별, 지정수량에 알맞은 답을 쓰시오.

품 명	유 별	지정수량
칼 륨	㉠	㉡
질산염류	㉢	㉣
나이트로화합물	㉤	㉥
질 산	㉦	㉧

품 명	유 별	지정수량
칼 륨	제3류 위험물	10kg
질산염류	제1류 위험물	300kg
나이트로 화합물	제5류 위험물	200kg
질 산	제6류 위험물	300kg

해설

유별과 지정수량

품 명	유 별	지정수량
칼 륨	제3류 위험물	10kg
질산염류	제1류 위험물	300kg
나이트로화합물	제5류 위험물	200kg
질 산	제6류 위험물	300kg

04 알칼리금속의 과산화물 운반용기에 표시해야 하는 주의사항을 4가지 쓰시오.

해설

운반용기의 주의사항
• 제1류 위험물
  − 알칼리금속의 과산화물 : 화기·충격주의, 물기엄금, 가연물접촉주의
  − 그 밖의 것 : 화기·충격주의, 가연물접촉주의
• 제2류 위험물
  − 철분·금속분·마그네슘 : 화기주의, 물기엄금
  − 인화성 고체 : 화기엄금
  − 그 밖의 것 : 화기주의
• 제3류 위험물
  − 자연발화성 물질 : 화기엄금, 공기접촉엄금
  − 금수성 물질 : 물기엄금
• 제4류 위험물 : 화기엄금
• 제5류 위험물 : 화기엄금, 충격주의
• 제6류 위험물 : 가연물접촉주의

화기·충격주의, 물기엄금, 가연물접촉주의

05 "제1석유류"라 함은 아세톤, 휘발유, 그 밖에 1기압에서 인화점이 ( )℃ 미만인 것을 말한다. 다음 ( ) 안에 알맞은 답을 쓰시오.

정답

21

해설
제1석유류 : 1기압에서 인화점이 21℃ 미만인 것

06 제1종 분말 소화약제에 대한 주성분의 약제명과 화학식을 쓰시오.

정답
• 약제명 : 탄산수소나트륨
• 화학식 : $NaHCO_3$

해설
분말 소화약제

종 류	주성분	착 색	적응 화재
제1종 분말	탄산수소나트륨($NaHCO_3$)	백 색	B, C급
제2종 분말	탄산수소칼륨($KHCO_3$)	담회색	B, C급
제3종 분말	제일인산암모늄($NH_4H_2PO_4$)	담홍색	A, B, C급
제4종 분말	탄산수소칼륨 + 요소 [$KHCO_3 + (NH_2)_2CO$]	회 색	B, C급

07 제2류 위험물인 오황화인에 대하여 다음 각 물음에 답하시오.

(1) 물과 반응할 때 반응식
(2) 물과 반응 시 생성되는 기체

정답
(1) $P_2S_5 + 8H_2O \rightarrow 5H_2S + 2H_3PO_4$
(2) 황화수소(H_2S)

해설
오황화인의 반응식
• 물과의 반응 : $P_2S_5 + 8H_2O \rightarrow 5H_2S + 2H_3PO_4$
  (황화수소) (인산)
• 황화수소의 연소반응식 : $2H_2S + 3O_2 \rightarrow 2SO_2 + 2H_2O$
• 알칼리(수산화나트륨)와의 반응 : $P_2S_5 + 8NaOH \rightarrow H_2S + 2H_3PO_4 + 4Na_2S$

08 에틸알코올의 완전 연소반응식을 쓰시오.

정답
$C_2H_5OH + 3O_2 \rightarrow 2CO_2 + 3H_2O$

해설
에틸알코올의 반응식
• 연소반응식 : $C_2H_5OH + 3O_2 \rightarrow 2CO_2 + 3H_2O$
• 알칼리금속(나트륨)과의 반응 : $2Na + 2C_2H_5OH \rightarrow 2C_2H_5ONa + H_2$

09 칼슘이 물과 접촉하는 경우 화학반응식을 쓰시오.

> **해설**
>
> 칼슘(Ca)은 물과 반응하면 수산화칼슘[$Ca(OH)_2$]과 가연성 가스인 수소(H_2)를 발생한다.
>
> $Ca + 2H_2O \rightarrow Ca(OH)_2 + H_2$

> **정답**
>
> $Ca + 2H_2O \rightarrow Ca(OH)_2 + H_2$

10 운반 시 혼재할 수 있는 위험물은 ○, 혼재가 불가능한 위험물은 ×로 표시하시오(단, 지정수량의 1/10을 초과하는 위험물에 적용하는 경우이다).

구 분	제1류	제2류	제3류	제4류	제5류	제6류
제1류		×	×		×	
제2류			×		○	
제3류		×			×	
제4류		○	○		○	
제5류		○	×			
제6류		×	×		×	

> **정답**
>
> 해설 표 참조

> **해설**
>
> 운반 시 위험물의 혼재 가능 기준
>
> | 위험물의 구분 | 제1류 | 제2류 | 제3류 | 제4류 | 제5류 | 제6류 |
> |---|---|---|---|---|---|---|
> | 제1류 | | × | × | × | × | ○ |
> | 제2류 | × | | × | ○ | ○ | × |
> | 제3류 | × | × | | ○ | × | × |
> | 제4류 | × | ○ | ○ | | ○ | × |
> | 제5류 | × | ○ | × | ○ | | × |
> | 제6류 | ○ | × | × | × | × | |

11 트라이에틸알루미늄이 메틸알코올과 반응할 때 화학반응식을 쓰시오.

> **해설**
>
> 트라이에틸알루미늄과 알코올의 반응
>
> • 메틸알코올과의 반응 : $(C_2H_5)_3Al + 3CH_3OH \rightarrow (CH_3O)_3Al + 3C_2H_6$
> • 에틸알코올과의 반응 : $(C_2H_5)_3Al + 3C_2H_5OH \rightarrow (C_2H_5O)_3Al + 3C_2H_6$

> **정답**
>
> $(C_2H_5)_3Al + 3CH_3OH \rightarrow (CH_3O)_3Al + 3C_2H_6$

12 이황화탄소, 산화프로필렌, 에탄올에서 발화점이 낮은 순서대로 쓰시오.

이황화탄소, 에탄올, 산화프로필렌

해설
발화점 등

종류 항목	이황화탄소	산화프로필렌	에탄올
발화점	90℃	449℃	423℃
인화점	−30℃	−37℃	13℃

13 위험물 이동저장탱크의 구조에 관한 기준이다. ( ) 안에 알맞은 답을 쓰시오.

정답
㉠ 4,000
㉡ 3.2

> 이동저장탱크는 그 내부에 (㉠)L 이하마다 (㉡)mm 이상의 강철판 또는 이와 동등 이상의 강도·내열성 및 내식성이 있는 금속성의 것으로 칸막이를 설치해야 한다.

해설
이동저장탱크는 그 내부에 4,000L 이하마다 3.2mm 이상의 강철판 또는 이와 동등 이상의 강도·내열성 및 내식성이 있는 금속성의 것으로 칸막이를 설치해야 한다(다만, 고체인 위험물을 저장하거나 고체인 위험물을 가열하여 액체상태로 저장하는 경우에는 그렇지 않다).

14 원자량 23, 비중 0.97, 불꽃 반응 시 노란색을 띠는 물질에 대하여 다음 각 물음에 답하시오.

(1) 물질의 명칭과 원소기호를 쓰시오.

(2) 물질의 지정수량을 쓰시오.

정답
(1) 나트륨, Na
(2) 10kg

해설
나트륨
• 물 성

화학식	지정수량	원자량	비 점	융 점	비 중	불꽃 색상
Na	10kg	23	880℃	97.7℃	0.97	노란색

• 은백색의 광택이 있는 무른 경금속으로 노란색 불꽃을 내면서 연소한다.

2015년 제1회 과년도 기출복원문제

01 제4류 위험물 중 크실렌의 이성질체 3가지의 명칭과 구조식을 쓰시오.

해설

크실렌(키실렌, 자일렌)

구 분	구조식	비 중	인화점	착화점	유 별	지정수량
ortho -크실렌	CH_3 CH_3	0.88	32℃	106.2	제2석유류 (비수용성)	1,000L
meta -크실렌	CH_3 CH_3	0.86	25℃	-		
para -크실렌	CH_3 CH_3	0.86	25℃	-		

정답

ortho-xylene :

meta-xylene :

para-xylene :

02 제4류 위험물인 이황화탄소의 연소반응식을 쓰시오.

해설

이황화탄소의 반응식

• 연소반응식 : $CS_2 + 3O_2 \rightarrow CO_2 + 2SO_2$

• 물과의 반응(150℃) : $CS_2 + 2H_2O \rightarrow CO_2 + 2H_2S$

정답

$CS_2 + 3O_2 \rightarrow CO_2 + 2SO_2$

03 황화인에 대하여 다음 각 물음에 답하시오.

(1) 위험물 제 몇 류에 해당하는지 쓰시오.

(2) 지정수량은 얼마인지 쓰시오.

(3) 황화인의 종류 3가지를 화학식으로 쓰시오.

> **해설**
>
> 황화인
> • 유별 : 제2류 위험물
> • 지정수량 : 100kg
> • 종 류

항 목＼종 류	삼황화인	오황화인	칠황화인
성 상	황록색 결정	담황색 결정	담황색 결정
화학식	P_4S_3	P_2S_5	P_4S_7
비 점	407℃	514℃	523℃
비 중	2.03	2.09	2.03
융 점	172.5℃	290℃	310℃
착화점	약 100℃	142℃	−

정답
(1) 제2류 위험물
(2) 100kg
(3) P_4S_3(삼황화인)
    P_2S_5(오황화인)
    P_4S_7(칠황화인)

04 제4류 위험물로 흡입하였을 때 시신경을 마비시키며 인화점 11℃, 발화점 464℃인 위험물에 대하여 다음 각 물음에 답하시오.

(1) 명칭을 쓰시오.

(2) 지정수량을 쓰시오.

> **해설**
>
> 메틸알코올(Methyl alcohol, Methanol, 목정)
> • 물 성

화학식	지정수량	비 중	비 점	인화점	착화점	연소범위
CH_3OH	400L	0.79	64.7℃	11℃	464℃	6.0~36.0%

> • 독성이 있어 흡입 시 시신경을 마비시켜 사망하게 된다.

정답
(1) 메틸알코올
(2) 400L

05 제5류 위험물인 질산메틸의 증기비중을 구하시오.

2.66

> **해설**
> 질산메틸
> • 화학식 : CH_3ONO_2
> • 분자량 : $12 + (1 \times 3) + 16 + 14 + (16 \times 2) = 77$
> • 증기비중 $= \dfrac{분자량}{29}$
>
> ∴ 질산메틸의 증기비중 $= \dfrac{77}{29} = 2.655 = 2.66$

06 위험물안전관리법령에 따른 위험물의 저장 및 취급기준이다. 다음 물음의 빈칸을 채우시오.

(1) 1
(2) 2
(3) 5

(1) 제( )류 위험물은 가연물과의 접촉·혼합이나 분해를 촉진하는 물품과의 접근 또는 과열·충격·마찰 등을 피하는 한편, 알칼리금속의 과산화물 및 이를 함유한 것에 있어서는 물과의 접촉을 피해야 한다.

(2) 제( )류 위험물은 산화제와의 접촉·혼합이나 불티·불꽃·고온체와의 접근 또는 과열을 피하는 한편, 철분·금속분·마그네슘 및 이를 함유한 것에 있어서는 물이나 산과의 접촉을 피하고 인화성 고체에 있어서는 함부로 증기를 발생시키지 않아야 한다.

(3) 제( )류 위험물은 불티·불꽃·고온체와의 접근이나 과열·충격 또는 마찰을 피해야 한다.

> **해설**
> 유별 저장 및 취급의 공통기준
> • 제1류 위험물 : 가연물과의 접촉, 혼합이나 분해를 촉진하는 물품과의 접근 또는 과열, 충격, 마찰 등을 피하는 한편, 알칼리금속의 과산화물 및 이를 함유한 것에 있어서는 물과의 접촉을 피해야 한다.
> • 제2류 위험물 : 산화제와의 접촉, 혼합이나 불티, 불꽃, 고온체와의 접근 또는 과열을 피하는 한편, 철분, 금속분, 마그네슘 및 이를 함유한 것에 있어서는 물이나 산과의 접촉을 피하고 인화성 고체에 있어서는 함부로 증기를 발생시키지 않아야 한다.
> • 제3류 위험물 : 자연발화성 물품에 있어서는 불티, 불꽃 또는 고온체와의 접근, 과열 또는 공기와의 접촉을 피하고, 금수성 물품에 있어서는 물과의 접촉을 피해야 한다.
> • 제4류 위험물 : 불티, 불꽃, 고온체와의 접근 또는 과열을 피하고, 함부로 증기를 발생시키지 않아야 한다.
> • 제5류 위험물 : 불티, 불꽃, 고온체와의 접근이나 과열, 충격 또는 마찰을 피해야 한다.
> • 제6류 위험물 : 가연물과의 접촉, 혼합이나 분해를 촉진하는 물품과의 접근 또는 과열을 피해야 한다.

07 아세트알데하이드에 대하여 다음 각 물음에 답을 쓰시오.

(1) 아세트알데하이드의 시성식을 쓰시오.

(2) 아세트알데하이드의 품명을 쓰시오.

(3) 아세트알데하이드의 지정수량을 쓰시오.

(4) 에틸렌을 직접 산화반응시켜 제조하는 방법의 반응식을 쓰시오.

해설

아세트알데하이드(Acet Aldehyde)

• 물 성

시성식	분자량	유 별	품 명	지정수량	비 중
CH_3CHO	44	제4류 위험물	특수인화물	50L	0.78

• 아세트알데하이드 제법(에틸렌의 산화반응식)

$C_2H_4 + CuCl_2 + H_2O \rightarrow CH_3CHO + Cu + 2HCl$

정답

(1) CH_3CHO

(2) 특수인화물

(3) 50L

(4) $C_2H_4 + CuCl_2 + H_2O$
$\rightarrow CH_3CHO + Cu + 2HCl$

08 위험물의 운반기준이다. 다음 ( ) 안에 적당한 말을 채우시오.

(1) 고체위험물은 운반용기 내용적의 (㉠)% 이하의 수납률로 수납할 것

(2) 액체위험물은 운반용기 내용적의 (㉡)% 이하의 수납률로 수납하되, (㉢)℃의 온도에서 누설되지 않도록 충분한 공간용적을 유지하도록 할 것

해설

운반용기의 적재방법

• 고체위험물은 운반용기 내용적의 95% 이하의 수납률로 수납할 것

• 액체위험물은 운반용기 내용적의 98% 이하의 수납률로 수납하되, 55℃의 온도에서 누설되지 않도록 충분한 공간용적을 유지하도록 할 것

정답

㉠ 95

㉡ 98

㉢ 55

09 인화칼슘(인화석회)에 대하여 다음 각 물음에 답하시오.

   (1) 제 몇 류 위험물인지 쓰시오.

   (2) 지정수량을 쓰시오.

   (3) 물과의 반응식을 쓰시오.

   (4) 물과 반응 후 생성되는 가스의 명칭을 쓰시오.

해설

인화칼슘(인화석회)

• 물 성

화학식	분자량	유 별	품 명	지정수량	비 중
Ca_3P_2	182	제3류 위험물	금속의 인화물	300kg	2.51

• 물과의 반응

$$Ca_3P_2 + 6H_2O \rightarrow 3Ca(OH)_2 + 2PH_3$$
(포스핀, 인화수소)

정답

(1) 제3류 위험물

(2) 300kg

(3) $Ca_3P_2 + 6H_2O \rightarrow 3Ca(OH)_2 + 2PH_3$

(4) 포스핀(PH_3)

---

10 제5류 위험물 중 트라이나이트로톨루엔의 구조식을 그리시오.

해설

TNT(Tri Nitro Toluene), 피크르산의 구조식

종 류	TNT	피크르산
구조식		

정답

---

11 금속칼륨에 주수소화를 하면 안 되는 이유를 쓰시오.

해설

칼륨은 물과 반응하면 많은 열을 발생하고 가연성 가스인 수소(H_2)를 발생한다.

$$2K + 2H_2O \rightarrow 2KOH + H_2$$

정답

많은 열을 발생하고 가연성 가스인 수소를 발생하여 연소가 확대되므로

12 다음 〈보기〉의 위험물 중 비중이 1보다 큰 것을 모두 고르시오.

┌─ 보기 ─────────────────────────────────┐
│ 이황화탄소, 글리세린, 산화프로필렌, 클로로벤젠, 피리딘 │
└──┘

이황화탄소, 글리세린, 클로로벤젠

해설
제4류 위험물의 비중

종류\n항목	이황화탄소	글리세린	산화프로필렌	클로로벤젠	피리딘
품 명	특수인화물	제3석유류	특수인화물	제2석유류	제1석유류
비 중	1.26	1.26	0.82	1.1	0.99

13 제4류 위험물 옥내저장소의 주의사항 게시판에 대하여 다음 각 물음에 답하시오.

(1) 게시판의 크기를 쓰시오.

(2) 주의사항 게시판의 색상을 쓰시오.

(3) 게시판의 주의사항을 쓰시오.

(1) 한 변의 길이 0.3m 이상, 다른 한 변의 길이 0.6m 이상
(2) 적색바탕에 백색문자
(3) 화기엄금

해설
제조소 등의 주의사항
• 게시판의 크기 : 한 변의 길이 0.3m 이상, 다른 한 변의 길이 0.6m 이상
• 주의사항 게시판의 색상 : 적색바탕에 백색문자
• 게시판의 주의사항 : 화기엄금
※ 주의사항을 표시한 게시판 설치

위험물의 종류	주의사항	게시판의 색상
• 제1류 위험물 중 알칼리금속의 과산화물 • 제3류 위험물 중 금수성 물질	물기엄금	청색바탕에 백색문자
• 제2류 위험물(인화성 고체는 제외)	화기주의	적색바탕에 백색문자
• 제2류 위험물 중 인화성 고체 • 제3류 위험물 중 자연발화성 물질 • 제4류 위험물 • 제5류 위험물	화기엄금	적색바탕에 백색문자

2015년 제2회 과년도 기출복원문제

01 다음 지하탱크저장소의 지면 하에 설치된 탱크전용실을 설치하지 않아도 되는 경우이다. 다음 각 물음에 답하시오.

(1) 해당 탱크를 지하철·지하가 또는 지하터널로부터 수평거리 (   )m 이내의 장소에 설치하지 않을 것

(2) 해당 탱크를 그 수평투영의 세로 및 가로보다 각각 (   )m 이상 크고 두께가 (   )m 이상인 철근콘크리트조의 뚜껑으로 덮을 것

(3) 해당 탱크를 지하의 가장 가까운 벽·피트(Pit : 인공지하구조물)· 가스관 등의 시설물 및 대지경계선으로부터 (   )m 이상 떨어진 곳에 매설할 것

정답
(1) 10
(2) 0.6, 0.3
(3) 0.6

해설
지하탱크저장소의 지면 하에 설치된 탱크전용실을 설치하지 않아도 되는 경우
• 해당 탱크를 지하철·지하가 또는 지하터널로부터 수평거리 10m 이내의 장소 또는 지하건축물 내의 장소에 설치하지 않을 것
• 해당 탱크를 그 수평투영의 세로 및 가로보다 각각 0.6m 이상 크고 두께가 0.3m 이상인 철근콘크리트조의 뚜껑으로 덮을 것
• 뚜껑에 걸리는 중량이 직접 해당 탱크에 걸리지 않는 구조일 것
• 해당 탱크를 견고한 기초 위에 고정할 것
• 해당 탱크를 지하의 가장 가까운 벽·피트(Pit : 인공지하구조물)·가스관 등의 시설물 및 대지경계선으로부터 0.6m 이상 떨어진 곳에 매설할 것

02 금속 니켈 촉매하에 300℃에서 가열하면 수소첨가 반응이 일어나고 사이클로헥세인의 원료로 사용하며 분자량이 78인 위험물의 명칭과 구조식을 쓰시오.

정답
(1) 명칭 : 벤젠
(2) 구조식

해설
벤젠(Benzene, 벤졸)
• 물 성

화학식	분자량	비 중	비 점	융 점	인화점	착화점	연소범위
C_6H_6	78	0.95	79℃	7℃	−11℃	498℃	1.4~8.0%

• 니켈 촉매하에 300℃에서 수소첨가 반응으로 사이클로헥세인의 원료로 사용한다.

03 제4류 위험물인 메틸알코올에 대하여 다음 각 물음에 답하시오.

(1) 완전 연소반응식을 쓰시오.

(2) 메틸알코올 1몰의 완전 연소 시 생성물의 전체 몰(mol)수를 쓰시오.

> **해설**
>
> 메틸알코올
> - 연소반응식
>   2mol 반응 : $2CH_3OH + 3O_2 \rightarrow 2CO_2 + 4H_2O$
> - 메틸알코올 1몰이 완전 연소 시
>   1mol 반응 : $CH_3OH + 1.5O_2 \rightarrow CO_2 + 2H_2O$

> **정답**
>
> (1) $2CH_3OH + 3O_2 \rightarrow 2CO_2 + 4H_2O$
>
> (2) 3mol

---

04 질산암모늄 800g이 완전 열분해하는 경우 생성되는 모든 기체의 부피(L)는?(단, 표준상태이다)

> **해설**
>
> 기체의 부피
> $2NH_4NO_3 \rightarrow 4H_2O + 2N_2 + O_2$
> $2 \times 80g$ ⟍⟋ $7(=4+2+1) \times 22.4L$
> $800g$ ⟋⟍ x
> $\therefore x = \dfrac{800g \times 7 \times 22.4L}{2 \times 80g} = 784L$

> **정답**
>
> 784L

---

05 운반 시 유기과산화물과 혼재할 수 없는 위험물의 유별을 모두 쓰시오(단, 지정수량의 1/10 이상을 저장하는 경우이다).

> **해설**
>
> 운반 시 위험물의 혼재 가능 기준
>
> | 위험물의 구분 | 제1류 | 제2류 | 제3류 | 제4류 | 제5류 | 제6류 |
> |:---:|:---:|:---:|:---:|:---:|:---:|:---:|
> | 제1류 | | × | × | × | × | ○ |
> | 제2류 | × | | × | ○ | ○ | × |
> | 제3류 | × | × | | ○ | × | × |
> | 제4류 | × | ○ | ○ | | ○ | × |
> | 제5류 | × | ○ | × | ○ | | × |
> | 제6류 | ○ | × | × | × | × | |
>
> ※ 유별 혼재 가능, 불가능 문제는 운반이냐 저장이냐의 구분이 명확하지 않지만 현재까지 출제된 문제는 전부 운반 시를 가정한다.
>
> [암기방법]
> - 3 + 4류(삼사 : 3군사관학교)
> - 5 + 2 + 4류(오이사 : 오氏의 성을 가진 사람의 직급이 이사급이다)
> - 1 + 6류
>
> ※ 유기과산화물 : 제5류 위험물

> **정답**
>
> 제1류 위험물, 제3류 위험물, 제6류 위험물

06 탄화칼슘 32g이 물과 반응하여 생성되는 기체가 완전 연소하기 위하여 필요한 산소의 부피(L)를 계산하시오.

28L

해설

생성되는 기체가 완전 연소하기 위한 산소부피

• 아세틸렌의 무게

$$CaC_2 + 2H_2O \rightarrow Ca(OH)_2 + C_2H_2$$

64g ——————————— 26g
32g ——————————— x

$$\therefore x = \frac{32g \times 26g}{64g} = 13g$$

• 산소의 부피

$$2C_2H_2 + 5O_2 \rightarrow 4CO_2 + 2H_2O$$

$2 \times 26g$ —————— $5 \times 22.4L$
13g —————— x

$$\therefore x = \frac{13g \times 5 \times 22.4L}{2 \times 26g} = 28L$$

※ 표준상태(0℃, 1atm)에서 기체 1g-mol이 차지하는 부피 : 22.4L
※ 표준상태(0℃, 1atm)에서 기체 1kg-mol이 차지하는 부피 : 22.4m^3

07 제1종 분말 소화약제의 열분해 반응식을 270℃와 850℃로 구분하여 쓰시오.

(1) 1차 분해반응식(270℃)
$$2NaHCO_3 \rightarrow Na_2CO_3 + CO_2 + H_2O$$
(2) 2차 분해반응식(850℃)
$$2NaHCO_3 \rightarrow Na_2O + 2CO_2 + H_2O$$

해설

분말 소화약제의 열분해 반응식

• 제1종 분말
 – 1차 분해반응식(270℃) : $2NaHCO_3 \rightarrow Na_2CO_3 + CO_2 + H_2O$
 – 2차 분해반응식(850℃) : $2NaHCO_3 \rightarrow Na_2O + 2CO_2 + H_2O$

• 제2종 분말
 – 1차 분해반응식(190℃) : $2KHCO_3 \rightarrow K_2CO_3 + CO_2 + H_2O$
 – 2차 분해반응식(590℃) : $2KHCO_3 \rightarrow K_2O + 2CO_2 + H_2O$

• 제3종 분말
 – 1차 분해반응식(190℃) : $NH_4H_2PO_4 \rightarrow NH_3 + H_3PO_4$
　　　　　　　　　　　　　　　　　(인산, 오쏘인산)
 – 2차 분해반응식(215℃) : $2H_3PO_4 \rightarrow H_2O + H_4P_2O_7$
　　　　　　　　　　　　　　　　　(피로인산)
 – 3차 분해반응식(300℃) : $H_4P_2O_7 \rightarrow H_2O + 2HPO_3$
　　　　　　　　　　　　　　　　　(메타인산)

• 제4종 분말 : $2KHCO_3 + (NH_2)_2CO \rightarrow K_2CO_3 + 2NH_3 + 2CO_2$

08 위험물안전관리법령상 제4류 위험물 중 사이안화수소, 에틸렌글리콜, 글리세린은 제 몇 석유류인지 쓰시오.

• 사이안화수소 : 제1석유류
• 에틸렌글리콜 : 제3석유류
• 글리세린 : 제3석유류

해설
제4류 위험물의 구분

항 목 \ 종 류	사이안화수소	에틸렌글리콜	글리세린
품 명	제1석유류(수용성)	제3석유류(수용성)	제3석유류(수용성)
지정수량	400L	4,000L	4,000L

09 다음 〈보기〉에서 인화점이 낮은 것부터 순서대로 나열하시오.

보기
ㄱ 이황화탄소　　　　　ㄴ 아세톤
ㄷ 메틸알코올　　　　　ㄹ 아닐린

이황화탄소, 아세톤, 메틸알코올, 아닐린

해설
제4류 위험물의 인화점

항 목 \ 종 류	이황화탄소	아세톤	메틸알코올	아닐린
화학식	CS_2	CH_3COCH_3	C_2H_5OH	$C_6H_5NH_2$
품 명	특수인화물	제1석유류(수용성)	알코올류	제3석유류(비수용성)
지정수량	50L	400L	400L	2,000L
인화점	−30℃	−18.5℃	11℃	70℃

10 제4류 위험물의 동식물유류에 대한 내용이다. 다음 각 물음에 답하시오.

(1) 아이오딘값의 정의를 쓰시오.

(2) 동식물유류를 아이오딘값에 따라 분류하고 아이오딘값의 범위를 쓰시오.

정답
(1) 유지 100g에 부가되는 아이오딘의 g수
(2) 분 류
  • 건성유 : 아이오딘값이 130 이상
  • 반건성유 : 아이오딘값이 100~130
  • 불건성유 : 아이오딘값이 100 이하

해설
동식물유류
• 종 류

종 류 \ 항 목	아이오딘값	반응성	불포화도	종 류
건성유	130 이상	크다.	크다.	해바라기유, 동유, 아마인유, 정어리기름, 들기름
반건성유	100~130	중 간	중 간	채종유, 목화씨기름, 참기름, 콩기름
불건성유	100 이하	작다.	작다.	야자유, 올리브유, 피마자유, 동백유

• 아이오딘값 : 유지 100g에 부가되는 아이오딘의 g수

11 제5류 위험물 중 지정수량이 200kg에 해당하는 품명을 3가지 쓰시오.

정답
나이트로화합물, 아조화합물, 하이드라진 유도체

해설
제5류 위험물의 종류

성 질	품 명		위험등급	지정수량
자기반응성물질	1. 유기과산화물, 질산에스터류		I	10kg
	2. 하이드록실아민, 하이드록실아민염류		II	100kg
	3. 나이트로화합물, 나이트로소화합물, 아조화합물, 다이아조화합물, 하이드라진 유도체		II	200kg
	4. 그 밖에 행정안전부령이 정하는 것	금속의 아자이드(아지)화합물	II	200kg
		질산구아니딘	II	200kg

12 위험물안전관리법령상 옥내저장소 또는 옥외저장소에 위험물을 저장하는 경우로서 위험물과 위험물이 아닌 물품은 각각 모아서 저장하고 상호 간에는 몇 m 이상의 간격을 두어야 하는지 쓰시오.

1m 이상

해설
옥내저장소 또는 옥외저장소에는 유별을 달리하는 위험물을 동일한 저장소에 저장할 수 없는데 1m 이상 간격을 두고 아래 유별을 저장할 수 있다.
• 제1류 위험물(알칼리금속의 과산화물은 제외)과 제5류 위험물을 저장하는 경우
• 제1류 위험물과 제6류 위험물을 저장하는 경우
• 제1류 위험물과 제3류 위험물 중 자연발화성 물품(황린에 한함)을 저장하는 경우
• 제2류 위험물 중 인화성 고체와 제4류 위험물을 저장하는 경우
• 제3류 위험물 중 알킬알루미늄 등과 제4류 위험물(알킬알루미늄 또는 알킬리튬을 함유한 것에 한함)을 저장하는 경우
• 제4류 위험물 중 유기과산화물과 제5류 위험물 중 유기과산화물을 저장하는 경우

13 다음은 위험물의 유별 저장 및 취급 공통기준이다. (   ) 안에 알맞은 단어를 쓰시오.

(1) 제1류 위험물은 (㉠)과의 접촉, 혼합이나 분해를 촉진하는 물품과의 접근 또는 과열, 충격, 마찰 등을 피하는 한편, 알칼리금속의 과산화물 및 이를 함유한 것에 있어서는 (㉡)과의 접촉을 피해야 한다.

(2) 제3류 위험물 중 자연발화성 물질에 있어서는 불티, 불꽃, 고온체와의 접근, 과열 또는 (㉢)와의 접촉을 피하고 금수성 물질에 있어서는 (㉣)과의 접촉을 피해야 한다.

(3) 제6류 위험물은 (㉤)과의 접촉, 혼합이나 (㉥)를 촉진하는 물품과의 접근 또는 과열을 피해야 한다.

㉠ 가연물
㉡ 물
㉢ 공 기
㉣ 물
㉤ 가연물
㉥ 분 해

해설
유별 저장 및 취급의 공통기준
• 제1류 위험물은 가연물과의 접촉, 혼합이나 분해를 촉진하는 물품과의 접근 또는 과열, 충격, 마찰 등을 피하는 한편, 알칼리금속의 과산화물 및 이를 함유한 것에 있어서는 물과의 접촉을 피해야 한다.
• 제3류 위험물 중 자연발화성 물질에 있어서는 불티, 불꽃, 고온체와의 접근, 과열 또는 공기와의 접촉을 피하고 금수성 물질에 있어서는 물과의 접촉을 피해야 한다.
• 제6류 위험물은 가연물과의 접촉, 혼합이나 분해를 촉진하는 물품과의 접근 또는 과열을 피해야 한다.

2015년 제4회 과년도 기출복원문제

01 지정과산화물을 저장하는 옥내저장소 저장창고의 지붕에 대한 기준이다. 다음 (　) 안에 알맞은 답을 쓰시오.

(1) 중도리(서까래 중간을 받치는 수평의 도리) 또는 서까래의 간격은 (㉠)cm 이하로 할 것

(2) 지붕의 아래쪽 면에는 한 변의 길이가 (㉡)cm 이하의 환강·경량형강 등으로 된 강제의 격자를 설치할 것

(3) 두께 (㉢)cm 이상, 너비 (㉣)cm 이상의 목재로 만든 받침대를 설치할 것

> **해설**
> 지정과산화물을 저장하는 옥내저장소 저장창고의 지붕
> • 중도리(서까래 중간을 받치는 수평의 도리) 또는 서까래의 간격은 30cm 이하로 할 것
> • 지붕의 아래쪽 면에는 한 변의 길이가 45cm 이하의 환강(丸鋼)·경량형강(輕量形鋼) 등으로 된 강제(鋼製)의 격자를 설치할 것
> • 지붕의 아래쪽 면에 철망을 쳐서 불연재료의 도리(서까래를 받치기 위해 기둥과 기둥 사이에 설치한 부재)·보 또는 서까래에 단단히 결합할 것
> • 두께 5cm 이상, 너비 30cm 이상의 목재로 만든 받침대를 설치할 것

정답
㉠ 30
㉡ 45
㉢ 5
㉣ 30

02 다음 위험물에 대한 지정수량을 쓰시오.

(1) 탄화알루미늄

(2) 황 린

(3) 트라이에틸알루미늄

(4) 리 튬

> **해설**
> 제3류 위험물
>
> | 종 류 | 탄화알루미늄 | 황 린 | 트라이에틸알루미늄 | 리 튬 |
> |---|---|---|---|---|
> | 품 명 | 알루미늄의 탄화물 | – | 알킬알루미늄 | 알칼리금속 |
> | 지정수량 | 300kg | 20kg | 10kg | 50kg |

정답
(1) 300kg
(2) 20kg
(3) 10kg
(4) 50kg

03 운반용기의 외부에 표시해야 하는 사항 중 과산화벤조일을 수납하는 위험물에 따른 주의사항을 모두 쓰시오.

정답
화기엄금, 충격주의

해설
운반용기의 외부 표시사항
• 위험물의 품명, 위험등급, 화학명 및 수용성("수용성" 표시는 제4류 위험물의 수용성인 것에 한함)
• 위험물의 수량
• 주의사항

유 별		주의사항
제1류 위험물	알칼리금속의 과산화물	화기·충격주의, 물기엄금, 가연물접촉주의
	그 밖의 것	화기·충격주의, 가연물접촉주의
제2류 위험물	철분·금속분·마그네슘	화기주의, 물기엄금
	인화성 고체	화기엄금
	그 밖의 것	화기주의
제3류 위험물	자연발화성 물질	화기엄금 및 공기접촉엄금
	금수성 물질	물기엄금
제4류 위험물	인화성 액체	화기엄금
제5류 위험물	자기반응성물질	화기엄금 및 충격주의
제6류 위험물	산화성 액체	가연물접촉주의

※ 과산화벤조일 : 제5류 위험물(유기과산화물)

04 다음의 성질을 갖는 위험물의 시성식을 쓰시오.

정답
CH_3CHO

> ㉠ 환원력이 매우 강하다.
> ㉡ 산화하여 아세트산을 생성한다.
> ㉢ 증기비중은 약 1.50이다.

해설
아세트알데하이드(Acet Aldehyde)
• 물 성

화학식	지정수량	분자량	비 중	증기비중	인화점	착화점	연소범위
CH_3CHO	50L	44	0.78	1.52	−40℃	175℃	4.0~60.0%

• 무색 투명한 액체이며, 자극성 냄새가 난다.
• 공기와 접촉하면 가압에 의해 폭발성의 과산화물을 생성한다.
• 에틸알코올을 산화하면 아세트알데하이드가 되고, 다시 산화하면 아세트산이 된다.

$$C_2H_5OH \underset{\text{환 원}}{\overset{\text{산 화}}{\rightleftharpoons}} CH_3CHO \underset{\text{환 원}}{\overset{\text{산 화}}{\rightleftharpoons}} CH_3COOH$$

05 위험물안전관리법령에서 정한 위험물제조소 등 중 옥외탱크저장소 중에서 소화난이도등급 Ⅰ에 해당하는 것을 모두 고르시오.

> ㉠ 질산 60,000kg을 저장하는 옥외탱크저장소
> ㉡ 과산화수소 액표면적이 40m² 이상인 옥외탱크저장소
> ㉢ 이황화탄소 500L를 저장하는 옥외탱크저장소
> ㉣ 유황 14,000kg을 저장하는 지중탱크
> ㉤ 휘발유 100,000L를 저장하는 해상탱크

해설

소화난이도등급 Ⅰ에 해당하는 제조소 등

제조소 등의 구분	제조소 등의 규모, 저장 또는 취급하는 위험물의 품명 및 최대수량 등
옥외 탱크저장소	액표면적이 40m² 이상인 것(제6류 위험물을 저장하는 것 및 고인화점 위험물만을 100℃ 미만의 온도에서 저장하는 것은 제외)
	지반면으로부터 탱크 옆판의 상단까지 높이가 6m 이상인 것(제6류 위험물을 저장하는 것 및 고인화점 위험물만을 100℃ 미만의 온도에서 저장하는 것은 제외)
	지중탱크 또는 해상탱크로서 지정수량의 100배 이상인 것(제6류 위험물을 저장하는 것 및 고인화점 위험물만을 100℃ 미만의 온도에서 저장하는 것은 제외)
	고체위험물을 저장하는 것으로서 지정수량의 100배 이상인 것

㉠ 질산 60,000kg을 저장하는 옥외탱크저장소 : 지정수량에 관계없이 제외 대상
㉡ 과산화수소 액표면적이 40m² 이상인 옥외탱크저장소 : 연면적에 관계없이 제외 대상
㉢ 이황화탄소 500L를 저장하는 옥외탱크저장소 : 지정수량에 관한 액체위험물의 규정은 없다.
㉣ 유황 14,000kg을 저장하는 지중탱크 : 지중탱크는 지정수량의 100배 이상은 해당된다.
  ※ 유황은 지정수량이 100kg이므로
  ∴ 지정수량의 배수 $= \dfrac{14,000\text{kg}}{100\text{kg}} = 140$ 배
㉤ 휘발유 100,000L를 저장하는 해상탱크 : 해상탱크는 지정수량의 100배 이상은 해당된다.
  ※ 휘발유는 제4류 위험물 제1석유류(비수용성)이고 지정수량은 200L이므로
  ∴ 지정수량의 배수 $= \dfrac{100,000\text{L}}{200\text{L}} = 500$ 배

06 아세톤 200g을 공기 중에서 완전 연소시켰다. 다음 각 물음에 답하시오(단, 표준상태이고 공기 중 산소의 농도는 부피 농도로 21vol%이다).

(1) 아세톤의 완전 연소반응식을 쓰시오.

(2) 완전 연소에 필요한 이론공기량(L)을 계산하시오.

(3) 완전 연소 시 발생하는 이산화탄소의 부피(L)를 계산하시오.

정답

(1) $CH_3COCH_3 + 4O_2 \rightarrow 3CO_2 + 3H_2O$

(2) 1,471.29L

(3) 231.72L

해설

아세톤
- 완전 연소반응식
  $CH_3COCH_3 + 4O_2 \rightarrow 3CO_2 + 3H_2O$
- 이론공기량(L)
  $CH_3COCH_3 + 4O_2 \rightarrow 3CO_2 + 3H_2O$

  58g $4 \times 22.4L$
  200g x

  $x = \dfrac{200g \times 4 \times 22.4L}{58g} = 308.97L$(이론산소량)

  $\therefore$ 이론공기량 $= \dfrac{308.97L}{0.21} = 1,471.29L$
- 이산화탄소의 부피(L)
  $CH_3COCH_3 + 4O_2 \rightarrow 3CO_2 + 3H_2O$

  58g $3 \times 22.4L$
  200g x

  $\therefore x = \dfrac{200g \times 3 \times 22.4L}{58g} = 231.72L$

07 제3류 위험물 중 자연발화성인 황린을 강알칼리성과 접촉하면 기체를 발생한다. 생성되는 기체의 명칭을 쓰시오.

정답

포스핀(PH_3, 인화수소)

해설

황린은 강알칼리 용액과 반응하면 유독성의 포스핀(PH_3, 인화수소)가스를 발생한다.
$P_4 + 3KOH + 3H_2O \rightarrow 3KH_2PO_2 + PH_3$

08 운반 시 위험물의 지정수량이 1/10을 초과하는 경우 혼재해서는 안 되는 위험물의 유별을 다음 보기에서 모두 쓰시오.

(1) 제1류 위험물
(2) 제2류 위험물
(3) 제3류 위험물
(4) 제4류 위험물
(5) 제5류 위험물
(6) 제6류 위험물

정답

(1) 제2류 위험물, 제3류 위험물, 제4류 위험물, 제5류 위험물
(2) 제1류 위험물, 제3류 위험물, 제6류 위험물
(3) 제1류 위험물, 제2류 위험물, 제5류 위험물, 제6류 위험물
(4) 제1류 위험물, 제6류 위험물
(5) 제1류 위험물, 제3류 위험물, 제6류 위험물
(6) 제2류 위험물, 제3류 위험물, 제4류 위험물, 제5류 위험물

해설
운반 시 위험물의 혼재 가능 기준

위험물의 구분	제1류	제2류	제3류	제4류	제5류	제6류
제1류		×	×	×	×	○
제2류	×		×	○	○	×
제3류	×	×		○	×	×
제4류	×	○	○		○	×
제5류	×	○	×	○		×
제6류	○	×	×	×	×	

09 제5류 위험물인 트라이나이트로페놀과 트라이나이트로톨루엔의 시성식을 쓰시오.

(1) 트라이나이트로페놀
(2) 트라이나이트로톨루엔

정답

(1) $C_6H_2OH(NO_2)_3$
(2) $C_6H_2CH_3(NO_2)_3$

해설
제5류 위험물

종 류	트라이나이트로페놀(피크르산)	트라이나이트로톨루엔(TNT)
시성식	$C_6H_2OH(NO_2)_3$	$C_6H_2CH_3(NO_2)_3$
구조식		
품 명	나이트로화합물	
지정수량	200kg	

10 제1종 분말 소화약제에 대하여 다음 각 물음에 답하시오.

(1) A~D등급 화재 중 어느 화재에 적응성이 있는지 쓰시오.

(2) 주성분을 화학식으로 쓰시오.

해설

분말 소화약제

종 류	주성분	착 색	적응 화재
제1종 분말	탄산수소나트륨($NaHCO_3$)	백 색	B, C급
제2종 분말	탄산수소칼륨($KHCO_3$)	담회색	B, C급
제3종 분말	제일인산암모늄($NH_4H_2PO_4$)	담홍색	A, B, C급
제4종 분말	탄산수소칼륨 + 요소 [$KHCO_3 + (NH_2)_2CO$]	회 색	B, C급

11 간이탱크저장소에 대한 내용이다. 다음 ( ) 안에 알맞은 답을 쓰시오.

> 간이저장탱크는 두께 (㉠)mm 이상의 강판으로 해야 하고 용량은 (㉡)L 이하로 해야 한다.

해설

간이탱크저장소

• 용량 : 600L 이하
• 두께 : 3.2mm 이상의 강판
• 하나의 간이탱크저장소에 설치하는 간이저장탱크의 수 : 3기 이하
• 통기관의 지름 : 25mm 이상

12 위험물안전관리법령상 나무상자 또는 플라스틱 상자의 외장용기의 최대용적이 125kg인 제2류 위험물을 운반하는 운반용기에 수납하는 경우 금속제 내장용기의 최대용적을 쓰시오.

해설

고체위험물 운반용기의 최대용적

내장용기 종류	내장 최대용적 또는 중량	외장용기 종류	외장 최대용적 또는 중량	제1류 Ⅰ	제1류 Ⅱ	제1류 Ⅲ	제2류 Ⅱ	제2류 Ⅲ	제3류 Ⅰ	제3류 Ⅱ	제3류 Ⅲ	제5류 Ⅰ	제5류 Ⅱ
유리용기 또는 플라스틱 용기	10L	나무상자 또는 플라스틱 상자 (필요에 따라 불활성의 완충재를 채울 것)	125kg	○	○	○	○	○	○	○	○	○	○
			225kg		○	○		○		○	○		○
		파이버판 상자 (필요에 따라 불활성의 완충재를 채울 것)	40kg	○	○	○	○	○	○	○	○	○	○
			55kg		○	○		○		○	○		○
금속제 용기	30L	나무상자 또는 플라스틱 상자	125kg	○	○	○	○	○	○	○	○	○	○
			225kg		○	○		○		○	○		○
		파이버판 상자	40kg	○	○	○	○	○	○	○	○	○	○
			55kg		○	○		○		○	○		○
플라스틱 필름포대 또는 종이포대	5kg	나무상자 또는 플라스틱 상자	50kg	○	○	○	○	○	○	○	○	○	○
	50kg		50kg	○	○	○	○	○					○
	125kg		125kg		○	○	○	○					
	225kg		225kg			○		○					
	5kg	파이버판 상자	40kg	○	○	○	○	○	○	○	○	○	○
	40kg		40kg	○	○	○	○	○					○
	55kg		55kg		○		○						

13 다음 원통형 탱크의 용량은 몇 m³인가?(단, 탱크의 공간용적은 10%로 한다)

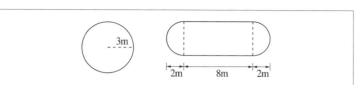

해설

탱크의 용량 = 내용적 − 공간용적

- 내용적 $= \pi r^2\left(l + \dfrac{l_1 + l_2}{3}\right) = \pi \times (3\text{m})^2 \times \left(8\text{m} + \dfrac{2\text{m} + 2\text{m}}{3\text{m}}\right) = 263.89\text{m}^3$

- 공간용적 $= 263.89\text{m}^3 \times 0.1 = 26.389\text{m}^3$

∴ 탱크의 용량 $= 263.89\text{m}^3 - 26.389\text{m}^3 = 237.50\text{m}^3$

[다른 방법]

탱크의 용량 $= \pi r^2\left(l + \dfrac{l_1 + l_2}{3}\right) = \pi \times (3\text{m})^2 \times \left(8\text{m} + \dfrac{2\text{m} + 2\text{m}}{3\text{m}}\right)$

$\qquad\qquad\quad = 263.89\text{m}^3 \times 0.9 = 237.50\text{m}^3$

01 제5류 위험물인 피크르산의 구조식과 지정수량을 쓰시오.

해설

트라이나이트로페놀(Tri Nitro Phenol, 피크르산)

• 물성

화학식	지정수량	융점	착화점	비중
$C_6H_2OH(NO_2)_3$	200kg	121℃	300℃	1.8

• 구조식

• 분해반응식 : $2C_6H_2OH(NO_2)_3 \rightarrow 2C + 3N_2 + 3H_2 + 4CO_2 + 6CO$

정답

(1) 구조식

(2) 지정수량 : 200kg

02 제5류 위험물인 트라이나이트로톨루엔(TNT)이 분해할 때 발생하는 가스 3가지를 화학식으로 쓰시오.

해설

TNT의 분해반응식

$2C_6H_2CH_3(NO_2)_3 \rightarrow 2C + 3N_2 + 5H_2 + 12CO$
      (탄소) (질소) (수소) (일산화탄소)

정답

N_2, H_2, CO

03 가연성의 증기 또는 미분이 체류할 우려가 있는 건축물에는 그 증기 또는 미분을 옥외의 높은 곳으로 배출할 수 있도록 배출설비를 설치해야 한다. 국소방식의 경우 배출능력은 1시간당 배출장소 용적의 몇 배 이상인 것으로 해야 하는지 쓰시오.

20배 이상

해설
배출설비
• 배출설비는 국소방식으로 해야 한다. 다만, 다음에 해당하는 경우에는 전역방식으로 할 수 있다.
  – 위험물취급설비가 배관이음 등으로만 된 경우
  – 건축물의 구조·작업장소의 분포 등의 조건에 의하여 전역방식이 유효한 경우
• 배출설비는 배풍기(오염된 공기를 뽑아내는 통풍기)·배출덕트(공기배출통로)·후드 등을 이용하여 강제적으로 배출하는 것으로 해야 한다.
• 배출능력은 1시간당 배출장소 용적의 20배 이상인 것으로 해야 한다. 다만, 전역방식의 경우에는 바닥면적 $1m^2$당 $18m^3$ 이상으로 할 수 있다.
• 배출설비의 급기구 및 배출구는 다음의 기준에 의해야 한다.
  – 급기구는 높은 곳에 설치하고, 가는 눈의 구리망 등으로 인화방지망을 설치할 것
  – 배출구는 지상 2m 이상으로서 연소의 우려가 없는 장소에 설치하고, 배출덕트가 관통하는 벽 부분의 바로 가까이에 화재 시 자동으로 폐쇄되는 방화댐퍼(화재 시 연기 등을 차단하는 장치)를 설치할 것

04 제1류 위험물인 염소산칼륨의 완전 열분해 반응식을 쓰시오.

$2KClO_3 \rightarrow 2KCl + 3O_2$

해설
염소산칼륨의 열분해 반응식
$2KClO_3 \rightarrow 2KCl + 3O_2$

05 다음과 그림과 같은 원통형 탱크의 내용적은 몇 m^3인지 계산하시오.

$13.82m^3$

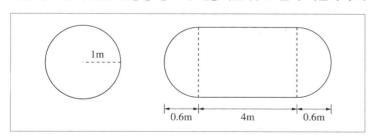

해설
탱크의 내용적
$$= \pi r^2 \left(l + \frac{l_1 + l_2}{3}\right) = \pi \times (1m)^2 \times \left(4m + \frac{0.6m + 0.6m}{3}\right) = 13.82m^3$$

06 위험물안전관리법에서 규정하고 있는 위험물의 정의이다. 다음 물음에 알맞은 답을 하시오.

(1) (㉠)라 함은 고형알코올 그 밖에 1기압에서 인화점이 40℃ 미만인 고체를 말한다.

(2) (㉡)이라 함은 이황화탄소, 다이에틸에터, 그 밖에 1기압에서 발화점이 100℃ 이하인 것 또는 인화점이 −20℃ 이하이고 비점이 40℃ 이하인 것을 말한다.

(3) (㉢)라 함은 아세톤, 휘발유, 그 밖에 1기압에서 인화점이 21℃ 미만인 것을 말한다.

정답
(1) 인화성 고체
(2) 특수인화물
(3) 제1석유류

해설

위험물의 기준
• 유황 : 순도가 60wt% 이상인 것
• 철분 : 철의 분말로서 53μm의 표준체를 통과하는 것이 50wt% 미만은 제외
• 금속분 : 알칼리금속 · 알칼리토류금속 · 철 및 마그네슘 외의 금속의 분말(구리분 · 니켈분 및 150μm의 체를 통과하는 것이 50wt% 미만인 것은 제외)
  ※ 마그네슘에 해당하지 않는 것
    − 2mm의 체를 통과하지 않는 덩어리 상태의 것
    − 지름 2mm 이상의 막대 모양의 것
• 인화성 고체 : 고형알코올 그 밖에 1기압에서 인화점이 40℃ 미만인 고체
• 특수인화물 : 이황화탄소, 다이에틸에터
  − 1기압에서 발화점이 100℃ 이하인 것
  − 인화점이 −20℃ 이하이고, 비점이 40℃ 이하인 것
• 제1석유류 : 아세톤, 휘발유 그 밖에 1기압에서 인화점이 21℃ 미만인 것
• 제2석유류 : 1기압에서 인화점이 21℃ 이상 70℃ 미만인 것
• 제3석유류 : 1기압에서 인화점이 70℃ 이상 200℃ 미만인 것
• 제4석유류 : 1기압에서 인화점이 200℃ 이상 250℃ 미만인 것
• 동식물유류 : 동물의 지육(枝肉 : 머리, 내장, 다리를 잘라 내고 아직 부위별로 나누지 않은 고기를 말한다) 등 또는 식물의 종자나 과육으로부터 추출한 것으로서 1기압에서 인화점이 250℃ 미만인 것

07 옥외탱크저장소에 방유제 높이가 몇 m 이상일 때 계단 또는 경사로를 설치해야 하는지 쓰시오.

정답

1m 이상

해설

옥외탱크저장소의 방유제(이황화탄소는 제외)

• 방유제의 용량

  – 탱크가 하나일 때 : 탱크 용량의 110%(인화성이 없는 액체위험물은 100%) 이상

  – 탱크가 2기 이상일 때 : 탱크 중 용량이 최대인 것의 용량의 110%(인화성이 없는 액체위험물은 100%) 이상

• 방유제의 높이 : 0.5m 이상 3m 이하, 두께 : 0.2m 이상, 지하매설깊이 : 1m 이상

• 방유제 내의 면적 : 80,000m² 이하

• 방유제는 탱크의 옆판으로부터 일정 거리를 유지할 것(단, 인화점이 200℃ 이상인 위험물은 제외)

  – 지름이 15m 미만인 경우 : 탱크 높이의 1/3 이상

  – 지름이 15m 이상인 경우 : 탱크 높이의 1/2 이상

• 방유제의 재질 : 철근콘크리트, 흙

• 방유제의 높이가 1m 이상이면 계단 또는 경사로를 약 50m마다 설치할 것

08 가연물의 표면에 부착성 막을 형성하여 산소의 유입을 차단하는 역할을 하는 메타인산을 발생하는 분말 소화약제의 종별 및 화학식을 쓰시오.

정답

• 종별 : 제3종 분말

• 화학식 : $NH_4H_2PO_4$

해설

분말 소화약제

• 종 류

종 류	주성분	착 색	적응 화재
제1종 분말	탄산수소나트륨($NaHCO_3$)	백 색	B, C급
제2종 분말	탄산수소칼륨($KHCO_3$)	담회색	B, C급
제3종 분말	제일인산암모늄($NH_4H_2PO_4$)	담홍색	A, B, C급
제4종 분말	탄산수소칼륨 + 요소 [$KHCO_3 + (NH_2)_2CO$]	회 색	B, C급

• 제3종 분말

  – 열분해 시 암모니아와 수증기에 의한 질식효과

  – 열분해에 의한 냉각효과

  – 유리된 암모늄염(NH_4^+)에 의한 부촉매효과

  – 메타인산(HPO_3)에 의한 방진작용

  – 탈수효과

09 다음 〈보기〉에서 불활성가스소화설비에 적응성이 있는 위험물을 모두 쓰시오.

┌보기┐
ㄱ 제1류 위험물 중 알칼리금속과산화물 등
ㄴ 제2류 위험물 중 인화성 고체
ㄷ 제3류 위험물 중 금수성 물품
ㄹ 제4류 위험물
ㅁ 제5류 위험물
ㅂ 제6류 위험물

정답
제2류 위험물 중 인화성 고체, 제4류 위험물

해설
가스계소화설비(불활성가스소화설비, 할로겐화합물소화설비, 분말소화설비)의 적응성

소화설비의 구분		건축물·그 밖의 공작물	전기설비	제1류 위험물 알칼리금속과산화물 등	제1류 위험물 그 밖의 것	제2류 위험물 철분·금속분·마그네슘 등	제2류 위험물 인화성 고체	제2류 위험물 그 밖의 것	제3류 위험물 금수성 물품	제3류 위험물 그 밖의 것	제4류 위험물	제5류 위험물	제6류 위험물
물분무등소화설비	물분무소화설비	○	○		○		○	○		○	○	○	○
	포소화설비	○			○		○	○		○	○	○	○
	불활성가스소화설비		○				○				○		
	할로겐화합물소화설비		○				○				○		
	분말소화설비 인산염류 등	○	○		○		○	○			○		○
	분말소화설비 탄산수소염류 등		○	○		○	○		○		○		
	분말소화설비 그 밖의 것			○		○			○				

10 제4류 위험물인 이황화탄소의 지정수량과 연소반응식을 쓰시오.

이황화탄소
• 물 성

화학식	지정수량	분자량	비 중	비 점	인화점	착화점	연소범위
CS_2	50L	76	1.26	46℃	−30℃	90℃	1.0~50.0%

• 반응식
  – 연소반응식 : $CS_2 + 3O_2 \rightarrow CO_2 + 2SO_2$
  – 물과의 반응(150℃) : $CS_2 + 2H_2O \rightarrow CO_2 + 2H_2S$

정답
• 지정수량 : 50L
• 연소반응식 : $CS_2 + 3O_2 \rightarrow CO_2 + 2SO_2$

---

11 위험물 운반에 관한 기준에서 다음 표에 혼재가 가능한 위험물은 ○, 혼재가 불가능한 위험물은 ×로 표시하시오(단, 지정수량이 1/10을 초과하는 위험물에 적용하는 경우이다).

구 분	제1류	제2류	제3류	제4류	제5류	제6류
제1류		×	×		×	
제2류			×		○	
제3류		×			×	
제4류		○	○		○	
제5류		○	×			
제6류		×	×		×	

정답

구 분	제1류	제2류	제3류	제4류	제5류	제6류
제1류		×	×	×	×	○
제2류	×		×	○	○	×
제3류	×	×		○	×	×
제4류	×	○	○		○	×
제5류	×	○	×	○		×
제6류	○	×	×	×	×	

운반 시 위험물의 혼재 가능 기준

구 분	제1류	제2류	제3류	제4류	제5류	제6류
제1류		×	×	×	×	○
제2류	×		×	○	○	×
제3류	×	×		○	×	×
제4류	×	○	○		○	×
제5류	×	○	×	○		×
제6류	○	×	×	×	×	

※ 유별 혼재 가능, 불가능 문제는 운반이냐 저장이냐의 구분이 명확하지 않지만 현재까지 출제된 문제는 전부 운반 시를 가정한다.
　[암기방법]
　• 3＋4류(삼사 : 3군사관학교)
　• 5＋2＋4류(오이사 : 오氏의 성을 가진 사람의 직급이 이사급이다)
　• 1＋6류

12 다음 〈보기〉에서 제조소에 설치해야 하는 주의사항을 쓰시오.

┌ 보기 ┐

품 명	과산화나트륨	유 황	트라이나이트로톨루엔
주의사항	㉠	㉡	㉢

정답

㉠ 물기엄금
㉡ 화기주의
㉢ 화기엄금

해설

제조소 등의 주의사항

위험물의 종류	주의사항	게시판의 색상
• 제1류 위험물 중 알칼리금속의 과산화물 (과산화나트륨) • 제3류 위험물 중 금수성 물질	물기엄금	청색바탕에 백색문자
• 제2류 위험물(인화성 고체는 제외)[유황]	화기주의	적색바탕에 백색문자
• 제2류 위험물 중 인화성 고체 • 제3류 위험물 중 자연발화성 물질 • 제4류 위험물 • 제5류 위험물(트라이나이트로톨루엔)	화기엄금	적색바탕에 백색문자

13 제2류 위험물인 오황화인과 물이 반응하는 경우 생성되는 물질을 쓰시오.

정답

황화수소(H_2S), 인산(H_3PO_4)

해설

오황화인의 반응식

• 연소반응식 : $2P_2S_5 + 15O_2 \rightarrow 2P_2O_5 + 10SO_2$
  (오산화인) (이산화황)

• 물과의 반응 : $P_2S_5 + 8H_2O \rightarrow 5H_2S + 2H_3PO_4$
  (황화수소) (인산)

14 황산을 촉매로 한 에틸알코올의 탈수축합 반응에 의해 생성되는 것으로서 마취성이 있으며 직사광선에 노출 시 과산화물을 생성하는 특수인화물의 화학식을 쓰시오.

정답

$C_2H_5OC_2H_5$

해설

다이에틸에터
• 물 성

화학식	$C_2H_5OC_2H_5$	인화점	$-40\,^\circ\!C$
지정수량	50L	착화점	$180\,^\circ\!C$
분자량	74.12	증기비중	2.55
액체비중	0.7	연소범위	1.7~48%
비 점	$34\,^\circ\!C$		−

• 휘발성이 강한 무색 투명한 특유의 향이 있는 액체이다.
• 물에 약간 녹고, 알코올에 잘 녹으며 발생된 증기는 마취성이 있다.
• 직사광선에 노출 시 과산화물이 생성되므로 갈색병에 저장해야 한다.
• 다이에틸에터의 제법

$$2C_2H_5OH \xrightarrow[\text{탈수축합}]{c-H_2SO_4} C_2H_5OC_2H_5 + H_2O$$

2016년 제2회 과년도 기출복원문제

01 제3류 위험물인 인화칼슘에 대하여 다음 각 물음에 대하여 답하시오.

(1) 물과 반응할 때 반응식을 쓰시오.

(2) 물과 접촉하는 경우 위험한 이유를 쓰시오.

> **해설**
> 인화칼슘(인화석회)
> • 반응식
>   – 물과의 반응 : $Ca_3P_2 + 6H_2O \rightarrow 3Ca(OH)_2 + 2PH_3$
>   – 염산과의 반응 : $Ca_3P_2 + 6HCl \rightarrow 3CaCl_2 + 2PH_3$
> • 물과 반응하면 발열하며, 유독성이고 가연성 가스인 포스핀(PH_3, 인화수소)이 발생하므로 위험하다.

> **정답**
> (1) $Ca_3P_2 + 6H_2O \rightarrow 3Ca(OH)_2 + 2PH_3$
> (2) 물과 접촉하면 발열하며, 유독성이고 가연성 가스인 포스핀(PH_3, 인화수소)이 발생하므로 위험하다.

02 다음 〈보기〉에서 설명하는 물질에 대한 각 물음에 답하시오.

> ┤보기├
> 고형알코올 그 밖에 1기압에서 인화점이 40℃ 미만인 고체

(1) 제 몇 류 위험물인지 쓰시오.

(2) 품명을 쓰시오.

(3) 지정수량은 얼마인가?

> **해설**
> 인화성 고체(제2류 위험물)
> • 정의 : 고형알코올 그 밖에 1기압에서 인화점이 40℃ 미만인 고체
> • 지정수량 : 1,000kg

> **정답**
> (1) 제2류 위험물
> (2) 인화성 고체
> (3) 1,000kg

03 탄화알루미늄이 물과 반응하는 경우 생성되는 물질 2가지를 화학식으로 쓰시오.

> **해설**
> 탄화알루미늄과 물의 반응식
> $Al_4C_3 + 12H_2O \rightarrow 4Al(OH)_3 + 3CH_4$
>   (수산화알루미늄) (메테인)

> **정답**
> $Al(OH)_3$, CH_4

04 위험물 탱크시험자가 되고자 하는 자는 기술능력·시설 및 장비를 갖추어 시·도지사에게 등록해야 한다. 기술능력 중 필수인력에 해당되는 사람을 〈보기〉에서 모두 골라 번호로 답하시오.

┌─ 보기 ┐

ⓐ 위험물기능장   ⓑ 위험물산업기사
ⓒ 측량기능사   ⓓ 누설비파괴검사기사
ⓔ 지형공간정보기술사

정답

ⓐ, ⓑ

해설

탱크시험자의 기술능력·시설 및 장비
(1) 기술능력
  ① 필수인력
    ⓐ 위험물기능장·위험물산업기사 또는 위험물기능사 중 1명 이상
    ⓑ 비파괴검사기술사 1명 이상 또는 초음파비파괴검사·자기비파괴검사 및 침투비파괴검사별로 기사 또는 산업기사 각 1명 이상
  ② 필요한 경우에 두는 인력
    ⓐ 충·수압시험, 진공시험, 기밀시험 또는 내압시험의 경우 : 누설비파괴검사기사, 산업기사 또는 기능사
    ⓑ 수직·수평도시험의 경우 : 측량 및 지형공간정보기술사, 기사, 산업기사 또는 측량기능사
    ⓒ 방사선투과시험의 경우 : 방사선비파괴검사기사 또는 산업기사
    ⓓ 필수인력의 보조 : 방사선비파괴검사·초음파비파괴검사·자기비파괴검사 또는 침투비파괴검사기능사
(2) 시설 : 전용사무실
(3) 장비
  ① 필수장비 : 자기탐상시험기, 초음파두께측정기 및 다음 ⓐ 또는 ⓑ 중 어느 하나
    ⓐ 영상초음파시험기
    ⓑ 방사선투과시험기 및 초음파시험기
  ② 필요한 경우에 두는 장비
    ⓐ 충·수압시험, 진공시험, 기밀시험 또는 내압시험의 경우
      • 진공능력 53kPa 이상의 진공누설시험기
      • 기밀시험장치(안전장치가 부착된 것으로서 가압능력 200kPa 이상, 감압의 경우에는 감압능력 10kPa 이상, 감도 10Pa 이하의 것으로서 각각의 압력변화를 스스로 기록할 수 있는 것)
    ⓑ 수직·수평도시험의 경우 : 수직·수평도측정기

05 다음 위험물이 물과 반응하는 경우 생성되는 기체를 화학식으로 쓰시오.

(1) 칼 륨

(2) 트라이에틸알루미늄

(3) 인화알루미늄

> 해설
>
> 물과의 반응
> - 칼륨 : $2K + 2H_2O \rightarrow 2KOH + H_2$
>   (수소)
> - 트라이에틸알루미늄 : $(C_2H_5)_3Al + 3H_2O \rightarrow Al(OH)_3 + 3C_2H_6$
>   (에테인)
> - 인화알루미늄 : $AlP + 3H_2O \rightarrow Al(OH)_3 + PH_3$
>   (포스핀)

정답

(1) H_2

(2) C_2H_6

(3) PH_3

---

06 제5류 위험물인 피크르산의 구조식을 쓰시오.

> 해설
>
> 피크르산(Tri Nitro Phenol)
>

정답

---

07 주유취급소에 설치하는 "주유 중 엔진정지" 게시판의 바탕색과 문자색을 쓰시오.

> 해설
>
> - 주의사항을 표시한 게시판 설치
>
> | 위험물의 종류 | 주의사항 | 게시판의 색상 |
> |---|---|---|
> | 제1류 위험물 중 알칼리금속의 과산화물
제3류 위험물 중 금수성 물질 | 물기엄금 | 청색바탕에 백색문자 |
> | 제2류 위험물(인화성 고체는 제외) | 화기주의 | 적색바탕에 백색문자 |
> | 제2류 위험물 중 인화성 고체
제3류 위험물 중 자연발화성 물질
제4류 위험물
제5류 위험물 | 화기엄금 | 적색바탕에 백색문자 |
>
> - 주의사항
>   - 주유 중 엔진정지 : 황색바탕에 흑색문자
>   - 유조차(이동탱크저장소) "위험물" : 흑색바탕에 황색 반사도료

정답

황색바탕에 흑색문자

08 옥외저장소의 경계표시의 주위에는 그 저장 또는 취급하는 위험물의 최대수량에 따라 다음 표에 의한 너비의 공지를 보유해야 한다. 다음 〈보기〉에 해당하는 보유공지를 쓰시오.

┌─보기─────────────────────────────┐
│ (1) 지정수량의 10배 이하   │
│ (2) 지정수량의 10배 초과 20배 이하   │
└──────────────────────────────────┘

해설

옥외저장소의 보유공지

저장 또는 취급하는 위험물의 최대수량	공지의 너비
지정수량의 10배 이하	3m 이상
지정수량의 10배 초과 20배 이하	5m 이상
지정수량의 20배 초과 50배 이하	9m 이상
지정수량의 50배 초과 200배 이하	12m 이상
지정수량의 200배 초과	15m 이상

09 다음 위험물을 옥외저장탱크·옥내저장탱크 또는 지하저장탱크 중 압력탱크 외의 탱크에 저장하는 경우 저장온도는 몇 ℃ 이하로 유지해야 하는지 쓰시오.

(1) 다이에틸에터

(2) 아세트알데하이드

(3) 산화프로필렌

해설

저장기준

• 옥외저장탱크·옥내저장탱크 또는 지하저장탱크 중 압력탱크 외의 탱크에 저장
  – 산화프로필렌, 다이에틸에터 : 30℃ 이하
  – 아세트알데하이드 : 15℃ 이하
• 옥외저장탱크·옥내저장탱크 또는 지하저장탱크 중 압력탱크에 저장
  – 아세트알데하이드 등 또는 다이에틸에터 등 : 40℃ 이하
• 아세트알데하이드 등 또는 다이에틸에터 등을 이동저장탱크에 저장
  – 보랭장치가 있는 경우 : 비점 이하
  – 보랭장치가 없는 경우 : 40℃ 이하

10 옥내저장소에 〈보기〉와 같이 제4류 위험물을 저장하고 있는 경우 지정수량의 배수의 합은 얼마인가?(단, 제1석유류, 제2석유류, 제3석유류는 수용성이다)

정답
14배

┤보기├
㉠ 특수인화물 : 200L ㉡ 제1석유류 : 400L
㉢ 제2석유류 : 4,000L ㉣ 제3석유류 : 12,000L
㉤ 제4석유류 : 24,000L

해설
제4류 위험물의 지정수량

성 질	품 명		위험등급	지정수량
인화성 액체	1. 특수인화물		I	50L
	2. 제1석유류	비수용성 액체	II	200L
		수용성 액체	II	400L
	3. 알코올류		II	400L
	4. 제2석유류	비수용성 액체	III	1,000L
		수용성 액체	III	2,000L
	5. 제3석유류	비수용성 액체	III	2,000L
		수용성 액체	III	4,000L
	6. 제4석유류		III	6,000L
	7. 동식물유류		III	10,000L

$$\text{지정수량의 배수} = \frac{\text{저장수량}}{\text{지정수량}} + \frac{\text{저장수량}}{\text{지정수량}} + \cdots$$

$$= \frac{200L}{50L} + \frac{400L}{400L} + \frac{4,000L}{2,000L} + \frac{12,000L}{4,000L} + \frac{24,000L}{6,000L}$$

$$= 14배$$

11 다음 〈보기〉의 위험물에서 인화점이 낮은 것부터 순서대로 나열하시오.

정답
다이에틸에터, 산화프로필렌, 이황화탄소, 아세톤

┤보기├
㉠ 아세톤 ㉡ 이황화탄소
㉢ 다이에틸에터 ㉣ 산화프로필렌

해설
제4류 위험물의 인화점

종 류	아세톤	이황화탄소	다이에틸에터	산화프로필렌
품 명	제1석유류 (수용성)	특수인화물	특수인화물	특수인화물
인화점	−18.5℃	−30℃	−40℃	−37℃

12 에틸렌과 산소를 염화구리($CuCl_2$)의 촉매하에서 반응하여 생성되는 물질로서 인화점이 −40℃, 연소범위 4.0~60%인 특수인화물에 대하여 다음 각 물음에 답하시오.

(1) 시성식을 쓰시오.

(2) 증기비중을 계산하시오.

정답
(1) CH_3CHO
(2) 1.52

> 해설
>
> 아세트알데하이드(Acet Aldehyde)
>
> • 물 성
>
> | 화학식 | 분자량 | 비 중 | 비 점 | 인화점 | 착화점 | 연소범위 |
> |---|---|---|---|---|---|---|
> | CH_3CHO | 44 | 0.78 | 21℃ | −40℃ | 175℃ | 4.0~60.0% |
>
> • 증기비중 $= \dfrac{\text{분자량}}{29(\text{공기의 평균분자량})} = \dfrac{44}{29} = 1.517 ≒ 1.52$

13 제3종 분말 소화약제의 열분해 반응식 중 오쏘인산이 생성되는 1차 열분해반응식을 쓰시오.

정답
$NH_4H_2PO_4 \rightarrow NH_3 + H_3PO_4$

> 해설
>
> 분말 소화약제의 열분해 반응식
>
> • 제1종 분말
>   – 1차 분해반응식(270℃) : $2NaHCO_3 \rightarrow Na_2CO_3 + CO_2 + H_2O$
>   – 2차 분해반응식(850℃) : $2NaHCO_3 \rightarrow Na_2O + 2CO_2 + H_2O$
> • 제2종 분말
>   – 1차 분해반응식(190℃) : $2KHCO_3 \rightarrow K_2CO_3 + CO_2 + H_2O$
>   – 2차 분해반응식(590℃) : $2KHCO_3 \rightarrow K_2O + 2CO_2 + H_2O$
> • 제3종 분말
>   – 1차 분해반응식(190℃) : $NH_4H_2PO_4 \rightarrow NH_3 + H_3PO_4$
>   (인산, 오쏘인산)
>   – 2차 분해반응식(215℃) : $2H_3PO_4 \rightarrow H_2O + H_4P_2O_7$
>   (피로인산)
>   – 3차 분해반응식(300℃) : $H_4P_2O_7 \rightarrow H_2O + 2HPO_3$
>   (메타인산)
> • 제4종 분말 : $2KHCO_3 + (NH_2)_2CO \rightarrow K_2CO_3 + 2NH_3 + 2CO_2$

01 표준상태(0℃, 1atm)에서 톨루엔의 증기밀도(g/L)를 계산하시오.

$4.11g/L$

> **해설**
>
> 표준상태에서 증기밀도
>
> - 증기밀도 $= \dfrac{분자량(g)}{22.4L} = \dfrac{92g}{22.4L} = 4.11g/L$
> - 톨루엔($C_6H_5CH_3$)의 분자량 : 92
>
> ※ 표준상태에서 기체 1g-mol이 차지하는 부피 : 22.4L

02 운반 시 제4류 위험물인 휘발유와 혼재할 수 있는 위험물의 유별을 모두 적으시오(단, 지정수량의 1/10 이상을 저장하는 경우이다).

제2류 위험물, 제3류 위험물, 제5류 위험물

> **해설**
>
> 운반 시 위험물의 혼재 가능 기준
>
> | 위험물의 구분 | 제1류 | 제2류 | 제3류 | 제4류
(휘발유) | 제5류 | 제6류 |
> |---|---|---|---|---|---|---|
> | 제1류 | | × | × | × | × | ○ |
> | 제2류 | × | | × | ○ | ○ | × |
> | 제3류 | × | × | | ○ | × | × |
> | 제4류 | × | ○ | ○ | | ○ | × |
> | 제5류 | × | ○ | × | ○ | | × |
> | 제6류 | ○ | × | × | × | × | |

03 제3류 위험물인 인화칼슘이 물과 반응할 때 반응식을 쓰시오.

$Ca_3P_2 + 6H_2O \rightarrow 3Ca(OH)_2 + 2PH_3$

> **해설**
>
> 인화칼슘(인화석회)의 반응식
>
> - 물과의 반응 : $Ca_3P_2 + 6H_2O \rightarrow 3Ca(OH)_2 + 2PH_3$
>   (포스핀)
> - 염화수소(염산)와의 반응 : $Ca_3P_2 + 6HCl \rightarrow 3CaCl_2 + 2PH_3$

04 다음 〈보기〉의 동식물유류를 아이오딘값에 따른 건성유, 반건성유, 불건성유로 분류하시오.

┌─보기────────────────────────────────┐
│   │
│   아마인유, 야자유, 들기름, 쌀겨기름, 목화씨기름, 땅콩기름   │
│   │
└──────────────────────────────────────┘

해설

동식물유류의 종류

종류 \ 항목	아이오딘값	반응성	불포화도	종류
건성유	130 이상	크다.	크다.	해바라기유, 동유, 아마인유, 정어리기름, 들기름,
반건성유	100~130	중 간	중 간	채종유, 목화씨기름, 참기름, 콩기름, 쌀겨기름
불건성유	100 이하	작다.	작다.	야자유, 올리브유, 피마자유, 동백유, 땅콩기름

정답

- 건성유 : 아마인유, 들기름
- 반건성유 : 쌀겨기름, 목화씨기름
- 불건성유 : 야자유, 땅콩기름

---

05 질산암모늄의 구성성분 중 질소와 수소의 함량을 wt%로 구하시오.

해설

질소와 수소의 wt% 계산

각 성분의 함량(%) = $\dfrac{성분의\ 분자량}{질산암모늄의\ 분자량} \times 100$

- 질산암모늄(NH_4NO_3)의 분자량 = $14 + (1 \times 4) + 14 + (16 \times 3) = 80$
- 질소의 wt% = $\dfrac{질소의\ 분자량}{질산암모늄의\ 분자량} \times 100 = \dfrac{14 \times 2}{80} \times 100 = 35wt\%$
- 수소의 wt% = $\dfrac{수소의\ 분자량}{질산암모늄의\ 분자량} \times 100 = \dfrac{1 \times 4}{80} \times 100 = 5wt\%$

정답

- 질소의 함량 : 35wt%
- 수소의 함량 : 5wt%

---

06 제2류 위험물인 마그네슘에 대하여 각 물음에 답하시오.

(1) 마그네슘이 완전 연소 시 생성되는 물질의 화학식을 쓰시오.

(2) 마그네슘과 황산이 반응하는 경우 생성되는 기체의 화학식을 쓰시오.

해설

마그네슘의 반응식

- 연소반응식 : $2Mg + O_2 \rightarrow 2MgO$
  (산화마그네슘)
- 물과의 반응 : $Mg + 2H_2O \rightarrow Mg(OH)_2 + H_2$
- 황산과의 반응 : $Mg + H_2SO_4 \rightarrow MgSO_4 + H_2$
  (수소)

정답

(1) MgO

(2) H_2

07 알칼리금속이고 은백색의 무른 경금속으로 2차 전지로 이용되며, 비중 0.543, 융점 180℃, 비점은 1,336℃인 물질의 명칭을 쓰시오.

리튬(Li)

해설
리 튬
• 물 성

화학식	비 점	융 점	비 중	불꽃색상
Li	1,336℃	180℃	0.543	적 색

• 용도 : 2차 전지에 사용

08 위험물 제조소의 옥외에 있는 위험물 취급탱크의 용량이 200m³와 100m³인 탱크가 있다. 이 탱크 주위에 방유제를 설치하는 경우 방유제의 용량(m³)은 얼마 이상으로 해야 하는지 계산하시오.

$110m^3$ 이상

해설
위험물제조소의 옥외에 있는 위험물 취급탱크(지정수량의 1/5 미만인 용량은 제외)
• 하나의 취급탱크 주위에 설치하는 방유제의 용량 : 해당 탱크용량의 50% 이상
• 2 이상의 취급탱크 주위에 하나의 방유제를 설치하는 경우 방유제의 용량 : 해당 탱크 중 용량이 최대인 것의 50%에 나머지 탱크용량 합계의 10%를 가산한 양 이상
∴ 방유제 용량 = $(200m^3 \times 0.5) + (100m^3 \times 0.1) = 110m^3$

09 위험물의 운반기준에 관한 설명이다. 다음 ( ) 안에 알맞은 숫자를 채우시오.

(1) 고체위험물은 운반용기 내용적의 (㉠)% 이하의 수납률로 수납할 것

(2) 액체위험물은 운반용기 내용적의 (㉡)% 이하의 수납률로 수납하되, (㉢)℃의 온도에서 누설되지 않도록 충분한 공간용적을 유지하도록 할 것

㉠ 95
㉡ 98
㉢ 55

해설
적재방법
• 고체위험물 : 운반용기 내용적의 95% 이하의 수납률로 수납할 것
• 액체위험물 : 운반용기 내용적의 98% 이하의 수납률로 수납하되, 55℃의 온도에서 누설되지 않도록 충분한 공간용적을 유지하도록 할 것

10 다음의 〈보기〉와 같은 성질을 갖는 위험물의 명칭과 화학식을 쓰시오.

┌ 보기 ┐

ㄱ 환원력이 매우 강하다.
ㄴ 산화하여 아세트산을 생성한다.
ㄷ 증기비중은 약 1.50이다.
ㄹ 물이나 알코올에 잘 녹는다.

• 명칭 : 아세트알데하이드
• 화학식 : CH_3CHO

해설

아세트알데하이드(Acet Aldehyde)
• 물 성

화학식	분자량	증기비중	비 점	인화점	착화점	연소범위
CH_3CHO	44	1.52	21℃	−40℃	175℃	4.0~60.0%

• 물과 알코올에 잘 녹는다.
• 에틸알코올을 산화하면 아세트알데하이드가 되고, 2차 산화하면 아세트산이 된다.

$$C_2H_5OH \underset{환원}{\overset{산화}{\rightleftarrows}} CH_3CHO \underset{환원}{\overset{산화}{\rightleftarrows}} CH_3COOH$$

11 다음 〈보기〉의 위험물 중 지정수량이 같은 위험물의 품명을 3가지만 쓰시오.

┌ 보기 ┐

ㄱ 철 분   ㄴ 하이드록실아민
ㄷ 적 린   ㄹ 유 황
ㅁ 질산에스터류   ㅂ 하이드라진유도체
ㅅ 알칼리토금속

하이드록실아민, 적린, 유황

해설

위험물의 지정수량

종 류	유 별	지정수량
철 분	제2류 위험물	500kg
하이드록실아민	제5류 위험물	100kg
적 린	제2류 위험물	100kg
유 황	제2류 위험물	100kg
질산에스터류	제5류 위험물	10kg
하이드라진유도체	제5류 위험물	200kg
알칼리토금속	제3류 위험물	50kg

12 분말 소화약제 중 A, B, C급 화재에 모두 적응성이 있는 분말 소화약제의 화학식을 쓰시오.

$NH_4H_2PO_4$

해설

분말 소화약제의 종류

종 류	주성분	착 색	적응 화재
제1종 분말	탄산수소나트륨($NaHCO_3$)	백 색	B, C급
제2종 분말	탄산수소칼륨($KHCO_3$)	담회색	B, C급
제3종 분말	제일인산암모늄($NH_4H_2PO_4$)	담홍색	A, B, C급
제4종 분말	탄산수소칼륨 + 요소 [$KHCO_3 + (NH_2)_2CO$]	회 색	B, C급

13 다음의 〈보기〉에서 제4류 위험물 중 인화점이 21℃ 이상 70℃ 미만이고, 수용성인 물질을 모두 고르시오.

아세트산, 폼산

┤보기├

초산에틸, 아세트산, 크실렌, 폼산, 글리세린, 나이트로벤젠

해설

제4류 위험물의 분류

항 목 \ 종 류	초산에틸	아세트산 (초산)	크실렌 (자일렌)	폼산 (의산)	글리세린	나이트로 벤젠
품 명	제1석유류	제2석유류	제2석유류	제2석유류	제3석유류	제3석유류
수용성 (지정수량 구분)	비수용성	수용성	비수용성	수용성	수용성	비수용성
인화점	-3℃	40℃	32, 25℃	55℃	160℃	88℃

※ 제2석유류 : 인화점이 21℃ 이상 70℃ 미만

14 다음 〈보기〉의 물질 중에서 인화점이 낮은 것부터 순서대로 나열하시오.

┌ 보기 ┐
ⓐ 이황화탄소　　　　　　ⓑ 클로로벤젠
ⓒ 글리세린　　　　　　　ⓓ 초산에틸

이황화탄소, 초산에틸, 클로로벤젠, 글리세린

해설
제4류 위험물의 인화점

종 류	이황화탄소	클로로벤젠	글리세린	초산에틸
품 명	특수인화물	제2석유류	제3석유류	제1석유류
인화점	−30℃	27℃	160℃	−3℃

※ 석유류 각각의 물질이 주어질 때에는 석유류를 구분하면 인화점이 낮은 순서대로 찾기가 쉽다.

01 제2류 위험물인 오황화인에 대하여 다음 물음에 답하시오.

(1) 연소반응식

(2) 연소 시 발생하는 기체의 명칭

오황화인의 반응식

• 연소반응식 : $2P_2S_5 + 15O_2 \rightarrow 2P_2O_5 + 10SO_2$
                                   (오산화인) (이산화황)

• 물과의 반응식 : $P_2S_5 + 8H_2O \rightarrow 5H_2S + 2H_3PO_4$
                                 (황화수소) (인산)

• 황화수소의 연소반응식 : $2H_2S + 3O_2 \rightarrow 2SO_2 + 2H_2O$

정답

(1) $2P_2S_5 + 15O_2 \rightarrow 2P_2O_5 + 10SO_2$

(2) 이산화황(SO_2, 아황산가스)

---

02 제2종 분말 소화약제의 190℃에서 열분해 반응식을 쓰시오.

분말 소화약제의 열분해 반응식

• 제1종 분말
  – 1차 분해반응식(270℃) : $2NaHCO_3 \rightarrow Na_2CO_3 + CO_2 + H_2O$
  – 2차 분해반응식(850℃) : $2NaHCO_3 \rightarrow Na_2O + 2CO_2 + H_2O$

• 제2종 분말
  – 1차 분해반응식(190℃) : $2KHCO_3 \rightarrow K_2CO_3 + CO_2 + H_2O$
  – 2차 분해반응식(590℃) : $2KHCO_3 \rightarrow K_2O + 2CO_2 + H_2O$

• 제3종 분말
  – 1차 분해반응식(190℃) : $NH_4H_2PO_4 \rightarrow NH_3 + H_3PO_4$
                                    (오쏘인산)
  – 2차 분해반응식(215℃) : $2H_3PO_4 \rightarrow H_2O + H_4P_2O_7$
                                    (피로인산)
  – 3차 분해반응식(300℃) : $H_4P_2O_7 \rightarrow H_2O + 2HPO_3$
                                    (메타인산)

• 제4종 분말 : $2KHCO_3 + (NH_2)_2CO \rightarrow K_2CO_3 + 2NH_3 + 2CO_2$

정답

$2KHCO_3 \rightarrow K_2CO_3 + CO_2 + H_2O$

03 다음 위험물 운반용기의 외부에 표시해야 하는 주의사항을 모두 쓰시오.

(1) 제1류 위험물 중 알칼리금속의 과산화물

(2) 제6류 위험물

> **해설**
>
> 운반용기의 외부 표시사항
> • 위험물의 품명, 위험등급, 화학명 및 수용성("수용성" 표시는 제4류 위험물의 수용성인 것에 한함)
> • 위험물의 수량
> • 주의사항

유 별		주의사항
제1류 위험물	알칼리금속의 과산화물	화기·충격주의, 물기엄금, 가연물접촉주의
	그 밖의 것	화기·충격주의, 가연물접촉주의
제2류 위험물	철분·금속분·마그네슘	화기주의, 물기엄금
	인화성 고체	화기엄금
	그 밖의 것	화기주의
제3류 위험물	자연발화성 물질	화기엄금 및 공기접촉엄금
	금수성 물질	물기엄금
제4류 위험물	인화성 액체	화기엄금
제5류 위험물	자기반응성물질	화기엄금 및 충격주의
제6류 위험물	산화성 액체	가연물접촉주의

> **정답**
>
> (1) 화기·충격주의, 물기엄금, 가연물접촉주의
> (2) 가연물접촉주의

---

04 다음 〈보기〉에서 인화점이 낮은 것부터 순서대로 나열하시오.

┌ 보기 ┐
㉠ 초산에틸　　　　　㉡ 메틸알코올
㉢ 에틸렌글리콜　　　㉣ 나이트로벤젠
└───────────────┘

> **해설**
>
> 제4류 위험물의 인화점

종 류	초산에틸	메틸알코올	에틸렌글리콜	나이트로벤젠
품 명	제1석유류	알코올류	제3석유류	제3석유류
인화점	−3℃	11℃	120℃	88℃

> **정답**
>
> 초산에틸, 메틸알코올, 나이트로벤젠, 에틸렌글리콜

05 제5류 위험물인 트라이나이트로페놀의 구조식과 지정수량을 쓰시오.

• 구조식

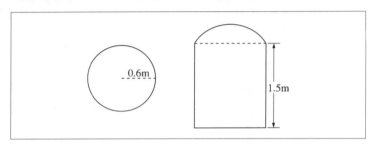

• 지정수량 : 200kg

해설
트라이나이트로페놀(Tri Nitro Phenol, 피크르산)
• 물 성

화학식	지정수량	비 점	융 점	착화점	비 중
$C_6H_2OH(NO_2)_3$	200kg	255℃	121℃	300℃	1.8

• 구조식

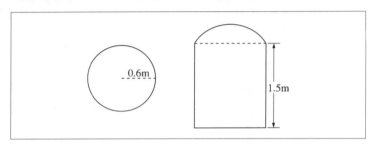

06 다음 종으로 설치된 원통형 탱크의 내용적(m^3)을 계산하시오.

정답
$1.7m^3$

해설
탱크의 내용적
$V = \pi r^2 l$
$= \pi \times (0.6m)^2 \times 1.5m = 1.696m^3 \fallingdotseq 1.7m^3$

07 위험물 옥외저장소에 저장할 수 있는 제4류 위험물의 품명을 4가지 만 쓰시오.

정답
제2석유류, 제3석유류, 제4석유류, 알코올류

해설
옥외저장소에 저장할 수 있는 위험물
• 제2류 위험물 중 유황, 인화성 고체(인화점이 0℃ 이상인 것에 한함)
• 제4류 위험물 중 제1석유류(인화점이 0℃ 이상인 것에 한함), 제2석유류, 제3석유류, 제4석유류, 알코올류, 동식물유류
• 제6류 위험물
• 제2류 위험물 및 제4류 위험물 중 특별시·광역시 또는 도의 조례에서 정하는 위험물(관 세법 제154조의 규정에 의한 보세구역 안에 저장하는 경우에 한한다)
• 국제해사기구에 관한 협약에 의하여 설치된 국제해사기구가 채택한 국제해상위험물규 칙(IMDG Code)에 적합한 용기에 수납된 위험물

08 위험물제조소 등에 설치하는 옥내소화전설비에 대하여 다음 물음에 답하시오.

(1) 분당 방수량

(2) 방수압력

정답
(1) 260L/min 이상
(2) 350kPa 이상

해설
방수량과 방수압력

종류 \ 항목		방수량	방수압력	토출량	수 원	비상전원
옥내소화전설비	일반건축물	130L/min 이상	0.17MPa 이상	N(최대 2개) $\times$130L/min	N(최대 2개)$\times$2.6m³ (130L/min$\times$20min)	20분 이상
	위험물 제조소 등	260L/min 이상	350kPa 이상	N(최대 5개) $\times$260L/min	N(최대 5개)$\times$7.8m³ (260L/min$\times$30min)	45분 이상
옥외소화전설비	일반건축물	350L/min 이상	0.25MPa 이상	N(최대 2개) $\times$350L/min	N(최대 2개)$\times$7m³ (350L/min$\times$20min)	–
	위험물 제조소 등	450L/min 이상	350kPa 이상	N(최대 4개) $\times$450L/min	N(최대 4개)$\times$13.5m³ (450L/min$\times$30min)	45분 이상
스프링클러설비	일반건축물	80L/min 이상	0.1MPa 이상	헤드수 $\times$80L/min	헤드수$\times$1.6m³ (80L/min$\times$20min)	20분 이상
	위험물 제조소 등	80L/min 이상	100kPa 이상	헤드수 $\times$80L/min	헤드수$\times$2.4m³ (80L/min$\times$30min)	45분 이상

09 위험물 옥내저장소에 다음 위험물이 저장되어 있다. 이 저장소의 지정수량의 배수를 계산하시오(단, 계산식을 쓰시오).

보기
- 메틸에틸케톤 1,000L
- 메틸알코올 1,000L
- 클로로벤젠 1,500L

정답
9배

해설
지정수량의 배수

종 류	메틸에틸케톤	메틸알코올	클로로벤젠
품 명	제1석유류 (비수용성)	알코올류	제2석유류 (비수용성)
지정수량	200L	400L	1,000L
위험등급	II	II	III

$$\therefore\ 지정수량의\ 배수 = \frac{저장수량}{지정수량} = \frac{1,000L}{200L} + \frac{1,000L}{400L} + \frac{1,500L}{1,000L} = 9배$$

10 다음 〈보기〉에서 제2류 위험물의 품명 4가지와 각각의 지정수량을 쓰시오.

┌─ 보기 ──────────────────────────────────┐
│   │
│   황린, 적린, 아세톤, 황화인, 마그네슘, 유황, 칼슘   │
│   │
└──┘

정답

- 적린 : 100kg
- 황화인 : 100kg
- 마그네슘 : 500kg
- 유황 : 100kg

해설

위험물의 분류

종류 항목	황 린	적 린	아세톤	황화인	마그네슘	유 황	칼 슘
유 별	제3류	제2류	제4류	제2류	제2류	제2류	제3류
품 명	–	–	제1석유류	–	–	–	알칼리토금속
지정수량	20kg	100kg	400L	100kg	500kg	100kg	50kg

11 제1류 위험물인 과산화나트륨에 대하여 다음 물음에 답하시오.

(1) 열분해 시 생성물질을 화학식으로 쓰시오.

(2) 과산화나트륨과 이산화탄소의 반응식을 쓰시오.

정답

(1) Na_2O, O_2

(2) $2Na_2O_2 + 2CO_2 \rightarrow 2Na_2CO_3 + O_2$

해설

과산화나트륨

- 분해반응식 : $2Na_2O_2 \rightarrow 2Na_2O + O_2$

　　　　　　　　　　　　　　　　(산소)
- 물과의 반응 : $2Na_2O_2 + 2H_2O \rightarrow 4NaOH + O_2 +$ 발열
- 이산화탄소와의 반응 : $2Na_2O_2 + 2CO_2 \rightarrow 2Na_2CO_3 + O_2$
- 초산과의 반응 : $Na_2O_2 + 2CH_3COOH \rightarrow 2CH_3COONa + H_2O_2$
- 에틸알코올과의 반응 : $Na_2O_2 + 2C_2H_5OH \rightarrow 2C_2H_5ONa + H_2O_2$

12 다음은 위험물의 이동저장탱크에 관한 사항이다. (   ) 안에 알맞은 답을 쓰시오.

> 위험물을 저장, 취급하는 이동탱크는 두께 (㉠)mm 이상의 강철판 또는 이와 동등 이상의 강도・내식성 및 내열성이 있다고 인정하여 소방 청장이 정하여 고시하는 재료 및 구조로 위험물이 새지 않게 제작하고, 압력탱크에 있어서는 최대상용압력의 (㉡)배의 압력으로, 압력탱크 외의 탱크에 있어서는 (㉢)kPa의 압력으로 각각 (㉣)분간 행하는 수압시험에서 새거나 변형되지 않아야 한다.

정답

㉠ 3.2
㉡ 1.5
㉢ 70
㉣ 10

해설

이동저장탱크의 구조
• 탱크(맨홀 및 주입관의 뚜껑을 포함)는 두께 3.2mm 이상의 강철판 또는 이와 동등 이상의 강도・내식성 및 내열성이 있다고 인정하여 소방청장이 정하여 고시하는 재료 및 구조로 위험물이 새지 않게 제작할 것
• 압력탱크(최대상용압력이 46.7kPa 이상인 탱크) 외의 탱크는 70kPa의 압력으로, 압력 탱크는 최대상용압력의 1.5배의 압력으로 각각 10분간의 수압시험을 실시하여 새거나 변형되지 않을 것. 이 경우 수압시험은 용접부에 대한 비파괴시험과 기밀시험으로 대신할 수 있다.
• 이동저장탱크는 그 내부에 4,000L 이하마다 3.2mm 이상의 강철판 또는 이와 동등 이상의 강도・내열성 및 내식성이 있는 금속성의 것으로 칸막이를 설치해야 한다. 다만, 고체인 위험물을 저장하거나 고체인 위험물을 가열하여 액체 상태로 저장하는 경우에는 그렇지 않다.

13 제3류 위험물인 탄화칼슘에 대하여 다음 각 물음에 답하시오.

(1) 물과 반응할 때 반응식을 쓰시오.
(2) 물과 반응하여 생성되는 기체의 명칭을 쓰시오.
(3) 물과 반응하여 생성되는 기체의 연소범위를 쓰시오.
(4) 생성된 기체의 완전 연소반응식을 쓰시오.

정답

(1) $CaC_2 + 2H_2O \rightarrow Ca(OH)_2 + C_2H_2$
(2) 아세틸렌(C_2H_2)
(3) 2.5~81%
(4) $2C_2H_2 + 5O_2 \rightarrow 4CO_2 + 2H_2O$

해설

탄화칼슘(CaC_2, 카바이드)
• 물과의 반응 : $CaC_2 + 2H_2O \rightarrow Ca(OH)_2 + C_2H_2$
　　　　　　　　　　　　　　(수산화칼슘) (아세틸렌)
• 물과 반응 시 생성되는 가스(아세틸렌)
　– 연소반응식 : $2C_2H_2 + 5O_2 \rightarrow 4CO_2 + 2H_2O$
　– 연소범위 : 2.5~81%

2017년 제2회 과년도 기출복원문제

01 다음 〈보기〉에서 제2석유류에 대한 설명으로 맞는 것을 모두 고르시오.

┌ 보기 ┐
- ㉠ 등유, 경유이다.
- ㉡ 산화제이다.
- ㉢ 1기압에서 인화점이 70℃ 이상 200℃ 미만인 것을 말한다.
- ㉣ 대부분 물에는 잘 녹는다.
- ㉤ 도료류, 그 밖의 물품은 가연성 액체량이 40wt% 이하이면서 인화점이 40℃ 이상인 동시에 연소점이 60℃ 이상인 것은 제외한다.

정답
㉠, ㉤

해설
제2석유류
- 등유, 경유, 그 밖에 1기압에서 인화점이 21℃ 이상 70℃ 미만인 것
- 도료류, 그 밖의 물품은 가연성 액체량이 40wt% 이하이면서 인화점이 40℃ 이상인 동시에 연소점이 60℃ 이상인 것은 제외한다.
- 인화성 액체이다.
- 의산, 초산 등 물에 잘 녹는 것이 있고 등유, 경유와 같이 물에 녹지 않는 것도 있다.

02 제3류 위험물인 칼륨이 다음 물질과 반응하는 경우 반응식을 쓰시오.

(1) 이산화탄소

(2) 에탄올

정답
(1) $4K + 3CO_2 \rightarrow 2K_2CO_3 + C$
(2) $2K + 2C_2H_5OH \rightarrow 2C_2H_5OK + H_2$

해설
칼륨의 반응식
- 연소반응 : $4K + O_2 \rightarrow 2K_2O$
- 물과의 반응 : $2K + 2H_2O \rightarrow 2KOH + H_2$
- 이산화탄소와의 반응 : $4K + 3CO_2 \rightarrow 2K_2CO_3 + C$
- 사염화탄소와의 반응 : $4K + CCl_4 \rightarrow 4KCl + C$(폭발)
- 에틸알코올(에탄올)과의 반응 : $2K + 2C_2H_5OH \rightarrow 2C_2H_5OK + H_2$
  (칼륨에틸레이트)
- 초산과의 반응 : $2K + 2CH_3COOH \rightarrow 2CH_3COOK + H_2$

03 다음은 아세트알데하이드 등의 옥외탱크저장소에 대한 내용이다. ( ) 안에 알맞은 답을 쓰시오.

(1) 옥외저장탱크의 설비는 구리 · (㉠) · 은 · (㉡) 또는 이들을 성분으로 하는 합금으로 만들지 않을 것

(2) 옥외저장탱크에는 (㉢) 또는 (㉣) 그리고 연소성 혼합기체의 생성에 의한 폭발을 방지하기 위한 불활성의 기체를 봉입하는 장치를 설치할 것

> **해설**
> 아세트알데하이드 등의 옥외탱크저장소의 특례
> • 옥외저장탱크의 설비는 구리 · 마그네슘 · 은 · 수은 또는 이들을 성분으로 하는 합금으로 만들지 않을 것
> • 옥외저장탱크에는 냉각장치 또는 보랭장치 그리고 연소성 혼합기체의 생성에 의한 폭발을 방지하기 위한 불활성의 기체를 봉입하는 장치를 설치할 것

정답
㉠ 마그네슘
㉡ 수 은
㉢ 냉각장치
㉣ 보랭장치

---

04 옥외저장소에 지정수량의 150배 유황을 저장하는 경우 공지의 너비를 쓰시오.

> **해설**
> 옥외저장소의 보유공지
>
> | 저장 또는 취급하는 위험물의 최대수량 | 공지의 너비 |
> | --- | --- |
> | 지정수량의 10배 이하 | 3m 이상 |
> | 지정수량의 10배 초과 20배 이하 | 5m 이상 |
> | 지정수량의 20배 초과 50배 이하 | 9m 이상 |
> | 지정수량의 50배 초과 200배 이하 | 12m 이상 |
> | 지정수량의 200배 초과 | 15m 이상 |
>
> ※ 제4류 위험물 중 제4석유류와 제6류 위험물은 보유공지의 1/3로 할 수 있다.

정답
12m 이상

---

05 과염소산칼륨은 400℃에서 서서히 분해가 시작되어 완전 분해될 때 열분해 반응식을 쓰시오.

> **해설**
> 과염소산칼륨
> • 물 성
>
> | 화학식 | 분자량 | 비 중 | 융 점 | 분해 온도 |
> | --- | --- | --- | --- | --- |
> | $KClO_4$ | 138.5 | 2.52 | 400℃ | 400℃ |
>
> • 무색 무취의 사방정계 결정 구조이다.
> • 물, 알코올, 에터에 녹지 않는다.
> • 열분해 반응식 : $KClO_4 \rightarrow KCl + 2O_2$
>   (과염소산칼륨) (염화칼륨) (산소)

정답
$KClO_4 \rightarrow KCl + 2O_2$

06 이황화탄소 100kg이 완전 연소할 때 발생하는 이산화황의 체적(m^3)을 계산하시오(단, 온도는 30℃이고, 압력은 800mmHg이다).

정답
$62.13m^3$

해설

이산화황의 체적(m^3)

• 이황화탄소의 연소반응식

$$CS_2 \;+\; 3O_2 \;\rightarrow\; CO_2 \;+\; 2SO_2$$

76kg ╳ 2×64kg
100kg ╳ x

$$\therefore\; x = \frac{100\text{kg} \times 2 \times 64\text{kg}}{76\text{kg}} = 168.42\text{kg}$$

• 이상기체 상태방정식을 이용

$$PV = nRT = \frac{W}{M}RT, \;\; V = \frac{WRT}{PM}$$

여기서, P : 압력$\left(\dfrac{800\text{mmHg}}{760\text{mmHg}} \times 1\text{atm} = 1.053\text{atm}\right)$

$\quad\quad\;\; V$: 부피(m^3)

$\quad\quad\;\; M$: 분자량[$SO_2 = 32 + (16 \times 2) = 64$]

$\quad\quad\;\; W$: 무게(168.42kg)

$\quad\quad\;\; R$: 기체상수(0.08205$m^3 \cdot$atm/kg$-$mol$\cdot$K)

$\quad\quad\;\; T$: 절대온도(273+℃ = 273 + 30 = 303K)

$$\therefore\; V = \frac{WRT}{PM} = \frac{168.42\text{kg} \times 0.08205m^3 \cdot \text{atm/kg}-\text{mol}\cdot\text{K} \times 303\text{K}}{1.053\text{atm} \times 64\text{kg/kg}-\text{mol}} = 62.13m^3$$

07 제4류 위험물인 특수인화물에 대한 정의이다. 다음 ( ) 안에 알맞은 답을 쓰시오.

정답
㉠ 100
㉡ 20
㉢ 40

"특수인화물"이라 함은 이황화탄소, 다이에틸에터, 그 밖에 1기압에서 발화점이 (㉠)℃ 이하인 것 또는 인화점이 영하 (㉡)℃ 이하이고 비점이 (㉢)℃ 이하인 것을 말한다.

해설

제4류 위험물의 정의

• 특수인화물
 – 1기압에서 발화점이 100℃ 이하인 것
 – 인화점이 영하 20℃ 이하이고 비점이 40℃ 이하인 것
• 제1석유류 : 1기압에서 인화점이 21℃ 미만인 것
• 알코올류 : 1분자를 구성하는 탄소원자의 수가 1개부터 3개까지인 포화 1가 알코올(변성 알코올 포함)로서 농도가 60% 이상인 것
• 제2석유류 : 1기압에서 인화점이 21℃ 이상 70℃ 미만인 것
• 제3석유류 : 1기압에서 인화점이 70℃ 이상 200℃ 미만인 것
• 제4석유류 : 1기압에서 인화점이 200℃ 이상 250℃ 미만인 것
• 동식물유류 : 동물의 지육(枝肉 : 머리, 내장, 다리를 잘라 내고 아직 부위별로 나누지 않은 고기를 말한다) 등 또는 식물의 종자나 과육으로부터 추출한 것으로서 1기압에서 인화점이 250℃ 미만인 것

08 다음의 위험물이 위험물안전관리법령상 제6류 위험물이 되기 위한 기준을 쓰시오(단, 없으면 "해당없음"으로 쓰시오).

(1) 과염소산

(2) 과산화수소

(3) 질 산

해설

제6류 위험물의 판단기준
• 과염소산 : 농도와 비중의 기준이 없다.
• 과산화수소 : 농도가 36wt% 이상인 것
• 질산 : 비중이 1.49 이상인 것

정답

정답
(1) 없 음
(2) 농도가 36wt% 이상
(3) 비중이 1.49 이상

09 위험물을 취급하는 제조소에 옥내소화전 3개가 설치되어 있을 때 수원의 양(m^3)을 계산하시오.

정답
$23.4m^3$

해설
수원의 양

항목 종류	방수량	방수압력	토출량	수 원
옥내소화전설비	260L/min 이상	350kPa 이상	N(최대 5개) ×260L/min	N(최대 5개)×7.8m^3 (260L/min×30min)
옥외소화전설비	450L/min 이상	350kPa 이상	N(최대 4개) ×450L/min	N(최대 4개)×13.5m^3 (450L/min×30min)
스프링클러설비	80L/min 이상	100kPa 이상	헤드수 ×80L/min	헤드수×2.4m^3 (80L/min×30min)

∴ 수원의 양 = N(최대 5개) × 7.8m^3 = 3 × 7.8m^3 = 23.4m^3

10 휘황색의 침상 결정이고 쓴맛과 독성이 있으며, 분자량이 229, 비중이 약 1.8이며 물보다 무거운 제5류 위험물의 명칭과 지정수량을 쓰시오.

정답
- 명칭 : 트라이나이트로페놀(피크르산)
- 지정수량 : 200kg

해설

트라이나이트로페놀(Tri Nitro Phenol, 피크르산)
- 물 성

화학식	분자량	비 점	융 점	착화점	비 중
$C_6H_2OH(NO_2)_3$	229	255℃	121℃	300℃	1.8

- 광택 있는 휘황색의 침상 결정이고 찬물에는 미량 녹고 알코올, 에터, 벤젠, 온수에는 잘 녹는다.
- 쓴맛과 독성이 있고, 지정수량은 200kg이다.

11 위험물안전관리법령상 불활성가스소화설비에 적응성이 있는 위험물을 모두 쓰시오.

정답

제2류 위험물 중 인화성 고체, 제4류 위험물

해설

소화설비의 적응성

대상물의 구분 / 소화설비의 구분	건축물·그 밖의 공작물	전기설비	제1류 위험물 알칼리금속과산화물 등	제1류 위험물 그 밖의 것	제2류 위험물 철분·금속분·마그네슘 등	제2류 위험물 인화성 고체	제2류 위험물 그 밖의 것	제3류 위험물 금수성 물품	제3류 위험물 그 밖의 것	제4류 위험물	제5류 위험물	제6류 위험물
옥내소화전설비 또는 옥외소화전설비	○			○		○	○		○		○	○
스프링클러설비	○			○		○	○		○	△	○	○
물분무소화설비	○	○		○		○	○		○	○	○	○
포소화설비	○			○		○	○		○	○	○	○
불활성가스소화설비		○				○				○		
할로겐화합물소화설비		○				○				○		
분말소화설비 인산염류 등	○	○		○		○				○		○
분말소화설비 탄산수소염류 등		○	○		○	○		○		○		
분말소화설비 그 밖의 것			○		○			○				

12 소화난이도등급 Ⅰ에 해당하는 제조소 및 일반취급소의 기준이다. 다음 ( ) 안에 알맞은 답을 쓰시오.

(1) 연면적 (㉠)m² 이상인 것

(2) 지정수량의 (㉡)배 이상인 것(고인화점 위험물만을 100℃ 미만의 온도에서 취급하는 것은 제외)

(3) 지반면으로부터 (㉢)m 이상의 높이에 위험물 취급설비가 있는 것

정답
㉠ 1,000
㉡ 100
㉢ 6

해설
소화난이도등급 Ⅰ에 해당하는 제조소 및 일반취급소의 기준 및 소화설비
• 기 준

제조소 등의 구분	제조소 등의 규모, 저장 또는 취급하는 위험물의 품명 및 최대수량 등
제조소, 일반 취급소	연면적 1,000m² 이상인 것
	지정수량의 100배 이상인 것(고인화점 위험물만을 100℃ 미만의 온도에서 취급하는 것 및 제48조의 위험물을 취급하는 것은 제외)
	지반면으로부터 6m 이상의 높이에 위험물 취급설비가 있는 것(고인 화점 위험물만을 100℃ 미만의 온도에서 취급하는 것은 제외)
	일반취급소로 사용되는 부분 외의 부분을 갖는 건축물에 설치된 것(내화구조로 개구부 없이 구획된 것 및 고인화점 위험물만을 100℃ 미만의 온도에서 취급하는 것은 제외)

• 소화설비

제조소 등의 구분	소화설비
제조소 및 일반취급소	옥내소화전설비, 옥외소화전설비, 스프링클러설비 또는 물분무등 소화설비(화재발생 시 연기가 충만할 우려가 있는 장소에는 스프링 클러설비 또는 이동식 외의 물분무등 소화설비에 한한다)

13 다음은 지정과산화물의 옥내저장소의 저장창고의 설치기준이다.
( ) 안에 알맞은 답을 쓰시오.

> 저장창고는 (㉠)m² 이내마다 격벽으로 완전하게 구획할 것. 이 경우
> 해당 격벽은 두께 (㉡)cm 이상의 철근콘크리트조 또는 철골철근콘크
> 리트조로 하거나 두께 (㉢)cm 이상의 보강콘크리트블록조로 하고,
> 해당 저장창고 양측의 외벽으로부터 (㉣)m 이상, 상부의 지붕으로부
> 터 (㉤)cm 이상 돌출하게 해야 한다.

해설

옥내저장소의 저장창고의 설치기준

• 저장창고는 150m² 이내마다 격벽으로 완전하게 구획할 것. 이 경우 해당 격벽은 두께
30cm 이상의 철근콘크리트조 또는 철골철근콘크리트조로 하거나 두께 40cm 이상의
보강콘크리트블록조로 하고, 해당 저장창고의 양측 외벽으로부터 1m 이상, 상부의
지붕으로부터 50cm 이상 돌출하게 해야 한다.

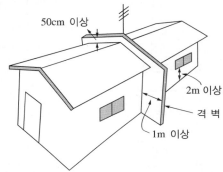

• 저장창고의 외벽은 두께 20cm 이상의 철근콘크리트조나 철골철근콘크리트조 또는
두께 30cm 이상의 보강콘크리트블록조로 할 것
• 저장창고의 지붕은 다음의 기준에 적합할 것
  – 중도리(서까래 중간을 받치는 수평의 도리) 또는 서까래의 간격은 30cm 이하로 할 것
  – 지붕의 아래쪽 면에는 한 변의 길이가 45cm 이하의 환강(丸鋼)·경량형강(輕量形
鋼) 등으로 된 강제(鋼製) 격자를 설치할 것
  – 지붕의 아래쪽 면에 철망을 쳐서 불연재료의 도리(서까래를 받치기 위해 기둥과
기둥 사이에 설치한 부재)·보 또는 서까래에 단단히 결합할 것
  – 두께 5cm 이상, 너비 30cm 이상의 목재로 만든 받침대를 설치할 것
• 저장창고의 출입구에는 60분+방화문을 설치할 것
• 저장창고의 창은 바닥면으로부터 2m 이상의 높이에 두되, 하나의 벽면에 두는 창의
면적의 합계를 해당 벽면 면적의 1/80 이내로 하고, 하나의 창의 면적을 0.4m² 이내로
할 것

2017년 제4회 과년도 기출복원문제

01 외벽이 내화구조이고, 연면적이 500m²인 위험물 제조소의 경우 소요단위를 계산하시오.

정답
5단위

해설

소요단위의 계산방법

• 제조소 또는 취급소의 건축물
 – 외벽이 내화구조 : 연면적 100m²를 1소요단위
 – 외벽이 내화구조가 아닌 것 : 연면적 50m²를 1소요단위
• 저장소의 건축물
 – 외벽이 내화구조 : 연면적 150m²를 1소요단위
 – 외벽이 내화구조가 아닌 것 : 연면적 75m²를 1소요단위
• 위험물 : 지정수량의 10배를 1소요단위

$$\therefore \ 소요단위 = \frac{연면적}{기준면적} = \frac{500\mathrm{m}^2}{100\mathrm{m}^2} = 5단위$$

02 제3류 위험물인 트라이에틸알루미늄에 대하여 다음 각 물음에 답하시오.

(1) 연소 시 반응식을 쓰시오.

(2) 물과 접촉하는 경우 반응식을 쓰시오.

정답
(1) $2(C_2H_5)_3Al + 21O_2$
　　$\rightarrow Al_2O_3 + 15H_2O + 12CO_2$
(2) $(C_2H_5)_3Al + 3H_2O \rightarrow Al(OH)_3 + 3C_2H_6$

해설

트라이에틸알루미늄

• 연소반응식 : $2(C_2H_5)_3Al + 21O_2 \rightarrow Al_2O_3 + 15H_2O + 12CO_2$
• 물과의 반응 : $(C_2H_5)_3Al + 3H_2O \rightarrow Al(OH)_3 + 3C_2H_6$
• 염소와의 반응 : $(C_2H_5)_3Al + 3Cl_2 \rightarrow AlCl_3 + 3C_2H_5Cl$

03 위험물안전관리법령에 따른 위험물의 유별 저장·취급의 공통기준 (중요기준)이다. 다음 설명이 제 몇 류에 해당하는지 쓰시오.

(1) 제(   )류 위험물은 불티·불꽃·고온체와의 접근 또는 과열을 피하고, 함부로 증기를 발생시키지 않아야 한다.

(2) 제(   )류 위험물은 가연물과의 접촉·혼합이나 분해를 촉진하는 물품과의 접근 또는 과열을 피해야 한다.

(1) 4
(2) 6

> **해설**
> 유별 저장 및 취급의 공통기준(중요기준)
> • 제1류 위험물 : 가연물과의 접촉·혼합이나 분해를 촉진하는 물품과의 접근 또는 과열, 충격, 마찰 등을 피하는 한편, 알칼리금속의 과산화물 및 이를 함유한 것에 있어서는 물과의 접촉을 피해야 한다.
> • 제2류 위험물 : 산화제와의 접촉, 혼합이나 불티, 불꽃, 고온체와의 접근 또는 과열을 피하는 한편 철분, 금속분, 마그네슘 및 이를 함유한 것에 있어서는 물이나 산과의 접촉을 피하고 인화성 고체에 있어서는 함부로 증기를 발생시키지 않아야 한다.
> • 제3류 위험물 : 자연발화성 물품에 있어서는 불티, 불꽃 또는 고온체와의 접근·과열 또는 공기와의 접촉을 피하고, 금수성 물품에 있어서는 물과의 접촉을 피해야 한다.
> • 제4류 위험물 : 불티, 불꽃, 고온체와의 접근 또는 과열을 피하고, 함부로 증기를 발생시키지 않아야 한다.
> • 제5류 위험물 : 불티, 불꽃, 고온체와의 접근이나 과열, 충격 또는 마찰을 피해야 한다.
> • 제6류 위험물 : 가연물과의 접촉·혼합이나 분해를 촉진하는 물품과의 접근 또는 과열을 피해야 한다.

04 다음 〈보기〉에서 설명하는 제4류 위험물의 화학식과 지정수량을 쓰시오.

• 화학식 : CH_3CHCH_2O
• 지정수량 : 50L

┤보기├

• 무색 투명한 액체이다.
• 분자량은 58, 인화점이 −37℃, 연소범위가 2.8~37%이다.
• 저장용기에 저장할 때 구리, 마그네슘, 은, 수은 및 합금용기를 사용하면 위험하다.

> **해설**
> 산화프로필렌(Propylene Oxide)
> • 물 성
>
> | 화학식 | 지정수량 | 분자량 | 비 중 | 비 점 | 인화점 | 착화점 | 연소범위 |
> |---|---|---|---|---|---|---|---|
> | CH_3CHCH_2O | 50L | 58 | 0.82 | 35℃ | −37℃ | 449℃ | 2.8~37.0% |
>
> • 무색 투명한 자극성 액체이다.
> • 구리(Cu), 마그네슘(Mg), 은(Ag), 수은(Hg)과 반응하면 아세틸라이드를 생성하므로 위험하다.
> • 저장용기 내부에는 불연성 가스 또는 수증기 봉입장치를 해야 한다.
> • 소화약제는 알코올용포, 이산화탄소, 분말소화가 효과가 있다.

05 다음은 제1종 판매취급소의 배합실 기준에 대한 설명이다. 〈보기〉에서 ( ) 안에 적당한 말을 쓰시오.

┤보기├

(1) 바닥면적은 (㉠)m² 이상 (㉡)m² 이하로 할 것
(2) (㉢) 또는 (㉣)로 된 벽으로 구획할 것
(3) 출입구에는 수시로 열 수 있는 자동폐쇄식의 (㉤)을 설치할 것
(4) 출입구 문턱의 높이는 바닥면으로부터 (㉥)m 이상으로 할 것

정답

㉠ 6
㉡ 15
㉢ 내화구조
㉣ 불연재료
㉤ 60분+방화문
㉥ 0.1

해설

판매취급소의 위험물을 배합하는 실의 기준
• 바닥면적은 6m² 이상 15m² 이하일 것
• 내화구조 또는 불연재료로 된 벽으로 구획할 것
• 바닥은 위험물이 침투하지 않는 구조로 하여 적당한 경사를 두고 집유설비를 할 것
• 출입구에는 수시로 열 수 있는 자동폐쇄식의 60분+방화문을 설치할 것
• 출입구 문턱의 높이는 바닥면으로부터 0.1m 이상으로 할 것
• 내부에 체류한 가연성의 증기 또는 가연성의 미분을 지붕 위로 방출하는 설비를 할 것

06 과산화나트륨과 아세트산(초산)의 화학반응식을 쓰시오.

정답

$Na_2O_2 + 2CH_3COOH$
$\rightarrow 2CH_3COONa + H_2O_2$

해설

과산화나트륨의 반응식
• 분해반응식 : $2Na_2O_2 \rightarrow 2Na_2O + O_2$
• 물과의 반응 : $2Na_2O_2 + 2H_2O \rightarrow 4NaOH + O_2$
• 탄산가스와의 반응 : $2Na_2O_2 + 2CO_2 \rightarrow 2Na_2CO_3 + O_2$
• 초산과의 반응 : $Na_2O_2 + 2CH_3COOH \rightarrow 2CH_3COONa + H_2O_2$
• 염산과의 반응 : $Na_2O_2 + 2HCl \rightarrow 2NaCl + H_2O_2$
• 알코올과의 반응 : $Na_2O_2 + 2C_2H_5OH \rightarrow 2C_2H_5ONa + H_2O_2$

07 다음 〈보기〉에서 위험물이 각각 1몰씩 완전 열분해하는 경우 생성하는 산소의 부피가 큰 것부터 기호로 나열하시오.

┌─보기├─
ⓙ 염소산칼륨   ⓑ 염소산암모늄
ⓒ 과염소산나트륨   ⓔ 과염소산암모늄
└──────

해설
열분해 반응식
• 염소산칼륨
  $2KClO_3 \rightarrow 2KCl + 3O_2$(반응물 1mol 반응 시 1.5mol의 산소 생성)
• 염소산암모늄
  $2NH_4ClO_3 \rightarrow N_2 + Cl_2 + 4H_2O + O_2$(반응물 1mol 반응 시 0.5mol의 산소 생성)
• 과염소산나트륨
  $NaClO_4 \rightarrow NaCl + 2O_2$(반응물 1mol 반응 시 2mol의 산소 생성)
• 과염소산암모늄
  $2NH_4ClO_4 \rightarrow N_2 + Cl_2 + 4H_2O + 2O_2$(반응물 1mol 반응 시 1mol의 산소 생성)

08 다음 〈보기〉는 제2류 위험물의 성질에 대한 설명이다. 옳은 것을 모두 선택하여 기호를 쓰시오.

┌─보기├─
ⓙ 대부분 산화성 고체이다.
ⓑ 대부분 물에 녹는 수용성이다.
ⓒ 황화인, 적린, 유황은 위험등급이 Ⅱ등급이다.
ⓔ 고형알코올은 인화성 고체에 해당되며 지정수량은 1,000kg이다.
└──────

해설
제2류 위험물의 성질
• 가연성 고체이다.
• 대부분 물에는 녹지 않는다.
• 종류, 위험등급, 지정수량

품 명	위험등급	지정수량
황화인, 적린, 유황	Ⅱ	100kg
철분, 금속분, 마그네슘	Ⅲ	500kg
그 밖에 행정안전부령이 정하는 것	Ⅱ, Ⅲ	100kg 또는 500kg
인화성 고체	Ⅲ	1,000kg

09 적재하는 위험물의 성질에 따라 일광의 직사 또는 빗물의 침투를 방지하기 위하여 기준에 따른 적당한 조치를 해야 한다. 차광성이 있는 피복으로 가려야 하는 위험물의 유별 3가지만 쓰시오.

정답
제1류 위험물, 제5류 위험물, 제6류 위험물

해설
운반용기
• 차광성이 있는 것으로 피복
  – 제1류 위험물
  – 제3류 위험물 중 자연발화성 물질
  – 제4류 위험물 중 특수인화물
  – 제5류 위험물
  – 제6류 위험물
• 방수성이 있는 것으로 피복
  – 제1류 위험물 중 알칼리금속의 과산화물
  – 제2류 위험물 중 철분·금속분·마그네슘
  – 제3류 위험물 중 금수성 물질

10 위험물안전관리법령상 제3류 위험물 중 위험등급 Ⅰ에 해당하는 품명을 3가지만 쓰시오.

정답
칼륨, 나트륨, 황린

해설
제3류 위험물의 종류

성 질	품 명	위험등급	지정수량
자연 발화성 물질 및 금수성 물질	1. 칼륨, 나트륨, 알킬알루미늄, 알킬리튬	Ⅰ	10kg
	2. 황 린	Ⅰ	20kg
	3. 알칼리금속(칼륨 및 나트륨을 제외), 알칼리 토금속, 유기금속화합물(알킬알루미늄 및 알킬리튬은 제외)	Ⅱ	50kg
	4. 금속의 수소화물, 금속의 인화물, 칼슘 또는 알루미늄의 탄화물	Ⅲ	300kg
	5. 그 밖에 행정안전부령이 정하는 것 (염소화규소화합물)	Ⅲ	10kg, 20kg, 50kg, 300kg

11 다음 표는 유별을 달리하는 위험물의 운반 시 혼재 가능한 기준이다. 빈칸에 혼재할 수 있으면 "O" 표시를, 혼재할 수 없으면 "×" 표시를 하여 표를 완성하시오(단, 이 표는 지정수량의 1/10 이상의 위험물을 혼재하는 경우이다).

위험물의 구분	제1류	제2류	제3류	제4류	제5류	제6류
제1류		×	(㉠)	×	×	○
제2류	×		×	(㉡)	(㉢)	×
제3류	×	×		○	×	×
제4류	×	(㉣)	○		○	×
제5류	×	○	×	(㉤)		×
제6류	○	×	×	×	×	

해설

운반 시 위험물의 혼재 가능 기준

위험물의 구분	제1류	제2류	제3류	제4류	제5류	제6류
제1류		×	×	×	×	○
제2류	×		×	○	○	×
제3류	×	×		○	×	×
제4류	×	○	○		○	×
제5류	×	○	×	○		×
제6류	○	×	×	×	×	

※ 유별 혼재 가능, 불가능 문제는 운반이냐 저장이냐의 구분이 명확하지 않지만 현재까지 출제된 문제는 전부 다 운반 시를 가정한다.

[암기방법]
- 3＋4류(삼사 : 3군 사관학교)
- 5＋2＋4류(오이사 : 오氏의 성을 가진 사람의 직급이 이사급이다)
- 1＋6류

12 제1류 위험물 중 염소산칼륨에 대한 설명이다. 다음 각 물음에 답하시오.

(1) 이산화망가니즈 촉매하에 염소산칼륨의 완전 열분해 반응식을 쓰시오.

(2) 염소산칼륨 24.5kg이 열분해하여 생성되는 산소의 부피(m^3)를 계산하시오(단, 표준상태이며, 칼륨의 원자량은 39, 염소의 원자량은 35.5이다).

(1) $2KClO_3 \rightarrow 2KCl + 3O_2$

(2) $6.72m^3$

해설

염소산칼륨

• 열분해 반응식

$2KClO_3 \xrightarrow{MnO_2} 2KCl + 3O_2$

• 산소의 부피

$2KClO_3 \quad \rightarrow \quad 2KCl \quad + \quad 3O_2$

$2 \times 122.5kg \quad\quad\quad 3 \times 22.4m^3$

$24.5kg \quad\quad\quad x$

$\therefore \ x = \dfrac{24.5kg \times 3 \times 22.4m^3}{2 \times 122.5kg} = 6.72m^3$

※ 표준상태(0℃, 1atm)에서 기체 1g-mol이 차지하는 부피 : 22.4L

※ 표준상태(0℃, 1atm)에서 기체 1kg-mol이 차지하는 부피 : 22.4m^3

13 다음은 위험물안전관리법령상 제4류 위험물의 인화점에 관한 내용이다. ( ) 안에 알맞은 답을 쓰시오.

(1) 제1석유류 : 인화점이 (㉠)℃ 미만인 것

(2) 제2석유류 : 인화점이 (㉡)℃ 이상 (㉢)℃ 미만인 것

㉠ 21

㉡ 21

㉢ 70

해설

제4류 위험물의 정의

• 특수인화물

 − 1기압에서 발화점이 100℃ 이하인 것

 − 인화점이 영하 20℃ 이하이고 비점이 40℃ 이하인 것

• 제1석유류 : 1기압에서 인화점이 21℃ 미만인 것

• 알코올류 : 1분자를 구성하는 탄소원자의 수가 1개부터 3개까지인 포화 1가 알코올(변성 알코올 포함)로서 농도가 60% 이상인 것

• 제2석유류 : 1기압에서 인화점이 21℃ 이상 70℃ 미만인 것

• 제3석유류 : 1기압에서 인화점이 70℃ 이상 200℃ 미만인 것

• 제4석유류 : 1기압에서 인화점이 200℃ 이상 250℃ 미만인 것

• 동식물유류 : 동물의 지육(枝肉 : 머리, 내장, 다리를 잘라 내고 아직 부위별로 나누지 않은 고기를 말한다) 등 또는 식물의 종자나 과육으로부터 추출한 것으로서 1기압에서 인화점이 250℃ 미만인 것

2018년 제1회 과년도 기출복원문제

01 휘발유 4,000L, 경유 15,000L를 저장하는 2개의 지하저장탱크 사이의 거리는 몇 m 이상으로 해야 하는지 쓰시오.

정답

0.5m 이상

해설

지하저장탱크를 2 이상 인접해 설치하는 경우에는 그 상호 간에 1m(해당 2 이상의 지하저장탱크의 용량의 합계가 지정수량의 100배 이하인 때에는 0.5m) 이상의 간격을 유지해야 한다.

• 지정수량

종 류	휘발유	경 유
품 명	제1석유류(비수용성)	제2석유류(비수용성)
지정수량	200L	1,000L

• 지정수량의 배수 $= \dfrac{저장수량}{지정수량} + \dfrac{저장수량}{지정수량} + \cdots$

$$= \frac{4,000L}{200L} + \frac{15,000L}{1,000L} = 35배$$

∴ 지정수량의 배수가 100배 이하(35배)이므로 0.5m 이상의 간격을 유지해야 한다.

02 다음 물질이 물과 반응할 때 반응식을 쓰시오.

(1) 과산화칼륨

(2) 마그네슘

(3) 나트륨

정답

(1) $2K_2O_2 + 2H_2O \longrightarrow 4KOH + O_2$

(2) $Mg + 2H_2O \longrightarrow Mg(OH)_2 + H_2$

(3) $2Na + 2H_2O \longrightarrow 2NaOH + H_2$

해설

물과의 반응식

• 과산화칼륨 : $2K_2O_2 + 2H_2O \longrightarrow 4KOH + O_2$

• 마그네슘 : $Mg + 2H_2O \longrightarrow Mg(OH)_2 + H_2$

• 나트륨 : $2Na + 2H_2O \longrightarrow 2NaOH + H_2$

03 운반 시 제3류 위험물과 혼재 가능한 유별을 쓰시오(단, 수납된 위험물은 지정수량의 1/10을 초과하는 양이다).

정답
제4류 위험물

해설
운반 시 위험물의 혼재 가능 기준

위험물의 구분	제1류	제2류	제3류	제4류	제5류	제6류
제1류		×	×	×	×	○
제2류	×		×	○	○	×
제3류	×	×		○	×	×
제4류	×	○	○		○	×
제5류	×	○	×	○		×
제6류	○	×	×	×	×	

※ 암기방법
  • 3 + 4류(삼사 : 3군 사관학교)
  • 5 + 2 + 4류(오이사 : 오氏의 성을 가진 사람의 직급이 이사급이다)
  • 1 + 6류

04 다음 분말 소화약제 중 하나인 $NaHCO_3$의 온도에 따른 열분해 반응식을 쓰시오.

정답
(1) 1차(270℃)
$$2NaHCO_3 \rightarrow Na_2CO_3 + CO_2 + H_2O$$
(2) 2차(850℃)
$$2NaHCO_3 \rightarrow Na_2O + 2CO_2 + H_2O$$

해설
분말 소화약제의 열분해 반응식
• 제1종 분말
  – 1차 분해반응식(270℃) : $2NaHCO_3 \rightarrow Na_2CO_3 + CO_2 + H_2O$
  – 2차 분해반응식(850℃) : $2NaHCO_3 \rightarrow Na_2O + 2CO_2 + H_2O$
• 제2종 분말
  – 1차 분해반응식(190℃) : $2KHCO_3 \rightarrow K_2CO_3 + CO_2 + H_2O$
  – 2차 분해반응식(590℃) : $2KHCO_3 \rightarrow K_2O + 2CO_2 + H_2O$
• 제3종 분말
  – 1차 분해반응식(190℃) : $NH_4H_2PO_4 \rightarrow NH_3 + H_3PO_4$
    (오쏘인산)
  – 2차 분해반응식(215℃) : $2H_3PO_4 \rightarrow H_2O + H_4P_2O_7$
    (피로인산)
  – 3차 분해반응식(300℃) : $H_4P_2O_7 \rightarrow H_2O + 2HPO_3$
    (메타인산)
• 제4종 분말 : $2KHCO_3 + (NH_2)_2CO \rightarrow K_2CO_3 + 2NH_3 + 2CO_2$

05 제3종 분말 소화약제의 화학식을 쓰시오.

정답

$NH_4H_2PO_4$

해설

분말 소화약제의 종류

종 류	주성분	착 색	적응 화재
제1종 분말	탄산수소나트륨($NaHCO_3$)	백 색	B, C급
제2종 분말	탄산수소칼륨($KHCO_3$)	담회색	B, C급
제3종 분말	제일인산암모늄($NH_4H_2PO_4$)	담홍색	A, B, C급
제4종 분말	탄산수소칼륨 + 요소 [$KHCO_3$ + $(NH_2)_2CO$]	회 색	B, C급

06 제4류 위험물인 아세트알데하이드에 대하여 다음 물음에 답하시오.

(1) 시성식

(2) 산화 시 생성되는 물질의 화학식

(3) 증기비중

정답

(1) CH_3CHO

(2) CH_3COOH

(3) 1.52

해설

아세트알데하이드(Acet Aldehyde)

• 물 성

화학식	분자량	비 중	비 점	인화점	착화점	연소범위
CH_3CHO	44	0.78	21℃	-40℃	175℃	4.0~60.0%

• 무색 투명한 액체이며, 자극성 냄새가 난다.

• 공기와 접촉하면 가압에 의해 폭발성의 과산화물을 생성한다.

• 에틸알코올이 산화하면 아세트알데하이드가 되고, 다시 산화하면 초산(아세트산)이 된다.

$$C_2H_5OH \underset{\text{환 원}}{\overset{\text{산 화}}{\rightleftharpoons}} CH_3CHO \underset{\text{환 원}}{\overset{\text{산 화}}{\rightleftharpoons}} CH_3COOH$$

• 증기비중 $= \dfrac{\text{분자량}}{29}$

 – 아세트알데하이드의 분자량 = CH_3CHO = 12 + (1 × 3) + 12 + 1 + 16 = 44

 – 아세트알데하이드의 증기비중 = $\dfrac{44}{29}$ = 1.52

※ CO_2, C_3H_8, CH_3CHO의 분자량 : 44

07 다음 탱크의 내용적은 얼마인지 계산하시오.

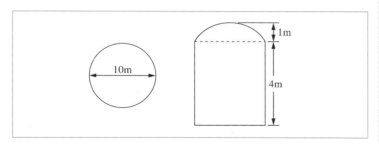

해설
종으로 설치된 원통형 탱크의 내용적

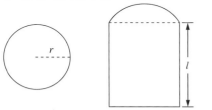

∴ 내용적 $= \pi r^2 l = \pi \times (5m)^2 \times 4m = 314.16m^3$

08 다음 〈보기〉 중 위험물에 해당하지 않는 것을 모두 쓰시오(단, 없으면 "해당없음"이라고 쓰시오).

┤보기├
　질산구아니딘, 구리분, 황산, 과아이오딘산, 금속아자이드 화합물

해설
위험물의 분류

종 류	질산 구아니딘	구리분	황 산	과아이오딘산	금속아자이드 (아지)화합물
위험물 여부	제5류 위험물	해당 안 됨	2004년 삭제로 해당 안 됨	제1류 위험물	제5류 위험물
지정수량	200kg	–	–	300kg	200kg

※ 금속분 : 알칼리금속 · 알칼리토류금속 · 철 및 마그네슘 외의 금속의 분말(구리분 ·
　니켈분 및 150μm의 체를 통과하는 것이 50wt% 미만인 것은 제외)

09 제4류 위험물인 에탄올의 완전 연소반응식을 쓰시오.

$C_2H_5OH + 3O_2 \rightarrow 2CO_2 + 3H_2O$

해설
알코올의 연소반응식
- 메틸알코올(메탄올) : $2CH_3OH + 3O_2 \rightarrow 2CO_2 + 4H_2O$
- 에틸알코올(에탄올) : $C_2H_5OH + 3O_2 \rightarrow 2CO_2 + 3H_2O$

10 제3류 위험물인 탄화칼슘과 물의 반응식을 쓰시오.

$CaC_2 + 2H_2O \rightarrow Ca(OH)_2 + C_2H_2$

해설
탄화칼슘(카바이드)은 물과 반응하면 아세틸렌(C_2H_2) 가스를 발생하고 아세틸렌 가스는 연소하면 이산화탄소와 물을 생성시킨다.
- 탄화칼슘과 물의 반응 : $CaC_2 + 2H_2O \rightarrow Ca(OH)_2 + C_2H_2$
  (수산화칼슘)   (아세틸렌)
- 아세틸렌의 연소반응 : $2C_2H_2 + 5O_2 \rightarrow 4CO_2 + 2H_2O$

11 옥외저장탱크(특정·준특정옥외저장탱크 제외)의 두께는 몇 mm 이상의 강철판으로 하는지 쓰시오.

3.2mm 이상

해설
옥외저장탱크(특정·준특정옥외저장탱크 제외)의 두께 : 3.2mm 이상의 강철판

12 과산화나트륨의 운반용기에 표시하는 주의사항을 모두 쓰시오.

정답

화기・충격주의, 물기엄금, 가연물접촉주의

해설

운반용기의 외부 표시사항

• 위험물의 품명, 위험등급, 화학명 및 수용성("수용성" 표시는 제4류 위험물의 수용성인 것에 한함)

• 위험물의 수량

• 주의사항

유 별		주의사항
제1류 위험물	알칼리금속의 과산화물 (과산화나트륨)	화기・충격주의, 물기엄금, 가연물접촉주의
	그 밖의 것	화기・충격주의, 가연물접촉주의
제2류 위험물	철분・금속분・마그네슘	화기주의, 물기엄금
	인화성 고체	화기엄금
	그 밖의 것	화기주의
제3류 위험물	자연발화성 물질	화기엄금 및 공기접촉엄금
	금수성 물질	물기엄금
제4류 위험물	인화성 액체	화기엄금
제5류 위험물	자기반응성물질	화기엄금 및 충격주의
제6류 위험물	산화성 액체	가연물접촉주의

13 다음 물질의 지정수량을 쓰시오.

(1) 다이크롬산칼륨

(2) 수소화나트륨

(3) 나이트로글리세린

정답

(1) 1,000kg

(2) 300kg

(3) 10kg

해설

지정수량

종 류	다이크롬산칼륨	수소화나트륨	나이트로글리세린
유 별	제1류 위험물	제3류 위험물	제5류 위험물
품 명	다이크롬산염류	금속의 수소화물	질산에스터류
지정수량	1,000kg	300kg	10kg

2018년 제2회 과년도 기출복원문제

01 다음은 위험물의 유별 저장 및 취급 공통기준이다. ( ) 안에 알맞은 단어를 쓰시오.

(1) 제1류 위험물은 (㉠)과의 접촉 · 혼합이나 분해를 촉진하는 물품과의 접근 또는 과열, 충격, 마찰 등을 피하는 한편, 알칼리금속의 과산화물 및 이를 함유한 것에 있어서는 (㉡)과의 접촉을 피해야 한다.

(2) 제3류 위험물 중 자연발화성 물질에 있어서는 불티, 불꽃, 고온체와의 접근, 과열 또는 (㉢)와의 접촉을 피하고 금수성 물질에 있어서는 (㉣)과의 접촉을 피해야 한다.

(3) 제6류 위험물은 (㉤)과의 접촉 · 혼합이나 (㉥)를 촉진하는 물품과의 접근 또는 과열을 피해야 한다.

정답
㉠ 가연물
㉡ 물
㉢ 공 기
㉣ 물
㉤ 가연물
㉥ 분 해

> **해설**
> 유별 저장 및 취급 공통기준
> • 제1류 위험물은 가연물과의 접촉 · 혼합이나 분해를 촉진하는 물품과의 접근 또는 과열, 충격, 마찰 등을 피하는 한편, 알칼리금속의 과산화물 및 이를 함유한 것에 있어서는 물과의 접촉을 피해야 한다.
> • 제3류 위험물 중 자연발화성 물질에 있어서는 불티, 불꽃, 고온체와의 접근, 과열 또는 공기와의 접촉을 피하고 금수성 물질에 있어서는 물과의 접촉을 피해야 한다.
> • 제6류 위험물은 가연물과의 접촉 · 혼합이나 분해를 촉진하는 물품과의 접근 또는 과열을 피해야 한다.

02 다음 원통형 탱크의 용량을 구하시오(단, 공간용적은 5%이다).

정답
71,628.1L

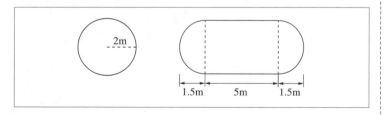

> **해설**
> 탱크의 내용적
> $$= \pi r^2 \left(l + \frac{l_1 + l_2}{3} \right) = \pi \times (2\text{m})^2 \times \left(5\text{m} + \frac{1.5\text{m} + 1.5\text{m}}{3} \right) = 75.398\text{m}^3 = 75,398\text{L}$$
> 공간용적 5%로 고려하면
> 탱크의 용량(허가용량) = 75,398 × 0.95 = 71,628.1L

03 제4류 위험물인 이황화탄소에 대하여 다음 물음에 답하시오.

(1) 연소 시 생성물질을 쓰시오.

(2) 연소 시 불꽃 반응색을 쓰시오.

이황화탄소

• 연소반응식 : $CS_2 + 3O_2 \rightarrow CO_2 + 2SO_2$
                  (이산화탄소) (이산화황)

• 물과의 반응(150℃) : $CS_2 + 2H_2O \rightarrow CO_2 + 2H_2S$

• 연소 시 아황산가스를 발생하며 청색 불꽃을 나타낸다.

(1) 이산화탄소, 이산화황

(2) 청 색

---

04 다음의 동식물유를 아이오딘값의 정의대로 구분하시오.

동식물유류의 종류

항 목 종 류	아이오딘값	반응성	불포화도	종 류
건성유	130 이상	크다.	크다.	해바라기유, 동유, 아마인유, 정어리기름, 들기름
반건성유	100~130	중 간	중 간	채종유, 목화씨기름, 참기름, 콩기름
불건성유	100 이하	작다.	작다.	야자유, 올리브유, 피마자유, 동백유

• 건성유 : 아이오딘값이 130 이상

• 반건성유 : 아이오딘값이 100~130

• 불건성유 : 아이오딘값이 100 이하

05 다음 〈보기〉의 제1류 위험물을 분해온도가 낮은 것부터 높은 것의 순서대로 그 기호를 쓰시오.

정답
ⓛ, ㉠, ㉢

┤보기├
ㅤ㉠ 염소산칼륨ㅤㅤㅤㅤㅤㅤㅤⓛ 과염소산암모늄
ㅤ㉢ 과산화바륨

해설
제1류 위험물의 분해온도

종 류	염소산칼륨	과염소산암모늄	과산화바륨
품 명	염소산염류	과염소산염류	무기과산화물
분해 온도	400℃	130℃	840℃

06 다음 위험물의 운반용기의 수납률을 쓰시오.

(1) 염소산암모늄

(2) 톨루엔

(3) 트라이에틸알루미늄

정답
(1) 내용적의 95% 이하
(2) 내용적의 98% 이하
(3) 내용적의 90% 이하

해설
운반용기의 수납률
• 위험물

종 류	염소산암모늄	톨루엔	트라이에틸알루미늄
유 별	제1류 위험물	제4류 위험물	제3류 위험물
품 명	염소산염류	제1석유류	알킬알루미늄
상 태	고 체	액 체	액 체

• 수납률
 – 고체위험물 : 내용적의 95% 이하
 – 액체위험물 : 내용적의 98% 이하
• 자연발화성 물질 중 알킬알루미늄 등은 운반용기 내용적의 90% 이하의 수납률로 수납하되, 50℃의 온도에서 5% 이상의 공간용적을 유지하도록 할 것
※ 알킬알루미늄 : 트라이메틸알루미늄, 트라이에틸알루미늄

07 인화알루미늄 580g을 표준상태에서 물과 반응시킨다. 다음 물음에 답하시오.

(1) 인화알루미늄과 물의 반응식

(2) 생성되는 독성기체의 부피(L)

해설

인화알루미늄

• 물과의 반응

$AlP + 3H_2O \rightarrow Al(OH)_3 + PH_3$

• 생성되는 독성기체의 부피(L)

$$AlP + 3H_2O \rightarrow Al(OH)_3 + PH_3$$

58g ⟍ ⟋ 22.4L

580g ⟋ ⟍ x

$\therefore\ x = \dfrac{580\text{g} \times 22.4\text{L}}{58\text{g}} = 224\text{L}$

※ Al의 원자량 : 27, P의 원자량 : 31

정답

(1) $AlP + 3H_2O \rightarrow Al(OH)_3 + PH_3$

(2) 224L

---

08 주유취급소의 "주유 중 엔진정지" 게시판에 대해 다음 물음에 답하시오.

(1) 바탕과 문자의 색상

(2) 게시판의 크기

해설

주유 중 엔진정지

• 바탕과 문자의 색상 : 황색바탕에 흑색문자

• 게시판의 크기 : 한 변의 길이가 0.3m 이상, 다른 한 변의 길이가 0.6m 이상인 직사각형

정답

(1) 황색바탕에 흑색문자

(2) 한 변의 길이가 0.3m 이상, 다른 한 변의 길이가 0.6m 이상인 직사각형

---

09 불활성가스 소화설비의 구성성분을 쓰시오.

(1) IG-55

(2) IG-541

해설

불활성가스 소화설비

종 류	성 분
IG-55	질소 50%, 아르곤 50%
IG-100	질소 100%
IG-541	질소 52%, 아르곤 40%, 이산화탄소 8%

정답

(1) 질소 50%, 아르곤 50%

(2) 질소 52%, 아르곤 40%, 이산화탄소 8%

10 다음 위험물을 운반하고자 할 때 혼재 가능한 유별들을 쓰시오.

(1) 제2류 위험물

(2) 제3류 위험물

(3) 제4류 위험물

(1) 제4류 위험물, 제5류 위험물

(2) 제4류 위험물

(3) 제2류 위험물, 제3류 위험물, 제5류 위험물

해설

운반 시 위험물의 혼재 가능 기준(지정수량의 1/10을 초과하는 위험물에 적용)

위험물의 구분	제1류	제2류	제3류	제4류	제5류	제6류
제1류		×	×	×	×	○
제2류	×		×	○	○	×
제3류	×	×		○	×	×
제4류	×	○	○		○	×
제5류	×	○	×	○		×
제6류	○	×	×	×	×	

11 제1류 위험물 중 알칼리금속의 과산화물의 운반용기에 표시하는 주의사항을 모두 쓰시오.

화기 · 충격주의, 물기엄금, 가연물접촉주의

해설

운반용기에 표시하는 주의사항

• 제1류 위험물
 – 알칼리금속의 과산화물 : 화기 · 충격주의, 물기엄금, 가연물접촉주의
 – 그 밖의 것 : 화기 · 충격주의, 가연물접촉주의
• 제2류 위험물
 – 철분 · 금속분 · 마그네슘 : 화기주의, 물기엄금
 – 인화성 고체 : 화기엄금
 – 그 밖의 것 : 화기주의
• 제3류 위험물
 – 자연발화성 물질 : 화기엄금, 공기접촉엄금
 – 금수성 물질 : 물기엄금
• 제4류 위험물 : 화기엄금
• 제5류 위험물 : 화기엄금, 충격주의
• 제6류 위험물 : 가연물접촉주의

12 제3류 위험물인 나트륨에 대해 다음 물음에 답하시오.

(1) 지정수량

(2) 보호액

(3) 나트륨과 물의 반응식

나트륨

• 물 성

화학식	원자량	지정수량	비 점	융 점	비 중	불꽃 색상
Na	23	10kg	880℃	97.7℃	0.97	노란색

• 은백색의 광택이 있는 무른 경금속으로 노란색 불꽃을 내면서 연소한다.

• 보호액(등유, 경유, 유동파라핀)을 넣은 내통에 밀봉 저장한다.

• 반응식

– 연소반응식 : $4Na + O_2 \rightarrow 2Na_2O$(회백색)

– 물과의 반응 : $2Na + 2H_2O \rightarrow 2NaOH + H_2$

– 이산화탄소와의 반응 : $4Na + 3CO_2 \rightarrow 2Na_2CO_3 + C$

– 사염화탄소와의 반응 : $4Na + CCl_4 \rightarrow 4NaCl + C$

– 염소와의 반응 : $2Na + Cl_2 \rightarrow 2NaCl$

– 에틸알코올과의 반응 : $2Na + 2C_2H_5OH \rightarrow 2C_2H_5ONa + H_2$

(나트륨에틸레이트)

정답

(1) 10kg

(2) 등유, 경유, 유동파라핀

(3) $2Na + 2H_2O \rightarrow 2NaOH + H_2$

13 주유취급소의 취급탱크용량에 대하여 각 물음에 답하시오.

(1) 고속도로 외의 주유취급소

(2) 고속도로의 주유취급소

해설

탱크용량

• 자동차 등에 주유하기 위한 고정주유설비에 직접 접속하는 전용탱크로서 50,000L 이하의 것

• 고정급유설비에 직접 접속하는 전용탱크로서 50,000L 이하의 것

• 고속국도의 도로변에 설치된 주유취급소의 탱크용량 : 60,000L 이하의 것

정답

(1) 50,000L 이하

(2) 60,000L 이하

2018년 제4회 과년도 기출복원문제

01 다음 ( ) 안에 알맞는 답을 쓰시오.

> 위험물안전관리법령상 옥내저장소에 동일 품명의 위험물이라도 자연발화의 위험이 있는 위험물을 다량 저장하는 경우에는 지정수량 (㉠)배 이하마다 구분하여 (㉡)m 이상의 간격을 두어야 한다.

[해설]
옥내저장소에서 동일 품명의 위험물이더라도 자연발화할 우려가 있는 위험물 또는 재해가 현저하게 증대할 우려가 있는 위험물을 다량 저장하는 경우에는 지정수량의 10배 이하마다 구분하여 상호 간 0.3m 이상의 간격을 두어 저장해야 한다.

[정답]
㉠ 10
㉡ 0.3

02 제4류 위험물인 아세트산(초산)의 완전 연소반응식을 쓰시오.

[해설]
아세트산의 연소반응식
$CH_3COOH + 2O_2 \rightarrow 2CO_2 + 2H_2O$

[정답]
$CH_3COOH + 2O_2 \rightarrow 2CO_2 + 2H_2O$

03 제3류 위험물인 트라이에틸알루미늄과 메탄올이 반응할 때 화학반응식을 쓰시오.

[해설]
트라이에틸알루미늄의 반응식
• 산소와의 반응 : $2(C_2H_5)_3Al + 21O_2 \rightarrow Al_2O_3 + 12CO_2 + 15H_2O$
• 물과의 반응 : $(C_2H_5)_3Al + 3H_2O \rightarrow Al(OH)_3 + 3C_2H_6$
• 염산과의 반응 : $(C_2H_5)_3Al + HCl \rightarrow (C_2H_5)_2AlCl + C_2H_6$
　　　　　　　　　　　　(다이에틸알루미늄클로라이드)
• 염소와의 반응 : $(C_2H_5)_3Al + 3Cl_2 \rightarrow AlCl_3 + 3C_2H_5Cl$
　　　　　　　　　　　　(염화알루미늄)　　(염화에틸)
• 메틸알코올과의 반응 : $(C_2H_5)_3Al + 3CH_3OH \rightarrow (CH_3O)_3Al + 3C_2H_6$
　　　　　　　　　　　　　　(알루미늄메틸레이트)　(에테인)
• 에틸알코올과의 반응 : $(C_2H_5)_3Al + 3C_2H_5OH \rightarrow (C_2H_5O)_3Al + 3C_2H_6$
　　　　　　　　　　　　　　(알루미늄에틸레이트)

[정답]
$(C_2H_5)_3Al + 3CH_3OH \rightarrow (CH_3O)_3Al + 3C_2H_6$

04 옥외저장소에 옥외소화전설비가 설치되어 있는데 옥외소화전이 6개일 경우 수원의 양은 몇 m^3 이상인지 계산하시오.

정답
$54m^3$ 이상

해설
옥외소화전설비의 방수량, 방수압력 등

방수량	방수압력	토출량	수 원	비상전원
450L/min 이상	350kPa (0.35MPa) 이상	N(최대 4개) × 450L/min	N(최대 4개) × 13.5m³ (450L/min × 30min)	45분 이상

∴ 수원 = N(최대 4개) × 13.5m³ = 4 × 13.5m³ = 54m³

---

05 제1류 위험물의 성질로서 옳은 것을 〈보기〉에서 모두 고르시오.

정답
㉠, ㉢, ㉯

┌보기┐
㉠ 무기화합물　　　　　㉡ 유기화합물
㉢ 산화제　　　　　　　㉣ 인화점이 0℃ 이하
㉤ 인화점이 0℃ 이상　㉯ 고 체

해설
제1류 위험물의 성질
• 대부분 무색 결정 또는 백색 분말의 산화성 고체이다.
• 무기화합물로서 강산화성 물질이며 불연성이다.
• 가열, 충격, 마찰, 타격으로 분해하여 산소를 방출한다.
• 비중은 1보다 크며 물에 녹는 것도 있고 질산염류와 같이 조해성이 있는 것도 있다.

---

06 제2류 위험물인 삼황화인과 오황화인이 연소할 때 생성되는 공통 물질의 화학식을 쓰시오.

정답
P_2O_5, SO_2

해설
연소반응식
• 삼황화인 : $P_4S_3 + 8O_2 \rightarrow 2P_2O_5 + 3SO_2$
• 오황화인 : $2P_2S_5 + 15O_2 \rightarrow 2P_2O_5 + 10SO_2$
　　　　　　　　　　　　　　 (오산화인) (이산화황)

07 위험물안전관리법령에 따른 불활성가스 소화약제이다. (   ) 안에 알맞은 답을 쓰시오.

> (1) IG–55 : (㉠) 50%, (㉡) 50%
> (2) IG–541 : (㉠) 52%, (㉡) 40%, (㉢) 8%

(1) ㉠ N_2, ㉡ Ar
(2) ㉠ N_2, ㉡ Ar, ㉢ CO_2

해설
불활성가스 소화약제의 종류

소화약제	화학식
불연성·불활성 기체혼합가스(IG–100)	N_2 : 100%
불연성·불활성 기체혼합가스(IG–55)	N_2 : 50%, Ar : 50%
불연성·불활성 기체혼합가스(IG–541)	N_2 : 52%, Ar : 40%, CO_2 : 8%

08 옥내저장소에 다이에틸에터를 2,000L 저장하고 있다. 소요단위를 계산하시오.

정답
4단위

해설
소요단위
• 다이에틸에터(특수인화물)의 지정수량 : 50L
• 위험물은 지정수량의 10배 : 1소요단위

$$\therefore \text{소요단위} = \frac{\text{저장(취급)량}}{\text{지정수량} \times 10} = \frac{2{,}000L}{50L \times 10} = 4\text{단위}$$

09 제5류 위험물인 피크르산의 지정수량과 구조식을 쓰시오.

정답
• 지정수량 : 200kg
• 구조식

해설
피크르산

유 별	품 명	구조식	지정수량
제5류	나이트로화합물		200kg

10 위험물안전관리법령상 다음 〈보기〉에서 위험물 등급을 분류하시오.

┌─보기─────────────────────────────────┐
│ ㉠ 칼 륨   ㉡ 나트륨   │
│ ㉢ 알킬알루미늄   ㉣ 알킬리튬   │
│ ㉤ 알칼리금속   ㉥ 알칼리토금속   │
│ ㉦ 황 린   │
└───────────────────────────────────────┘

해설

제3류 위험물의 위험물 등급

성 질	품 명	해당하는 위험물	위험등급	지정수량
자연발화성 및 금수성 물질	1. 칼륨, 나트륨	–	Ⅰ	10kg
	2. 알킬알루미늄	트라이메틸알루미늄, 트라이에틸알루미늄, 트라이아이소부틸알루미늄		
	3. 알킬리튬	메틸리튬, 에틸리튬, 부틸리튬		
	4. 황 린	–	Ⅰ	20kg
	5. 알칼리금속(칼륨 및 나트륨을 제외)	Li, Rb, Cs, Fr	Ⅱ	50kg
	6. 알칼리토금속	Be, Ca, Sr, Ba, Ra		
	7. 유기금속화합물(알킬알루미늄 및 알킬리튬을 제외)	다이메틸아연, 다이에틸아연		
	8. 금속의 수소화물	KH, NaH, LiH, CaH_2	Ⅲ	300kg
	9. 금속의 인화물	Ca_3P_2, AlP, Zn_3P_2		
	10. 칼슘의 탄화물	CaC_2		
	11. 알루미늄의 탄화물	Al_4C_3		
	12. 그 밖에 행정안전부령이 정하는 것	염소화규소화합물	Ⅲ	10kg, 20kg, 50kg, 300kg

11 위험물안전관리법령상 제4류 위험물인 아세톤에 대하여 다음 물음에 답하시오.

(1) 시성식

(2) 품명, 지정수량

(3) 증기비중

(1) CH_3COCH_3

(2) 품명 : 제1석유류(수용성), 지정수량 : 400L

(3) 증기비중 : 2.0

해설

아세톤(Acetone, Dimethyl Ketone)

• 물 성

화학식	품 명	지정수량	비 중	증기비중	인화점	착화점	연소범위
CH_3COCH_3	제1석유류(수용성)	400L	0.79	2.0	$-18.5℃$	465℃	2.5~12.8%

• 증기비중 $= \dfrac{분자량}{29} = \dfrac{58}{29} = 2.0$

12 위험물안전관리법령에서 위험물 운반에 관한 기준이다. 다음 위험물을 지정수량 이상 운반할 때 혼재가 불가능한 위험물의 유별을 모두 쓰시오.

(1) 제1류 위험물

(2) 제2류 위험물

(3) 제3류 위험물

(4) 제4류 위험물

(5) 제5류 위험물

(1) 제2, 3, 4, 5류 위험물

(2) 제1, 3, 6류 위험물

(3) 제1, 2, 5, 6류 위험물

(4) 제1, 6류 위험물

(5) 제1, 3, 6류 위험물

해설

운반 시 위험물의 혼재 가능 기준

위험물의 구분	제1류	제2류	제3류	제4류	제5류	제6류
제1류		×	×	×	×	○
제2류	×		×	○	○	×
제3류	×	×		○	×	×
제4류	×	○	○		○	×
제5류	×	○	×	○		×
제6류	○	×	×	×	×	

13 위험물안전관리법령상 소화난이도등급 I에 해당하는 제조소 등을 〈보기〉에서 모두 고르시오.

ⓛ, ⓒ, ⓢ

┌─보기├─────────────────────────────
ㄱ 지하탱크저장소
ㄴ 면적이 1,000m²인 제조소
ㄷ 처마높이가 6m인 옥내저장소
ㄹ 제2종 판매취급소
ㅁ 간이탱크저장소
ㅂ 이동탱크저장소
ㅅ 이송취급소
└──────────────────────────────────

해설

소화난이도등급 I에 해당하는 제조소 등

제조소 등의 구분	제조소 등의 규모, 저장 또는 취급하는 위험물의 품명 및 최대수량 등
제조소, 일반취급소	연면적 1,000m² 이상인 것
	지정수량의 100배 이상인 것(고인화점 위험물만을 100℃ 미만의 온도에서 취급하는 것 및 제48조의 위험물을 취급하는 것은 제외)
	지반면으로부터 6m 이상의 높이에 위험물 취급설비가 있는 것(고인화점 위험물만을 100℃ 미만의 온도에서 취급하는 것은 제외)
	일반취급소로 사용되는 부분 외의 부분을 갖는 건축물에 설치된 것(내화구조로 개구부 없이 구획된 것 및 고인화점 위험물만을 100℃ 미만의 온도에서 취급하는 것은 제외)
옥내저장소	지정수량의 150배 이상인 것(고인화점 위험물만을 저장하는 것 및 제48조의 위험물을 저장하는 것은 제외)
	연면적 150m²을 초과하는 것(150m² 이내마다 불연재료로 개구부 없이 구획된 것 및 인화성 고체 외의 제2류 위험물 또는 인화점 70℃ 이상의 제4류 위험물만을 저장하는 것은 제외)
	처마높이가 6m 이상인 단층건물의 것
	옥내저장소로 사용되는 부분 외의 부분이 있는 건축물에 설치된 것(내화구조로 개구부 없이 구획된 것 및 인화성 고체 외의 제2류 위험물 또는 인화점 70℃ 이상의 제4류 위험물만을 저장하는 것은 제외)
이송취급소	모든 대상

• 소화난이도등급 II : 제2종 판매취급소
• 소화난이도등급 III : 지하탱크저장소, 간이탱크저장소, 이동탱크저장소

2019년 제1회 과년도 기출복원문제

01 제4류 위험물로 흡입하였을 때 시신경을 마비시키며 인화점 11℃, 발화점 464℃인 위험물에 대하여 다음 각 물음에 답하시오.

(1) 명칭을 쓰시오.

(2) 지정수량을 쓰시오.

정답
(1) 메틸알코올
(2) 400L

해설

메틸알코올(Methyl alcohol, Methanol, 목정)
• 물 성

화학식	지정수량	비 중	비 점	인화점	착화점	연소범위
CH_3OH	400L	0.79	64.7℃	11℃	464℃	6.0~36.0%

• 독성이 있어 흡입 시 시신경을 마비시켜 사망하게 된다.

02 다음의 장소로부터 옥내탱크저장소의 밸브 없는 통기관 끝부분까지의 거리는 몇 m 이상으로 해야 하는지 쓰시오.

(1) 건축물의 창·출입구 등의 개구부로부터 거리

(2) 지면으로부터 높이

(3) 인화점이 40℃ 미만인 위험물의 탱크에 설치 시 부지경계선으로부터 이격거리

정답
(1) 1m 이상
(2) 4m 이상
(3) 1.5m 이상

해설

밸브 없는 통기관의 설치기준
• 통기관의 끝부분은 건축물의 창·출입구 등의 개구부로부터 1m 이상 떨어진 옥외의 장소에 지면으로부터 4m 이상의 높이로 설치하되, 인화점이 40℃ 미만인 위험물의 탱크에 설치하는 통기관에 있어서는 부지경계선으로부터 1.5m 이상 거리를 둘 것
• 지름은 30mm 이상일 것
• 끝부분은 수평면보다 45° 이상 구부려 빗물 등의 침투를 막는 구조로 할 것
• 가는 눈의 구리망 등으로 인화방지장치를 할 것. 다만, 인화점 70℃ 이상의 위험물만을 해당 위험물의 인화점 미만의 온도로 저장 또는 취급하는 탱크에 설치하는 통기관에 있어서는 그렇지 않다.

03 할로겐화합물소화설비의 방사압력을 쓰시오.

(1) 할론 2402

(2) 할론 1211

(1) 할론 2402 : 0.1MPa 이상
(2) 할론 1211 : 0.2MPa 이상

해설
방사압력

약 제	방사압력	약 제	방사압력
할론 2402	0.1MPa 이상	HFC-227ea FK-5-1-12	0.3MPa 이상
할론 1211	0.2MPa 이상	HFC-23	0.9MPa 이상
할론 1301	0.9MPa 이상	HCFC-125	0.9MPa 이상

04 제4류 위험물을 옥외탱크저장소에 저장하고자 할 때 보유공지를 완성하시오.

저장 또는 취급하는 위험물의 최대수량	공지의 너비
지정수량의 500배 이하	(①)m 이상
지정수량의 500배 초과 1,000배 이하	(②)m 이상
지정수량의 1,000배 초과 2,000배 이하	(③)m 이상
지정수량의 2,000배 초과 3,000배 이하	(④)m 이상
지정수량의 3,000배 초과 4,000배 이하	(⑤)m 이상

① 3
② 5
③ 9
④ 12
⑤ 15

해설
옥외탱크저장소의 보유공지

저장 또는 취급하는 위험물의 최대수량	공지의 너비
지정수량의 500배 이하	3m 이상
지정수량의 500배 초과 1,000배 이하	5m 이상
지정수량의 1,000배 초과 2,000배 이하	9m 이상
지정수량의 2,000배 초과 3,000배 이하	12m 이상
지정수량의 3,000배 초과 4,000배 이하	15m 이상
지정수량의 4,000배 초과	해당 탱크의 수평단면의 최대지름(가로형은 긴 변)과 높이 중 큰 것과 같은 거리 이상(단, 30m 초과 시 30m 이상으로, 15m 미만 시 15m 이상으로 할 것)

05 제3류 위험물인 황린의 연소반응식을 쓰시오.

$P_4 + 5O_2 \rightarrow 2P_2O_5$

해설
황린은 연소 시 오산화인(P_2O_5)의 흰 연기가 발생한다.
$P_4 + 5O_2 \rightarrow 2P_2O_5$

06 다음 위험물을 옥외저장탱크·옥내저장탱크 또는 지하저장탱크 중 압력탱크 외의 탱크에 저장하는 경우 저장온도는 몇 ℃ 이하로 유지해야 하는지 쓰시오.

(1) 다이에틸에터

(2) 아세트알데하이드

(3) 산화프로필렌

정답

(1) 30℃ 이하
(2) 15℃ 이하
(3) 30℃ 이하

해설
저장기준
• 옥외저장탱크·옥내저장탱크 또는 지하저장탱크 중 압력탱크 외의 탱크에 저장
 – 산화프로필렌, 다이에틸에터 : 30℃ 이하
 – 아세트알데하이드 : 15℃ 이하
• 옥외저장탱크·옥내저장탱크 또는 지하저장탱크 중 압력탱크에 저장
 – 아세트알데하이드 등 또는 다이에틸에터 등 : 40℃ 이하
• 아세트알데하이드 등 또는 다이에틸에터 등을 이동저장탱크에 저장
 – 보랭장치가 있는 경우 : 비점 이하
 – 보랭장치가 없는 경우 : 40℃ 이하

07 에틸렌과 산소를 염화구리($CuCl_2$)의 촉매하에서 반응하여 생성되는 물질로서 인화점이 –40℃, 연소범위 4.0~60%인 특수인화물에 대하여 다음 각 물음에 답하시오.

(1) 시성식을 쓰시오.

(2) 증기비중을 계산하시오.

정답

(1) CH_3CHO
(2) 1.52

해설
아세트알데하이드(Acet Aldehyde)
• 물 성

화학식	분자량	비 중	비 점	인화점	착화점	연소범위
CH_3CHO	44	0.78	21℃	–40℃	175℃	4.0~60%

• 증기비중 = $\dfrac{분자량}{29} = \dfrac{44}{29} \fallingdotseq 1.52$

08 트라이나이트로톨루엔에 대하여 다음 각 물음에 답하시오.

(1) 구조식을 쓰시오.

(2) 이 물질의 생성과정을 설명하시오.

해설
트라이나이트로톨루엔
• 구조식

• 생성과정 : 톨루엔에 진한 질산과 진한 황산으로 나이트로화시켜 트라이나이트로톨루엔을 생성한다.

(1)

(2) 톨루엔에 진한 질산과 진한 황산으로 나이트로화시켜 트라이나이트로톨루엔을 생성한다.

09 질산암모늄 800g이 완전 열분해하는 경우 생성되는 모든 기체의 부피(L)는?(단, 표준상태이다)

해설
기체의 부피
$2NH_4NO_3 \rightarrow 4H_2O + 2N_2 + O_2$
$2 \times 80g$ ⟍ $7 \times 22.4L$
$800g$ ⟋ x
$\therefore x = \dfrac{800g \times 7 \times 22.4L}{2 \times 80g} = 784L$

784L

10 위험물안전관리법령상 제6류 위험물과 운반 시 혼재 가능한 위험물의 유별을 쓰시오.

정답
제1류 위험물

해설

운반 시 위험물의 혼재 가능 기준

위험물의 구분	제1류	제2류	제3류	제4류	제5류	제6류
제1류		×	×	×	×	○
제2류	×		×	○	○	×
제3류	×	×		○	×	×
제4류	×	○	○		○	×
제5류	×	○	×	○		×
제6류	○	×	×	×	×	

※ 유별 혼재 가능, 불가능 문제는 운반이냐 저장이냐의 구분이 명확하지 않지만 현재까지 출제된 문제는 전부 운반 시 혼재 가능 또는 불가능으로 보고 풀이하면 됩니다.

[암기방법]
• 3＋4류(삼사 : 3군사관학교)
• 1＋6류
• 5＋2＋4류(오이사 : 오氏의 성을 가진 사람의 직급이 이사급이다)

11 제2류 위험물인 황화인의 종류 3가지를 화학식으로 쓰시오.

정답
P_4S_3(삼황화인)
P_2S_5(오황화인)
P_4S_7(칠황화인)

해설

황화인의 종류

항 목 ＼ 종 류	삼황화인	오황화인	칠황화인
성 상	황록색 결정	담황색 결정	담황색 결정
화학식	P_4S_3	P_2S_5	P_4S_7
비 점	407℃	514℃	523℃
비 중	2.03	2.09	2.03
융 점	172.5℃	290℃	310℃
착화점	약 100℃	142℃	－

12 유황 100kg, 철분 500kg, 질산염류 600kg의 지정수량의 배수의 합을 계산하시오.

4배

해설
지정수량의 배수
• 지정수량

종 류	유 황	철 분	질산염류
유 별	제2류 위험물	제2류 위험물	제1류 위험물
지정수량	100kg	500kg	300kg

• 지정수량의 배수 $= \dfrac{\text{저장수량}}{\text{지정수량}} + \dfrac{\text{저장수량}}{\text{지정수량}} + \cdots$

$= \dfrac{100\text{kg}}{100\text{kg}} + \dfrac{500\text{kg}}{500\text{kg}} + \dfrac{600\text{kg}}{300\text{kg}} = 4$배

---

13 제3류 위험물인 인화알루미늄이 물과 반응할 때 반응식을 쓰시오.

$AlP + 3H_2O \rightarrow Al(OH)_3 + PH_3$

해설
물과의 반응
• 인화알루미늄 : $AlP + 3H_2O \rightarrow Al(OH)_3 + PH_3$
(포스핀)
• 인화칼슘 : $Ca_3P_2 + 6H_2O \rightarrow 3Ca(OH)_2 + 2PH_3$
• 탄화칼슘 : $CaC_2 + 2H_2O \rightarrow Ca(OH)_2 + C_2H_2$

---

14 제3류 위험물인 탄화칼슘이 물과 반응할 때 반응식을 쓰고 이때 발생하는 가스의 연소반응식을 쓰시오.

(1) 물과의 반응식
$CaC_2 + 2H_2O \rightarrow Ca(OH)_2 + C_2H_2$
(2) 발생가스의 연소반응식
$2C_2H_2 + 5O_2 \rightarrow 4CO_2 + 2H_2O$

해설
탄화칼슘
• 물과의 반응식 : $CaC_2 + 2H_2O \rightarrow Ca(OH)_2 + C_2H_2$
• 발생가스의 연소반응식 : $2C_2H_2 + 5O_2 \rightarrow 4CO_2 + 2H_2O$

2019년 제2회 과년도 기출복원문제

01 질산암모늄 1몰이 분해할 때 반응식과 생성되는 물의 부피는 몇 L인가?(단, 온도와 압력은 300℃이고 0.9atm이다)

정답

(1) $2NH_4NO_3 \rightarrow 4H_2O + 2N_2 + O_2$

(2) 104.48L

해설

반응식과 부피

• 반응식

$2NH_4NO_3 \rightarrow 4H_2O + 2N_2 + O_2$

• 물의 부피

$2NH_4NO_3 \rightarrow 4H_2O + 2N_2 + O_2$

$2 \times 80g \qquad 4 \times 18g$

$80g \qquad x$

$\therefore x = \dfrac{80g \times 4 \times 18g}{2 \times 80g} = 36g$

• 이상기체 상태방정식

$$PV = nRT = \dfrac{W}{M}RT, \quad V = \dfrac{WRT}{PM}$$

여기서, P : 압력(0.9atm) V : 부피(L)

n : mol수(무게/분자량) W : 무게(36g)

M : 분자량(H_2O = 18g/g-mol)

R : 기체상수(0.08205L · atm/g-mol · K)

T : 절대온도(273 + 300℃ = 573K)

$\therefore V = \dfrac{WRT}{PM} = \dfrac{36g \times 0.08205L \cdot atm/g-mol \cdot K \times 573K}{0.9atm \times 18g/g-mol} \fallingdotseq 104.48L$

02 황린 20kg이 완전 연소할 때 필요한 이론공기량(m^3)을 구하시오(단, 표준상태이고 공기 중의 산소는 21%이다).

정답

$86m^3$

해설

이론공기량

$P_4 + 5O_2 \rightarrow 2P_2O_5$

$31kg \times 4 \qquad 5 \times 22.4m^3$

$20kg \qquad x$

$x = \dfrac{20kg \times 5 \times 22.4m^3}{31kg \times 4} \fallingdotseq 18.06m^3$(이론산소량)

$\therefore$ 이론공기량 = $\dfrac{18.06m^3}{0.21} = 86m^3$

※ P(인)의 원자량 : 31

03 위험물안전관리법령상 운반 시 제4류 위험물과 혼재할 수 없는 위험물의 유별을 모두 쓰시오(단, 지정수량의 1/10 이상을 지정하는 경우이다).

정답
제1류 위험물, 제6류 위험물

해설

운반 시 위험물의 혼재 가능 기준

위험물의 구분	제1류	제2류	제3류	제4류	제5류	제6류
제1류		×	×	×	×	○
제2류	×		×	○	○	×
제3류	×	×		○	×	×
제4류	×	○	○		○	×
제5류	×	○	×	○		×
제6류	○	×	×	×	×	

04 위험물안전관리법령상 불활성가스 소화설비에 적응성이 있는 위험물을 모두 쓰시오.

정답
제2류 위험물 중 인화성 고체, 제4류 위험물

해설

소화설비의 적응성

소화설비의 구분			건축물·그 밖의 공작물	전기설비	제1류 위험물		제2류 위험물			제3류 위험물		제4류 위험물	제5류 위험물	제6류 위험물
					알칼리금속과산화물 등	그 밖의 것	철분·금속분·마그네슘 등	인화성 고체	그 밖의 것	금수성 물품	그 밖의 것			
옥내소화전설비 또는 옥외소화전설비			○			○		○	○		○		○	○
스프링클러설비			○			○		○	○		○	△	○	○
물분무등소화설비		물분무소화설비	○	○		○		○	○		○	○	○	○
		포소화설비	○			○		○	○		○	○	○	○
		불활성가스소화설비		○				○			○			
		할로겐화합물소화설비		○				○			○			
	분말소화설비	인산염류 등	○	○		○		○	○		○			○
		탄산수소염류 등		○	○		○	○		○		○		
		그 밖의 것			○		○			○				

05 주입호스의 끝부분에 개폐밸브를 설치한 이동저장탱크의 주입설비에 대하여 다음 물음에 답하시오.

> 주입설비에는 위험물이 샐 우려가 없고 화재예방상 안전한 구조이고 그 끝부분에 (㉠)를 유효하게 제거할 수 있는 장치를 설치하고 주입설비의 길이는 (㉡)m 이내로 하며 분당 배출량은 (㉢)L 이하로 한다.

[해설]
이동탱크저장소에 주입설비 설치기준
• 위험물이 샐 우려가 없고 화재예방상 안전한 구조로 할 것
• 주입설비의 길이는 50m 이내로 하고, 그 끝부분에 축적되는 정전기를 유효하게 제거할 수 있는 장치를 할 것
• 분당 배출량은 200L 이하로 할 것

[정답]
㉠ 정전기
㉡ 50m
㉢ 200L

---

06 제4류 위험물인 에틸알코올에 대하여 다음 물음에 답하시오.

(1) 화학식으로 쓰시오.

(2) 지정수량을 쓰시오.

(3) 에틸알코올에 황산을 촉매로 탈수축합 반응으로 생성되는 것을 화학식으로 쓰시오.

[해설]
에틸알코올
• 물 성

화학식	지정수량	비 중	증기비중	인화점	착화점	연소범위
C_2H_5OH	400L	0.79	1.59	13℃	423℃	3.1~27.7%

• 연소반응식 : $C_2H_5OH + 3O_2 \rightarrow 2CO_2 + 3H_2O$
• 알칼리금속과 반응 : $2K + 2C_2H_5OH \rightarrow 2C_2H_5OK + H_2$
• 다이에틸에터의 제법 : 에틸알코올에 황산을 촉매로 탈수축합 반응으로 생성되는 것

$2C_2H_5OH \xrightarrow[\text{탈수축합}]{c-H_2SO_4} C_2H_5OC_2H_5 + H_2O$

[정답]
(1) C_2H_5OH
(2) 400L
(3) $C_2H_5OC_2H_5$

07 다음 제4류 위험물의 지정수량을 쓰시오.

(1) 아세톤

(2) 다이에틸에터

(3) 경 유

(4) 중 유

(1) 400L

(2) 50L

(3) 1,000L

(4) 2,000L

해설

제4류 위험물의 지정수량

항 목 ＼ 종 류	아세톤	다이에틸에터	경 유	중 유
품 명	제1석유류 (수용성)	특수인화물	제2석유류 (비수용성)	제3석유류 (비수용성)
지정수량	400L	50L	1,000L	2,000L

08 다음 위험물의 유별과 지정수량을 적으시오.

항 목 ＼ 종 류	칼 륨	나이트로화합물	질산염류	과염소산
유 별				
지정수량				

정답

항 목 ＼ 종 류	칼 륨	나이트로 화합물	질산 염류	과염 소산
유 별	제3류 위험물	제5류 위험물	제1류 위험물	제6류 위험물
지정수량	10kg	200kg	300kg	300kg

해설

위험물의 유별과 지정수량

항 목 ＼ 종 류	칼 륨	나이트로화합물	질산염류	과염소산
유 별	제3류 위험물	제5류 위험물	제1류 위험물	제6류 위험물
화학식	K	–	–	$HClO_4$
지정수량	10kg	200kg	300kg	300kg

09 위험물안전관리법령상 고인화점 위험물의 정의를 쓰시오.

해설

고인화점 위험물 : 인화점이 100℃ 이상인 제4류 위험물[제3석유류(인화점 : 70℃ 이상 200℃ 미만) 일부, 제4석유류, 동식물유류]

정답

인화점이 100℃ 이상인 제4류 위험물

10 다음 위험물 중 운반 시 혼재 가능한 것끼리 나열하시오.

> 휘발유, 과염소산, 탄화칼슘, 유기과산화물, 유황, 질산염류

정답
(1) 제1류 + 제6류 : 질산염류 + 과염소산
(2) 제3류 + 제4류 : 탄화칼슘 + 휘발유
(3) 제5류 + 제2류 + 제4류 : 유기과산화물
    + 유황 + 휘발유

해설
운반 시 혼재 가능
• 유별 구분

종 류	휘발유	과염소산	탄화칼슘	유기과산화물	유 황	질산염류
유 별	제4류	제6류	제3류	제5류	제2류	제1류

• 혼재 가능 유별

위험물의 구분	제1류	제2류	제3류	제4류	제5류	제6류
제1류		×	×	×	×	○
제2류	×		×	○	○	×
제3류	×	×		○	×	×
제4류	×	○	○		○	×
제5류	×	○	×	○		×
제6류	○	×	×	×	×	

11 위험물안전관리법령상 제4류 위험물 중 위험등급 Ⅱ에 해당하는 품명을 쓰시오.

정답
제1석유류, 알코올류

해설
위험물의 위험등급
① 위험등급 Ⅰ의 위험물
  ㉠ 제1류 위험물 중 아염소산염류, 염소산염류, 과염소산염류, 무기과산화물, 지정수량이 50kg인 위험물
  ㉡ 제3류 위험물 중 칼륨, 나트륨, 알킬알루미늄, 알킬리튬, 황린, 지정수량이 10kg인 위험물
  ㉢ 제4류 위험물 중 특수인화물
  ㉣ 제5류 위험물 중 유기과산화물, 질산에스터류, 지정수량이 10kg인 위험물
  ㉤ 제6류 위험물
② 위험등급Ⅱ의 위험물
  ㉠ 제1류 위험물 중 브롬산염류, 질산염류, 아이오딘산염류, 지정수량이 300kg인 위험물
  ㉡ 제2류 위험물 중 황화인, 적린, 유황, 지정수량이 100kg인 위험물
  ㉢ 제3류 위험물 중 알칼리금속(칼륨, 나트륨 제외) 및 알칼리토금속, 유기금속화합물(알킬알루미늄 및 알킬리튬은 제외), 지정수량이 50kg인 위험물
  ㉣ 제4류 위험물 중 제1석유류, 알코올류
  ㉤ 제5류 위험물 중 위험등급 Ⅰ에 정하는 위험물 외의 것
③ 위험등급Ⅲ의 위험물 : ① 및 ②에 정하지 않은 위험물

12 위험물을 옥내저장소에 저장하는 경우 다음의 규정에 의한 높이를 초과하여 드럼용기를 겹쳐 쌓지 않아야 한다. 다음 물음에 답을 쓰시오.

(1) 기계에 의하여 하역하는 구조로 된 용기만을 겹쳐 쌓는 경우

(2) 제4류 위험물 중 제3석유류를 수납하는 용기만을 겹쳐 쌓는 경우

(3) 제4류 위험물 중 동식물유류를 수납하는 용기만을 겹쳐 쌓는 경우

> **해설**
> 옥내저장소와 옥외저장소에 저장 시 높이(아래 높이를 초과하지 말 것)
> • 기계에 의하여 하역하는 구조로 된 용기만을 겹쳐 쌓는 경우 : 6m
> • 제4류 위험물 중 제3석유류, 제4석유류, 동식물유류를 수납하는 용기만을 겹쳐 쌓는 경우 : 4m
> • 그 밖의 경우(특수인화물, 제1석유류, 제2석유류, 알코올류, 타류) : 3m
> • 옥외저장소에서 위험물을 수납한 용기를 선반에 저장하는 경우 : 6m를 초과하지 말 것

> **정답**
> (1) 6m
> (2) 4m
> (3) 4m

13 제3류 위험물인 트라이에틸알루미늄의 연소반응식을 쓰시오.

> **해설**
> 트라이에틸알루미늄
> • 연소 반응식 : $2(C_2H_5)_3Al + 21O_2 \rightarrow Al_2O_3 + 15H_2O + 12CO_2$
> • 물과의 반응 : $(C_2H_5)_3Al + 3H_2O \rightarrow Al(OH)_3 + 3C_2H_6$
> • 염소와 반응 : $(C_2H_5)_3Al + 3Cl_2 \rightarrow AlCl_3 + 3C_2H_5Cl$

> **정답**
> $2(C_2H_5)_3Al + 21O_2$
> $\rightarrow Al_2O_3 + 15H_2O + 12CO_2$

2019년 제4회 과년도 기출복원문제

01 제1류 위험물인 과산화나트륨과 이산화탄소의 반응식을 쓰시오.

> **정답**
>
> $2Na_2O_2 + 2CO_2 \rightarrow 2Na_2CO_3 + O_2$

해설

과산화나트륨의 반응식

• 물과 반응 : $2Na_2O_2 + 2H_2O \rightarrow 4NaOH + O_2$

• 이산화탄소와 반응 : $2Na_2O_2 + 2CO_2 \rightarrow 2Na_2CO_3 + O_2$

• 염산과 반응 : $Na_2O_2 + 2HCl \rightarrow 2NaCl + H_2O_2$

02 다음 〈보기〉에서 운반 시 방수성 덮개와 차광성 덮개를 모두 해야 하는 위험물의 품명을 모두 쓰시오.

> **정답**
>
> 알칼리금속의 과산화물

┌─ 보기 ─────────────────────────────

유기과산화물, 질산, 알칼리금속의 과산화물, 염소산염류

└──────────────────────────────────

해설

적재위험물에 따른 조치

• 차광성이 있는 것으로 피복
  - 제1류 위험물
  - 제3류 위험물 중 자연발화성 물질
  - 제4류 위험물 중 특수인화물
  - 제5류 위험물
  - 제6류 위험물

• 방수성이 있는 것으로 피복
  - 제1류 위험물 중 알칼리금속의 과산화물
  - 제2류 위험물 중 철분·금속분·마그네슘
  - 제3류 위험물 중 금수성 물질

03 다음 물질의 연소형태를 쓰시오.

(1) 코크스, 금속분

(2) 에탄올, 다이에틸에터

(3) TNT, 피크르산

(1) 표면연소

(2) 증발연소

(3) 자기연소

해설

고체의 연소

- 표면연소 : 목탄, 코크스, 숯, 금속분 등이 열분해에 의하여 가연성 가스를 발생하지 않고 그 물질 자체가 연소하는 현상
- 분해연소 : 석탄, 종이, 목재, 플라스틱 등의 연소 시 열분해에 의해 발생된 가스와 공기가 혼합하여 연소하는 현상
- 증발연소 : 황, 나프탈렌, 왁스, 파라핀 등과 같이 고체를 가열하면 열분해는 일어나지 않고 고체가 액체로 되어 일정온도가 되면 액체가 기체로 변화하여 기체가 연소하는 현상
- 자기연소(내부연소) : 제5류 위험물인 나이트로셀룰로스, 질화면 등 그 물질이 가연물과 산소를 동시에 가지고 있는 가연물이 연소하는 현상

※ 제4류 위험물 : 증발연소

04 다음 위험물 옥내저장소의 바닥면적은 몇 m^2 이하인지 쓰시오.

(1) 염소산염류

(2) 제2석유류

(3) 유기과산화물

(1) 1,000m^2 이하

(2) 2,000m^2 이하

(3) 1,000m^2 이하

해설

옥내저장소의 바닥면적

위험물을 저장하는 창고의 종류	바닥면적
① 제1류 위험물 중 아염소산염류, 염소산염류, 과염소산염류, 무기과산화물, 그 밖에 지정수량이 50kg인 위험물 ② 제3류 위험물 중 칼륨, 나트륨, 알킬알루미늄, 알킬리튬, 그 밖에 지정수량이 10kg인 위험물 및 황린 ③ 제4류 위험물 중 특수인화물, 제1석유류 및 알코올류 ④ 제5류 위험물 중 유기과산화물, 질산에스터류, 그 밖에 지정수량이 10kg인 위험물 ⑤ 제6류 위험물	1,000m^2 이하
①~⑤의 위험물 외의 위험물을 저장하는 창고	2,000m^2 이하
위의 전부에 해당하는 위험물을 내화구조의 격벽으로 완전히 구획된 실에 각각 저장하는 창고[①~⑤의 위험물(바닥면적 1,000m^2 이하)을 저장하는 실의 면적은 500m^2를 초과할 수 없다]	1,500m^2 이하

05 다음 위험물을 옥내저장탱크의 압력탱크 외의 저장탱크에 저장하는 경우 저장온도를 쓰시오.

(1) 산화프로필렌 및 다이에틸에터

(2) 아세트알데하이드

> 해설
>
> 저장온도
> • 옥외저장탱크 · 옥내저장탱크 또는 지하저장탱크 중 압력탱크 외의 탱크에 저장
>   – 산화프로필렌, 다이에틸에터 : 30℃ 이하
>   – 아세트알데하이드 : 15℃ 이하
> • 옥외저장탱크 · 옥내저장탱크 또는 지하저장탱크 중 압력탱크에 저장
>   – 아세트알데하이드 등 또는 다이에틸에터 등 : 40℃ 이하
> • 아세트알데하이드 등 또는 다이에틸에터 등을 이동저장탱크에 저장
>   – 보랭장치가 있는 경우 : 비점 이하
>   – 보랭장치가 없는 경우 : 40℃ 이하

정답

(1) 30℃ 이하
(2) 15℃ 이하

---

06 톨루엔의 증기비중을 계산하시오.

> 해설
>
> 톨루엔의 증기비중
> • 증기비중 $= \dfrac{\text{분자량}}{29}$
> • 톨루엔의 분자량 $= C_6H_5CH_3 = (12 \times 6) + (1 \times 5) + 12 + (1 \times 3) = 92$
> ∴ 증기비중 $= \dfrac{\text{분자량}}{29} = \dfrac{92}{29} = 3.17$

정답

3.17

07 다음은 산화성 액체의 시험방법 및 판정기준이다. 다음 ( ) 안에 알맞은 말을 넣으시오.

> (㉠)(수지분이 적은 삼에 가까운 재료로 하고 크기는 500μm의 체를 통과하고 250μm의 체를 통과하지 않는 것), (㉡) 90% 수용액 및 시험물품을 사용하여 온도 20℃, 습도 50%, 1기압의 실내에서 시험 방법에 의하여 실시한다. 다만, 배기를 행하는 경우에는 바람의 흐름과 평행하게 측정한 풍속이 0.5m/s 이하이어야 한다.

해설
연소시간의 측정시험(위험물안전관리에 대한 세부기준 제23조)
(1) 목분(수지분이 적은 삼에 가까운 재료로 하고 크기는 500μm의 체를 통과하고 250μm의 체를 통과하지 않는 것), 질산 90% 수용액 및 시험물품을 사용하여 온도 20℃, 습도 50%, 1기압의 실내에서 (2) 및 (3)의 방법에 의하여 실시한다. 다만, 배기를 행하는 경우에는 바람의 흐름과 평행하게 측정한 풍속이 0.5m/s 이하이어야 한다.
(2) 질산 90% 수용액에 관한 시험순서
  ① 외경 120mm의 평저증발접시[화학분석용 자기증발접시(KS L 1561)] 위에 목분(온도 105℃에서 4시간 건조하고 건조용 실리카겔을 넣은 데시케이터 속에 온도 20℃로 24시간 이상 보존되어 있는 것) 15g을 높이와 바닥면의 직경의 비가 1:1.75가 되도록 원추형으로 만들어 1시간 둘 것
  ② ①의 원추형 모양에 질산 90% 수용액 15g을 주사기로 상부에서 균일하게 떨어뜨려 목분과 혼합할 것
  ③ 점화원(둥근 바퀴모양으로 한 직경 2mm의 니크롬선에 통전하여 온도 약 1,000℃로 가열되어 있는 것을 위쪽에서 제2호의 혼합물 원추형 체적의 바닥부 전 둘레가 착화할 때까지 접촉할 것. 이 경우 점화원의 해당 바닥부에의 접촉시간은 10초로 한다.
  ④ 연소시간(혼합물에 점화한 경우 ②의 원추형 모양의 바닥부 전 둘레가 착화하고 나서 발염하지 않게 되는 시간을 말하며 간헐적으로 발염하는 경우에는 최후의 발염이 종료할 때까지의 시간으로 한다)을 측정할 것
  ⑤ ①부터 ④까지의 조작을 5회 이상 반복하여 연소시간의 평균치를 질산 90% 수용액과 목분과의 혼합물의 연소시간으로 할 것
  ⑥ 5회 이상의 측정에서 1회 이상의 연소시간이 평균치에서 ±50%의 범위에 들어가지 않는 경우에는 5회 이상의 측정결과가 그 범위에 들어가게 될 때까지 ① 내지 ⑤의 조작을 반복할 것
(3) 시험물품에 관한 시험순서
  ① 외경 120mm 및 외경 80mm의 평저증발접시의 위에 목분 15g 및 6g을 높이와 바닥면의 직경의 비가 1:1.75가 되도록 원추형으로 만들어 1시간 둘 것
  ② ①의 목분 15g 및 6g의 원추형의 모양에 각각 시험물품 15g 및 24g을 주사기로 상부에서 균일하게 주사하여 목분과 혼합할 것
  ③ ②의 각각의 혼합물에 대하여 (2)의 ③ 내지 ⑥과 같은 순서로 실시할 것. 이 경우 착화 후에 소염하여 훈염 또는 발연 상태로 목분의 탄화가 진행하는 경우 또는 측정종료 후에 원추형의 모양의 내부 또는 착화위치의 위쪽에 목분이 연소하지 않고 잔존하는 경우에는 (2)의 ① 내지 ④와 같은 조작을 5회 이상 반복하고, 총 10회 이상의 측정에서 측정횟수의 1/2 이상이 연소한 경우에는 그 연소시간의 평균치를 연소시간으로 하고, 총 10회 이상의 측정에서 측정횟수의 1/2 미만이 연소한 경우에는 연소시간이 없는 것으로 한다.
  ④ 시험물품과 목분과의 혼합물의 연소시간은 ③에서 측정된 연소시간 중 짧은 쪽의 연소시간으로 할 것
(4) 시험물품과 목분과의 혼합물의 연소시간이 표준물질(질산 90% 수용액)과 목분과의 혼합물의 연소시간 이하인 경우에는 산화성 액체에 해당하는 것으로 한다.

08 제3종 분말소화약제의 1차 분해반응식을 쓰시오.

$$NH_4H_2PO_4 \rightarrow NH_3 + H_3PO_4$$

해설

분말소화약제 열분해 반응식
- 제1종 분말
  - 1차 분해반응식(270℃) : $2NaHCO_3 \rightarrow Na_2CO_3 + CO_2 + H_2O$
  - 2차 분해반응식(850℃) : $2NaHCO_3 \rightarrow Na_2O + 2CO_2 + H_2O$
- 제2종 분말
  - 1차 분해반응식(190℃) : $2KHCO_3 \rightarrow K_2CO_3 + CO_2 + H_2O$
  - 2차 분해반응식(590℃) : $2KHCO_3 \rightarrow K_2O + 2CO_2 + H_2O$
- 제3종 분말
  - 1차 분해반응식(190℃) : $NH_4H_2PO_4 \rightarrow NH_3 + H_3PO_4$
    (인산, 오쏘인산)
  - 2차 분해반응식(215℃) : $2H_3PO_4 \rightarrow H_2O + H_4P_2O_7$
    (피로인산)
  - 3차 분해반응식(300℃) : $H_4P_2O_7 \rightarrow H_2O + 2HPO_3$
    (메타인산)
- 제4종 분말 : $2KHCO_3 + (NH_2)_2CO \rightarrow K_2CO_3 + 2NH_3 + 2CO_2$

09 제3류 위험물 중 지정수량이 50kg인 품명을 모두 쓰시오.

알칼리금속(칼륨 및 나트륨을 제외), 알칼리토금속, 유기금속화합물(알킬알루미늄 및 알킬리튬을 제외)

해설

제3류 위험물

성 질	품 명	해당하는 위험물	위험등급	지정수량
자연 발화성 및 금수성 물질	1. 칼륨, 나트륨	–	I	10kg
	2. 알킬알루미늄	트라이메틸알루미늄, 트라이에틸알루미늄, 트라이아이소부틸알루미늄		
	3. 알킬리튬	메틸리튬, 에틸리튬, 부틸리튬		
	4. 황 린	–	I	20kg
	5. 알칼리금속(칼륨 및 나트륨을 제외)	Li, Rb, Cs, Fr	II	50kg
	6. 알칼리토금속	Be, Ca, Sr, Ba, Ra		
	7. 유기금속화합물(알 킬알루미늄 및 알킬 리튬을 제외)	다이메틸아연, 다이에틸아연		
	8. 금속의 수소화물	KH, NaH, LiH, CaH_2	III	300kg
	9. 금속의 인화물	Ca_3P_2, AlP, Zn_3P_2		
	10. 칼슘의 탄화물	CaC_2		
	11. 알루미늄의 탄화물	Al_4C_3		
	12. 그 밖에 행정안전 부령이 정하는 것	염소화규소화합물	III	10kg, 20kg, 50kg, 300kg

10 주유취급소에 설치하는 "주유 중 엔진정지" 게시판의 바탕색과 문자색을 쓰시오.

정답
- 바탕색 : 황색
- 문자색 : 흑색

해설
"주유 중 엔진정지" 게시판
- 바탕색 : 황색
- 문자색 : 흑색

11 트라이에틸알루미늄 228g이 물과 반응할 때 반응식과 이때 발생하는 가연성 가스의 부피는 표준상태에서 몇 L인지 계산하시오.

정답
- $(C_2H_5)_3Al + 3H_2O \rightarrow Al(OH)_3 + 3C_2H_6$
- 134.4L

해설
- 트라이에틸알루미늄의 반응식
  - 연소반응식 : $2(C_2H_5)_3Al + 21O_2 \rightarrow Al_2O_3 + 15H_2O + 12CO_2$
  - 물과의 반응 : $(C_2H_5)_3Al + 3H_2O \rightarrow Al(OH)_3 + 3C_2H_6$
  - 염소와 반응 : $(C_2H_5)_3Al + 3Cl_2 \rightarrow AlCl_3 + 3C_2H_5Cl$
- 발생하는 가스(에테인)의 부피
$(C_2H_5)_3Al + 3H_2O \rightarrow Al(OH)_3 + 3C_2H_6$

114g $\qquad$ 3 × 22.4L
228g $\qquad$ x

$$\therefore \ x = \frac{228g \times 3 \times 22.4L}{114g} = 134.4L$$

12 다음 위험물 중 인화점이 낮은 것부터 높은 순으로 번호를 나열하시오.

① 초산에틸   ② 메탄올
③ 에틸렌글리콜   ④ 나이트로벤젠

정답
① - ② - ④ - ③

해설
위험물의 분류

종류 항목	초산에틸	메탄올	에틸렌글리콜	나이트로벤젠
화학식	$CH_3COOC_2H_5$	CH_3OH	CH_2OHCH_2OH	$C_6H_5NO_2$
품 명	제1석유류 (비수용성)	알코올류	제3석유류 (수용성)	제3석유류 (비수용성)
지정수량	200L	400L	4,000L	2,000L
인화점	−3℃	11℃	120℃	88℃

13 분자량이 227이고, 폭약의 원료로 사용되며 햇빛에 다갈색으로 변하며 물에는 녹지 않고 벤젠과 아세톤에는 녹는 물질에 대하여 다음 물음에 답하시오.

(1) 화학식

(2) 지정수량

(3) 톨루엔에 질산과 황산을 반응시켜 제조하는 방법을 쓰시오.

해설

트라이나이트로 톨루엔(TNT ; Tri nitro toluene)

• 물 성

화학식	지정수량	분자량	비 점	융 점	비 중
$C_6H_2CH_3(NO_2)_3$	200kg	227	280℃	80.1℃	1.66

• 담황색의 주상 결정으로 강력한 폭약이다.
• 충격에는 민감하지 않으나 급격한 타격에 의하여 폭발한다.
• 물에 녹지 않고, 알코올에는 가열하면 녹고, 아세톤, 벤젠, 에터에는 잘 녹는다.
• 일광에 의해 갈색으로 변하고 가열, 타격에 의하여 폭발한다.
• TNT가 분해할 때 질소(N_2), 일산화탄소(CO), 수소(H_2)가스가 발생한다.

$2C_6H_2CH_3(NO_2)_3 \rightarrow 2C + 3N_2 + 5H_2 + 12CO$

  – TNT의 구조식

  – TNT의 제법

정답

(1) 화학식 : $C_6H_2CH_3(NO_2)_3$

(2) 지정수량 : 200kg

(3) 질산과 황산으로 나이트로화시켜 TNT를 제조한다.

2020년 제1회 과년도 기출복원문제

01 제4류 위험물에 대한 설명이다. ( )를 채우시오.

(1) "특수인화물"이라 함은 이황화탄소, 다이에틸에터 그 밖에 1기압에서 발화점이 ( )℃ 이하인 것 또는 인화점이 영하 ( )℃ 이하이고 비점이 ( )℃ 이하인 것을 말한다.

(2) "제1석유류"라 함은 아세톤, 휘발유 그 밖에 1기압에서 인화점이 ( )℃ 미만인 것을 말한다.

(3) "제2석유류"라 함은 등유, 경유 그 밖에 1기압에서 인화점이 ( )℃ 이상 ( )℃ 미만인 것을 말한다.

(4) "제3석유류"라 함은 중유, 크레오소트유 그 밖에 1기압에서 인화점이 ( )℃ 이상 ( )℃ 미만인 것을 말한다.

(5) "제4석유류"라 함은 기어유, 실린더유 그 밖에 1기압에서 인화점이 ( )℃ 이상 ( )℃ 미만인 것을 말한다.

정답
(1) 100, 20, 40
(2) 21
(3) 21, 70
(4) 70, 200
(5) 200, 250

해설
제4류 위험물의 정의
- 특수인화물
  - 1기압에서 발화점이 100℃ 이하인 것
  - 인화점이 영하 20℃ 이하이고 비점이 40℃ 이하인 것
- 제1석유류 : 1기압에서 인화점이 21℃ 미만인 것
- 알코올류 : 1분자를 구성하는 탄소원자의 수가 1개부터 3개까지인 포화 1가 알코올(변성 알코올 포함)로서 농도가 60% 이상
- 제2석유류 : 1기압에서 인화점이 21℃ 이상 70℃ 미만인 것
- 제3석유류 : 1기압에서 인화점이 70℃ 이상 200℃ 미만인 것
- 제4석유류 : 1기압에서 인화점이 200℃ 이상 250℃ 미만인 것
- 동식물유류 : 동물의 지육(枝肉 : 머리, 내장, 다리를 잘라 내고 아직 부위별로 나누지 않은 고기를 말한다) 등 또는 식물의 종자나 과육으로부터 추출한 것으로서 1기압에서 인화점이 250℃ 미만인 것

02 인화점 측정방법의 종류를 3가지 쓰시오.

해설
인화점 측정 장치(위험물안전관리에 관한 세부기준 제14~16조)
- 태그 밀폐식
- 신속평형법
- 클리블랜드 개방컵

정답
(1) 태그 밀폐식
(2) 신속평형법
(3) 클리블랜드 개방컵

03 나트륨의 연소 시의 불꽃색상과 연소반응식을 쓰시오.

해설

나트륨

• 연소 시 불꽃색상

종 류	칼 륨	나트륨	리 튬	칼 슘	구 리
불꽃색상	보라색	노란색	적 색	황적색	청록색

• 나트륨의 연소반응식 : $4Na + O_2 \rightarrow 2Na_2O$

정답

(1) 불꽃색상 : 노란색

(2) 연소반응식 : $4Na + O_2 \rightarrow 2Na_2O$

04 크실렌의 구조이성질체 3가지의 구조식을 쓰시오.

해설

크실렌(키실렌, 자일렌)

구 분	구조식	비 중	인화점	착화점	유 별	지정수량
ortho -크실렌		0.88	32℃	106.2℃	제2석유류 (비수용성)	1,000L
meta -크실렌		0.86	25℃	–		
para -크실렌		0.86	25℃	–		

정답

ortho-xylene :

meta-xylene :

para-xylene :

05 나트륨과 물과의 반응식을 쓰시오.

> **해설**
> 나트륨의 반응식
> • 연소 반응 : $4Na + O_2 \rightarrow 2Na_2O$(회백색)
> • 물과 반응 : $2Na + 2H_2O \rightarrow 2NaOH + H_2$
> • 이산화탄소와 반응 : $4Na + 3CO_2 \rightarrow 2Na_2CO_3 + C$(연소폭발)
> • 염소와 반응 : $2Na + Cl_2 \rightarrow 2NaCl$
> • 알코올과 반응 : $2Na + 2C_2H_5OH \rightarrow 2C_2H_5ONa + H_2$
> (나트륨에틸라이트)
> • 초산과 반응 : $2Na + 2CH_3COOH \rightarrow 2CH_3COONa + H_2$

> **정답**
> $2Na + 2H_2O \rightarrow 2NaOH + H_2$

06 다음 위험물의 저장방법을 쓰시오.

(1) 황 린

(2) 나트륨

(3) 이황화탄소

> **해설**
> 저장방법

종 류	황 린	나트륨, 칼륨	이황화탄소
화학식	P_4	Na	CS_2
유 별	제3류 위험물	제3류 위험물	제4류 위험물
지정수량	20kg	10kg	50L
저장방법	물속에 저장	등유, 경유, 유동 파라핀 속에 저장	물속에 저장

> **정답**
> (1) 물속에 저장
> (2) 등유 속에 저장
> (3) 물속에 저장

07 다음 각 위험물의 운반용기 주의사항을 모두 쓰시오.

(1) 제1류 무기과산화물

(2) 제3류 자연발화성 물질

(3) 제5류 위험물

정답
(1) 화기·충격주의, 물기엄금, 가연물접촉주의

(2) 화기엄금, 공기접촉엄금

(3) 화기엄금, 충격주의

해설
운반용기의 주의사항

유 별	품 명	주의사항
제1류 위험물	알칼리금속의 과산화물 (무기과산화물)	화기·충격주의, 물기엄금, 가연물접촉주의
	그 밖의 것	화기·충격주의, 가연물접촉주의
제2류 위험물	철분, 금속분, 마그네슘	화기주의, 물기엄금
	인화성 고체	화기엄금
	그 밖의 것	화기주의
제3류 위험물	자연발화성 물질	화기엄금, 공기접촉엄금
	금수성 물질	물기엄금
제4류 위험물		화기엄금
제5류 위험물		화기엄금, 충격주의
제6류 위험물		가연물접촉주의

08 다음 위험물이 물과 반응할 때 반응식을 쓰시오.

(1) 수소화알루미늄리튬

(2) 수소화칼슘

(3) 수소화칼륨

정답
(1) $LiAlH_4 + 4H_2O \rightarrow LiOH + Al(OH)_3 + 4H_2$

(2) $CaH_2 + 2H_2O \rightarrow Ca(OH)_2 + 2H_2$

(3) $KH + H_2O \rightarrow KOH + H_2$

해설
제3류 위험물의 물과 반응
• 수소화알루미늄리튬 : $LiAlH_4 + 4H_2O \rightarrow LiOH + Al(OH)_3 + 4H_2$
• 수소화칼슘 : $CaH_2 + 2H_2O \rightarrow Ca(OH)_2 + 2H_2$
• 수소화칼륨 : $KH + H_2O \rightarrow KOH + H_2$
• 수소화나트륨 : $NaH + H_2O \rightarrow NaOH + H_2$

09 다음 위험물의 반응식을 모두 쓰시오.

(1) 알루미늄의 연소반응

(2) 알루미늄과 물과의 반응

(3) 알루미늄과 염산과의 반응

해설

알루미늄의 반응식

• 연소반응식 : $4Al + 3O_2 \rightarrow 2Al_2O_3$

• 물과 반응식 : $2Al + 6H_2O \rightarrow 2Al(OH)_3 + 3H_2$

• 염산과 반응 : $2Al + 6HCl \rightarrow 2AlCl_3 + 3H_2$

정답

(1) $4Al + 3O_2 \rightarrow 2Al_2O_3$

(2) $2Al + 6H_2O \rightarrow 2Al(OH)_3 + 3H_2$

(3) $2Al + 6HCl \rightarrow 2AlCl_3 + 3H_2$

10 이황화탄소 100kg이 완전 연소 시 발생하는 이산화황의 부피(m^3)를 구하시오(단, 온도는 30℃, 압력은 800mmHg이다).

해설

• 이산화황(SO_2)의 무게

$$CS_2 + 3O_2 \rightarrow CO_2 + 2SO_2$$

76kg ⟋ 2×64kg

100kg ⟋ x

$$\therefore x = \frac{100kg \times 2 \times 64kg}{76kg} = 168.42kg$$

• 이상기체 상태방정식

$$PV = \frac{W}{M}RT, \quad V = \frac{WRT}{PM}$$

여기서, P : 압력$\left(\frac{800mmHg}{760mmHg} \times 1atm = 1.05atm\right)$ V : 부피(m^3)

W : 무게(168.42kg) M : 분자량($SO_2 = 64$)

R : 기체상수(0.08205m^3 · atm/kg−mol · K)

T : 절대온도(273 + 30℃ = 303K)

$$\therefore V = \frac{WRT}{PM} = \frac{168.42kg \times 0.08205m^3 \cdot atm/kg-mol \cdot K \times 303K}{1.05atm \times 64kg/kg-mol}$$

$$= 62.31m^3$$

정답

$62.31m^3$

11 다음 물질의 반응식을 쓰시오.

(1) 오황화인과 물과의 반응식

(2) (1)의 반응에서 생성되는 기체의 연소반응식

오황화인의 반응식

• 물과 반응 : $P_2S_5 + 8H_2O \rightarrow 5H_2S + 2H_3PO_4$
                        (황화수소) (인산)

• 황화수소의 연소반응 : $2H_2S + 3O_2 \rightarrow 2SO_2 + 2H_2O$

• 알칼리와 반응 : $P_2S_5 + 8NaOH \rightarrow H_2S + 2H_3PO_4 + 4Na_2S$

정답

(1) $P_2S_5 + 8H_2O \rightarrow 5H_2S + 2H_3PO_4$

(2) $2H_2S + 3O_2 \rightarrow 2SO_2 + 2H_2O$

12 제4류 위험물의 동식물유류에 대한 내용이다. 다음 각 물음에 답하시오.

(1) 아이오딘값의 정의를 쓰시오.

(2) 동식물유류를 아이오딘값에 따라 분류하고 아이오딘값의 범위를 쓰시오.

동식물유류

• 종 류

종 류 \ 항 목	아이오딘값	반응성	불포화도	종 류
건성유	130 이상	크다.	크다.	해바라기유, 동유, 아마인유, 정어리기름, 들기름,
반건성유	100~130	중 간	중 간	채종유, 목화씨기름, 참기름, 콩기름
불건성유	100 이하	작다.	작다.	야자유, 올리브유, 피마자유, 동백유

• 아이오딘값 : 유지 100g에 부가되는 아이오딘의 g수

정답

(1) 유지 100g에 부가되는 아이오딘의 g수

(2) 분 류

    ① 건성유 : 아이오딘값이 130 이상

    ② 반건성유 : 아이오딘값이 100~130

    ③ 불건성유 : 아이오딘값이 100 이하

13 다음 기준에 따라 설치된 옥내소화전설비의 수원의 양을 구하시오.

(1) 옥내소화전이 최대로 설치된 층의 개수가 4개일 경우

(2) 옥내소화전이 최대로 설치된 층의 개수가 6개인 경우

(1) 31.2m^3

(2) 39m^3

해설

방수량과 방수압력

종류 항목		방수량	방수압력	토출량	수원	비상전원
옥내소화전설비	위험물제조소 등	260L/min 이상	350kPa 이상	N(최대 5개) ×260L/min	N(최대 5개)×7.8m³ (260L/min × 30min)	45분
옥외소화전설비	위험물제조소 등	450L/min 이상	350kPa 이상	N(최대 4개) ×450L/min)	N(최대 4개)×13.5m³ (450L/min × 30min)	45분
스프링클러설비	위험물제조소 등	80L/min 이상	100kPa 이상	헤드수 ×80L/min	헤드수 × 2.4m³ (80L/min × 30min)	45분

• 옥내소화전 4개 설치 시 수원 = N(최대 5개) × 7.8m³ = 4 × 7.8m³ = 31.2m³
• 옥내소화전 6개 설치 시 수원 = N(최대 5개) × 7.8m³ = 5 × 7.8m³ = 39m³

14 위험물안전관리법령 기준에서 위험물안전관리자 선임 등에 대한 설명이다. 다음 물음에 답하시오.

(1) 위험물관리자 선임권한

(2) 위험물안전관리자가 해임될 경우 선임 기한

(3) 위험물안전관리자가 퇴직할 경우 선임 기한

(4) 안전관리자 선임 후 신고 기한

(5) 안전관리자 부재 시 대리자의 직무 대행 기간

(1) 관계인

(2) 30일 이내

(3) 30일 이내

(4) 14일 이내

(5) 30일 이내

해설

위험물안전관리자 선·해임

• 위험물안전관리자 선임권한 : 제조소 등의 관계인(소유자, 점유자, 관리자)
• 위험물안전관리자 해임 또는 퇴직 시 : 해임 또는 퇴직한 날부터 30일 이내 선임
• 위험물안전관리자 선임 후 선임 신고 기한 : 선임한 날부터 14일 이내에 소방본부장 또는 소방서장에게 신고
• 위험물안전관리자 부재 시 대리자의 직무 대행 기간 : 30일을 초과할 수 없다.

15 과산화수소와 하이드라진의 폭발반응식을 쓰고 과산화수소가 위험물이 되기 위한 조건을 쓰시오.

(1) 반응식

(2) 위험물이 되기 위한 조건

반응식과 조건
• 과산화수소와 하이드라진의 폭발반응식
  $2H_2O_2 + N_2H_4 \rightarrow N_2 + 4H_2O$
• 과산화수소 : 농도가 36wt% 이상인 것

(1) $2H_2O_2 + N_2H_4 \rightarrow N_2 + 4H_2O$
(2) 농도가 36wt% 이상인 것

---

16 다음 〈보기〉는 제5류 위험물이다. 다음 물음에 답하시오.

┤보기├
다이나이트로벤젠, 나이트로글리세린, 트라이나이트로톨루엔,
트라이나이트로페놀, 벤조일퍼옥사이드

(1) 질산에스터류에 해당하는 위험물의 명칭을 쓰시오.

(2) 상온에서 액체인 위험물의 폭발 분해반응식을 쓰시오.

제5류 위험물
• 제5류 위험물의 종류
  – 유기과산화물 : 과산화벤조일(벤조일퍼옥사이드), 과산화메틸에틸케톤, 과산화초산, 아세틸퍼옥사이드 등
  – 질산에스터류 : 나이트로셀룰로스, 나이트로글리세린, 질산메틸, 질산에틸, 나이트로글리콜
  – 나이트로화합물 : 트라이나이트로톨루엔, 트라이나이트로페놀, 다이나이트로벤젠
• 위험물의 성상

종 류	상 태	종 류	상 태
다이나이트로벤젠	담황색 결정	트라이나이트로페놀	황색 결정
나이트로글리세린	무색 액체	벤조일퍼옥사이드	백색 결정
트라이나이트로톨루엔	담황색 결정	–	

• 나이트로글리세린(액체)의 분해반응식
  $4C_3H_5(ONO_2)_3 \rightarrow 12CO_2 + 10H_2O + 6N_2 + O_2$

(1) 나이트로글리세린
(2) $4C_3H_5(ONO_2)_3$
    $\rightarrow 12CO_2 + 10H_2O + 6N_2 + O_2$

17 위험물의 저장 및 취급 공통기준이다. (   ) 안에 알맞은 말을 채우시오.

(1) 제조소 등에서 규정에 의한 신고와 관련되는 품명 외의 위험물 또는 이러한 허가 및 신고와 관련되는 수량 또는 (   )의 배수를 초과하는 위험물을 저장 또는 취급하지 않아야 한다.

(2) 위험물을 저장 또는 취급하는 건축물 그 밖의 공작물 또는 설비는 해당 위험물의 성질에 따라 차광 또는 (   )를 실시해야 한다.

(3) 위험물은 온도계, 습도계, 압력계 그 밖의 계기를 감시하여 해당 위험물의 성질에 맞는 적정한 온도, 습도 또는 (   )을 유지하도록 저장 또는 취급해야 한다.

(4) 위험물을 저장 또는 취급하는 경우에는 위험물의 (   ), 이물의 혼입 등에 의하여 해당 위험물의 위험성이 증대되지 않도록 필요한 조치를 강구해야 한다.

(5) 위험물이 남아 있거나 남아 있을 우려가 있는 설비, 기계·기구, 용기 등을 수리하는 경우에는 안전한 장소에서 위험물을 완전하게 제거한 후에 실시해야 한다.

(6) 위험물을 용기에 수납하여 저장 또는 취급할 때에는 그 용기는 해당 위험물의 성질에 적응하고 파손·부식·균열 등이 없는 것으로 해야 한다.

정답
(1) 지정수량
(2) 환 기
(3) 압 력
(4) 변 질

해설
위험물의 저장 및 취급 공통기준
• 제조소 등에서 규정에 의한 허가 및 신고와 관련되는 품명 외의 위험물 또는 이러한 허가 및 신고와 관련되는 수량 또는 지정수량의 배수를 초과하는 위험물을 저장 또는 취급하지 않아야 한다(중요기준).
• 위험물을 저장 또는 취급하는 건축물 그 밖의 공작물 또는 설비는 해당 위험물의 성질에 따라 차광 또는 환기를 실시해야 한다.
• 위험물은 온도계, 습도계, 압력계 그 밖의 계기를 감시하여 해당 위험물의 성질에 맞는 적정한 온도, 습도 또는 압력을 유지하도록 저장 또는 취급해야 한다.
• 위험물을 저장 또는 취급하는 경우에는 위험물의 변질, 이물의 혼입 등에 의하여 해당 위험물의 위험성이 증대되지 않도록 필요한 조치를 강구해야 한다.

18 분자량이 58, 인화점이 −37℃인 무색 투명한 제4류 위험물에 대하여 물음에 답하시오.

(1) 시성식(분자식)

(2) 지정수량

(3) 저장방법

> **[해설]**
>
> 산화프로필렌(Propylene Oxide)
>
> • 물 성
>
> | 화학식 | 지정수량 | 분자량 | 비 중 | 비 점 | 인화점 | 착화점 | 연소범위 |
> |---|---|---|---|---|---|---|---|
> | CH_3CHCH_2O | 50L | 58 | 0.82 | 35℃ | −37℃ | 449℃ | 2.8~37.0% |
>
> • 무색, 투명한 자극성 액체이다.
> • 구리(Cu), 마그네슘(Mg), 은(Ag), 수은(Hg)과 반응하면 아세틸레이트를 생성하므로 위험하다.
> • 저장용기 내부에는 불활성기체를 봉입하여 저장할 것
> • 소화약제는 알코올용포, 이산화탄소, 분말소화가 효과가 있다.

> **[정답]**
>
> (1) CH_3CHCH_2O
>
> (2) 50L
>
> (3) 불활성기체를 봉입하여 저장할 것

19 염소산칼륨 1kg 완전 분해 시 발생되는 산소의 부피(m^3)를 구하시오 (단, 표준상태이며, 칼륨의 원자량은 39, 염소의 원자량은 35.50이다).

> **[해설]**
>
> 산소의 부피
>
> $2KClO_3 \rightarrow 2KCl + 3O_2$
>
> $2 \times 122.5kg$ ⟋⟍ $3 \times 22.4m^3$
>
> $1kg$ x
>
> $\therefore x = \dfrac{1kg \times 3 \times 22.4m^3}{2 \times 122.5kg} = 0.27m^3$
>
> ※ 표준상태(0℃, 1atm)에서 기체 1g−mol이 차지하는 부피 : 22.4L
> ※ 표준상태(0℃, 1atm)에서 기체 1kg−mol이 차지하는 부피 : 22.4m^3
> ※ 염소산칼륨의 분자량 = $KClO_3$ = 39 + 35.5 + (16 × 3) = 122.5

> **[정답]**
>
> $0.27m^3$

20 제조소 등의 완공검사 신청시기에 대한 질문이다. 제조소 등별 신청시기를 쓰시오.

(1) 이동탱크저장소의 경우

(2) 지하탱크가 있는 제조소 등의 경우

(3) 이송취급소의 경우(지하·하천 등에 매설하는 경우는 제외한다)

해설

제조소 등의 완공검사 신청시기(시행규칙 제20조)

① 지하탱크가 있는 제조소 등의 경우 : 해당 지하탱크를 매설하기 전

② 이동탱크저장소의 경우 : 이동저장탱크를 완공하고 상시설치장소(상치장소)를 확보한 후

③ 이송취급소의 경우 : 이송배관 공사의 전체 또는 일부를 완료한 후. 다만, 지하·하천 등에 매설하는 이송배관의 공사의 경우에는 이송배관을 매설하기 전

④ 전체 공사가 완료된 후에는 완공검사를 실시하기 곤란한 경우 : 다음에서 정하는 시기

  ㉠ 위험물설비 또는 배관의 설치가 완료되어 기밀시험 또는 내압시험을 실시하는 시기

  ㉡ 배관을 지하에 설치하는 경우에는 시·도지사, 소방서장 또는 기술원이 지정하는 부분을 매몰하기 직전

  ㉢ 기술원이 지정하는 부분의 비파괴시험을 실시하는 시기

⑤ ① 내지 ④에 해당하지 않는 제조소 등의 경우 : 제조소 등의 공사를 완료한 후

정답

(1) 이동저장탱크를 완공하고 상치설치장소를 확보한 후

(2) 해당 지하탱크를 매설하기 전

(3) 이송배관 공사의 전체 또는 일부를 완료한 후

2020년 제2회 과년도 기출복원문제

01 **자체소방대에 관한 내용이다. 물음에 답하시오.**

(1) 아래 〈보기〉 중 자체소방대 설치 대상으로 맞는 것을 찾아 번호를 쓰시오.

┤보기├

① 염소산염류 250톤을 취급하는 제조소
② 염소산염류 250톤을 취급하는 일반취급소
③ 특수인화물 250kL을 취급하는 제조소
④ 특수인화물 250kL을 취급하는 충전하는 일반취급소

(2) 자체소방대의 화학소방자동차가 1대일 경우 자체소방대원의 인원은 몇 인 이상인가?

(3) 다음 〈보기〉 중 자체소방대에 대한 설비의 기준으로 틀린 것을 고르시오.

┤보기├

① 다른 사업소 등과 상호협정을 체결한 경우 그 모든 사업소를 하나의 사업소로 본다.
② 10만L 이상의 포수용액을 방사할 수 있는 양의 소화약제를 비치할 것
③ 포수용액 방사 차는 자체소방차 대수의 2/3 이상이어야 하고 포수용액의 방사능력은 매분 3,000L 이상일 것
④ 포수용액 방사 차에는 소화약액탱크 및 소화약액혼합장치를 비치할 것

(4) 자체소방대를 두지 않고 제조소 등의 허가를 받은 관계인의 벌칙은?

해설

자체소방대
• 자체소방대 설치대상 : 제4류 위험물의 최대수량의 합이 지정수량의 3,000배 이상을 취급하는 제조소 또는 일반취급소
• 자체소방대의 설치제외 대상인 일반취급소(시행규칙 제73조)
 – 보일러, 버너 그 밖에 이와 유사한 장치로 위험물을 소비하는 일반취급소
 – 이동저장탱크 그 밖에 이와 유사한 것에 위험물을 주입하는 일반취급소
 – 용기에 위험물을 옮겨 담는 일반취급소
 – 유압장치, 윤활유순환장치 그 밖에 이와 유사한 장치로 위험물을 취급하는 일반취급소
 – 광산안전법의 적용을 받는 일반취급소

정답

(1) ③
(2) 5인 이상
(3) ③
(4) 1년 이하의 징역 또는 1,000만원 이하의 벌금

- 지정수량의 배수 $= \dfrac{250,000\text{L}}{50\text{L}} = 5,000$배

∴ 제1류 위험물인 염소산염류를 충전하는 일반취급소는 지정수량의 배수에 관계없이 자체소방대를 설치할 필요가 없고 제4류 위험물인 특수인화물 250kL을 취급하는 제조소만 지정수량의 배수가 5,000배이니까 자체소방대를 설치해야 한다.

• 자체소방대를 두는 화학소방자동차 및 인원(시행령 별표 8)

사업소의 구분	화학소방 자동차	자체소방 대원의 수
1. 제조소 또는 일반취급소에서 취급하는 제4류 위험물의 최대수량의 합이 지정수량의 3,000배 이상 12만배 미만인 사업소	1대	5인
2. 제조소 또는 일반취급소에서 취급하는 제4류 위험물의 최대수량의 합이 지정수량의 12만배 이상 24만배 미만인 사업소	2대	10인
3. 제조소 또는 일반취급소에서 취급하는 제4류 위험물의 최대수량의 합이 지정수량의 24만배 이상 48만배 미만인 사업소	3대	15인
4. 제조소 또는 일반취급소에서 취급하는 제4류 위험물의 최대수량의 합이 지정수량의 48만배 이상인 사업소	4대	20인
5. 옥외탱크저장소에 저장하는 제4류 위험물의 최대수량이 지정수량의 50만배 이상인 사업소	2대	10인

• 자체소방대 기준
- 2 이상의 사업소가 상호응원에 관한 협정을 체결하고 있는 경우에는 해당 모든 사업소를 하나의 사업소로 보고 제조소 또는 취급소에서 취급하는 제4류 위험물을 합산한 양을 하나의 사업소에서 취급하는 제4류 위험물의 최대수량으로 간주하여 규정에 의한 화학소방자동차의 대수 및 자체소방대원을 정할 수 있다(시행규칙 제74조).
- 화학소방자동차에 갖추어야 하는 소화능력 및 설비의 기준

화학소방자동차의 구분	소화능력 및 설비의 기준
포수용액 방사차	포수용액의 방사능력이 매분 2,000L 이상일 것
	소화약액탱크 및 소화약액혼합장치를 비치할 것
	10만L 이상의 포수용액을 방사할 수 있는 양의 소화약제를 비치할 것
분말 방사차	분말의 방사능력이 매초 35kg 이상일 것
	분말탱크 및 가압용 가스설비를 비치할 것
	1,400kg 이상의 분말을 비치할 것

• 자체소방대를 두지 않고 제조소 등의 허가를 받은 관계인의 벌칙 : 1년 이하의 징역 또는 1,000만원 이하의 벌금

02 농도가 36wt% 이상인 경우 위험물로 본다. 이 위험물에 대하여 물음에 답하시오.

(1) 이 물질의 분해반응식을 쓰시오.

(2) 이 위험물의 위험등급을 쓰시오.

(3) 이 물질을 운반하는 경우 운반용기 외부에 표시해야 할 주의사항을 쓰시오.

(1) $2H_2O_2 \rightarrow 2H_2O + O_2$

(2) 위험등급 I

(3) 가연물접촉주의

해설

과산화수소

• 과산화수소가 제6류 위험물에 해당하는 기준 : 농도가 36wt% 이상인 것

• 과산화수소의 물성

화학식	유 별	지정수량	농 도	위험등급	분해반응식
H_2O_2	제6류 위험물	300kg	36wt% 이상	I	$2H_2O_2 \rightarrow 2H_2O + O_2$

• 운반용기의 외부표시 주의사항 : 가연물접촉주의

03 다음 제1류 위험물의 품명, 지정수량을 쓰시오.

(1) KIO_3

(2) $AgNO_3$

(3) $KMnO_4$

(1) 품명 : 아이오딘산염류, 지정수량 : 300kg

(2) 품명 : 질산염류, 지정수량 : 300kg

(3) 품명 : 과망가니즈산염류, 지정수량 : 1,000kg

해설

제1류 위험물

종 류	KIO_3	$AgNO_3$	$KMnO_4$
명 칭	아이오딘산칼륨	질산은	과망가니즈산칼륨
품 명	아이오딘산염류	질산염류	과망가니즈산염류
지정수량	300kg	300kg	1,000kg

04 위험물안전관리법령에서 정한 옥내저장소이다. 다음 〈보기〉를 참고하여 물음에 답하시오.

┌─ 보기 ───┐
① 저장소의 외벽은 내화구조이다.
② 연면적은 150m²이다.
③ 저장소에는 에탄올 1,000L, 등유 1,500L, 동식물유류 20,000L, 특수인화물 500L를 저장한다.
└──┘

(1) 옥내저장소의 소요단위를 계산하시오.
(2) 〈보기〉에서 위험물의 소요단위는 얼마인지 구하시오.

정답
(1) 1단위
(2) 1.6단위

해설
• 제조소 또는 취급소의 건축물
  – 외벽이 내화구조 : 연면적 100m²를 1소요단위
  – 외벽이 내화구조가 아닌 것 : 연면적 50m²를 1소요단위
• 저장소의 건축물
  – 외벽이 내화구조 : 연면적 150m²를 1소요단위
  – 외벽이 내화구조가 아닌 것 : 연면적 75m²를 1소요단위
• 위험물은 지정수량의 10배 : 1소요단위

소요단위의 산정방법

$$소요단위 = \frac{저장수량}{지정수량 \times 10}$$

(1) 저장소의 소요단위 $= \dfrac{연면적}{기준면적} = \dfrac{150m^2}{150m^2} = 1$단위

(2) 위험물의 소요단위를 산정하기 위한 지정수량

종 류	에탄올	등 유	동식물유류	특수인화물
품 명	알코올류	제2석유류 (비수용성)	동식물유류	–
지정수량	400L	1,000L	10,000L	50L

∴ 소요단위 $= \dfrac{1,000L}{400L \times 10} + \dfrac{1,500L}{1,000L \times 10} + \dfrac{20,000L}{10,000L \times 10} + \dfrac{500L}{50L \times 10} = 1.6$단위

05 다음 〈보기〉에서 제4류 위험물 중 비수용성인 위험물을 고르시오 (단, 없으면 "해당없음"으로 표기할 것).

┌ 보기 ┐
① 이황화탄소 　　　 ② 아세톤
③ 아세트알데하이드 ④ 에틸렌글리콜
⑤ 클로로벤젠 　　　 ⑥ 스타이렌

정답
⑤, ⑥

해설

제4류 위험물의 수용성 여부

종 류	품 명	수용성 여부	지정수량
이황화탄소	특수인화물	–	50L
아세톤	제1석유류	수용성	400L
아세트알데하이드	특수인화물	–	50L
에틸렌글리콜	제3석유류	수용성	4,000L
클로로벤젠	제2석유류	비수용성	1,000L
스타이렌	제2석유류	비수용성	1,000L

※ 이 문제는 법령에서 보면 특수인화물은 수용성, 비수용성 구분이 없어 해당되지 않으므로 정답은 ⑤와 ⑥이 되는 것이고, 일반화학에서 본다면 이황화탄소는 물에 녹지 않아 비수용성이 되므로 ①, ⑤, ⑥이 답이 된다.

∴ 이 문제는 출제자의 의도가 확실하지 않으므로 법령 기준으로 보면 ⑤와 ⑥이 정답이 된다.

06 다음 제1류 위험물의 열분해 반응식을 쓰시오.

(1) 아염소산칼륨

(2) 염소산칼륨

(3) 과염소산칼륨

정답
(1) $KClO_2 \rightarrow KCl + O_2$
(2) $2KClO_3 \rightarrow 2KCl + 3O_2$
(3) $KClO_4 \rightarrow KCl + 2O_2$

해설

제1류 위험물의 열분해 반응식
- 아염소산칼륨 : $KClO_2 \rightarrow KCl + O_2$
- 염소산칼륨 : $2KClO_3 \rightarrow 2KCl + 3O_2$
- 과염소산칼륨 : $KClO_4 \rightarrow KCl + 2O_2$

07 제4류 위험물 중 물이나 알코올에 잘 녹고 분자량이 27, 비점이 26℃, 무색을 띠는 맹독성의 기체이다. 다음 물음에 답하라.

(1) 화학식

(2) 증기비중

해설

사이안화수소

화학식	유 별	품 명	지정수량	분자량	증기비중
HCN	제4류 위험물	제1석유류(수용성)	400L	27	27/29 = 0.93

정답

(1) HCN

(2) 0.93

08 다음 제3류 위험물과 물과의 반응식을 쓰시오.

(1) 트라이메틸알루미늄

(2) 트라이에틸알루미늄

해설

물과 반응

• 트라이메틸알루미늄
 – 물과 반응 : $(CH_3)_3Al + 3H_2O \rightarrow Al(OH)_3 + 3CH_4$
 – 공기와 반응 : $2(CH_3)_3Al + 12O_2 \rightarrow Al_2O_3 + 3CO_2 + 9H_2O$

• 트라이에틸알루미늄
 – 물과 반응 : $(C_2H_5)_3Al + 3H_2O \rightarrow Al(OH)_3 + 3C_2H_6$
 – 공기와 반응 : $2(C_2H_5)_3Al + 21O_2 \rightarrow Al_2O_3 + 12CO_2 + 15H_2O$

정답

(1) $(CH_3)_3Al + 3H_2O \rightarrow Al(OH)_3 + 3CH_4$

(2) $(C_2H_5)_3Al + 3H_2O \rightarrow Al(OH)_3 + 3C_2H_6$

09 제5류 위험물인 피크르산의 구조식과 품명, 지정수량을 쓰시오.

(1) 구조식

(2) 품 명

(3) 지정수량

해설

제5류 위험물

종 류	트라이나이트로페놀(피크르산)	트라이나이트로톨루엔(TNT)
시성식	$C_6H_2OH(NO_2)_3$	$C_6H_2CH_3(NO_2)_3$
구조식		
품 명	나이트로화합물	나이트로화합물
지정수량	200kg	200kg

정답

(1)

(2) 나이트로화합물

(3) 200kg

10 옥외탱크저장소의 방유제에 대한 설명이다. 〈보기〉를 참고하여 다음 물음에 답하시오.

> ┤보기├─
> 옥외탱크저장소의 2기 사이에는 둑이 하나 설치되어 있다.
> ⓐ 내용적 5,000만L에 휘발유 3,000만L 저장탱크
> ⓑ 내용적 1억2,000만L에 경유 8,000만L 저장탱크

(1) ⓐ의 옥외저장탱크 최대저장량(m³)은 얼마인가?
(2) 옥외탱크저장소 방유제의 최소용량(m³)은 얼마인가?(공간용적은 10%로 계산)
(3) 탱크 사이에 있는 공작물의 명칭은?

정답
(1) 47,500m³
(2) 118,800m³
(3) 간막이 둑

해설
옥외탱크저장소의 방유제
• 저장탱크의 공간용적은 5~10%이므로 최대저장량은
  50,000,000L × 0.95(5%) = 47,500,000L = 47,500m³
• 방유제의 최소용량
  120,000,000L × 0.9(10%) = 108,000,000L = 108,000m³
  방유제의 용량은 하나의 방유제 안에 여러 개의 탱크가 있을 때에는 최대탱크용량의 110%이므로 108,000m³ × 1.1 = 118,800m³
• 용량이 1,000L 이상인 옥외저장탱크의 주위에 설치하는 방유제의 간막이 둑의 규정
  – 간막이 둑의 높이는 0.3m(방유제 내에 설치되는 옥외저장탱크의 용량의 합계가 2억L를 넘는 방유제에 있어서는 1m) 이상으로 하되 방유제의 높이보다 0.2m 이상 낮게 할 것
  – 간막이 둑은 흙 또는 철근콘크리트로 할 것
  – 간막이 둑의 용량은 간막이 둑 안에 설치된 탱크 용량의 10% 이상일 것

11 벤젠 16g이 증기로 될 경우 70℃, 1atm 상태에서는 부피는 몇 L가 되겠는가?

정답
5.77L

해설
이상기체 상태방정식
$$PV = \frac{W}{M}RT, \quad V = \frac{WRT}{PM}$$

여기서, P : 압력(1atm) V : 부피(L)
W : 무게(16g) M : 분자량($C_6H_6 = 78$)
R : 기체상수(0.08205L · atm/g-mol · K) T : 절대온도(273 + 70℃ = 343K)

$$\therefore V = \frac{WRT}{PM} = \frac{16g \times 0.08205L \cdot atm/g-mol \cdot K \times 343K}{1atm \times 78g/g-mol} = 5.77L$$

12 탄화칼슘 32g이 물과 반응하여 생성되는 기체가 완전 연소하기 위하여 필요한 산소의 부피(L)를 계산하시오(단, 표준상태이다).

정답

28L

해설

• 아세틸렌의 무게

$CaC_2 + 2H_2O \rightarrow Ca(OH)_2 + C_2H_2$

64g ⎯⎯⎯⎯⎯ 26g
32g ⎯⎯⎯⎯⎯ x

$\therefore x = \dfrac{32g \times 26g}{64g} = 13g$

• 산소의 부피

$2C_2H_2 \ + \ 5O_2 \ \rightarrow \ 4CO_2 \ + \ 2H_2O$

$2 \times 26g$ ⎯⎯ $5 \times 22.4L$
13g ⎯⎯ x

$\therefore x = \dfrac{13g \times 5 \times 22.4L}{2 \times 26g} = 28L$

※ 표준상태(0℃, 1atm)에서 기체 1g-mol이 차지하는 부피 : 22.4L

※ 표준상태(0℃, 1atm)에서 기체 1kg-mol이 차지하는 부피 : 22.4m³

13 다음 〈보기〉에서 불활성가스소화설비에 적응성이 있는 위험물을 모두 쓰시오.

┤보기├

(1) 제1류 위험물 중 알칼리금속과산화물 등
(2) 제2류 위험물 중 인화성 고체
(3) 제3류 위험물 중 금수성 물품
(4) 제4류 위험물
(5) 제5류 위험물
(6) 제6류 위험물

정답

(2) 제2류 위험물 인화성 고체
(4) 제4류 위험물

해설

가스계소화설비(불활성가스소화설비, 할로겐화합물소화설비, 분말소화설비)의 적응성

대상물의 구분 / 소화설비의 구분			건축물·그 밖의 공작물	전기설비	제1류 위험물		제2류 위험물			제3류 위험물		제4류 위험물	제5류 위험물	제6류 위험물
					알칼리금속과산화물 등	그 밖의 것	철분·금속분·마그네슘 등	인화성 고체	그 밖의 것	금수성 물품	그 밖의 것			
물분무등소화설비	물분무소화설비		○	○		○		○	○		○	○	○	○
	포소화설비		○			○		○	○		○	○	○	○
	불활성가스소화설비			○				○				○		
	할로겐화합물소화설비			○				○				○		
	분말소화설비	인산염류 등	○	○		○		○	○			○		○
		탄산수소염류 등		○	○		○	○		○		○		
		그 밖의 것			○		○			○				

※ 불활성가스소화설비의 적응성 위험물
• 제2류 위험물 인화성 고체
• 제4류 위험물

14 위험물 운반에 관한 기준에서 다음 표에 혼재가 가능한 위험물은 ○, 혼재가 불가능한 위험물은 ×로 표시하시오(단, 지정수량이 1/10을 초과하는 위험물에 적용하는 경우이다).

구 분	제1류	제2류	제3류	제4류	제5류	제6류
제1류		×	×		×	
제2류			×		○	
제3류		×			×	
제4류		○	○		○	
제5류		○	×			
제6류		×	×		×	

운반 시 위험물의 혼재 가능 기준

구 분	제1류	제2류	제3류	제4류	제5류	제6류
제1류		×	×	×	×	○
제2류	×		×	○	○	×
제3류	×	×		○	×	×
제4류	×	○	○		○	×
제5류	×	○	×	○		×
제6류	○	×	×	×	×	

운반 시 혼재 가능

구 분	제1류	제2류	제3류	제4류	제5류	제6류
제1류		×	×	×	×	○
제2류	×		×	○	○	×
제3류	×	×		○	×	×
제4류	×	○	○		○	×
제5류	×	○	×	○		×
제6류	○	×	×	×	×	

• 제1류 위험물 + 제6류 위험물
• 제3류 위험물 + 제4류 위험물
• 제5류 위험물 + 제2류 위험물 + 제4류 위험물

15 위험물안전관리법령에 따른 위험물의 저장 및 취급기준이다. 다음 〈보기〉의 빈칸을 채우시오.

┤보기├
(1) 제( )류 위험물은 불티, 불꽃, 고온체와의 접근이나 과열, 충격 또는 마찰을 피해야 한다.
(2) 제( )류 위험물은 가연물과의 접촉·혼합이나 분해를 촉진하는 물품과의 접근 또는 과열을 피해야 한다.
(3) 제( )류 위험물은 불티, 불꽃, 고온체와의 접근 또는 과열을 피하고, 함부로 증기를 발생시키지 않아야 한다.

해설

유별 저장 및 취급의 공통기준
• 제1류 위험물 : 가연물과의 접촉, 혼합이나 분해를 촉진하는 물품과의 접근 또는 과열, 충격, 마찰 등을 피하는 한편, 알칼리금속의 과산화물 및 이를 함유한 것에 있어서는 물과의 접촉을 피해야 한다.
• 제2류 위험물 : 산화제와의 접촉, 혼합이나 불티, 불꽃, 고온체와의 접근 또는 과열을 피하는 한편, 철분, 금속분, 마그네슘 및 이를 함유한 것에 있어서는 물이나 산과의 접촉을 피하고 인화성고체에 있어서는 함부로 증기를 발생시키지 않아야 한다.
• 제3류 위험물 : 자연발화성 물품에 있어서는 불티, 불꽃 또는 고온체와의 접근·과열 또는 공기와의 접촉을 피하고, 금수성 물품에 있어서는 물과의 접촉을 피해야 한다.
• 제4류 위험물 : 불티, 불꽃, 고온체와의 접근 또는 과열을 피하고, 함부로 증기를 발생시키지 않아야 한다.
• 제5류 위험물 : 불티, 불꽃, 고온체와의 접근이나 과열, 충격 또는 마찰을 피해야 한다.
• 제6류 위험물 : 가연물과의 접촉·혼합이나 분해를 촉진하는 물품과의 접근 또는 과열을 피해야 한다.

16 제4류 위험물인 아세트알데하이드에 대하여 다음 물음에 답하시오.

(1) 압력탱크가 아닌 옥외저장탱크에 저장할 경우 온도를 쓰시오.

(2) 아세트알데하이드의 연소범위가 4.0~60%일 경우 위험도를 구하시오.

(3) 아세트알데하이드가 공기 중에서 산화 시 생성되는 물질의 명칭을 쓰시오.

해설

아세트알데하이드

① 저장 기준

　㉠ 옥외저장탱크 · 옥내저장탱크 또는 지하저장탱크 중 압력탱크 외의 탱크에 저장
　　• 산화프로필렌, 다이에틸에터 : 30℃ 이하
　　• 아세트알데하이드 : 15℃ 이하
　㉡ 옥외저장탱크 · 옥내저장탱크 또는 지하저장탱크 중 압력탱크에 저장
　　• 아세트알데하이드 등 또는 다이에틸에터 등 : 40℃ 이하
　㉢ 아세트알데하이드 등 또는 다이에틸에터 등을 이동저장탱크에 저장
　　• 보랭장치가 있는 경우 : 비점 이하
　　• 보랭장치가 없는 경우 : 40℃ 이하

② 위험도

$$위험도 = \frac{상한값 - 하한값}{하한값} = \frac{60 - 4.0}{4.0} = 14$$

③ 에틸알코올을 산화하면 아세트알데하이드가 되고 다시 산화하면 초산(아세트산)이 된다.

$$C_2H_5OH \underset{환\ 원}{\overset{산\ 화}{\rightleftarrows}} CH_3CHO \underset{환\ 원}{\overset{산\ 화}{\rightleftarrows}} CH_3COOH$$

정답

(1) 15℃ 이하

(2) 14

(3) 초 산

17 다음은 제5류 위험물의 품명이다. 〈보기〉에서 위험등급에 맞게 분류하시오(단, 없으면 "해당없음"이라고 표시할 것).

┌─보기─────────────────────────────────┐
│ 질산에스터류, 하이드라진 유도체, 하이드록실아민, 나이트로화합물,
│ 아조화합물, 유기과산화물
└──────────────────────────────────────┘

(1) 위험등급 I : 질산에스터류, 유기과산화물
(2) 위험등급 II : 하이드라진 유도체, 하이드록실아민, 나이트로화합물, 아조화합물

해설
위험물의 위험등급
① 위험등급 I 의 위험물
 ㉠ 제1류 위험물 중 아염소산염류, 염소산염류, 과염소산염류, 무기과산화물, 지정수량이 50kg인 위험물
 ㉡ 제3류 위험물 중 칼륨, 나트륨, 알킬알루미늄, 알킬리튬, 황린, 지정수량이 10kg인 위험물
 ㉢ 제4류 위험물 중 특수인화물
 ㉣ 제5류 위험물 중 유기과산화물, 질산에스터류, 지정수량이 10kg인 위험물
 ㉤ 제6류 위험물
② 위험등급 II 의 위험물
 ㉠ 제1류 위험물 중 브롬산염류, 질산염류, 아이오딘산염류, 지정수량이 300kg인 위험물
 ㉡ 제2류 위험물 중 황화인, 적린, 유황, 지정수량이 100kg인 위험물
 ㉢ 제3류 위험물 중 알칼리금속(칼륨, 나트륨 제외) 및 알칼리토금속, 유기금속화합물(알킬알루미늄 및 알킬리튬은 제외), 지정수량이 50kg인 위험물
 ㉣ 제4류 위험물 중 제1석유류, 알코올류
 ㉤ 제5류 위험물 중 위험등급 I 에 정하는 위험물 외의 것
③ 위험등급 III의 위험물 : ① 및 ②에 정하지 않은 위험물

18 염소산칼륨이 담긴 용기에 적린을 넣고 충격을 가하니 폭발하였다. 다음 물음에 답하시오.

(1) 적린과 염소산칼륨이 혼촉하여 폭발하는 반응식을 쓰시오.

(2) 위 반응에서 생성되는 물질이 물과 반응하여 생성되는 물질의 명칭을 쓰시오.

(1) $6P + 5KClO_3 \rightarrow 3P_2O_5 + 5KCl$
(2) 인 산

해설
염소산칼륨과 적린
• 적린과 염소산칼륨의 반응식 : $6P + 5KClO_3 \rightarrow 3P_2O_5 + 5KCl$
• 오산화인과 물과 반응식 : $P_2O_5 + 3H_2O \rightarrow 2H_3PO_4$
• 명 칭

종 류	$KClO_3$	P_2O_5	KCl	H_3PO_4
명 칭	염소산칼륨	오산화인	염화칼륨	인 산

19 제1종 판매취급소의 배합실 기준에 대한 설명이다. 다음 〈보기〉의
( ) 안에 적당한 말을 쓰시오.

┌ 보기 ┐

(1) 바닥면적은 ( )m² 이상 ( )m² 이하로 할 것
(2) ( ) 또는 ( )로 된 벽으로 구획할 것
(3) 바닥은 위험물이 침투하지 않는 구조로 하여 적당한 경사를 두고
( )를 할 것
(4) 출입구에는 수시로 열 수 있는 자동폐쇄식의 ( )을 설치할 것
(5) 출입구 문턱의 높이는 바닥면으로부터 ( )m 이상으로 할 것

정답

(1) 6, 15
(2) 내화구조, 불연재료
(3) 집유설비
(4) 60분+방화문
(5) 0.1

해설

제1종 판매취급소의 위험물을 배합하는 실의 기준
• 바닥면적은 6m² 이상 15m² 이하일 것
• 내화구조 또는 불연재료로 된 벽으로 구획할 것
• 바닥은 위험물이 침투하지 않는 구조로 하여 적당한 경사를 두고 집유설비를 할 것
• 출입구에는 수시로 열 수 있는 자동폐쇄식의 60분+방화문을 설치할 것
• 출입구 문턱의 높이는 바닥면으로부터 0.1m 이상으로 할 것
• 내부에 체류한 가연성의 증기 또는 가연성의 미분을 지붕 위로 방출하는 설비를
할 것

20 다음은 인화점 측정시험에 대한 설명이다. 〈보기〉의 (   ) 안에 적당한 답을 쓰시오.

┌─보기├─────────────────────────────────────

(1) (   ) 인화점측정기
 • 시험장소는 1기압, 무풍의 장소로 할 것
 • 시료컵을 설정 온도까지 가열 또는 냉각하여 시험물품(설정온도가 상온보다 낮은 온도인 경우에는 설정 온도까지 냉각한 것) 2mL를 시료컵에 넣고 즉시 뚜껑 및 개폐기를 닫을 것

(2) (   ) 인화점측정기
 • 시험장소는 1기압, 무풍의 장소로 할 것
 • 시료컵에 시험물품 50cm³를 넣고 시험물품의 표면의 기포를 제거한 후 뚜껑을 덮을 것

(3) (   ) 인화점측정기
 • 시험장소는 1기압, 무풍의 장소로 할 것
 • 시료컵의 표선까지 시험물품을 채우고 시험물품의 표면의 기포를 제거할 것
 • 시험불꽃을 점화하고 화염의 크기를 직경이 4mm가 되도록 조정할 것

───

정답
(1) 신속평형법
(2) 태그 밀폐식
(3) 클리블랜드 개방컵

해설

인화점 측정시험(위험물안전관리에 관한 세부기준 제14~16조)
(1) 태그 밀폐식 인화점측정기에 의한 인화점 측정시험
 ① 시험장소는 1기압, 무풍의 장소로 할 것
 ② 원유 및 석유 제품 인화점 시험방법 – 태그 밀폐식 시험방법(KS M 2010)에 의한 인화점측정기의 시료컵에 시험물품 50cm³를 넣고 시험물품의 표면의 기포를 제거한 후 뚜껑을 덮을 것
 ③ 시험불꽃을 점화하고 화염의 크기를 직경이 4mm가 되도록 조정할 것
 ④ 시험물품의 온도가 60초간 1℃의 비율로 상승하도록 수조를 가열하고 시험물품의 온도가 설정온도보다 5℃ 낮은 온도에 도달하면 개폐기를 작동하여 시험불꽃을 시료컵에 1초간 노출시키고 닫을 것. 이 경우 시험불꽃을 급격히 상하로 움직이지 않아야 한다.
 ⑤ ④의 방법에 의하여 인화하지 않는 경우에는 시험물품의 온도가 0.5℃ 상승할 때마다 개폐기를 작동하여 시험불꽃을 시료컵에 1초간 노출시키고 닫는 조작을 인화할 때까지 반복할 것
 ⑥ ⑤의 방법에 의하여 인화한 온도가 60℃ 미만의 온도이고 설정온도와의 차가 2℃를 초과하지 않는 경우에는 해당 온도를 인화점으로 할 것
 ⑦ ④의 방법에 의하여 인화한 경우 및 ⑤의 방법에 의하여 인화한 온도와 설정온도와의 차가 2℃를 초과하는 경우에는 ② 내지 ⑤에 의한 방법으로 반복하여 실시할 것
 ⑧ ⑤의 방법 및 ⑦의 방법에 의하여 인화한 온도가 60℃ 이상의 온도인 경우에는 ⑨ 내지 ⑬의 순서에 의하여 실시할 것
 ⑨ ② 및 ③과 같은 순서로 실시할 것

⑩ 시험물품의 온도가 60초간 3℃의 비율로 상승하도록 수조를 가열하고 시험물품의 온도가 설정온도보다 5℃ 낮은 온도에 도달하면 개폐기를 작동하여 시험불꽃을 시료컵에 1초간 노출시키고 닫을 것. 이 경우 시험불꽃을 급격히 상하로 움직이지 않아야 한다.

⑪ ⑩의 방법에 의하여 인화하지 않는 경우에는 시험물품의 온도가 1℃ 상승마다 개폐기를 작동하여 시험불꽃을 시료컵에 1초간 노출시키고 닫는 조작을 인화할 때까지 반복할 것

⑫ ⑪의 방법에 의하여 인화한 온도와 설정온도와의 차가 2℃를 초과하지 않는 경우에는 해당 온도를 인화점으로 할 것

⑬ ⑩의 방법에 의하여 인화한 경우 및 ⑪의 방법에 의하여 인화한 온도와 설정온도와의 차가 2℃를 초과하는 경우에는 ⑨ 내지 ⑪과 같은 순서로 반복하여 실시할 것

(2) 신속평형법 인화점 측정기에 의한 인화점 측정시험
① 시험장소는 1기압, 무풍의 장소로 할 것
② 신속평형법인화점측정기의 시료컵을 설정온도까지 가열 또는 냉각하여 시험물품(설정온도가 상온보다 낮은 온도인 경우에는 설정온도까지 냉각한 것) 2mL를 시료컵에 넣고 즉시 뚜껑 및 개폐기를 닫을 것
③ 시료컵의 온도를 1분간 설정온도로 유지할 것
④ 시험불꽃을 점화하고 화염의 크기를 직경 4mm가 되도록 조정할 것
⑤ 1분 경과 후 개폐기를 작동하여 시험불꽃을 시료컵에 2.5초간 노출시키고 닫을 것. 이 경우 시험불꽃을 급격히 상하로 움직이지 않아야 한다.
⑥ ⑤의 방법에 의하여 인화한 경우에는 인화하지 않을 때까지 설정온도를 낮추고, 인화하지 않는 경우에는 인화할 때까지 설정온도를 높여 ② 내지 ⑤의 조작을 반복하여 인화점을 측정할 것

(3) 클리블랜드 개방컵 인화점 측정기에 의한 인화점 측정시험
① 시험장소는 1기압, 무풍의 장소로 할 것
② 인화점 및 연소점 시험방법 – 클리블랜드 개방컵 시험방법(KS M ISO 2592)에 의한 인화점측정기의 시료컵 표선(標線)까지 시험물품을 채우고 시험물품 표면의 기포를 제거할 것
③ 시험불꽃을 점화하고 화염의 크기를 직경 4mm가 되도록 조정할 것
④ 시험물품의 온도가 60초간 14℃의 비율로 상승하도록 가열하고 설정온도보다 55℃ 낮은 온도에 달하면 가열을 조절하여 설정온도보다 28℃ 낮은 온도에서 60초간 5.5℃의 비율로 온도가 상승하도록 할 것
⑤ 시험물품의 온도가 설정온도보다 28℃ 낮은 온도에 달하면 시험불꽃을 시료컵의 중심을 횡단하여 일직선으로 1초간 통과시킬 것. 이 경우 시험불꽃의 중심을 시료컵 위쪽 가장자리의 상방 2mm 이하에서 수평으로 움직여야 한다.
⑥ ⑤의 방법에 의하여 인화하지 않는 경우에는 시험물품의 온도가 2℃ 상승할 때마다 시험불꽃을 시료컵의 중심을 횡단하여 일직선으로 1초간 통과시키는 조작을 인화할 때까지 반복할 것
⑦ ⑥의 방법에 의하여 인화한 온도와 설정온도와의 차가 4℃를 초과하지 않는 경우에는 해당 온도를 인화점으로 할 것
⑧ ⑤의 방법에 의하여 인화한 경우 및 ⑥의 방법에 의하여 인화한 온도와 설정온도와의 차가 4℃를 초과하는 경우에는 ② 내지 ⑥과 같은 순서로 반복하여 실시할 것

2020년 제3회 과년도 기출복원문제

01 과산화나트륨 1kg이 물과 반응할 때 생성된 기체는 350℃, 1atm에서 체적은 몇 L인지 계산하시오.

> **해설**
> 생성되는 기체의 부피
> $2Na_2O_2 + 2H_2O \rightarrow 4NaOH + O_2$
> 2×78g ⟍ 32g
> 1,000g ⟋ x
> $\therefore x = \dfrac{1,000g \times 32g}{2 \times 78g} = 205.13g$
>
> 이상기체 상태방정식
> $PV = \dfrac{W}{M}RT, \quad V = \dfrac{WRT}{PM}$
>
> 여기서, P : 압력(1atm), V : 부피(L)
> $\quad\quad\quad W$: 무게(205.13g), M : 분자량(O_2 = 32g/g-mol)
> $\quad\quad\quad R$: 기체상수(0.08205L · atm/g-mol · K)
> $\quad\quad\quad T$: 절대온도(350℃ + 273 = 623K)
> $\therefore V = \dfrac{WRT}{PM} = \dfrac{205.13g \times 0.08205L \cdot atm/g-mol \cdot K \times 623K}{1atm \times 32g/g-mol} = 327.68L$

02 제1류 위험물인 질산칼륨에 대하여 다음 물음에 답하시오.

(1) 품 명

(2) 지정수량

(3) 위험등급

(4) 제조소 등의 표지판에 설치해야 하는 주의사항(단, 필요 없으면 "해당없음"으로 표기할 것)

(5) 질산칼륨이 분해할 때 산소가 생성되는 분해반응식

(1) 질산염류
(2) 300kg
(3) 위험등급 II
(4) 해당없음
(5) $2KNO_3 \rightarrow 2KNO_2 + O_2$

해설
• 질산칼륨의 물성

화학식	품 명	지정수량	분자량	비 중	위험등급
KNO_3	질산염류	300kg	101	2.1	II등급

• 제조소의 주의사항

위험물의 종류	주의사항	게시판의 색상
• 제1류 위험물 중 알칼리금속의 과산화물 • 제3류 위험물 중 금수성 물질	물기엄금	청색바탕에 백색문자
제2류 위험물(인화성 고체는 제외)	화기주의	적색바탕에 백색문자
• 제2류 위험물 중 인화성 고체 • 제3류 위험물 중 자연발화성 물질 • 제4류 위험물 • 제5류 위험물	화기엄금	적색바탕에 백색문자
• 알칼리금속의 과산화물 외의 제1류 위험물 (질산칼륨) • 제6류 위험물	별도로 표기할 필요 없다.	

• 질산칼륨의 분해반응식 : $2KNO_3 \rightarrow 2KNO_2 + O_2$

03 제4류 위험물 중 수용성인 위험물을 〈보기〉에서 골라 적으시오.

┌ 보기 ┐
① 휘발유   ② 벤 젠
③ 톨루엔   ④ 클로로벤젠
⑤ 아세트알데하이드   ⑥ 아세톤
⑦ 메틸알코올
└─────────────────────┘

해설

수용성 위험물
• 위험물안전관리법령상 수용성인 것

휘발유	벤 젠	톨루엔	클로로벤젠	아세트알데하이드	아세톤	메틸알코올
제1석유류	제1석유류	제1석유류	제2석유류	특수인화물	제1석유류	알코올류
비수용성	비수용성	비수용성	비수용성	구분 없음	수용성	구분 없음

• 일반화학에서 수용성인 것

휘발유	벤 젠	톨루엔	클로로벤젠	아세트알데하이드	아세톤	메틸알코올
비수용성	비수용성	비수용성	비수용성	수용성	수용성	수용성

※ 위험물안전관리법령으로 답을 하면 아세톤 1개만 수용성 위험물이다.

04 제4류 위험물의 인화점에 관한 내용이다. 다음 ( ) 안에 알맞은 숫자를 쓰시오.

• 제1석유류는 인화점이 (①)℃ 미만이다.
• 제2석유류는 인화점이 (①)℃ 이상 (②) 미만이다.
• 제3석유류는 인화점이 (②)℃ 이상 (③) 미만이다.
• 제4석유류는 인화점이 (③)℃ 이상 (④) 미만이다.

해설

제4류 위험물의 분류
• 특수인화물
  – 1기압에서 발화점이 100℃ 이하인 것
  – 인화점이 영하 20℃ 이하이고 비점이 40℃ 이하인 것
• 제1석유류 : 1기압에서 인화점이 21℃ 미만인 것
• 제2석유류 : 1기압에서 인화점이 21℃ 이상 70℃ 미만인 것
• 제3석유류 : 1기압에서 인화점이 70℃ 이상 200℃ 미만인 것
• 제4석유류 : 1기압에서 인화점이 200℃ 이상 250℃ 미만인 것

05 제1종 분말소화약제가 270℃와 850℃에서 분해할 때 열분해 반응식을 쓰시오.

[해설]
열분해 반응식
• 제1종 분말
 - 1차 분해반응식(270℃) : $2NaHCO_3 \rightarrow Na_2CO_3 + CO_2 + H_2O$
 - 2차 분해반응식(850℃) : $2NaHCO_3 \rightarrow Na_2O + 2CO_2 + H_2O$
• 제2종 분말
 - 1차 분해반응식(190℃) : $2KHCO_3 \rightarrow K_2CO_3 + CO_2 + H_2O$
 - 2차 분해반응식(590℃) : $2KHCO_3 \rightarrow K_2O + 2CO_2 + H_2O$
• 제3종 분말
 - 1차 분해반응식(190℃) : $NH_4H_2PO_4 \rightarrow NH_3 + H_3PO_4$
  (인산, 오쏘인산)
 - 2차 분해반응식(215℃) : $2H_3PO_4 \rightarrow H_2O + H_4P_2O_7$
  (피로인산)
 - 3차 분해반응식(300℃) : $H_4P_2O_7 \rightarrow H_2O + 2HPO_3$
  (메타인산)
• 제4종 분말 : $2KHCO_3 + (NH_2)_2CO \rightarrow K_2CO_3 + 2NH + 2CO_2$

[정답]
(1) 1차 분해반응식(270℃)
  $2NaHCO_3 \rightarrow Na_2CO_3 + CO_2 + H_2O$
(2) 2차 분해반응식(850℃)
  $2NaHCO_3 \rightarrow Na_2O + 2CO_2 + H_2O$

06 다음 〈보기〉에서 제6류 위험물이 될 수 있는 조건을 농도 및 비중으로 설명하시오(단, 없으면 "해당없음"이라고 표기할 것).

┌ 보기 ┐
(1) 과산화수소
(2) 과염소산
(3) 질 산
└────────┘

[해설]
제6류 위험물이 될 수 있는 조건
• 과산화수소 : 농도가 36wt% 이상인 것
• 질산 : 비중이 1.49 이상인 것

[정답]
(1) 농도가 36wt% 이상인 것
(2) 해당없음
(3) 비중이 1.49 이상인 것

07 제3류 위험물인 트라이메틸알루미늄과 트라이에틸알루미늄에 대하여 알맞은 답을 쓰시오.

(1) 트라이메틸알루미늄과 물의 반응식을 쓰시오.

(2) 트라이메틸알루미늄의 연소반응식을 쓰시오.

(3) 트라이에틸알루미늄과 물의 반응식을 쓰시오.

(4) 트라이에틸알루미늄의 연소반응식을 쓰시오.

해설

알킬알루미늄의 반응식

• 트라이메틸알루미늄
 – 물과 반응 : $(CH_3)_3Al + 3H_2O \rightarrow Al(OH)_3 + 3CH_4$
 – 연소반응식 : $2(CH_3)_3Al + 12O_2 \rightarrow Al_2O_3 + 6CO_2 + 9H_2O$
 – 메틸알코올과의 반응식 : $(CH_3)_3Al + 3CH_3OH \rightarrow (CH_3O)_3Al + 3CH_4$
• 트라이에틸알루미늄
 – 물과 반응 : $(C_2H_5)_3Al + 3H_2O \rightarrow Al(OH)_3 + 3C_2H_6$
 – 연소반응식 : $2(C_2H_5)_3Al + 21O_2 \rightarrow Al_2O_3 + 12CO_2 + 15H_2O$
 – 메틸알코올과의 반응식 : $(C_2H_5)_3Al + 3CH_3OH \rightarrow (CH_3O)_3Al + 3C_2H_6$

정답

(1) $(CH_3)_3Al + 3H_2O \rightarrow Al(OH)_3 + 3CH_4$

(2) $2(CH_3)_3Al + 12O_2 \rightarrow Al_2O_3 + 6CO_2 + 9H_2O$

(3) $(C_2H_5)_3Al + 3H_2O \rightarrow Al(OH)_3 + 3C_2H_6$

(4) $2(C_2H_5)_3Al + 21O_2 \rightarrow Al_2O_3 + 12CO_2 + 15H_2O$

08 위험물안전관리법령상 지하탱크저장소의 구조에 대한 설명이다. 다음 물음에 답하시오.

(1) 탱크전용실 벽의 두께는 몇 m 이상으로 하는지 쓰시오.

(2) 통기관은 지면으로부터 몇 m 이상의 높이에 설치하는지 쓰시오.

(3) 액체위험물의 누설을 검사하기 위한 관을 몇 개소 이상 설치하는지 쓰시오.

(4) 저장탱크와 탱크전용실 안쪽과의 사이에 어떤 물질로 채워야 하는지 쓰시오.

(5) 지하저장탱크의 윗부분은 지면으로부터 몇 m 이상 아래에 있어야 하는지 쓰시오.

(1) 0.3m 이상

(2) 4m 이상

(3) 4개소 이상

(4) 마른모래 또는 입자지름 5mm 이하의 마른 자갈분

(5) 0.6m 이상

해설

지하탱크저장소의 구조

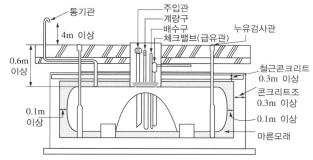

- 탱크전용실 벽의 두께 : 0.3m 이상
- 통기관의 끝부분은 건축물의 창·출입구 등의 개구부로부터 1m 이상 떨어진 옥외의 장소에 지면으로부터 4m 이상의 높이로 설치해야 한다.
- 액체위험물의 누설을 검사하기 위한 관을 4개소 이상 설치해야 한다.
- 탱크전용실은 지하의 가장 가까운 벽·피트·가스관 등의 시설물 및 대지경계선으로부터 0.1m 이상 떨어진 곳에 설치하고, 지하저장탱크와 탱크전용실 안쪽과의 사이는 0.1m 이상의 간격을 유지하도록 하며, 해당 탱크의 주위에 마른 모래 또는 습기 등에 의하여 응고되지 않는 입자지름 5mm 이하의 마른 자갈분을 채워야 한다.
- 지하저장탱크의 윗부분은 지면으로부터 0.6m 이상 아래에 있어야 한다.

09 위험물안전관리법령에서 정한 소화설비의 적응성이 있는 것을 다음 〈보기〉의 위험물을 모두 골라 쓰시오.

┌─보기───┐
│ • 제1류 위험물 중 알칼리금속의 과산화물   │
│ • 제2류 위험물 중 인화성 고체   │
│ • 제3류 위험물(금수성 물질은 제외)   │
│ • 제4류 위험물   │
│ • 제5류 위험물   │
│ • 제6류 위험물   │
└──┘

(1) 불활성가스소화설비

(2) 옥외소화전설비

(3) 포소화설비

정답

(1) 제2류 위험물 중 인화성 고체, 제4류 위험물

(2) 제2류 위험물 중 인화성 고체, 제3류 위험물(금수성 물질은 제외), 제5류 위험물, 제6류 위험물

(3) 제2류 위험물 중 인화성 고체, 제3류 위험물(금수성 물질은 제외), 제4류 위험물, 제5류 위험물, 제6류 위험물

해설

소화설비의 적응성

소화설비의 구분		대상물의 구분 → 건축물·그 밖의 공작물	전기설비	제1류 위험물 알칼리금속과산화물 등	제1류 위험물 그 밖의 것	제2류 위험물 철분·금속분·마그네슘 등	제2류 위험물 인화성 고체	제2류 위험물 그 밖의 것	제3류 위험물 금수성 물품	제3류 위험물 그 밖의 것	제4류 위험물	제5류 위험물	제6류 위험물
옥내소화전설비 또는 옥외소화전설비		○			○		○	○		○		○	○
스프링클러설비		○			○		○	○		○	△	○	○
물분무등소화설비	물분무소화설비	○	○		○		○	○		○	○	○	○
	포소화설비	○			○		○	○		○	○	○	○
	불활성가스소화설비		○				○				○		
	할로겐화합물소화설비		○				○				○		
분말소화설비	인산염류 등	○	○		○		○	○			○		○
	탄산수소염류 등		○	○		○	○		○		○		
	그 밖의 것			○		○			○				

10 다음 위험물 원통형 탱크의 용량(m³)을 구하시오(단, 탱크의 공간용적은 10/100이다).

 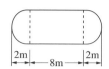

(1) 탱크의 내용적을 계산하시오.

(2) 탱크의 용량을 계산하시오.

해설
탱크의 용량

• 내용적 $= \pi r^2 \left(l + \dfrac{l_1 + l_2}{3} \right) = \pi \times (3\text{m})^2 \times \left(8\text{m} + \dfrac{2\text{m} + 2\text{m}}{3} \right) = 263.89 \text{ m}^3$

• 공간용적 $= 263.89\text{m}^3 \times 0.1 = 26.389\text{m}^3$

∴ 탱크의 용량 = 내용적 − 공간용적 $= 263.89\text{m}^3 - 26.389\text{m}^3 = 237.501\text{m}^3$

정답

(1) 263.89m³

(2) 237.50m³

11 위험물안전관리법령에 따른 옥내저장소의 기준이다. 다음 물음에 답하시오.

- 옥내저장소에서 동일 품명의 위험물이더라도 자연발화할 우려가 있는 위험물 또는 재해가 현저하게 증대할 우려가 있는 위험물을 다량 저장하는 경우에는 지정수량의 10배 이하마다 구분하여 상호 간 (①)m 이상의 간격을 두어 저장해야 한다.
- 기계에 의하여 하역하는 구조로 된 용기만을 겹쳐 쌓는 경우 (②)m의 높이를 초과하지 않아야 한다.
- 제4류 위험물 중 제3석유류, 제4석유류, 동식물유류를 수납하는 용기만을 겹쳐 쌓는 경우 (③)m의 높이를 초과하지 않아야 한다.
- 그 밖의 경우에는 (④)의 높이를 초과하지 않아야 한다.
- 옥내저장소에서는 용기에 수납하여 저장하는 위험물의 온도가 (⑤) ℃ 이하를 넘지 않도록 필요한 조치를 강구해야 한다.

정답
① 0.3
② 6
③ 4
④ 3
⑤ 55

해설

옥내저장소의 기준
- 옥내저장소에서 동일 품명의 위험물이더라도 자연발화할 우려가 있는 위험물 또는 재해가 현저하게 증대할 우려가 있는 위험물을 다량 저장하는 경우에는 지정수량의 10배 이하마다 구분하여 상호 간 0.3m 이상의 간격을 두어 저장해야 한다.
- 옥내저장소와 옥외저장소에 저장 시 높이(아래 높이를 초과하여 겹쳐 쌓지 말 것)
  - 기계에 의하여 하역하는 구조로 된 용기만을 겹쳐 쌓는 경우 : 6m
  - 제4류 위험물 중 제3석유류, 제4석유류, 동식물유류를 수납하는 용기만을 겹쳐 쌓는 경우 : 4m
  - 그 밖의 경우(특수인화물, 제1석유류, 제2석유류, 알코올류, 타류) : 3m
- 옥내저장소에서는 용기에 수납하여 저장하는 위험물의 온도 : 55℃ 이하

12 제4류 위험물의 동식물유는 아이오딘값에 따라 건성유, 반건성유, 불건성유로 분류하는데 〈보기〉에서 골라 구분하시오.

┌─ 보기 ────────────────────────────────┐
│ ① 아마인유   ② 야자유   │
│ ③ 들기름   ④ 쌀겨유   │
│ ⑤ 목화씨유   ⑥ 땅콩유   │
└──────────────────────────────────────┘

해설

동식물유류

종류＼항목	아이오딘값	반응성	불포화도	종류
건성유	130 이상	크다.	크다.	해바라기유, 동유, 아마인유, 들기름, 정어리기름
반건성유	100~130	중 간	중 간	채종유, 목화씨기름, 참기름, 콩기름, 쌀겨유
불건성유	100 이하	작다.	작다.	야자유, 올리브유, 피마자유, 동백유, 땅콩유

13 탄화알루미늄이 물과 반응하여 생성되는 기체에 대하여 다음 물음에 답하시오.

(1) 생성되는 기체의 연소반응식을 쓰시오.

(2) 생성되는 기체의 연소범위를 쓰시오.

(3) 생성되는 기체의 위험도를 계산하시오.

해설

탄화알루미늄과 물의 반응
• 반응식 : $Al_4C_3 + 12H_2O \rightarrow 4Al(OH)_3 + 3CH_4$
• 생성되는 메테인의 연소반응식 : $CH_4 + 2O_2 \rightarrow CO_2 + 2H_2O$
• 메테인의 연소범위 : 5.0~15%
• 메테인의 위험도(H)

$$H = \frac{U-L}{L}$$

여기서, U : 폭발상한값
       L : 폭발하한값

$$\therefore H = \frac{U-L}{L} = \frac{15-5}{5} = 2.0$$

14 다음 위험물과 물의 반응식을 쓰시오.

(1) K_2O_2

(2) Mg

(3) Na

해설

물과의 반응식
- 과산화칼륨(K_2O_2) : $2K_2O_2 + 2H_2O \rightarrow 4KOH + O_2 \uparrow$
- 마그네슘(Mg) : $Mg + 2H_2O \rightarrow Mg(OH)_2 + H_2 \uparrow$
- 나트륨(Na) : $2Na + 2H_2O \rightarrow 2NaOH + H_2 \uparrow$

정답

(1) $2K_2O_2 + 2H_2O \rightarrow 4KOH + O_2 \uparrow$

(2) $Mg + 2H_2O \rightarrow Mg(OH)_2 + H_2 \uparrow$

(3) $2Na + 2H_2O \rightarrow 2NaOH + H_2 \uparrow$

15 위험물안전관리법령에서 정한 제4류 위험물인 아세트알데하이드에 대하여 다음 물음에 답하시오.

(1) 시성식

(2) 증기비중

(3) 아세트알데하이드가 공기 중에서 산화 시 생성되는 위험물의 명칭과 시성식을 쓰시오.

해설

아세트알데하이드
- 물 성

화학식 (시성식)	지정수량	증기비중	비 점	인화점	착화점	연소범위
CH_3CHO	50L	1.52	21℃	-40℃	175℃	4.0~60%

※ 아세트알데하이드(CH_3CHO)의 분자량 = $12 + (1 \times 3) + 12 + 1 + 16 = 44$

∴ 증기비중 = $\dfrac{분자량}{29} = \dfrac{44}{29} = 1.517 ≒ 1.52$

- 알코올의 산화, 환원

$CH_3OH \underset{환원}{\overset{산화}{\rightleftarrows}} HCHO \underset{환원}{\overset{산화}{\rightleftarrows}} HCOOH$
(메틸알코올)　　　　(폼알데하이드)　　　　(폼산)

$C_2H_5OH \underset{환원}{\overset{산화}{\rightleftarrows}} CH_3CHO \underset{환원}{\overset{산화}{\rightleftarrows}} CH_3COOH$
(에틸알코올)　　　　(아세트알데하이드)　　　　(아세트산)

정답

(1) CH_3CHO

(2) 1.52

(3) 명칭 : 초산
　　시성식 : CH_3COOH

16 위험물안전관리법령에서 정한 불활성가스소화설비에 대하여 다음 물음에 답하시오.

(1) 이산화탄소를 방사하는 분사헤드 중 고압식의 방사압력은 (   )MPa 이상, 저압식의 경우에는 (   )MPa 이상일 것

(2) 저압식 저장용기에는 액면계 및 압력계와 (   )MPa 이상 (   )MPa 이하의 압력에서 작동하는 압력경보장치를 설치할 것

(3) 저압식 저장용기에는 용기 내부의 온도를 –(   )℃ 이상 –(   )℃ 이하로 유지할 수 있는 자동냉동기를 설치할 것

정답
(1) 2.1, 1.05
(2) 2.3, 1.9
(3) 20, 18

해설
불활성가스소화설비
• 분사헤드

구 분	전역방출방식			국소방출방식 (이산화탄소 사용)
	이산화탄소		불활성가스 IG–100, IG–55, IG–541	
	고압식	저압식		
방사 압력	2.1MPa 이상	1.05MPa 이상	1.9MPa 이상	고압식 : 2.1MPa 이상 저압식 : 1.05MPa 이상
방사 시간	60초 이내	60초 이내	95% 이상 60초 이내	30초 이내

• 저압식 저장용기에는 2.3MPa 이상의 압력 및 1.9MPa 이하의 압력에서 작동하는 압력 경보장치를 설치할 것
• 저압식 저장용기에는 용기내부의 온도를 –20℃ 이상 –18℃ 이하로 유지할 수 있는 자동냉동기를 설치할 것

17 제2류 위험물 중 황화인에 대하여 다음 물음에 답하시오.

(1) 삼황화인, 오황화인, 칠황화인 중에서 조해성이 있는 물질과 조해성이 없는 물질을 구분하시오.

(2) 황화인의 종류 중에서 발화점이 가장 낮은 물질의 명칭을 쓰시오.

(3) (2)의 물질에 대한 연소반응식을 쓰시오.

정답
(1) 조해성이 있는 물질 : 오황화인, 칠황화인
   조해성이 없는 물질 : 삼황화인
(2) 삼황화인
(3) $P_4S_3 + 8O_2 \rightarrow 2P_2O_5 + 3SO_2$

해설
황화인
• 조해성 여부

조해성이 있는 위험물	조해성이 없는 위험물
오황화인, 칠황화인	삼황화인

• 발화점

종 류	삼황화인	오황화인	칠황화인
발화점	약 100℃	142℃	–

• 삼황화인의 연소반응식 : $P_4S_3 + 8O_2 \rightarrow 2P_2O_5 + 3SO_2$

18 다음 위험물에 대하여 운반용기의 외부에 표시해야 하는 주의사항을 모두 쓰시오.

(1) 제2류 위험물 중 인화성 고체

(2) 제3류 위험물 중 금수성 물질

(3) 제4류 위험물

(4) 제5류 위험물

(5) 제6류 위험물

정답

(1) 화기엄금

(2) 물기엄금

(3) 화기엄금

(4) 화기엄금, 충격주의

(5) 가연물접촉주의

해설

운반용기의 외부에 표시하는 주의사항

종 류	표시 사항
제1류 위험물	• 알칼리금속의 과산화물 : 화기·충격주의, 물기엄금, 가연물접촉주의 • 그 밖의 것 : 화기·충격주의, 가연물접촉주의
제2류 위험물	• 철분, 금속분, 마그네슘 : 화기주의. 물기엄금 • 인화성 고체 : 화기엄금 • 그 밖의 것 : 화기주의
제3류 위험물	• 자연발화성 물질 : 화기엄금, 공기접촉엄금 • 금수성 물질 : 물기엄금
제4류 위험물	화기엄금
제5류 위험물	화기엄금, 충격주의
제6류 위험물	가연물접촉주의

19 다음 위험물의 화학식과 지정수량을 쓰시오.

(1) 과산화벤조일

(2) 과망가니즈산암모늄

(3) 인화아연

정답

(1) 화학식 : $(C_6H_5CO)_2O_2$, 지정수량 : 10kg

(2) 화학식 : NH_4MnO_4, 지정수량 : 1,000kg

(3) 화학식 : Zn_3P_2, 지정수량 : 300kg

해설

위험물의 화학식과 지정수량

종 류 항 목	과산화벤조일	과망가니즈산암모늄	인화아연
화학식	$(C_6H_5CO)_2O_2$	NH_4MnO_4	Zn_3P_2
품 명	유기과산화물	과망가니즈산염류	금속의 인화물
지정수량	10kg	1,000kg	300kg

20 제3류 위험물 중 물과 반응성이 없고 공기 중에서 반응하여 흰 연기를 발생하는 위험물에 대하여 다음 물음에 답하시오.

(1) 다음 위험물의 명칭을 쓰시오.

(2) (1)의 위험물을 저장하는 옥내저장소의 바닥면적은 몇 m^2 이하로 하는지 쓰시오.

(3) (1)의 위험물에 수산화칼륨과 같은 강알칼리성 용액과 반응하면 생성되는 맹독성가스의 화학식을 쓰시오.

> **해설**
> • 황린은 물과 반응성이 없고 공기 중에서 연소 시 오산화인의 흰 연기를 발생한다.
> $P_4 + 5O_2 \rightarrow 2P_2O_5$
> • 옥내저장소의 바닥면적

위험물을 저장하는 창고의 종류	바닥면적
① 제1류 위험물 중 아염소산염류, 염소산염류, 과염소산염류, 무기과산화물, 그 밖에 지정수량이 50kg인 위험물 ② 제3류 위험물 중 칼륨, 나트륨, 알킬알루미늄, 알킬리튬, 그 밖에 지정수량이 10kg인 위험물 및 황린 ③ 제4류 위험물 중 특수인화물, 제1석유류 및 알코올류 ④ 제5류 위험물 중 유기과산화물, 질산에스터류, 그 밖에 지정수량이 10kg인 위험물 ⑤ 제6류 위험물	1,000m^2 이하
①~⑤의 위험물 외의 위험물을 저장하는 창고	2,000m^2 이하
위의 전부에 해당하는 위험물을 내화구조의 격벽으로 완전히 구획된 실에 각각 저장하는 창고(①~⑤의 위험물을 저장하는 실의 면적은 500m^2을 초과할 수 없다)	1,500m^2 이하

> • 황린이 강알칼리성 용액과 반응하면 맹독성가스인 포스핀(PH_3)을 생성한다.
> $P_4 + 3KOH + 3H_2O \rightarrow PH_3 + 3KH_2PO_2$

정답
(1) 황 린
(2) 1,000m^2 이하
(3) PH_3

2020년 제4회 과년도 기출복원문제

01 〈보기〉에서 제4류 위험물의 지정수량의 배수 총합을 구하시오.

┌─보기─┐

① 특수인화물 200L
② 제1석유류(수용성) 400L
③ 제2석유류(수용성) 4,000L
④ 제3석유류(수용성) 12,000L
⑤ 제4석유류 24,000L

해설

제4류 위험물의 지정수량

종류 항목	특수인화물	제1석유류 (수용성)	제2석유류 (수용성)	제3석유류 (수용성)	제4석유류
지정수량	50L	400L	2,000L	4,000L	6,000L

$$\therefore \ 지정수량의\ 배수 = \frac{저장수량}{지정수량} + \frac{저장수량}{지정수량} + \cdots$$

$$= \frac{200L}{50L} + \frac{400L}{400L} + \frac{4,000L}{2,000L} + \frac{12,000L}{4,000L} + \frac{24,000L}{6,000L} = 14배$$

02 각 유별 위험물에 해당하는 위험등급 II의 품명을 2가지씩 쓰시오.

(1) 제1류 위험물

(2) 제2류 위험물

(3) 제4류 위험물

해설

위험등급

• 위험등급 I 의 위험물
  - 제1류 위험물 중 아염소산염류, 염소산염류, 과염소산염류, 무기과산화물, 지정수량
    이 50kg인 위험물
  - 제3류 위험물 중 칼륨, 나트륨, 알킬알루미늄, 알킬리튬, 황린, 지정수량이 10kg인
    위험물
  - 제4류 위험물 중 특수인화물
  - 제5류 위험물 중 유기과산화물, 질산에스터류, 지정수량이 10kg인 위험물
  - 제6류 위험물
• 위험등급 II 의 위험물
  - 제1류 위험물 중 브롬산염류, 질산염류, 아이오딘산염류, 지정수량이 300kg인 위험물
  - 제2류 위험물 중 황화인, 적린, 유황, 지정수량이 100kg인 위험물
  - 제3류 위험물 중 알칼리금속(칼륨, 나트륨 제외) 및 알칼리토금속, 유기금속화합물
    (알킬알루미늄 및 알킬리튬은 제외), 지정수량이 50kg인 위험물
  - 제4류 위험물 중 제1석유류, 알코올류
  - 제5류 위험물 중 위험등급 I 에 정하는 위험물 외의 것
• 위험등급III의 위험물 : 위험등급 I, II에서 정하지 않은 위험물

정답

(1) 브롬산염류, 질산염류, 아이오딘산염류

(2) 황화인, 적린, 유황

(3) 제1석유류, 알코올류

---

03 다음 〈보기〉에서 인화점이 낮은 순서대로 나열하시오.

┌ 보기 ┐

다이에틸에터, 이황화탄소, 산화프로필렌, 아세톤

해설

제4류 위험물의 인화점

항 목 ＼ 종 류	다이에틸에터	이황화탄소	산화프로필렌	아세톤
품 명	특수인화물	특수인화물	특수인화물	제1석유류 (수용성)
지정수량	50L	50L	50L	400L
인화점	−40℃	−30℃	−37℃	−18.5℃

정답

다이에틸에터, 산화프로필렌, 이황화탄소, 아세톤

04 제4류 위험물인 에틸알코올에 대하여 다음 각 물음에 답하시오.

(1) 에틸알코올의 연소반응식을 쓰시오.

(2) 에틸알코올과 칼륨의 반응에서 발생하는 기체의 명칭을 화학식으로 쓰시오.

(3) 에틸알코올의 구조이성질체로서 다이메틸에터의 시성식을 쓰시오.

> **해설**
>
> 에틸알코올
>
> • 연소반응식 : $C_2H_5OH + 3O_2 \rightarrow 2CO_2 + 3H_2O$
>
> • 칼륨과 반응 : $2C_2H_5OH + 2K \rightarrow 2C_2H_5OK + H_2$
> (칼륨에틸레이트)
>
> • 다이메틸에터의 시성식 : CH_3OCH_3

정답

(1) $C_2H_5OH + 3O_2 \rightarrow 2CO_2 + 3H_2O$

(2) H_2

(3) CH_3OCH_3

---

05 인화칼슘에 대하여 다음 각 물음에 답하시오.

(1) 제 몇 류 위험물인 구분하시오.

(2) 지정수량을 쓰시오.

(3) 물과의 반응식을 쓰시오.

(4) 물과 반응 후 생성되는 가스의 명칭을 쓰시오.

> **해설**
>
> 인화칼슘
>
> • 물 성
>
> | 화학식 | 유 별 | 품 명 | 지정수량 |
> |---|---|---|---|
> | Ca_3P_2 | 제3류 위험물 | 금속의 인화물 | 300kg |
>
> • 물과의 반응식 : $Ca_3P_2 + 6H_2O \rightarrow 3Ca(OH)_2 + 2PH_3$
> (인화칼슘)　　(물)　　(수산화칼슘) (포스핀, 인화수소)

정답

(1) 제3류 위험물

(2) 300kg

(3) $Ca_3P_2 + 6H_2O \rightarrow 3Ca(OH)_2 + 2PH_3$

(4) 인화수소(포스핀)

06 위험물안전관리법령상 수납하는 위험물에 따라 위험물의 운반용기 외부에 표시하는 주의사항을 쓰시오.

(1) 질산칼륨

(2) 철 분

(3) 황 린

(4) 아닐린

(5) 질 산

해설

운반용기의 외부에 표시하는 주의사항
- 제1류 위험물
  - 알칼리금속의 과산화물(과산화나트륨) : 화기·충격주의, 물기엄금, 가연물접촉주의
  - 그 밖의 것(질산칼륨) : 화기·충격주의, 가연물접촉주의
- 제2류 위험물
  - 철분·금속분·마그네슘 : 화기주의, 물기엄금
  - 인화성 고체 : 화기엄금
  - 그 밖의 것 : 화기주의
- 제3류 위험물
  - 자연발화성 물질(황린) : 화기엄금, 공기접촉엄금
  - 금수성 물질 : 물기엄금
- 제4류 위험물(아닐린) : 화기엄금
- 제5류 위험물 : 화기엄금, 충격주의
- 제6류 위험물(질산) : 가연물접촉주의

정답

(1) 화기·충격주의, 가연물접촉주의

(2) 화기주의, 물기엄금

(3) 화기엄금, 공기접촉엄금

(4) 화기엄금

(5) 가연물접촉주의

07 위험물안전관리법령상 위험물의 운반기준에 관한 내용이다. 다음 위험물을 운반용기에 수납하고자 할 때 운반용기 내용적의 수납률은 몇 % 이하로 하는지 답하시오.

(1) 질산칼륨

(2) 질 산

(3) 알킬알루미늄

(4) 알킬리튬

(5) 과염소산

(1) 95% 이하
(2) 98% 이하
(3) 90% 이하
(4) 90% 이하
(5) 98% 이하

해설

운반용기의 수납기준

• 고체위험물 : 운반용기 내용적의 95% 이하의 수납률
• 액체위험물 : 운반용기 내용적의 98% 이하의 수납률
• 자연발화성 물질 중 알킬알루미늄 등(알킬알루미늄, 알킬리튬)은 운반용기 내용적의 90% 이하의 수납률로 수납하되 50℃의 온도에서 5% 이상의 공간용적을 유지하도록 할 것

종 류 항 목	질산칼륨	질 산	알킬알루미늄	알킬리튬	과염소산
성 상	고 체	액 체	액 체	액 체	액 체
수납률	95%	98%	90%	90%	98%

08 인화성 액체위험물인 경유를 저장하는 옥외탱크저장소의 탱크 주위에 방유제를 설치해야 한다. 다음 (   )에 답을 쓰시오.

(1) 방유제의 높이는 (   )m 이상 (   )m 이하로 할 것

(2) 방유제 내의 면적은 (   )m^2 이하로 할 것

(3) 방유제 내에 설치하는 옥외저장탱크의 수는 (   ) 이하로 할 것

(1) 0.5, 3
(2) 80,000m^2
(3) 10기

해설

방유제

• 방유제의 높이 : 0.5m 이상 3m 이하
• 방유제의 면적 : 80,000m^2 이하
• 방유제의 두께 : 0.2m 이상
• 방유제의 지하매설깊이 : 1m 이상
• 방유제 내에 설치하는 탱크의 설치개수
  – 제1석유류, 제2석유류(경유) : 10기 이하
  – 인화점이 70℃ 이상 200℃ 미만(제3석유류) : 20기 이하
  – 인화점이 200℃ 이상(제4석유류) : 제한 없음

09 다음 위험물이 물과 반응할 때 생성되는 기체의 몰수를 구하시오(단, 1기압 30℃이다).

(1) 과산화나트륨 78g

(2) 수소화칼슘 42g

정답

(1) 0.5mol

(2) 2mol

해설

물과 반응 시 생성되는 몰수

• 과산화나트륨 70g일 때 몰수

$2Na_2O_2 + 2H_2O \rightarrow 4NaOH + O_2$

$2 \times 78g$ ＼＿＿＿＿＿＿＿＿＿ 1mol

78g ＿＿＿＿＿＿＿＿＿＼ x

$\therefore x = \dfrac{78g \times 1mol}{2 \times 78g} = 0.5mol$

• 수소화칼슘 42g일 때 몰수

$CaH_2 + 2H_2O \rightarrow Ca(OH)_2 + 2H_2$

42g ＼＿＿＿＿＿＿＿＿＿ 2mol

42g ＿＿＿＿＿＿＿＿＿＼ x

$\therefore x = \dfrac{42g \times 2mol}{42g} = 2mol$

10 위험물안전관리법령상 제2류 위험물의 정의에 대하여 (   )을 채우시오.

(1) 유황은 순도가 (   )wt% 이상인 것을 말한다. 이 경우 순도측정에 있어서 불순물은 활석 등 불연성 물질과 수분에 한한다.

(2) 철분 : 철의 분말로서 (   )μm의 표준체를 통과하는 것이 (   )wt% 이상인 것을 말한다.

(3) 금속분 : 알칼리금속·알칼리토류금속·철 및 마그네슘 외의 금속의 분말을 말하고 구리분·니켈분 및 (   )μm의 체를 통과하는 것이 (   )wt% 미만인 것은 제외한다.

정답

(1) 60

(2) 53, 50

(3) 150, 50

해설

제2류 위험물의 정의

• 유황 : 순도가 60wt% 이상인 것을 말한다. 이 경우 순도측정에 있어서 불순물은 활석 등 불연성물질과 수분에 한한다.

• 철분 : 철의 분말로서 53μm의 표준체를 통과하는 것이 50wt% 미만은 제외한다.

• 금속분 : 알칼리금속·알칼리토류금속·철 및 마그네슘 외의 금속의 분말을 말하고 구리분·니켈분 및 150μm의 체를 통과하는 것이 50wt% 미만인 것은 제외한다.

11 다음 〈보기〉에서 설명하는 제2류 위험물인 가연성 고체의 설명 중 옳은 것의 번호를 쓰시오.

┌─보기─┐

① 황화인, 적린, 유황의 위험등급은 Ⅱ등급이다.
② 고형알코올은 지정수량이 1,000kg이고, 품명은 알코올류이다.
③ 대부분 비중이 1보다 작다.
④ 대부분 물에 녹는다.
⑤ 산화성 물질이다.
⑥ 제2류 위험물의 지정수량은 100kg, 500kg, 1,000kg 순이다.
⑦ 제2류 위험물을 취급하는 제조소의 게시판의 주의사항은 화기엄금과 화기주의 중 경우에 따라 한 개를 표기해야 한다.

해설

제2류 위험물(가연성 고체)
- 위험등급
  - 황화인, 적린, 유황 : Ⅱ등급
  - 그 외의 것 : Ⅲ등급
- 고형알코올은 지정수량이 1,000kg이고, 품명은 인화성 고체이다.
- 대부분 비중이 1보다 크다.
- 대부분 물에 녹지 않는 환원성 물질이다.
- 제2류 위험물의 지정수량은 100kg, 500kg, 1,000kg 순이다.
- 제2류 위험물의 제조소 등의 주의사항

종 류	주의사항
철분, 금속분, 마그네슘	화기주의, 물기엄금
인화성 고체	화기엄금
그 밖의 것	화기주의

12 위험물안전관리법령상 주유취급소에 대하여 다음 물음에 답하시오.

(1) 고정주유설비와 부지경계선까지의 거리

(2) 고정급유설비와 부지경계선까지의 거리

(3) 고정주유설비와 도로경계선까지의 거리

(4) 고정급유설비와 도로경계선까지의 거리

(5) 고정주유설비와 개구부가 없는 벽까지의 거리

(1) 2m 이상
(2) 1m 이상
(3) 4m 이상
(4) 4m 이상
(5) 1m 이상

해설

고정주유설비 또는 고정급유설비의 설치기준
• 고정주유설비(중심선을 기점으로 하여)
 – 도로경계선까지 : 4m 이상
 – 부지경계선·담 및 건축물의 벽까지 : 2m(개구부가 없는 벽까지는 1m) 이상
• 고정급유설비(중심선을 기점으로 하여)
 – 도로경계선까지 : 4m 이상
 – 부지경계선·담까지 : 1m 이상
 – 건축물의 벽까지 : 2m(개구부가 없는 벽까지는 1m) 이상 거리를 유지할 것
• 고정주유설비와 고정급유설비의 사이에는 4m 이상의 거리를 유지할 것

13 위험물안전관리법령상 옥내소화전설비의 가압송수장치에서 압력수조의 필요한 압력을 구하기 위한 공식이다. ( ) 안에 들어갈 내용을 골라 적으시오.

$$P = (\ ① \ ) + (\ ② \ ) + (\ ③ \ ) + (\ ④ \ )$$

여기서, A : 소방용 호스의 마찰손실수두(m)
 B : 배관의 마찰손실수두(m)
 C : 소방용 호스의 마찰손실수두압(MPa)
 D : 배관의 마찰손실수두압(MPa)
 E : 방수압력 환산수두압(MPa)
 F : 낙차의 환산수두압(MPa)
 G : 낙차(m)
 H : 0.35(MPa)
 I : 35(m)

정답

① C
② D
③ F
④ H

해설

옥내소화전설비 압력수조의 압력
$P = p_1 + p_2 + p_3 + 0.35\text{MPa}$
여기서, P : 필요한 압력(MPa)
 p_1 : 소방용 호스의 마찰손실수두압(MPa)
 p_2 : 배관의 마찰손실수두압(MPa)
 p_3 : 낙차의 환산수두압(MPa)

14 다음 위험물의 품명 및 지정수량을 쓰시오.

(1) HCN

(2) $C_2H_4(OH)_2$

(3) CH_3COOH

(4) $C_3H_5(OH)_3$

(5) N_2H_4

해설

제4류 위험물의 품명 등

종 류 항 목	HCN	$C_2H_4(OH)_2$	CH_3COOH	$C_3H_5(OH)_3$	N_2H_4
명 칭	사이안화수소	에틸렌글리콜	초산 (아세트산)	글리세린	하이드라진
품 명	제1석유류 (수용성)	제3석유류 (수용성)	제2석유류 (수용성)	제3석유류 (수용성)	제2석유류 (수용성)
지정수량	400L	4,000L	2,000L	4,000L	2,000L

정답

(1) 품명 : 제1석유류(수용성),
   지정수량 : 400L

(2) 품명 : 제3석유류(수용성),
   지정수량 : 4,000L

(3) 품명 : 제2석유류(수용성),
   지정수량 : 2,000L

(4) 품명 : 제3석유류(수용성),
   지정수량 : 4,000L

(5) 품명 : 제2석유류(수용성),
   지정수량 : 2,000L

15 다음 각 물음에 답하시오.

(1) 안포폭약을 제조하는 물질의 화학식을 쓰시오.

(2) (1)의 위험물이 질소, 산소, 물이 생성되는 분해반응식을 쓰시오.

해설

질산암모늄

• 물 성

화학식	지정수량	분자량	비 중	융 점	분해 온도
NH_4NO_3	300kg	80	1.73	165℃	220℃

• 무색, 무취의 결정으로 조해성 및 흡수성이 강하다.

• 물, 알코올에 녹고 물에 용해 시 흡열반응을 한다.

• 안포폭약을 제조하는 데 사용한다.

• 분해반응식 : $2NH_4NO_3 \rightarrow 2N_2 + O_2 + 4H_2O$

정답

(1) NH_4NO_3

(2) $2NH_4NO_3 \rightarrow 2N_2 + O_2 + 4H_2O$

16 위험물안전관리법령에 따른 옥내저장소에는 동일한 실에 유별로 정리하여 서로 1m 이상의 간격을 두면 함께 저장할 수 있다. 다음 물질과 함께 저장할 수 있는 물질을 〈보기〉에서 골라서 적으시오(단, 없으면 "해당없음"으로 표기할 것).

┌─보기┐
과염소산칼륨, 염소산칼륨, 과산화나트륨, 아세톤, 과염소산, 질산, 아세트산

(1) 질산메틸
(2) 인화성 고체
(3) 황 린

해설
옥내저장소 또는 옥외저장소에는 있어서 유별을 달리하는 위험물을 동일한 저장소에 저장할 수 없는데 1m 이상 간격을 두고 아래 유별을 저장할 수 있다.
- 제1류 위험물(알칼리금속의 과산화물은 제외)과 제5류 위험물을 저장하는 경우
- 제1류 위험물과 제6류 위험물을 저장하는 경우
- 제1류 위험물과 제3류 위험물 중 자연발화성 물질(황린 포함)을 저장하는 경우
- 제2류 위험물 중 인화성 고체와 제4류 위험물을 저장하는 경우
- 제3류 위험물 중 알킬알루미늄 등과 제4류 위험물(알킬알루미늄 또는 알킬리튬을 함유한 것에 한함)을 저장하는 경우
- 제4류 위험물 중 유기과산화물과 제5류 위험물 중 유기과산화물을 저장하는 경우

종 류	저장소에 함께 저장할 수 있는 위험물
질산메틸(제5류)	과염소산칼륨, 염소산칼륨
인화성 고체(제2류)	아세톤, 아세트산
황린(제3류)	과염소산칼륨, 염소산칼륨, 과산화나트륨

정답
(1) 과염소산칼륨, 염소산칼륨
(2) 아세톤, 아세트산
(3) 과염소산칼륨, 염소산칼륨, 과산화나트륨

17 제4류 위험물인 이황화탄소에 대하여 다음 물음에 답하시오.
(1) 연소반응식
(2) 품 명
(3) 이황화탄소를 보관하는 철근콘크리트 수조의 두께

해설
이황화탄소

연소반응식	$CS_2 + 3O_2 \rightarrow CO_2 + 2SO_2$
품 명	특수인화물
지정수량	50L
철근콘크리트 수조의 두께	0.2m 이상

정답
(1) $CS_2 + 3O_2 \rightarrow CO_2 + 2SO_2$
(2) 특수인화물
(3) 0.2m 이상

18 제3류 위험물에 대하여 표의 빈칸에 품명 및 지정수량을 채우시오.

품 명	지정수량
칼 륨	①
나트륨	②
알킬알루미늄	③
④	10kg
⑤	20kg
알칼리금속(K, Na 제외) 및 알칼리토금속(Mg 제외)	⑥
유기금속화합물	⑦

① 10kg
② 10kg
③ 10kg
④ 알킬리튬
⑤ 황 린
⑥ 50kg
⑦ 50kg

해설

제3류 위험물

성 질	품 명	해당하는 위험물	위험등급	지정수량
자연 발화성 및 금수성 물질	1. 칼륨, 나트륨	–	I	10kg
	2. 알킬알루미늄	트라이메틸알루미늄, 트라이에틸알루미늄, 트라이아이소부틸알루미늄		
	3. 알킬리튬	메틸리튬, 에틸리튬, 부틸리튬		
	4. 황 린	–	I	20kg
	5. 알칼리금속(칼륨 및 나트륨을 제외)	Li, Rb, Cs, Fr	II	50kg
	6. 알칼리토금속	Be, Ca, Sr, Ba, Ra		
	7. 유기금속화합물(알킬알루미늄 및 알킬리튬을 제외)	다이메틸아연, 다이에틸아연		
	8. 금속의 수소화물	KH, NaH, LiH, CaH_2	III	300kg
	9. 금속의 인화물	Ca_3P_2, AlP, Zn_3P_2		
	10. 칼슘의 탄화물	CaC_2		
	11. 알루미늄의 탄화물	Al_4C_3		
	12. 그 밖에 행정안전부령이 정하는 것	염소화규소화합물	III	10kg, 20kg, 50kg, 300kg

19 에틸알코올을 저장하는 옥내저장탱크 2기가 있다. 다음 물음에 알맞은 답을 쓰시오.

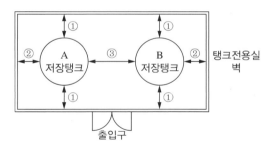

(1) ①에 해당하는 거리는 몇 m 이상으로 하는지 쓰시오.

(2) ②에 해당하는 거리는 몇 m 이상으로 하는지 쓰시오.

(3) ③에 해당하는 거리는 몇 m 이상으로 하는지 쓰시오.

(4) 해당 옥내저장탱크의 용량은 몇 L 이하로 하는지 쓰시오.

정답

(1) 0.5m 이상

(2) 0.5m 이상

(3) 0.5m 이상

(4) 16,000L 이하

해설

옥내탱크저장소의 이격거리 및 용량

• 이격거리
 – 옥내저장탱크와 탱크전용실 벽과의 사이 : 0.5m 이상
 – 옥내저장탱크 상호 간 : 0.5m 이상
• 동일한 탱크전용실에 2 이상 설치하는 경우
 – 특수인화물, 제1석유류, 제2석유류, 제3석유류, 알코올류, 제4석유류, 동식물유류 :
  지정수량의 40배 이하(20,000L 초과 시에는 20,000L)
※ 알코올류(에틸알코올, 지정수량 400L)는 지정수량의 40배 이하이므로
  옥내저장탱크의 용량 = 400L × 40배 = 16,000L

20 다음 〈보기〉 중 제3류 위험물인 나트륨의 소화방법으로 맞는 것을 모두 고르시오.

> **정답**
> ①, ②

> ┤보기├
>
> ① 팽창질석 　　　　　 ② 건조사
> ③ 포소화설비 　　　　 ④ 이산화탄소(불활성가스)소화설비
> ⑤ 인산염류소화기

> **해설**

소화설비의 적응성

소화설비의 구분			건축물·그 밖의 공작물	전기설비	제1류 위험물		제2류 위험물			제3류 위험물		제4류 위험물	제5류 위험물	제6류 위험물
					알칼리금속과산화물 등	그 밖의 것	철분·금속분·마그네슘 등	인화성 고체	그 밖의 것	금수성 물품	그 밖의 것			
옥내소화전설비 또는 옥외소화전설비			○			○		○	○		○		○	○
스프링클러설비			○			○		○	○		○	△	○	○
물분무등소화설비	물분무소화설비		○	○		○		○	○		○	○	○	○
	포소화설비		○			○		○	○		○	○	○	○
	불활성가스소화설비			○				○			○			
	할로겐화합물소화설비			○				○			○			
	분말소화설비	인산염류등	○	○		○		○			○			○
		탄산수소염류등		○	○		○	○		○	○			
		그 밖의 것			○		○			○				
대형·소형수동식소화기	봉상수(棒狀水)소화기		○			○		○	○		○		○	○
	무상수(霧狀水)소화기		○	○		○		○	○		○		○	○
	봉상강화액소화기		○			○		○	○		○		○	○
	무상강화액소화기		○	○		○		○	○		○	○	○	○
	포소화기		○			○		○	○		○	○	○	○
	이산화탄소소화기			○				○			○			△
	할로겐화물소화기			○				○			○			
	분말소화기	인산염류소화기	○	○		○		○			○			○
		탄산수소염류소화기		○	○		○	○		○	○			
		그 밖의 것		○		○			○					
기타	물통 또는 수조		○			○		○	○		○		○	○
	건조사				○	○	○	○	○	○	○	○	○	○
	팽창질석 또는 팽창진주암				○	○	○	○	○	○	○	○	○	○

2020년 제5회 과년도 기출복원문제

01 인화알루미늄 580g이 표준상태에서 물과 반응하여 생성되는 기체의 부피(L)를 계산하시오(단, Al의 원자량은 27이다).

정답
224L

해설
기체의 부피
$AlP + 3H_2O \rightarrow Al(OH)_3 + PH_3$
58g ⤫ 22.4L
580g x
$$\therefore \ x = \frac{580g \times 22.4L}{58g} = 224L$$

02 위험물안전관리법령에 정한 간이탱크저장소에 대하여 다음 물음에 답하시오.

(1) 하나의 간이탱크저장소에 설치하는 간이저장탱크는 그 수를 3 이하로 한다.

(2) 간이저장탱크는 움직이거나 넘어지지 않도록 지면 또는 가설대에 고정시키되, 옥외에 설치하는 경우에는 그 탱크의 주위에 너비 (㉠)m 이상의 공지를 두고 전용실 안에 설치하는 경우에는 탱크와 전용실 벽과의 사이에 (㉡)m 이상의 간격을 유지해야 한다.

(3) 간이저장탱크의 용량은 (㉢)L 이하이어야 한다.

(4) 간이저장탱크는 두께 (㉣)mm 이상의 강판으로 흠이 없도록 제작해야 하며 (㉤)kPa의 압력으로 10분간의 수압시험을 실시하여 새거나 변형되지 않아야 한다.

정답
㉠ 1
㉡ 0.5
㉢ 600
㉣ 3.2
㉤ 70

해설
간이탱크저장소의 기준
• 하나의 간이탱크저장소에 설치하는 간이저장탱크는 그 수를 3 이하로 하고, 동일한 품질의 위험물 간이저장탱크를 2 이상 설치하지 않아야 한다.
• 간이저장탱크는 움직이거나 넘어지지 않도록 지면 또는 가설대에 고정시키되, 옥외에 설치하는 경우에는 그 탱크의 주위에 너비 1m 이상의 공지를 두고, 전용실 안에 설치하는 경우에는 탱크와 전용실의 벽과의 사이에 0.5m 이상의 간격을 유지해야 한다.
• 간이저장탱크의 용량은 600L 이하이어야 한다.
• 간이저장탱크는 두께 3.2mm 이상의 강판으로 흠이 없도록 제작해야 하며, 70kPa의 압력으로 10분간의 수압시험을 실시하여 새거나 변형되지 않아야 한다.

03 옥내저장소에 아세톤 20L 100개와 경유 200L 5드럼을 저장하고자 할 때 지정수량의 배수를 구하시오.

6배

해설
지정수량의 배수
• 지정수량

종 류	품 명	지정수량
아세톤	제1석유류(수용성)	400L
경 유	제2석유류(비수용성)	1,000L

• 지정수량의 배수 $= \dfrac{\text{저장량}}{\text{지정수량}} + \dfrac{\text{저장량}}{\text{지정수량}}$

$= \dfrac{20L \times 100개}{400L} + \dfrac{200L \times 5드럼}{1,000L}$

$= 6배$

04 제4류 위험물인 아세트산에 대하여 다음 물음에 답하시오.

(1) 아세트산의 연소반응식

(2) 아세트산과 과산화나트륨의 반응식

(1) $CH_3COOH + 2O_2 \rightarrow 2CO_2 + 2H_2O$

(2) $2CH_3COOH + Na_2O_2 \rightarrow 2CH_3COONa + H_2O_2$

해설
아세트산(초산)
• 연소반응식 : $CH_3COOH + 2O_2 \rightarrow 2CO_2 + 2H_2O$
• 과산화나트륨과의 반응식 : $2CH_3COOH + Na_2O_2 \rightarrow 2CH_3COONa + H_2O_2$

05 제4류 위험물 중 수용성인 위험물을 〈보기〉에서 모두 고르시오.

보기
① 사이안화수소   ② 아세톤
③ 클로로벤젠   ④ 글리세린
⑤ 하이드라진

①, ②, ④, ⑤

해설
수용성 여부

종 류	품 명	수용성 여부	지정수량
사이안화수소	제1석유류	수용성	400L
아세톤	제1석유류	수용성	400L
클로로벤젠	제2석유류	비수용성	1,000L
글리세린	제3석유류	수용성	4,000L
하이드라진	제2석유류	수용성	2,000L

06 물과 반응하여 가연성 가스를 발생하는 위험물의 종류와 그 반응식을 쓰시오.

(1) 칼 슘

(2) 인화칼슘

(3) 나트륨

(4) 황 린

(5) 과염소산

해설

물과 반응식

- 칼슘 : $Ca + 2H_2O \rightarrow Ca(OH)_2 + H_2$
- 인화칼슘 : $Ca_3P_2 + 6H_2O \rightarrow 3Ca(OH)_2 + 2PH_3$
- 나트륨 : $2Na + 2H_2O \rightarrow 2NaOH + H_2$
- 황린 : 물속에 저장한다.
- 과염소산 : 물과 반응하면 심하게 발열한다.

정답

(1) $Ca + 2H_2O \rightarrow Ca(OH)_2 + H_2$

(2) $Ca_3P_2 + 6H_2O \rightarrow 3Ca(OH)_2 + 2PH_3$

(3) $2Na + 2H_2O \rightarrow 2NaOH + H_2$

07 제4류 위험물인 아세트알데하이드에 대하여 다음 물음에 답하시오.

(1) 시성식

(2) 에틸렌의 직접 산화반응식

(3) 아세트알데하이드를 옥내저장탱크의 압력탱크 외의 탱크에 저장하는 경우 저장온도를 쓰시오.

(4) 아세트알데하이드를 옥내저장탱크의 압력탱크에 저장하는 경우 저장온도를 쓰시오.

해설

아세트알데하이드

- 물 성

화학식	지정수량	비 중	비 점	인화점	착화점	연소범위
CH_3CHO	50L	0.78	21℃	−40℃	175℃	4.0~60%

- 에틸렌의 직접 산화반응식 : $C_2H_4 + CuCl_2 + H_2O \rightarrow CH_3CHO + Cu + 2HCl$
- 저장온도
  - 압력탱크 외의 탱크에 저장하는 경우 : 15℃
  - 압력탱크에 저장하는 경우 : 40℃

정답

(1) CH_3CHO

(2) $C_2H_4 + CuCl_2 + H_2O$
$\rightarrow CH_3CHO + Cu + 2HCl$

(3) 15℃

(4) 40℃

08 제2류 위험물인 알루미늄분에 대하여 다음 물음에 답을 쓰시오.

(1) 완전 연소반응식

(2) 알루미늄이 염산과 반응하여 생성되는 가스의 명칭은?

(3) 위험등급

(1) $4Al + 3O_2 \rightarrow 2Al_2O_3$
(2) 수 소
(3) 위험등급III

해설

알루미늄분

• 물 성

화학식	지정수량	위험등급	원자량	비 중	비 점
Al	500kg	III	27	2.7	2,327℃

• 연소반응식 : $4Al + 3O_2 \rightarrow 2Al_2O_3$
• 염산과 반응 : $2Al + 6HCl \rightarrow 2AlCl_3 + 3H_2$
　　　　　　　　　　　　　　　　(수소)

09 흑색화약의 원료 3가지 중 위험물인 것에 대하여 물음에 답하시오.

화학식	품 명	지정수량
㉠	㉡	㉢
㉣	㉤	㉥

㉠ KNO_3
㉡ 질산염류
㉢ 300kg
㉣ S
㉤ 유 황
㉥ 100kg

해설

흑색화약

원 료	화학식	품 명	지정수량
질산칼륨	KNO_3	질산염류	300kg
유 황	S	유 황	100kg
숯가루	C	–	–

10 다음 소화약제의 화학식을 쓰시오.

(1) 할론 1301

(2) IG-100

(3) 제2종 분말소화약제

해설
소화약제

종 류	할론 1301	할론 1211	할론 2402	IG-100	IG-541	제2종 분말
화학식	CF_3Br	CF_2ClBr	$C_2F_4Br_2$	N_2	N_2 : 52% Ar : 40% CO_2 : 8%	$KHCO_3$

11 제5류 위험물로서 규조토에 흡수시켜 다이너마이트를 제조하는 물질에 대하여 다음 물음에 답하시오.

(1) 구조식

(2) 품명 및 지정수량

(3) 완전 분해반응식

해설
나이트로글리세린
• 규조토에 흡수시켜 다이너마이트를 제조할 때 사용한다.
• 물 성

화학식	구조식	품 명	지정수량	비 점	비 중
$C_3H_5(ONO_2)_3$	$$\begin{array}{ccc} H & H & H \\ | & | & | \\ H-C-C-C-H \\ | & | & | \\ O & O & O \\ | & | & | \\ NO_2 & NO_2 & NO_2 \end{array}$$	질산에스터류	10kg	218℃	1.6

• 완전 분해반응식 : $4C_3H_5(ONO_2)_3 \rightarrow O_2 + 6N_2 + 10H_2O + 12CO_2$

12 위험물안전관리법령에서 자체소방대에 대한 내용이다. 다음 (   )
안에 적절한 답을 하시오.

(1) 제조소 또는 일반취급소에서 취급하는 제4류 위험물의 최대수량의
합이 12만배 미만인 사업소에 설치해야 하는 자체소방대 인원수
(㉠)와 소방자동차의 대수(㉡)를 쓰시오.

(2) 제조소 또는 일반취급소에서 취급하는 제4류 위험물의 최대수량의
합이 48만배 이상인 사업소에 설치해야 하는 자체소방대 인원수
(㉠)와 소방자동차의 대수(㉡)를 쓰시오.

정답
(1) ㉠ 5인 ㉡ 1대
(2) ㉠ 20인 ㉡ 4대

해설
자체소방대에 두는 화학소방자동차 및 인원(시행령 별표 8)

사업소의 구분	화학소방자동차	자체소방대원의 수
제조소 또는 일반취급소에서 취급하는 제4류 위험물의 최대수량의 합이 지정수량의 3,000배 이상 12만배 미만인 사업소	1대	5인
제조소 또는 일반취급소에서 취급하는 제4류 위험물의 최대수량의 합이 지정수량의 12만배 이상 24만배 미만인 사업소	2대	10인
제조소 또는 일반취급소에서 취급하는 제4류 위험물의 최대수량의 합이 지정수량의 24만배 이상 48만배 미만인 사업소	3대	15인
제조소 또는 일반취급소에서 취급하는 제4류 위험물의 최대수량의 합이 지정수량의 48만배 이상인 사업소	4대	20인
옥외탱크저장소에 저장하는 제4류 위험물의 최대수량이 지정수량의 50만배 이상인 사업소	2대	10인

13 위험물제조소 옥외에 있는 위험물 취급탱크의 용량이 $200m^3$인 탱크
1기와 $100m^3$인 탱크 1기가 있다. 방유제의 용량(m^3)을 계산하시오.

정답
$110m^3$

해설
제조소 옥외에 있는 위험물 취급탱크의 용량
• 1기 일 때 : 탱크용량 × 0.5(=50%)
• 2기 이상일 때 : 탱크용량 × 0.5 + (나머지 탱크 용량 합계 × 0.1)
∴ 방유제의 용량 = ($200m^3$ × 0.5) + ($100m^3$ × 0.1) = $110m^3$

14 위험물제조소의 보유공지를 설치하지 않을 수 있는 격벽의 설치기준에 대하여 빈칸을 채우시오.

(1) 방화벽은 (㉠)로 할 것. 다만, 취급하는 위험물이 제6류 위험물인 경우 불연재료로 할 수 있다.

(2) 방화벽에 설치하는 출입구 및 창의 개구부는 가능한 최소로 하고 출입구 및 창에는 자동폐쇄식의 (㉡)을 설치할 것

(3) 방화벽의 양단 및 상단이 외벽 또는 지붕으로부터 (㉢)cm 이상 돌출할 것

정답
㉠ 내화구조
㉡ 60분+방화문
㉢ 50

해설
제조소의 작업공정이 다른 작업장의 작업공정과 연속되어 있어, 제조소의 건축물 그 밖의 공작물의 주위에 공지를 두게 되면 그 제조소의 작업에 현저한 지장이 생길 우려가 있는 경우 해당 제조소와 다른 작업장 사이에 다음의 기준에 따라 방화상 유효한 격벽(隔壁)을 설치한 때에는 해당 제조소와 다른 작업장 사이에 규정에 의한 공지를 보유하지 않을 수 있다.

• 방화벽은 내화구조로 할 것. 다만 취급하는 위험물이 제6류 위험물인 경우에는 불연재료로 할 수 있다.
• 방화벽에 설치하는 출입구 및 창 등의 개구부는 가능한 한 최소로 하고, 출입구 및 창에는 자동폐쇄식의 60분+방화문을 설치할 것
• 방화벽의 양단 및 상단이 외벽 또는 지붕으로부터 50cm 이상 돌출하도록 할 것

15 위험물안전관리법령에 정한 운반에 관한 기준이다. 취급하는 위험물의 지정수량이 1/10을 초과할 경우 혼재가 가능한 위험물의 유별을 쓰시오.

(1) 제2류 위험물
(2) 제3류 위험물
(3) 제4류 위험물

정답
(1) 제4류 위험물, 제5류 위험물
(2) 제4류 위험물
(3) 제2류 위험물, 제3류 위험물, 제5류 위험물

해설
운반 시 위험물의 혼재 가능 기준

위험물의 구분	제1류	제2류	제3류	제4류	제5류	제6류
제1류		×	×	×	×	○
제2류	×		×	○	○	×
제3류	×	×		○	×	×
제4류	×	○	○		○	×
제5류	×	○	×	○		×
제6류	○	×	×	×	×	

16 다음 〈보기〉의 위험물 중 인화점이 낮은 번호 순서를 나열하시오.

┌ 보기 ┐
① 아세톤   ② 이황화탄소
③ 메틸알코올   ④ 아닐린
└────────────────────────────┘

② - ① - ③ - ④

해설

제4류 위험물의 인화점

종류 / 항목	아세톤	이황화탄소	메틸알코올	아닐린
품 명	제1석유류	특수인화물	알코올류	제3석유류
인화점	$-18.5\,°C$	$-30\,°C$	$11\,°C$	$70\,°C$

17 제3류 위험물인 탄화칼슘에 대하여 다음 물음에 답하시오.

(1) 탄화칼슘과 물의 반응식

(2) (1)에서 생성되는 기체의 명칭

(3) (1)에서 생성되는 기체의 완전 연소반응식

해설

탄화칼슘

• 물과의 반응식 : $CaC_2 + 2H_2O \rightarrow Ca(OH)_2 + C_2H_2$
　　　　　　　　　　　　　　　　　　　　(아세틸렌)

• 아세틸렌의 연소반응식 : $2C_2H_2 + 5O_2 \rightarrow 4CO_2 + 2H_2O$

(1) $CaC_2 + 2H_2O \rightarrow Ca(OH)_2 + C_2H_2$

(2) 아세틸렌

(3) $2C_2H_2 + 5O_2 \rightarrow 4CO_2 + 2H_2O$

18 제3류 위험물 중 지정수량이 10kg인 품명 4가지를 쓰시오.

칼륨, 나트륨, 알킬알루미늄, 알킬리튬

해설
제3류 위험물의 종류

성 질	품 명	해당하는 위험물	위험등급	지정수량
자연발화성 및 금수성 물질	칼륨, 나트륨	–	I	10kg
	알킬알루미늄	트라이메틸알루미늄, 트라이에틸알루미늄, 트라이아이소부틸알루미늄		
	알킬리튬	메틸리튬, 에틸리튬, 부틸리튬		
	황 린	–	I	20kg
	알칼리금속(칼륨 및 나트륨을 제외)	Li, Rb, Cs, Fr	II	50kg
	알칼리토금속	Be, Ca, Sr, Ba, Ra		
	유기금속화합물(알킬알루미늄 및 알킬리튬을 제외)	다이메틸아연, 다이에틸아연		

19 위험물안전관리법령상 안전거리의 기준이다. 다음 물음에 답하시오.

(1) 제조소와 학교와의 거리

(2) 제조소와 문화재와의 거리

(3) 제조소와 고압가스 시설과의 거리

(4) 제조소와 사용전압이 7,000V 초과 35,000V 이하의 특고압가공전선과의 거리

(5) 제조소와 건축물 그 밖의 공작물로서 주거용도

(1) 30m 이상
(2) 50m 이상
(3) 20m 이상
(4) 3m 이상
(5) 10m 이상

해설
안전거리

건축물	안전거리
사용전압 7,000V 초과 35,000V 이하의 특고압가공전선	3m 이상
사용전압 35,000V 초과의 특고압가공전선	5m 이상
건축물 그 밖의 공작물로서 주거용으로 사용되는 것(제조소가 설치된 부지 내에 있는 것을 제외)	10m 이상
고압가스, 액화석유가스, 도시가스를 저장 또는 취급하는 시설	20m 이상
학교, 병원(병원급 의료기관), 극장(공연장, 영화상영관 및 그 밖에 이와 유사한 시설로서 수용인원 300명 이상 수용할 수 있는 것), 아동복지시설, 노인복지시설, 장애인복지시설, 한부모가족복지시설, 어린이집, 성매매피해자 등을 위한 지원시설, 정신건강증진시설, 가정폭력방지 및 피해자 보호시설, 그 밖에 이와 유사한 시설로서 수용인원 20명 이상 수용할 수 있는 것	30m 이상
유형문화재, 지정문화재	50m 이상

20 위험물안전관리법령에서 정한 소화설비의 적응성에 대한 설명이다. 다음 ( )의 알맞은 답을 쓰시오.

소화설비의 구분			건축물·그 밖의 공작물	전기설비	제1류 위험물 알칼리금속과산화물 등	제1류 위험물 그 밖의 것	제2류 위험물 철분·금속분·마그네슘 등	제2류 위험물 인화성 고체	제2류 위험물 그 밖의 것	제3류 위험물 금수성 물품	제3류 위험물 그 밖의 것	제4류 위험물	제5류 위험물	제6류 위험물
(㉠)소화전설비 또는 (㉡)소화전설비			○			○		○	○		○		○	○
스프링클러설비			○			○		○	○		○	△	○	○
(㉢) 등 소화설비	(㉢)소화설비		○	○		○		○	○		○	○	○	○
	(㉣)소화설비		○			○		○	○		○	○	○	○
	불활성가스소화설비			○				○				○		
	할로겐화합물소화설비			○				○				○		
	(㉤) 소화설비	인산염류 등	○	○		○		○	○			○		○
		탄산수소염류 등		○	○		○	○		○		○		
		그 밖의 것			○		○			○				

정답
㉠ 옥 내
㉡ 옥 외
㉢ 물분무
㉣ 포
㉤ 분 말

해설

소화설비의 적응성

소화설비의 구분			건축물·그 밖의 공작물	전기설비	제1류 위험물		제2류 위험물			제3류 위험물		제4류 위험물	제5류 위험물	제6류 위험물
					알칼리금속과산화물 등	그 밖의 것	철분·금속분·마그네슘 등	인화성 고체	그 밖의 것	금수성 물품	그 밖의 것			
옥내소화전설비 또는 옥외소화전설비			○			○		○	○		○		○	○
스프링클러설비			○			○		○	○		○	△	○	○
물분무등소화설비	물분무소화설비		○	○		○		○	○		○	○	○	○
	포소화설비		○			○		○	○		○	○	○	○
	불활성가스소화설비			○				○				○		
	할로겐화합물소화설비			○				○				○		
	분말소화설비	인산염류 등	○	○		○		○	○			○		○
		탄산수소염류 등		○	○		○	○		○		○		
		그 밖의 것			○		○			○				
대형·소형수동식소화기	봉상수(棒狀水)소화기		○			○		○	○		○		○	○
	무상수(霧狀水)소화기		○	○		○		○	○		○		○	○
	봉상강화액소화기		○			○		○	○		○		○	○
	무상강화액소화기		○	○		○		○	○		○	○	○	○
	포소화기		○			○		○	○		○	○	○	○
	이산화탄소소화기			○				○				○		△
	할로겐화물소화기			○				○				○		
	분말소화기	인산염류소화기	○	○		○		○	○			○		○
		탄산수소염류소화기		○	○		○	○		○		○		
		그 밖의 것			○		○			○				
기타	물통 또는 수조		○			○		○	○		○		○	○
	건조사				○	○	○	○	○	○	○	○	○	○
	팽창질석 또는 팽창진주암				○	○	○	○	○	○	○	○	○	○

01 제2류 위험물인 마그네슘 화재 시 이산화탄소로 소화하면 위험한 이유와 반응식을 쓰시오.

해설
마그네슘은 이산화탄소와 폭발적으로 반응하여 가연성 가스인 일산화탄소(CO)를 생성하므로 위험하다.
$$Mg + CO_2 \rightarrow MgO + CO$$

정답
이유 : 폭발적으로 반응하여 일산화탄소를 생성하므로 위험하다.
반응식 : $Mg + CO_2 \rightarrow MgO + CO$

02 위험물안전관리법령상 제5류 위험물 중 지정수량이 200kg인 품명 3가지를 쓰시오.

정답
나이트로화합물, 아조화합물, 하이드라진 유도체

해설
제5류 위험물의 종류

성 질	품 명		위험등급	지정수량
자기 반응성 물질	1. 유기과산화물, 질산에스터류		I	10kg
	2. 하이드록실아민, 하이드록실아민염류		II	100kg
	3. 나이트로화합물, 나이트로소화합물, 아조화합물, 다이아조화합물, 하이드라진 유도체		II	200kg
	4. 그 밖에 행정안전부령 이 정하는 것	금속의 아지화합물	II	200kg
		질산구아니딘	II	200kg

03 위험물안전관리법령에서 정하고 있는 용어의 정의를 쓰시오.

(1) 인화성 고체

(2) 철 분

해설

용어의 정의

• 인화성 고체 : 고형알코올 그 밖에 1기압에서 인화점이 40℃ 미만인 고체
• 철분 : 철의 분말로서 53μm의 표준체를 통과하는 것이 50wt% 미만은 제외한다.
• 유황 : 순도가 60wt% 이상인 것
• 금속분 : 알칼리금속·알칼리토류금속·철 및 마그네슘 외의 금속의 분말(구리분·니켈분 및 150μm의 체를 통과하는 것이 50wt% 미만인 것은 제외)

정답

(1) 인화성 고체 : 고형알코올 그 밖에 1기압에서 인화점이 40℃ 미만인 고체
(2) 철분 : 철의 분말로서 53μm의 표준체를 통과하는 것이 50wt% 미만은 제외한다.

04 다음 분말소화약제의 1차 열분해 반응식을 쓰시오.

(1) 제1종 분말

(2) 제2종 분말

해설

분말소화약제의 열분해 반응식

• 제1종 분말
  − 1차 분해반응식(270℃) : $2NaHCO_3 \rightarrow Na_2CO_3 + CO_2 + H_2O$
  − 2차 분해반응식(850℃) : $2NaHCO_3 \rightarrow Na_2O + 2CO_2 + H_2O$
• 제2종 분말
  − 1차 분해반응식(190℃) : $2KHCO_3 \rightarrow K_2CO_3 + CO_2 + H_2O$
  − 2차 분해반응식(590℃) : $2KHCO_3 \rightarrow K_2O + 2CO_2 + H_2O$
• 제3종 분말
  − 1차 분해반응식(190℃) : $NH_4H_2PO_4 \rightarrow NH_3 + H_3PO_4$
    (인산, 오쏘인산)
  − 2차 분해반응식(215℃) : $2H_3PO_4 \rightarrow H_2O + H_4P_2O_7$
    (피로인산)
  − 3차 분해반응식(300℃) : $H_4P_2O_7 \rightarrow H_2O + 2HPO_3$
    (메타인산)
• 제4종 분말 : $2KHCO_3 + (NH_2)_2CO \rightarrow K_2CO_3 + 2NH_3\uparrow + 2CO_2$

정답

(1) 제1종 분말
$2NaHCO_3 \rightarrow Na_2CO_3 + CO_2 + H_2O$
(2) 제2종 분말
$2KHCO_3 \rightarrow K_2CO_3 + CO_2 + H_2O$

05 다음 〈보기〉에서 지정수량을 바르게 나타낸 것을 번호로서 답하시오.

(1) 테레핀유 : 2,000L

(2) 기어유 : 6,000L

(3) 아닐린 : 2,000L

(4) 피리딘 : 400L

(5) 산화프로필렌 : 400L

정답
(2), (3), (4)

해설
제4류 위험물의 지정수량

종류 항목	테레핀유	기어유	아닐린	피리딘	산화프로필렌
품명	제2석유류 (비수용성)	제4석유류	제3석유류 (비수용성)	제1석유류 (수용성)	특수인화물
지정수량	1,000L	6,000L	2,000L	400L	50L

06 아이소프로필알코올을 산화시켜 만든 것으로 아이오도폼 반응을 하는 제1석유류에 대한 다음 물음에 답하시오.

(1) 아이오도폼 반응을 하는 제1석유류 위험물의 명칭

(2) 아이오도폼의 화학식

(3) 아이오도폼의 색깔

정답
(1) 아세톤
(2) CHI_3
(3) 황색

해설
아세톤
• 제법 : 아이소프로필알코올을 산화시켜 만든 것
• 아이오도폼 반응 : 수산화칼륨과 아이오딘을 가하여 아이오도폼(CHI_3)의 황색 침전이 생성되는 반응
$$C_2H_5OH + 6KOH + 4I_2 \rightarrow CHI_3 + 5KI + HCOOK + 5H_2O$$
(아이오도폼)

07 제4류 위험물인 알코올류에 대하여 다음 (   ) 안에 알맞은 수치를 쓰시오.

> "알코올류"라 함은 1분자를 구성하는 탄소 원자의 수가 1개부터 (㉠)개까지의 포화 1가 알코올(변성알코올을 포함한다)을 말한다. 다만, 다음 각목에 해당하는 것은 제외한다.
> (1) 1분자를 구성하는 탄소원자의 수가 1개 내지 (㉠)개의 포화 1가 알코올의 함유량이 (㉡)wt% 미만인 수용액
> (2) 가연성 액체량이 60wt% 미만이고 인화점 및 연소점이 에틸알코올 (㉢)wt% 수용액의 인화점 및 연소점을 초과하는 것

해설

알코올류
- 정의 : 1분자를 구성하는 탄소 원자의 수가 1개부터 3개까지의 포화 1가 알코올(변성알코올을 포함한다)
- 알코올류 제외
  - 1분자를 구성하는 탄소 원자의 수가 1개 내지 3개의 포화 1가 알코올의 함유량이 60wt% 미만인 수용액
  - 가연성 액체량이 60wt% 미만이고 인화점 및 연소점이 에틸알코올 60wt% 수용액의 인화점 및 연소점을 초과하는 것

08 이황화탄소 5kg이 완전 연소하는 경우 발생하는 기체의 부피(m^3)는 1기압, 50℃에서 얼마인지 계산하시오.

해설
- 이산화탄소(CO_2)의 무게

CS_2 + $3O_2$ → CO_2 + $2SO_2$

76kg　　　　　　44kg

5kg　　　　　　x

$\therefore x = \dfrac{5kg \times 44kg}{76kg} = 2.89kg$

- 이산화황(SO_2)의 무게

CS_2 + $3O_2$ → CO_2 + $2SO_2$

76kg　　　　　　　　2×64kg

5kg　　　　　　　　x

$\therefore x = \dfrac{5kg \times 2 \times 64kg}{76kg} = 8.42kg$

그러므로 $PV = \dfrac{WRT}{M}$ 에서 온도와 압력을 보정하면

- 이산화탄소의 체적

$V = \dfrac{WRT}{PM} = \dfrac{2.89kg \times 0.08205m^3 \cdot atm/kg-mol \cdot K \times (273+50)K}{1atm \times 44kg/kg-mol} = 1.74m^3$

- 이산화황의 체적

$V = \dfrac{WRT}{PM} = \dfrac{8.42kg \times 0.08205m^3 \cdot atm/kg-mol \cdot K \times (273+50)K}{1atm \times 64kg/kg-mol} = 3.49m^3$

$\therefore$ 발생되는 모든 기체의 체적 = $1.74m^3$ + $3.49m^3$ = $5.23m^3$

[다른 방법]

CS_2 + $3O_2$ → CO_2 + $2SO_2$

76kg　　　　　　3kg-mol

5kg　　　　　　x

$\therefore x = \dfrac{5kg \times 3kg-mol}{76kg} = 0.197368kg-mol$

이상기체 상태방정식 이용

$PV = nRT$

$V = \dfrac{nRT}{P}$

$= \dfrac{0.197368kg-mol \times 0.08205m^3 \cdot atm/kg-mol \cdot K \times (273+50)K}{1atm}$

$= 5.23m^3$

09 위험물안전관리법령상 자체소방대의 기준이다. 다음 ( ) 안에 적당한 수치를 쓰시오.

사업소의 구분	화학소방자동차	자체소방대원의 수
제조소 또는 일반취급소에서 취급하는 제4류 위험물의 최대수량의 합이 지정수량의 3,000배 이상 12만배 미만인 사업소	(㉠)대	(㉡)인
제조소 또는 일반취급소에서 취급하는 제4류 위험물의 최대수량의 합이 지정수량의 12만배 이상 24만배 미만인 사업소	(㉢)대	(㉣)인
제조소 또는 일반취급소에서 취급하는 제4류 위험물의 최대수량의 합이 지정수량의 24만배 이상 48만배 미만인 사업소	(㉤)대	(㉥)인
제조소 또는 일반취급소에서 취급하는 제4류 위험물의 최대수량의 합이 지정수량의 48만배 이상인 사업소	(㉦)대	(㉧)인

㉠ 1
㉡ 5
㉢ 2
㉣ 10
㉤ 3
㉥ 15
㉦ 4
㉧ 20

해설
자체소방대에 두는 화학소방차 및 인원(시행령 별표 8)

사업소의 구분	화학소방자동차	자체소방대원의 수
제조소 또는 일반취급소에서 취급하는 제4류 위험물의 최대수량의 합이 지정수량의 3,000배 이상 12만배 미만인 사업소	1대	5인
제조소 또는 일반취급소에서 취급하는 제4류 위험물의 최대수량의 합이 지정수량의 12만배 이상 24만배 미만인 사업소	2대	10인
제조소 또는 일반취급소에서 취급하는 제4류 위험물의 최대수량의 합이 지정수량의 24만배 이상 48만배 미만인 사업소	3대	15인
제조소 또는 일반취급소에서 취급하는 제4류 위험물의 최대수량의 합이 지정수량의 48만배 이상인 사업소	4대	20인
옥외탱크저장소에 저장하는 제4류 위험물의 최대수량이 지정수량의 50만배 이상인 사업소	2대	10인

10 위험물안전관리법령상 수납하는 위험물에 따라 운반용기 외부에 표시해야 하는 주의사항을 쓰시오.

(1) 과산화나트륨

(2) 인화성 고체

(3) 황 린

해설

운반용기의 주의사항

• 제1류 위험물
 - 알칼리금속의 과산화물(과산화나트륨) : 화기·충격주의, 물기엄금, 가연물접촉주의
 - 그 밖의 것 : 화기·충격주의, 가연물접촉주의
• 제2류 위험물
 - 철분·금속분·마그네슘 : 화기주의, 물기엄금
 - 인화성 고체 : 화기엄금
 - 그 밖의 것 : 화기주의
• 제3류 위험물
 - 자연발화성 물질(황린) : 화기엄금, 공기접촉엄금
 - 금수성 물질 : 물기엄금
• 제4류 위험물 : 화기엄금
• 제5류 위험물 : 화기엄금, 충격주의
• 제6류 위험물 : 가연물접촉주의

정답

(1) 화기·충격주의, 물기엄금, 가연물접촉주의

(2) 화기엄금

(3) 화기엄금, 공기접촉엄금

11 지정과산화물 옥내저장소의 저장창고의 격벽 설치기준이다. 다음 ( ) 안에 알맞은 수치를 쓰시오.

> 저장창고는 (㉠)m² 이내마다 격벽으로 완전하게 구획할 것. 이 경우 해당 격벽은 두께 (㉡)cm 이상의 철근콘크리트조 또는 철골철근콘크리트조로 하거나 두께 (㉢)cm 이상의 보강콘크리트블록조로 하고 해당 저장창고의 양측의 외벽으로부터 (㉣)m 이상, 상부의 지붕으로부터 (㉤)cm 이상 돌출하게 해야 한다.

해설

지정과산화물 옥내저장소의 저장창고의 격벽 설치기준 : 저장창고는 150m² 이내마다 격벽으로 완전하게 구획할 것. 이 경우 해당 격벽은 두께 30cm 이상의 철근콘크리트조 또는 철골철근콘크리트조로 하거나 두께 40cm 이상의 보강콘크리트블록조로 하고 해당 저장창고의 양측의 외벽으로부터 1m 이상, 상부의 지붕으로부터 50cm 이상 돌출하게 해야 한다.

정답

㉠ 150

㉡ 30

㉢ 40

㉣ 1

㉤ 50

12 제3류 위험물인 탄화칼슘에 대하여 반응식을 쓰시오.

(1) 탄화칼슘과 물의 반응식

(2) (1)에서 생성되는 기체의 연소반응식

정답

(1) $CaC_2 + 2H_2O \rightarrow Ca(OH)_2 + C_2H_2$

(2) $2C_2H_2 + 5O_2 \rightarrow 4CO_2 + 2H_2O$

해설

탄화칼슘

• 물과 반응 : $CaC_2 + 2H_2O \rightarrow Ca(OH)_2 + C_2H_2$

• 아세틸렌의 연소반응식 : $2C_2H_2 + 5O_2 \rightarrow 4CO_2 + 2H_2O$

13 위험물안전관리법령에서 정한 제조소의 배출설비의 기준이다. 다음 ( ) 안에 알맞은 답을 쓰시오.

(1) 배출능력은 1시간당 배출장소 용적의 (㉠)배 이상으로 해야 한다. 다만, 전역방식의 경우에는 바닥면적 1m²당 (㉡)m³ 이상으로 할 수 있다.

(2) 배출구는 지상 (㉢)m 이상으로서 연소의 우려가 없는 장소에 설치하고, (㉣)가 관통하는 벽부분의 바로 가까이에 화재 시 자동으로 폐쇄되는 (㉤)를 설치할 것

정답

㉠ 20

㉡ 18

㉢ 2

㉣ 배출덕트

㉤ 방화댐퍼

해설

제조소의 배출설비의 기준

• 배출설비는 국소방식으로 해야 한다. 다만, 다음에 해당하는 경우에는 전역방식으로 할 수 있다.

　– 위험물취급설비가 배관이음 등으로만 된 경우

　– 건축물의 구조·작업장소의 분포 등의 조건에 의하여 전역방식이 유효한 경우

• 배출설비는 배풍기(오염된 공기를 뽑아내는 통풍기), 배출덕트(공기배출통로), 후드 등을 이용하여 강제적으로 배출하는 것으로 해야 한다.

• 배출능력은 1시간당 배출장소 용적의 20배 이상인 것으로 해야 한다. 다만, 전역방식의 경우에는 바닥면적 1m²당 18m³ 이상으로 할 수 있다.

• 배출설비의 급기구 및 배출구는 다음의 기준에 의해야 한다.

　– 급기구는 높은 곳에 설치하고, 가는 눈의 구리망 등으로 인화방지망을 설치할 것

　– 배출구는 지상 2m 이상으로서 연소의 우려가 없는 장소에 설치하고, 배출덕트가 관통하는 벽부분의 바로 가까이에 화재 시 자동으로 폐쇄되는 방화댐퍼(화재 시 연기 등을 차단하는 장치)를 설치할 것

14 과산화수소는 이산화망가니즈를 촉매하에 반응하여 햇빛에 의하여 분해가 된다. 다음 물질에 대하여 답하시오.

(1) 반응식

(2) 생성되는 기체의 명칭

> **해설**
>
> 과산화수소(H_2O_2)는 상온에서는 느리게 분해가 되나 이산화망가니즈(MnO_2)가 존재하면 정촉매 역할을 하여 분해가 촉진된다.
>
> $$2H_2O_2 \xrightarrow[\text{정촉매}]{MnO_2} 2H_2O + \underset{\text{(산소)}}{O_2}$$

> **정답**
>
> (1) 반응식 : $2H_2O_2 \rightarrow 2H_2O + O_2$
>
> (2) 생성되는 기체 : 산소

15 제4류 위험물인 메틸알코올에 대한 다음 각 물음에 답하시오.

(1) 완전 연소반응식

(2) 메틸알코올 1몰이 완전 연소 시 생성되는 물질의 총 몰(mol)수는?

> **해설**
>
> 메틸알코올
>
> • 연소반응식 : $2CH_3OH + 3O_2 \rightarrow 2CO_2 + 4H_2O$
>
> • 생성되는 물질의 총 몰수
>
> $2CH_3OH + 3O_2 \rightarrow 2CO_2 + 4H_2O$
>
> ∴ 메틸알코올 2mol이 반응하여 6mol(이산화탄소 2mol, 물 4mol)을 생성한다.
>
> $CH_3OH + 1.5O_2 \rightarrow CO_2 + 2H_2O$
>
> ∴ 메틸알코올 1mol이 반응하여 3mol(이산화탄소 1mol, 물 2mol)을 생성한다.

> **정답**
>
> (1) $2CH_3OH + 3O_2 \rightarrow 2CO_2 + 4H_2O$
>
> (2) 3mol

16 다음 그림을 보고 탱크의 내용적(m^3)을 구하시오.

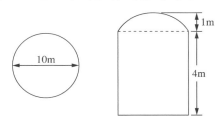

$314.16m^3$

해설
종으로 설치한 것

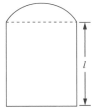

$\therefore$ 내용적 $= \pi r^2 l = \pi \times (5m)^2 \times 4m = 314.16m^3$

17 질산암모늄의 구성성분 중 질소와 수소의 함량을 wt(중량)%로 구하
시오.

정답
• 질소의 함량 : 35wt%
• 수소의 함량 : 5wt%

해설
질소와 수소의 함량(wt%)

각 성분의 함량(%) $= \dfrac{\text{성분의 분자량}}{\text{질산암모늄의 분자량}} \times 100$

• 질산암모늄(NH_4NO_3)의 분자량 $= 14 + (1 \times 4) + 14 + (16 \times 3) = 80$

• 질소의 wt% $= \dfrac{\text{질소의 분자량}}{\text{질산암모늄의 분자량}} \times 100 = \dfrac{2 \times 14}{80} \times 100 = 35wt\%$

• 수소의 wt% $= \dfrac{\text{수소의 분자량}}{\text{질산암모늄의 분자량}} \times 100 = \dfrac{1 \times 4}{80} \times 100 = 5wt\%$

• 산소의 wt% $= \dfrac{\text{산소의 분자량}}{\text{질산암모늄의 분자량}} \times 100 = \dfrac{16 \times 3}{80} \times 100 = 60wt\%$

18 위험물안전관리법령에 따른 옥외탱크저장소의 특례기준이다. 다음 ( ) 안에 적당한 말을 쓰시오.

(1) (㉠) 등의 옥외탱크저장소

    ① 옥외저장탱크의 주위에는 누설범위를 국한하기 위한 설비 및 누설된 물질을 안전한 장소에 설치된 조에 이끌어 들일 수 있는 설비를 설치할 것

    ② 옥외저장탱크에는 불활성의 기체를 봉입하는 장치를 설치할 것

(2) (㉡) 등의 옥외탱크저장소 : 옥외저장탱크의 설비는 구리·마그네슘·은·수은 또는 이들을 성분으로 하는 합금으로 만들지 않을 것

(3) 옥외탱크저장소에는 (㉢) 등의 온도의 상승에 의한 위험한 반응을 방지하기 위한 조치를 강구할 것

위험물의 성질에 따른 옥외탱크저장소의 특례
- 알킬알루미늄 등의 옥외탱크저장소
  - 옥외저장탱크의 주위에는 누설범위를 국한하기 위한 설비 및 누설된 알킬알루미늄 등을 안전한 장소에 설치된 조에 이끌어 들일 수 있는 설비를 설치할 것
  - 옥외저장탱크에는 불활성의 기체를 봉입하는 장치를 설치할 것
- 아세트알데하이드 등의 옥외탱크저장소
  - 옥외저장탱크의 설비는 구리·마그네슘·은·수은 또는 이들을 성분으로 하는 합금으로 만들지 않을 것
  - 옥외저장탱크에는 냉각장치 또는 보랭장치, 그리고 연소성 혼합기체의 생성에 의한 폭발을 방지하기 위한 불활성의 기체를 봉입하는 장치를 설치할 것
- 하이드록실아민 등의 옥외탱크저장소
  - 옥외탱크저장소에는 하이드록실아민 등의 온도의 상승에 의한 위험한 반응을 방지하기 위한 조치를 강구할 것
  - 옥외탱크저장소에는 철이온 등의 혼입에 의한 위험한 반응을 방지하기 위한 조치를 강구할 것

㉠ 알킬알루미늄
㉡ 아세트알데하이드
㉢ 하이드록실아민

19 위험물안전관리법령상 옥외탱크저장소의 소화난이도등급 Ⅰ의 제조소 등에 해당되는 것을 보기에서 모두 고르시오(단, 없으면 "해당 없음"으로 표기할 것).

정답
ㄹ, ㅁ

> ㉠ 질산 60,000kg을 저장하는 옥외탱크저장소
> ㉡ 과산화수소 액표면적이 40m²인 옥외탱크저장소
> ㉢ 이황화탄소 600L를 저장하는 옥외탱크저장소
> ㉣ 유황 14,000kg을 저장하는 지중탱크
> ㉤ 휘발유 100,000L를 저장하는 해상탱크

해설

소화난이도등급 Ⅰ에 해당하는 제조소 등

제조소 등의 구분	제조소 등의 규모, 저장 또는 취급하는 위험물의 품명 및 최대수량 등
옥외탱크 저장소	액표면적이 40m² 이상인 것(제6류 위험물을 저장하는 것 및 고인화점 위험물만을 100℃ 미만의 온도에서 저장하는 것은 제외)
	지반면으로부터 탱크 옆판의 상단까지 높이가 6m 이상인 것(제6류 위험물을 저장하는 것 및 고인화점 위험물만을 100℃ 미만의 온도에서 저장하는 것은 제외)
	지중탱크 또는 해상탱크로서 지정수량의 100배 이상인 것(제6류 위험물을 저장하는 것 및 고인화점 위험물만을 100℃ 미만의 온도에서 저장하는 것은 제외)
	고체위험물을 저장하는 것으로서 지정수량의 100배 이상인 것

㉠ 질산 60,000kg을 저장하는 옥외탱크저장소 : 지정수량에 관계없이 제외 대상
㉡ 과산화수소 액표면적이 40m² 이상인 옥외탱크저장소 : 연면적에 관계없이 제외 대상
㉢ 이황화탄소 600L를 저장하는 옥외탱크저장소 : 액체위험물은 규정에 없다.
㉣ 유황 14,000kg을 저장하는 지중탱크 : 지중탱크는 지정수량의 100배 이상은 해당된다. 유황(제2류 위험물)은 지정수량이 100kg이므로 지정수량의 배수는

$$\therefore \text{ 지정수량의 배수} = \frac{14,000\text{kg}}{100\text{kg}} = 140\text{배}$$

㉤ 휘발유 100,000L을 저장하는 해상탱크 : 해상탱크는 지정수량의 100배 이상은 해당된다. 휘발유는 제4류 위험물 제1석유류(비수용성) 지정수량이 200L이므로 지정수량의 배수는

$$\therefore \text{ 지정수량의 배수} = \frac{100,000\text{L}}{200\text{L}} = 500\text{배}$$

20 다음 표에 대하여 알맞은 답을 쓰시오.

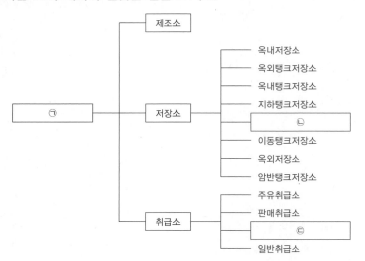

(1) 제조소, 취급소, 저장소 등을 포함하는 ㉠의 위험물안전관리법령상 명칭을 쓰시오.

(2) ㉡의 명칭을 쓰시오.

(3) ㉢의 명칭을 쓰시오.

(4) 위험물안전관리자를 선임하지 않아도 되는 저장소의 종류를 모두 쓰시오(단, 없으면 "해당없음"이라고 표기할 것).

(5) 일반취급소 중 액체위험물을 용기에 옮겨 담는 취급소의 명칭을 쓰시오.

해설
위험물제조소 등

```
                            ┌── 제조소
                            │                  ┌── 옥내저장소
                            │                  ├── 옥외탱크저장소
                            │                  ├── 옥내탱크저장소
                            │                  ├── 지하탱크저장소
        위험물제조소 등 ──┼── 저장소 ──┼── 간이탱크저장소
                            │                  ├── 이동탱크저장소
                            │                  ├── 옥외저장소
                            │                  └── 암반탱크저장소
                            │                  ┌── 주유취급소
                            └── 취급소 ──┼── 판매취급소
                                               ├── 이송취급소
                                               └── 일반취급소
```

• 위험물안전관리자를 선임하지 않아도 되는 저장소 : 이동탱크저장소
• 충전하는 일반취급소 : 이동저장탱크에 액체위험물(알킬알루미늄 등, 아세트알데하이드 등 및 하이드록실아민 등을 제외한다)을 주입하는 일반취급소(액체위험물을 용기에 옮겨 담는 취급소를 포함한다)

01 아세톤 200g을 공기 중에서 완전 연소시켰다. 다음 각 물음에 답하시오(단, 표준상태이고 공기 중 산소의 농도는 부피 농도로 21vol%이다).

(1) 아세톤의 완전 연소반응식을 쓰시오.

(2) 완전 연소에 필요한 이론공기량(L)을 계산하시오.

(3) 완전 연소 시 발생하는 이산화탄소의 부피(L)를 계산하시오.

정답

(1) $CH_3COCH_3 + 4O_2 \rightarrow 3CO_2 + 3H_2O$

(2) 1,471.29L

(3) 231.72L

해설

• 완전 연소반응식
$CH_3COCH_3 + 4O_2 \rightarrow 3CO_2 + 3H_2O$

• 이론공기량(L)

$CH_3COCH_3 + 4O_2 \rightarrow 3CO_2 + 3H_2O$

58g ⟍⟋ 4 × 22.4L
200g ⟋⟍ x

$x = \dfrac{200g \times 4 \times 22.4L}{58g} = 308.97L$(이론산소량)

∴ 이론공기량 $= \dfrac{308.97L}{0.21} = 1,471.29L$

• 이산화탄소의 부피(L)

$CH_3COCH_3 + 4O_2 \rightarrow 3CO_2 + 3H_2O$

58g ⟍ 3 × 22.4L
200g ⟋ x

∴ $x = \dfrac{200g \times 3 \times 22.4L}{58g} = 231.72L$

02 위험물안전관리법령에서 옥내소화전설비의 설치기준이다. 다음 물음에 알맞은 답을 쓰시오.

(1) 옥내소화전 하나의 호스 접결구까지의 수평거리는 몇 m 이하인가?

(2) 수원의 수량은 옥내소화전이 가장 많이 설치된 층의 옥내소화전 설치개수(설치개수가 5개 이상인 경우에는 5개)에 얼마를 곱한 양 이상이어야 하는가?

(3) 동시에 사용할 경우 각 노즐 선단(끝부분)의 방수압력(kPa)과 방수량(L/min)은?

해설

옥내소화전설비의 설치기준
- 하나의 호스 접결구까지의 수평거리 : 25m 이하
- 수 원
  수원 = N(최대 5개) $\times$ 7.8m^{3}이므로 7.8m^{3}를 곱하여 얻은 수 이상이다.
- 방수량과 방수압력

항 목 종 류	방수량	방수압력	토출량	수 원	비상 전원
옥내소화전설비	260L/min 이상	350kPa 이상	N(최대 5개) $\times$ 260L/min	N(최대 5개) $\times$ 7.8m^3 (260L/min $\times$ 30min)	45분
옥외소화전설비	450L/min 이상	350kPa 이상	N(최대 4개) $\times$ 450L/min)	N(최대 4개) $\times$ 13.5m^3 (450L/min $\times$ 30min)	45분
스프링클러설비	80L/min 이상	100kPa 이상	헤드수 $\times$ 80L/min	헤드수 $\times$ 2.4m^3 (80L/min $\times$ 30min)	45분

정답

(1) 25m 이하

(2) 7.8m^3 이상

(3) 방수압력 : 350kPa 이상
    방수량 : 260L/min 이상

03 다음 〈보기〉를 보고 다음 물음에 알맞은 답을 쓰시오.

┌ 보기 ┐
아세톤, 메틸에틸케톤, 아닐린, 클로로벤젠, 메탄올
└────────────────────────────────────┘

(1) 인화점이 가장 낮은 물질을 쓰시오.
(2) (1)에 답한 위험물의 구조식을 쓰시오.
(3) 제1석유류를 모두 고르시오.

해설

제4류 위험물

항 목 \ 종 류	아세톤	메틸에틸케톤	아닐린	클로로벤젠	메탄올
화학식	CH_3COCH_3	$CH_3COC_2H_5$	$C_6H_5NH_2$	C_6H_5Cl	CH_3OH
구조식	(구조식)	(구조식)	(구조식)	(구조식)	(구조식)
품 명	제1석유류 (수용성)	제1석유류 (비수용성)	제3석유류 (비수용성)	제2석유류 (비수용성)	알코올류
인화점	−18.5℃	−7℃	70℃	27℃	11℃
지정수량	400L	200L	2,000L	1,000L	400L

정답
(1) 아세톤
(2) (구조식)
(3) 아세톤, 메틸에틸케톤

04 제3류 위험물인 칼륨이 다음 위험물과 반응하는 반응식을 쓰시오.

(1) 물
(2) 이산화탄소
(3) 에탄올

해설

칼륨의 반응
• 물과 반응 : $2K + 2H_2O \rightarrow 2KOH + H_2$
• 이산화탄소와 반응 : $4K + 3CO_2 \rightarrow 2K_2CO_3 + C$
• 에탄올과 반응 : $2K + 2C_2H_5OH \rightarrow 2C_2H_5OK + H_2$
• 초산과 반응 : $2K + 2CH_3COOH \rightarrow 2CH_3COOK + H_2$

정답
(1) 물과 반응
$2K + 2H_2O \rightarrow 2KOH + H_2$
(2) 이산화탄소와 반응
$4K + 3CO_2 \rightarrow 2K_2CO_3 + C$
(3) 에탄올과 반응
$2K + 2C_2H_5OH \rightarrow 2C_2H_5OK + H_2$

05 다음 〈보기〉에서 염산과 반응하여 제6류 위험물을 생성하는 반응식을 쓰시오(단, 없으면 "해당없음"으로 표기할 것).

> **보기**
>
> 과염소산암모늄, 과망가니즈산칼륨, 과산화나트륨, 마그네슘

정답

$Na_2O_2 + 2HCl \rightarrow 2NaCl + H_2O_2$

해설

과산화나트륨
- 분해반응식 : $2Na_2O_2 \rightarrow 2Na_2O + O_2$
- 물과 반응 : $2Na_2O_2 + 2H_2O \rightarrow 4NaOH + O_2$
- 탄산가스와 반응 : $2Na_2O_2 + 2CO_2 \rightarrow 2Na_2CO_3 + O_2$
- 염산과 반응 : $Na_2O_2 + 2HCl \rightarrow 2NaCl + H_2O_2$
  (과산화수소, 제6류 위험물)

마그네슘과 염산의 반응식
$Mg + 2HCl \rightarrow MgCl_2 + H_2$

06 제2류 위험물과 동소체가 있는 자연발화성 물질인 제3류 위험물에 대한 다음 물음에 알맞은 답을 쓰시오.

(1) 연소반응식

(2) 위험등급

(3) 옥내저장소에 저장할 경우 바닥면적(m^2)

정답

(1) $P_4 + 5O_2 \rightarrow 2P_2O_5$

(2) Ⅰ등급

(3) $1,000m^2$ 이하

해설

자연발화성 물질

항목＼종류	적린	황린
화학식	P	P_4
성질	가연성 고체	자연발화성 물질
유별	제2류 위험물	제3류 위험물
지정수량	100kg	20kg
연소반응식	$4P + 5O_2 \rightarrow 2P_2O_5$	$P_4 + 5O_2 \rightarrow 2P_2O_5$
연소생성물	오산화인(P_2O_5)	오산화인(P_2O_5)
위험등급	Ⅱ등급	Ⅰ등급
옥내저장소에 저장 시 바닥면적	$2,000m^2$ 이하	$1,000m^2$ 이하

※ 적린과 황린은 동소체이다.

07 위험물안전관리법령상 옥외탱크저장소의 보유공지에 관한 내용이다. 다음 빈칸에 알맞은 내용을 쓰시오.

저장 또는 취급하는 위험물의 최대수량	공지의 너비
지정수량의 500배 이하	(㉠)m 이상
지정수량의 500배 초과 1,000배 이하	(㉡)m 이상
지정수량의 1,000배 초과 2,000배 이하	(㉢)m 이상
지정수량의 2,000배 초과 3,000배 이하	(㉣)m 이상
지정수량의 3,000배 초과 4,000배 이하	(㉤)m 이상

정답
㉠ 3
㉡ 5
㉢ 9
㉣ 12
㉤ 15

해설
옥외탱크저장소의 보유공지

저장 또는 취급하는 위험물의 최대수량	공지의 너비
지정수량의 500배 이하	3m 이상
지정수량의 500배 초과 1,000배 이하	5m 이상
지정수량의 1,000배 초과 2,000배 이하	9m 이상
지정수량의 2,000배 초과 3,000배 이하	12m 이상
지정수량의 3,000배 초과 4,000배 이하	15m 이상

08 위험물안전관리법령에서 정한 위험물의 운반에 관한 기준이다. 운반 시 위험물의 지정수량이 1/10을 초과하는 경우 혼재해서는 안 되는 유별을 모두 쓰시오.

(1) 제1류 위험물 (2) 제2류 위험물

(3) 제3류 위험물 (4) 제4류 위험물

(5) 제5류 위험물

정답
(1) 제2류 위험물, 제3류 위험물, 제4류 위험물, 제5류 위험물
(2) 제1류 위험물, 제3류 위험물, 제6류 위험물
(3) 제1류 위험물, 제2류 위험물, 제5류 위험물, 제6류 위험물
(4) 제1류 위험물, 제6류 위험물
(5) 제1류 위험물, 제3류 위험물, 제6류 위험물

해설
운반 시 위험물의 혼재 가능 기준

구 분	제1류	제2류	제3류	제4류	제5류	제6류
제1류		×	×	×	×	○
제2류	×		×	○	○	×
제3류	×	×		○	×	×
제4류	×	○	○		○	×
제5류	×	○	×	○		×
제6류	○	×	×	×	×	

• 제1류 위험물 + 제6류 위험물
• 제3류 위험물 + 제4류 위험물
• 제5류 위험물 + 제2류 위험물 + 제4류 위험물

09 위험물안전관리법령에 따른 옥외탱크저장소, 옥내탱크저장소 또는 지하탱크저장소에서 아래 물질을 저장 또는 취급할 경우 물음에 답하시오.

- 산화프로필렌 : 압력탱크 외의 탱크에 저장할 경우 (㉠)℃ 이하의 온도를 유지할 것
- 아세트알데하이드 등 : 압력탱크 외의 탱크에 저장할 경우 (㉡)℃ 이하의 온도를 유지할 것
- 아세트알데하이드 등 : 압력탱크 탱크에 저장할 경우 (㉢)℃ 이하의 온도를 유지할 것
- 다이에틸에터 등 : 압력탱크 외의 탱크에 저장할 경우 (㉣)℃ 이하의 온도를 유지할 것
- 다이에틸에터 등 : 압력탱크 탱크에 저장할 경우 (㉤)℃ 이하의 온도를 유지할 것

정답
㉠ 30
㉡ 15
㉢ 40
㉣ 30
㉤ 40

해설

저장기준

- 옥외저장탱크, 옥내저장탱크 또는 지하저장탱크 중 압력탱크 외의 탱크에 저장
  - 산화프로필렌, 다이에틸에터 등 : 30℃ 이하
  - 아세트알데하이드 등 : 15℃ 이하
- 옥외저장탱크, 옥내저장탱크 또는 지하저장탱크 중 압력탱크에 저장
  아세트알데하이드 등 또는 다이에틸에터 등 : 40℃ 이하
- 아세트알데하이드 등 또는 다이에틸에터 등을 이동저장탱크에 저장
  - 보랭장치가 있는 경우 : 비점 이하
  - 보랭장치가 없는 경우 : 40℃ 이하

10 제4류 위험물인 특수인화물 중 물속에 저장하는 위험물에 대한 다음 물음에 알맞은 답을 쓰시오.

(1) 이 물질이 연소할 때 생성되는 유독성 물질의 화학식을 쓰시오.

(2) 이 물질의 증기비중을 쓰시오.

(3) 이 물질을 옥외탱크저장소에 저장할 경우 철근콘크리트 수조의 두께 는 몇 m 이상으로 해야 하는지 쓰시오.

> **해설**
>
> 이황화탄소
> - 이황화탄소(제4류 위험물, 특수인화물)는 가연성 증기 발생을 억제하기 위하여 물속에 저장한다.
> - 연소반응식 : $CS_2 + 3O_2 \rightarrow CO_2 + 2SO_2$(유독성 가스)
> - 증기비중 $= \dfrac{분자량}{29}$
>
>   이황화탄소의 분자량 $= CS_2 = 12 + (32 \times 2) = 76$
>
>   ∴ 증기비중 $= \dfrac{76}{29} = 2.62$
> - 이황화탄소의 옥외저장탱크는 벽 및 바닥의 두께가 0.2m 이상이고 누수가 되지 않는 철근콘크리트의 수조에 넣어 보관한다. 이 경우 보유공지, 통기관 및 자동계량장치는 생략할 수 있다.

정답

(1) SO_2

(2) 2.62

(3) 0.2m 이상

11 위험물안전관리법령에 따른 위험물의 저장 및 취급기준이다. 다음 빈칸에 알맞은 답을 쓰시오.

- 제3류 위험물 중 자연발화성 물품에 있어서는 불티 · 불꽃 또는 고온체와의 접근 · 과열 또는 (㉠)와의 접촉을 피하고 금수성 물품에 있어서는 물과의 접촉을 피해야 한다.
- (㉡) 위험물은 불티 · 불꽃 · 고온체와의 접근이나 과열 · 충격 또는 마찰을 피해야 한다.
- 제2류 위험물은 산화제와의 접촉 · 혼합이나 불티 · 불꽃 · 고온체와의 접근 또는 과열을 피하는 한편 (㉢) · (㉣) · (㉤) 및 이를 함유하는 것에 있어서는 물이나 산과의 접촉을 피하고 인화성 고체에 있어서는 함부로 증기를 발생시키지 않아야 한다.

해설

유별 저장 및 취급의 공통기준

- 제1류 위험물 : 가연물과의 접촉, 혼합이나 분해를 촉진하는 물품과의 접근 또는 과열, 충격, 마찰 등을 피하는 한편, 알칼리금속의 과산화물 및 이를 함유한 것에 있어서는 물과의 접촉을 피해야 한다.
- 제2류 위험물 : 산화제와의 접촉, 혼합이나 불티, 불꽃, 고온체와의 접근 또는 과열을 피하는 한편, 철분, 금속분, 마그네슘 및 이를 함유한 것에 있어서는 물이나 산과의 접촉을 피하고 인화성 고체에 있어서는 함부로 증기를 발생시키지 않아야 한다.
- 제3류 위험물 : 자연발화성 물품에 있어서는 불티, 불꽃 또는 고온체와의 접근 · 과열 또는 공기와의 접촉을 피하고, 금수성 물품에 있어서는 물과의 접촉을 피해야 한다.
- 제4류 위험물 : 불티, 불꽃, 고온체와의 접근 또는 과열을 피하고, 함부로 증기를 발생시키지 않아야 한다.
- 제5류 위험물 : 불티, 불꽃, 고온체와의 접근이나 과열, 충격 또는 마찰을 피해야 한다.
- 제6류 위험물 : 가연물과의 접촉 · 혼합이나 분해를 촉진하는 물품과의 접근 또는 과열을 피해야 한다.

12 질산암모늄 800g이 열분해되는 경우 발생기체의 부피(L)를 계산하시오(단, 1기압, 600℃이다).

정답
2,507.08L

해설
기체의 부피

$2NH_4NO_3 \rightarrow 4H_2O + 2N_2 + O_2$

$2 \times 80g$ $7(=4+2+1) \times 22.4L$

$800g$ x

$\therefore \ x = \dfrac{800g \times 7 \times 22.4L}{2 \times 80g} = 784L$

샤를의 법칙을 이용하면

$V_2 = V_1 \times \dfrac{T_2}{T_1} = 784L \times \dfrac{(273+600)K}{273K} = 2,507.08L$

13 98wt%인 질산(비중 1.51) 100mL를 68wt%(비중 1.41)로 만들기 위하여 첨가해야 하는 물의 양은 몇 g인지 계산하시오(단, 물의 밀도는 1g/cm³이다).

정답
66.62g

해설
물의 양

98%   68 - 0 = 68g

       68%

0   98 - 68 = 30g

질산(98%) 68g + 물(0%) 30g을 혼합하면 질산(68%) 98g이 되는데

질산(98%)의 무게가 1.51g/mL × 100mL = 151g이다.

질산 : 물의 비율을 보면

68g : 30g = 151g : x

$\therefore \ x = \dfrac{30g \times 151g}{68g} = 66.62g$

14 위험물안전관리법령에서 정한 액체위험물의 옥외저장탱크 주입구의 기준이다. 다음 물음에 알맞은 답을 쓰시오.

> (㉠), (㉡) 그 밖에 정전기에 의한 재해가 발생할 우려가 있는 액체위험물의 옥외저장탱크의 주입구 부근에는 정전기를 유효하게 제거하기 위한 접지전극을 설치할 것

(1) ㉠, ㉡의 명칭과 지정수량을 쓰시오.
(2) 겨울철에 응고가 될 수 있고 인화점이 낮은 방향족 탄화수소의 구조식을 쓰시오.

> **해설**
> 액체위험물의 옥외저장탱크 주입구의 기준 : 휘발유, 벤젠 그 밖에 정전기에 의한 재해가 발생할 우려가 있는 액체위험물의 옥외저장탱크 주입구 부근에는 정전기를 유효하게 제거하기 위한 접지전극을 설치할 것
>
> | 종류
항목 | 휘발유 | 벤젠 |
> |---|---|---|
> | 품명 | 제1석유류(비수용성) | 제1석유류(비수용성) |
> | 지정수량 | 200L | 200L |
> | 융점 | – | 7℃ |
>
> ※ 아주 추운 날씨에도 휘발유는 응고되지 않으나 벤젠은 7℃ 이하가 되면 응고된다.

정답
(1) ㉠ 명칭 : 휘발유, 지정수량 : 200L
 ㉡ 명칭 : 벤젠, 지정수량 : 200L
(2) 또는

15 다음 위험물의 연소반응식을 쓰시오.

(1) 오황화인
(2) 마그네슘
(3) 알루미늄

> **해설**
> 제2류 위험물의 연소반응식
> • 오황화인 : $2P_2S_5 + 15O_2 \rightarrow 2P_2O_5 + 10SO_2$
> (오산화인) (이산화황)
> • 마그네슘 : $2Mg + O_2 \rightarrow 2MgO$
> (산화마그네슘)
> • 알루미늄 : $4Al + 3O_2 \rightarrow 2Al_2O_3$
> (산화알루미늄)

정답
(1) $2P_2S_5 + 15O_2 \rightarrow 2P_2O_5 + 10SO_2$
(2) $2Mg + O_2 \rightarrow 2MgO$
(3) $4Al + 3O_2 \rightarrow 2Al_2O_3$

16 위험물 화재 시 소화방법에 대한 다음 물음에 알맞은 답을 쓰시오.

(1) 대표적인 소화방법 4가지를 쓰시오.

(2) 증발잠열에 의한 소화방법은 (1)의 소화방법 중 어느 것인지 쓰시오.

(3) 산소를 차단하는 소화방법은 (1)의 소화방법 중 어느 것인지 쓰시오.

(4) 가연물이 통과하는 부분의 밸브를 잠그는 소화방법은 (1)의 소화방법 중 어느 것인지 쓰시오.

> **해설**
>
> 소화방법
> - 제거소화 : 화재 현장에서 중간밸브 차단 등으로 가연물을 없애주어 소화하는 방법
> - 냉각소화 : 물의 증발잠열을 이용하여 발화점 이하로 온도를 낮추어 소화하는 방법
> - 질식소화 : 공기 중 산소의 농도를 21%에서 15% 이하로 낮추어 공기를 차단하여 소화하는 방법
> - 부촉매소화(억제소화, 화학소화) : 연쇄반응을 차단하여 소화하는 방법
> - 희석소화 : 알코올, 에스터, 케톤류 등 수용성 물질에 다량의 물을 방사하여 가연물의 농도를 낮추어 소화하는 방법
> - 유화효과 : 물분무소화설비를 중유에 방사하는 경우 유류 표면에 얇은 막으로 유화층을 형성하여 화재를 소화하는 방법
> - 피복효과 : 이산화탄소 약제 방사 시 가연물의 구석까지 침투하여 피복하므로 연소를 차단하여 소화하는 방법

> **정답**
>
> (1) 제거소화, 냉각소화, 질식소화, 억제소화
> (2) 냉각소화
> (3) 질식소화
> (4) 제거소화

17 메틸알코올이 산화될 경우 폼알데하이드와 물이 생성된다. 이때 메틸알코올 320g이 산화될 경우 생성되는 폼알데하이드의 양(g)을 계산하시오.

> **해설**
>
> 폼알데하이드의 양(g)
>
> $2CH_3OH + O_2 \rightarrow 2HCHO + 2H_2O$
>
> $2 \times 32g \diagdown 2 \times 30g$
>
> $320g \diagup x$
>
> $\therefore x = \dfrac{320g \times 2 \times 30g}{2 \times 32g} = 300g$

> **정답**
>
> 300g

18 위험물안전관리법령에서 정한 지정과산화물 옥내저장소의 기준에 대한 다음 물음에 알맞은 답을 쓰시오.

(1) 유기과산화물의 위험등급을 쓰시오.

(2) 과산화물 옥내저장소의 바닥면적은 몇 m² 이하로 하는지 쓰시오.

(3) 저장창고의 외벽을 철근콘크리트조로 할 경우 두께는 몇 cm 이상으로 하는지 쓰시오.

> **해설**
> 지정과산화물 옥내저장소의 기준
> • 유기과산화물(제5류 위험물)의 위험등급 : Ⅰ등급
> • 옥내저장소의 바닥면적 : 유기과산화물, 질산에스터류 그 밖에 지정수량이 10kg인 위험물은 1,000m² 이하
> • 저장창고의 외벽은 두께 20cm 이상의 철근콘크리트조나 철골철근콘크리트조 또는 두께 30cm 이상의 보강콘크리트블록조로 할 것

정답
(1) Ⅰ등급
(2) 1,000m² 이하
(3) 20cm 이상

---

19 면적 300m²인 옥외저장소에 덩어리 상태의 유황 30,000kg을 저장하고 있다. 다음 물음에 알맞은 답을 쓰시오.

(1) 옥외저장소에 설치할 수 있는 경계표시는 몇 개인지 쓰시오.

(2) 경계표시와 경계표시 사이의 거리는 몇 m 이상인지 쓰시오.

(3) 제4류 위험물 제1석유류(인화점이 10℃ 이상)를 저장할 수 있는지의 유무를 쓰시오.

> **해설**
> 옥외저장소 중 덩어리 상태의 유황을 저장 또는 취급하는 것
> • 하나의 경계표시의 내부 면적은 100m² 이하일 것
>
> ∴ 경계표시 구역 $= \dfrac{300\text{m}^2}{100\text{m}^2} = $ 3개 구역
>
> • 2 이상의 경계표시를 설치하는 경우에 있어서는 각각의 경계표시 내부의 면적을 합산한 면적은 1,000m² 이하로 하고, 인접하는 경계표시와 경계표시와의 간격을 옥외저장소 보유공지 규정에 의한 공지 너비의 1/2 이상으로 할 것. 다만, 저장 또는 취급하는 위험물의 최대수량이 지정수량의 200배 이상인 경우에는 10m 이상으로 해야 한다.
> – 유황의 지정수량 : 100kg
>
> – 지정수량의 배수 $= \dfrac{30,000\text{kg}}{100\text{kg}} = $ 300배
>
> ∴ 지정수량의 배수가 200배 이상이므로 경계표시와 경계표시 사이의 간격은 10m 이상이다.
> • 제4류 위험물 제1석유류(인화점 0℃ 이상)는 옥외에 저장할 수 있으므로 인화점이 10℃ 이상이면 옥외저장소에 저장할 수 있다.

정답
(1) 3개
(2) 10m 이상
(3) 저장할 수 있다.

20 위험물안전관리법령에서 정한 위험물의 저장 및 취급에 관한 기준이다. 다음 내용을 보고 맞는 것을 모두 고르시오.

(1) 옥내저장소에서는 용기에 수납하여 저장하는 위험물의 온도가 45℃가 넘지 않도록 필요한 조치를 강구한다.

(2) 제3류 위험물 중 황린 그 밖에 물속에 저장하는 물품과 금수성 물질은 동일한 저장소에 저장하지 않아야 한다.

(3) 컨테이너식 이동탱크저장소 외의 이동탱크저장소에 있어서는 위험물을 저장한 상태로 이동저장탱크를 옮겨 싣지 않아야 한다.

(4) 이동취급소에 위험물을 이송하기 위한 배관·펌프 및 이에 부속한 설비의 안전을 확인하기 위한 순찰을 행하고 위험물을 이송 중에는 이송하는 위험물의 압력 및 유량을 항상 감시해야 한다.

(5) 제조소 등에서 규정에 의한 신고와 관련되는 품명 외의 위험물 또는 이러한 허가 및 신고와 관련되는 수량 또는 지정수량의 배수를 초과하는 위험물을 저장 또는 취급하지 않아야 한다.

정답
(2), (3), (5)

해설
위험물의 저장 및 취급에 관한 기준
- 옥내저장소에서는 용기에 수납하여 저장하는 위험물의 온도가 55℃가 넘지 않도록 필요한 조치를 강구한다.
- 제3류 위험물 중 황린 그 밖에 물속에 저장하는 물품과 금수성 물질은 동일한 저장소에 저장하지 않아야 한다(중요기준).
- 컨테이너식 이동탱크저장소 외의 이동탱크저장소에 있어서는 위험물을 저장한 상태로 이동저장탱크를 옮겨 싣지 않아야 한다(중요기준).
- 이송취급소에 위험물을 이송하기 위한 배관·펌프 및 이에 부속한 설비의 안전을 확인하기 위한 순찰을 행하고 위험물을 이송 중에는 이송하는 위험물의 압력 및 유량을 항상 감시해야 한다(중요기준).
- 제조소 등에서 규정에 의한 신고와 관련되는 품명 외의 위험물 또는 이러한 허가 및 신고와 관련되는 수량 또는 지정수량의 배수를 초과하는 위험물을 저장 또는 취급하지 않아야 한다(중요기준).

2021년 제4회 과년도 기출복원문제

01 위험물안전관리법령에서 정한 소화설비의 소요단위에 대하여 다음 물음에 맞는 소요단위를 쓰시오.

(1) 면적 300m²로 내화구조의 벽으로 된 제조소

(2) 면적 300m²로 내화구조의 벽이 아닌 제조소

(3) 면적 300m²로 내화구조의 벽으로 된 저장소

(1) 3단위

(2) 6단위

(3) 2단위

해설

소요단위의 계산방법

구 분	소요단위	
	외벽이 내화구조인 경우	외벽이 내화구조가 아닌 경우
제조소 또는 취급소의 건축물	연면적 100m²를 1소요단위	연면적 50m²를 1소요단위
저장소의 건축물	연면적 150m²를 1소요단위	연면적 75m²를 1소요단위
위험물	지정수량의 10배 : 1소요단위	

• 소요단위 $= \dfrac{300m^2}{100m^2} = 3$단위

• 소요단위 $= \dfrac{300m^2}{50m^2} = 6$단위

• 소요단위 $= \dfrac{300m^2}{150m^2} = 2$단위

02 분말소화약제의 주성분을 화학식으로 쓰시오.

(1) 제1종 분말

(2) 제2종 분말

(3) 제3종 분말

(1) $NaHCO_3$

(2) $KHCO_3$

(3) $NH_4H_2PO_4$

해설

분말소화약제

종 류	주성분	착 색	적응 화재
제1종 분말	탄산수소나트륨($NaHCO_3$)	백색	B, C급
제2종 분말	탄산수소칼륨($KHCO_3$)	담회색	B, C급
제3종 분말	제일인산암모늄($NH_4H_2PO_4$)	담홍색	A, B, C급
제4종 분말	탄산수소칼륨 + 요소 ($KHCO_3$ + $(NH_2)_2CO$)	회 색	B, C급

03 다음 〈보기〉에서 설명하는 위험물에 대하여 다음 물음에 답하시오.

┌ 보기 ┐
- 제3류 위험물로서 지정수량이 300kg이다.
- 분자량이 64이다.
- 비중이 2.21이다.
- 질소와 고온에서 반응하여 사이안아마이드화 칼슘(석회질소)이 생성된다.
└───┘

(1) 해당하는 물질의 화학식을 쓰시오.

(2) 물과의 반응식을 쓰시오.

(3) 물과 반응하여 생성되는 기체의 연소반응식을 쓰시오.

해설

탄화칼슘(CaC_2, 카바이트)
- 물 성

화학식	지정수량	분자량	융 점	비 중
CaC_2	300kg	64	2,370℃	2.21

- 고온(700℃)에서 질소와 반응 : $CaC_2 + N_2 \rightarrow CaN_2 + C$
  (석회질소) (탄소)
- 탄화칼슘과 물의 반응식 : $CaC_2 + 2H_2O \rightarrow Ca(OH)_2 + C_2H_2 \uparrow$
  (소석회, 수산화칼슘) (아세틸렌)
- 아세틸렌의 연소반응식 : $2C_2H_2 + 5O_2 \rightarrow 4CO_2 + 2H_2O$

04 위험물안전관리법령상 옥외저장소에 저장할 수 있는 위험물의 품명 5가지를 쓰시오.

해설

옥외저장소에 저장할 수 있는 위험물
- 제2류 위험물 중 유황 또는 인화성 고체(인화점이 0℃ 이상인 것에 한한다)
- 제4류 위험물 중 제석유류(인화점이 0℃ 이상인 것에 한한다)·알코올류·제2석유류·제3석유류·제4석유류 및 동식물유류
- 제6류 위험물
- 제2류 위험물 및 제4류 위험물 중 특별시·광역시 또는 도의 조례에서 정하는 위험물(관세법 제154조의 규정에 의한 보세구역 안에 저장하는 경우에 한한다)
- 국제해사기구에 관한 협약에 의하여 설치된 국제해사기구가 채택한 국제해상위험물규칙(IMDG Code)에 적합한 용기에 수납된 위험물

05 다음 제3류 위험물이 물과 반응할 때 반응식을 쓰시오.

(1) 탄화알루미늄

(2) 탄화칼슘

(1) $Al_4C_3 + 12H_2O \rightarrow 4Al(OH)_3 + 3CH_4$

(2) $CaC_2 + 2H_2O \rightarrow Ca(OH)_2 + C_2H_2$

해설

물과 반응식

• 탄화알루미늄 : $Al_4C_3 + 12H_2O \rightarrow 4Al(OH)_3 + 3CH_4 \uparrow$
    (수산화알루미늄) (메테인)

• 탄화칼슘 : $CaC_2 + 2H_2O \rightarrow Ca(OH)_2 + C_2H_2 \uparrow$
    (소석회, 수산화칼슘) (아세틸렌)

06 다음 〈보기〉에서 설명하는 위험물에 대하여 다음 물음에 답하시오.

┤보기├

• 제6류 위험물이다.
• 저장용기는 갈색병에 넣어 직사일광을 피하고 찬 곳에 저장한다.
• 단백질과 잔토프로테인 반응을 하여 노란색으로 변한다.

(1) 이 위험물의 지정수량을 쓰시오.

(2) 이 위험물의 위험등급을 쓰시오.

(3) 이 위험물의 위험물이 되기 위한 조건을 쓰시오(단, 없으면 "해당없음"이라고 표기할 것).

(4) 햇빛에 의해 분해되는 반응식을 쓰시오.

(1) 300kg

(2) 위험등급 I

(3) 비중이 1.49 이상

(4) $4HNO_3 \rightarrow 2H_2O + 4NO_2 + O_2$

해설

질 산

• 물 성

화학식	지정수량	위험등급	비 점	융 점	비 중
HNO_3	300kg	I 등급	122℃	−42℃	1.49 이상이면 위험물이다.

• 특 성
 – 진한 질산을 가열하면 적갈색의 갈색증기(NO_2)가 발생한다.
 – 질산은 단백질과 잔토프로테인 반응을 하여 노란색으로 변한다.

• 분해반응식 : $4HNO_3 \rightarrow 2H_2O + 4NO_2 + O_2$

07 다음 위험물 탱크의 용량(L)을 구하시오(단, 탱크의 공간용적은 5/100이다).

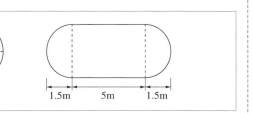

해설

탱크의 용량

- 내용적 $= \pi r^2 \left(l + \dfrac{l_1 + l_2}{3} \right) = \pi \times (2\text{m})^2 \times \left(5\text{m} + \dfrac{1.5\text{m} + 1.5\text{m}}{3} \right) = 75.3982\ \text{m}^3$

- 공간용적 $= 75.39822\text{m}^3 \times 0.05 = 3.7699\text{m}^3$

∴ 탱크의 용량 $=$ 내용적 $-$ 공간용적
$$= 75.3982\text{m}^3 - 3.7699\text{m}^3 = 71.6283\text{m}^3 = 71,628.3\text{L}$$

08 위험물안전관리법령상 지정수량의 배수에 따른 위험물제조소의 보유공지를 쓰시오.

(1) 1배

(2) 5배

(3) 10배

(4) 20배

(5) 200배

해설

제조소의 보유공지

취급하는 위험물의 최대수량	공지의 너비
지정수량의 10배 이하	3m 이상
지정수량의 10배 초과	5m 이상

09 제5류 위험물인 트라이나이트로톨루엔(TNT)의 제조과정을 화학반응식으로 쓰시오.

$$\text{(톨루엔)} + 3HNO_3 \xrightarrow[\text{나이트로화}]{c-H_2SO_4} \text{(TNT)} + 3H_2O$$

> **해설**
>
> 트라이나이트로톨루엔(TNT)의 제법 : 톨루엔에 혼산(진한 질산 + 진한 황산)으로 나이트로화시켜 제조한다.
>
>
> $$\text{(톨루엔)} + 3HNO_3 \xrightarrow[\text{나이트로화}]{c-H_2SO_4} \text{(TNT)} + 3H_2O$$

---

10 다음 〈보기〉에서 위험물의 연소범위가 가장 큰 물질에 대하여 다음 물음에 답을 하시오.

> **보기**
>
> 아세톤, 메틸에틸케톤, 메탄올, 다이에틸에터, 톨루엔

(1) 이 위험물의 명칭을 쓰시오.

(2) 이 위험물의 위험도를 구하시오.

(1) 다이에틸에터

(2) 27.24

> **해설**
>
> 연소범위
>
> | 종 류 | 아세톤 | 메틸에틸케톤 | 메탄올 | 다이에틸에터 | 톨루엔 |
> |---|---|---|---|---|---|
> | 연소범위 | 2.5~12.8% | 1.8~10% | 6.0~36% | 1.7~48% | 1.27~7.0% |
>
> • 위험물의 명칭 : 다이에틸에터
> • 위험도(H)
>
> $$H = \frac{U-L}{L}$$
>
> 여기서, U : 폭발상한값, L : 폭발하한값
>
> $$\therefore H = \frac{U-L}{L} = \frac{48-1.7}{1.7} = 27.24$$

11 제3류 위험물인 트라이에틸알루미늄에 대하여 다음 물음에 답하시오.

(1) 물과 반응하여 생성되는 물질의 명칭을 쓰시오.

(2) 물과의 반응식을 쓰시오.

해설

트라이에틸알루미늄의 반응식

• 물과의 반응식 : $(C_2H_5)_3Al + 3H_2O \rightarrow Al(OH)_3 + 3C_2H_6$
                   (트라이에틸알루미늄) (물) (수산화알루미늄) (에테인)

• 산소와 반응식 : $2(C_2H_5)_3Al + 21O_2 \rightarrow Al_2O_3 + 12CO_2 + 15H_2O$

정답

(1) 에테인

(2) $(C_2H_5)_3Al + 3H_2O \rightarrow Al(OH)_3 + 3C_2H_6$

---

12 위험물안전관리법령에서 정한 지하탱크저장소에 대한 기준이다. 다음 물음에 답하시오.

• 탱크전용실은 지하의 가장 가까운 벽·피트·가스관 등의 시설물 및 대지경계선으로부터 (①)m 이상 떨어진 곳에 설치할 것

• 지하저장탱크의 윗부분은 지면으로부터 (②)m 이상 아래에 있어야 한다.

• 지하저장탱크를 2 이상 인접해 설치하는 경우에는 그 상호 간에 (③)m [해당 2 이상의 지하저장탱크의 용량의 합계가 지정수량의 100배 이하인 때에는 (④)m] 이상의 간격을 유지해야 한다. 다만, 그 사이에 탱크전용실의 벽이나 두께 (⑤)cm 이상의 콘크리트 구조물이 있는 경우에는 그렇지 않다.

해설

지하탱크저장소의 기준

• 탱크전용실은 지하의 가장 가까운 벽·피트·가스관 등의 시설물 및 대지경계선으로부터 0.1m 이상 떨어진 곳에 설치하고, 지하저장탱크와 탱크전용실의 안쪽과의 사이는 0.1m 이상의 간격을 유지하도록 하며, 해당 탱크의 주위에 마른 모래 또는 습기 등에 의하여 응고되지 않는 입자지름 5mm 이하의 마른 자갈분을 채워야 한다.

• 지하저장탱크의 윗부분은 지면으로부터 0.6m 이상 아래에 있어야 한다.

• 지하저장탱크를 2 이상 인접해 설치하는 경우에는 그 상호 간에 1m(해당 2 이상의 지하저장탱크의 용량의 합계가 지정수량의 100배 이하인 때에는 0.5m) 이상의 간격을 유지해야 한다. 다만, 그 사이에 탱크전용실의 벽이나 두께 20cm 이상의 콘크리트 구조물이 있는 경우에는 그렇지 않다.

정답

① 0.1

② 0.6

③ 1

④ 0.5

⑤ 20

13 다음 〈보기〉의 위험물에 대하여 위험등급이 II등급에 해당하는 위험물의 지정수량의 배수의 합을 구하시오.

정답
3배

┌─ 보기 ─────────────────────────────┐
유황 : 100kg, 질산염류 : 600kg, 나트륨 : 100kg
등유 : 6,000L, 철분 : 50kg
└──────────────────────────────────┘

해설

지정수량의 배수

• 위험등급

종 류	유 황	질산염류	나트륨	등 유	철 분
위험등급	II	II	I	III	III

• 위험물의 지정수량

종 류	유 황	질산염류
유 별	제2류 위험물	제1류 위험물
지정수량	100kg	300kg

• 지정수량의 배수 $= \dfrac{\text{저장수량}}{\text{지정수량}} + \dfrac{\text{저장수량}}{\text{지정수량}} + \cdots$

$$= \frac{100kg}{100kg} + \frac{600kg}{300kg} = 3배$$

14 위험물안전관리법에서 정한 이동탱크저장소의 주유호스에 대하여 다음 (   ) 안에 알맞은 답을 쓰시오.

정답
① 23
② 0.3
③ 50
④ 정전기
⑤ 200

• 위험물이 샐 우려가 없고 화재예방상 안전한 구조로 할 것
• 주입호스는 내경이 (①)mm 이상이고 (②)MPa 이상의 압력에 견딜 수 있는 것으로 하며 필요 이상으로 길게 하지 않을 것
• 주입설비의 길이는 (③)m 이내로 하고 그 끝부분에 축적되는 (④)를 유효하게 제거할 수 있는 장치를 할 것
• 분당 배출량은 (⑤)L로 할 것

해설

이동탱크저장소의 주유호스 재질

• 위험물이 샐 우려가 없고 화재예방상 안전한 구조로 할 것
• 주입호스는 내경이 23mm 이상이고 0.3MPa 이상의 압력에 견딜 수 있는 것으로 하며 필요 이상으로 길게 하지 않을 것(위험물안전관리에 관한 세부기준 제108조)
• 주입설비의 길이는 50m 이내로 하고 그 끝부분에 축적되는 정전기를 유효하게 제거할 수 있는 장치를 할 것
• 분당 배출량은 200L로 할 것

15 제3류 위험물인 금속 나트륨에 대하여 다음 물음에 답하시오.

(1) 지정수량을 쓰시오.

(2) 보호액의 종류 1가지를 쓰시오.

(3) 물과 반응식을 쓰시오.

나트륨
• 물 성

화학식	지정수량	원자량	융 점	비 중	불꽃 색상
Na	10kg	23	97.7℃	0.97	노란색

• 보호액 : 등유, 경유, 유동파라핀 등의 보호액을 넣은 내통에 밀봉 저장한다.
• 반응식
  – 연소반응식 : $4Na + O_2 \rightarrow 2Na_2O$
  – 물과의 반응식 : $2Na + 2H_2O \rightarrow 2NaOH + H_2$

정답

(1) 10kg

(2) 등유, 경유

(3) $2Na + 2H_2O \rightarrow 2NaOH + H_2$

16 제1류 위험물의 성질로 옳은 것을 〈보기〉에서 골라 번호를 쓰시오.

┤보기├
① 무기화합물이다.
② 유기화합물이다.
③ 산화제이다.
④ 인화점이 0℃ 이하이다.
⑤ 인화점이 0℃ 이상이다.
⑥ 고체이다.

제1류 위험물(산화성 고체)의 성질
• 대부분 무색 결정 또는 백색 분말의 산화성 고체이다.
• 무기화합물로서 강산화성 물질이며 불연성 고체이다.
• 가열, 충격, 마찰, 타격으로 분해하여 산소를 방출한다.
• 비중은 1보다 크며 물에 녹는 것도 있다.

정답

①, ③, ⑥

17 위험물안전관리법령에 따른 위험물의 저장ㆍ취급에 관한 중요기준이다. 다음 〈보기〉의 설명을 보고 다음 물음에 답하시오.

> **보기**
>
> • 불티ㆍ불꽃ㆍ고온체와의 접근이나 과열ㆍ충격 또는 마찰을 피해야 한다.
> • 옥내저장소에는 용기에 수납하여 저장하는 위험물의 온도가 55℃를 넘지 않도록 필요한 조치를 강구해야 한다.

(1) 〈보기〉에서 설명하는 유별과 혼재가 가능한 위험물의 유별을 쓰시오 (단, 지정수량의 10배 이하이다).

(2) 〈보기〉에서 설명하는 유별의 운반용기 외부에 표시해야 하는 주의사항을 쓰시오.

(3) 〈보기〉에서 설명하는 유별에서 지정수량이 가장 적은 것의 품명을 1가지 쓰시오.

해설

제5류 위험물(자기반응성 물질)

• 저장 및 취급기준

- 불티, 불꽃, 고온체와의 접근이나 과열, 충격 또는 마찰을 피해야 한다.
- 옥내저장소에는 용기에 수납하여 저장하는 위험물의 온도가 55℃를 넘지 않도록 필요한 조치를 강구해야 한다.

• 운반 시 혼재 가능

위험물의 구분	제1류	제2류	제3류	제4류	제5류	제6류
제1류		×	×	×	×	○
제2류	×		×	○	○	×
제3류	×	×		○	×	×
제4류	×	○	○		○	×
제5류	×	○	×	○		×
제6류	○	×	×	×	×	

• 운반 시 주의사항

종 류	표시 사항
제3류 위험물	• 자연발화성 물질 : 화기엄금, 공기접촉엄금 • 금수성 물질 : 물기엄금
제4류 위험물	화기엄금
제5류 위험물	화기엄금, 충격주의

• 제5류 위험물의 지정수량

품 명	해당하는 위험물	지정수량
1. 유기과산화물	과산화벤조일, 과산화메틸에틸케톤, 과산화초산, 아세틸퍼옥사이드	10kg
2. 질산에스터류	나이트로셀룰로스, 나이트로글리세린, 나이트로글리콜, 셀룰로이드, 질산메틸, 질산에틸, 펜트리트	

18 위험물안전관리법령상 탱크전용실이 있는 건축물에 설치하는 옥내저장탱크 펌프설비에 대한 설명이다. 다음 물음에 답하시오.

(1) 펌프실은 상층이 있는 경우 있어서는 상층의 바닥을 내화구조로 하고 상층이 없는 경우에 있어서는 지붕을 어떤 재료로 하는지 쓰시오.

(2) 펌프실의 출입구에는 어떤 것을 설치해야 하는지 쓰시오.

(3) 탱크전용실에 펌프를 설치하는 경우에는 견고한 기초 위에 고정한 다음 그 주위에는 불연재료로 된 턱을 몇 m 이상의 높이로 설치하는지 쓰시오.

(4) 바닥은 콘크리트 등 위험물이 스며들지 않는 재료로 적당히 경사지게 하여 그 최저부에 무엇을 설치해야 하는지 쓰시오.

정답
(1) 불연재료
(2) 60분+방화문
(3) 0.2m 이상
(4) 집유설비

해설
탱크전용실이 있는 건축물에 설치하는 옥내저장탱크 펌프설비
• 펌프실
 − 상층이 있는 경우에 상층의 바닥 : 내화구조
 − 상층이 없는 경우에 지붕 : 불연재료
 − 천장을 설치하지 않을 것
• 펌프실의 출입구에는 60분+방화문을 설치할 것(단, 제6류 위험물의 탱크전용실은 30분 방화문을 설치할 수 있다)
• 탱크전용실에 펌프설비를 설치하는 경우 : 견고한 기초위에 고정한 다음 그 주위에는 불연재료로 된 턱을 0.2m 이상의 높이로 설치하는 등 누설된 위험물이 유출되거나 유입되지 않도록 하는 조치를 할 것
• 펌프실의 바닥 주위에는 높이 0.2m 이상의 턱을 만들고 바닥은 콘크리트 등 위험물이 스며들지 않는 재료로 적당히 경사지게 하여 그 최저부에는 집유설비를 설치할 것

19 〈보기〉는 제4류 위험물인 알코올류가 산화·환원되는 과정이다. 다음 물음에 답하시오.

┌ 보기 ┐

$$메틸알코올 \underset{환\ 원}{\overset{산\ 화}{\rightleftharpoons}} 폼알데하이드 \underset{환\ 원}{\overset{산\ 화}{\rightleftharpoons}} (\ ①\ )$$

$$에틸알코올 \underset{환\ 원}{\overset{산\ 화}{\rightleftharpoons}} (\ ②\ ) \underset{환\ 원}{\overset{산\ 화}{\rightleftharpoons}} 아세트산$$

(1) 물질명과 화학식을 쓰시오.

(2) 물질명과 화학식을 쓰시오.

(3) ①과 ②중에서 지정수량이 작은 물질의 연소반응식을 쓰시오.

해설

알코올류가 산화·환원되는 과정

• 메틸알코올

$$CH_3OH \underset{환\ 원}{\overset{산\ 화}{\rightleftharpoons}} HCHO \underset{환\ 원}{\overset{산\ 화}{\rightleftharpoons}} HCOOH$$
　(메틸알코올)　　　　(폼알데하이드)　　　(의산, 개미산, 폼산)

• 에틸알코올

$$C_2H_5OH \underset{환\ 원}{\overset{산\ 화}{\rightleftharpoons}} CH_3CHO \underset{환\ 원}{\overset{산\ 화}{\rightleftharpoons}} CH_3COOH$$
　(에틸알코올)　　　　(아세트알데하이드)　　(초산, 아세트산)

• 지정수량

종 류	의 산	아세트알데하이드
품 명	제2석유류(수용성)	특수인화물
지정수량	2,000L	50L

• 아세트알데하이드의 연소반응식 : $2CH_3CHO + 5O_2 \rightarrow 4CO_2 + 4H_2O$

정답

(1) 물질명 : 의산, 화학식 : $HCOOH$

(2) 물질명 : 아세트알데하이드,
　　화학식 : CH_3CHO

(3) $2CH_3CHO + 5O_2 \rightarrow 4CO_2 + 4H_2O$

---

20 다음 〈보기〉의 위험물이 연소할 경우 생성되는 물질이 같은 위험물의 연소반응식을 쓰시오.

┌ 보기 ┐

적린, 삼황화인, 오황화인, 유황, 철분, 마그네슘

해설

연소반응식

• 적린 : $4P + 5O_2 \rightarrow 2P_2O_5$
• 삼황화인 : $P_4S_3 + 8O_2 \rightarrow 2P_2O_5 + 3SO_2 \uparrow$
• 오황화인 : $2P_2O_5 + 15O_2 \rightarrow 2P_2O_5 + 10SO_2 \uparrow$
• 유황(황) : $S + O_2 \rightarrow SO_2 \uparrow$
• 철분 : $4Fe + 3O_2 \rightarrow 2Fe_2O_3$
• 마그네슘 : $2Mg + O_2 \rightarrow 2MgO$

정답

(1) 삼황화인 : $P_4S_3 + 8O_2 \rightarrow 2P_2O_5 + 3SO_2$

(2) 오황화인 : $2P_2O_5 + 15O_2 \rightarrow 2P_2O_5 + 10SO_2$

2022년 제1회 과년도 기출복원문제

01 다음 〈보기〉에서 금수성 물질이면서 자연발화성인 것을 모두 고르시오(단, 해당 없으면 "해당없음"이라고 답할 것).

정답
칼 륨

┌보기┐
칼륨, 황린, 트라이나이트로페놀, 나이트로벤젠, 글리세린, 수소화나트륨

해설
위험물의 분류

종류 항목	칼 륨	황 린	트라이 나이트로페놀	나이트로 벤젠	글리세린	수소화 나트륨
유 별	제3류	제3류	제5류	제4류	제4류	제3류
성 질	자연발화성 및 금수성물질	자연발화성 물질	자기반응성 물질	인화성 액체	인화성 액체	금수성 물질

02 다음 위험물이 반응하여 생성되는 유독성 가스의 명칭을 쓰시오(단, 없으면 "해당없음"이라고 답할 것).

정답
(1) 오산화인
(2) 포스핀
(3) 해당없음
(4) 포스핀
(5) 해당없음

(1) 황린의 연소반응식

(2) 황린과 수산화칼륨 수용액의 반응식

(3) 아세트산의 연소반응식

(4) 인화칼슘과 물의 반응식

(5) 과산화바륨과 물의 반응식

해설
• 황린의 연소반응식 : $P_4 + 5O_2 \rightarrow 2P_2O_5$
　　　　　　　　　　　　　　　(오산화인)
• 황린과 수산화칼륨 수용액의 반응식 : $P_4 + 3KOH + 3H_2O \rightarrow 3KH_2PO_2 + PH_3 \uparrow$
　　　　　　　　　　　　　　　　　　　　　(차아인산칼륨)
• 아세트산의 연소반응식 : $CH_3COOH + 2O_2 \rightarrow 2CO_2 + 2H_2O$
• 인화칼슘과 물의 반응식 : $Ca_3P_2 + 6H_2O \rightarrow 3Ca(OH)_2 + 2PH_3 \uparrow$
• 과산화바륨과 물의 반응식 : $2BaO_2 + 2H_2O \rightarrow 2Ba(OH)_2 + O_2 \uparrow$
※ 유독성 가스 : 포스핀(인화수소), 오산화인

03 인화성 액체위험물 옥외탱크저장소의 탱크 주위에 방유제를 설치하고자 한다. 다음 물음에 답하시오.

(1) 방유제 내의 면적은 몇 m^2 이하로 해야 하는지 쓰시오.

(2) 저장탱크의 개수에 제한을 두지 않을 경우, 인화점을 중심으로 설명하시오.

(3) 제1석유류 15만L를 저장할 경우 탱크의 최대 개수를 쓰시오.

옥외탱크저장소의 방유제
• 방유제 내의 면적 : 80,000m^2 이하
• 방유제의 높이 : 0.5m 이상 3m 이하
• 방유제의 두께 : 0.2m 이상
• 방유제의 지하매설깊이 : 1m 이상
• 방유제 내에 설치하는 옥외저장탱크의 수는 10(방유제 내에 설치하는 모든 옥외저장탱크의 용량이 20만L 이하이고, 위험물의 인화점이 70℃ 이상 200℃ 미만인 경우에는 20) 이하로 할 것(단, 인화점이 200℃ 이상인 위험물을 저장 또는 취급하는 옥외저장탱크에 있어서는 그렇지 않다)

방유제 내의 탱크 설치개수
• 제1석유류, 제2석유류 : 10기 이하
• 제3석유류(용량이 20만L 이하이고 인화점 70℃ 이상 200℃ 미만) : 20기 이하
• 제4석유류(인화점이 200℃ 이상) : 제한없음

정답
(1) 80,000m^2 이하
(2) 인화점이 200℃ 이상인 위험물을 저장 또는 취급하는 경우
(3) 10기

04 위험물안전관리법령에 따른 주유취급소의 저장 또는 취급 가능한 탱크 용량을 쓰시오.

(1) 자동차 등에 주유하기 위한 고정주유설비에 직접 접속하는 전용탱크로서 (   ) 이하의 것

(2) 고정급유설비에 직접 접속하는 전용탱크로서 (   ) 이하의 것

(3) 보일러 등에 직접 접속하는 전용탱크로서 (   ) 이하의 것

(4) 자동차 등을 점검·정비하는 작업장 등에서 사용하는 폐유·윤활유 등의 위험물을 저장하는 탱크로서 용량이 (   ) 이하의 것

주유취급소의 저장 또는 취급 가능한 탱크
• 자동차 등에 주유하기 위한 고정주유설비에 직접 접속하는 전용탱크로서 50,000L 이하의 것
• 고정급유설비에 직접 접속하는 전용탱크로서 50,000L 이하의 것
• 보일러 등에 직접 접속하는 전용탱크로서 10,000L 이하의 것
• 자동차 등을 점검·정비하는 작업장 등(주유취급소 안에 설치된 것에 한한다)에서 사용하는 폐유·윤활유 등의 위험물을 저장하는 탱크로서 용량(2 이상 설치하는 경우에는 각 용량의 합계)이 2,000L 이하인 탱크(이하 "폐유탱크 등"이라 한다)
• 고정주유설비 또는 고정급유설비에 직접 접속하는 3기 이하의 간이탱크

정답
(1) 50,000L
(2) 50,000L
(3) 10,000L
(4) 2,000L

05 다음 위험물의 연소반응식을 쓰시오.

(1) 메탄올

(2) 에탄올

알코올의 연소반응식
- 메탄올(메틸알코올) : $2CH_3OH + 3O_2 \rightarrow 2CO_2 + 4H_2O$
- 에탄올(에틸알코올) : $C_2H_5OH + 3O_2 \rightarrow 2CO_2 + 3H_2O$

(1) $2CH_3OH + 3O_2 \rightarrow 2CO_2 + 4H_2O$

(2) $C_2H_5OH + 3O_2 \rightarrow 2CO_2 + 3H_2O$

06 다음 각 위험물의 증기비중을 구하시오.

(1) 이황화탄소

(2) 아세트알데하이드

(3) 벤 젠

증기비중

종 류 항 목	이황화탄소	아세트알데하이드	벤 젠
화학식	CS_2	CH_3CHO	C_6H_6
분자량	76	44	78
증기비중	76/29 = 2.62	44/29 = 1.52	78/29 = 2.69

(1) 2.62

(2) 1.52

(3) 2.69

07 제2류 위험물인 마그네슘에 대하여 다음 물음에 답을 쓰시오.

(1) 마그네슘에 해당하지 않는 것에 대하여 빈칸에 들어갈 숫자를 적으시오.

　① (　)mm의 체를 통과하지 않는 덩어리 상태의 것

　② 지름 (　)mm 이상의 막대 모양의 것

(2) 위험등급을 쓰시오.

(3) 반응식을 쓰시오.

　① 염산과의 반응식

　② 물과의 반응식

해설

마그네슘

• 마그네슘에 해당하지 않는 것

　– 2mm의 체를 통과하지 않는 덩어리 상태의 것

　– 지름 2mm 이상의 막대 모양의 것

• 위험등급 : III등급

• 반응식

　– 염산과의 반응 : $Mg + 2HCl \rightarrow MgCl_2 + H_2$

　– 물과의 반응 : $Mg + 2H_2O \rightarrow Mg(OH)_2 + H_2$

정답

(1) 2

(2) 위험등급III

(3) ① $Mg + 2HCl \rightarrow MgCl_2 + H_2$

　② $Mg + 2H_2O \rightarrow Mg(OH)_2 + H_2$

08 지하저장탱크 2기를 인접하여 설치하는 경우에 그 상호 간의 거리는 몇 m 이상인지 쓰시오.

(1) 경유 20,000L와 휘발유 8,000L

(2) 경유 8,000L와 휘발유 20,000L

(3) 경유 20,000L와 휘발유 20,000L

(1) 0.5m 이상
(2) 1m 이상
(3) 1m 이상

해설

지하저장탱크 2기를 인접하여 설치하는 경우

• 지하저장탱크를 2 이상 인접해 설치하는 경우에는 그 상호 간에 1m(해당 2 이상의 지하저장탱크의 용량의 합계가 지정수량의 100배 이하인 때에는 0.5m) 이상의 간격을 유지해야 한다.

• 지정수량

항 목 \ 종 류	경 유	휘발유
품 명	제2석유류(비수용성)	제1석유류(비수용성)
지정수량	1,000L	200L

• 지정수량의 배수

종 류	지정수량의 배수	상호 간의 거리
경유 20,000L와 휘발유 8,000L	배수 $= \dfrac{20,000L}{1,000L} + \dfrac{8,000L}{200L} = 60$배	0.5m
경유 8,000L와 휘발유 20,000L	배수 $= \dfrac{8,000L}{1,000L} + \dfrac{20,000L}{200L} = 108$배	1m
경유 20,000L와 휘발유 20,000L	배수 $= \dfrac{20,000L}{1,000L} + \dfrac{20,000L}{200L} = 120$배	1m

09 위험물안전관리법령상 동식물유류를 아이오딘값에 따라 분류하고 범위를 쓰시오.

• 건성유 : 아이오딘값 130 이상
• 반건성유 : 아이오딘값 100~130
• 불건성유 : 아이오딘값 100 이하

해설

동식물유류

항 목 \ 종 류	아이오딘값	반응성	불포화도	종 류
건성유	130 이상	크다.	크다.	해바라기유, 동유, 아마인유, 들기름, 정어리기름
반건성유	100~130	중 간	중 간	채종유, 목화씨기름, 참기름, 콩기름
불건성유	100 이하	적다.	적다.	야자유, 올리브유, 피마자유, 동백유

10 에틸렌과 산소를 CuCl₂의 촉매하에 생성된 제4류 위험물 중 특수인화물에 대하여 다음 물음에 답하시오.

(1) 증기비중

(2) 시성식

(3) 이 위험물을 보랭장치가 없는 이동탱크저장소에 저장할 경우 몇 ℃ 이하로 유지해야 하는지 쓰시오.

정답
(1) 1.52
(2) CH₃CHO
(3) 40℃ 이하

> **해설**
>
> 아세트알데하이드
> • 제법(에틸렌의 산화반응식)
> $C_2H_4 + CuCl_2 + H_2O \rightarrow CH_3CHO + Cu + 2HCl$
> • 물 성
>
> | 화학식 | 지정수량 | 비 중 | 증기비중 | 비 점 | 인화점 | 착화점 | 연소범위 |
> |---|---|---|---|---|---|---|---|
> | CH₃CHO | 50L | 0.78 | 1.52 | 21℃ | −40℃ | 175℃ | 4.0~60% |
>
> • 아세트알데하이드 등 또는 다이에틸에터 등을 이동저장탱크에 저장하는 경우
>   − 보랭장치가 있는 경우 : 비점 이하
>   − 보랭장치가 없는 경우 : 40℃ 이하

11 분말소화약제의 주성분을 화학식으로 쓰시오.

(1) 제1종 분말

(2) 제2종 분말

(3) 제3종 분말

정답
(1) NaHCO₃
(2) KHCO₃
(3) NH₄H₂PO₄

> **해설**
>
> 분말소화약제
>
> | 종 류 | 주성분 | 착 색 | 적응 화재 |
> |---|---|---|---|
> | 제1종 분말 | 탄산수소나트륨(NaHCO₃) | 백 색 | B, C급 |
> | 제2종 분말 | 탄산수소칼륨(KHCO₃) | 담회색 | B, C급 |
> | 제3종 분말 | 제일인산암모늄(NH₄H₂PO₄) | 담홍색 | A, B, C급 |
> | 제4종 분말 | 탄산수소칼륨 + 요소
(KHCO₃ + (NH₂)₂CO) | 회 색 | B, C급 |

12 다음 설명하는 위험물에 대하여 알맞은 답을 쓰시오.

> • 제4류 위험물 중 제1석유류로서 비수용성에 해당한다.
> • 무색, 투명한 방향성을 갖는 휘발성이 강한 액체이다.
> • 분자량 78, 인화점 −11℃이다.

(1) 물질의 명칭을 쓰시오.

(2) 물질의 구조식을 쓰시오.

(3) 위험물을 취급하는 설비에 있어서는 해당 위험물이 직접 배수구에 흘러 들어가지 않도록 집유설비에 무엇을 설치해야 하는지 쓰시오.

해설

벤 젠

• 물 성

화학식	지정수량	구조식	분자량	인화점	착화점	연소범위
C_6H_6	200L		78	−11℃	498℃	1.4~8.0%

• 특 성
  – 벤젠은 제4류 위험물 중 제1석유류로서 비수용성으로 물에 거의 녹지 않는다.
  – 무색, 투명한 방향성을 갖는 휘발성이 강한 액체이다.
• 위험물(20℃, 물 100g에 용해되는 양이 1g 미만인 것에 한함)을 취급하는 설비에는 해당 위험물이 직접 배수구에 흘러 들어가지 않도록 집유설비에 유분리장치를 설치해야 한다.

13 제4류 위험물 중 인화점이 21℃ 이상 70℃ 미만이며 수용성인 위험물을 〈보기〉에서 모두 고르시오.

> ─┤ 보기 ├──
> 메틸알코올, 아세트산, 폼산, 글리세린, 나이트로벤젠

해설

수용성 여부

종 류	메틸알코올	아세트산	폼 산	글리세린	나이트로벤젠
품 명	알코올류	제2석유류 (수용성)	제2석유류 (수용성)	제3석유류 (수용성)	제3석유류 (비수용성)
인화점	11℃	40℃	55℃	160℃	88℃

※ 제2석유류 : 인화점이 21℃ 이상 70℃ 미만

14 분자량 39이고 불꽃반응 시 보라색을 띠는 제3류 위험물이 제1류 위험물의 과산화물이 되었을 경우 그 물질에 대하여 다음 물음에 답을 쓰시오.

(1) 물과의 반응식

(2) 이산화탄소와의 반응식

(3) 옥내저장소에 저장할 경우 바닥면적은 몇 m^2 이하로 해야 하는지 쓰시오.

정답

(1) $2K_2O_2 + 2H_2O \rightarrow 4KOH + O_2$

(2) $2K_2O_2 + 2CO_2 \rightarrow 2K_2CO_3 + O_2$

(3) $1,000m^2$ 이하

해설

과산화칼륨

• 칼륨(K) : 분자량 39, 불꽃반응 시 보라색을 나타낸다.

• 과산화칼륨의 반응식

  – 물과 반응 : $2K_2O_2 + 2H_2O \rightarrow 4KOH + O_2$

  – 이산화탄소와 반응 : $2K_2O_2 + 2CO_2 \rightarrow 2K_2CO_3 + O_2$

• 저장창고의 바닥면적(과산화칼륨 : 무기과산화물)

위험물을 저장하는 창고의 종류	바닥면적
① 제1류 위험물 중 아염소산염류, 염소산염류, 과염소산염류, 무기과산화물, 그 밖에 지정수량이 50kg인 위험물 ② 제3류 위험물 중 칼륨, 나트륨, 알킬알루미늄, 알킬리튬, 그 밖에 지정수량이 10kg인 위험물 및 황린 ③ 제4류 위험물 중 특수인화물, 제1석유류 및 알코올류 ④ 제5류 위험물 중 유기과산화물, 질산에스터류, 그 밖에 지정수량이 10kg인 위험물 ⑤ 제6류 위험물	$1,000m^2$ 이하
①~⑤의 위험물 외의 위험물을 저장하는 창고	$2,000m^2$ 이하
위의 전부에 해당하는 위험물을 내화구조의 격벽으로 완전히 구획된 실에 각각 저장하는 창고(①~⑤의 위험물을 저장하는 실의 면적은 $500m^2$을 초과할 수 없다)	$1,500m^2$ 이하

15 위험물안전관리법령상 그림과 같은 옥외탱크저장소에 대하여 다음 물음에 답하시오.

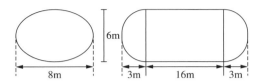

(1) 해당 탱크의 용량(L)을 구하시오(단, 공간용적은 10/100이다).

(2) 기술검토를 받아야 하는지를 쓰시오.

(3) 완공검사를 받아야 하는지를 쓰시오.

(4) 정기검사를 받아야 하는지를 쓰시오.

정답

(1) 610,725.6L

(2) 받아야 한다.

(3) 받아야 한다.

(4) 받아야 한다.

해설

옥외탱크저장소

• 탱크의 용량

$$내용적 = \frac{\pi ab}{4}\left(l + \frac{l_1 + l_2}{3}\right)$$

$$= \frac{\pi \times 8m \times 6m}{4}\left(16m + \frac{3m + 3m}{3}\right) \times 0.9 = 610.7256m^3 = 610,725.6L$$

• 기술검토 대상(시행령 제6조)

 − 지정수량의 1,000배 이상의 위험물을 취급하는 제조소 또는 일반취급소 : 구조·설비에 관한 사항

 − 옥외탱크저장소(저장용량이 50만L 이상인 것만 해당한다) 또는 암반탱크저장소 : 위험물탱크의 기초·지반, 탱크본체 및 소화설비에 관한 사항

• 완공검사 대상(법 제9조)

 − 완공검사 대상 : 위험물제조소 등 설치허가대상(지정수량의 1배 이상 저장 또는 취급)

 − 신청 : 완공검사를 받고자 하는 자는 시·도지사에게 신청

∴ 이 문제는 완공검사 대상이다.

• 정기검사 대상(시행령 제17조)

 − 대상 : 액체위험물을 저장 또는 취급하는 50만L 이상의 옥외탱크저장소

 − 이 문제는 610,725.6L이므로 정기검사 대상이다.

16 다음 표를 참고하여 빈칸에 알맞은 답을 쓰시오.

항 목 종 류	유 별	지정수량
황 린	제3류 위험물	20kg
칼 륨	㉠	㉃
질 산	㉡	㉇
아조화합물	㉢	㉈
질산염류	㉣	㉉
나이트로화합물	㉤	㉊

해설

위험물의 유별 및 지정수량

항 목 종 류	유 별	지정수량
황 린	제3류 위험물	20kg
칼 륨	제3류 위험물	10kg
질 산	제6류 위험물	300kg
아조화합물	제5류 위험물	200kg
질산염류	제1류 위험물	300kg
나이트로화합물	제5류 위험물	200kg

17 위험물안전관리법령에 따른 이동탱크저장소에 의한 위험물의 운송에 관한 내용이다. 다음 물음에 답하시오.

(1) 운송책임자가 운전자 감독 또는 지원방법으로 옳은 것을 모두 고르시오(단, 없으면 "해당없음"이라고 답할 것).
　① 이동탱크저장소에 동승
　② 사무실에 대기하면서 감독, 지원
　③ 부득이한 경우 GPS 감독, 지원
　④ 다른 차량을 이용하여 따라다니면서 감독, 지원

(2) 위험물운송자는 장거리에 걸쳐 운송하는 때에는 2명 이상의 운전자로 해야 한다. 다만, 그렇지 않아도 되는 경우를 모두 고르시오(단, 없으면 "해당없음"이라고 답할 것).
　① 운송책임자가 동승하는 경우
　② 제2류 위험물을 운반하는 경우
　③ 제4류 위험물 중 제1석유류를 운반하는 경우
　④ 2시간 이내마다 20분 이상씩 휴식하는 경우

(3) 위험물(제1석유류) 운송 시 이동탱크저장소에 비치해야 하는 것을 모두 고르시오.
　① 완공검사합격확인증
　② 정기검사확인증
　③ 설치허가확인증
　④ 위험물안전카드

정답
(1) ①, ②
(2) ①, ②, ③, ④
(3) ①, ④

해설

위험물 운송책임자의 감독 및 운송 시 준수사항(시행규칙 별표 21)

• 운송책임자의 감독 또는 지원의 방법
　– 운송책임자가 이동탱크저장소에 동승하여 운송 중인 위험물의 안전확보에 관하여 운전자에게 필요한 감독 또는 지원을 하는 방법. 다만, 운전자가 운송책임자의 자격이 있는 경우에는 운반책임자의 자격이 없는 자가 동승할 수 있다.
　– 운송의 감독 또는 지원을 위하여 마련한 별도의 사무실에 운송책임자가 대기하면서 다음의 사항을 이행하는 방법
　　ⓐ 운송경로를 미리 파악하고 관할 소방관서 또는 관련 업체(비상대응에 관한 협력을 얻을 수 있는 업체를 말한다)에 대한 연락체계를 갖추는 것
　　ⓑ 이동탱크저장소의 운전자에 대하여 수시로 안전확보 상황을 확인하는 것
　　ⓒ 비상 시 응급처치에 관하여 조언을 하는 것
　　ⓓ 그 밖에 위험물의 운송 중 안전확보에 관하여 필요한 정보를 제공하고 감독 또는 지원하는 것

• 이동탱크저장소에 의한 위험물의 운송 시 준수해야 하는 기준
　– 위험물운송자는 운송의 개시 전에 이동저장탱크의 배출밸브 등의 밸브와 폐쇄장치, 맨홀 및 주입구의 뚜껑, 소화기 등의 점검을 충분히 실시할 것
　– 위험물운송자는 장거리(고속국도에 있어서는 340km 이상, 그 밖의 도로에 있어서는 200km 이상을 말한다)에 걸치는 운송을 하는 때에는 2명 이상의 운전자로 할 것. 다만, 다음에 해당하는 경우에는 그렇지 않다.
　　ⓐ 운송책임자를 동승시킨 경우

ⓑ 운송하는 위험물이 제2류 위험물·제3류 위험물(칼슘 또는 알루미늄의 탄화물과 이것만을 함유한 것에 한한다) 또는 제4류 위험물(특수인화물을 제외)인 경우
　　ⓒ 운송 도중에 2시간 이내마다 20분 이상씩 휴식하는 경우
　－ 위험물운송자는 이동저장탱크로부터 위험물이 현저하게 새는 등 재해발생의 우려가 있는 경우에는 재난을 방지하기 위한 응급조치를 강구하는 동시에 소방관서 그 밖의 관계 기관에 통보할 것
　－ 위험물(제4류 위험물에 있어서는 특수인화물 및 제1석유류에 한한다)을 운송하게 하는 자는 별지 제48호 서식의 위험물안전카드를 위험물운송자로 하여금 휴대하게 할 것
　－ 이동탱크저장소에는 해당 이동탱크저장소의 완공검사합격확인증 및 정기점검기록을 비치해야 한다(시행규칙 별표 18 Ⅲ).

18 위험물안전관리법령에 따른 옥외저장소의 보유공지에 대하여 다음 빈칸을 알맞은 답을 채우시오.

저장 또는 취급하는 위험물의 최대수량	저장 또는 취급하는 위험물	공지의 너비
지정수량 10배 이하	제1석유류	(㉠)m 이상
	제2석유류	(㉡)m 이상
지정수량 20배 초과 50배 이하	제2석유류	(㉢)m 이상
	제3석유류	(㉣)m 이상
	제4석유류	(㉤)m 이상

해설
옥외저장소의 보유공지

저장 또는 취급하는 위험물의 최대수량	공지의 너비
지정수량의 10배 이하	3m 이상
지정수량의 10배 초과 20배 이하	5m 이상
지정수량의 20배 초과 50배 이하	9m 이상
지정수량의 50배 초과 200배 이하	12m 이상
지정수량의 200배 초과	15m 이상

※ 제4류 위험물 중 제4석유류와 제6류 위험물 : 위의 표에 의한 보유공지의 1/3로 할 수 있다.
㉤ 지정수량 20배 초과 50배 이하일 때 보유공지는 9m 이상이다.

∴ 제4석유류는 $9m \times \dfrac{1}{3} = 3m$ 이상이 된다.

19 제3류 위험물 중 위험등급 I에 해당하는 품명 5가지를 쓰시오.

칼륨, 나트륨, 알킬알루미늄, 알킬리튬, 황린

해설

제3류 위험물의 위험등급

품 명	해당하는 위험물	위험등급	지정수량
칼륨, 나트륨	–	I	10kg
알킬알루미늄	트라이메틸알루미늄, 트라이에틸알루미늄, 트라이아이소부틸알루미늄		
알킬리튬	메틸리튬, 에틸리튬, 부틸리튬		
황 린	–	I	20kg

20 위험물안전관리법령에 따른 위험물의 운반에 관한 기준에서 다음 위험물과 혼재 가능한 위험물을 쓰시오(단, 지정수량의 배수는 10배 이상이고 해당 없으면 "해당없음"이라고 답할 것).

(1) 제2류 위험물과 혼재 가능한 위험물의 유별을 쓰시오.

(2) 제4류 위험물과 혼재 가능한 위험물의 유별을 쓰시오.

(3) 제6류 위험물과 혼재 가능한 위험물의 유별을 쓰시오.

(1) 제4류 위험물, 제5류 위험물
(2) 제2류 위험물, 제3류 위험물, 제5류 위험물
(3) 제1류 위험물

해설

운반 시 위험물의 혼재 가능 기준

위험물의 구분	제1류	제2류	제3류	제4류	제5류	제6류
제1류		×	×	×	×	○
제2류	×		×	○	○	×
제3류	×	×		○	×	×
제4류	×	○	○		○	×
제5류	×	○	×	○		×
제6류	○	×	×	×	×	

2022년 제2회 과년도 기출복원문제

01 위험물안전관리법령에서 정한 소화설비의 소요단위에 대하여 다음 물음에 맞는 소요단위를 쓰시오.

(1) 면적 300m²로 내화구조의 벽으로 된 제조소

(2) 면적 300m²로 내화구조의 벽이 아닌 제조소

(3) 면적 300m²로 내화구조의 벽으로 된 저장소

정답

(1) 3단위

(2) 6단위

(3) 2단위

해설

소요단위의 계산방법

구 분	소요단위	
	외벽이 내화구조인 경우	외벽이 내화구조가 아닌 경우
제조소 또는 취급소의 건축물	연면적 100m²를 1소요단위	연면적 50m²를 1소요단위
저장소의 건축물	연면적 150m²를 1소요단위	연면적 75m²를 1소요단위
위험물	지정수량의 10배 : 1소요단위	

• 소요단위 $= \dfrac{300m^2}{100m^2} = 3$단위

• 소요단위 $= \dfrac{300m^2}{50m^2} = 6$단위

• 소요단위 $= \dfrac{300m^2}{150m^2} = 2$단위

02 나이트로셀룰로스에 대하여 다음 물음에 답하시오.

(1) 나이트로셀룰로스의 제조 방법을 쓰시오.

(2) 품명을 쓰시오.

(3) 지정수량을 쓰시오.

(4) 운반 시 운반용기 외부에 표시해야 하는 주의사항을 쓰시오.

해설

나이트로셀룰로스

• 제조 방법 : 셀룰로스에 진한 황산과 질한 질산으로 나이트로화시켜 제조한다.

• 나이트로셀룰로스

품 명	지정수량	비 중
질산에스터류	10kg	1.23

• 운반 시 주의사항

종 류	표시사항
제1류 위험물	• 알칼리금속의 과산화물 : 화기·충격주의, 물기엄금, 가연물접촉주의 • 그 밖의 것 : 화기·충격주의, 가연물접촉주의
제2류 위험물	• 철분, 금속분, 마그네슘 : 화기주의. 물기엄금 • 인화성 고체 : 화기엄금 • 그 밖의 것 : 화기주의
제3류 위험물	• 자연발화성물질 : 화기엄금, 공기접촉엄금 • 금수성물질 : 물기엄금
제4류 위험물	화기엄금
제5류 위험물	화기엄금, 충격주의
제6류 위험물	가연물접촉주의

정답

(1) 셀룰로스에 진한 황산과 질한 질산으로 나이트로화시켜 제조한다.

(2) 질산에스터류

(3) 10kg

(4) 화기엄금, 충격주의

---

03 제3류 위험물인 트라이에틸알루미늄에 대하여 물음에 답하시오.

(1) 트라이에틸알루미늄과 메탄올의 반응식을 쓰시오.

(2) (1)의 반응에서 생성되는 기체의 연소반응식을 쓰시오.

해설

트라이에틸알루미늄의 반응식

• 공기와의 반응 : $2(C_2H_5)_3Al + 21O_2 \rightarrow Al_2O_3 + 12CO_2 + 15H_2O$

• 물과의 반응 : $(C_2H_5)_3Al + 3H_2O \rightarrow Al(OH)_3 + 3C_2H_6$

• 메틸알코올과 반응 : $(C_2H_5)_3Al + 3CH_3OH \rightarrow (CH_3O)_3Al + 3C_2H_6$
(알루미늄메틸레이트) (에테인)

• 에테인의 연소반응 : $2C_2H_6 + 7O_2 \rightarrow 4CO_2 + 6H_2O$

정답

(1) $(C_2H_5)_3Al + 3CH_3OH \rightarrow (CH_3O)_3Al + 3C_2H_6$

(2) $2C_2H_6 + 7O_2 \rightarrow 4CO_2 + 6H_2O$

04 아세트알데하이드가 산화할 경우 생성되는 제4류 위험물에 대하여 다음 물음에 답하시오.

(1) 시성식을 쓰시오.

(2) 완전 연소반응식을 쓰시오.

(3) 생성된 물질을 옥내저장소에 저장할 경우 저장창고의 바닥면적의 기준을 쓰시오.

> **해설**
>
> 초산(아세트산)
> - 아세트알데하이드(CH_3CHO)의 산화반응
>
> $$C_2H_5OH \xrightarrow[\text{환원}]{\text{산화}} CH_3CHO \xrightarrow[\text{환원}]{\text{산화}} \underset{\text{(초산)}}{CH_3COOH}$$
>
> - 초산의 연소반응식 : $CH_3COOH + 2O_2 \rightarrow 2CO_2 + 2H_2O$
> - 저장창고의 바닥면적(초산 : 제2석유류)
>
> | 위험물을 저장하는 창고의 종류 | 바닥면적 |
> |---|---|
> | ① 제1류 위험물 중 아염소산염류, 염소산염류, 과염소산염류, 무기과산화물, 그 밖에 지정수량이 50kg인 위험물
② 제3류 위험물 중 칼륨, 나트륨, 알킬알루미늄, 알킬리튬, 그 밖에 지정수량이 10kg인 위험물 및 황린
③ 제4류 위험물 중 특수인화물, 제1석유류 및 알코올류
④ 제5류 위험물 중 유기과산화물, 질산에스터류, 그 밖에 지정수량이 10kg인 위험물
⑤ 제6류 위험물 | $1,000m^2$ 이하 |
> | ①~⑤의 위험물 외의 위험물을 저장하는 창고 | $2,000m^2$ 이하 |
> | 위의 전부에 해당하는 위험물을 내화구조의 격벽으로 완전히 구획된 실에 각각 저장하는 창고(①~⑤의 위험물을 저장하는 실의 면적은 $500m^2$을 초과할 수 없다) | $1,500m^2$ 이하 |

> **정답**
>
> (1) CH_3COOH
>
> (2) $CH_3COOH + 2O_2 \rightarrow 2CO_2 + 2H_2O$
>
> (3) $2,000m^2$ 이하

---

05 다음 위험물이 물과 반응하여 생성되는 기체의 명칭을 화학식으로 쓰시오(단, 해당 없으면 "해당없음"이라고 답할 것).

(1) 인화칼슘   (2) 질산암모늄

(3) 과산화칼륨   (4) 금속리튬

(5) 염소산칼륨

> **해설**
>
> 물과 반응
> - 인화칼슘 : $Ca_3P_2 + 6H_2O \rightarrow 3Ca(OH)_2 + 2PH_3 \uparrow$
>   (인화수소, 포스핀)
> - 질산암모늄 : 물에 녹는다.
> - 과산화칼륨 : $2K_2O_2 + 2H_2O \rightarrow 4KOH + O_2 \uparrow$
> - 금속리튬 : $2Li + 2H_2O \rightarrow 2LiOH + H_2 \uparrow$
> - 염소산칼륨 : 온수에 녹는다.

> **정답**
>
> (1) PH_3
>
> (2) 해당없음
>
> (3) O_2
>
> (4) H_2
>
> (5) 해당없음

06 제3류 위험물인 칼륨에 대하여 다음 물음에 답하시오.

(1) 이산화탄소와 반응식을 쓰시오.

(2) 에탄올과의 반응식을 쓰시오.

해설

칼륨의 반응식

- 연소반응식 : $4K + O_2 \rightarrow 2K_2O$(회백색)
- 물과의 반응(주수소화) : $2K + 2H_2O \rightarrow 2KOH + H_2 \uparrow$
- 이산화탄소와 반응 : $4K + 3CO_2 \rightarrow 2K_2CO_3 + C$
- 에틸알코올과 반응 : $2K + 2C_2H_5OH \rightarrow 2C_2H_5OK + H_2 \uparrow$
  (칼륨에틸레이트)
- 초산과 반응 : $2K + 2CH_3COOH \rightarrow 2CH_3COOK + H_2 \uparrow$
  (초산칼륨)

정답

(1) $4K + 3CO_2 \rightarrow 2K_2CO_3 + C$

(2) $2K + 2C_2H_5OH \rightarrow 2C_2H_5OK + H_2$

07 제1류 위험물 중 위험등급 Ⅰ인 품명 3가지를 쓰시오.

해설

위험등급

위험등급	위험물	
	유 별	해당 위험물
등급 Ⅰ	제1류 위험물	아염소산염류, 염소산염류, 과염소산염류, 무기과산화물, 지정수량이 50kg인 위험물
	제2류 위험물	−
	제3류 위험물	칼륨, 나트륨, 알킬알루미늄, 알킬리튬, 황린, 지정수량이 10kg인 위험물
	제4류 위험물	특수인화물
	제5류 위험물	유기과산화물, 질산에스터류, 지정수량이 10kg인 위험물
	제6류 위험물	전 부
등급Ⅱ	제1류 위험물	브롬산염류, 질산염류, 아이오딘산염류, 지정수량이 300kg인 위험물
	제2류 위험물	황화인, 적린, 유황, 지정수량이 100kg인 위험물
	제3류 위험물	알칼리금속(칼륨, 나트륨 제외) 및 알칼리토금속, 유기금속화합물(알킬알루미늄 및 알킬리튬은 제외), 지정수량이 50kg인 위험물
	제4류 위험물	제1석유류, 알코올류
	제5류 위험물	위험등급 Ⅰ에 정하는 위험물 외의 것
등급Ⅲ		등급 Ⅰ, 등급Ⅱ에 정하지 않은 위험물

정답

아염소산염류, 염소산염류, 과염소산염류

08 위험물안전관리법령에 따른 옥내저장소의 설치기준이다. 다음 물음에 알맞은 답을 쓰시오.

(1) 옥내저장소에서 동일 품명의 위험물이더라도 자연발화할 우려가 있는 위험물 또는 재해가 현저하게 증대할 우려가 있는 위험물을 다량 저장하는 경우에는 지정수량의 (㉠) 이하마다 구분하여 상호 간 (㉡) 이상의 간격을 두어 저장해야 한다.

(2) 기계에 의하여 하역하는 구조로 된 용기만을 겹쳐 쌓는 경우에는 (㉢)의 높이를 초과하지 않아야 한다.

(3) 제4류 위험물 중 제3석유류, 제4석유류, 동식물유류를 수납하는 용기만을 겹쳐 쌓는 경우에는 (㉣)의 높이를 초과하지 않아야 한다.

(4) 그 밖의 경우에 있어서는 (㉤)의 높이를 초과하지 않아야 한다.

해설

옥내저장소의 저장기준

• 옥내저장소에서 동일 품명의 위험물이더라도 자연발화할 우려가 있는 위험물 또는 재해가 현저하게 증대할 우려가 있는 위험물을 다량 저장하는 경우에는 지정수량의 10배 이하마다 구분하여 상호 간 0.3m 이상의 간격을 두어 저장해야 한다.
• 옥내저장소와 옥외저장소에 저장 시 높이(아래 높이를 초과하여 겹쳐 쌓지 말 것)
  – 기계에 의하여 하역하는 구조로 된 용기만을 겹쳐 쌓는 경우 : 6m
  – 제4류 위험물 중 제3석유류, 제4석유류, 동식물유류를 수납하는 용기만을 겹쳐 쌓는 경우 : 4m
  – 그 밖의 경우(특수인화물, 제1석유류, 제2석유류, 알코올류, 타류) : 3m

09 제4류 위험물인 산화프로필렌에 대하여 다음 물음에 답하시오.

(1) 증기비중을 구하시오.

(2) 위험등급을 쓰시오.

(3) 보랭장치가 없는 이동탱크저장소에 저장할 경우 온도를 쓰시오.

해설

산화프로필렌

• 물 성

화학식	지정수량	분자량	증기비중	위험등급	연소범위
CH_3CHCH_2O	50L	58	58/29 = 2	I 등급	2.8 ~ 37%

• 아세트알데하이드 등 또는 다이에틸에터 등을 이동저장탱크에 저장하는 경우
  – 보랭장치가 있는 경우 : 비점 이하
  – 보랭장치가 없는 경우 : 40℃ 이하

10 위험물안전관리법령에서 정한 용어의 정의를 쓰시오.

(1) 인화성 고체

(2) 철 분

(3) 제2석유류

해설

용어 정의

• 인화성 고체 : 고형알코올 그 밖에 1기압에서 인화점이 40℃ 미만인 고체
• 철분 : 철의 분말로서 53μm의 표준체를 통과하는 것이 50wt% 미만은 제외한다.
• 마그네슘에 해당하지 않는 것
 – 2mm의 체를 통과하지 않는 덩어리 상태의 것
 – 직경 2mm 이상의 막대 모양의 것
• 제2석유류 : 1기압에서 인화점이 21℃ 이상 70℃ 미만인 것

정답

(1) 고형알코올 그 밖에 1기압에서 인화점이 40℃ 미만인 고체

(2) 철의 분말로서 53μm의 표준체를 통과하는 것이 50wt% 미만은 제외한다.

(3) 1기압에서 인화점이 21℃ 이상 70℃ 미만인 것

11 제3류 위험물인 탄화알루미늄에 대하여 다음 물음에 답하시오.

(1) 탄화알루미늄과 물의 반응식을 쓰시오.

(2) 탄화알루미늄과 염산의 반응식을 쓰시오.

해설

탄화알루미늄의 반응식

• 물과의 반응 : $Al_4C_3 + 12H_2O \rightarrow 4Al(OH)_3 + 3CH_4$
 (수산화알루미늄) (메테인)

• 염산과 반응 : $Al_4C_3 + 12HCl \rightarrow 4AlCl_3 + 3CH_4$
 (염화알루미늄) (메테인)

정답

(1) $Al_4C_3 + 12H_2O \rightarrow 4Al(OH)_3 + 3CH_4$

(2) $Al_4C_3 + 12HCl \rightarrow 4AlCl_3 + 3CH_4$

12 삼황화인과 오황화인이 연소할 경우 공통으로 생성되는 물질의 명칭을 모두 쓰시오.

정답
오산화린(P_2O_5), 이산화황(SO_2)

해설

연소반응식

• 삼황화인 : $P_4S_3 + 8O_2 \rightarrow 2P_2O_5 + 3SO_2$
  　　　　　　　　　　　　(오산화린) (이산화황)

• 오황화인 : $2P_2S_5 + 15O_2 \rightarrow 2P_2O_5 + 10SO_2$
  　　　　　　　　　　　　(오산화린) (이산화황)

13 제4류 위험물(이황화탄소 제외)을 취급하는 제조소의 옥외위험물 취급 탱크에 100만L 1기, 50만L 2기, 10만L 3기가 있다. 이 중 50만L 탱크 1기를 다른 방유제에 설치하고 나머지를 하나의 방유제에 설치할 경우, 방유제 전체의 최소용량의 합계를 계산하시오.

정답
83만L

해설

제조소의 옥외취급탱크의 방유제 용량

• 위험물제조소의 옥외에 있는 위험물 취급탱크의 방유제 용량

취급탱크의 수	방유제의 용량
1기	탱크용량 × 0.5(50%)
2기 이상	최대탱크용량 × 0.5 + (나머지 탱크 용량합계 × 0.1)

• 방유제 용량 계산
  - 100만L 1기, 50만L 1기, 10만L 3기일 때
    용량 = (100만L × 1기 × 0.5) + (50만L × 1기 × 0.1) + (10만L × 3기 × 0.1) = 58만L
  - 50만L 1기일 때
    용량 = (50만L × 1기 × 0.5) = 25만L
  ∴ 방유제 전체용량 = 58만L + 25만L = 83만L

14 위험물안전관리법령에 따른 소화설비의 능력단위에 대한 내용이다. 다음 ( ) 안에 알맞은 답을 쓰시오.

소화설비	용 량	능력단위
소화전용(專用) 물통	(㉠)L	0.3
수조(소화전용 물통 3개 포함)	80L	(㉡)
수조(소화전용 물통 6개 포함)	190L	(㉢)
마른 모래(삽 1개 포함)	(㉣)L	0.5
팽창질석 또는 팽창진주암(삽 1개 포함)	(㉤)L	1.0

정답
㉠ 8
㉡ 1.5
㉢ 2.5
㉣ 50
㉤ 160

해설

소화설비의 능력단위

소화설비	용 량	능력단위
소화전용(專用) 물통	8L	0.3
수조(소화전용 물통 3개 포함)	80L	1.5
수조(소화전용 물통 6개 포함)	190L	2.5
마른 모래(삽 1개 포함)	50L	0.5
팽창질석 또는 팽창진주암(삽 1개 포함)	160L	1.0

15 위험물안전관리법령에 따른 불활성가스 소화약제의 구성성분에 대하여 ( ) 안에 알맞은 답을 쓰시오.

(1) IG − 55 : 50%(㉠), 50%(㉡)

(2) IG − 541 : 8%(㉢), 40%(㉣), 52%(㉤)

정답
㉠ N_2
㉡ Ar
㉢ CO_2
㉣ Ar
㉤ N_2

해설

불활성가스 소화약제

• IG − 55 : 50%(N_2), 50%(Ar)

• IG − 541 : 8%(CO_2), 40%(Ar), 52%(N_2)

• IG − 100 : 100%(N_2)

16 다음 〈보기〉에서 설명하는 위험물에 대하여 다음 물음에 답하시오 (단, 없으면 "해당없음"이라고 답할 것).

┌─보기─────────────────────────────────────┐
│ • 무색의 유동성이 있는 액체로서 물과 반응하면 많은 열을 발생한다. │
│ • 분자량은 100.5이다. │
│ • 비중은 1.76이고 염소산 중 가장 강한 산이다. │
└──┘

(1) 이 위험물의 시성식을 쓰시오.

(2) 이 위험물의 유별을 쓰시오.

(3) 이 위험물을 취급하는 제조소와 병원의 안전거리를 쓰시오.

(4) 이 위험물 5,000kg을 취급하는 제조소의 보유공지의 너비를 계산하시오.

해설

과염소산

• 물 성

화학식	유 별	지정수량	증기비중	비 점	융 점	액체비중
$HClO_4$	제6류	300kg	3.47	39℃	−112℃	1.76

• 안전거리 : 제6류 위험물은 지정수량에 관계없이 안전거리를 둘 필요가 없다.

• 제조소의 보유공지

취급하는 위험물의 최대수량	공지의 너비
지정수량의 10배 이하	3m 이상
지정수량의 10배 초과	5m 이상

지정수량의 배수 $= \dfrac{취급량}{지정수량} = \dfrac{5,000kg}{300kg} = 16.67$배

∴ 지정수량의 10배를 초과(16.67배)하므로 보유공지는 5m 이상 확보해야 한다.

(1) $HClO_4$

(2) 제6류 위험물

(3) 해당없음

(4) 5m 이상

17 위험물안전관리법령상 위험물의 유별에 대하여 알맞은 답을 쓰시오.

유 별	성 질	품 명		지정수량
제1류 위험물	산화성 고체	질산염류		300kg
		아이오딘산염류		(㉣)kg
		과망가니즈산염류		1,000kg
		(㉡)		
제2류 위험물	(㉠)	철 분		500kg
		금속분		
		마그네슘		
		(㉢)		1,000kg
제4류 위험물	인화성 액체	제2석유류	비수용성	(㉤)L
			수용성	2,000L
		제3석유류	비수용성	2,000L
			수용성	(㉥)L

해설

유별의 성질 및 품명

유 별	성 질	품 명		지정수량
제1류	산화성 고체	브롬산염류		300kg
		질산염류		
		아이오딘산염류		
		과망가니즈산염류		1,000kg
		다이크롬산염류		
제2류	가연성 고체	철분, 금속분, 마그네슘		500kg
		인화성 고체		1,000kg
제4류	인화성 액체	제2석유류	비수용성	1,000L
			수용성	2,000L
		제3석유류	비수용성	2,000L
			수용성	4,000L

18 다음 그림과 같은 옥외탱크저장소에 위험물을 저장할 경우 탱크의 최대와 최소 용량을 계산하시오(단, a : 2m, b : 1.5m, l : 3m, l_1, l_2 : 0.3m이다).

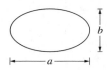 

해설

타원형 탱크의 내용적(양쪽이 볼록한 것)

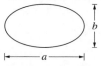 

공간용적이 5~10%이므로

- 최대 용량 $= \dfrac{\pi \times 2\text{m} \times 1.5\text{m}}{4}\left(3\text{m} + \dfrac{0.3\text{m} + 0.3\text{m}}{3}\right) \times 0.95 = 7.16\text{m}^3$

- 최소 용량 $= \dfrac{\pi \times 2\text{m} \times 1.5\text{m}}{4}\left(3\text{m} + \dfrac{0.3\text{m} + 0.3\text{m}}{3}\right) \times 0.9 = 6.79\text{m}^3$

정답
- 최대 용량 : 7.16m^3
- 최소 용량 : 6.79m^3

19 제1류 위험물인 염소산칼륨에 대한 내용이다. 다음 물음에 답을 쓰시오.

(1) 완전 분해반응식을 쓰시오.

(2) 염소산칼륨 24.5kg이 표준상태에서 완전 분해 시 생성되는 산소의 부피(m^3)를 구하시오(단, 칼륨의 원자량은 39이고, 염소의 원자량은 35.5이다).

해설

염소산칼륨

- 열분해 반응식 : $2KClO_3 \rightarrow 2KCl + 3O_2$
- 생성되는 산소의 부피

$$2KClO_3 \quad \rightarrow \quad 2KCl \ + \ 3O_2$$
$$2 \times 122.5 \qquad\qquad\quad 3 \times 22.4\text{m}^3$$
$$24.5\text{kg} \qquad\qquad\qquad\quad x$$

$$\therefore \ x = \dfrac{24.5\text{kg} \times 3 \times 22.4\text{m}^2}{2 \times 122.5\text{kg}} = 6.72\text{m}^3$$

정답
(1) $2KClO_3 \rightarrow 2KCl + 3O_2$
(2) 6.72m^3

20 다음은 지정과산화물의 옥내저장소 저장창고의 지붕에 관한 기준이다. 다음 (   ) 안에 알맞은 답을 쓰시오.

(1) 중도리 또는 서까래의 간격은 (㉠)cm 이하로 할 것

(2) 지붕의 아래쪽 면에는 한 변의 길이가 (㉡)cm 이하의 환강(丸鋼)·경량형강(輕量型鋼) 등으로 된 강제(鋼製)의 격자를 설치할 것

(3) 지붕의 아래쪽 면에 (㉢)을 쳐서 불연재료의 도리·보 또는 서까래에 단단히 결합할 것

(4) 두께 (㉣)cm 이상, 너비 (㉤)cm 이상의 목재로 만든 받침대를 설치할 것

정답

㉠ 30
㉡ 45
㉢ 철 망
㉣ 5
㉤ 30

해설

저장창고 지붕의 설치기준
• 중도리 또는 서까래의 간격은 30cm 이하로 할 것
• 지붕의 아래쪽 면에는 한 변의 길이가 45cm 이하의 환강(丸鋼)·경량형강(輕量型鋼) 등으로 된 강제(鋼製)의 격자를 설치할 것
• 지붕의 아래쪽 면에 철망을 쳐서 불연재료의 도리·보 또는 서까래에 단단히 결합할 것
• 두께 5cm 이상, 너비 30cm 이상의 목재로 만든 받침대를 설치할 것

2022년 제4회 과년도 기출복원문제

01 다음의 주어진 조건을 보고 위험물제조소의 방화상 유효한 담의 높이(h)는 몇 m 이상으로 해야 하는지 구하시오.

2m 이상

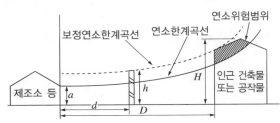

┤조건├
- h : 유효한 담의 높이
- a : 제조소의 외벽의 높이(30m)
- H : 인근 건축물의 높이(40m)
- d : 제조소 등과 방화상 유효한 담과의 거리(5m)
- D : 제조소 등과 인근 건축물과의 거리(10m)
- p : 상수(0.15)

해설

방화상 유효한 담의 높이

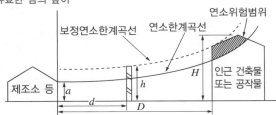

- $H \leq pD^2 + a$ 인 경우, $h = 2$
- $H > pD^2 + a$ 인 경우, $h = H - p(D^2 - d^2)$

여기서, D : 제조소 등과 인근 건축물 또는 공작물과의 거리(m)

H : 인근 건축물 또는 공작물의 높이(m)

a : 제조소 등의 외벽의 높이(m)

d : 제조소 등과 방화상 유효한 담과의 거리(m)

h : 방화상 유효한 담의 높이(m)

p : 상 수

∴ $H \leq pD^2 + a$인 경우

40m ≤ 0.15 × (10m)² + 30m

40m < 45m이므로 $h = 2$m이다.

02 다음 위험물의 시성식을 쓰시오.

(1) 아세톤

(2) 의산(폼산, 개미산)

(3) 트라이나이트로페놀(피크르산)

(4) 초산에틸

(5) 아닐린

(1) CH_3COCH_3

(2) $HCOOH$

(3) $C_6H_2OH(NO_2)_3$

(4) $CH_3COOC_2H_5$

(5) $C_6H_5NH_2$

해설

위험물의 시성식 등

종 류	아세톤	의 산	트라이 나이트로페놀	초산에틸	아닐린
시성식	CH_3COCH_3	$HCOOH$	$C_6H_2OH(NO_2)_3$	$CH_3COOC_2H_5$	$C_6H_5NH_2$
품 명	제1석유류 (수용성)	제2석유류 (수용성)	나이트로화합물	제1석유류 (비수용성)	제3석유류 (비수용성)
지정수량	400L	2,000L	200kg	200L	2,000L

03 위험물안전관리법령상 운반의 기준에 따른 차광성 또는 방수성의 피복으로 모두 덮어야 하는 위험물의 품명을 〈보기〉에서 모두 고르시오(단, 없으면 "해당없음"이라고 답할 것).

┌보기┐
알칼리금속의 과산화물, 금속분, 인화성 고체, 특수인화물, 제5류 위험물, 제6류 위험물

정답

알칼리금속의 과산화물

해설

운반 시 적재위험물에 따른 조치
• 차광성이 있는 것으로 피복
 – 제1류 위험물
 – 제3류 위험물 중 자연발화성 물질
 – 제4류 위험물 중 특수인화물
 – 제5류 위험물
 – 제6류 위험물
• 방수성이 있는 것으로 피복
 – 제1류 위험물 중 알칼리금속의 과산화물
 – 제2류 위험물 중 철분·금속분·마그네슘
 – 제3류 위험물 중 금수성 물질

04 다음 〈보기〉를 보고 물음에 알맞은 답을 쓰시오.

┌ 보기 ┐
질산나트륨, 염소산암모늄, 알루미늄분, 메틸에틸케톤, 과산화수소
└────┘

(1) 연소가 가능한 위험물을 모두 쓰시오.
(2) 연소가 가능한 위험물의 반응식을 쓰시오.

해설

• 연소 가능한 위험물

종 류	유 별	품 명	연소반응식
알루미늄분	제2류 위험물	금속분	$4Al + 3O_2 \rightarrow 2Al_2O_3$
메틸에틸케톤	제4류 위험물	제1석유류	$2CH_3COC_2H_5 + 11O_2 \rightarrow 8CO_2 + 8H_2O$

• 연소 불가능한 위험물

종 류	유 별	품 명	분해반응식
질산나트륨	제1류 위험물	질산염류	$2NaNO_3 \rightarrow 2NaNO_2 + O_2$
염소산암모늄	제1류 위험물	염소산염류	$2NH_4ClO_3 \rightarrow N_2 + Cl_2 + O_2 + 4H_2O$
과산화수소	제6류 위험물	–	$2H_2O_2 \rightarrow 2H_2O + O_2$

정답

(1) 알루미늄분, 메틸에틸케톤
(2) 알루미늄분 : $4Al + 3O_2 \rightarrow 2Al_2O_3$
    메틸에틸케톤 : $2CH_3COC_2H_5 + 11O_2 \rightarrow 8CO_2 + 8H_2O$

05 다음 중 〈보기〉의 설명을 참고하여 물음에 답을 하시오(단, 〈보기〉의 조건으로 알 수 없으면 "해당없음"이라고 답할 것).

┌─보기───┐
│ • 분자량은 78이다.   │
│ • 휘발성이 있는 액체로 독특한 냄새가 난다.   │
│ • 수소첨가 반응으로 사이클로헥세인을 생성한다.   │
└───┘

(1) 이 위험물의 화학식을 쓰시오.

(2) 이 위험물의 위험등급을 쓰시오.

(3) 이 위험물의 위험물안전카드 휴대 여부를 쓰시오.

(4) 장거리 운송을 하는 때에는 2명 이상의 운전자로 해야 한다. 이에 해당하는지 여부를 쓰시오.

정답

(1) C_6H_6

(2) 위험등급II

(3) 휴대해야 한다.

(4) 해당없음

해설

벤 젠

• 특 성

 – 물 성

시성식	분자량	품 명	위험등급	지정수량	인화점	비 점	착화점
C_6H_6	78	제1석유류 (비수용성)	II	200L	$-11℃$	79℃	498℃

 – 무색 투명한 방향성을 갖는 휘발성 액체로 독특한 냄새가 난다.

 – 수소첨가 반응으로 사이클로헥세인을 생성한다.

• 위험물운송자가 위험물안전카드를 휴대해야 하는 위험물 : 특수인화물, 제1석유류

• 위험물운송자는 장거리(고속국도 : 340km 이상, 일반도로 : 200km 이상)에 걸치는 운송을 하는 때에는 2명 이상의 운전자로 할 것

• 2명 이상의 운전자 예외

 – 운송책임자를 동승시킨 경우

 – 운송하는 위험물이 제2류 위험물, 제3류 위험물(칼슘 또는 알루미늄의 탄화물과 이것만을 함유하는 것에 한한다) 또는 제4류 위험물(특수인화물은 제외)인 경우

 – 운송 도중에 2시간 이내마다 20분 이상씩 휴식하는 경우

06 다음 중 〈보기〉의 설명을 참고하여 물음에 답을 하시오.

┌─보기├─
- 분자량은 34이다.
- 표백작용과 살균작용을 한다.
- 일정농도 이상인 것은 위험물로 본다.
- 운반용기 외부에 표시해야 하는 주의사항은 가연물접촉주의이다.

(1) 이 위험물의 명칭을 쓰시오.

(2) 이 위험물의 시성식을 쓰시오.

(3) 이 위험물의 분해반응식을 쓰시오.

(4) 제조소의 표지판에 설치해야 하는 주의사항을 쓰시오(단, 없으면 "해당없음"이라고 답할 것).

해설

과산화수소
- 물 성

시성식	분자량	지정수량	농 도	비 점	용 도
H_2O_2	34	300kg	36wt% 이상	152℃	표백작용 살균작용

- 분해반응식

$$2H_2O_2 \xrightarrow[\text{정촉매}]{\text{MnO}_2} 2H_2O + O_2$$

- 주의사항
  - 제조소의 주의사항 : 해당없음
  - 운반 시 주의사항 : 가연물접촉주의

정답

(1) 과산화수소

(2) H_2O_2

(3) $2H_2O_2 \rightarrow 2H_2O + O_2$

(4) 해당없음

07 다음 〈보기〉의 위험물 중 인화점이 낮은 순서대로 나열하시오.

┌보기├─────────────────────────────────┐
초산에틸, 이황화탄소, 클로로벤젠, 글리세린
└─────────────────────────────────────┘

정답
이황화탄소, 초산에틸, 클로로벤젠, 글리세린

해설
제4류 위험물의 물성

종 류 / 항 목	초산에틸	이황화탄소	클로로벤젠	글리세린
품 명	제1석유류 (비수용성)	특수인화물	제2석유류 (비수용성)	제3석유류 (수용성)
지정수량	200L	50L	1,000L	4,000L
인화점	−3℃	−30℃	27℃	160℃

08 금속나트륨이 에탄올과 반응하여 가연성 기체를 발생한다. 다음 물음에 답하시오.

(1) 금속나트륨과 에탄올의 반응식을 쓰시오.

(2) (1)의 반응에서 생성되는 가연성 기체의 위험도를 구하시오.

정답
(1) $2Na + 2C_2H_5OH \rightarrow 2C_2H_5ONa + H_2$

(2) 17.75

해설
나트륨
• 반응식
  – 물과 반응 : $2Na + 2H_2O \rightarrow 2NaOH + H_2$
  – 에탄올과 반응 : $2Na + 2C_2H_5OH \rightarrow 2C_2H_5ONa + H_2$
• 위험도(H)

$$H = \frac{U-L}{L}$$

여기서, U : 폭발상한값, L : 폭발하한값

∴ 위험도 $H = \dfrac{U-L}{L} = \dfrac{75-4.0}{4.0} = 17.75$

※ 수소(H_2)의 폭발범위 : 4.0~75%

09 다음은 유별 저장 및 취급의 공통기준에 대한 설명이다. ( ) 안에 알맞은 답을 쓰시오.

(1) 제( )류 위험물은 가연물과의 접촉·혼합이나 분해를 촉진하는 물품과의 접근 또는 과열을 피해야 한다.

(2) 제( )류 위험물은 불티, 불꽃, 고온체와의 접근 또는 과열을 피하고, 함부로 증기를 발생시키지 않아야 한다.

(3) 제( )류 위험물은 불티, 불꽃, 고온체와의 접근이나 과열, 충격 또는 마찰을 피해야 한다.

(4) 유별을 달리하는 위험물은 동일한 저장소에 저장할 수 없는데 유별로 정리하여 1m 이상의 간격을 두면 동일한 실에 함께 저장할 수 있다.

① 제1류 위험물과 ( )위험물

② 제2류 위험물 중 인화성 고체와 ( )위험물

정답
(1) 제6류
(2) 제4류
(3) 제5류
(4) ① 제6류
    ② 제4류

해설
저장 및 취급의 공통기준
- 유별 저장 및 취급의 공통기준
  - 제1류 위험물 : 가연물과의 접촉, 혼합이나 분해를 촉진하는 물품과의 접근 또는 과열, 충격, 마찰 등을 피하는 한편, 알칼리금속의 과산화물 및 이를 함유한 것에 있어서는 물과의 접촉을 피해야 한다.
  - 제2류 위험물 : 산화제와의 접촉, 혼합이나 불티, 불꽃, 고온체와의 접근 또는 과열을 피하는 한편, 철분, 금속분, 마그네슘 및 이를 함유한 것에 있어서는 물이나 산과의 접촉을 피하고 인화성 고체에 있어서는 함부로 증기를 발생시키지 않아야 한다.
  - 제3류 위험물 : 자연발화성 물품에 있어서는 불티, 불꽃 또는 고온체와의 접근·과열 또는 공기와의 접촉을 피하고, 금수성 물품에 있어서는 물과의 접촉을 피해야 한다.
  - 제4류 위험물 : 불티, 불꽃, 고온체와의 접근 또는 과열을 피하고, 함부로 증기를 발생시키지 않아야 한다.
  - 제5류 위험물 : 불티, 불꽃, 고온체와의 접근이나 과열, 충격 또는 마찰을 피해야 한다.
  - 제6류 위험물 : 가연물과의 접촉·혼합이나 분해를 촉진하는 물품과의 접근 또는 과열을 피해야 한다.
- 옥내저장소 또는 옥외저장소에는 있어서 유별을 달리하는 위험물을 동일한 저장소에 저장할 수 없는데 1m 이상 간격을 두고 아래 유별을 저장할 수 있다.
  - 제1류 위험물(알칼리금속의 과산화물은 제외)과 제5류 위험물을 저장하는 경우
  - 제1류 위험물과 제6류 위험물을 저장하는 경우
  - 제1류 위험물과 제3류 위험물 중 자연발화성 물품(황린 포함)을 저장하는 경우
  - 제2류 위험물 중 인화성 고체와 제4류 위험물을 저장하는 경우
  - 제3류 위험물 중 알킬알루미늄 등과 제4류 위험물(알킬알루미늄 또는 알킬리튬을 함유한 것에 한함)을 저장하는 경우
  - 제4류 위험물 중 유기과산화물과 제5류 위험물 중 유기과산화물을 저장하는 경우

위험물안전관리법령에서 정한 소화설비의 적응성에 대한 내용이다. 다음 표의 적응성이 있는 것에 ○표를 하시오.

[정답]

해설 표 참조

대상물의 구분 / 소화설비의 구분	건축물·그 밖의 공작물	전기설비	제1류 위험물 알칼리금속과산화물 등	제1류 위험물 그 밖의 것	제2류 위험물 철분·금속분·마그네슘 등	제2류 위험물 인화성 고체	제2류 위험물 그 밖의 것	제3류 위험물 금수성 물품	제3류 위험물 그 밖의 것	제4류 위험물	제5류 위험물	제6류 위험물
옥내소화전설비												
옥외소화전설비												
물분무등소화설비 — 물분무소화설비												
물분무등소화설비 — 불활성가스소화설비												
물분무등소화설비 — 할로겐화합물소화설비												

[해설]

소화설비의 적응성

대상물의 구분 / 소화설비의 구분	건축물·그 밖의 공작물	전기설비	제1류 위험물 알칼리금속과산화물 등	제1류 위험물 그 밖의 것	제2류 위험물 철분·금속분·마그네슘 등	제2류 위험물 인화성 고체	제2류 위험물 그 밖의 것	제3류 위험물 금수성 물품	제3류 위험물 그 밖의 것	제4류 위험물	제5류 위험물	제6류 위험물
옥내소화전설비 또는 옥외소화전설비	○			○		○	○		○		○	○
스프링클러설비	○			○		○	○		○	△	○	○
물분무등소화설비 — 물분무소화설비	○	○		○		○	○		○	○	○	○
물분무등소화설비 — 포소화설비	○			○		○	○		○	○	○	○
물분무등소화설비 — 불활성가스소화설비		○				○				○		
물분무등소화설비 — 할로겐화합물소화설비		○				○				○		
물분무등소화설비 — 분말소화설비 인산염류 등	○	○		○		○	○			○		○
물분무등소화설비 — 분말소화설비 탄산수소염류 등		○	○		○	○		○		○		
물분무등소화설비 — 분말소화설비 그 밖의 것			○		○			○				

11 위험물안전관리법령에서 정한 안전거리 기준이다. 그림을 보고 빈
칸에 알맞은 답을 쓰시오.

정답
① 10m 이상
② 30m 이상
③ 50m 이상
④ 20m 이상
⑤ 3m 이상

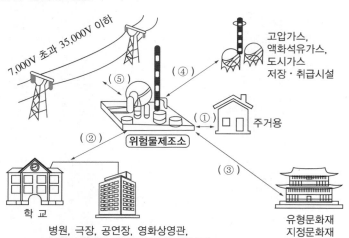

고압가스,
액화석유가스,
도시가스
저장·취급시설

주거용

위험물제조소

학교

유형문화재
지정문화재

병원, 극장, 공연장, 영화상영관,
복지시설(아동, 노인, 장애인, 한부모),
정신건강증진시설 등 그 밖에 이와 유사한
시설로서 수용인원 20명 이상 수용할 수 있는 시설

해설

제조소의 안전거리

건축물	안전거리
사용전압 7,000V 초과 35,000V 이하의 특고압가공전선	3m 이상
사용전압 35,000V 초과의 특고압가공전선	5m 이상
건축물 그 밖의 공작물로서 주거용으로 사용되는 것(제조소가 설치된 부지 내에 있는 것을 제외)	10m 이상
고압가스, 액화석유가스, 도시가스를 저장 또는 취급하는 시설	20m 이상
학교, 병원(병원급 의료기관), 극장(공연장, 영화상영관 및 그밖에 이와 유사한 시설로서 수용인원 300명 이상 수용할 수 있는 것), 아동복지시설, 노인복지시설, 장애인복지시설, 한부모가족복지시설, 어린이집, 성매매피해자 등을 위한 지원시설, 정신건강증진시설, 가정폭력방지 및 피해자 보호시설, 그 밖에 이와 유사한 시설로서 수용인원 20명 이상 수용할 수 있는 것	30m 이상
유형문화재, 지정문화재	50m 이상

12 다음 〈보기〉에서 제2석유류에 대한 설명으로 맞는 것을 모두 고르시오.

┌보기┐

① 등유, 경유

② 중유, 클레오소트유

③ 1기압에서 인화점이 70℃ 이상 200℃ 미만인 것을 말한다.

④ 1기압에서 인화점이 200℃ 이상 250℃ 미만인 것을 말한다.

⑤ 도료류, 그 밖의 물품에 있어서 가연성 액체량이 40wt% 이하이면서 인화점이 40℃ 이상인 동시에 연소점이 60℃ 이상인 것은 제외한다.

해설

제2석유류

구 분	제2석유류	제3석유류
해당 물질	등유, 경유	중유, 크레오소트유
기 준	1기압에서 인화점이 21℃ 이상 70℃ 미만인 것	1기압에서 인화점이 70℃ 이상 200℃ 미만인 것
제외 기준	도료류, 그 밖의 물품에 있어서 가연성 액체량이 40wt% 이하이면서 인화점이 40℃ 이상인 동시에 연소점이 60℃ 이상인 것	도료류, 그 밖의 물품에 있어서 가연성 액체량이 40wt% 이하인 것

13 크실렌 이성질체 3가지에 대한 명칭과 구조식을 쓰시오.

해설

크실렌(Xylene, 키실렌, 자일렌)의 이성질체

약 자	B	T	X		
명 칭	Benzene	Toluene	o-Xylene	m-Xylene	p-Xylene
화학식	C_6H_6	$C_6H_5CH_3$	$C_6H_4(CH_3)_2$	$C_6H_4(CH_3)_2$	$C_6H_4(CH_3)_2$
분자량	78	92	106	106	106
구조식					

14 제3류 위험물인 트라이에틸알루미늄에 대하여 다음 물음에 답하시오.

(1) 트라이에틸알루미늄과 물과의 반응식을 쓰시오.

(2) 트라이에틸알루미늄 228g이 물과 반응할 때 생성되는 가연성 기체의 부피(L)를 구하시오(단, 표준상태이고, 알루미늄의 분자량은 27이다).

(1) $(C_2H_5)_3Al + 3H_2O \rightarrow Al(OH)_3 + 3C_2H_6$

(2) 134.4L

해설

트라이에틸알루미늄

• 트라이에틸알루미늄은 물과 반응하면 에테인(C_2H_6)을 발생한다.
$(C_2H_5)_3Al + 3H_2O \rightarrow Al(OH)_3 + 3C_2H_6 \uparrow$

• 물과 반응 시 생성되는 가연성 기체의 부피
$(C_2H_5)_3Al + 3H_2O \rightarrow Al(OH)_3 + 3C_2H_6$

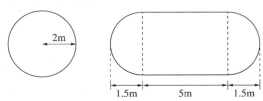

$$\therefore \ x = \frac{228g \times 3 \times 22.4L}{114g} = 134.4L$$

15 다음 그림과 같은 원통형 위험물 저장탱크의 내용적은 몇 L인지 구하시오(단, 공간용적은 5%이다).

71,628.31L

해설

횡으로 설치한 원통형 탱크의 내용적

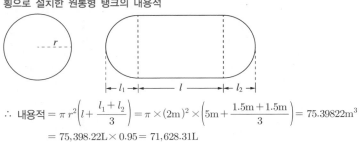

$$\therefore \ \text{내용적} = \pi r^2\left(l + \frac{l_1 + l_2}{3}\right) = \pi \times (2m)^2 \times \left(5m + \frac{1.5m + 1.5m}{3}\right) = 75.39822m^3$$
$$= 75,398.22L \times 0.95 = 71,628.31L$$

16 위험물안전관리법령에 따른 안전교육의 과정, 기간과 그 밖의 교육의 실시에 관한 사항이다. 다음 표의 알맞은 답을 쓰시오(단, 안전관리자, 위험물운반자, 위험물운송자, 탱크시험자 중에서 고르시오).

교육과정	교육대상자	교육시간
강습교육	(①)가 되려는 사람	24시간
	(②)가 되려는 사람	8시간
	(③)가 되려는 사람	16시간
실무교육	(①)	8시간 이내
	(②)	4시간
	(③)	8시간 이내
	(④)의 기술인력	8시간 이내

정답
① 안전관리자
② 위험물운반자
③ 위험물운송자
④ 탱크시험자

해설

강습교육 및 안전교육(시행규칙 별표 24)

교육과정	교육대상자	교육시간	교육시기	교육기관
강습교육	안전관리자가 되려는 사람	24시간	최초 선임되기 전	안전원
	위험물 운반자가 되려는 사람	8시간	최초 종사하기 전	안전원
	위험물 운송자가 되려는 사람	16시간	최초 종사하기 전	안전원
실무교육	안전관리자	8시간 이내	가. 제조소 등의 안전관리자로 선임된 날부터 6개월 이내 나. 가목에 따른 교육을 받은 후 2년마다 1회	안전원
	위험물운반자	4시간	가. 위험물운반자로 종사한 날부터 6개월 이내 나. 가목에 따른 교육을 받은 후 3년마다 1회	안전원
	위험물운송자	8시간 이내	가. 이동탱크저장소의 위험물운송자로 종사한 날부터 6개월 이내 나. 가목에 따른 교육을 받은 후 3년마다 1회	안전원
	탱크시험자의 기술인력	8시간 이내	가. 탱크시험자의 기술인력으로 등록한 날부터 6개월 이내 나. 가목에 따른 교육을 받은 후 2년마다 1회	기술원

17 위험물안전관리법령에서 정한 제1류 위험물인 질산암모늄에 대하여 답하시오.

(1) 질산암모늄의 분해반응식을 쓰시오.

(2) 질산암모늄 1몰이 0.9atm, 300℃에서 분해할 때 생성되는 H_2O의 부피(L)를 구하시오.

해설

질산암모늄

• 분해반응식 : $2NH_4NO_3 \rightarrow 2N_2 + O_2 + 4H_2O$

• 분해할 때 생성되는 물의 부피

$2NH_4NO_3 \rightarrow 2N_2 + O_2 + 4H_2O$

2mol ⟍ ⟋ $4 \times 18g$
1mol ⟋ ⟍ x

$\therefore x = \dfrac{1mol \times 4 \times 18g}{2mol} = 36g$

• 이상기체 상태방정식

$$PV = \frac{W}{M}RT, \quad V = \frac{WRT}{PM}$$

여기서, P : 압력(0.9atm), V : 부피(m^3), W : 무게(36g)

M : 분자량($H_2O = 18$), R : 기체상수($0.08205L \cdot atm/g-mol \cdot K$)

T : 절대온도($273 + 300℃ = 573K$)

$\therefore V = \dfrac{WRT}{PM} = \dfrac{36g \times 0.08205L \cdot atm/g-mol \cdot K \times 573K}{0.9atm \times 18g/g-mol} = 104.48L$

정답

(1) $2NH_4NO_3 \rightarrow 2N_2 + O_2 + 4H_2O$

(2) $104.48L$

18 제5류 위험물로서 담황색의 주상 결정이며 분자량이 227, 폭약의 원료로 사용되며 물에 녹지 않고 알코올, 벤젠, 아세톤에 녹는 물질에 대하여 다음 물음에 답하시오.

(1) 이 위험물의 화학식을 쓰시오.

(2) 이 위험물의 지정수량을 쓰시오.

(3) 이 위험물의 제조과정을 쓰시오.

해설

TNT(트라이나이트로톨루엔)

• 물 성

화학식	품 명	지정수량	분자량	비 점
$C_6H_2CH_3(NO_2)_3$	나이트로화합물	200kg	227	280℃

– 담황색의 주상 결정으로 강력한 폭약이다.
– 물에 녹지 않고 알코올, 벤젠, 아세톤, 에터에는 녹는다.

• 제조과정 : 톨루엔을 혼산(진한 질산과 진한 황산)으로 나이트로화하여 트라이나이트로톨루엔을 제조한다.

정답

(1) $C_6H_2CH_3(NO_2)_3$

(2) 200kg

(3) 톨루엔을 혼산(진한 질산과 진한 황산)으로 나이트로화하여 제조한다.

19 위험물안전관리법령에서 정하는 다음 소화설비의 소요단위를 구하시오.

(1) 다이에틸에터 2,000L

(2) 연면적 1,500m² 로 외벽이 내화구조가 아닌 저장소

(3) 연면적 1,500m² 로 외벽이 내화구조로 된 제조소

정답

(1) 4단위

(2) 20단위

(3) 15단위

해설

소요단위

구 분 종 류	내화구조	내화구조가 아닌 것
제조소 또는 취급소	연면적 100m² 를 1소요단위	연면적 50m² 를 1소요단위
저장소	연면적 150m² 를 1소요단위	연면적 75m² 를 1소요단위
위험물	지정수량의 10배 : 1소요단위	

- 다이에틸에터 2,000L의 소요단위

$$\therefore \ 소요단위 = \frac{저장수량}{지정수량 \times 10} = \frac{2,000L}{50L \times 10} = 4단위$$

  ※ 다이에틸에터의 지정수량 : 50L(제4류 위험물 특수인화물)
- 연면적 1,500m² 로 외벽이 내화구조가 아닌 저장소

$$\therefore \ 소요단위 = \frac{연면적}{기준면적} = \frac{1,500m^2}{75m^2} = 20단위$$

- 연면적 1,500m² 로 외벽이 내화구조로 된 제조소

$$\therefore \ 소요단위 = \frac{연면적}{기준면적} = \frac{1,500m^2}{100m^2} = 15단위$$

20 칼륨이 다음 물질과 반응할 때 반응식을 쓰시오(단, 없으면 "해당없음"이라고 답할 것).

(1) 물

(2) 경 유

(3) 이산화탄소

정답

(1) $2K + 2H_2O \longrightarrow 2KOH + H_2$

(2) 해당없음

(3) $4K + 3CO_2 \longrightarrow 2K_2CO_3 + C$

해설

칼륨의 반응식
- 물과의 반응 : $2K + 2H_2O \longrightarrow 2KOH + H_2$
- 이산화탄소와 반응 : $4K + 3CO_2 \longrightarrow 2K_2CO_3 + C$
- 에틸알코올과 반응 : $2K + 2C_2H_5OH \longrightarrow 2C_2H_5OK + H_2$
- 초산과 반응 : $2K + 2CH_3COOH \longrightarrow 2CH_3COOK + H_2$

2023년 제1회 최근 기출복원문제

01 위험물안전관리법령에서 정한 소화설비의 소요단위에 관한 내용이다. 다음 〈보기〉의 내용을 보고 물음에 답하시오.

┌ 보기 ┐
- 저장소는 옥내저장소이다.
- 외벽이 내화구조이고 연면적 150m²이다.
- 저장하는 위험물은 에탄올 1,000L, 특수인화물 500L, 등유 1,500L, 동식물유류 20,000L이다.

(1) 옥내저장소의 소요단위를 구하시오.
(2) 위의 위험물을 저장할 경우 소요단위를 구하시오.

정답
(1) 1단위
(2) 1.6단위

해설
소요단위의 계산방법
- 저장소의 건축물
  - 외벽이 내화구조 : 연면적 150m²를 1소요단위
  - 외벽이 내화구조가 아닌 것 : 연면적 75m²를 1소요단위

∴ 옥내저장소의 소요단위 $= \dfrac{\text{연면적}}{\text{기준면적}} = \dfrac{150\text{m}^2}{150\text{m}^2} = 1$단위

- 위험물 : 지정수량의 10배를 1소요단위

종 류	에탄올	특수인화물	등 유	동식물유류
지정수량	400L	50L	1,000L	10,000L

∴ 소요단위 $= \dfrac{\text{저장량}}{\text{지정수량} \times 10} + \dfrac{\text{저장량}}{\text{지정수량} \times 10} + \cdots$

$= \dfrac{1,000\text{L}}{400\text{L} \times 10} + \dfrac{500\text{L}}{50\text{L} \times 10} + \dfrac{1,500\text{L}}{1,000\text{L} \times 10} + \dfrac{20,000\text{L}}{10,000\text{L} \times 10}$

$= 1.6$

02 위험물안전관리법령상 위험물의 성질에 따른 제조소의 특례에 대한 기준이다. 다음 (   ) 안에 알맞은 답을 쓰시오.

(1) (㉠) 등을 취급하는 제조소의 특례는 다음과 같다.

– (㉠) 등을 취급하는 설비의 주위에는 누설범위를 국한하기 위한 설비와 누설된 (㉠) 등을 안전한 장소에 설치된 저장실에 유입시킬 수 있는 설비를 갖출 것

– (㉠) 등을 취급하는 설비에는 불활성기체를 봉입하는 장치를 갖출 것

(2) (㉡) 등을 취급하는 제조소의 특례는 다음과 같다.

– (㉡) 등을 취급하는 설비는 은·수은·구리·마그네슘 또는 이들을 성분으로 하는 합금으로 만들지 않을 것

– (㉡) 등을 취급하는 설비에는 연소성 혼합기체의 생성에 의한 폭발을 방지하기 위한 불활성기체 또는 수증기를 봉입하는 장치를 갖출 것

– (㉡) 등을 취급하는 탱크(옥외에 있는 탱크 또는 옥내에 있는 탱크로서 그 용량이 지정수량의 1/5 미만의 것을 제외한다)에는 냉각장치 또는 저온을 유지하기 위한 장치(이하 "보랭장치"라 한다) 및 연소성 혼합기체의 생성에 의한 폭발을 방지하기 위한 불활성기체를 봉입하는 장치를 갖출 것. 다만, 지하에 있는 탱크가 (㉡) 등의 온도를 저온으로 유지할 수 있는 구조인 경우에는 냉각장치 및 보랭장치를 갖추지 않을 수 있다.

(3) (㉢) 등을 취급하는 제조소의 특례는 다음과 같다.

지정수량 이상의 (㉢) 등을 취급하는 제조소의 위치는 건축물의 벽 또는 이에 상당하는 공작물의 외측으로부터 해당 제조소의 외벽 또는 이에 상당하는 공작물의 외측까지의 사이에 다음 식에 의하여 요구되는 거리 이상의 안전거리를 둘 것

$$D = 51.1 \sqrt[3]{N}$$

여기서, D : 거리(m)

N : 해당 제조소에서 취급하는 (㉢) 등의 지정수량의 배수

정답
㉠ 알킬알루미늄
㉡ 아세트알데하이드
㉢ 하이드록실아민

위험물의 성질에 따른 제조소의 특례(시행규칙 별표 4)
- 알킬알루미늄 등을 취급하는 제조소의 특례는 다음과 같다.
  - 알킬알루미늄 등을 취급하는 설비의 주위에는 누설범위를 국한하기 위한 설비와 누설된 알킬알루미늄 등을 안전한 장소에 설치된 저장실에 유입시킬 수 있는 설비를 갖출 것
  - 알킬알루미늄 등을 취급하는 설비에는 불활성기체를 봉입하는 장치를 갖출 것
- 아세트알데하이드 등을 취급하는 제조소의 특례는 다음과 같다.
  - 아세트알데하이드 등을 취급하는 설비는 은·수은·구리·마그네슘 또는 이들을 성분으로 하는 합금으로 만들지 않을 것
  - 아세트알데하이드 등을 취급하는 설비에는 연소성 혼합기체의 생성에 의한 폭발을 방지하기 위한 불활성기체 또는 수증기를 봉입하는 장치를 갖출 것
  - 아세트알데하이드 등을 취급하는 탱크(옥외에 있는 탱크 또는 옥내에 있는 탱크로서 그 용량이 지정수량의 1/5 미만의 것을 제외한다)에는 냉각장치 또는 저온을 유지하기 위한 장치(이하 "보랭장치"라 한다) 및 연소성 혼합기체의 생성에 의한 폭발을 방지하기 위한 불활성기체를 봉입하는 장치를 갖출 것. 다만, 지하에 있는 탱크가 아세트알데하이드 등의 온도를 저온으로 유지할 수 있는 구조인 경우에는 냉각장치 및 보랭장치를 갖추지 않을 수 있다.
- 하이드록실아민 등을 취급하는 제조소의 특례는 다음과 같다.

  지정수량 이상의 하이드록실아민 등을 취급하는 제조소의 위치는 건축물의 벽 또는 이에 상당하는 공작물의 외측으로부터 해당 제조소의 외벽 또는 이에 상당하는 공작물의 외측까지의 사이에 다음 식에 의하여 요구되는 거리 이상의 안전거리를 둘 것

$$D = 51.1\sqrt[3]{N}$$

여기서, D : 거리(m)

　　　　N : 해당 제조소에서 취급하는 하이드록실아민 등의 지정수량의 배수

03 **2mol의 리튬이 물과 반응할 경우 다음 물음에 답하시오.**

(1) 반응식을 쓰시오.

(2) 물과 반응할 때 생성되는 기체의 부피(L)를 구하시오(단, 1기압 25℃
이다).

해설

리튬

• 물과 반응식 : $2Li + 2H_2O \rightarrow 2LiOH + H_2$

• 생성되는 기체의 부피

$$2Li + 2H_2O \rightarrow 2LiOH + H_2$$

2mol ⟍⟋ 2g
2mol ⟋⟍ x

$$\therefore x = \frac{2mol \times 2g}{2mol} = 2g$$

• 가연성 기체의 부피

$$PV = nRT = \frac{W}{M}RT \qquad V = \frac{WRT}{PM}$$

여기서, P : 압력(1atm)

M : 분자량(2g/g-mol)

W : 무게(2g)

T : 절대온도(273 + 25 = 298K)

R : 기체상수(0.08205L·atm/g-mol·K)

V : 부피(L)

$$\therefore V = \frac{WRT}{PM} = \frac{2 \times 0.08205 \times 298}{1 \times 2} = 24.45L$$

[다른 방법]

$$2Li + 2H_2O \rightarrow 2LiOH + H_2$$

2mol ⟍⟋ 22.4L
2mol ⟋⟍ x

$$\therefore x = \frac{2mol \times 22.4L}{2mol} = 22.4L$$

여기서 온도를 보정하면

$$\therefore V = 22.4L \times \frac{298K}{273K} = 24.45L$$

04 위험물안전관리법령상 동식물유류에 대하여 다음 물음에 답하시오.

(1) 아이오딘값의 정의를 쓰시오.

(2) 동식물유류를 분류하고 아이오딘값의 범위를 쓰시오.

동식물유류
• 아이오딘값 : 유지 100g에 부가되는 아이오딘의 g수
• 분 류

항 목 종 류	아이오딘값	반응성	불포화도	종 류
건성유	130 이상	크다.	크다.	해바라기유, 동유, 아마인유, 들기름, 정어리기름
반건성유	100~130	중 간	중 간	채종유, 목화씨기름, 참기름, 콩기름
불건성유	100 이하	적다.	적다.	야자유, 올리브유, 피마자유, 동백유

(1) 유지 100g에 부가되는 아이오딘의 g수
(2) 분 류

종 류	아이오딘값
건성유	130 이상
반건성유	100~130
불건성유	100 이하

05 제1류 위험물인 과망가니즈산칼륨에 대하여 다음 물음에 답하시오.

(1) 지정수량을 쓰시오.

(2) 위험등급을 쓰시오.

(3) 열분해할 경우와 묽은 황산과 반응할 경우 공통적으로 생성되는 기체의 명칭을 쓰시오.

과망가니즈산칼륨
• 물 성

화학식	지정수량	분자량	위험등급
$KMnO_4$	1,000kg	158	III

• 반응식
 – 열분해 반응식 : $2KMnO_4 \rightarrow K_2MnO_4 + MnO_2 + O_2$
 – 묽은 황산과 반응 : $4KMnO_4 + 6H_2SO_4 \rightarrow 2K_2SO_4 + 4MnSO_4 + 6H_2O + 5O_2$

(1) 1,000kg
(2) 위험등급III
(3) 산소(O_2)

06 인화알루미늄 580g이 표준상태에서 물과 반응하여 생성되는 기체의 부피(L)를 계산하시오.

224L

> **해설**
> 인화알루미늄과 물의 반응식
> $AlP + 3H_2O \rightarrow Al(OH)_3 + PH_3$
> 58g ⟍ 22.4L
> 580g ⟋ x
> $\therefore x = \dfrac{580g \times 22.4L}{58g} = 224L$

07 제5류 위험물인 트라이나이트로톨루엔에 대하여 다음 물음에 답하시오.

(1) 트라이나이트로톨루엔 제조과정을 원료 중심으로 설명하시오(단, 나이트로화하여 제조하는 방식으로 쓰시오).

(2) 구조식을 그리시오.

> **해설**
> 트라이나이트로톨루엔
> • 제조공정 : 톨루엔에 혼산(진한 질산, 진한 황산)으로 나이트로화하여 제조한다.
>
>
> • 물 성

화학식	지정수량	분자량	구조식
$C_6H_2CH_3(NO_2)_3$	200kg	227	

(1) 톨루엔에 혼산(진한 질산, 진한 황산)으로 나이트로화하여 제조한다.
(2)

08 위험물제조소에 설치하는 배출설비에 대하여 다음 물음에 답하시오 (단, 계산과정을 쓰시오).

(1) 배출장소의 용적이 300m³일 경우 국소방출방식의 배출설비 1시간당 배출능력을 구하시오.

(2) 바닥면적이 100m²일 경우 전역방출방식의 배출설비 1m³당 배출능력을 구하시오.

해설

배출설비

배출능력은 1시간당 배출장소 용적의 20배 이상인 것으로 해야 한다. 다만, 전역방출방식의 경우에는 바닥면적 1m²당 18m³ 이상으로 할 수 있다.

- 국소방출방식의 배출능력 : $300m^3 \times 20배 = 6,000m^3$
- 전역방출방식의 배출능력 : $100m^2 \times 18m^3/m^2 = 1,800m^3$

정답

(1) $300m^3 \times 20배 = 6,000m^3$

(2) $100m^2 \times 18m^3/m^2 = 1,800m^3$

---

09 소화약제에 대하여 다음 물음에 답하시오.

(1) 제2종 분말소화약제의 주성분을 화학식으로 쓰시오.

(2) 제3종 분말소화약제의 주성분을 화학식으로 쓰시오.

(3) IG-55의 구성성분과 비율을 쓰시오.

(4) IG-100의 구성성분과 비율을 쓰시오.

(5) IG-541의 구성성분과 비율을 쓰시오.

정답

(1) $KHCO_3$

(2) $NH_4H_2PO_4$

(3) N_2 : 50[%], Ar : 50[%]

(4) N_2 : 100%

(5) N_2 : 52[%], Ar : 40[%], CO_2 : 8[%]

해설

소화약제의 종류

- 분말소화약제

종 류	주성분	착 색	적응 화재
제1종 분말	탄산수소나트륨($NaHCO_3$)	백 색	B, C급
제2종 분말	탄산수소칼륨($KHCO_3$)	담회색	B, C급
제3종 분말	제일인산암모늄($NH_4H_2PO_4$)	담홍색	A, B, C급
제4종 분말	탄산수소칼륨 + 요소 ($KHCO_3$ + $(NH_2)_2CO$)	회 색	B, C급

- 불활성가스 소화약제

소화약제	화학식
불연성·불활성 기체혼합가스(IG-01)	Ar
불연성·불활성 기체혼합가스(IG-100)	N_2
불연성·불활성 기체혼합가스(IG-541)	N_2 : 52[%], Ar : 40[%], CO_2 : 8[%]
불연성·불활성 기체혼합가스(IG-55)	N_2 : 50[%], Ar : 50[%]

10 다음 위험물의 완전 연소반응식을 쓰시오.

(1) 아세트산

(2) 메탄올

(3) 메틸에틸케톤

(1) $CH_3COOH + 2O_2 \longrightarrow 2CO_2 + 2H_2O$

(2) $2CH_3OH + 3O_2 \longrightarrow 2CO_2 + 4H_2O$

(3) $2CH_3COC_2H_5 + 11O_2 \longrightarrow 8CO_2 + 8H_2O$

해설

완전 연소반응식

• 아세트산 : $CH_3COOH + 2O_2 \longrightarrow 2CO_2 + 2H_2O$

• 메탄올 : $2CH_3OH + 3O_2 \longrightarrow 2CO_2 + 4H_2O$

• 메틸에틸케톤 : $2CH_3COC_2H_5 + 11O_2 \longrightarrow 8CO_2 + 8H_2O$

• 에틸렌글리콜 : $2C_2H_6O_2 + 5O_2 \longrightarrow 4CO_2 + 6H_2O$

• 글리세린 : $2C_3H_8O_3 + 7O_2 \longrightarrow 6CO_2 + 8H_2O$

11 위험물안전관리법령상 위험물의 저장 및 취급에 관한 기준이다. 다음 ( ) 안에 알맞은 답을 쓰시오.

(1) 옥외저장탱크·옥내저장탱크 또는 지하저장탱크 중 압력탱크 외의 탱크에 저장하는 다이에틸에터 등 또는 아세트알데하이드 등의 온도는 산화프로필렌과 이를 함유한 것 또는 다이에틸에터 등에 있어서는 (㉠)℃ 이하로, 아세트알데하이드 또는 이를 함유한 것에 있어서는 (㉡)℃ 이하로 각각 유지할 것

(2) 옥외저장탱크·옥내저장탱크 또는 지하저장탱크 중 압력탱크에 저장하는 아세트알데하이드 등 또는 다이에틸에터 등의 온도는 (㉢)℃ 이하로 유지할 것

(3) 보랭장치가 있는 이동탱크에 저장하는 아세트알데하이드 등 또는 다이에틸에터 등의 온도는 해당 위험물의 (㉣)℃ 이하로 유지할 것

(4) 보랭장치가 없는 이동탱크에 저장하는 아세트알데하이드 등 또는 다이에틸에터 등의 온도는 (㉤)℃ 이하로 유지할 것

㉠ 30

㉡ 15

㉢ 40

㉣ 비점

㉤ 40

해설

위험물의 저장 및 취급기준

• 옥외저장탱크·옥내저장탱크 또는 지하저장탱크 중 압력탱크 외의 탱크에 저장

– 산화프로필렌, 다이에틸에터 등 : 30℃ 이하

– 아세트알데하이드 등 : 15℃ 이하

• 옥외저장탱크·옥내저장탱크 또는 지하저장탱크 중 압력탱크에 저장

– 아세트알데하이드 등 또는 다이에틸에터 등 : 40℃ 이하

• 아세트알데하이드 등 또는 다이에틸에터 등을 이동저장탱크에 저장

– 보랭장치가 있는 경우 : 비점 이하

– 보랭장치가 없는 경우 : 40℃ 이하

12 제2류 위험물인 황화린에 대하여 다음 물음에 답하시오.

(1) 빈칸에 알맞은 답을 쓰시오.

종 류	화학식	연소반응 시 생성기체의 화학식
삼황화린		
오황화린		
칠황화린		

(2) 3개의 황화린 중 1mol당 산소 7.5mol을 필요로 하는 물질의 완전 연소반응식을 쓰시오.

(3) 황화린을 운반할 때 운반용기의 외부에 표시해야 하는 주의사항을 쓰시오.

(1)

항 목 \ 종 류	화학식	연소반응 시 생성기체의 화학식
삼황화린	P_4S_3	P_2S_5, SO_2
오황화린	P_2S_5	P_2S_5, SO_2
칠황화린	P_4S_7	P_2S_5, SO_2

(2) $2P_2S_5 + 15O_2 \rightarrow 2P_2O_5 + 10SO_2$

(3) 화기주의

황화린

항 목 \ 종 류	화학식	연소반응식
삼황화린	P_4S_3	$P_4S_3 + 8O_2 \rightarrow 2P_2O_5 + 3SO_2$
오황화린	P_2S_5	$P_2S_5 + 7.5O_2 \rightarrow P_2O_5 + 5SO_2$ $2P_2S_5 + 15O_2 \rightarrow 2P_2O_5 + 10SO_2$
칠황화린	P_4S_7	$P_4S_7 + 12O_2 \rightarrow 2P_2O_5 + 7SO_2$

※ 제2류 위험물(황화린) 운반 시 외부표시 주의사항 : 화기주의

13 위험물안전관리법령상 주유취급소 특례에 대한 기준이다. 다음 물음에 답하시오.

> ㉠ 주유공지를 확보하지 않아도 된다.
> ㉡ 지하저장탱크에서 직접 주유하는 경우에는 탱크용량에 제한을 두지 않아도 된다.
> ㉢ 고정주유설비 또는 고정급유설비의 주유관 길이에 제한을 두지 않아도 된다.
> ㉣ 담 또는 벽을 설치하지 않아도 된다.
> ㉤ 캐노피를 설치하지 않아도 된다.

(1) 항공기 주유취급소 특례에 해당하는 것을 모두 고르시오.

(2) 자가용 주유취급소 특례에 해당하는 것을 모두 고르시오.

(3) 선박 주유취급소 특례에 해당하는 것을 모두 고르시오.

정답

(1) ㉠, ㉡, ㉢, ㉣, ㉤

(2) ㉠

(3) ㉠, ㉡, ㉢, ㉣

해설

주유취급소의 특례기준

특례항목	항공기 주유취급소	자가용 주유취급소	선박 주유취급소
주유공지를 확보하지 않아도 된다.	○	○	○
지하저장탱크에서 직접 주유하는 경우에는 탱크용량에 제한을 두지 않아도 된다.	○	×	○
고정주유설비 또는 고정급유설비의 주유관 길이에 제한을 두지 않아도 된다.	○	×	○
담 또는 벽을 설치하지 않아도 된다.	○	×	○
캐노피를 설치하지 않아도 된다.	○	×	×

14 제3류 위험물인 탄화칼슘의 반응에 대하여 다음 물음에 답하시오.

(1) 탄화칼슘이 물과 반응하는 반응식을 쓰시오.

(2) (1)에서 생성되는 기체와 구리와의 반응식을 쓰시오.

(3) (1)에서 생성되는 기체를 구리 용기에 저장하면 위험한 이유를 쓰시오.

> **해설**
> • 탄화칼슘과 물의 반응식 : $CaC_2 + 2H_2O \rightarrow Ca(OH)_2 + C_2H_2$(아세틸렌)
> • 아세틸렌의 특성
> − 연소범위는 2.5 ~ 81%이다.
> − 구리, 은 및 수은과 접촉하면 폭발성 금속 아세틸레이트를 생성하므로 위험하다. $C_2H_2 + 2Cu \rightarrow Cu_2C_2 + H_2$
> − 아세틸렌은 흡열화합물로서 압축하면 분해 폭발한다.

> **정답**
> (1) $CaC_2 + 2H_2O \rightarrow Ca(OH)_2 + C_2H_2$
> (2) $C_2H_2 + 2Cu \rightarrow Cu_2C_2 + H_2$
> (3) 아세틸렌은 구리, 은 및 수은과 접촉하면 폭발성 금속아세틸레이트를 생성하므로 위험하다.

15 제4류 위험물에 대한 내용이다. 물음에 답하시오.

(1) 다음 〈보기〉에서 설명하는 위험물의 연소반응식을 쓰시오.

> ┤보기├
> 옥외저장탱크는 벽 및 바닥의 두께가 0.2m 이상이고 누수가 되지 않는 철근콘크리트의 수조에 넣어 보관해야 한다. 이 경우 보유공지, 통기관 및 자동계량장치는 생략할 수 있다.

(2) (1)의 위험물 품명을 쓰시오.

(3) (2)의 위험물과 다음 〈보기〉의 위험물 중 운반 시 혼재가 가능한 위험물을 모두 고르시오(단, 없으면 "해당없음"이라고 표기할 것).

> ┤보기├
> 과염소산, 과망가니즈산칼륨, 과산화나트륨, 삼불화브롬

> **해설**
> 이황화탄소
> • 이황화탄소의 옥외저장탱크는 벽 및 바닥의 두께가 0.2m 이상이고 누수가 되지 않는 철근콘크리트의 수조에 넣어 보관해야 한다. 이 경우 보유공지, 통기관 및 자동계량장치는 생략할 수 있다.
> • 연소반응식 : $CS_2 + 3O_2 \rightarrow CO_2 + 2SO_2$
> • 물 성
>
> | 화학식 | 품 명 | 지정수량 | 비 중 | 인화점 | 착화점 | 연소범위 |
> |---|---|---|---|---|---|---|
> | CS_2 | 특수인화물 | 50L | 1.26 | −30℃ | 90℃ | 1.0~50% |
>
> • 이황화탄소는 물속에 저장해야 하므로 운반 시 혼재가 불가능하다.

> **정답**
> (1) $CS_2 + 3O_2 \rightarrow 2SO_2 + CO_2$
> (2) 특수인화물
> (3) 해당없음

16 다음 〈보기〉에서 지정수량 400L인 제4류 위험물과 제조소 등의 게시판에 설치해야 할 주의사항 중 "화기엄금"과 "물기엄금"에 해당하는 두 위험물의 화학반응식을 쓰시오.

┌ 보기 ┐
에틸알코올, 칼륨, 과산화나트륨, 질산메틸, 톨루엔
└─────┘

해설
화학반응식
• 지정수량과 주의사항

종류 항목	에틸알코올	칼 륨	과산화 나트륨	질산메틸	톨루엔
유 별	제4류 위험물	제3류 위험물	제1류 위험물	제5류 위험물	제4류 위험물
성 질	인화성 액체	자연발화성 및 금수성 물질	산화성 고체	자기반응성 물질	인화성 액체
지정수량	400L	10kg	50kg	10kg	200L
저장 시 주의사항	화기엄금	물기엄금	물기엄금	화기엄금	화기엄금

• 칼륨과 에틸알코올의 반응식
$2K + 2C_2H_5OH \rightarrow 2C_2H_5OK + H_2$

정답
칼륨과 에틸알코올의 반응식
$2K + 2C_2H_5OH \rightarrow 2C_2H_5OK + H_2$

17 적린이 연소하는 경우 다음 물음에 답을 하시오.

(1) 적린이 연소 시 생성하는 기체의 명칭과 화학식을 쓰시오.
(2) 적린이 연소 시 생성하는 기체의 색상을 쓰시오.

해설
적린의 연소반응식
$4P + 5O_2 \rightarrow 2P_2O_5$(오산화인, 백색 기체)

정답
(1) 명칭 : 오산화인, 화학식 : P_2O_5
(2) 백 색

18 제6류 위험물인 과산화수소에 대하여 다음 물음에 답하시오.

(1) 과산화수소의 저장 및 취급 시 분해를 막기 위해 넣어주는 안정제를 쓰시오.

(2) 과산화수소의 분해반응식을 쓰시오.

(3) 옥외저장소에 저장이 가능한지 여부를 쓰시오.

해설

과산화수소

• 안정제
  - 주입하는 이유 : 분해를 막기 위하여
  - 종류 : 인산(H_3PO_4), 요산($C_5H_4N_4O_3$)

• 분해반응식 : $2H_2O_2 \xrightarrow[\text{정촉매}]{MnO_2} 2H_2O + O_2$

• 옥외저장소에 저장할 수 있는 위험물
  - 제2류 위험물 중 유황, 인화성 고체(인화점이 0℃ 이상인 것에 한함)
  - 제4류 위험물 중 제1석유류(인화점이 0℃ 이상인 것에 한함), 알코올류, 제2석유류, 제3석유류, 제4석유류 및 동식물유류
  - 제6류 위험물(과산화수소)

• 제2류 위험물 및 제4류 위험물 중 특별시·광역시 또는 도의 조례에서 정하는 위험물 (관세법 제154조의 규정에 의한 보세구역 안에 저장하는 경우에 한한다)

• 국제해사기구에 관한 협약에 의하여 설치된 국제해사기구가 채택한 국제해상위험물 규칙(IMDG Code)에 적합한 용기에 수납된 위험물

정답

(1) 인산, 요산

(2) $2H_2O_2 \rightarrow 2H_2O + O_2$

(3) 가 능

19 〈보기〉는 제4류 위험물의 알코올류에 대한 설명이다. 다음 내용 중 틀린 부분을 맞게 수정하시오(단, 없으면 "해당없음"이라고 표기할 것).

┤보기├
① 1분자를 구성하는 탄소원자의 수가 1개부터 3개까지인 포화1가 알코올(변성알코올 포함)을 말한다.
② 가연성 액체량이 60vol% 미만인 것은 제외한다.
③ $C_1 \sim C_3$까지의 알코올은 지정수량이 400L이다.
④ 위험등급은 Ⅱ이다.
⑤ 옥내저장소에 저장창고의 바닥면적이 1,000m^2 이하이다.

정답
② 60vol% → 60wt(중량)%

해설
알코올류
• 정의 : 1분자를 구성하는 탄소원자의 수가 1개부터 3개까지인 포화1가 알코올(변성알코올 포함)로서 농도가 60% 이상인 것
• 알코올류 제외
 – $C_1 \sim C_3$까지의 포화1가 알코올의 함유량이 60중량% 미만인 수용액
 – 가연성 액체량이 60중량% 미만이고 인화점 및 연소점이 에틸알코올 60중량%수용액의 인화점 및 연소점을 초과하는 것
• 지정수량

종 류	메틸알코올	에틸알코올	프로필알코올	부틸알코올	알릴알코올
품 명	알코올류	알코올류	알코올류	제2석유류 (비수용성)	제2석유류 (비수용성)
화학식	CH_3OH	C_2H_5OH	C_3H_7OH	C_4H_9OH	C_3H_5OH
지정수량	400L	400L	400L	1,000L	1,000L

• 위험등급 : Ⅱ
• 옥내저장소 저장창고의 바닥면적 : 1,000m^2 이하

20 옥외저장소에 중유를 저장할 경우 다음 물음에 답하시오.

(1) 옥외저장소에 위험물을 수납한 용기를 선반에 저장하는 경우에는 몇 m를 초과하지 않아야 하는지 쓰시오.

(2) 기계에 의하여 하역하는 구조로 된 용기만을 겹쳐 쌓는 경우에는 몇 m를 초과하지 않아야 하는지 쓰시오.

(3) 중유만을 저장할 경우에는 몇 m를 초과하지 않아야 하는지 쓰시오.

해설
옥내저장소 또는 옥외저장소에 위험물을 저장하는 경우
- 옥외저장소에서 위험물을 수납한 용기를 선반에 저장하는 경우 : 6m를 초과하지 말 것
- 기계에 의하여 하역하는 구조로 된 용기만을 겹쳐 쌓는 경우 : 6m를 초과하지 말 것
- 제4류 위험물 중 제3석유류(중유), 제4석유류, 동식물유류를 수납하는 용기만을 겹쳐 쌓는 경우 : 4m를 초과하지 말 것
- 그 밖의 경우(특수인화물, 제1석유류, 제2석유류, 알코올류, 타류) : 3m를 초과하지 말 것

정답
(1) 6m
(2) 6m
(3) 4m

2023년 제2회 최근 기출복원문제

01 제5류 위험물로서 규조토에 흡수시켜 다이너마이트를 제조하는 물질에 대하여 다음 물음에 답하시오.

(1) 구조식

(2) 품명 및 지정수량

(3) 이산화탄소, 수증기, 질소, 산소가 발생하는 분해반응식을 쓰시오.

해설

나이트로글리세린

• 제법 : 나이트로글리세린을 규조토에 흡수시켜 다이너마이트를 제조한다.

• 물 성

화학식	구조식	품 명	지정수량
$C_3H_5(ONO_2)_3$	CH_2-ONO_2 | $CH-ONO_2$ | CH_2-ONO_2	질산에스터류	10kg

• 분해반응식 : $4C_3H_5(ONO_2)_3 \rightarrow 12CO_2 + 10H_2O + 6N_2 + O_2$
(이산화탄소) (수증기) (질소) (산소)

정답

(1) $C_3H_5(ONO_2)_3$

(2) 품명 : 질산에스터류
지정수량 : 10kg

(3) $4C_3H_5(ONO_2)_3 \rightarrow 12CO_2 + 10H_2O + 6N_2 + O_2$

02 탄화칼슘에 대하여 다음 물음에 답하시오.

(1) 탄화칼슘이 산화하는 반응식을 쓰시오.

(2) 질소와 고온에서 반응할 경우 생성되는 물질 2가지를 쓰시오.

해설

탄화칼슘

• 연소반응식 : $2CaC_2 + 5O_2 \rightarrow 2CaO + 4CO_2$

• 질소와 반응 : $CaC_2 + N_2 \rightarrow CaCN_2 + C$
(사이안화칼슘) (탄소)

정답

(1) $2CaC_2 + 5O_2 \rightarrow 2CaO + 4CO_2$

(2) 사이안화칼슘($CaCN_2$), 탄소(C)

03 제1종 분말(탄산수소나트륨) 소화약제에 대하여 다음 물음에 답하시오.

(1) 제1종 분말소화약제의 1차 분해반응식을 쓰시오.

(2) 탄산수소나트륨 10kg이 열분해 시 생성되는 이산화탄소의 부피(m^3)를 구하시오.

> **해설**
> 분말소화약제의 열분해 반응식
> • 제1종 분말
>   – 1차 분해반응식(270℃) : $2NaHCO_3 \rightarrow Na_2CO_3 + CO_2 + H_2O$
>   – 2차 분해반응식(850℃) : $2NaHCO_3 \rightarrow Na_2O + 2CO_2 + H_2O$
> • 이산화탄소의 부피
> $2NaHCO_3 \rightarrow Na_2CO_3 + CO_2 + H_2O$
> $2 \times 84kg$ $22.4m^3$
> $10kg$ x
> $\therefore \ x = \dfrac{10kg \times 22.4m^3}{2 \times 84kg} = 1.33m^3$

> **정답**
> (1) $2NaHCO_3 \rightarrow Na_2CO_3 + CO_2 + H_2O$
> (2) $1.33m^3$

04 인화점 측정방법 3가지를 쓰시오.

> **해설**
> 인화점 측정시험(위험물안전관리에 관한 세부기준 제14조~제16조)
> (1) 태그밀폐식 인화점측정기에 의한 인화점 측정시험
>   ① 시험장소는 1기압, 무풍의 장소로 할 것
>   ② 원유 및 석유 제품 인화점 시험방법 – 태그 밀폐식시험방법(KS M 2010)에 의한 인화점측정기의 시료컵에 시험물품 $50cm^3$를 넣고 시험물품의 표면의 기포를 제거한 후 뚜껑을 덮을 것
>   ③ 시험불꽃을 점화하고 화염의 크기를 직경이 4mm가 되도록 조정할 것
>   ④ 시험물품의 온도가 60초간 1℃의 비율로 상승하도록 수조를 가열하고 시험물품의 온도가 설정온도보다 5℃ 낮은 온도에 도달하면 개폐기를 작동하여 시험불꽃을 시료컵에 1초간 노출시키고 닫을 것 이 경우 시험불꽃을 급격히 상하로 움직이지 않아야 한다.
>   ⑤ ④의 방법에 의하여 인화하지 않는 경우에는 시험물품의 온도가 0.5℃ 상승할 때마다 개폐기를 작동하여 시험불꽃을 시료컵에 1초간 노출시키고 닫는 조작을 인화할 때까지 반복할 것
>   ⑥ ⑤의 방법에 의하여 인화한 온도가 60℃ 미만의 온도이고 설정온도와의 차가 2℃를 초과하지 않는 경우에는 해당 온도를 인화점으로 할 것
>   ⑦ ④의 방법에 의하여 인화한 경우 및 ⑤의 방법에 의하여 인화한 온도와 설정온도와의 차가 2℃를 초과하는 경우에는 ② 내지 ⑤에 의한 방법으로 반복하여 실시할 것

> **정답**
> 태그밀폐식, 신속평형법, 클리블랜드 개방컵

⑧ ⑤의 방법 및 ⑦의 방법에 의하여 인화한 온도가 60℃ 이상의 온도인 경우에는
⑨ 내지 ⑬의 순서에 의하여 실시할 것
⑨ ② 및 ③과 같은 순서로 실시할 것
⑩ 시험물품의 온도가 60초간 3℃의 비율로 상승하도록 수조를 가열하고 시험물품의 온도가 설정온도보다 5℃ 낮은 온도에 도달하면 개폐기를 작동하여 시험불꽃을 시료컵에 1초간 노출시키고 닫을 것. 이 경우 시험불꽃을 급격히 상하로 움직이지 않아야 한다.
⑪ ⑩의 방법에 의하여 인화하지 않는 경우에는 시험물품의 온도가 1℃ 상승마다 개폐기를 작동하여 시험불꽃을 시료컵에 1초간 노출시키고 닫는 조작을 인화할 때까지 반복할 것
⑫ ⑪의 방법에 의하여 인화한 온도와 설정온도와의 차가 2℃를 초과하지 않는 경우에는 해당 온도를 인화점으로 할 것
⑬ ⑩의 방법에 의하여 인화한 경우 및 ⑪의 방법에 의하여 인화한 온도와 설정온도와의 차가 2℃를 초과하는 경우에는 ⑨ 내지 ⑪과 같은 순서로 반복하여 실시할 것
(2) 신속평형법 인화점측정기에 의한 인화점 측정시험
① 시험장소는 1기압, 무풍의 장소로 할 것
② 신속평형법인화점측정기의 시료컵을 설정온도까지 가열 또는 냉각하여 시험물품(설정온도가 상온보다 낮은 온도인 경우에는 설정온도까지 냉각한 것) 2mL를 시료컵에 넣고 즉시 뚜껑 및 개폐기를 닫을 것
③ 시료컵의 온도를 1분간 설정온도로 유지할 것
④ 시험불꽃을 점화하고 화염의 크기를 직경 4mm가 되도록 조정할 것
⑤ 1분 경과 후 개폐기를 작동하여 시험불꽃을 시료컵에 2.5초간 노출시키고 닫을 것. 이 경우 시험불꽃을 급격히 상하로 움직이지 않아야 한다.
⑥ ⑤의 방법에 의하여 인화한 경우에는 인화하지 않을 때까지 설정온도를 낮추고, 인화하지 않는 경우에는 인화할 때까지 설정온도를 높여 ② 내지 ⑤의 조작을 반복하여 인화점을 측정할 것
(3) 클리브랜드개방컵 인화점측정기에 의한 인화점 측정시험
① 시험장소는 1기압, 무풍의 장소로 할 것
② 인화점 및 연소점 시험방법 – 클리브랜드 개방컵 시험방법(KS M ISO 2592)에 의한 인화점측정기의 시료컵 표선(標線)까지 시험물품을 채우고 시험물품의 표면의 기포를 제거할 것
③ 시험불꽃을 점화하고 화염의 크기를 직경 4mm가 되도록 조정할 것
④ 시험물품의 온도가 60초간 14℃의 비율로 상승하도록 가열하고 설정온도보다 55℃ 낮은 온도에 달하면 가열을 조절하여 설정온도보다 28℃ 낮은 온도에서 60초간 5.5℃의 비율로 온도가 상승하도록 할 것
⑤ 시험물품의 온도가 설정온도보다 28℃ 낮은 온도에 달하면 시험불꽃을 시료컵의 중심을 횡단하여 일직선으로 1초간 통과시킬 것. 이 경우 시험불꽃의 중심을 시료컵 위쪽 가장자리의 상방 2mm 이하에서 수평으로 움직여야 한다.
⑥ ⑤의 방법에 의하여 인화하지 않는 경우에는 시험물품의 온도가 2℃ 상승할 때마다 시험불꽃을 시료컵의 중심을 횡단하여 일직선으로 1초간 통과시키는 조작을 인화할 때까지 반복할 것
⑦ ⑥의 방법에 의하여 인화한 온도와 설정온도와의 차가 4℃를 초과하지 않는 경우에는 해당 온도를 인화점으로 할 것
⑧ ⑤의 방법에 의하여 인화한 경우 및 ⑥의 방법에 의하여 인화한 온도와 설정온도와의 차가 4℃를 초과하는 경우에는 ② 내지 ⑥과 같은 순서로 반복하여 실시할 것

05 옥외탱크저장소의 방유제 안에 30만L 3기, 20만L(인화점 50℃) 9기로 총 12기에 인화성 액체가 저장되어 있다. 다음 물음에 답하시오.

(1) 옥외탱크저장소에 설치해야 하는 방유제의 최소 개수를 구하시오.

(2) 30만L 2기, 20만L 2기가 하나의 방유제 내 있을 경우 방유제의 용량을 구하시오.

(3) 방유제에 인화성 액체 대신에 제6류 위험물인 질산을 저장할 경우 방유제의 개수를 구하시오.

해설

옥외탱크저장소의 방유제

- 방유제 내의 설치하는 옥외저장탱크의 수는 10(방유제 내에 설치하는 모든 옥외저장탱크의 용량이 20만 이하이고, 해당 옥외저장탱크에 저장 또는 취급하는 위험물의 인화점이 70℃ 이상 200℃ 미만인 경우에는 20) 이하로 할 것. 다만, 인화점이 200℃ 이상인 위험물을 저장 또는 취급하는 옥외저장탱크에 있어서는 그렇지 않다.
- ∴ 총 저장탱크는 12기이며 인화점이 50℃이므로 하나의 방유제 안(10기 이하)에 방유제를 2개로 해야 한다.
- 방유제의 용량
  - 탱크가 하나일 때 : 탱크 용량의 110% 이상(인화성이 없는 액체위험물은 100%)
  - 탱크가 2기 이상일 때 : 탱크 중 용량이 최대인 것의 용량의 110% 이상(인화성이 없는 액체위험물은 100%)
- ∴ 300,000L × 1.1 = 330,000L
- 방유제에 제6류 위험물인 질산을 저장할 경우 (1)의 해설과 같이 방유제의 개수를 2개로 해야 한다.

정답
(1) 2개
(2) 330,000L
(3) 2개

06 다음 〈보기〉의 위험물에 대하여 알맞는 답을 쓰시오.

┌─보기────────────────────────────────┐
│ • 환원력이 강하다   │
│ • 은거울반응과 펠링반응을 한다.   │
│ • 물, 에터, 알코올에 잘 녹는다.   │
│ • 산화하여 아세트산이 되기 쉽다.   │
└──────────────────────────────────────┘

(1) 명 칭
(2) 화학식
(3) 지정수량
(4) 위험등급

해설

아세트알데하이드
• 물 성

화학식	지정수량	위험등급	비 중	인화점	착화점	연소범위
CH_3CHO	50L	I	0.78	−40℃	175℃	4.0~60.0%

• 물 성
 − 환원력이 강하다.
 − 은거울반응과 펠링반응을 한다.
 − 물, 에터, 알코올에 잘 녹는다.
 − 에틸알코올을 산화하면 아세트알데하이드가 되고, 아세트알데하이드가 산화되면 아세트산이 된다.

정답

(1) 아세트알데하이드
(2) CH_3CHO
(3) 50L
(4) 위험등급 I

07 다음 소화약제의 화학식을 쓰시오.

(1) 제2종 분말 소화약제

(2) 할론 1301

(3) IG-100

(1) $KHCO_3$

(2) CF_3Br

(3) N_2

해설

소화약제의 화학식

• 분말소화약제

제1종 분말	제2종 분말	제3종 분말	제4종 분말
$NaHCO_3$	$KHCO_3$	$NH_4H_2PO_4$	$KHCO_3 + (NH_2)_2CO$
탄산수소나트륨	탄산수소칼륨	제일인산암모늄	탄산수소칼륨 + 요소

• 할론소화약제

할론 1301	할론 1211	할론 1011	할론 2402
CF_3Br	CF_2ClBr	CH_2ClBr	$C_2F_4Br_2$

• IG 계열 소화약제

IG-01	IG-55	IG-100	IG-541
Ar	N_2 : 50%, Ar : 50%	N_2	N_2 : 52%, Ar : 40%, CO_2 : 8%

08 흑색화약의 종류 3가지에 대하여 다음 빈칸에 알맞은 답을 쓰시오 (단, 위험물이 아닌 경우에는 "해당없음"이라고 표시할 것).

구 분	화학식	품 명
(1)	㉠	㉡
(2)	㉠	㉡
(3)	㉠	㉡

(1) ㉠ KNO_3 ㉡ 질산염류

(2) ㉠ S   ㉡ 유 황

(3) ㉠ C   ㉡ 해당없음

해설

흑색화약의 원료

원 료	화학식	품 명	지정수량
질산칼륨	KNO_3	질산염류	300kg
유 황	S	유 황	100kg
숯가루	C	–	–

09 제1류 위험물인 염소산칼륨에 대하여 다음 물음에 답하시오.

(1) 완전 분해반응식을 쓰시오.

(2) 염소산칼륨 1kg이 완전 분해할 경우 생성되는 산소는 몇 m^3인지 구하시오(단, 표준상태이고, 염소산칼륨의 분자량은 123이다).

> **해설**
>
> 염소산칼륨
> • 열분해 반응식 : $2KClO_3 \rightarrow 2KCl + 3O_2$
> • 생성되는 산소의 부피
> $2KClO_3 \quad \rightarrow \quad 2KCl \quad + \quad 3O_2$
> $2 \times 123kg \diagdown \quad \diagup 3 \times 22.4m^3$
> $\quad 1kg \diagup \quad \diagdown x$
> $\therefore \ x = \dfrac{1kg \times 3 \times 22.4m^3}{2 \times 123kg} = 0.27m^3$

> **정답**
>
> (1) $2KClO_3 \rightarrow 2KCl + 3O_2$
>
> (2) $0.27m^3$

10 20℃ 물 10kg을 주수소화할 때 100℃ 수증기로 흡수되는 열량이 몇 kcal인지 구하시오.

> **해설**
>
> 열 량
> $Q = mc\Delta t + rm$
> $\quad = 10kg \times 1kcal/kg \cdot ℃ \times (100-20)℃ + 539kcal/kg \times 10kg$
> $\quad = 6,190kcal$
> 여기서, c : 물의 비열(1cal/g · ℃ = 1kcal/kg · ℃)
> $\qquad\quad r$: 물의 증발잠열(539cal/g = 539kcal/kg)

> **정답**
>
> 6,190kcal

11 다음 〈보기〉의 설명 중 맞는 내용의 번호를 모두 고르시오.

┌─┤보기├───┐
│ ① 제1류 위험물은 주수소화가 가능한 위험물이 있고 그렇지 않은 위험
│   물도 있다.
│ ② 마그네슘 화재 시 물분무소화가 적응성이 없어 이산화탄소 소화기로
│   소화가 가능하다.
│ ③ 제6류 위험물을 저장 또는 취급하는 장소로서 폭발의 위험이 없는
│   장소에 한하여 이산화탄소 소화기는 적응성이 있다.
│ ④ 건조사는 모든 유별의 위험물에 소화적응성이 있다.
│ ⑤ 에탄올은 물보다 비중이 높아 물로 소화 시 화재면이 확대되어 주수
│   소화가 불가능하다.
└───┘

정답

①, ③, ④

해설
- 제1류 위험물은 주수소화가 가능한 위험물(무기과산화물 외)이 있고 그렇지 않은 위험
  물(무기과산화물)도 있다.
- 마그네슘 화재 시 이산화탄소와 반응하면 가연성 가스인 일산화탄소(CO)가 발생하므
  로 위험하다.
  $Mg + CO_2 \rightarrow MgO + CO$
- 제6류 위험물을 저장 또는 취급하는 장소로서 폭발의 위험이 없는 장소에 한하여
  이산화탄소 소화기는 적응성이 있다(시행규칙 별표 17).
- 건조사는 모든 유별의 위험물(만능소화약제)에 소화적응성이 있다.
- 에탄올의 비중은 0.79로서 물보다 작고 물과 잘 섞이므로 주수소화가 적합하다.

12 톨루엔 1,000L, 스타이렌 2,000L, 아닐린 4,000L, 실린더유 6,000L, 올리브유 20,000L를 저장할 경우 지정수량의 합을 구하시오.

정답

12배

해설

지정수량의 합

항 목 \ 종 류	톨루엔	스타이렌	아닐린	실린더유	올리브유
품 명	제1석유류 (비수용성)	제2석유류 (비수용성)	제3석유류 (비수용성)	제4석유류	동식물유류
지정수량	200L	1,000L	2,000L	6,000L	10,000L

$$\therefore \ 지정수량의 \ 배수 = \frac{저장량}{지정수량} + \frac{저장량}{지정수량} + \cdots$$

$$= \frac{1,000L}{200L} + \frac{2,000L}{1,000L} + \frac{4,000L}{2,000L} + \frac{6,000L}{6,000L} + \frac{20,000L}{10,000L} = 12배$$

13 지정수량 이상의 위험물을 운반 시 혼재해서는 안 되는 위험물을 모두 쓰시오.

(1) 제1류 위험물

(2) 제2류 위험물

(3) 제3류 위험물

(4) 제4류 위험물

(5) 제5류 위험물

정답

(1) 제2류, 제3류, 제4류, 제5류 위험물

(2) 제1류, 제3류, 제6류 위험물

(3) 제1류, 제2류, 제5류, 제6류 위험물

(4) 제1류, 제6류 위험물

(5) 제1류, 제3류, 제6류 위험물

해설

운반 시 위험물의 혼재 가능 기준

위험물의 구분	제1류	제2류	제3류	제4류	제5류	제6류
제1류		×	×	×	×	○
제2류	×		×	○	○	×
제3류	×	×		○	×	×
제4류	×	○	○		○	×
제5류	×	○	×	○		×
제6류	○	×	×	×	×	

14 제3류 위험물인 트라이에틸알루미늄에 대하여 다음 물음에 답하시오.

(1) 트라이에틸알루미늄과 물의 반응식을 쓰시오.

(2) 트라이에틸알루미늄 1mol이 물과 반응할 경우 생성되는 에테인의 부피(L)를 구하시오(단, 표준상태이다).

(3) 트라이에틸알루미늄을 옥내저장소에 저장할 경우 바닥면적(m^2)을 쓰시오.

(1) $(C_2H_5)_3Al + 3H_2O \rightarrow Al(OH)_3 + 3C_2H_6$

(2) 67.2L

(3) 1,000m^2 이하

해설

트라이에틸알루미늄
- 물과 반응 : $(C_2H_5)_3Al + 3H_2O \rightarrow Al(OH)_3 + 3C_2H_6$(에테인)
- 생성되는 에테인의 부피

$$(C_2H_5)_3Al + 3H_2O \rightarrow Al(OH)_3 + 3C_2H_6$$

1mol ⟍⟋ 3 × 22.4L
1mol ⟋⟍ x

$$\therefore x = \frac{1\text{mol} \times 3 \times 22.4\text{L}}{1\text{mol}} = 67.2\text{L}$$

※ 표준상태에서 기체 1g-mol이 차지하는 부피 : 22.4L
표준상태에서 기체 1kg-mol이 차지하는 부피 : 22.4m^3

- 옥내저장소 저장창고의 바닥면적

위험물을 저장하는 창고의 종류	바닥면적
① 제1류 위험물 중 아염소산염류, 염소산염류, 과염소산염류, 무기과산화물, 그 밖에 지정수량이 50kg인 위험물 ② 제3류 위험물 중 칼륨, 나트륨, 알킬알루미늄(트라이에틸알루미늄), 알킬리튬, 그 밖에 지정수량이 10kg인 위험물 및 황린 ③ 제4류 위험물 중 특수인화물, 제1석유류 및 알코올류 ④ 제5류 위험물 중 유기과산화물, 질산에스터류, 그 밖에 지정수량이 10kg인 위험물 ⑤ 제6류 위험물	1,000m^2 이하
①~⑤의 위험물 외의 위험물을 저장하는 창고	2,000m^2 이하
위의 전부에 해당하는 위험물을 내화구조의 격벽으로 완전히 구획된 실에 각각 저장하는 창고(제4석유류, 동식물유류, 제6류 위험물은 500m^2을 초과할 수 없다)	1,500m^2 이하

15 위험물안전관리법령에서 정한 완공검사 등에 대한 내용이다. 다음 물음에 답하시오.

(1) 위험물을 저장 또는 취급하는 탱크로서 대통령령이 정하는 탱크가 있는 제조소 등의 설치, 변경에 관하여 완공검사를 받기 전에 받아야 하는 검사를 쓰시오.

(2) 다음 제조소 등의 완공검사 신청시기를 쓰시오.
  ① 이동탱크저장소
  ② 지하탱크가 있는 제조소 등

(3) 완공검사를 실시한 결과 해당 제조소 등이 규정에 의한 기술기준에 적합하다고 인정하는 때에 시·도지사는 어떤 서류를 교부해야 하는지를 쓰시오.

해설

완공검사 등
• 위험물을 저장 또는 취급하는 탱크로서 대통령령이 정하는 탱크(이하 "위험물탱크"라 한다)가 있는 제조소 등의 설치 또는 그 위치·구조 또는 설비의 변경에 관하여 제6조 제1항의 규정에 따른 허가를 받은 자가 위험물탱크의 설치 또는 그 위치·구조 또는 설비의 변경공사를 하는 때에는 제9조 제1항의 규정에 따른 완공검사를 받기 전에 제5조 제4항의 규정에 따른 기술기준에 적합한지의 여부를 확인하기 위하여 시·도지사가 실시하는 탱크안전성능검사를 받아야 한다(법 제8조).
• 완공검사 신청시기(규칙 제20조)
  − 지하탱크가 있는 제조소 등의 경우 : 해당 지하탱크를 매설하기 전
  − 이동탱크저장소의 경우 : 이동저장탱크를 완공하고 상시 설치 장소(상치장소)를 확보한 후
  − 이송취급소의 경우 : 이송배관 공사의 전체 또는 일부를 완료한 후. 다만, 지하·하천 등에 매설하는 이송배관의 공사의 경우에는 이송배관을 매설하기 전
  − 전체 공사가 완료된 후에는 완공검사를 실시하기 곤란한 경우 : 다음에서 정하는 시기
    ㉠ 위험물설비 또는 배관의 설치가 완료되어 기밀시험 또는 내압시험을 실시하는 시기
    ㉡ 배관을 지하에 설치하는 경우에는 시·도지사, 소방서장 또는 기술원이 지정하는 부분을 매몰하기 직전
    ㉢ 기술원이 지정하는 부분의 비파괴시험을 실시하는 시기
  − 이외에 해당하지 않는 제조소 등의 경우 : 제조소 등의 공사를 완료한 후
• 완공검사신청을 받은 시·도지사는 제조소 등에 대하여 완공검사를 실시하고, 완공검사를 실시한 결과 해당 제조소 등이 법 제5조 제4항에 따른 기술기준(탱크안전성능검사에 관련된 것을 제외한다)에 적합하다고 인정하는 때에는 완공검사합격확인증을 교부해야 한다(영 제10조).

(1) 탱크안전성능검사
(2) ① 이동저장탱크를 완공하고 상시 설치 장소를 확보한 후
  ② 해당 지하탱크를 매설하기 전
(3) 완공검사합격확인증

16 다음 위험물을 운반 시 운반용기 외부에 표시해야 하는 주의사항을 모두 쓰시오.

(1) 벤조일퍼옥사이드

(2) 마그네슘

(3) 과산화나트륨

(4) 인화성 고체

(5) 기어유

해설

운반 시 운반용기 외부에 표시해야 하는 주의사항

종 류	표시 사항
제1류 위험물	• 알칼리금속의 과산화물(과산화나트륨) : 화기·충격주의, 물기엄금, 가연물접촉주의 • 그 밖의 것 : 화기·충격주의, 가연물접촉주의
제2류 위험물	• 철분, 금속분, 마그네슘 : 화기주의, 물기엄금 • 인화성 고체 : 화기엄금 • 그 밖의 것 : 화기주의
제3류 위험물	• 자연발화성 물질 : 화기엄금, 공기접촉엄금 • 금수성 물질 : 물기엄금
제4류 위험물 (기어유)	화기엄금
제5류 위험물 (벤조일퍼옥사이드)	화기엄금, 충격주의
제6류 위험물	가연물접촉주의

정답

(1) 화기엄금, 충격주의

(2) 화기주의, 물기엄금

(3) 화기·충격주의, 물기엄금, 가연물접촉주의

(4) 화기엄금

(5) 화기엄금

---

17 과산화칼륨과 아세트산이 반응할 경우 생성되는 위험물에 대하여 다음 물음에 답하시오.

(1) 이 물질이 분해 시 산소가 생성되는 반응식을 쓰시오.

(2) 운반용기에 표시해야 할 주의사항을 쓰시오.

(3) 이 물질을 저장하는 장소와 학교의 안전거리를 쓰시오(단, 해당 없으면 "해당없음"이라고 표시할 것).

해설

• 과산화칼륨과 아세트산의 반응식 : $K_2O_2 + 2CH_3COOH \rightarrow 2CH_3COOK + H_2O_2$
(과산화수소)

• 과산화수소의 분해반응식 : $2H_2O_2 \rightarrow 2H_2O_2 + O_2$

• 제6류 위험물(과산화수소) 운반 시 외부표시 주의사항 : 가연물접촉주의

• 안전거리 : 제6류 위험물을 취급하는 제조소 등은 제외하므로 안전거리를 둘 필요가 없다.

정답

(1) $2H_2O_2 \rightarrow 2H_2O_2 + O_2$

(2) 가연물접촉주의

(3) 해당없음

18 제4류 위험물인 클로로벤젠에 대하여 다음 물음에 답하시오.

(1) 화학식

(2) 품 명

(3) 지정수량

(1) C_6H_5Cl

(2) 제2석유류

(3) 1,000L

해설

클로로벤젠

화학식	품 명	수용성 여부	지정수량	인화점
C_6H_5Cl	제2석유류	비수용성	1,000L	27℃

19 〈보기〉에서 설명하는 제3류 위험물에 대하여 다음 물음에 답하시오.

┌보기┐

• 불꽃 색상은 적색이다.

• 비중 : 0.53

• 융점 : 180℃

• 은백색의 연한 경금속이다.

(1) 물과의 반응식을 쓰시오.

(2) 위험등급을 쓰시오.

(3) 위에서 설명하는 위험물 1,000kg을 제조소에서 제조할 경우 보유공지를 쓰시오.

(1) $2Li + 2H_2O \rightarrow 2LiOH + H_2$

(2) 위험등급 II

(3) 5m 이상

해설

리튬(Li)

• 물 성

화학식	불꽃색상	지정수량	비 중	융 점	위험등급	외 관
Li	적 색	50kg	0.543	180℃	II	은백색의 무른 경금속

• 반응식

 – 물과 반응 : $2Li + 2H_2O \rightarrow 2LiOH + H_2$

 – 염산과 반응 : $2Li + 2HCl \rightarrow 2LiCl + H_2$

• 제조소의 보유공지

취급하는 위험물의 최대수량	공지의 너비
지정수량의 10배 이하	3m 이상
지정수량의 10배 초과	5m 이상

 – 지정수량의 배수 = $\dfrac{저장량}{지정수량}$ = $\dfrac{1,000kg}{50kg}$ = 20배

 ∴ 지정수량의 10배 초과인 20배이므로 보유공지는 5m 이상이다.

20 위험물안전관리법령에서 정한 **지하탱크저장소**에 대한 내용이다. 다음 (   ) 안에 알맞은 답을 쓰시오.

- 지하저장탱크의 윗부분은 지면으로부터 (①)m 이상 아래에 있어야 한다.
- 지하저장탱크를 2 이상 인접해 설치하는 경우에는 그 상호 간에 (②)m 이상의 간격을 유지해야 한다(단, 지정수량의 배수가 100배 초과이다).
- 지하저장탱크는 용량에 따라 기준에 적합하게 강철판 또는 동등 이상의 성능이 있는 금속재질로 (③) 용접 또는 (④) 용접으로 틈이 없도록 만드는 동시에 압력탱크 외의 탱크에 있어서는 70kPa의 압력으로, 압력탱크에 있어서는 최대상용압력의 (⑤)의 압력으로 각각 (⑥) 간 수압시험을 실시하여 새거나 변형되지 않아야 한다.

정답
① 0.6
② 1
③ 완전용입
④ 양면겹침이음
⑤ 1.5배
⑥ 10분

해설

지하탱크저장소
- 지하저장탱크의 윗부분은 지면으로부터 0.6m 이상 아래에 있어야 한다.
- 지하저장탱크를 2 이상 인접해 설치하는 경우에는 그 상호 간에 1m(해당 2 이상의 지하저장탱크의 용량 합계가 지정수량의 100배 이하인 때에는 0.5m) 이상의 간격을 유지해야 한다. 다만, 그 사이에 탱크전용실의 벽이나 두께 20cm 이상의 콘크리트 구조물이 있는 경우에는 그렇지 않다.
- 지하저장탱크는 용량에 따라 기준에 적합하게 강철판 또는 동등 이상의 성능이 있는 금속재질로 완전용입용접 또는 양면겹침이음용접으로 틈이 없도록 만드는 동시에 압력탱크(최대상용압력이 46.7kPa 이상인 탱크를 말한다) 외의 탱크에 있어서는 70kPa의 압력으로, 압력탱크에 있어서는 최대상용압력의 1.5배의 압력으로 각각 10분 간 수압시험을 실시하여 새거나 변형되지 않아야 한다.
- 탱크전용실은 지하의 가장 가까운 벽·피트·가스관 등의 시설물 및 대지경계선으로부터 0.1m 이상 떨어진 곳에 설치하고 지하저장탱크와 탱크전용실의 안쪽과의 사이는 0.1m 이상의 간격을 유지하도록 하며, 해당 탱크의 주위에 마른모래 또는 습기 등에 의하여 응고되지 않는 입자지름 5mm 이하의 마른 자갈분을 채워야 한다.

01 탄화칼슘 32g이 물과 반응하여 생성되는 기체가 완전 연소하기 위하여 필요한 산소의 부피(L)를 계산하시오.

정답
28L

해설
• 아세틸렌의 무게
$$CaC_2 + 2H_2O \rightarrow Ca(OH)_2 + C_2H_2$$
64g ——————— 26g
32g ——————— x
$$\therefore x = \frac{32g \times 26g}{64g} = 13g$$

• 산소의 부피
$$2C_2H_2 + 5O_2 \rightarrow 4CO_2 + 2H_2O$$
2×26g   5 × 22.4L
13g x
$$\therefore x = \frac{13g \times 5 \times 22.4L}{2 \times 26g} = 28L$$

※ 표준상태(0℃, 1atm)에서 기체 1g-mol이 차지하는 부피 : 22.4L
표준상태(0℃, 1atm)에서 기체 1kg-mol이 차지하는 부피 : 22.4m³

02 제4류 위험물인 동식물유류는 아이오딘값에 따라 건성유, 반건성유, 불건성유로 분류하는데 〈보기〉에서 골라 구분하시오.

보기
① 동 유   ② 아마인유
③ 피마자유   ④ 면실유
⑤ 올리브유   ⑥ 야자유

정답
(1) 건성유 : ①, ②
(2) 반건성유 : ④
(3) 불건성유 : ③, ⑤, ⑥

해설
동식물유류

종류 \ 항목	아이오딘값	반응성	불포화도	종류
건성유	130 이상	크다.	크다.	해바라기유, 동유, 아마인유, 들기름 정어리기름
반건성유	100~130	중 간	중 간	채종유, 면실유(목화씨기름), 참기름, 콩기름
불건성유	100 이하	적다.	적다.	야자유, 올리브유, 피마자유, 동백유

03 제4류 위험물인 아세트알데하이드는 산화와 환원되는 위험물이다. 다음 물음에 답하시오.

(1) 산화반응하여 생성되는 물질과 그 물질의 연소반응식

(2) 환원반응하여 생성되는 물질과 그 물질의 연소반응식

해설

알코올류가 산화·환원되는 과정

• 메틸알코올

$CH_3OH \xrightarrow[\text{환원}]{\text{산화}} HCHO \xrightarrow[\text{환원}]{\text{산화}} HCOOH$
(메틸알코올)　　　(폼알데하이드)　　　(의산, 개미산, 폼산)

• 에틸알코올

$C_2H_5OH \xrightarrow[\text{환원}]{\text{산화}} CH_3CHO \xrightarrow[\text{환원}]{\text{산화}} CH_3COOH$
(에틸알코올)　　　(아세트알데하이드)　　　(초산, 아세트산)

정답

(1) 물질명 : 초산(아세트산)

연소반응식 :

$CH_3COOH + 2O_2 \rightarrow 2CO_2 + 2H_2O$

(2) 물질명 : 에틸알코올

연소반응식 :

$C_2H_5OH + 3O_2 \rightarrow 2CO_2 + 3H_2O$

---

04 다음 〈보기〉의 위험물이 완전 연소할 때 생성되는 물질을 화학식으로 쓰시오(단, 연소하는 물질이 없으면 "해당없음"이라고 표기할 것).

┌ 보기 ┐
① 질산칼륨　　　　② 황 린
③ 유 황　　　　　④ 과염소산
⑤ 마그네슘
└───────────────┘

해설

위험물의 연소반응식

• 질산칼륨 : 제1류 위험물(불연성)이므로 해당없음
• 황 린 : $P_4 + 5O_2 \rightarrow 2P_2O_5$
• 유 황 : $S + O_2 \rightarrow SO_2$
• 과염소산 : 제6류 위험물(불연성)이므로 해당없음
• 마그네슘 : $2Mg + O_2 \rightarrow 2MgO$

정답

① 해당없음
② P_2O_5
③ SO_2
④ 해당없음
⑤ MgO

05 다음 〈보기〉에서 제4류 위험물 중 인화점이 낮은 것부터 순서대로 나열하시오.

초산에틸, 메탄올, 나이트로벤젠, 에틸렌글리콜

┌ 보기 ┐
메탄올, 에틸렌글리콜, 나이트로벤젠, 초산에틸
└────┘

해설
제4류 위험물의 인화점

항 목 \ 종 류	메탄올	에틸렌글리콜	나이트로벤젠	초산에틸
품 명	알코올류	제3석유류 (수용성)	제3석유류 (비수용성)	제1석유류 (비수용성)
인화점	11℃	120℃	88℃	−3℃

06 위험물 지정수량의 10배를 운반하고자 할 때 혼재가 불가능한 유별을 모두 쓰시오.

(1) 제1류 위험물
(2) 제2류 위험물
(3) 제3류 위험물
(4) 제4류 위험물
(5) 제5류 위험물

(1) 제2류 위험물, 제3류 위험물, 제4류 위험물, 제5류 위험물
(2) 제1류 위험물, 제3류 위험물, 제6류 위험물
(3) 제1류 위험물, 제2류 위험물, 제5류 위험물, 제6류 위험물
(4) 제1류 위험물, 제6류 위험물
(5) 제1류 위험물, 제3류 위험물, 제6류 위험물

해설
운반 시 위험물의 혼재 가능 기준

위험물의 구분	제1류	제2류	제3류	제4류	제5류	제6류
제1류		×	×	×	×	○
제2류	×		×	○	○	×
제3류	×	×		○	×	×
제4류	×	○	○		○	×
제5류	×	○	×	○		×
제6류	○	×	×	×	×	

07 다음 〈보기〉에 해당하는 위험물에 대하여 답을 하시오.

┤보기├

- 분자량은 32이고, 제2석유류이다.
- 로켓의 연료로 사용된다.
- 고온에서 분해하여 암모니아와 질소가스를 발생한다.

(1) 품 명
(2) 화학식
(3) 연소반응식

해설

하이드라진
- 물 성

화학식	분자량	품 명	인화점	비 중	비 점
N_2H_4	32	제2석유류(수용성)	38℃	1.01	113℃

- 연소반응식 : $N_2H_4 + 3O_2 \rightarrow 2NO_2 + 2H_2O$
- 분해반응식 : $2N_2H_4 \rightarrow 2NH_3 + N_2 + H_2$

정답

(1) 제2석유류(수용성)
(2) N_2H_4
(3) $N_2H_4 + 3O_2 \rightarrow 2NO_2 + 2H_2O$

08 다음 〈보기〉에서 연소에 해당하는 위험물을 고르시오.

┤보기├

TNT, 나트륨, 금속분, 에탄올, 피크린산, 다이에틸에터

(1) 표면연소
(2) 증발연소
(3) 자기연소

해설

연소의 종류
- 표면연소 : 목탄, 코크스, 숯, 나트륨, 금속분 등이 열분해에 의하여 가연성 가스를 발생하지 않고 그 물질 자체가 연소하는 현상
- 분해연소 : 석탄, 종이, 목재, 플라스틱 등의 연소 시 열분해에 의해 발생된 가스와 공기가 혼합하여 연소하는 현상
- 증발연소 : 제4류 위험물(에탄올, 다이에틸에터)과 같이 일정온도가 되면 액체가 기체로 변화하여 기체가 연소하는 현상
- 자기연소(내부연소) : 제5류 위험물(TNT, 피크린산)이 가연물과 산소를 동시에 가지고 있는 가연물이 연소하는 현상

정답

(1) 표면연소 : 나트륨, 금속분
(2) 증발연소 : 에탄올, 다이에틸에터
(3) 자기연소 : TNT, 피크린산

09 제1류 위험물의 열분해 반응식을 쓰시오.

(1) 아염소산나트륨

(2) 염소산나트륨

(3) 과염소산나트륨

해설

열분해 반응식

• 아염소산나트륨 : $NaClO_2 \rightarrow NaCl + O_2$

• 염소산나트륨 : $2NaClO_3 \rightarrow 2NaCl + 3O_2$

• 과염소산나트륨 : $NaClO_4 \rightarrow NaCl + 2O_2$

정답

(1) $NaClO_2 \rightarrow NaCl + O_2$

(2) $2NaClO_3 \rightarrow 2NaCl + 3O_2$

(3) $NaClO_4 \rightarrow NaCl + 2O_2$

10 제4류 위험물인 아세톤에 대하여 다음 물음에 답하시오.

(1) 화학식

(2) 품 명

(3) 증기비중

해설

아세톤

• 물 성

화학식	품 명	지정수량	비 중	증기비중	인화점	착화점
CH_3COCH_3	제1석유류 (수용성)	400L	0.79	2.0	$-18.5℃$	465℃

• 분자량 = CH_3COCH_3 = 12 + (1 × 3) + 12 + 16 + 12 + (1 × 3) = 58

• 증기비중 = $\dfrac{분자량}{29} = \dfrac{58}{29} = 2.0$

정답

(1) CH_3COCH_3

(2) 제1석유류(수용성)

(3) 2.0

11 제5류 위험물인 하이드록실아민을 제조소에서 제조하고자 할 때 다음 물음에 답하시오.

(1) 1,000kg의 하이드록실아민을 제조하는 제조소와 병원의 안전거리를 쓰시오.

(2) 담 또는 토제를 설치하고자 할 때 토제의 경사면의 경사도를 쓰시오.

(3) 이 제조소에 설치하는 게시판 주의사항의 바탕색과 문자색을 쓰시오.

정답

(1) 110.09m
(2) 60° 미만
(3) 적색바탕에 백색문자

해설

하이드록실아민 제조소
- 안전거리

$$D = 51.1 \sqrt[3]{N}$$

여기서, D : 거리(m)

N : 해당 제조소에서 취급하는 하이드록실아민 등의 지정수량의 배수
(1,000kg/100kg = 10배)

$\therefore D = 51.1 \sqrt[3]{10} = 51.1 \times 10^{1/3} = 110.09$m

- 담 또는 토제의 설치기준
  - 담 또는 토제는 해당 제조소의 외벽 또는 이에 상당하는 공작물의 외측으로부터 2m 이상 떨어진 장소에 설치할 것
  - 담 또는 토제의 높이는 해당 제조소에 있어서 하이드록실아민 등을 취급하는 부분의 높이 이상으로 할 것
  - 담은 두께 15cm 이상의 철근콘크리트조·철골철근콘크리트조 또는 두께 20cm 이상의 보강콘크리트블록조로 할 것
  - 토제의 경사면의 경사도는 60° 미만으로 할 것
- 주의사항을 표시한 게시판 설치

위험물의 종류	주의사항	게시판의 색상
제1류 위험물 중 알칼리금속의 과산화물 제3류 위험물 중 금수성 물질	물기엄금	청색바탕에 백색문자
제2류 위험물(인화성 고체는 제외)	화기주의	적색바탕에 백색문자
제2류 위험물 중 인화성 고체 제3류 위험물 중 자연발화성 물질 제4류 위험물 제5류 위험물(하이드록실아민)	화기엄금	적색바탕에 백색문자

12 제3류 위험물인 나트륨에 적응성이 있는 소화약제를 〈보기〉에서 골라 모두 쓰시오.

> ┤보기├
> 옥내소화전설비, 포소화설비, 인산염류소화기, 팽창질석, 건조사

팽창질석, 건조사

해설
나트륨(Na)의 적응성 소화약제 : 팽창질석, 팽창진주암, 건조사

---

13 할로겐화합물 소화약제에 대하여 답을 하시오.

(1) 할로겐화합물 소화약제의 종류를 쓰시오.

(2) 인화성 고체에 적응성이 있는 소화약제를 쓰시오.

(3) 이동식 할로겐화합물 소화설비에 사용하는 소화약제를 쓰시오.

(1) 할론 1301, 할론 1211, 할론 2402
(2) 할론 1301, 할론 1211, 할론 2402
(3) 할론 1301, 할론 1211, 할론 2402

해설
할로겐화합물 소화약제(위험물안전관리에 관한 세부기준 제135조)
• 소화약제의 종류

종 류	할론 1301	할론 1211	할론 2402	HFC-23	HFC-125	HFC-227ea	FK-5-1-12
화학식	CF_3Br	CF_2ClBr	$C_2F_4Br_2$	CHF_3	CHF_2CF_3	CF_3CHFCF_3	$CF_3CF_2C(O)$ $CF(CF_3)_2$

• 인화성 고체 : 할로겐화합물 소화약제가 적응성이 있다.
• 이동식 할로겐화합물 소화설비에 사용하는 소화약제(3종류) : 할론 1301, 할론 1211, 할론 2402
※ 위험물안전관리에 관한 세부기준(23.05.03)에 따라 할로겐화합물이 할로젠화합물로 개정되었으나 상위법인 위험물안전관리법 시행규칙에 의거하여 할로겐화합물로 표기하였습니다.

14 옥외저장소에는 위험물을 동일한 실에 유별로 1m 이상의 간격을 두고 함께 저장할 수 있는데, 이때 저장이 가능한 것을 모두 고르시오.

(1) 과산화칼륨과 질산에스터류

(2) 염소산칼륨과 과염소산

(3) 인화성 고체와 제1석유류

(4) 황린과 질산염류

(5) 황과 휘발유

정답

(2), (3), (4)

해설

옥내저장소 또는 옥외저장소에 1m 이상 간격을 두고 저장 가능한 위험물

- 제1류 위험물(알칼리금속의 과산화물 또는 이를 함유한 것을 제외한다)과 제5류 위험물을 저장하는 경우
- 제1류 위험물과 제6류 위험물을 저장하는 경우
- 제1류 위험물과 제3류 위험물 중 자연발화성 물질(황린 또는 이를 함유한 것에 한한다)을 저장하는 경우
- 제2류 위험물 중 인화성 고체와 제4류 위험물을 저장하는 경우
- 제3류 위험물 중 알킬알루미늄 등과 제4류 위험물(알킬알루미늄 또는 알킬리튬을 함유한 것에 한한다)을 저장하는 경우
- 제4류 위험물 중 유기과산화물과 제5류 위험물 중 유기과산화물 또는 이를 함유한 것을 저장하는 경우

종 류	과산화칼륨	질산에스터류	염소산칼륨	과염소산	인화성 고체
유 별	제1류	제5류	제1류	제6류	제2류
종 류	제1석유류	황 린	질산염류	황	휘발유
유 별	제4류	제3류	제1류	제2류	제4류

15 위험물제조소에 옥내소화전이 다음과 같이 설치되어 있을 때 수원의 양(m^3)을 계산하시오.

(1) 옥내소화전이 1층 1개, 2층 3개 설치

(2) 옥내소화전이 1층 3개, 2층 6개 설치

정답
(1) $23.4m^3$
(2) $39m^3$

해설
수원의 양

종 류 \ 항 목		방수량	방수압력	토출량	수 원	비상전원
옥내소화전 설비	일반건축물	130L/min 이상	0.17MPa 이상	N(최대 2개) ×130L/min	N(최대 2개)×2.6m^3 (130L/min×20min)	20분 이상
	위험물 제조소 등	260L/min 이상	350kPa 이상	N(최대 5개) ×260L/min	N(최대 5개)×7.8m^3 (260L/min×30min)	45분 이상
옥외소화전 설비	일반건축물	350L/min 이상	0.25MPa 이상	N(최대 2개) ×350L/min	N(최대 2개)×7m^3 (350L/min×20min)	–
	위험물 제조소 등	450L/min 이상	350kPa 이상	N(최대 4개) ×450L/min	N(최대 4개)×13.5m^3 (450L/min×30min)	45분 이상
스프링클러 설비	일반건축물	80L/min 이상	0.1MPa 이상	헤드수 ×80L/min	헤드수×1.6m^3 (80L/min×20min)	20분 이상
	위험물 제조소 등	80L/min 이상	100kPa 이상	헤드수 ×80L/min	헤드수×2.4m^3 (80L/min×30min)	45분 이상

• 수원 = N(최대 5개) × 7.8m^3 = 3 × 7.8m^3 = 23.4m^3
• 수원 = N(최대 5개) × 7.8m^3 = 5 × 7.8m^3 = 39m^3

16 옥외탱크저장소의 기술검토와 관련하여 다음 질문에 답하시오.

(1) 기술검토 대상인 옥외탱크저장소의 허가절차를 아래의 〈보기〉에서 골라 순서대로 나열하시오.

┌─┤보기├─────────────────────────────┐
│   │
│   설치허가, 완공검사, 기술검토,   │
│   완공검사합격확인증, 탱크안전성능검사   │
│   │
└──────────────────────────────────────┘

(2) 기술검토를 위탁받아 실시하는 기관의 명칭을 쓰시오.

(3) 기술검토 내용을 쓰시오.

해설

옥외탱크저장소의 기술검토

• 옥외탱크저장소의 허가절차

  기술검토 → 설치허가 → 탱크안전성능검사 → 완공검사 → 완공검사합격확인증

• 기술검토를 위탁받아 실시하는 기관 : 한국소방산업기술원

• 기술검토 내용(시행령 제6조)

  - 지정수량의 1,000배 이상의 위험물을 취급하는 제조소 또는 일반취급소 : 구조·설비에 관한 사항

  - 옥외탱크저장소(저장용량이 50만L 이상인 것만 해당한다) 또는 암반탱크저장소 : 위험물탱크의 기초·지반, 탱크본체 및 소화설비에 관한 사항

정답

(1) 기술검토 → 설치허가 → 탱크안전성능검사 → 완공검사 → 완공검사합격확인증

(2) 한국소방산업기술원

(3) 위험물탱크의 기초·지반, 탱크본체 및 소화설비에 관한 사항

17 다음 〈보기〉에서 설명하는 위험물에 대하여 답을 하시오.

┌─ 보기 ─────────────────────────────────┐
- 무색 투명한 액체이다.
- 제4류 위험물로서 지정수량이 50L이다.
- 증기비중은 2.62이다.
└─────────────────────────────────────┘

(1) 화학식

(2) 완전 연소반응식

(3) 아래의 옥외탱크저장소와 관련된 내용 중 틀린 부분이 있으면 번호를 적고 수정하시오(없으면 "해당없음"이라고 표기할 것).

① 통기관을 설치하지 않을 수 있다.
② 보유공지를 확보해야 한다.
③ 자동계량장치를 설치하지 않을 수 있다.

정답

(1) CS_2

(2) $CS_2 + 3O_2 \rightarrow CO_2 + 2SO_2$

(3) ② 보유공지를 확보하지 않을 수 있다.

해설

이황화탄소

• 물 성

화학식	품 명	외 관	지정수량	액체비중	증기비중	인화점
CS_2	특수 인화물	무색 투명한 액체	50L	1.26	76/29 = 2.62	−30℃

• 연소반응식 : $CS_2 + 3O_2 \rightarrow CO_2 + 2SO_2$
• 이황화탄소의 옥외저장탱크는 벽 및 바닥의 두께가 0.2m 이상이고 누수가 되지 않는 철근콘크리트의 수조에 넣어 보관해야 한다. 이 경우 보유공지·통기관 및 자동계량장치를 생략할 수 있다(시행규칙 별표 6).

18 다음 중 〈보기〉의 위험물은 제6류 위험물에 대한 설명이다. 다음 물음에 답하시오.

┤보기├
- 농도가 36중량% 이상인 것만 해당한다.
- 물, 에터, 알코올에는 녹는다.

(1) 산소가 발생하는 위험물의 분해반응식

(2) 운반용기의 주의사항

(3) 위험등급

해설

과산화수소
- 제6류 위험물에 해당하는 기준 : 농도가 36wt% 이상인 것
- 물, 알코올, 에터에 녹고, 벤젠에는 녹지 않는다.
- 물 성

화학식	유 별	지정수량	농 도	위험등급	분해반응식
H_2O_2	제6류 위험물	300kg	36wt%	I	$2H_2O_2 \rightarrow 2H_2O + O_2$

- 운반용기의 외부표시 주의사항 : 가연물접촉주의

정답

(1) $2H_2O_2 \rightarrow 2H_2O + O_2$

(2) 가연물접촉주의

(3) 위험등급 I

19 다음은 주유취급소에 대한 설명이다. 〈보기〉의 설명 중 옳은 것을 모두 고르시오.

┌─보기├───
│ ㉠ 옥내주유취급소에 수소충전설비를 설치할 수 있다.
│ ㉡ 셀프용 고정주유설비를 일반주유설비로 변경하는 경우 변경허가를
│   받아야 한다.
│ ㉢ 옥내주유취급소는 건축물 안에 설치하는 것만 해당한다.
│ ㉣ 태양광발전설비는 주유취급소의 캐노피 상부 또는 건축물의 옥상에
│   설치해야 한다.
└──

해설

주유취급소(시행규칙 별표 13)

- 전기를 원동력으로 하는 자동차 등에 수소를 충전하기 위한 설비(압축수소를 충전하는 설비에 한정한다)를 설치하는 주유취급소는 옥내주유취급소 외의 주유취급소에 한정한다.
- 셀프용이 아닌 고정주유설비를 셀프용 고정주유설비로 변경하는 경우 변경허가를 받아야 한다(시행규칙 별표 1의 2).
- 옥내주유취급소를 설치할 수 있는 장소
  - 건축물 안에 설치하는 주유취급소
  - 캐노피·처마·차양·부연·발코니 및 루버(통풍이나 빛가림을 위해 폭이 좁은 판을 빗대는 창살)의 수평투영면이 주유취급소의 공지면적(주유취급소의 부지면적에서 건축물 중 벽 및 바닥으로 구획된 부분의 수평투영면적을 뺀 면적을 말한다)의 1/3을 초과하는 주유취급소
- 주유취급소의 건축물 등의 제한(위험물안전관리에 관한 세부기준 제110조)
  - 배터리충전을 위한 작업장
  - 농기구부품점 또는 농기구간이정비시설
  - 계량증명업을 위한 작업장
  - 주유취급소 부지의 토양오염을 복원하기 위한 시설
  - 태양광 발전설비로서 다음에 정한 기준에 모두 적합한 것
    ⓐ 전기사업법의 관련 기술기준에 적합할 것
    ⓑ 집광판 및 그 부속설비는 캐노피의 상부 또는 건축물의 옥상에 설치할 것
    ⓒ 접속반, 인버터, 분전반 등의 전기설비는 주유를 위한 작업장 등 위험물취급장소에 면하지 않는 방향에 설치할 것
    ⓓ 가연성의 증기가 체류할 우려가 있는 장소에 설치하는 전기설비는 방폭구조로 할 것

20 다음 〈보기〉 중 위험물에 적응성 있는 소화설비의 부분에 해당하는 위험물을 모두 고르시오.

┌─보기─┐

제2류 위험물 중 인화성 고체, 제3류 위험물(금수성 물질은 제외), 제4류 위험물, 제5류 위험물, 제6류 위험물

(1) 불활성가스소화설비
(2) 옥외소화전설비
(3) 포소화설비

정답

(1) 불활성가스소화설비 : 제2류 위험물 중 인화성 고체, 제4류 위험물
(2) 옥외소화전설비 : 제2류 위험물 중 인화성 고체, 제3류 위험물(금수성 물질은 제외), 제5류 위험물, 제6류 위험물
(3) 포소화설비 : 제2류 위험물 중 인화성 고체, 제3류 위험물(금수성 물질은 제외), 제4류 위험물, 제5류 위험물, 제6류 위험물

해설

소화설비의 적응성

대상물의 구분 \ 소화설비의 구분	건축물·그 밖의 공작물	전기설비	제1류 위험물 알칼리금속과산화물 등	제1류 위험물 그 밖의 것	제2류 위험물 철분·금속분·마그네슘 등	제2류 위험물 인화성 고체	제2류 위험물 그 밖의 것	제3류 위험물 금수성 물품	제3류 위험물 그 밖의 것	제4류 위험물	제5류 위험물	제6류 위험물
옥내소화전설비 또는 옥외소화전설비	○			○		○	○		○		○	○
스프링클러설비	○			○		○	○		○	△	○	○
물분무등소화설비 물분무소화설비	○	○		○		○	○		○	○	○	○
물분무등소화설비 포소화설비	○			○		○	○		○	○	○	○
물분무등소화설비 불활성가스소화설비		○				○				○		
물분무등소화설비 할로겐화합물소화설비		○				○				○		
물분무등소화설비 분말소화설비 인산염류 등	○	○		○		○	○			○		○
물분무등소화설비 분말소화설비 탄산수소염류 등		○	○		○	○		○		○		
물분무등소화설비 분말소화설비 그 밖의 것			○		○			○				

교육이란 사람이 학교에서 배운 것을
잊어버린 후에 남은 것을 말한다.

-알버트 아인슈타인-

Win-Q 위험물산업기사 실기

개정5판1쇄 발행	2024년 01월 05일 (인쇄 2023년 11월 08일)
초 판 발 행	2019년 02월 01일 (인쇄 2018년 12월 04일)
발 행 인	박영일
책 임 편 집	이해욱
편 저	이덕수
편 집 진 행	윤진영, 남미희
표지디자인	권은경, 길전홍선
편집디자인	정경일, 조준영
발 행 처	(주)시대고시기획
출 판 등 록	제10-1521호
주 소	서울시 마포구 큰우물로 75 [도화동 538 성지 B/D] 9F
전 화	1600-3600
팩 스	02-701-8823
홈 페 이 지	www.sdedu.co.kr

I S B N	979-11-383-5921-4(13570)
정 가	26,000원